KB152107

Fundamentals of
Solid-State Lighting

LEDs, OLEDs, and Their Applications in Illumination and Displays

VINOD KUMAR KHANNA

CRC Press
Taylor & Francis Group
Boca Raton   London   New York

CRC Press is an imprint of the
Taylor & Francis Group, an **informa** business

Fundamentals of
Solid-State Lighting

고체조명의 기초

LEDs, OLEDs, and Their
Applications in
Illumination and Displays

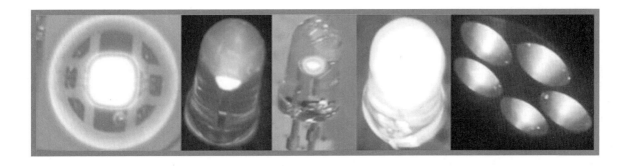

VINOD KUMAR KHANNA 지음 | 오태식 · 김종렬 · 이동선 옮김

역자 소개

오태식(대표역자) 선문대학교 디스플레이반도체공학과 (서문, 18~20장, 24~28장)

김종렬 세종대학교 전자정보통신공학과 (1~10장)

이동선 광주과학기술원 전기전자컴퓨터공학부 (11~17장, 21~23장, 29~30장)

고체조명의 기초

발행일 2020년 3월 2일 초판 1쇄

지은이 Vinod Kumar Khanna

옮긴이 오태식 · 김종렬 · 이동선

발행인 김준호

발행처 한티미디어 | **주 소** 서울시 마포구 동교로 23길 67 Y빌딩 3층

등 록 제15-571호 2006년 5월 15일

전 화 02) 332-7993~4 | **팩 스** 02) 332-7995

I S B N 979-89-6421-397-1 (93560)

정 가 29,000원

마케팅 노호근 박재인 최상욱 김원국 | **관 리** 김지영 문지희

편 집 김은수 유채원

내지 디자인 우일미디어 | **표지 디자인** 유채원

이 책에 대한 의견이나 잘못된 내용에 대한 수정정보는 한티미디어 홈페이지나 이메일로 알려주십시오.
독자님의 의견을 충분히 반영하도록 늘 노력하겠습니다.

홈페이지 www.hanteemedia.co.kr | **이메일** hantee@hanteemedia.co.kr

---

저자 서문 *AUTHOR PREFACE*

진공(vacuum) 상태이거나 기체 증기로 충진된 램프들의 노후화 및 폐기로 인해 기존의 조명기술들은 빠르게 잊혀져 갈 것이다. 최근에 출현하고 있는 램프들은 본질적으로 필라멘트가 없고 환경을 오염시키는 위험한 수은(Hg) 증기가 충진되어 있지 않은 고체상태 소자(solid-state device)들이다. 이 램프들은 고장이 없는 긴 수명의 작동을 보장하고 에너지 효율적이어서 조명 비용을 대폭 절감시킨다. 또한 보다 더 사용자 친화적이며 색상의 조절이 가능하고 다양한 스마트 기능을 제공한다. 조명분야에서의 이러한 신제품의 개발은 "고체조명(solid-state lighting)"으로 지칭되는 새로운 형태의 조명을 탄생시켰다. 이 책의 핵심 주제를 구성하는 것이 고체조명이며 기본 원리에서부터 시작하여 재료측면, 제조기술 및 응용분야를 다루었다.

고체조명은 무기(inorganic) 및 유기(organic) 재료들을 사용하여 제작된 무기 LED(혹은 단순히 LED) 및 유기 LED(혹은 OLED)라고 하는 두 가지 유형의 반도체 다이오드(semiconductor diode) 구조를 기반으로 한다. 이 두 가지 유형은 서로 대립적이지 않고 시너지 효과가 있어서 상이한 요구들을 충실히 만족시키므로 한 가지 유형이 유용하지 않은 경우 다른 유형이 그 목적을 달성한다. 무기 LED는 점광원(point source)이고 OLED는 면광원(areal source)이다. 이 저서는 두 가지 형태의 LED들을 모두 다루고 있다. 게다가 레이저 다이오드(LD)를 조명에 사용할 수도 있다. 그러나 이것은 현재 연구 중에 있는 분야이며 이 분야에서 진행되어야 할 많은 과제들이 남아 있다. 이 책에서는 LED 구동회로와 일반 조명, 디스플레이 및 기타 영역에서의 응용분야들에 대해서도 자세히 다루었다.

이 책은 전기공학 및 전자공학 관련 학부 및 대학원생의 요구를 충족시키기 위한 교재로 기획되었다. 또한 고체조명에 대해 연구하는 연구학생들을 위한 참고서 역할을 할 것이다. 조명산업에 종사하는 구성원들도 업무를 위한 유익한 자료를 이 책에서 찾을 수 있을 것이다. 고체조명은 인류의 삶에 영향을 미치는 대상이므로 이 책은 또한 이 중요한 분야에 대해 알고 싶어 하는 독자들에게도 흥미로울 것이다.

VINOD KUMAR KHANNA

역자 서문 *TRANSLATOR PREFACE*

고체조명(solid-state lighting)이란 고체상태인 반도체 물질로 구성되는 간단한 소자에 전기적인 에너지가 가해졌을 때 직접 광이 방출되는 현상을 이용하는 조명을 의미합니다. 현재 상용화되고 있는 조명용 고체상태 소자(solid-state device)로는 무기 반도체를 이용하는 발광 다이오드(LED)와 유기 반도체를 이용하는 유기 발광 다이오드(OLED)가 있습니다. 이러한 조명용 고체상태 소자들의 기본적인 광 방출 원리는 P-N 접합 다이오드 구조를 기반으로 하는 소자에 순방향의 전류가 흐르는 경우에만 그 접합부나 발광층에서 직접 광이 방출되는 전하 주입형 전계 발광 혹은 주입형 전계 발광 현상에 해당합니다.

오랜 기간 동안 사용되어 온 백열전구와 형광등의 경우는 고체조명처럼 전기 에너지를 직접 광 에너지로 변환시키지 못합니다. 특히 백열전구는 발광효율이 낮아 전력 소모가 매우 크기 때문에 이산화탄소의 발생량을 증가시키고, 형광등의 경우는 수은 (Hg)과 같은 환경유해 물질의 사용으로 지구환경을 파괴하는 주요 요인으로 지목되어 전 세계적으로 빠르게 퇴출되고 있습니다. 반면에 고체조명은 수명이 길고 발광효율이 높으며 환경유해 물질의 미사용으로 환경 친화적이기 때문에 백열전구와 형광등을 빠른 속도로 대체하고 있을 뿐만 아니라 그 응용분야도 일상생활에서부터 최첨단 과학 분야까지 광범위하게 확대되고 있습니다. 이 책에서는 이러한 고체조명을 좀더 쉽게 이해하기 위해서 기초적인 조명의 역사 및 광 관련 용어에서부터 LED 조명과 OLED 조명의 전반적인 내용을 폭넓게 다루고 있습니다.

역자들은 번역에 있어서 책의 구성과 내용은 원서의 의미를 가능한 한 충실하게 살리고, 관련분야에서 가장 범용적으로 사용되는 용어로 통일하고자 노력하였습니다. 그렇지만 번역하는 과정에서 다소 어색한 부분은 이해하기 쉽도록 풀어 쓰거나 설명을 추가하기도 했으며, 원서에서 확인된 오류부분들은 이론에 맞게 정정하여 번역하였습니다. 또한 다소 오해의 소지가 있거나 원어를 알아 둘 필요가 있는 용어는 괄호 안에 영문 및 약어를 기재하였으며 이후 반복되는 용어는 되도록 영문 약어를 사용하였습니다.

원문에 충실하고 범용적인 용어를 사용하고자 노력했음에도 불구하고 의도치 않게 오역이 발생했거나 미처 찾아내지 못한 미진한 점과 오류들이 많이 남아 있을 것으로 사료됩니다. 이 책을 교재로 사용하시는 교수님들과 학생 및 독자들께서 보다 충실한 개정판이 만들어질 수 있도록 미진한 점과 오류들을 주저 없이 지적해 주시길 당부드립니다.

기업 및 대학에서 Display와 LED 관련 업무와 강의를 해 오면서 관련분야 국문 참고서적의 부족함을 항상 느껴 왔습니다. 이 책이 고체조명 및 디스플레이를 공부하는 학생들과 독자들에게 도움이 된다면 역자들로서는 더 이상의 보람이 없을 것입니다. 또한 이 책이 출간되기까지 여러 모로 도움을 주신 한티미디어 관계자 여러분들께 진심으로 감사드립니다.

2020년 3월

대표역자 오태식

차례 *CONTENTS*

Part II   무기 발광 다이오드   **69**

Part Ⅳ LED 구동 회로   387

Acronyms, Abbreviations, and Initialisms

A	Ampere, anode
AC	Alternating current
AC-LED	Alternating current light-emitting diode
AMOLED	Active matrix organic light-emitting diode
AMOLED TV	Active matrix organic light-emitting diode television
ANSI	American National Standards Institute, USA
APD	Avalanche photodiode
B	Blue
BEF	Brightness-enhancing film
BJT	Bipolar junction transistor
CA	Common anode
CC	Common cathode
CCFL	Cold-cathode fluorescent lamp
CCT	Correlated color temperature
cd	candela (SI base unit of luminous intensity of a light source in a given direction = the intensity of a source emitting single-color light at 540×10^{12} Hz in that direction with an intensity of 1/683 W/sr)
CD	Compact disk
CFI	Color fidelity index
CFL	Compact fluorescent lamp
CFT	Crystal field theory
CIE	Commission Internationale d'Eclairage
C-LED	Conventional LED
C^{3}LED	Capacitive current control LED
cm	centimeter ($1 \text{ cm} = 10^{-2}$ m)
CMOS	Complementary metal-oxide-semiconductor
COB	Chip-on-board
CPSS	Crown-shaped patterned sapphire substrate
CQS	Color quality scale
CRI	Color rendering index
CRT	Cathode ray tube
CSI	Color saturation index
1D, 1-D	One-dimensional
2D, 2-D	Two-dimensional
3D, 3-D	Three-dimensional
DC	Direct current
DH-LED	Double heterostructure light-emitting diode
DMOSFET	Double-diffused metal-oxide-semiconductor field-effect transistor
DOE	Department of Energy, USA

DOS	Density of states
DP	Decimal point (in an LED display)
EIL	Electron injection layer (in an OLED)
EL	Electroluminescence
ELED	Edge-emitting light-emitting diode
EMF	Electromotive force
EMI	Electromagnetic interference
EML	Emissive layer
ETL	Electron transport layer (in an OLED)
eV	Electron volt (1.602×10^{-19} J)
FB	Feedback
FET	Field-effect transistor
FR	Flame retardant/resistant (self-extinguishing)
ft	foot (30.48 cm)
FWHM	Full-width at half-maximum
g	gram
G	Green
GDMLA	Gapless dual-curvature microlens array
GEC	General Electric Company
GHz	Gigahertz (1 GHz = 1×10^9 Hz)
GND	Ground
h	Hour
HBLED	High-brightness light-emitting diode
HDI	Hue distortion index
HEALS	High-emissivity aluminiferous luminescent substrate, a kind of LED technology
HID	High-intensity discharge
HIL	Hole injection layer (in an OLED)
HOMO	Highest occupied molecular orbital (in an organic semiconductor)
HPM vapor lamp	High-pressure mercury vapor lamp
HPMV lamp	High-pressure mercury vapor lamp
HPS vapor lamp	High-pressure sodium vapor lamp
HTL	Hole transport layer
HVAC	Heating, ventilation, and air conditioning
Hz	Hertz
IC	Integrated circuit
ICP	Inductively coupled plasma
IF	Intermediate frequency
IGBT	Insulated-gate bipolar transistor
IR	Infra red
J	Joule
JPEG	Joint Photographic Experts Group
K	Kelvin, cathode
kA	kiloampere (1 kA = 10^3 A)
kW	kilowatt (1 kW = 10^3 W)
kW-h	kilowatt-hour (1 kW-h = 10^3 W-h)

LAN	Local area network
LASER	Light amplification by stimulated emission of radiation
LCD	Liquid crystal display
LD	Laser diode
LDI	Luminance distortion index
LED	Light-emitting diode
LED TV	LED-backlit LCD television
lm	lumen (SI derived unit of luminous flux = 1 cd.sr)
L/min	Liter per minute
lm/W	lumen per Watt
LPE	Liquid-phase epitaxy
LPS vapor lamp	Low-pressure sodium vapor lamp
LT	Low temperature
LUMO	Lowest unoccupied molecular orbital (in an organic semiconductor)
lx	lux (SI derived unit of illuminance: $1 \text{ lx} = 1 \text{ lm/m}^2 = 1 \text{ cd sr/m}^2$)
m	meter
mA	milliampere ($1 \text{ mA} = 10^{-3}$ A)
mbar	millibar ($1 \text{ mbar} = 10^{-3}$ bar)
MBE	Molecular beam epitaxy
Mb/s, Mbps	Megabits per second, bit-based unit of data transfer rate or speed ($1 \text{ Mb/s} = 10^6$ b/s)
MB/s, MBps	Megabytes per second, byte-based unit of data transfer rate or speed ($1 \text{ MB/s} = 10^6$ B/s)
mcd	millicandela ($1 \text{ mcd} = 10^{-3}$ cd)
mc-LED	Multi-chip light-emitting diode
MCPCB	Metal-core printed circuit board
MEMS	Microelectromechanical systems
Metal-core PCB	Metal-core printed circuit board
MHz	Megahertz ($1 \text{ MHz} = 10^6$ Hz)
MISFET	Metal–insulator–semiconductor field-effect transistor
Mlmh	Mega lumen hour ($\text{Mlmh} = 10^6$ lmh)
mm	millimeter ($1 \text{ mm} = 10^{-3}$ m)
MOCVD	Metal-organic chemical vapor deposition
MOSFET	Metal-oxide-semiconductor field-effect transistor
MOTFT	Metal-oxide thin-film transistor
MOVPE	Metalorganic vapor-phase epitaxy
MP3	MPEG-1 or MPEG-2 audio layer III [an audio-specific format designed by the Moving Picture Experts Group (MPEG)]
MQW	Multiple quantum well
ms	millisecond ($1 \text{ ms} = 10^{-3}$ s)
mTorr	milliTorr ($1 \text{ mTorr} = 10^{-3}$ Torr)
mV	millivolt ($1 \text{ mV} = 10^{-3}$ V)
MVD	Minimum viewing distance (of a display)
mW	milliWatt ($1 \text{ mW} = 10^{-3}$ W)
NASA	National Aeronautics and Space Administration, USA
NEMA	National Electrical Manufacturers Association, USA

NIST	National Institute of Standards and Technology, USA
NL	Nucleation layer
nm	nanometer (1 nm = 10^{-9} m)
NREL	National Renewable Energy Laboratory, USA
ns	nanosecond
nt (nit)	Non-SI unit of luminance = $1 cd/m^2$
n-UV	Near ultra violet
OCDR	Optical coherence domain reflectometry
OCT	Optical coherence tomography
OEM	Original equipment manufacturer
OLED	Organic light-emitting diode
OLED TV	Organic light-emitting diode television
OMCVD	Organometallic chemical vapor deposition
OMVPE	Organometallic vapor phase epitaxy
OOK	On–off keying (simplest amplitude shift keying modulation)
OTFT	Organic thin-film transistor
OWLED	Organic white light-emitting diode
PC	Personal computer
PCB	Printed circuit board
pc-LED	Phosphor-converted light-emitting diode/phosphor-conversion light-emitting diode
PCM	Pulse-code modulation
PF	Power factor
PHOLED	Phosphorescent organic light-emitting diode
PIC	Peripheral interface controller
P–I–N diode	A P–N junction diode with a lightly doped or intrinsic region sandwiched between P- and N-polarity regions (I = intrinsic)
PLCC	Plastic-leaded chip carrier
PLD	Pulsed laser deposition
PLED	Polymer light-emitting diode
PMOLED	Passive matrix organic light-emitting diode
ps	picosecond (1 ps = 10^{-12} s)
PTH	Plated through hole
PWM	Pulse width modulation
q	Electronic charge ($1.60217656 \times 10^{-19}$ C)
QCSE	Quantum-confined Stark effect
QE	Quantum efficiency
QW	Quantum well
R	Red
R	Universal/ideal gas constant (8.314462 J K^{-1} mol^{-1} = 5.189×10^{19} eV K^{-1} mol^{-1})
RAM	Random access memory
RCA	Radio Corporation of America
RCLED	Resonant-cavity LED
RF	Radio frequency
RGB	Red, green, blue

RIE	Reactive ion etching
RMS	Root mean square
RoHS	Restriction of hazardous substances
RPM	Rotations per minute
RYGB	Red–yellow–green–blue
s	second (unit of time)
SAND	Self-assembled nanodielectric
SHDN	Shutdown
SH-LED	Single heterostructure light-emitting diode
SI	Système International d'unités (International System of Units) with seven base units: length (meter—m), mass (kilogram—kg), time (second—s), electric current (ampere—A), thermodynamic temperature (Kelvin—K), amount of substance (mole—mol), and luminous intensity (candela—cd).
SIC	Silicon integrated circuit
SLED	Surface-emitting light-emitting diode
SMD	Surface-mount device
SMPS	Switched-mode power supply
SMT	Surface-mount technology
SOI	Silicon-on-insulator
SOLED	Stacked organic light-emitting diode
SPLED	Superluminescent light-emitting diode
sr	steradian
SRH	Shockley–Read–Hall (recombination)
SW	Switch
TD	Threading dislocation
TF-MOCVD	Two-flow metalorganic chemical vapor deposition
TFT	Thin-film transistor
TFTLCD	Thin-film transistor liquid-crystal display
THD	Total harmonic distortion
THz	Terahertz (1 THz = 10^{12} Hz)
TSV	Through silicon via
TV	Television
UL	Underwriters Laboratories, USA
UV	Ultra violet
V	Volt
VAR	Volt-ampere-reactive
VCR	Video cassette recorder
VGA	Video graphics array
VIBGYOR	Violet, indigo, blue, green, yellow, orange, and red
VLC	Visible light communication
VMS	Variable message sign
VPE	Vapor-phase epitaxy
W	Watt
WLED	White light-emitting diode
WOLED	White organic light-emitting diode

PART **I**

조명의 역사와 기초
History and Basics of Lighting

CHAPTER 1

조명의 연대기적 역사
Chronological History of Lighting

학습목표

이 장을 학습한 후에 독자들은 다음의 역량들을 갖출 수 있게 된다.

- 초기 인류 시대부터 현대까지 조명의 진화에 대한 이해
- 현재의 지식수준에까지 도달하는 데 있어서 선조들의 업적에 대한 평가
- 최초의 광원, 최초의 고체광원 및 최초의 전기적인 광원에 관한 이해
- 백열전구, 형광등 및 나트륨 증기 램프, 수은 증기 램프에 관한 예비지식의 습득
- 발광 다이오드(LED) 기술의 초기 개발에 관한 이해

1.1 초기 인류는 "태양"을 어떻게 보았을까?

초기 인류는 태양을 "태양신"으로 숭배하였으며, 태양은 지구상에 존재하는 자연광의 주된 근원이다(Williams 1999, Bellis 2013). 빛은 본질적으로 태양으로부터 오는 복사 에너지(radiant energy)로, 태양에서 복사되는 빛은 가시광선 스펙트럼(visible light spectrum)이라 불리는 전자기파 스펙트럼의 일부이다. 이는 380 nm(보라색)에서 620~760 nm(적색)의 파장범위를 포함한다. 초기 인류는 자신들을 "태양의 아들"이라고 생각하여, 태양을 숭배하였다(기원전 2000~1500년경). 기원전 2300년경에 이집트인들은 밤이 되면 태양신이 세상 아래의 암흑지역을 끝에서 끝까지 여행한다고 생각했다.

1.2 인공광원의 필요성

원시인들은 해가 진 다음의 어둠 속에서도 생활을 지속하기를 갈망했다. 따라서 인공

광원(artificial light source)에 대한 극도의 욕구가 있었다. 지구상에 인류가 출현한 이래로, 호모사피엔스(Homo sapiens)는 몇 가지 광원들을 개발하였다.

아주 옛날부터 인간에 의해 사용된 갖가지 광원들 가운데에서 고체조명이 수행한 역할을 평가하고 강조하기 위해서는 조명기술의 발전에 있어서 역사적인 이정표들을 살펴볼 필요가 있다. 이것이 본 주제의 탐구에 있어서의 출발점이 될 것이다. 이 장은 도입부로, 조명의 연대기적 발전을 이해하기 위한 목적으로 기술되었다.

1.3 인공조명의 진화의 첫걸음

인류는 불(fire)을 발명했다. 아마도 최초의 인공조명은 나뭇조각을 태우는 방식이었을 것이며, 이 방식은 대략 5×10^5년 전에 발견되었다. 이러한 연소 광원의 시대에는 빛을 만들어 내기 위해 마른 나뭇가지들이나 풀들을 태웠다. 그 다음의 주목할 만한 발명은 용해된 지방(기름)에 담긴 섬유를 태우는 방식이다. 이는 심지(wick)로 잘 알려진 것으로, 사실 모세관 현상에 의해 지방으로부터 연료를 뽑아내는 방식이다. $3 \times 10^4 \sim 7 \times 10^4$년 전에 사용되었다. 기원전 5000년경에는 참기름, 콩기름, 피마자 기름, 생선기름 등 다른 종류의 기름들이 사용되었다(Bowers 1980). 고대 바빌론(메소포타미아)과 이집트 문명에서는(기원전 3000년경), 빛은 부유층들만이 향유하는 사치품으로 여겨졌다. 그들은 작은 사발에 심지나 심지를 잡아 주는 주둥이를 갖춘 단순한 구조의 오일 램프로 자신들의 성채를 밝혔다. 사용하는 연료는 동물성 지방, 생선기름 및 식물성 기름(올리브와 야자) 등이다. 다음으로 제네바의 에메 아르강(Aimé Argand, 1750~1803)이 발명한 아르강 오일 램프(Argand oil lamp)(그림 1.1)가 등장하였는데, 굴뚝 모양의 유리관 안에 관 모양의 심지를 삽입한 구조다. 1784년에 아르강은 영국 특허(Patent No. 1425)를 획득하였다(Ramsey 1968). 그 후 1772년에 스코틀랜드의 윌리엄 머독(William Murdoch, 1754~1839)이 석탄을 만들 때 생기는 부산물인 가스를 채집하여 태우는 가스등(gas lighting)을 발명하였다.

1.4 최초의 고체조명 장치

최초의 고체조명 장치(solid-state lighting device)는 1826년에 드러먼드(Thomas Drummond, 1797~1840)가 발명한 것으로, 전기적인 방식은 아니다. 이 장치는 라임라이트(limelight, 석회등)라 불렸으며(그림 1.2), 산수소취관(oxyhydrogen blow-pipe)의 불꽃에 의해 생기는 밝고 찬란한 빛을 만드는 원통형 산화칼슘으로 구성되어

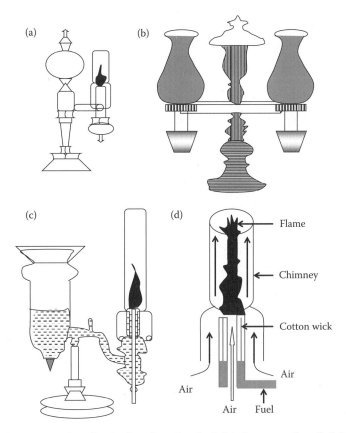

그림 1.1 아르강 오일 램프: (a)~(c)의 그림들은 서로 다른 램프의 버전들이고 (d)는 램프 내에서의 공기의 흐름의 경로를 나타낸다.

있다(Almqvist 2003). 드러먼드는 라임라이트가 찬란한 백색을 띠기 때문에 68 마일 떨어진 곳에서도 분명히 볼 수 있다고 했다. 찬란한 라임라이트는 영화관에서 사용되었다.

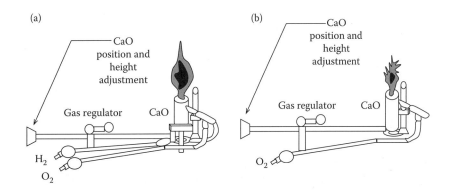

그림 1.2 (a) 산수소 불꽃을 이용한 라임라이트와 (b) 산소만을 이용하여 옥시칼슘 램프로도 불린 라임라이트.

그 대신에, 원통이나 구 모양의 석회의 가까이에 놓인 알코올 램프의 크고 자유로 운 불꽃의 온도가 산소의 분출에 의해 상승되었고 불꽃은 석회의 표면을 따라가게 하 였다. 이러한 배치는 수소가 전혀 필요하지 않았다. 이는 옥시칼슘 램프로 불렸다. 이 불꽃에서 산소의 흐름은 신중하게 조절되어야 했다. 너무 많은 양의 산소는 석회를 냉각시켜 발광 출력을 감소시켰고, 너무 적은 양의 산소는 석회를 가열하여 백열광 (incandescence)을 만들기에 불충분하였다.

1.5 최초의 실용적인 전기조명 장치

러시아의 전신기술자(telegraph engineer)였던 야블로치코프(Paul Jablochkoff, 1847~ 1894)는 1876년에 두 개의 탄소막대가 얇은 석고보드 판에 의해 분리된 구조의 최초 의 실용적인 전기조명 장치(electrical lighting device)를 입증하였다(그림 1.3). 이 장 치는 두 탄소막대 사이에서의 아크방전의 원리로 동작하였으며 야블로치코프의 양초 (Jablochkoff's candle)라 불렸다(The New York Times 1880). 이 장치는 현대적인 고휘도 아크 방전 램프의 원조이며, 전기조명에 공공의 관심을 불러일으켰다.

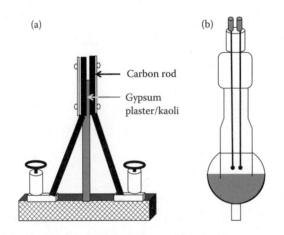

그림 1.3 야블로치코프의 양초: (a) 열린 상태와 (b) 닫힌 상태.

1.6 백열 필라멘트 램프

1879년에 미국의 연구자이자 사업가였던 토머스 에디슨(Thomas Alva Edison, 1847~ 1931)과 영국의 화학자, 전기 엔지니어이자 발명가였던 조지프 스완(Joseph Wilson Swan, 1828~1914)은 백열 필라멘트 램프(incandescent filament lamp)를 고안해 내

Departure of
incandescent bulb

Time to say
good-bye !

그림 1.4 백열전구 시대의 종말.

었다(MacIsaac et al. 1999, Incandescent Lighting 2010). 이 장치는 지금은 세상과 작별을 고하고 있지만(그림 1.4), 이 장치를 발명한 날은 조명기술 역사에서 빨간 글씨로 쓰인 날이었다. 왜냐하면 인류가 최초로 연소, 냄새 및 연기 없이 빛을 만드는 데 성공한 날이기 때문이다. 진공의 유리전구 안에 탄소화–종이 필라멘트(carbonized-paper filament)를 넣어 사용하였는데, 후에 에디슨이 일본산 대나무의 섬유로 대체하였다. 1892년에 미국의 특허청은 토머스 에디슨 대신 조지프 스완이 탄소 필라멘트 등의 발명자라고 결정하였다. 1897년에 네른스트(Walther Nernst)는 필라멘트로 산화세륨(cerium oxide)으로 된 고체 전해질을 사용하였다. 그 뒤로 오스뮴(osmium), 탄탈륨(tantalum), 텅스텐(tungsten)과 같은 금속 필라멘트들이 속속 등장하였다.

1.7 수은 및 나트륨 증기 램프

뒤이은 조명 장치들은 기체에서의 저압방전을 채택하였다(그림 1.5a 및 b). 1901년에 미국의 전기 엔지니어이자 발명가인 피터 쿠퍼 휴잇(Peter Cooper Hewitt, 1861~1921)은 청록색 빛을 내는 수은 증기 램프(mercury vapor lamp)의 특허를 출원하였다(Hewitt 1901). 발광 스펙트럼의 확장을 위한 나트륨 증기의 도입과 기체 압력의 증가는 그 당시에 주목할 만한 기술의 개발이었고, 이는 나트륨 증기 램프(sodium vapor lamp)와 고압 기체방전 램프(high-pressure gas-discharge lamp)를 가능하게 하였다.

1919년에 미국 웨스팅하우스 일렉트릭의 콤프틴(Arthur Holly Compton, 1892~1962)은 저압 나트륨 증기 램프를 발명하였다. 제너럴 일렉트릭(GE)은 스케넥터디(뉴욕)와 넬라 파크(오하이오)에서 고압 수은램프를 최초로 개발하였다. 1964

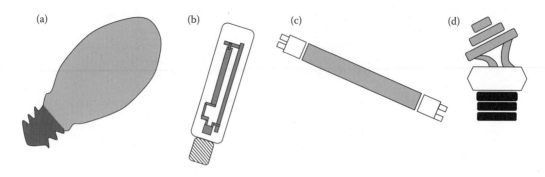

그림 1.5 현대의 광원들: (a) 수은 증기 램프, (b) 나트륨 증기 램프, (c) 형광등, (d) 콤팩트 형광등.

년에 최초의 램프가 시장에 등장하였다. 스케넥터디 근교의 GE 연구소에서 일하던 로버트 코블(Robert L. Coble)은 루칼록스(상업적 명칭은 산화알루미늄 세라믹)로 알려진 물질을 개발하였다. 이는 윌리엄 로덴(William Louden), 커트 슈미트(Kurt Schmidt), 엘머 호모네이(Elmer Homonnay)가 오하이오주의 클리블랜드시에 있는 GE 연구단지인 오하이오 넬라 파크에서 고압 나트륨램프를 발명하는 데 밑거름이 되었다.

1.8 형광등

1938년에 웨스팅하우스 일렉트릭은 형광등(fluorescent lamp)(그림 1.5c)의 홍보를 시작하였다. 형광등은 관의 내벽에 형광체 물질을 바르고 수은 증기를 채워 저압방전을 일으킬 때, 수은 증기에서 방출되는 자외선(ultraviolet, UV) 조사에 의해 형광체에서 가시광선이 형광 발광하는 원리로 동작한다. 무기질 원료로부터 만들던 초창기의 형광체는 1948년에 안티몬(antimony)과 망간(mangan) 이온에 의해 활성화된 할로겐 칼슘 인산염으로 대체되었다. 독일 베를린에서 태어나고 베를린대학에서 수학한 에드문트 거머(Edmund Germer, 1901~1987)는 1927년에 프리드리히 마이어(Friedrich Meyer) 및 한스 슈파너(Hans Spanner)와 함께 실험적인 형광등의 특허를 출원하였다. 거머는 일부 역사가들에 의해 최초의 제대로 된 형광등의 발명자로 인정받고 있다. 조지 인맨(George Inman)은 향상된 특성을 갖는 실용적인 형광등을 연구하는 GE 과학자 그룹을 이끌고 있었다. 그 팀은 최초로 실용적이고 사용 가능한 형광등(미국 특허번호 2,259,040)을 설계하였고, 1938년에 처음으로 판매되었다. GE는 거머의 초기 특허로부터 특허권을 매입하였다. 조지 인맨이 1936년 4월 22일에 출원한 특허는 1941년 10월 14일에 미국 특허번호 2,259,040로 등록되었다. 이는 원천특허로 여겨져 왔다. GE는 인맨의 특허보다 앞선 독일 특허를 사서 회사의 지위를 강화시켰다. GE는 또한 미국 특허번호 2,182,732도 매입하였다. 이 특허는 프리드리히 마이어, 한스 슈파너, 에드문트 거머에 의해 출원되었다. 비록 형광등의 진정한 발명자가 누구인지는 논쟁거리이지만, GE가 최초로 도입한 것은 분명하다.

1.9 콤팩트 형광등

형광등 및 콤팩트 형광등(compact fluorescent lamp, CFL)(그림 1.5d)과 더불어 백열 필라멘트 램프가 주거용 조명으로, 그리고 나트륨 증기 램프가 가로등 조명으로 사용되는 시대가 곧 열렸다. 이러한 조명 광원들의 우위는 고체 무기 발광 다이오드(inorganic light emitting diode, ILED) 및 유기 발광 다이오드(organic light emitting diode, OLED) 기반의 새로운 광원들에게 도전받고 위협을 당하고 있다.

표 1.1은 고대부터 CFL까지의 역사적인 발달 과정을 다시 볼 수 있도록 정리한 것이다.

1.10 조명 세계의 혁명: 발광 다이오드의 도래

발광 다이오드(light emitting diode, LED) 조명의 생산기술은 백열 조명(incandescent lighting)을 잊어버리게 만들었다. 이는 크게 보아 LED가 크기, 출력 및 디밍(dimming)과 색 조정의 용이성과 같은 성능 인자들이 더 우수하기 때문이다. 초창기에는 LED의 출력과 광속이 낮아 그 용도가 표시기(indicator)의 응용에만 국한되었으나, 지속적인 개발과 특성 향상으로 인해 최근에는 전기조명에 이용 가능한 수준이 되었다.

1.11 최초의 LED의 탄생과 초창기의 LED 개발

LED는 역사가 매우 오래된 소자로, 시장에서 상용으로 적용된 최초의 화합물 반도체(compound semiconductor) 소자였다. 역사적으로 고찰해 보면(표 1.2), 1세기보다 더 이전인 1907년에 영국의 전기 엔지니어이자 실험가인 헨리 조셉 라운드(Henry Joseph Round, 1881~1966)가 카보런덤(carborundum) 또는 탄화규소(silicon carbide, SiC) 단결정을 고체 정류 검출기로 사용하기 위한 가능성을 조사하고, 이를 "단결정 검출기(crystal detector)"로 불렀다.

표 1.1 고대에서 현대의 콤팩트 형광등에 이르기까지의 인공조명 장치들에 대한 연대기적 요약

번호	사건	연도
1.	불의 발견(최초의 인공조명)	5×10^5 년 전
2.	심지등(최초의 램프)	$3 \times 10^4 \sim 7 \times 10^4$ 년 전
3.	오일 램프	BC 600
4.	오일 램프(도자기나 금속 그릇과 심지와 덮개를 갖춤)	BC 500
5.	밀랍 초	AD 400
6.	기체조명	1772 (Coal gas lighting was patented by F.A. Winsor of Germany in 1804. First public street gas lighting was demonstrated by him in 1807)
7.	아르강 오일 램프	1784 (Patented by Argand: English Patent No.1425)
8.	최초의 고체조명 장치(석회등)	1826
9.	최초의 실용적인 전기조명 장치 (야블로치코프의 양초)	1876
10.	백열 필라멘트 램프	1879 (Patented by T. A. Edison: U.S. Patent No. 223, 898, *Electric Lamp*, filing date: November 1, 1879, issue date: January 27, 1880, 5 pp.); 1880 (Patented by J. W. Swan (British Patent Nos. 18 and 250 of 1880); On December 18, 1878, J. H. Swan demonstrated his first practical incandescent lamp having carbon filaments at the meeting of Newcastle-on-Tyne Chemical Society
11.	수은 증기 램프	1901 (Patented by P. C. Hewitt, Patent No. US682692 A: Method of manufacturing electric lamps)
12.	저압 나트륨 증기 램프	1919 (Patented by A. H. Compton, Westinghouse Electric, USA)
13.	형광등	1927 (Patented by F. Meyer, H.-J. Spanner and E. Germer, *Metal Vapor Lamp*, U.S. Patent number: 2812732, filing date: December 19, 1927, issue date: December 5, 1939; Inman, George E., *Electric Discharge Lamp*, U.S Patent No. 2259040, Gen Electric, filing date: April 22, 1936, publication date: 10/14/1941)
14.	콤팩트 형광등	1997 (Patented by Raymond A. Fillion, David J. Kachmarik, Donald W. Kuk, Thomas F. Soules, Erwin G. Steinbrenner, Compact fluorescent lamp and ballast arrangement with inductor directly between lamp ends, General Electric Company (GEC), U.S. Patent No. 573440, filing date: May 13, 1996; publication date: December 30, 1997)

라운드는 실험에서 SiC에 전류를 흐르게 하다가 신기한 현상을 관찰하였다: SiC 결정의 양단에 약 10 V의 전위차가 인가되었을 때, 노란 빛이 방출되었다. 이것이 최초의 LED의 탄생이었다. 흥미롭게도 이는 P-N 접합 다이오드(junction diode)가 아니라 금속–반도체 또는 쇼트키 다이오드(Schottky diode)였다. 라운드는 추가로 단

표 1.2 LED의 발명과 역사

번호	연도	사건
1.	1907	Marconi Labs에 근무하는 영국의 과학자인 Henry Joseph Round(1881~1966)가 SiC 결정과 고양이 수염 검출기(쇼트키 다이오드)를 이용하여 전계발광 효과를 발견하였다.
2.	1927	러시아 과학자인 Oleg Vladimirovich Losev(1903~1942)가 러시아, 독일 및 영국 과학 저널에 독립적으로 LED의 발명을 보고하였으나 그 당시에는 그의 연구가 무시되었다.
3.	1955	미국 Radio Corporation of America(RCA)사의 Rubin Brunstein은 GaAs와 GaSb, InP 등 다른 반도체 합금에서의 적외선 발광을 보고하였다.
4.	1961	미국 Texas Instruments사의 Robert Biard와 Gary Pittman은 GaAs에 전류를 흘리면 적외선을 발광한다는 사실을 발견하여 IR LED에 관한 특허를 획득하였다. 최초의 LED였으나 발광 파장은 가시광선 스펙트럼의 바깥이었다.
5.	1962	GE사의 Nick Holonyak, Jr.는 최초의 실용적인 적색 LED를 개발하였다. 그는 "LED의 아버지"로 알려져 있다.
6.	1968	Monsanto사는 GaAsP를 이용한 적색 LED의 양산을 시작하였다.
7.	1972	Holonyak의 대학원 학생이었던 M. George Crawford는 황색 LED를 발명하였고, 적색 및 주황색 LED의 휘도를 10배 이상 개선하였다.
8.	1976	Thomas P. Pearsall은 고휘도, 고효율 LED를 생산하였다.
9.	1994	AlGaInP 적색 LED에서 GaAs 기판을 GaP 투과기판으로 대체하는 기술이 개발되었다.
10.	1994	일본 Nichia사의 Shuji Nakamura는 InGaN 기반의 고휘도 청색 LED를 최초로 발명하였다.
11.	1998	최초의 상용 고출력 LED가 출시되었다.
12.	2006	UC산타바바라의 S. Nakamura 교수는 청색, 녹색 및 백색 LED와 청색 레이저 다이오드(laser diode)를 발명한 공로로 2006년 Millennium Technology Prize를 수상하였다.
13.	2014	청색, 녹색 및 백색 LED와 청색 레이저 다이오드 발명의 공로로 일본의 I. Akasaki, H. Amano 및 S. Nakamura 교수가 노벨 물리학상을 공동수상하였다.

지 한두 개의 결정만 이렇게 낮은 전압에서 발광하는 반면에, 무수히 많은 결정들은 약 110 V 정도의 훨씬 더 높은 전압에서 빛을 방출하는 것을 관찰하였다. 비록 그 당시에, 재료의 특성의 조절이 불충분하고 빛의 방출 과정이 부적절하게 이해되었지만, 라운드는 그의 발견을 *Electrical World*라는 학술지에 보고하였다(Round, 1907).

후에 러시아의 과학자이자 발명가인 올레그 로세프(Oleg Vladimirovich Losev)는 SiC 금속−반도체 정류기에서 관찰되는 발광현상을 상세히 조사하여 보고하였다(Losev 1929). 그는 다음의 사실들을 알아냈다. (i) 어떤 다이오드에서는 역방향의 바이어스(reverse bias)에서 발광이 일어났고, (ii) 다른 다이오드에서는 순방향과 역방향의 바이어스에서 발광이 일어났다. 그는 발광의 물리적 근원에 관해 알지 못하였기 때문에 빛의 방출은 냉음극 전자방전(cold electronic discharge)과 아주 유사한 것으로 가정하였다. 그는 또한 빛이 엄청난 속도로 켜졌다 꺼졌다 할 수 있으므로, 이 소자를 광 릴레이(light relay)로 쓸 수 있음을 알아냈다. RCA에서 근무하던 에곤 뢰브너(Egon Loebner, 1924~1989)는 1960년 이전의 LED의 역사를 좀 더 재검토하였다(Loebner 1976).

1950년대 이전에도 SiC와 II-VI 화합물 반도체는 잘 알려져 있었다. 예를 들어, ZnS나 CdS와 같은 많은 II-VI 화합물 반도체들은 자연에서 발견된다. 가장 최초의 LED는 SiC를 이용하여 제작되었으며, 이는 섬아연광(ZnS)으로 만든 LED들의 하나의 증거였다. 1950년대에 III-V 화합물 반도체 물질의 시대가 열렸다. 이 반도체 물질들은 자연 상태에서 존재하지 않지만 인공적으로 만들어진다. 1950년대에 GaAs(gallium arsenide) 기판의 대형 단결정 보울이 만들어졌다. 1962년에 GaAs 기반의 적외선(IR) 영역의 LED와 레이저가 최초로 보고되었다. GaAs는 300 K에서 1.424 eV의 직접 밴드갭을 가지며, 870 nm 파장의 빛을 방출한다.

1.12 LED의 아버지: 홀로냑 주니어

GE사에 근무하던 닉 홀로냑 주니어(Nick Holonyak Jr.)는 1962년에 최초의 실용적인 가시광선 스펙트럼을 갖는 적색 LED를 개발하였다(Holonyak and Bevacqua 1962). 그의 이러한 노력들이 없었다면 빛 방출 현상은 잊혀졌을 것이다. 그는 어울리게 LED의 아버지라 불린다. 이 GaAsP(gallium arsenic phosphide) LED는 표시기, 7-세그먼트(segment) 숫자 디스플레이, 영숫자(alphanumeric) 디스플레이로 사용된다. 닉 홀로냑 주니어는 시라큐스(뉴욕)에 위치한 GE사 연구소에서 자문과학자로 일하는 동안, 1962년에 최초로 실용적인 가시광선 LED를 발명하였다.

1.13 1962년 이후의 개발

1962년 이후로 III-V 화합물 반도체 기반의 레이저와 LED들은 역사 속에 대규모로 자리를 잡았다. 현재에도 이 분야를 주도하고 있으며, LED의 상업적인 팽창을 위한 토대를 제공하였다. 1968년에 출시된 최초의 상용 LED는 10^{-3} lm을 넘지 못하였다. 과거에 홀로냑의 대학원 학생이었던 크로포드(M. G. Crawford)는 그 후 1972년에 황색 LED를 발명하였고, 적색 및 적색-주황색 LED의 밝기를 10배 정도 개선하였다.

1960년대에 적색, 황색, 녹색(청색은 아님) LED가 판매되었으나 연구는 주로 레이저 다이오드에 집중되었다. LED와 관련된 약간의 연구들이 1970년대 이후에 수행되었다. 홀로냑의 기여가 모범을 보였고, LED에 관한 연구가 탄력을 받았다.

GaP(gallium phosphide)는 밴드갭이 2.26 eV이고 방출파장이 555 nm(황록색)로 LED에 유용한 또 다른 III-V 물질이다. 간접 밴드갭(indirect bandgap) 반도체이기 때문에, 광학전이에서의 운동량 보존의 요건 때문에 많은 양의 빛을 방출하지 못한다. 순수한 상태에서는 GaP는 LED 제작에 부적당하다. 그러나 이 물질에 N이나 ZnO와 같은 활성불순물들을 도핑하면, 특성이 개선된다. 1970년대에 GaP에 N을 도핑하여 0.6%의 효율을 갖는 녹색 LED를 제작하였는데, 이 효율은 적색 LED보다는 훨씬 낮았다. 그러나 인간의 녹색광에 대한 인간의 눈의 시감도가 스펙트럼상의 적색 영역보다 10배 더 높다. 따라서 녹색 LED는 허용할 수 있었다.

1.14 하이츠의 법칙

"18~24개월마다 반도체 칩 내의 트랜지스터의 개수는 두 배가 된다"라는 실리콘 기술에서의 저명한 무어의 법칙(Moore's law)과 유사하게, LED 분야에서는 "루멘 단위로 측정되는 LED의 광속이 18~24개월마다 두 배가 된다"라는 하이츠의 법칙(Haitz's law)이 있다(Haitz et al. 2000). 하이츠의 법칙은 과거 애질런트사의 연구과학자였던 롤랜드 하이츠(Roland Haitz) 박사의 이름에서 따왔다. 1968년에 GaAsP를 이용하여 고작 0.001 lm인 최초의 상용 LED가 출시된 이래로 1990년대 중반까지, 상용 LED들은 표시기나 디스플레이 소자로만 사용되어 왔음이 분명하다.

1.15 GaAs 기판에 성장된 AlGaAs LED

이어지는 개발단계에서는 GaAs 기판 위에 성장된 AlGaAs(aluminum gallium arsenide) LED가 등장하였는데, 완전하게 격자 정합된 직접 밴드갭(direct bandgap) 시스템과 이종접합구조(heterojunction structure) 활성층을 채택하였다. 이 개선된 기술에 의해, 초기 적색 LED의 발광효율(luminous efficiency)은 적색 필터를 사용한 백열전구를 능가하였다. 게다가 투명 기판 소자(AlGaAs 기판 위에 AlGaAs를 성장)를 사용하여 효율을 두 배로 향상시켰다.

1.16 GaAs 기판에 성장된 AlGaInP LED

1990년대에 시나리오는 극적으로 변했다. 적색과 청색 레이저를 만들기 위해 개발된 InGaP/GaAs와 GaInAlN/GaN(gallium nitride) 등의 새로운 물질들에 의해 첨단을 달렸다. 유기금속 기상 에피택시(organometallic vapor-phase epitaxy, OMVPE)라는 결정성장 기술이 성숙해짐에 따라 GaAs 위에 성장된 AlGaInP라는 새로운 물질계의 도입이 가능해졌다. AlInGaP 물질은 황색에서 적색에 이르는 고휘도 LED의 제작을 용이하게 했다. 1990년대 초에, 루미레즈 라이팅과 휴렛–팩커드(HP)의 옵토 일렉트로닉스 부문은 GaAs 기판상에 4원소인 AlInGaP(aluminum indium gallium phosphide)를 성장하는 복잡한 OMVPE 기술을 최적화하였다. AlInGaP 물질계의 뛰어난 특성으로, 스펙트럼상의 적색과 주황색에서 빛의 방출이 가능해졌다. 그 뒤로 10년이 채 지나지 않아, 합금의 질서화(ordering), 수소에 의한 억셉터 원자의 패시베이션(passivation), P-N 접합의 배치, 알루미늄을 함유한 반도체로의 산소의 혼입과 같은 문제들이 해결되었다. 그 결과로 AlInGaP LED에서는 소자로 주입된 모든 전자(electron)와 정공(hole)의 쌍들이 결합하여 광자(photon)를 생성하게 되었다.

1.17 발생한 광의 추출

남은 미해결의 문제는 반도체 LED 안에서 발생한 빛을 유용하게 사용하기 위하여 반도체의 밖으로 추출하는 것이었다. 극복해야 할 첫 번째 장벽은 작은 밴드갭(1.42 eV = 870 nm)을 가진 GaAs 기판에서의 빛의 흡수였다. 관심을 끄는 방식에는 에피택시 구조 안에 브래그(Bragg) 거울을 집어넣는 것과 GaP 기판상에 직접 AlInGaP를 성장하는 기술이 있었다. 그러나 1994년에 휴렛–팩커드에 의해 가장 성공적인 기술이 개발되었다. 이 기술에서는 GaAs 기판을 식각에 의해 제거하고, 다음으로 웨이퍼 본딩에 의해 투명 GaP로 대체하였다. 이 LED는 적색 필터를 사용한 백열전구의 효율의 거의 10배인 25 lm/W의 효율과 LED당 수 루멘을 갖는 특성으로, 최초의 자동차용 LED 정지등, LED 적색 신호등, 단색 옥외 표시등으로의 사용이 가능해졌다. 그러나 3 lm/W에서 LED의 응용은 여전히 사용자가 LED를 직접 볼 수 있는 디스플레이 소자에 국한되었다.

1.18 AlInGaN 물질계: 청색 및 백색 LED

AlInGaP의 상용화의 뒤를 이어, 두 그룹—니치아화학(현재는 니치아사)의 연구원 슈지 나카무라(1954~)와 이사무 아카사키 교수(1929~) 및 히로시 아마노 교수(일본 나고야대학)—에서 상압 OMVPE를 이용하여 사파이어 기판에 AlInGaN(aluminum indium gallium nitride)를 성장하는 복잡한 OMVPE 성장기술을 연구하고 있었다

(Nakamura 1991, Nakamura et al. 2000). AlInGaN 물질계는 AlInGaP보다 밴드 갭이 더 커서, 색 스펙트럼상에서 더 큰 에너지를 갖는 녹색, 청색 및 UV 영역에의 접근이 가능하다. 이미 언급한 바와 같이 AlInGaP에서의 합금의 군집화, 수소에 의한 억셉터 원자의 패시베이션, P-N 접합의 배치 및 알루미늄을 함유한 반도체로의 산소의 혼입과 같은 문제들은 이 물질에서도 중대한 난제들로 판명되었다. 비록 AlInGaN 물질계가 AlInGaP 물질계만큼 잘 알려지지는 않았지만, 그럼에도 불구하고 투명한 사파이어(sapphire) 기판을 사용하고, 청색광이나 적색광과 비교하여 녹색광이 인간의 눈에서의 시감도가 더 높기 때문에, 니치아화학, 루미레즈 및 다른 회사들에서 수 루멘의 녹색 LED를 개발할 수 있었다. 이와 함께 수 루멘의 AlInGaP 적색 LED와 약 1 lm의 청색 LED를 이용하여, 고체상태 광원(solid-state light source) 기반의 대형 풀 컬러 표시기가 가능해졌다. 고휘도 청색 LED와 함께, 백색 LED(WLED)도 실현되었다. 이 소자는 청색 AlInGaN LED로부터의 고에너지 청색 광자를 형광체에 조사하여, 청색 광자의 일부를 청색의 보색인 황색 광자로 변환시킨다. 1996년에 최초의 백색 LED가 개발되었다. 이 소자는 슈지 나카무라와 게르하르트 파솔(Gerhard Fasol)에 의해 처음으로 구현되었으며, 청색 발광과 다운–컨버전 형광체층을 조합한다. 상업적으로 이 기술은 여전히 백색광을 구현할 수 있는 가장 중요한 수익을 내는 수단이다. 오늘날에도 LED의 주류는 적색에서 황색 파장을 위한 AlInGaP 기반의 LED와 청색 및 근자외선 파장을 위한 AlInGaN 기반의 LED이다.

1.19 고출력 LED

고출력 LED에 관한 혁신적인 일은 1998년에 루미레즈 라이팅사가 최초의 상용 고출력 LED를 출시하는 것으로 시작되었다. LED의 전력소모는 고출력 LED의 등장으로, 1960년대의 복잡하지 않은 표시용 LED의 수 밀리와트에서 고급 고출력 LED의 수 와트 수준으로 증가하였다(Kim et al. 2010). 전통적인 5 mm 표시용 LED의 입력전력의 20배인 1 W의 입력전력에서 동작하는 룩세온 소자는 효율이 50%를 상회한다. 2006년에 개발된 룩세온 K2는 4 W의 전력을 감당한다. 추정 수명은 수만 시간에 달한다. 1998년의 고출력 LED의 상용화는 수십 년 된 하이츠의 법칙에 영향을 주었다. 이는 고출력 LED가 표시용 LED로부터 벗어나는 LED 진화의 점을 규정하는 루멘/LED 대 시간 그래프의 변곡점으로서 주목할 만하다. 루미레즈(Lumileds)의 주된 업적은 패키지 열저항을 획기적으로 감소시킨 것으로, 300 K/W 수준의 표시용 LED에서 룩세온 계열의 LED들은 15 K/W 이하로 줄었다. 1990년대 초에, 470 nm의 청색광을 방출하는 최고의 SiC LED의 효율은 겨우 0.03%였다. 그 이후로, SiC는 LED 시장에 작별을 고했고, III-V 화합물 반도체가 그 자리를 거머쥐었다.

1.20 LED와 재료과학

LED 개발의 역사는 재료과학에서의 진보와 상관관계가 있다. 따라서 물질의 밴드갭과 방출하는 빛의 색과 상관이 있다. LED는 InGaN, GaAs, GaP, GaAsP, SiC, AlGaAs 또는 AlGaP(aluminum gallium phosphide)와 같은 반도체 화합물들로부터 만들어진다. 많은 경우에, 화합물들은 단독으로 사용된다. 다른 경우에, 다른 파장을 방출하기 위해서는 서로 다른 비율로 함께 혼합한다. 이들 중에서 서로 다른 화합물이나 또는 그 혼합은 가시광선 스펙트럼상의 특정 영역에서 빛을 방출한다. 사용하는 반도체 물질의 선택은 광자 방출의 전반적인 파장을 결정하므로, 방출되는 빛의 결과적인 색을 정해 준다. 비록 LED의 플라스틱 몸체가 빛 방출을 개선하고 LED가 사용되지 않을 때의 색 출력을 나타내기 위해 의도적으로 색을 집어넣었지만, 이 색으로부터 방출색이 결정되지는 않는다. 넓은 색 범위에서 LED들이 가용하다(표 1.3). 가장 보편적인 색들은 적색, 주황색, 황색, 녹색이다.

1.21 어디에나 존재하는 원소: Ga, N, As

신기하게도 표 1.4에서 언급한 모든 화합물의 성분들을 살펴보면, 한 원소가 공통으로 들어간다. 이 원소가 갈륨(Ga, 원자번호 31)이다. 따라서 LED를 제작하는 데 사용되는 주된 III족 성분은 갈륨이다. 유사하게 사용되는 주된 V족 성분은 비소(As, 원

표 1.3 빛의 색깔(파장)별 LED 개발의 역사

빛의 색깔	파장(nm)	반도체 재료	연대
적외선	850~940	GaAs	1970년대 중반
황색	585~595	GaP	1970년대 중반
적색	630~660	GaAsP 및 AlGaAs	1980년대 중반
녹색	550~570	InGaN	1990년대 중반
청색	430~505	InGaN	1990년대 중반
백색	450[a]	InGaN + 형광체(또는 red-green-blue-white)	1990년대 중반

[a] 백색광원을 만들기 위한 청색 LED의 파장

표 1.4 GaA, GaAsP, GaP LED의 비교

특성	GaAs LED	GaAsP LED	GaP LED
발광 범위	적외선	가시광선(적색)	가시광선(황색)
순방향 전압	1.4 V	2 V	3 V
등급	밀리와트	밀리칸델라	밀리칸델라
		(1000 mcd = 1 cd, cd = lumen/beam coverage)	

자번호 33) 또는 질소(N, 원자번호 7)로, 이를 통하여 GaAs 또는 GaN와 같은 화합물이 구성된다. GaAs의 문제는 LED를 통하여 순방향 전류가 흐르면 접합부에서 많은 양의 적외선(infrared, IR: 약 850~940 nm) 복사가 발생한다는 점이다. 이 IR 복사는 표시기용 광으로는 부적절하지만 텔레비전(TV) 리모컨용으로는 유용하다. 그러나 세 번째 원소로 인(P, 원자번호 15)을 추가하면, 일반적으로 방출되는 복사 파장은 680 nm 이하로 줄게 되어, 인간의 눈에 가시광선 적색광으로 보인다. 가시광선의 겉모습은 인간의 눈의 응답곡선과 소자의 스펙트럼 전력 간의 중복 적분에서 기인하므로, 일반적으로 발광 곡선의 피크는 스펙트럼 전력 곡선의 피크와 일치하지 않는다.

표 1.4는 GaAs, GaAsP, GaP LED의 차이를 나타낸다. GaAs LED는 더 낮은 순방향 전압과 더 높은 순방향 전류를 갖는 IR LED이다. 가시광선을 방출하지 않기 때문에 정격출력은 수 밀리와트이다. GaAs는 인(P)과 합금이 되면 가시광선 영역에서 빛을 방출한다. GaAsP에서 GaP로 가면, 발광 파장은 황색으로 변한다.

1.22 추가적인 정제

P-N 접합을 구성하는 재료들에 대한 추가적인 정제를 통하여 가시광선 전 대역뿐만 아니라 IR과 UV 파장 범위까지 확장된 넓은 범위의 파장들을 얻을 수 있었다.

1.23 결론 및 고찰

인공조명은 인간의 자연 정복의 자랑스러운 이야기이다(그림 1.6). 최초의 휴대용 인공광원은 나뭇가지나 막대기의 묶음으로, 한쪽 끝을 가연성의 액체에 담갔다. 이것을 횃불(torch)이라 불렀다. 이끼로 알려진 꽃이 피지 않는 작은 녹색 식물들로 덮인 속이 파인 돌이나 조개에 동물성 지방을 담아 원시적인 오일 램프를 만들었다. 처음에는 초를 고래 지방과 종이 심지로 만들었다. 파라핀 왁스의 발견은 초의 생산을 저렴하게 할 수 있게 해 주었다. 아르강 오일 램프는 과학적으로 설계된 최초의 오일 램프

그림 1.6 조명의 진화.

였다. 바닥에 구멍이 있어서 신선한 산소와 함께 불꽃을 공급했다. 조명기술의 발전은 전류의 등장으로 자극을 받았다. 중요한 이정표에는 백열전구, 형광등, 수은과 나트륨 증기 램프가 있다. GE사의 닉 홀로냑 주니어는 1962년에 최초로 가시광선 영역에서 빛을 내는 LED를 발명하였다. 이것은 적색 LED였다. 니치아사의 슈지 나카무라는 1979년에 GaN(gallium nitride)를 이용하여 최초의 청색 LED를 만들었다. 그 뒤, 1990년대에 청색 LED는 상업적인 생산이 이루어지고 가격이 저렴해졌다.

 참고문헌

Almqvist, E. 2003. *History of Industrial Gases*. New York: Kluwer Academic/Plenum Publishers, p. 72.

Bellis, M. 2013. History of lighting and lamps: Pre-electrical lamps. About.com Guide http://inventors.about.com/od/lstartinventions/a/lighting.htm

Bowers, B. 1980. Historical review of artificial light sources. *IEE Proceedings* 127(Part A, No. 3), April 1980, 127–133.

Drummond, T. 1826. Description of an apparatus for producing intense light, visible at great distances. *Edinburgh Journal of Science* 5, 319–322.

Haitz, R., F. Kish, J. Tsao, and J. Nelson. 2000, March. Another semiconductor revolution: This time it's lighting! *Compound Semiconductor Magazine* 6(2), 1–4.

Hewitt, P.C. 1901. *Method of Manufacturing Electric Lamps*. U.S. Patent No. 682692 A, Filing date: April 5, 1900; Issue date: September 17, 1901, 6pp.

Holonyak Jr., N. and S. F. Bevacqua. 1962, December. Coherent (visible) light emission from Ga (As$_{1-x}$P$_x$) junctions. *Applied Physics Letters* 1(4), 82–83.

Incandescent Lighting. 2010. Incandescent lamps: The most profound invention since man-made fire. http://www.edisontechcenter.org/incandescent.html.

Kim, D.-W., E. Rahim, A. Bar-Cohen, and B. Han. 2010, December. Direct submount cooling of high-power LEDs. *IEEE Transactions on Components and Packaging Technologies* 33(4), 698–712.

Loebner, E. E. 1976. Subhistories of the light emitting diode, *IEEE Transactions on Electron Devices* ED-23(7), 675–699.

Losev, O.V. 1929. *Soviet Patent* 12191 (granted in 1929).

MacIsaac, D., G. Kanner, and G. Anderson. 1999, December. Basic physics of the incandescent lamp (lightbulb). *Physics Teacher* 37, 520–525.

Nakamura, S. 1991. GaN growth using GaN buffer layer. *Japanese Journal of Applied Physics* 30(Part 2, No.10A), L1705–L1707.

Nakamura, S., S. Pearton, and G. Fasol. 2000. *The Blue Laser Diode: The Complete Story*. Berlin: Springer-Verlag, 368pp.

Ramsey, A. R. J. 1968. *The Origin and Development of the Incandescent Paraffin Lamp*. http://www.petromax.nl/incandes.html

Round, H. J. 1907. Note on carborandum. *Electrical World* 49, 309. *The New York Times*. 1880, November. *The Jablochkoff Electric Light* http://query. nytimes.com/mem/archive-free/pdf?res=F30816F73E5B1B7A93C2A8178A D95F448884F9

Williams, B. 1999. *A History of Light and Lighting*, 2.2 edn, Copyright © 1990–1999 by Bill Williams, http://www.iar.unicamp.br/lab/luz/ld/C%EAnica/Hist%F3ria/Bill%20 Willians.pdf

연습문제

1.1 버너를 둘러싼 굴뚝 모양의 유리관과 2개의 동심관들 사이에 관 모양의 심지를 삽입한 오일 램프를 발명한 과학자는 누구인가? 이 램프는 언제 특허를 출원하였는가?

1.2 최초의 고체조명 장치는 무엇인가? 그 구조를 간단히 설명하라.

1.3 백열전구를 발명한 과학자는 누구인가? 이 발명은 언제 이루어졌는가?

1.4 수은 증기 램프는 언제 누가 특허를 출원하였는가?

1.5 형광등이 시장에 등장한 시기는 언제인가? 형광등을 시장에 최초로 출시한 회사는?

1.6 형광등에서 가장 흔하게 사용되는 형광체는 무엇인가?

1.7 최초의 LED가 보고된 때는 언제인가? 이 발견을 보고한 과학자는 누구인가? 이 보고가 실린 저널의 이름은?

1.8 최초의 LED는 P-N 접합 구조였는가? 만약 아니라면, 이 LED는 어떤 구조의 다이오드였을까? 올레그 블라디미로비치 로세프의 실험과 발광의 관찰을 설명 하라.

1.9 III-V 화합물 반도체들은 자연에 존재하는가? 그러한 화합물 두 가지를 언급 하라.

1.10 "LED의 아버지"라 불리는 과학자는 누구인가?

1.11 황색 LED를 발명한 과학자는 누구인가?

1.12 반도체 산업에서의 무어의 법칙과 유사한 법칙이 조명 산업에서도 존재한다. 이 법칙의 명칭과 그 내용을 기술하라.

1.13 최초의 WLED를 개발한 과학자는 누구인가? 이 소자에 적용된 원리는 무엇 인가?

1.14 "서로 다른 색을 방출하는 LED는 LED를 덮는 플라스틱 덮개의 색에 따라 달 라진다"라는 말의 옳고 그름을 판단하라. 서로 다른 색을 갖는 빛의 방출을 만 들어 내기 위해, 변경되어야 할 주된 매개변수는 무엇인가?

1.15 GaAs LED는 가시광선을 방출하는가? 만약 아니라면, 가시광선을 얻기 위해 서는 조성을 어떻게 변화시켜야 하는가?

CHAPTER 2

조명의 본질과 특성
Nature and Quality of Lighting

학습목표

이 장을 학습한 후에 독자들은 다음의 역량들을 갖출 수 있게 된다.

- 빛의 물리와 빛의 입자성과 파동성의 본질에 관한 이해 구축
- 빛을 인간의 눈에 의해 전자기파 스펙트럼의 일부로 인식
- 중요한 빛의 특성들을 이해
- 빛의 밝기나 강도를 측정하는 과학으로, 건강과 안전을 위해 적절한 광출력 수준을 보장하기 위해 사용하는 광도계에 관한 지식을 습득
- 색도 측정 및 색의 주관적인 밝기와 반대 개념의 물리적 강도를 측정하는 방법을 이해

이 장에서 독자들은 "빛"과 조명의 논의에서 자주 되풀이되는 주요한 용어들의 의미에 익숙해질 것이다(Schanda and Madár 2007, Thompson 2011).

2.1   빛은 무엇인가?

빛은 전자기파 에너지(electromagnetic energy)의 한 형태이다(Vandergriff 2008). 빛은 매우 빠르게 움직이지만, 속도는 무한하지 않고 측정할 수 있다. 진공 중에서 빛은 $c = 2.99 \times 10^8$ m/s의 일정한 속력으로 진행하며, 이는 보편상수로 취급된다. 진공이 아닌 매질에서는 속력이 변한다. 예를 들어, 공기 중에서는 빛은 진공 중에서보다도 0.03% 더 느린 속력으로 진행하지만, 유리 안에서는 30.0% 더 느리게 진행한다.

2.1.1   빛의 이중성

공간을 움직이면서, 빛에너지는 파동이나 또는 흡수나 방출될 수 있는 양자(quantum)

라 불리는 이산적인 양의 에너지를 갖는 독립적인 입자처럼 거동한다. 파동과 입자 모형은 모두 빛을 연구하는 데 유용하다. 빛의 입자적 거동은 광자로 복제된다. 광자는 질량이 없고 전하도 없는 입자이다. 광자의 에너지는 다음의 식으로 주어진다.

$$E = h\nu = \frac{hc}{\lambda} \tag{2.1}$$

여기서 E는 줄(joule) 단위의 에너지, $h = 6.625 \times 10^{-34}$ J-s는 플랑크상수, ν는 Hz나 s^{-1} 단위의 빛의 진동수, $c = 2.998 \times 10^8$ m/s는 진공 중에서의 빛의 속력, 그리고 λ는 미터 단위의 빛의 파장이다.

예제 2.1

청색 LED의 발광 피크 파장은 465 nm이다. 공기 중에서의 이 광원의 피크 진동수와 에너지를 구하여라. 여기서 공기 중에서의 가시광선의 굴절률은 1.0003, 진공 중에서의 빛의 속도는 299792458 ms⁻¹, 그리고 플랑크상수는 $h = 6.63 \times 10^{-34}$ J-s라 하자.

진공 중에서의 빛의 속도(c)와 공기 중에서의 빛의 속도(v)의 비를 물질의 굴절률($n = c/v$)이라 부른다. 따라서

$$v = \frac{c}{n} = \frac{299792458}{1.0003} = 299702547.24 \text{ ms}^{-1} \tag{2.2}$$

공기 중을 진행하는 빛의 에너지는 다음과 같다.

$$E = \frac{hv}{\lambda} = h\nu \tag{2.3}$$

따라서

$$E = \frac{hv}{\lambda} = \frac{6.63 \times 10^{-34} \text{ J-s} \times 299702547.24}{465 \times 10^{-9} \text{m}} = 4.273 \times 10^{-19} \text{ J} \tag{2.4}$$

그러므로

$$\nu = \frac{E}{h} = \frac{4.273 \times 10^{-19} \text{ J}}{6.63 \times 10^{-34} \text{ J-s}} = 6.4449 \times 10^{14} \text{ Hz} \tag{2.5}$$

광파(light wave)의 본질을 이해하기 위해서는 전자기파는 1차원 파동이 아니라 서로 수직한 전기장(electric field)과 자기장(magnetic field)으로 구성되며 광파는 이 두 장(field)에 수직한 방향으로 진행한다는 사실을 주목하자(그림 2.1). 따라서 광파는 시간과 공간적으로 변하는 횡방향 전기장과 자기장을 가진다. 전기장은 시간과 공

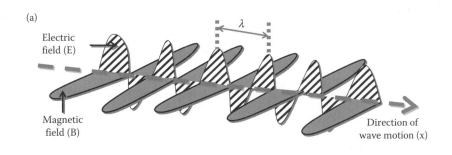

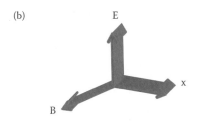

그림 2.1 전자기파: (a) 전파, (b) E, B, x의 방향 관계.

간적으로 진동하며 자기장과 결합한다. 둘 다 동일한 진동수를 갖는다. 변화하는 전기장은 변화하는 자기장을 유도하며, 반대로 변화하는 자기장은 변화하는 전기장을 유도한다. 이렇게 변화하는 전기장이 변화하는 자기장을 생성하면서 파동의 전파가 계속된다.

2.1.2 광파의 특성

다른 종류의 파동운동과 마찬가지로 빛도 편광(polarization), 중첩(superposition), 반사(reflection), 굴절(refraction), 회절(diffraction) 및 간섭(interference)과 같은 특성들을 보인다. 편광은 한 방향 이상에서 진동할 수 있는 파동의 특성을 말한다. 광파는 광파의 진동 방향이 단일 평면 위에 놓일 때 편광되었다고 말한다. 따라서 한 방향으로 진동하는 광파는, 다시 말해서 단일 평면 안에서 진동(예를 들어, 위와 아래)할 때, 편광에 해당한다. 한 방향 이상으로 진동하는 광파들은, 다시 말해서 한 개 이상의 평면 안에서 진동(예를 들어, 위/아래와 좌/우)할 때, 무편광되어 있다고 말한다.

편광을 이해하기 위해서는 전기장과 자기장은 벡터이며 공간상에서 분명한 방향을 가지고 있음을 상기하자. 이 두 장(field) 중에서 어느 하나(관습적으로 전기장)의 방향이 편광의 방향을 결정하도록 선택된다. 실제로 전기장은 위아래로 진동하지만, 어떤 임의의 순간에 어떤 특별한 방향을 가진다. 장(field)이 위와 아래 방향으로 움직이면 편광은 수직 방향이고, 오른쪽과 왼쪽 방향이면 편광은 수평 방향이다. 분명히 전기장은 정확히 수직이나 수평 방향으로 진동하도록 구속되지 않으며, 이 방향들과 어떤 임의의 각도를 가질 수 있다. 이 임의의 편광 각도는 적절한 진폭을 갖는 수평 편광된 빛(horizontally polarized light)과 수직 편광된 빛(vertically polarized light)의 조합으로 간주할 수 있다.

햇빛이나 백열전구의 빛은 무편광(unpolarized)된 것으로 간주한다. 이 말은 약간 혼란을 줄 수 있다. 왜냐하면 각각의 광파들은 각자 고유의 편광을 가지고 있기 때문이다. 이 편광들은 서로 상관되지 않기 때문에, 어느 특정한 점에서 측정된 파동의 편광은 매우 빨리 그리고 특별히 선호하는 방향이 없이 무작위로 변한다. 따라서 이 빛은 무편광된 것으로 간주한다.

무편광된 빛을 상이한 편광 방향에 따라 빛이 투과되는 정도가 달라지는 특별한 물질을 통과시키면 편광된 빛을 얻을 수 있다. 자연에서 존재하는 방해석(calcite)이라는 물질은 서로 다른 편광에 대하여 서로 다른 굴절률(index of refraction)을 나타낸다. 적절하게 자른 방해석 결정은 수평과 수직 편광된 빛을 다른 크기로 굴절시키며, 둘을 분리시키는 데 사용된다. 그중 하나를 차단하면, 수평이나 수직 편광된 빛을 얻는다.

중첩의 원리(principle of superposition)에 따르면, 동일한 두 개나 그 이상의 파동이 한 점에 모일 때의 합성 변위는 그 점에서의 각각의 개별적인 변위들의 벡터 합과 같다. 빛의 반사(reflection of light)는 빛이 진행하다가 서로 다른 매질의 경계면에 부딪힐 때 통과하지 못하고 파동의 전파 방향이 바뀌는 현상이다. 빛의 굴절(refraction of light)은 빛이 한 매질에서 다른 매질로 진행할 때 빛이 꺾이는 현상을 말한다. 빛의 회절(diffraction of light)은 빛이 빛의 파장과 거의 같은 장애물이나 개구를 통과한 후에, 파동군의 방향과 강도가 바뀌는 현상이다. 이는 종종 날카로운 장애물의 가장자리에서 광파가 구부러지는 것으로 정의된다. 회절된 빛의 양이나 바뀐 방향은 장애물의 크기에 의존한다. 예를 들어, 카메라 개구나 눈의 동공과 같은 작은 개구를 통과하는 광파에 대해서도 동일한 원리가 적용된다.

서로 다른 가간섭성 광원(coherent source)에서 나온 두 개의 광파가 함께 모일 때, 두 파동 사이의 에너지 분포의 차이에 따른 요동이 발생한다. 이러한 두 광파의 중첩에 따른 빛에너지의 분포의 변화를 빛의 간섭(interference of light)이라 부른다. 따라서 간섭은 동일한 매질 내에서 진행하는 파동들 사이의 상호작용이다. 두 파동이 만나면, 두 가지 방식의 간섭이 가능하다. 파동 간의 위상차에 대응하여 보강간섭과 상쇄간섭이 일어난다. 보강간섭(constructive interference)에서는 파동의 진폭이 증폭된다. 이는 두 파동이 동일한 위상을 가질 때, 다시 말해서 파동들의 마루(crest)와 골(trough)이 마루는 마루끼리, 골은 골끼리 일치하는 경우에 일어난다. 상쇄간섭(destructive interference)은 보강간섭과 반대되는 경우로, 두 파동이 서로 상쇄된다. 이는 두 파동이 서로 반대의 위상을 가질 때, 다시 말해서 한 파동의 마루가 다른 파동의 골과 일치하는 경우에 일어난다. 상쇄간섭에 의해, 스크린상에 어두운 무늬가 얻어진다. 보강간섭과 상쇄간섭이 교대로 일어나므로, 스크린상에 일련의 밝고 어두운 무늬가 반복된다.

2.1.3 전자기파 스펙트럼

전자기파의 파장(wavelength)은 예를 들어 50/60 Hz의 전력선 복사와 같은 매우 긴 파장에서 감마선 복사와 같은 매우 짧은 파장까지 방대한 범위를 포함한다. 이 파장의 전체 범위가 전자기파 스펙트럼을 구성하며(그림 2.2), 주어진 주파수 범위에서의 실용적인 응용에 의해 구분된다. 백색광은 서로 다른 파장을 가진 일곱 가지 서로 다른 색깔들의 빛 성분들의 혼합이고, 투명한 매질을 통과할 때에 서로 다른 각도로 굴절된다. 따라서 프리즘에 의해 백색광이 성분 색들로 나눠져서 원래의 스펙트럼을 제공한다. 방출(emission) 및 흡수(absorption) 스펙트럼의 두 가지 형태의 스펙트럼이 중요하다. 방출 스펙트럼은 광원에서 방출되는 빛으로부터 얻어진다. 흡수 스펙트럼은 흡수 매질을 통하여 지나가는 빛으로부터 얻어진다. 절대온도 0도 이상의 온도에서, 모든 물질들은 전자기파를 방출한다. 스펙트럼선들의 독특한 특성 집합이 모든 원자와 분자들을 구분해 준다. 물질의 스펙트럼 지문(fingerprint)을 설명할 수 있는 파장과 에너지에 대한 이해는 복사광원을 구성하는 원자와 분자 구조의 설명에 기반

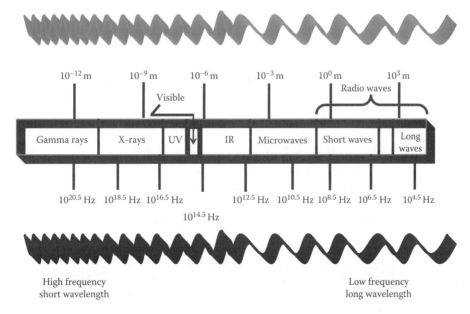

그림 2.2 전자기파 스펙트럼.

을 두고 있다. 물질의 선 스펙트럼이나 밴드 스펙트럼은 예를 들어, 가열에 의해 얻어진 빛을 실틈을 통하여 통과시키는 방식으로 관찰할 수 있다. 이 실틈의 영상은 빛의 성분 파장에 따라 프리즘에 의해 굴절되거나 격자에 의해 회절이 일어나며, 나타나는 스펙트럼은 필름이나 분광사진기에 기록된다. 스펙트럼상의 선들은 발광물질의 원자 구조 및 고유의 에너지 준위의 변화와 관련이 있다.

일상의 경험으로부터 서로 다른 온도를 갖는 물체들은 열에너지나 서로 다른 파장이나 색깔의 복사를 방출한다. 예를 들어, 난로의 열선들은 전류가 흐르면 빨갛게 작열하기 시작한다. 흑체복사(blackbody radiation)는 온도와 연관된 자기복사에 의해 기대할 수 있는 이론적인 최대복사를 의미한다. 이 복사의 피크 에너지 분포는 전자기파 스펙트럼상의 소위 적외선, 가시광선 또는 자외선의 세 가지 영역 중 어느 하나에 놓일 수 있다. 방출체가 더 뜨거워질수록 더 많은 에너지가 방출되며, 파장은 더 짧아진다. 상온에서의 물체의 최대복사는 적외선 영역에 놓이나, 태양의 최대복사는 전자기파 스펙트럼상의 가시광선 영역에 놓인다.

2.2 비전

인간의 눈은 넓은 전자기파 스펙트럼 범위 내의 매우 좁은 주파수 대역에서만 민감하다. 이 좁은 주파수 대역이 가시광선 스펙트럼(spectrum of visible light)으로 알려져 있다. 다시 말해서 가시광선은 인간의 눈으로 측정 가능한 빛으로 780 nm에서 380 nm의 파장 범위를 갖는다. 이 스펙트럼 내의 특정 파장들은 그 특별한 파장들의 빛에 대한 인간의 인식에 기반을 둔 특별한 색에 해당한다. 이 스펙트럼의 장파장 쪽 끝은 인간의 눈에 의해 적색 광으로 인식되지만, 단파장 쪽 끝은 보라색(violet) 광에 속한다. 이 양쪽 끝 사이에 구속되어 스펙트럼의 내부에 놓인 다른 색들은 연속적으로 주황, 노랑, 초록, 파랑이다.

비전(vision)은 주위의 밝기와 색의 변화하는 패턴에 의미를 부여함으로써 인간의 눈과 뇌에서 일어나는 다단계 과정이다. 어떤 물체의 상은 눈의 망막에 투사된다. 망막(retina)은 빛에너지를 신경 자극으로 바꾸는 탐지 세포(detector cell) 또는 수용체(receptor)를 가진다. 이 수용체들에는 두 종류가 있다. 각각 간상체와 원추체라 부른다. 간상체(rod)는 망막의 바깥 부분 근처에 집중되어 있으며, 야간시(scotopic vision) 혹은 암소시라 부르는, 눈이 어두움에 적응한 동안의 야간 시력에 중요한 역할을 한다(그림 2.3). 간상체는 색을 구분할 수 없으며, 이는 주간시(photopic vision) 혹은 명소시에서 원추체(cone)에 의해 가능하다. 원추체는 세 종류의 색소 중 하나를 포함하며, 각각 L-type 또는 장파장 원추체(long-wavelength cones), M-type 또는 중간파

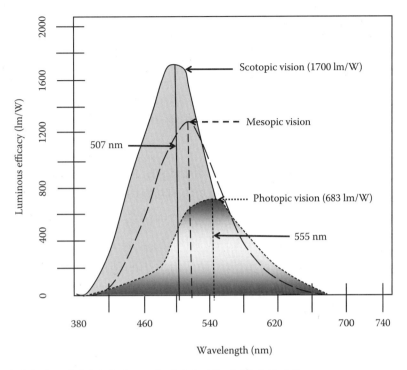

그림 2.3 야간시, 박명시 및 주간시에서의 감도곡선: 파장에 따른 광원효율의 변화.

장 원추체(middle-wavelength cones) 그리고 S-type 또는 단파장 원추체(short-wavelength cones)로 지정되었다. 따라서 원추체는 서로 다른 색을 구분할 수 있다. 야간시의 스펙트럼 감도의 피크는 공기 중에서 λ = 507 nm인 청록색 영역(blue-green region)에 놓이는 반면에, 주간시의 경우는 λ = 555 nm인 황록색 영역(yellow-green region)에 위치한다. 대부분의 인간의 활동은 명소시에 의해 이루어지므로, 조명기술의 관점에서는 더 중요하다. 1924년에 프랑스어로 Commission Internationale de L'Eclairage (CIE)인 국제조명기구는 가시광선 스펙트럼(visible spectrum)이라 불리는 전자기파 복사의 λ = 380~780 nm 범위에서 주간시의 상대 발광효율 함수(relative luminous efficiency function) $V(\lambda)$를 도입하였다. 뒤에 1951년에, 야간시를 위한 유사함수 $V'(\lambda)$가 정의되었다. 표 2.1에서는 주간시와 야간시를 비교한다.

표 2.1 주간시 및 야간시

특징	주간시	야간시
정의	밝은 낮의 시각	야간의 시각
첨두 효율	683 lm/W	1700 lm/W
첨두 파장	555 nm 또는 황록색	510 nm 또는 순녹색

박명시(mesopic vision)는 주간시와 야간시의 조합으로, 약하지만 아주 어둡지는 않은 조명조건을 나타낸다. 이 박명시의 범위는 야간-시간 조건에 적용할 수 있다. 피크는 황록색과 청록색의 사이에 놓인다.

2.3 불투명, 색, 빛에 대한 물질의 투명도

백색광은 700~400 nm 범위의 파장을 갖는 전자기파 복사이다. 이는 에너지로 환산하면 1.8~3.1 전자볼트(eV)의 범위에 해당한다. $E = hc/\lambda$이다. 또한 여기서 $c = 3 \times 10^8$ m/s이고 $h = 4.13 \times 10^{-15}$ eV-s이다. 백색광은 저에너지의 적색 광자(1.8 eV)부터 고에너지의 보라색 광자(3.1 eV)까지 $E_{visible} = 1.8~3.1$ eV의 범위의 서로 다른 에너지를 갖는 광자들을 포함한다. 물질의 외양과 색은 물질의 전자 배열과 함께, 빛과의 상호작용에 의해 결정된다. 물질이 투명하기 위해서는 빛이 물질과 상호작용하지 않아야 한다. 이는 물질의 에너지갭 E_G가 가시광선 광자의 에너지($E_{visible} = 1.8~3.1$ eV)보다 커야 가능하다. 고체에서의 빛과 입자들의 상호작용은 전자분극(electronic polarization)과 서로 다른 에너지 상태 사이에서의 전자의 전이를 통하여 발생한다. 만일 에너지갭이 작으면 전자는 가시광선의 에너지에 의해서도 여기될 수 있다.

실리콘(에너지갭 $E_G = 1.1$ eV), 게르마늄(에너지갭 $E_G = 0.66$ eV), 그리고 GaAs(에너지갭 $E_G = 1.42$ eV)는 모두 1.8 eV보다 작은 에너지갭을 갖는다. 따라서 가시광선 대역의 모든 광자들의 에너지는 이 반도체들의 에너지갭보다 크기 때문에 이 반도체들에 의해서 흡수된다. 따라서 이 반도체들은 불투명하다.

실리콘이 반짝이는 이유는 실리콘 내에서 상당한 광자의 흡수가 일어나고, 전도대에 비국재화된 전자들이 많아져서 광자들을 산란시키기 때문이다. 게다가 실리콘은 실리콘의 밴드갭보다 더 작은 에너지를 갖는 적외선 광자들을 투과시키기 때문에 투명하다. 다른 말로, 밴드갭보다 큰 에너지를 갖는 가시광선 광자는 흡수하고 밴드갭보다 더 작은 에너지를 갖는 적외선 광자는 어떠한 상호작용도 없이 통과시킬 수 있다.

GaP($E_G = 2.26$ eV)의 에너지갭은 양쪽 끝 경계 사이에 놓인다(1.8 eV < E_G < 3.1 eV). 2.26 eV보다 에너지가 더 큰(2.26 eV < E_G < 3.1 eV) 녹색, 청색, 보라색 광자들은 GaP에 의해 흡수되는 반면에, 2.26 eV보다 에너지가 더 작은(1.8 eV < E_G < 2.26 eV) 황색, 주황색, 적색 광자들은 GaP를 투과한다. 또한 인간의 눈의 시감도는 적색보다 황색에서 더 높다. 따라서 GaP는 황색/주황색으로 보이며, 투명하고 색이 있다.

GaN는 $E_G = 3.39$ eV의 에너지갭을 가지며, 이는 $E_{visible} = 1.8~3.1$ eV보다 훨씬 크다. 따라서 모든 색의 광자들의 에너지가 GaN의 에너지갭보다 작다. 이 모든 광자들이 투과되므로, 이 물질은 전체 가시광선 스펙트럼에 대하여 투명하다. GaN는 투명하고 무색이다.

사파이어는 전자가 뛰어오를 수 없는 매우 큰 밴드갭($E_G = 10$ eV)을 갖는 부도체이다($E_{visible} \ll E_G$). 모든 색의 광자들은 흡수되지 않고 투과되므로, 백색광도 투과되고 이 물질은 투명하다.

2.4 광도 측정

광도 측정은 광원에 의해 활성화된 시각적인 밝기의 측정과 관련이 있다(Rea 2000). 다음의 정의들이 도움이 될 것이다(표 2.2).

1. 광속(luminous flux): 복사 선속(radiant flux)의 스펙트럼 밀도(spectral density) 혹은 스펙트럼 전력 분포(spectral power distribution) 함수에 발광효율(luminous efficiency) 함수를 곱하고 전체 가시광선 스펙트럼에 대하여 적분한 것이다. 단위: 루멘(lm).

2. 광도(luminous intensity): 단위 입체각당(per unit solid angle), 점광원으로부터 전파되는 광속을 의미한다. 단위: 루멘(lumen, lm)/스테라디안(steradian, sr) 또는 칸델라(candela, cd). 칸델라는 일곱 가지 기본 SI 단위 중의 하나로 가시광선의 측정을 위한 핵심 단위이다. 공식적으로 황록색 영역에 해당하는 약 555 nm 파장의 빛을 주어진 방향으로 방출하는 광원의 광도로 정의되며, 그 방향으로 스테라디안당(1/683) W의 복사강도를 갖는다.

주 1: 루멘(측광계의 단위)과 와트(방사측정계의 단위)는 모두 빛의 출력을 규정한다. 그러나 루멘은 인간의 눈의 시감도를 고려한 출력이다. 왜냐하면 인간의 눈의 시

표 2.2 광량의 네 가지 표준 측정

특징	측정			
	1 광속	2 광도	3 조도	4 휘도
정의	광원으로부터 방출되어 인간에 의해 인식되는 빛의 양	주어진 입체각 내로 방출되는 빛의 양	주어진 영역으로 입사하는 빛의 양	주어진 입체각 내로 주어진 영역으로 입사하는 빛의 양
단위	lm	lm/steradian 또는 candela	lm/m^2(lux)	lm/steradian/m^2 또는 candela/m^2

감도는 파장에 따라 다르기 때문에, 와트 단위의 동일한 광출력을 가지더라도 색깔이 다르면 다른 광속을 나타낸다. 눈이 최대 시감도를 갖는 파장(광 스펙트럼상의 황록색 영역인 555 nm)에서 1 W의 출력은 683 lm과 같다. 따라서 눈이 가장 효율적인 이 색에서 1 W의 출력을 내는 광원은 683 lm의 광속을 갖는다. 그러므로 분광분포에 따라 루멘은 적어도 가시광선 출력의(1/683) W를 나타낸다고 가정할 수 있다.

주 2: 주간시 곡선의 피크는 555 nm에 있으나, 야간시 조건에서는 스펙트럼의 청색 끝 방향인 505 nm로 이동한다. 희미한 조명 아래에서의 이러한 전이는 퍼킨제 전이(Purkinje shift)로 알려져 있다.

예제 2.2

(i) 정의에 의하여 555 nm의 파장에서는 W당 683 lm의 복사출력을 갖는다. 각각 1.0 W의 광출력을 갖는 적색(640 nm), 녹색(540 nm), 청색(480 nm)의 색을 갖는 세 가지 LED가 색 합성에 의해 백색광을 만드는 데 사용된다. 이 적색, 녹색, 청색 광 파장에서의 인간의 눈의 상대적인 시감도가 각각 0.175, 0.954, 0.139라고 할 때, 완성된 백색 LED의 총 루멘 출력과 광원효율(luminous efficacy)을 구하라. (ii) 적색 LED의 전기에서 광으로의 전력변환효율이 50%이고, 녹색 LED가 20%, 청색 LED가 70%라고 가정하면, 이 백색 LED가 만들어 내는 전기 전력당 루멘 값은?

i. 640 nm 파장에서, 눈의 시감도 = 0.175; 따라서 1.0 W의 적색 LED의 광속은 (683×0.175) lm = 119.525 lm.

540 nm 파장에서, 눈의 시감도 = 0.954; 따라서 1.0 W의 녹색 LED의 광속은 (683×0.954) lm = 651.582 lm.

480 nm 파장에서, 눈의 시감도 = 0.139; 따라서 1.0 W의 청색 LED의 광속은 (683×0.139) lm = 94.937 lm.

따라서, 1.0 W 적색 LED + 1.0 W 녹색 LED + 1.0 W 청색 LED의 총 광속은 $(119.525 + 651.582 + 94.937)$ lm = 866.044 lm.

광 전력에 대하여 광원효율(luminous efficacy) = 866.044 lm/(1 + 1 + 1) W = 288.681 lm/optical W.

ii. 적색 LED의 전기 전력 = 1 W/0.5 = 2 W, 녹색 LED = 1 W/0.2 = 5 W, 청색 LED = 1 W/0.7 = 1.43 W. 따라서 총 전기 전력 = 2 W + 5 W + 1.43 W = 8.43 W. 전기 전력에 대하여, 광원효율(luminous efficacy) = 866.044 lm/8.43 W = 102.734 lm/electrical W.

3. 휘도(luminance): 확대된 광원에 대해서는 광도의 개념을 적용할 수가 없다. 확대된 광원의 휘도는 표면의 일부분으로부터 발산하는 광속의 비율이며 단위 입체각당 특정 각에서 측정된다. 단위: cd/m^2.

4. 광원효율(luminous efficacy): 광속(luminous flux)을 광출력(스펙트럼 전력 분포함수를 전체 가시광선 스펙트럼에 대하여 적분한 값)으로 나눈 것이다. 단색광인 경우에는 시감도 함수(eye sensitivity function)의 값에 683 lm/W를 곱한 값과 같다. 시각적 감각을 생성하는 복사의 능력을 측정한다. 결국 광원효율은 단위 광출력 W에 대한 광속 lm 값으로 나타내며 광출력이 광속으로 바뀌는 전환효율을 의미한다. 단위: lm/W.

5. 복사효율(radiation efficiency): 소비된 전력을 복사선속으로 바꾸는 광원의 능력을 말한다. 단위: 없음. 0에서 1 사이의 값을 갖는다.

6. 발광효율(luminous efficiency): 광원효율과 혼동하지 말 것. 소비된 전력을 시각의 작동으로 변환시키는 광의 능력이다. 발광효율은 광출력 대신에 LED를 구동할 때 인가하는 전력 W를 사용하여 계산하는 값이므로, 인가전력을 광출력으로 완전히 변환시킬 수 있다면 이 광원의 발광효율은 광원효율과 같아질 것이다. 단위: lm/W.

7. 조도(illuminance): 표면에 입사되는 광속 밀도이다. 조도가 더 커지면, 눈이 사물을 세밀하게 구분하는 능력이 더 우수해진다. 단위: lm/m^2, 또한 럭스(lx)로도 불린다.

2.5 색도 측정, 복사 측정, 광도 측정

색도 측정은 광원으로부터의 빛의 색의 측정을 다룬다(Cree Technical article 2013). 색도계는 색의 측정이나 재현을 위하여 사용된다. 복사 측정은 모든 광의 복사를 다룬다. 이 복사는 $3 \times 10^{11} \sim 3 \times 10^{16}$ Hz(파장으로 환산하면 0.01~1000 μm) 주파수 범위의 전자기파 복사이며 자외선, 가시광선, 적외선이라 부르는 영역들을 포함한다. 반면에 광도 측정은 인간의 눈이 지각할 수 있는 가시광선 범위와 연관된 밝기의 지각과 관련이 있으며, 파장 범위는 0.360~0.830 μm에 국한된다(Wyszecki and Stiles 2000). 복사 측정은 광 복사 스펙트럼 전체를 포함하는 반면에, 광도 측정은 스펙트럼의 가시광선 영역에만 국한된다. 표 2.3에서는 복사 측정과 광도 측정의 용어들을 정의하고 예를 제시한다.

중요한 개념들이 다음에 요약되어 있다.

표 2.3 복사량 및 측광량의 물리량

구분	복사량	측광량
정의	실제 출력을 제공하는 물리적 용어로서의 빛을 측정하기 위한 물리량	시감도에 의해 인간에 의해 받아들여지는 빛의 출력을 측정하는 데 사용되는 물리량
예	복사광속을 와트 단위로 측정하고 효율(efficiency)은 % 단위로 측정	광속은 루멘 단위로 측정하고 효율(efficay)은 lm/W 단위로 측정

1. 삼자극치(tristimulus values): 모든 색은 적색[R], 녹색[G], 청색[B]의 삼원색 또는 삼자극의 조합에 의해 표현됨을 유의하라. 이 세 가지 자극의 항으로 색을 규정하는 것이 가능하다. 거의 단색이고 이 자극치들의 양의 값에 부합하지 않는 특정 색들은 음의 자극량이 필요하다. 이는 색 빼기가 필요함을 의미한다. 이러한 목적으로 허수의 자극 [X], [Y], [Z]가 정의되었다. 삼자극치 X, Y, Z는 분광 출력 분포 $S(\lambda)$에 의해 표현되는 색의 각 자극의 양을 나타낸다. 삼자극치는 고려하는 빛과 정확히 부합하는 데 필요한 세 가지 기준 자극의 양으로, 이상적인 관찰자의 특성인 표준 정합 함수 $\bar{x}(\lambda)$, $\bar{y}(\lambda)$, $\bar{z}(\lambda)$의 스펙트럼을 적분하여 얻는다.

2. 색도좌표(chromaticity coordinates): 색도(chromaticity)는 휘도(luminance)와는 관계없는 시각적 자극의 색 품질에 대한 객관적인 서술적 묘사를 포함하지만 휘도와 함께 색(color)을 완전하게 규정할 수 있다. 색 품질은 색도좌표의 관점에서 규정된다(그림 2.4). 스펙트럼 $S(\lambda)$를 갖는 광원의 색도좌표(x, y)는 삼자극치 X, Y, Z의 관점에서 정의된다. 세 번째 축도 유사하게 정의되는데, (x, y)의 관점에서 직접 표현이 가능하므로, 어떤 추가적인 정보도 포함하지 않는다. 두 개의 축 (x, y)는 색의 평면적인 기술이 가능하게 한다. 색도좌표는 광원의 색의 정량적인 기술을 가능하게 한다.

3. 색도도(chromaticity diagram): x 색도좌표에 대한 y 색도좌표를 표시하여 구한 도표이다(그림 2.4). CIE의 표준은 말발굽 모양을 닮은 곡선과 아래쪽의 직선에 의해 닫힌 도형 위에 위치한 단색 좌표 (x, y)를 포함한다. 이 곡선의 외형은 모든 실제 색들의 좌표들을 에워싼다. 플랑크 궤적(Planckian locus)이라 불리는 서로 다른 온도에서의 흑체복사의 점의 궤적은 이 외형의 내부에 놓인다.

4. 색온도(color temperature): 광원의 스펙트럼 특성을 분석하는 단순화된 방법을 나타내며, 특정한 형태의 광원의 색상을 나타내는 켈빈(Kelvin) 단위의 측정이다. 백색광의 "색온도"는 백색광의 색조를 나타낸다(표 2.4).
   색과 켈빈온도와의 관계는 "흑체 복사체", 예를 들어 검은 금속조각을 빛날 때까

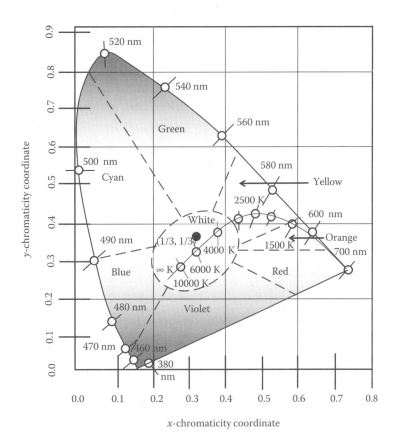

그림 2.4 CIE-1931 색도좌표 및 색도.

표 2.4 일반적인 광원들의 색온도표

광원	색온도(켈빈 단위)	광원	색온도(켈빈 단위)
성냥 불꽃	1700~1800 K	정오의 햇빛	5000~5400 K
고압 나트륨 램프	1800 K	금속 할라이드 램프	5500 K
양초 불꽃	1850~1930 K	평균적인 여름 정오의 햇빛	5500 K
일출과 일몰	2000~3000 K	카메라 플래시	5500~5600 K
가정용 텅스텐 램프	2500~2900 K	구름 낀 태양	5500~6500 K
40 W 백열전구	2680 K	구름 낀 하늘	6000~6500 K
200 W 백열전구	3000 K	한낮의 그늘	6500 K
할로겐 램프	3000 K	파란 하늘의 그림자	7500 K
형광등	3200~7500 K	약간 구름 낀 하늘	8000~10000 K
일출/일몰 1시간 후/전	3400 K	맑은 파란 하늘	10000~15000 K

지 가열하여 얻는다. 그러면 특정한 온도에서 특정한 색이 관찰되는데, 이것이 색온도이다. 따라서 색온도는 동일한 시각적인 색의 빛을 발생하기 위하여 이론적인 흑체광원을 가열해야만 하는 특정한 온도를 지칭한다.

흑체가 충분히 뜨거워져서 빛을 방출하기 시작하면, 암적색이 된다. 더 가열하면 황색, 그리고 백색을 지나 결국은 청색이 된다. 분명히 이 실험에서 낮은 색온도는 더 따뜻한 황색/적색의 빛을 나타내는 반면에 높은 색온도는 더 차가운 청색 빛과 관련이 있다. 이는 이해하기에 약간 어리둥절하게 한다. 왜냐하면 실제로 더 높은 색온도에서 빛은 더 파란색이 되는데, 이는 높은 색온도가 상상한 것처럼 따뜻한 색을 나타내지 않고 실제로 더 차가운 색을 나타냄을 암시한다. 따뜻한 백색(warm white)은 보통 황색을 띠는 백색을 나타내며, 차가운 백색(cool white)은 청색을 띠는 백색을 의미한다. 주광색(daylight white)은 이 두 색 사이의 어딘가에 있으며, 가장 백색과 같은 백색이다.

5. 상관 색온도(correlated color temperature): 백열 복사체가 아닌 광원들은 "상관 색온도(CCT)"에 의해 기술된다. 이 광원들은 연색성 지수(color rendering index, CRI)라 불리는 등급으로 스펙트럼상의 모든 색을 표현하는 능력을 평가한다. 백열복사체는 CRI가 100이며, 이것이 최댓값이다.

6. 연색성 지수(CRI): CIE 17.4의 국제 조명 용어집에 따르면, 연색성은 어떤 광원 하에서 물체의 색 모양을 기준으로, 의식적인 또는 무의식적인 비교를 통하여 물체의 색 모양에 대한 광원의 결과 효과로 기술한다. CIE에 의해 만들어진 CRI 용어는 유사한 형태(색온도)의 완벽한 기준 광원과 비교하여, 어떤 광원이 색 스펙트럼상의 모든 진동수들을 정확히 표현하는 능력을 측정한다. 한 쌍의 광원들에 대한 CRI의 측정은 동일한 색온도를 가지는 경우에만 비교할 수 있다. 넓은 의미로의 CRI는 백열 광원이나 태양광과 같은 친숙한 기준 광원과 비교하여 어떤 광원이 물체의 색을 얼마나 실감나게 또는 자연스럽게 보여 주는지의 능력을 측정한다.

CRI는 1에서 100의 등급을 갖는다. CRI 등급이 더 작을수록 색은 더 부자연스럽게 재생된다. 이미 언급한 바와 같이, 백열복사체인 광원들은 100의 CRI를 갖는데, 스펙트럼상의 모든 색들이 동등하게 표현되기 때문이다. 백열전구는 본질적으로 흑체복사를 방출하기 때문에 CRI = 100인 반면에, 저압 나트륨 증기등은 단색이기 때문에 CRI = 0이다.

CRI는 8개의 CIE 표준색 표본들의 해당 광원을 조사하고, 또한 동일한 CCT를 갖는 기준 광원을 조사하여, 두 결과의 색도의 차이로부터 계산을 수행한다(CIE 1995).

2.6 고체조명을 위한 추가적인 색 측정 기준

2.6.1 색 품질 척도

일반적으로 CRI는 측정하려는 광원과 동일한 CCT를 갖는 완벽한 흑체광원으로 8개의 기준 표본들에 빛을 조사하여 반사된 빛의 축 사이의 색 공간에서의 유클리드의 차이를 합하여 결정된다. 이러한 결정방법은 고체조명 광원의 색을 충실하게 기술하기에는 불충분하다. 그 이유는 이 광원들의 분광 출력 분포가 넓은 범위를 갖기 때문이다. 게다가 위의 방법으로 계산한 CRI가 가끔씩 음의 값이 구해지는데, 이는 빛 품질(light quality)에 대한 애매모호한 평가이다. 이러한 문제점들을 해결하기 위하여, NIST(national institute of standards and technology, USA)는 색 품질 척도(color quality scale, CQS)를 개발하였다. 이는 15개의 표준 표본들을 사용하고 고체조명 광원의 연색성 능력을 정량화하기 위해 앞서 언급한 방법을 따른다(Davis and Ohno 2005, 2010).

2.6.2 색재현성 면적지수

또 다른 특성 매개변수는 색재현성 면적지수(gamut area index)이다(Rea and Freyssinier-Nova 2008). 8개의 표준 색 표본들에 고체광원으로 빛을 조사하면, 색 공간상에서 얻어지는 반사된 빛의 좌표들을 연결하여 얻는 다각형의 면적으로 정의된다. 면적이 넓을수록 채도가 더 큰 것을 의미한다.

2.6.3 통계적 접근방식

빛 품질의 종합적인 분석을 위하여, 색상 충실도 지수(color fidelity index, CFI), 채도 지수(color saturation index, CSI) 및 아래에서 언급하는 몇 가지 지수들을 이용한 통계적인 접근방식이 제안되었다(Žukauskas et al. 2011). 통계적 방법에서 색도 이동은 색−이동 벡터의 크기와 방향의 변화의 정도로 정의된다. 이 벡터는 CRI와 CQS의 계산에 사용되는 2차원(2D) 색 공간과 유사한 개념으로 3차원(3D) 공간(타원형 기둥)을 진행한다. 이 타원기둥의 단면을 맥아담 타원(MacAdam 1942)이라 부르며, 타원의 중심은 이상적인 흑체광원에서 조사된 표준 색 표본으로부터 반사된 빛의 좌표축을 갖는다. 타원기둥의 높이는 휘도의 측정 가능한 변화에 따라 변한다. 그러므로 색−이동 벡터는 색도와 휘도의 인식된 이동에 의해 표현된다. 따라서 색 표본이 완벽한 흑체광원에 의해 조사되면 색도의 측정 가능한 변화가 없으므로, 색−이동 벡터는 타원형 기둥 안에 존재한다.

또한 색−이동 벡터가 타원형 기둥 안에 존재하는 경우에는, CFI라 불리는 결정된 지수는 이 광원의 연색성 능력을 충분히 나타낸다. 그러나 색−이동 벡터가 타원형 기둥 밖에 존재하는 경우에는 빛의 연색성 특성을 평가하는 데 CSI, 무광지수(color dulling index, CDI), 휘도 왜곡지수(luminance distortion index, LDI), 색상 왜곡지수(hue distortion index, HDI)와 같은 수많은 다른 매개변수들이 필요하다. 따라서 이러한 측정기준들은 주어진 색 표본 상에 광원으로부터 빛이 조사되면, 반사된 빛에서 측정된 색 좌표의 이동의 크기와 방향을 토대로 하여 정량화된다(Žukauskas et al. 2011). 이 과정은 먼셀 색 팔레트[Database—Munsell Colors Matt (Spec)]라 불리는 팔레트 내의 1264개의 표본에 대하여 수행되며, 그 결과로 주어지는 지수들을 서로 조합하여 고체광원의 모든 지수들의 최종 값을 구한다.

2.7 결론 및 고찰

이 장에서는 후속 장들을 이해하는 데 도움이 되는 빛과 조명에 관한 필수적인 정보들을 제공하였다. 인간의 눈은 전자기파 스펙트럼상의 매우 좁은 주파수 대역에만 민감하다. 망막에는 간상체와 원추체로 알려진 다양한 광−민감 세포들이 늘어서 있다. 간상체들은 빛의 강도에 민감한 반면에 원추체들은 색을 감지하는 세포들이다. 서로 다른 빛의 파장에 민감한 세 종류의 원추체들이 있으며 각각 적색, 녹색, 청색 원추체로 불린다. 광도 측정은 광원들과 조명 조건의 정량화와 관련된 규약이다. 기본적인 광도계의 매개변수들에는 광속, 광도, 휘도, 조도가 있다. 광도 측정량의 수치들은 밝기에 대한 인식을 준다. 색 측정의 매개변수들은 1931년에 설립되어 아직도 유일하게 국제적으로 합의된 색 측정의 기준인 국제조명위원회(commission internationale de L'Eclairage, CIE)의 색 측정 시스템에서 구해졌다. 주요 색 측정 특성들에는 색도좌표, 중심파장, CRI가 있다. 새롭게 부각되는 고체조명을 위한 색 측정의 특성 지수들에는 CQS, 색재현성 면적지수, 통계적 평가가 있다.

 ## 참고문헌

Cree Technical article. Copyright c 2010–2013 Cree, Inc., CLD-AP38 REV 1: LED color mixing: Basics and background, 24pp. *Database—Munsell Colors Matt (Spec)* http://cs.joensuu.fi/~spectral/databases/download/munsell_spec_matt.htm.

Davis, W. and Y. Ohno. 2005. Toward an improved color rendering metric. *Proceedings of SPIE 5941, Fifth International Conference on Solid State Lighting*, 59411G (September

14, 2005), edited by I. T. Ferguson, J. C. Carrano, T. Taguchi, and I. E. Ashdown, (SPIE, Bellingham, WA). doi:10.1117/12.615388.

Davis, W. and Y. Ohno. 2010. Color quality scale. National Institute of Standards and Technology, 100 Bureau Drive, MS 8442, Gaithersburg, Maryland 20899-8442, *Optical Engineering* 49(3): 033602, http://dx.doi.org/10.1117/1.3360335.

MacAdam, D. L. 1942. Visual sensitivities to color differences in daylight. *The Journal of the Optical Society of America* 32(5), 247–273.

Rea, M. S. (Ed.) 2000, July. *The IESNA Lighting Handbook*. New York: Illuminating Engineering Society of North America, IESNA, 1000pp.

Rea, M. S. and J. P. Freyssinier-Nova. 2008, June. Color rendering: A tale of two metrics. *Color Research and Application* 33(3): 192–202.

Schanda, J. and G. Madár. 2007. Light source quality assessment. *CIE Session 2007 Beijing Poster Paper*, 4pp. http://cie2.nist.gov/TC1-69/CIE-Madar-Poster.pdf.

Thompson, M. 2011. Defining "quality of light". *Voices for SSL Efficiency 2011—DOE SSL Market Introduction Workshop*, Osram Sylvania, 38pp. http://apps1.eere. energy.gov/buildings/publications/pdfs/ssl/thompson_quality_sslmiw2011.pdf

Vandergriff, L. J. 2008. Nature and properties of light (module 1.1). In: C. Roychoudhuri (Ed.) *Fundamentals of Photonics (SPIE Tutorial Texts TT79)*, SPIE Press, Bellingham, WA, 38pp.

Wyszecki, G. and W. S. Stiles. 2000, August. *Color Science: Concepts and Methods, Quantitative Data and Formulae*. Wiley Series in Pure and Applied Optics. New York: Wiley-Interscience, 968pp.

Žukauskas, A., R. Vaicekauskas, A. Tuzikas, P. Vitta, and M. Shur. 2011. Statistical approach to color rendition properties of solid state light sources. *Proceedings of SPIE 8123, Eleventh International Conference on Solid State Lighting*, 21 August, San Diego, California, Art. No 81230X, 9pp. (September 23, 2011); doi:10.1117/12.893246.

연습문제

2.1 "빛은 전자기파 에너지의 일종이다"라는 말을 설명하라.

2.2 빛의 속도는 유한할까? 빛은 진공 중에서와 비교하여 공기 중에서 더 빠를까? 느릴까?

2.3 빛의 이중성을 설명하라. 광파가 공유하는 파동 운동의 여섯 가지 특성들을 기술하라.

2.4 빛의 편광의 의미를 설명하라. 수직 및 수평 편광을 정의하라.

2.5 광파의 보강간섭은 어떻게 일어나는가? 상쇄간섭이 일어나는 원인은 무엇인가?

2.6 전자기파 스펙트럼은 무엇인가? 흡수 및 방출 스펙트럼을 정의하라.

2.7 눈의 어느 부위에 물체의 이미지가 투사되는가? 빛을 신경 전달 신호로 바꿔 주는 수용체의 이름은 무엇인가?

2.8 주간시와 야간시를 구분하라. 조명기술에서는 두 가지 중 무엇이 더 중요한가?

2.9 망막의 원추체에 있는 세 가지 종류의 색소는 무엇인가? 또한 그 역할은 무엇인가?

2.10 광도 측정과 색 측정을 구분하여 설명하라.

2.11 발광효율(luminous efficiency)과 광원효율(luminous efficacy)의 차이를 구분하라.

2.12 광속과 광도를 정의하라. 또 그 단위를 기술하라.

2.13 (a) 휘도와 (b) 조도는 무엇을 의미하는가? 또 그 단위를 기술하라.

2.14 광도 측정에서 사용되는 광량을 측정하는 네 가지 방법을 정의하고 명명하라.

2.15 광도 측정의 물리량들과 복사 측정의 물리량들은 어떻게 다른가?

2.16 X, Y, Z의 삼자극치들의 의미를 설명하라.

2.17 색도좌표와 색도도의 의미를 기술하라.

2.18 색온도는 무엇인가? 차가운 백색, 따뜻한 백색, 주광색의 차이를 설명하라.

2.19 상관 색온도의 개념을 설명하라.

2.20 광원의 CRI가 측정하는 것은 무엇인가? (a) 백열전구와 (b) 저압 나트륨 증기 램프의 CRI는 얼마인가?

CHAPTER 3

전통적인 광원
Conventional Light Sources

학습목표

이 장을 학습한 후에 독자들은 다음의 역량들을 갖출 수 있게 된다.

- 백열전구, 텅스텐 할로겐 램프, 콤팩트 형광등, 수은 및 나트륨 증기 램프, 형광등 및 기타 광원들의 동작 체계에 관한 이해
- 이들 광원들의 구조적인 특징과 한계에 관한 지식 습득
- 이들 광원들의 에너지 효율, 동작 수명, 색 품질, 비용효율성에 관한 비교
- 전통적인 조명에서 새로운 기술로의 전환을 필요로 하는 이유에 대한 이해

3.1 경쟁하는 광원

인간이 만든 보편적인 광원들을 대체하는 기술로서의 고체조명(solid-state lighting)에 관하여 논의할 때, 백열등이나 형광등과 같은 광원들에 의해 제공되었던 위대한 서비스를 무시할 수 없다. 어떤 경우에 이 서비스의 기간은 1세기 이상 동안이나 지속되었다(Coaton and Marsden 1997). 인류 문명의 발달에 주된 기여를 해 온 이 광원들의 동작을 기술하고 이 광원들의 단점과 한계를 비판적으로 검토하는 과정을 통하여, 이러한 단점을 제거한 더 우수한 소자들을 만드는 데 도움이 될 것이다. 고체조명은 기존에 존재하는 잘 갖춰진 광원들을 대체하는 매우 어려운 사업에 직면해 있다. 고체조명과 비고체조명 사이의 전쟁에서의 경쟁자들은 잘 조화를 이루고 있으며 접전을 벌이고 있다. 사실 이것은 무의미한 난투극은 아니다. 독자들은 다음의 유사한 사례를 떠올릴 수도 있을 것이다. 과거에 기차에서 사용하던 증기기관은 디젤과 전기기관차로 대체되었다. 통상의 광원에 대한 개요를 표 3.1에 나타내었다.

표 3.1 전통적인 광원들의 동작원리

번호	광원	원리
1.	백열전구	필라멘트라 불리는 가는 금속 선에 전류를 흘려 주면 이에 저항하는 전자의 운동에 의해 발열이 일어나면서 흑체복사가 일어난다. 전류를 더 높여 주면 발열효과도 더 커진다.
2.	텅스텐 할로겐 램프	필라멘트의 증발과 이에 따른 전구의 밝기 감소를 막기 위해 텅스텐 할로겐의 재생 원리를 이용하여 효율을 높이고 수명을 향상시킨 백열전구이다.
3.	고압수은(HPM) 증기램프	수은 증기에 전기 아크를 사용하여 빛을 발생시키는 기체방전 램프이다.
4.	저압나트륨(LPS) 및 고압 나트륨(HPS) 증기램프	여기된 나트륨 증기를 이용하여 빛을 발생시키는 기체방전 램프로 LPS와 HPS의 두 종류가 있다. LPS 램프는 적색/분홍색 빛을 방출하고, 이어서 밝은 황색 빛을 방출한다. HPS 램프는 크기가 더 작으며 처음에는 어두운 분홍색 빛을 방출하고, 따뜻해지면 주황색 빛을 방출한다. 우수한 연색성을 필요로 하는 곳에 사용된다.
5.	형광등	형광 원리에 의해 동작한다. 여기된 수은 증기가 단파장의 자외선을 방출하면, 이 자외선이 형광체를 여기시켜 가시광선을 방출하는 기체방전 램프이다.

3.2 백열 필라멘트 전구(Incandescent Filament Bulb)

전구 몸체는 소다−라임 실리케이트 유리(soda-lime silicate glass)로 되어 있다(그림 3.1). 필라멘트 물질은 변함없이 텅스텐(tungsten)이다. 필라멘트 선을 지탱하기 위하여 몰리브덴(molybdenum) 선이 사용된다. 리드 선은 니켈 또는 니켈이 도금된 선으로 되어 있다. 캡은 알루미늄이나 황동으로 되어 있다. 텅스텐 필라멘트를 사용하는 이유는 녹는점(융점)이 높고 증기압이 낮기 때문이다.; 텅스텐은 융점이 높기 때문에 높은 동작온도에서도 필라멘트가 녹지 않으며, 증기압이 낮아 필라멘트의 증발률이 작아 내구성이 좋다. 높은 융점에도 불구하고, 고온에서조차도 텅스텐에서 방출되는 빛의 피크값은 적외선 영역에 있다. 그러나 온도가 오르면 발광 중심파장의 청색 편이(blue-shift)가 일어나므로 광원효율(luminous efficacy)을 증대시킨다.

필라멘트를 비틀고 감아서 나사선(helix)의 형태로 만들기 위해 각별한

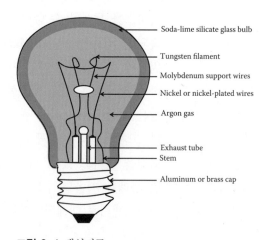

그림 3.1 백열전구.

Soda-lime silicate glass bulb

Tungsten filament

Molybdenum support wires

Nickel or nickel-plated wires

Argon gas

Exhaust tube

Stem

Aluminum or brass cap

주의가 필요하다. 이 구조는 필라멘트에서 주변의 기체로의 열전도 손실을 최소화한다. 주변의 기체들은 텅스텐의 증발(evaporation)을 막기 위해 높은 원자량을 갖는 아르곤(argon)과 같은 불활성 기체를 사용한다. 아르곤을 채우기 전에, 전구를 진공으로 만들고, 잔류 산소나 수소는 전구 내에 포함된 적당한 게터링 화합물(gettering compound)에 흡수시킨다. 이 과정은 전구의 흑화(blackening)를 방지하는 데 도움이 된다. 아르곤과 함께 질소를 소량 첨가하면 필라멘트가 고장이 나는 과정에서 전구 내에서의 아크 발생(arcing)을 피하는 데 도움을 준다.

자주 백열전구는 고장이 난다. 모든 예방 점검을 채택함에도 불구하고 고장이 나는 주된 원인은 텅스텐이 점점 증발하기 때문이다. 결과적으로 필라멘트는 점점 약해진다. 이렇게 필라멘트 선이 약해지는 것과 더불어, 필라멘트의 어떤 구조적 또는 기하학적 균질성 때문에 뜨거운 지점(hot spot)이 생겨난다. 이러한 지점에서 필라멘트가 녹고 끊어져 전구가 동작하지 않게 된다.

표 3.2에서는 백열전구의 주된 장점과 단점을 요약하였다.

표 3.2 백열전구의 장점과 단점

번호	장점	단점
1.	낮은 가격	짧은 수명
2.	별도의 장치 없이 사용 가능	낮은 광원효율
3.	전압 조절에 의한 밝기 조절 용이	원하지 않는 발열 현상
4.	우수한 CRI	구동전압에 따라 램프 수명이 변함
5.	ON/OFF 스위칭 빠름	높은 운영 비용
6.	안전한 친환경 조명	

3.3 텅스텐 할로겐 램프(Tungsten Halogen Lamp)

위에서 언급한 바와 같이, 백열 필라멘트 램프의 수명을 향상시키기 위하여 필라멘트에서의 텅스텐의 증발을 피해야 한다. 이는 동작온도를 낮추면 확실하게 가능해진다. 그러나 더 낮은 동작온도에서는 램프의 효율 또한 나빠진다. 따라서 확실한 해결책은 동작온도를 낮추지 않고, 텅스텐 증발을 최소화하여야 한다. 이 문제에 대한 해결책은 텅스텐의 손실을 돌보기 위하여 램프의 기능에서 할로겐 사이클(halogen cycle)을 만드는 것이다. 이는 램프의 내부에 첨가하는 기체에 할로겐화 탄화수소(halogenated hydrocarbon, 예를 들어, CH_3Br)의 형태로 적당한 할로겐을 첨가하는 방식으로 달성된다. 텅스텐이 증발할 때, 기체 내의 할로겐과 반응하여 텅스텐 할라이드(tungsten halide)를 생성한다. 따라서 텅스텐은 뜨거운 기체에서 더 차가운 램프의 벽으로 이동하면서 텅스텐 할라이드를 생성한다. 텅스텐과 할로겐 사이의 반응에 의해 생성된 텅스텐 할라이드는 램프 벽으로부터 반대쪽의 필라멘트 쪽으로 확산된다. 뜨거운 필라멘트 근처에서 이 물질은 분해되어 텅스텐이 분리되고, 필라멘트에 다시 증착되어 텅스텐의 손실을 보충해 준다. 따라서 잃어버린 텅스텐은 할로겐 반응 사이클(halogen reaction cycle)의 덕분으로 필라멘트에서 다시 복구된다. 이 과정을 통하여 필라멘트가 약해져서 결과적으로 고장이 나는 것을 방지할 수 있다. 일반 전구와 비교하여 할로겐 전구는 더 고온에서 동작할 수 있으므로, 일반 전구와 비슷한 수명으로, 더 높은 발광효율(luminous efficiency)을 갖게 된다. 또한 일반 전구와 동일한 온도에서 동작하면 동일한 효율을 보이나 수명은 일반 전구보다 훨씬 좋아진다. 두 가지 경우 모두, 할로겐이 없는 일반 전구보다 장점이 많다. 그러나 더 큰 전구는 열을 손쉽게 주변으로 방출하므로, 더 높은 동작온도를 위해서는 전구의 크기를 더 작게 만들어야 한다. 또한 더 작은 전구는 더 큰 것보다 기계적으로 더 튼튼하다. 게다가 전구 몸체를 구성하는 유리는 예를 들어, 무알칼리 강화유리(alkali-free hard glass) 또는 석영유리(fused silica glass)와 같이 우수한 품질을 가져야 한다. 연결부의 기밀접착(hermetic sealing)을 위해, 용융된 전구는 몰리브덴 호일(molybdenum foil)로 고정시켰다. 이 전구에서는 더 큰 원자번호를 갖는 제논(xenon)이나 크립톤(krypton) 기체를 사용한다. 이 기체들은 더 고가이지만 전구가 크기가 더 작으므로 필요한 기체의 양은 줄어들어 전체적인 비용은 감당할 만한 수준이다. 표 3.3에서는 텅스텐 할로겐 램프의 장점과 단점을 정리하였다.

표 3.3 텅스텐 할로겐 램프의 장점과 단점

번호	장점	단점
1.	소형	높은 표면온도
2.	지향성 광원	낮은 광원효율
3.	밝기 조절 가능	구동전압에 따라 램프 수명이 변함
4.	높은 CRI	
5.	ON/OFF 스위칭 빠름	

3.4 고압 수은 증기 램프(High-Pressure Mercury Vapor Lamp)

수은 증기 램프는 기체에서의 발광 전기방전의 원리(principle of luminous electric

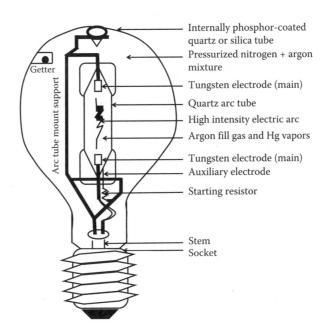

그림 3.2 수은 아크 램프.

discharge)에 의해 동작한다(그림 3.2). 먼저 기체방전의 현상에 관하여 이해해 보자. 저압이나 고압으로 아르곤과 같은 기체를 봉입한 투명한 방전관 내에서, 양극(anode)과 음극(cathode)의 두 전극 사이에 전기장이 인가된다. 인가한 전기장에 의하여, 기체의 절연이 파괴(breakdown)되고, 부분적으로 이온화되어 양이온과 전자 등을 생성한다. 이는 이온화되거나 중성인 원자와 분자들의 집합체이며, 이들 중 일부는 들뜬 상태에 도달해 있게 된다. 기체 내의 양이온과 전자들은 반대되는 극성의 전극 쪽으로 가속된다. 도중에(en route), 그들은 다른 기체 원자들과 충돌하여 전자를 분리시키고 더 많은 이온들을 생성한다. 이렇게 생성된 이온들과 전자들 또한 반대되는 극성의 전극 쪽으로 움직이기 시작하고 그 과정에서 추가적인 충돌이 시작된다. 이런 식으로 기류 내부의 이온들, 전자들, 중성 입자들 등으로 구성된 플라스마 내에서 전하 운반자(charge carrier)들의 연속적인 흐름이 유지된다. 전기장을 감소시켜도, 방전 유지에 필요한 최소 전기장에 도달할 때까지 방전은 여전히 지속된다. 이 단계에서 충돌 이온화(impact ionization)에 의한 전자사태 절연파괴(avalanche breakdown)는 방지되며, 방전의 안정화가 일어난다. 방전을 유지하는 데 필요한 이 임곗값 이하로 전기장을 더 줄이면, 결국 방전은 꺼지며, 다시 시작하기 위해서는 전기장을 다시 증가시켜야 한다.

방전은 튜브(tube)의 특정 영역에서의 빛의 방출과 관련이 있다. 왜냐하면 여기된 이온들이나 원자들은 때때로 에너지를 빛의 형태로 방출하고 더 낮은 에너지 상태로 떨어지기 때문이다. 따라서 기체방전이 빛의 근원이 된다.

고압 기체방전과 저압 기체방전 사이의 차이점은, 전자에서는 무거운 이온들이 탄성 충돌을 통하여 전자들과 동일한 온도로 가열된다는 점이다. 고압은 선 스펙트럼의 충돌 확장(collision broadening)을 야기하여 방출되는 빛의 연색성(color rendering)을 개선시킨다. 이는 원자들이 서로 가까이에 있어서, 서로 상호작용을 할 수 있기 때문에 발생한다. 대기압(atmospheric pressure)에서 플라즈마의 온도는 4000~6000 K이다. 열이 튜브의 벽 쪽으로 퍼져 나가면, 튜브의 중심부가 최고 온도를 가지며 거리에 따른 온도 기울기(temperature gradient)가 만들어진다. 따라서 중심에서 벽 쪽의 바깥 방향으로 갈수록 빛의 방출은 줄어들고, 효율은 60% 수준으로 떨어진다.

고압 수은(high-pressure mercury, HPM) 증기 램프의 몸체는 투명한 쿼츠(quartz) 또는 석영(silica) 튜브와 양쪽 끝 부분에 전자-방출 물질들이 주입된 텅스텐 전극들이 밀봉되어 있다. 밀봉은 용융된 석영을 몰리브덴 호일 안으로 끼워서 조이는 방식으로 제작된다. 또한 수은 증기 램프는 수은 방울뿐만 아니라, 동작 개시를 돕기 위하여 18~36 torr의 압력에서 아르곤을 포함하고 있다. 이 램프의 전기회로는 동작 개시를 위하여 안정기와 고전압 점화장치 부분이 포함된다. 방전은 아크를 생성하기 위해 보조 개시 전극과 주 전극들 중 하나의 사이에 높은 전압을 인가하는 방식으로 개시된다. 이렇게 하여 아르곤 원자들의 국지적인 이온화가 시작된다. 이온화된 아르곤 원자들은 튜브로 확산되어 주된 방전을 일으킨다. 이러한 방전의 결과로 열이 발생하고 튜브 속의 수은 방울들이 증발되어 수은 증기를 생성한다. 이제 방전은 수은 증기를 통해 일어나며, 이온화된 전하 운반자가 된다. 이러한 수은 증기에서의 글로우 방전(glow discharge)이 빛의 방출과 관련이 있다. 수은 증기의 방전 발광은 오직 2~10 기압의 높은 압력에서만이 가시광선 영역의 발광이 일어나므로 고압 동작이 필수적이다. 복사는 가시광선 영역의 네 가지 파장(405, 436, 546, 578 nm)에서 일어나며, 강한 자외선 방출도 포함한다. 저압에서는 수은 증기에서의 복사의 주된 부분은 여기된 $^3P_1$ 상태에서 바닥상태(ground state)로의 전이에 의해 자외선 영역(253 nm)에서 일어난다. 자외선 복사는 인체에 유해하기 때문에 외부 튜브에 의해 차폐된다. 외부 튜브는 형광체 물질로 코팅되어 있어, 주로 청백색(bluish-white)인 튜브로부터의 빛의 색을 바꾸어 준다. 보로실리케이트 유리(borosilicate glass)로 되어 있는 이 외부 튜브 또한 질소 또는 질소-아르곤 혼합기체로 되어 있다. 이는 내부의 구조가 산화되거나 내부에서의 아크방전을 막기 위함이다.

수은 증기 램프에서 방출되는 빛은 적색 성분이 부족하여 연색성 지수 = 16으로 낮다. 이러한 부족함을 극복하기 위하여 외부 튜브의 내벽에 유로퓸 활성 이트륨 바나데이트(europium-activated yttrium vanadate) 형광체를 도포하여, 연색성 지수를

50까지 향상시켰다.

수은램프는 저가이면서 신뢰성이 우수하여 가로등으로 널리 사용되며, 또한 자외선 복사의 광원으로도 사용되고 있다.

3.5 금속 할라이드 램프(Metal Halide Lamp)

기체방전 램프에서는 수은 증기와 브롬이나 요오드가 함유된 금속의 할라이드와 같은 금속 할라이드(metal halide)의 기체상태 혼합물질 중에서 두 전극 사이의 아크방전(arc discharge)에 의해 빛이 방출된다(표 3.4).

표 3.4 금속 할라이드 램프의 장점과 단점

번호	장점	단점
1.	높은 광원효율	높은 가격
2.	우수한 연색성	긴 점등 소요시간 약 2~5분
3.	다양한 색온도	램프마다 CCT의 변동이 심함
4.		구동시간에 따라 CCT가 변함

3.6 저압 나트륨 증기 램프 및 고압 나트륨 증기 램프

그림 3.3과 같은 나트륨 증기 램프(sodium vapor lamp)에서 전기 방전은 저압(low-pressure) 또는 고압(high-pressure)으로 채워진 나트륨 증기(sodium vapor) 내에서 발생한다(Geens and Wyner 1993). 저압 나트륨(low-pressure sodium, LPS) 증기 램프는 589.0 nm와 589.6 nm 파장으로 구성된(이중선이 D-line을 구성) 특정한 단색의 황색광을 방출하는 반면에 고압 나트륨(high-pressure sodium, HPS) 증기 램프는 주황색과 녹색을 방출한다.

나트륨의 녹는점은 수은보다 높고, 최적의 동작온도는 530 K이다. 게다가 뜨거운 나트륨은 화학적으로 반응성이 크므로 램프에 사용되는 구성 물질들뿐만 아니라 열손실을 줄이는 방법에 있어서도 주의를 강화해야 한다. 디자인의 관점에서, 램프는 나트륨을 막아 주는 겹유리(sodium-resistant ply glass)로 된 U자형 아크 튜브로 되어 있다. 이 U자형 튜브의 외부 표면은 나트륨의 균일한 응축이 가능하도록 옴폭 들어가 있다. 나트륨 증기는 5~8 × 10^{-3} torr의 압력으로 튜브에 채워져 있다. 삼중-코일의 산화막이 코팅된 텅스텐 음극은 이온 충돌(ion bombardment)에 의해 가열되어

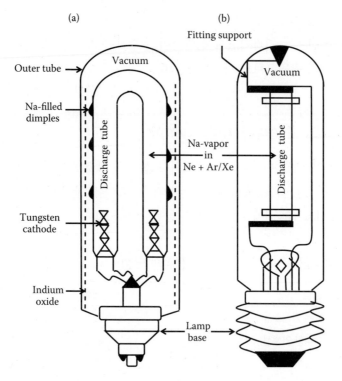

그림 3.3 나트륨램프: (a) 뒤집어진 U자형 방전관, (b) 직관형 방전관.

전자들을 방출한다. 이 튜브는 네온과 더불어 미량의 아르곤, 제논 또는 헬륨을 포함하는데, 이는 방전 개시를 돕기 위함이다. 추가적으로 열손실을 최소화하기 위하여, 튜브의 내부와 외부 램프 사이의 공간에 진공을 뽑고 진공을 유지하기 위해 게터(getter)로 채웠다. 처음에는 네온 때문에 램프에서 분홍색 빛이 방출되다가, 10~15분 정도 예비동작을 하고 나면, 나트륨 발광이 주로 일어나면서 빛의 색깔은 황색으로 변한다.

이 램프의 주요한 단점은 나쁜 연색성이다. 그러나 저압 램프에서의 황색광이 백색광보다 안개나 연무에 덜 흡수되므로 시인성이 더 좋아서 가로등으로 널리 사용된다. 고압 나트륨램프의 장점과 단점은 표 3.5에 요약되어 있다.

표 3.5   고압 나트륨램프의 장점과 단점

번호	장점	단점
1.	높은 광원효율	낮은 CCT 약 2200 K
2.	긴 수명	낮은 CRI 약 20
3.	가로등용으로 적합한 높은 광속	긴 점등 소요시간: 약 2~5분

3.7 형광등과 콤팩트 형광등

그림 3.4와 표 3.6에 나타낸 형광등(fluorescent tube)은 저압 수은 증기 방전 램프이다. 저압에서 전자들은 11,000~ 13,000 K의 온도를 갖지만, 이온들은 310 K의 온도에서 주변 환경과 열적 평형상태에 있다. 이미 언급한 바와 같이 낮은 압력에서 수은 증기는 가시광선 대신 자외선을 방출하는데, 안티몬(antimony) 이온이나 망간(manganese) 이온이 도핑된 칼슘 할로−포스페이트(calcium halo-phosphate)와 같은 형광체에 의해 가시광선으로 변환된다. 안티몬 이온은 증감제(sensitizer)와 활성제(activator)의 역할을 하며, 흡수된 자외선을 480 nm의 피크 파장을 갖는 넓은 대역의 가시광선으로 변환시킨다. 이 복사는 580 nm에서 발광하는 망간 이온 쪽으로 부분적으로 투과된다.

구조적인 관점에서, 형광등은 저−나트륨 유리(low-sodium glass)나 소다−라임 실리케이트(soda-lime silicate)로 만들어진 긴 튜브로 보인다. 튜브의 양쪽 끝에서 전극

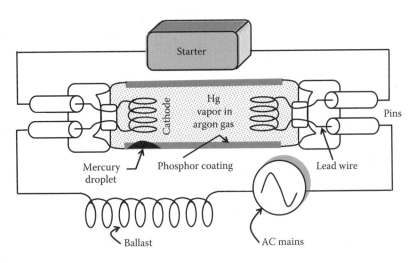

그림 3.4 형광등.

표 3.6 형광등의 장점과 단점

번호	장점	단점
1.	비용효과 우수	밸러스트의 필요
2.	높은 광원효율	시간에 따른 광출력 감소
3.	백열전구보다 긴 수명	ON 주기의 감소로 수명 감소
4.	CRI와 CCT의 다양성	On 스위칭과 출력의 외부온도 의존성
5.		독성이 있는 수은을 함유

마운트가 밀봉되어 있다. 캡은 튜브를 벽에 있는 고정 장치에 고정(fixture)하기 위한 핀 커넥터(pin connector)를 포함한다. 전극 마운트는 산화바륨(barium oxide)과 같은 낮은 일함수를 갖는 물질로 코팅된 텅스텐 코일 선으로 된 음극을 동반한다. 리드 선은 철-니켈 합금(Fe-Ni alloy)으로 되어 있다; 밀봉은 듀멧 선(dumet wire)을 사용한다. 외부 부분을 만드는 데 사용되는 재료는 구리(Cu) 또는 구리 도금된 철(Cu-plated Fe)이다. 튜브의 내부 표면의 사전 코팅은 두 가지 목적으로 수행된다: (i) 형광체를 유리에 존재하는 나트륨으로부터 보호하고, (ii) 입사되는 자외선 복사를 반사시켜 되돌려 보내기 위해서이다. 튜브는 $4\sim6 \times 10^{-3}$ torr의 수은(Hg) 증기를 함유한다. 아르곤 불활성 기체(inert gas)는 전자와 이온이 벽 쪽으로 확산되는 것을 억제하기 위하여 $2\sim5$ torr의 적절한 압력으로 채워져 있다. 추가적으로 불활성 기체는 이온들이 음극 쪽으로 움직이는 것을 방지하며 고전압 스파이크(spike)를 만들기 위한 유도기(inductor)를 사용하여 캐소드의 예열에 의해 수행되는 시동을 돕는다. 튜브의 길이와 직경은 주의 깊게 설계되어야 한다. 길이는 동작 전압에 의해 결정된다. 효과적인 자외선의 발생을 위하여 1 V/cm의 전기장이 필요하다. 폭은 손실을 결정한다. 폭이 너무 좁으면 벽에서의 전자 충돌에 의해 손실이 증가한다. 그러나 너무 넓은 튜브는 자외선의 운반에 있어서 심각한 손실을 초래한다. 튜브의 길이는 15 cm에서 24 cm의 범위를 가지며, 직경은 보통 3.8, 2.5, 1.5 cm를 사용한다.

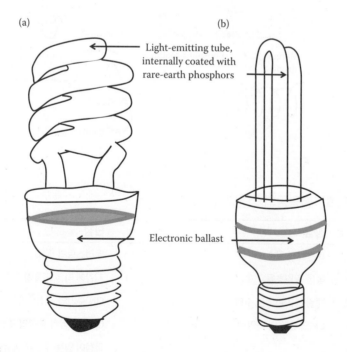

그림 3.5 콤팩트 형광등.

표 3.7 콤팩트 형광등의 장점과 단점

번호	장점	단점
1.	높은 광원효율	높은 가격
2.	백열전구보다 긴 수명	시간에 따른 광출력 감소
3.	백열전구 교체에 따른 냉각 부담 감소	ON 주기의 감소로 수명 감소
4.		내부 밸러스트에 따른 램프의 전류 파형의 왜곡 발생
5.		독성이 있는 수은을 함유

그림 3.5와 표 3.7에 나타낸 콤팩트 형광등(compact fluorescent lamp, CFL)은 복합적으로 접힌 가는 튜브(1.0~1.6 cm 직경)와 작은 크기의 내장된 제어장치로 구성되어 있다(Spezia and Buchanan 2011, Sule et al. 2011).

3.8 서로 다른 전통적인 광원들 사이의 성능 비교

1. 기술적인 성능지수: 조명 산업 분야에서의 전통적인 주력 광원들에 대한 중요한 성능지수가 표 3.8에 정리되어 있다.

   램프 효율(lamp efficacy): LPS 증기 램프가 가장 우수하고, HPS 증기 램프가 그 다음이며, 그 뒤를 이어 형광등이 3위, CFL이 4위, HPM 증기 램프가 5위이고, 텅스텐 할로겐 램프와 백열등이 6위의 마지막 자리에 놓인다.

   연색성 지수(CRI): 백열등과 텅스텐 할로겐 램프가 가장 우수하고, 형광등과 CFL 또한 우수한 연색성을 보인다. HPS 증기 램프가 가장 낮고, LPS 증기 램프

표 3.8 전통적인 광원들의 성능[a]

번호	광원	광원효율(lm/W)	상관 색온도(K)	연색성 지수	수명(h)
1.	백열전구	15~25	2800	100	1000
2.	텅스텐 할로겐 램프	18~28	3200	95	2000
3.	고압수은(HPM) 증기램프	35~65	4000	15~55	25,000
4.	저압나트륨(HPS) 증기램프	180	1800	50	15,000
5.	저압수은(LPM) 증기램프	120	2100	15	25,000
6.	형광등	60~100	4000	85	25,000
7.	콤팩트 형광등	50~60	2700	80	10,000

[a] 통상의 값들을 나타내었으며, 제조사 및 램프 전력에 따라 폭넓게 변한다.

가 그 다음으로 낮다. HPM 증기 램프도 낮은 CRI를 갖는다.

수명(lifespan): 역시 백열등이 꼴찌이고, 텅스텐 할로겐 램프는 이보다는 우수하다. 그러나 다른 모든 램프들의 수명은 ≥10,000 h이다.

개별적인 특성변수들의 값들은 넓게 변하지만, 일부의 일반적인 언급들은 적절하다. 위의 비교 분석에 의하면, 백열등, 텅스텐 할로겐 램프, 형광등 및 CFL은 모두 자연색을 만족스럽게 인식할 수 있게 해 주었음을 분명히 지적하고 있다. 그러나 앞의 두 가지 방식의 램프들은 전력효율도 나쁘고 수명도 길지 않다. 이것이 형광등과 CFL이 주거용 조명으로 굉장한 인기를 끌고 있는 이유를 설명한다.

따라서 특별한 조명 응용에 대한 램프의 선택은 특성변수를 최적화하는 데 기반을 두고 있다. 램프 효율은 연색성 특성을 간과한 채로 따로 고려해서는 안 된다.

2. 경제적 고려: 광원으로부터의 1Mlmh 광의 비용은 두 가지 항목의 합으로 표현된다. 첫 번째 항은 안정기(ballast)에서 초래되는 손실을 보정한 후의 소비전력의 비용을 나타낸다. 그리고 두 번째 항은 램프를 이용하는 데 필요한 외장 회로의 가격에 대한 보정을 포함하는 램프의 구매 비용을 나타낸다. 따라서 1Mlmh에 대하여 (Žukauskas et al. 2002),

$$C_{1-\text{Mlmh}} = \frac{C_{1-\text{kWh}} \times 10^3}{\eta_s} + \frac{C_1 \times 10^6}{\eta_s P_s \tau_s} \tag{3.1}$$

여기서 $C_{1-\text{kWh}}$는 1 kW 전력의 비용이고, C_1은 램프의 보정 비용이다. η_s, P_s, τ_s는 각각 안정기 손실을 보정한 발광효율(luminous efficiency), 와트 단위의 정격 출력, 그리고 시간 단위로서의 광원의 수명이다. 수은을 함유하는 램프의 유지보수와 폐기에 드는 비용은 위의 식에 포함되지 않았다.

예제 3.1

1 kWh의 비용을 x라 놓고, $10x$로 가격이 매겨진 광원효율(luminous efficacy) 170 lm/W 및 수명 14,000 h인 100 W 램프 L_1의 1 Mlmh 광에 대하여, L_1의 1/10 가격에 구입할 수 있는 20 lm/W 효율과 890 h의 수명을 갖는 100 W 램프 L_2에 대한 상대적인 비용을 비교하라.

$$
\begin{aligned}
(C_{1-\text{Mlmh}})_{L_1} &= \frac{x \times 10^3}{170} + \frac{10x \times 10^6}{170 \times 100 \times 14000} \\
&= \frac{x \times 10^3 \times 100 \times 14000 + 10x \times 10^6}{170 \times 100 \times 14000} \\
&= \frac{1.4 \times 10^9 x + 1 \times 10^7 x}{170 \times 100 \times 14000} = \frac{1.41 \times 10^9 x}{170 \times 100 \times 14000}
\end{aligned} \tag{3.2}
$$

$$(C_{1-\text{Mlmh}})_{L_2} = \frac{x \times 10^3}{20} + \frac{x \times 10^6}{20 \times 100 \times 890}$$

$$= \frac{x \times 10^3 \times 100 \times 890 + x \times 10^6}{20 \times 100 \times 890} \qquad (3.3)$$

$$= \frac{8.9 \times 10^7 x + 10^6 x}{20 \times 100 \times 890} = \frac{9.0 \times 10^7 x}{20 \times 100 \times 890}$$

$$\frac{(C_{1-\text{Mlmh}})_{L_1}}{(C_{1-\text{Mlmh}})_{L_2}} = \frac{1.41 \times 10^9 x}{170 \times 100 \times 14000} \div \frac{9.0 \times 10^7 x}{20 \times 100 \times 890}$$

$$= \frac{1.41 \times 10^9 x}{9.0 \times 10^7 x} \times \frac{20 \times 100 \times 890}{170 \times 100 \times 14000} \qquad (3.4)$$

$$= 15.67 \times 0.00748 = 0.1172$$

3.9 결론 및 고찰

대부분의 가정에서의 전통적인 조명들은 주로 백열등으로 현대의 가정용 조명의 85%를 차지해 왔다. 이는 가느다란 선에 전류를 흘려 발생하는 열에 의해 빛을 발생시킨다. 텅스텐 할로겐 램프는 백열등의 내부에 할로겐족이 함유된 기체로 채워진 더 작은 쿼츠 덮개를 삽입하여 증발된 텅스텐을 필라멘트로 복귀되도록 재활용이 가능하게 한다. 수은 증기 램프는 고강도 방전 램프로 고압의 쿼츠 튜브 내에서 증기화된 수은을 통하여 아크를 발생시켜 자외선과 황록색에서 청색까지의 가시광선을 발생시키는 장치이다. 금속 할라이드 램프에서는, 수은 증기와 금속 할라이드의 기체 혼합물에서 전기 아크방전이 일어나서 태양 빛과 더 비슷한, 연색성이 더 우수한 빛을 제공한다. 나트륨램프에서는 기화된 나트륨 금속에 전기 아크가 충돌한다. 저압 나트륨 램프에서 나오는 빛은 특징적인 단색의 황색 빛이 나오지만, 고압 램프에서는 나트륨, 수은, 제논이 사용되기 때문에 더 부담이 적은 넓은 스펙트럼의 색이 방출된다. 수은은 청색 스펙트럼의 빛을 방출한다. 형광등은 저압 수은 증기 방전 램프이다. 이 램프에서는 단파장의 자외선 빛이 방출되며, 형광체에서의 형광 발광을 통하여 가시광선을 얻는다. 콤팩트 형광등은 전등을 대체하기 위해 고안된 형광등이다. 이상의 램프들을 효율, 연색성 지수(CRI), 다른 특성변수들의 관점에서 비교하였다.

참고문헌

Coaton, J. R. and A. M. Marsden (Eds). 1997. *Lamps and Lighting*. London: Arnold, 546pp.
Geens, R. and E. Wyner. 1993, November. Progress in high pressure sodium lamp technolo-

gy. *IEE Proceedings-A (Science, Measurement and Technology)* 140(6), 450–464.

Spezia, C. J. and J. Buchanan. 2011. Maximizing the economic benefits of compact fluorescent lamps. *Journal of Industrial Technology* 27(2), April–July, 11pp.

Sule, B. F., K. R. Ajao, H. A. Ajimotokan, and M. K. Garba. 2011. Compact fluorescent lamps and electricity consumption trend in residential buildings in Ilorin, Nigeria. *International Journal of Energy Sector Management* 5(2), 162–168.

Žukauskas, A., M. S. Shur, and R. Gaska. 2002. *Introduction to Solid-State Lighting*. New York: John Wiley & Sons, Inc., p. 34.

연습문제

3.1 백열전구의 다음 부분들을 만드는 데 사용되는 재료들은? (a) 전구 (b) 필라멘트 (c) 필라멘트 지지선 (d) 리드 (e) 캡

3.2 필라멘트 재료로 텅스텐이 각광을 받는 이유는? 필라멘트가 나선 구조를 갖는 이유는?

3.3 전구는 완전한 진공인가? 아니면 약간의 가스들로 채워져 있는가?

3.4 전구 내에 산소나 수소의 잔류 성분들이 남아 있으면 무슨 일이 생기는가?

3.5 백열전구의 고장과 관련이 있는 현상들을 설명하라.

3.6 텅스텐 할로겐 램프의 동작의 기본을 이루는 할로겐 주기를 기술하라. 텅스텐 할로겐 램프가 텅스텐램프보다 크기가 더 작아져야 하는 이유를 설명하라.

3.7 기체방전이 어떻게 빛의 근원이 되는가? 고압 기체와 저압 기체의 방전은 어떻게 다른가?

3.8 고압 수은 증기 램프의 다이어그램을 그리고, 동작 원리를 설명하라. 왜 고압 동작이 필수적인가? 고압의 수은 증기에서의 빛의 복사는 저압에서와 어떻게 다른가? 수은 증기 램프의 일반적인 용도는?

3.9 텅스텐 할로겐 램프와 금속 할라이드 램프의 차이는 무엇인가?

3.10 나트륨 증기 램프의 동작 원리를 다이어그램을 이용하여 기술하라. 주된 단점은 무엇인가? 주된 응용은 무엇인가?

3.11 형광등은 저압 수은 증기 램프이다. 저압의 수은 증기는 가시광을 방출하지 못한다. 그러면 형광등은 어떻게 가시광선을 방출하는가?

3.12 형광등의 서로 다른 부분들을 나타내는 다이어그램을 그리고, 그 동작 원리를 설명하라.

3.13 CRI가 작아지는 순서로 다음의 램프들을 배열하라: (a) 텅스텐 할로겐 램프, (b) 나트륨 증기 램프, (c) 형광등, (d) 백열등. 이 램프들 중에서 수명이 가장 짧은 것과 가장 긴 것은?

CHAPTER **4**

LED 기반의 고체조명
LED-Based Solid-State Lighting

학습목표

이 장을 학습한 후에 독자들은 다음의 역량들을 갖출 수 있게 된다.

- 전자소자로서의 LED에 관한 개념의 정립
- LED의 구조와 발광 원리에 관한 이해
- 적색 LED와 백색 LED의 동작에 관한 이해
- 표시용과 조명용 LED의 구분
- 용어 정의: 고체조명(solid-state lighting, SSL), 조명, 디스플레이
- 고체조명의 장점 및 단점의 이해
- 고체조명의 단색 및 일반조명 시대에 관한 인식 정립

4.1 LED 다이오드 가족

발광 다이오드(light emitting diode, LED) 제품군은 오늘날 이용 가능한 수많은 형태의 반도체 다이오드 그룹 중에서 일반적으로 사용되는 가장 눈에 잘 띄는 형태 중의 하나이다(Schubert 2006). 반도체 다이오드는 2-단자 전자소자로 전류가 한 방향(순방향 바이어스, forward bias)으로는 잘 흐르게 하고, 반대방향(역방향 바이어스, reverse bias)으로는 거의 흐르지 못하게 한다. 따라서 양극(anode)과 음극(cathode)의 두 전극을 갖는 극성 반도체 소자이다. 여기서 통상 전류는 양극에서 음극으로 흐르며, 그 반대는 성립하지 않는다. 이러한 극성의 성질 때문에 다이오드는 주로 교류를 직류로 바꿔 주는 정류 소자(rectifying device)로 사용된다. LED도 다이오드이기 때문에 다이오드의 모든 특성을 갖는다. 따라서 LED의 원리도 일반적인 P-N 접합과 동일하다. 그러나 일반적인 P-N 접합은 빛을 방출하지 않는다. LED들은 순방향의

전류(forward current)가 흐를 때 각각 다른 색상의 파장에서 가시광의 상당히 좁은 대역폭을 방출하거나, 리모콘용의 보이지 않는 적외선이나 레이져 형태의 광을 방출하는 전용의 다이오드에 포함된다. LED에서의 빛의 방출 원리는 전자-정공 쌍(electron hole pair)의 자발 재결합(spontaneous recombination)에 의한 것으로, 직접 밴드갭 반도체를 주재료로 제작하여야 효율적이다. 이는 순방향 바이어스가 인가될 때, LED는 전기에너지를 빛 에너지로 변환시킴을 의미한다.

LED는 빛을 흡수하여 전기를 발생시키는 태양전지와는 거동에서 반대이다. LED에 전하가 공급되면 빛이 생성된다. 그러나 빛이 태양전지에 조사되면 전하 펌프(charge pump)처럼 작동한다. 이 두 소자들은 에너지가 정확하게 공급되면 잘 작동하지만, 에너지 공급원이 바뀌면 만족스럽게 동작하지 않는다. 예를 들어, LED에 빛을 쪼이면 비효율적인 태양전지처럼 동작하고, 역으로 태양전지에 순방향 전류를 흘리면 실망스러운 LED처럼 동작한다.

4.2 LED 구성

LED는 본질적으로 P-형 및 N-형 반도체 물질로 구성되는 P-N 접합으로 되어 있다. P-형 물질은 화합물 반도체 결정을 성장시키는 과정에서 원자 결합으로 인해 발생하는 전자가 결핍된 물질이다. 이렇게 부족한 전자는 전자 빈자리(electron vacancy) 또는 정공(hole)이라 불리며, 따라서 P-형 물질은 전류를 흐르게 하고 전기전도에 기여할 수 있는 과잉 정공(excess hole)을 갖는다. 이와 유사하게 N-형 물질은 원자 결합에서 발생하는 과잉 전자를 가지고 있다. 이 전자들은 결정 내를 자유롭게 움직이며 전하 운반자(charge carrier)의 역할을 한다. P-형과 N-형 물질이 서로 접합되면, N-영역으로부터의 전자들이 P-영역의 정공들을 채우게 되어, 두 영역의 사이에 공핍 영역(depletion region)이라 부르는 전기적으로 중성인 부분을 생성한다. 이러한 전기적인 장벽은 각각 "역방향(reverse)" 또는 "순방향(forward)"의 외부 바이어스를 인가함에 따라 넓어지기도 하고 좁아지기도 한다. 순방향 바이어스를 인가한 다이오드에서 주입된 소수 운반자(P-형 영역에서는 전자이고 N-형 영역에서는 정공)들이 서로 재결합하는 과정에서 빛이 방출된다. 빛은 순방향 바이어스 하에서 전류의 흐름으로 말미암아 한 가지 색상 혹은 단색에 해당하는 좁은 파장 대역에서 생성된다. 생성되는 빛의 파장은 P-N 접합을 구성하는 재료의 밴드갭 에너지에 의존한다.

4.3 발광의 준-단색(Quasi-Monochromatic) 성질

LED에서 생성되는 빛을 한 가지 색 또는 파장이라고 말하는 대신에 좁은 대역 내에 구속되어 있다고 하는 것이 더 정확한 표현이라는 것을 언급해야만 한다. 따라서 LED에서 방출되는 빛은 준-단색(quasi-monochromatic)이라고 하는 것이 더 사실적이다. 이는 직접 밴드갭 반도체의 E-k 밴드 다이어그램을 참고하면 더 잘 이해할 수 있다. 각각 $k = 0$와 $k \neq 0$의 경우에 상응하는 전자와 정공의 재결합을 그림 4.1에 시각화하여 도시하였다. $k = 0$인 경우에, 방출되는 광자의 진동수는 v_1이고 다음과 같이 주어진다.

$$h v_1 = E_g = E_c - E_v \tag{4.1}$$

반면에 $k \neq 0$인 경우에 방출되는 광자의 진동수는 v_2이고, 고려하는 전자와 정공 준위 사이의 더 큰 에너지 차이 때문에 v_1보다 약간 더 크다. 따라서 발광 파장에 대한 좁은 대역의 개념이 단일 파장의 개념보다는 본 현상에 대한 더 정확한 표현이다.

4.4 적색 LED

그림 4.2에서는 동작 중인 적색 LED의 개략적인 단면도를 도시하였다. 이 적색 LED는 N-형 GaP(gallium phosphide) 기판 위에 연속적으로 N-형 및 P-형 박막층을 배치한 구조이다. 우선 N-형 GaP층과 그 다음으로 그 상부에 P-형 GaP층을 배치하였

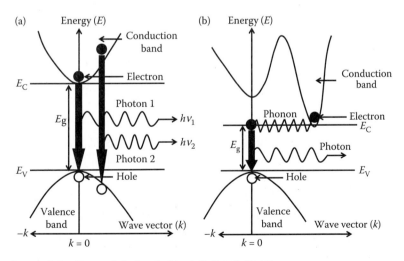

그림 4.1 에너지-밴드 다이어그램: (a) 직접 밴드갭, (b) 간접 밴드갭 반도체.

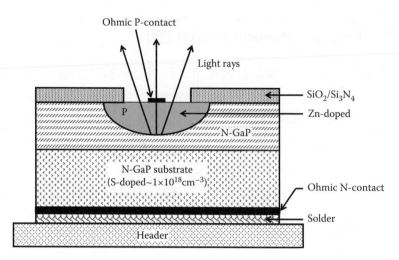

그림 4.2 적색 GaP LED의 단면구조.

다. 오믹 접촉(ohmic contact)을 통하여 전류를 주입하면, P-N 접합의 계면에서 전자와 정공의 재결합에 의하여 700 nm 파장의 빛이 생성된다. 순방향 바이어스 하에서의 P-N 접합을 살펴보면, 소수 운송자는 중성 영역의 다른 쪽으로 확산되어 가므로 이 다른 쪽의 다수 운송자들과 재결합하면서 광자를 방출한다. 단면도에서 보듯이 빛이 P-N 접합의 계면에서 방출됨을 알 수 있다. P-형 영역은 N-형 영역에 아연(Zn)의 선택적 확산(selective diffusion) 공정을 통하여 형성하며, 빛의 흡수를 막기 위하여 작고 얕게 만들었다.

위에서 언급한 바와 같이, LED의 구성은 일반적인 신호용 다이오드와는 다르다. LED 접합은 실제로는 많은 빛을 방출하지 못한다. 또한 상당한 양의 빛이 LED 재료 내부에서 흡수되어 열을 발생시키며 소실되어 LED의 바깥으로 빠져나오는 데 성공하지 못한다. 따라서 이러한 빛의 손실을 최소화하기 위하여 특별한 방안들이 적용되어야 한다.

LED의 봉지(encapsulation)는 빛을 수집하는 데 결정적인 역할을 하며, 추가적으로 진동이나 충격으로부터 LED 칩(chip, die)을 기계적으로 보호하는 역할도 제공한다 (그림 4.3). LED 칩은 빛 손실을 방지하고 한 방향으로 빛을 집중시키는 방식으로 봉지된다. 이러한 목적을 달성하기 위하여, LED 칩은 반사기 컵(reflector cup) 내에 부착되고, 반구형(hemispherical-shaped)의 껍질 모양을 갖는 단단하고 투명한 플라스틱 에폭시 수지(plastic epoxy resin)에 의해 봉지된다. LED를 에폭시 수지로 에워쌀

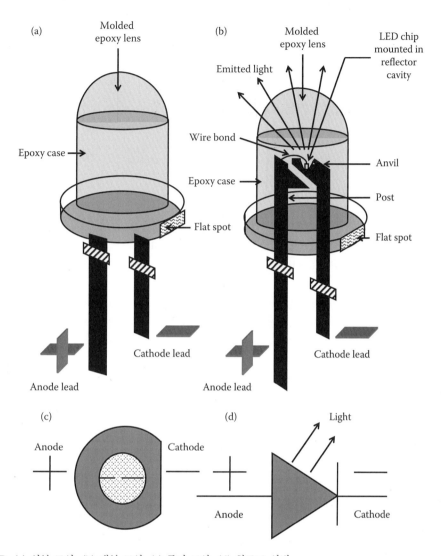

그림 4.3 LED: (a) 외부 모양, (b) 내부 모양, (c) 종단 모양, (d) 회로도 심벌.

때 그 몸체는 접합부에서 방출된 빛의 광자가 다이오드가 부착된 주변 기판 베이스로부터 반사되어 LED의 반구형 정점을 통해 위쪽으로 집중되도록 구성된다. 반구형 돔은 빛을 모으는 집속렌즈로 작동한다. 이것이 방출되는 빛이 LED의 상단에서 가장 밝게 보이는 이유이다.

리드의 단락(shorting)을 막기 위하여, 그림 4.4에 도시된 바와 같이 스페이서(spacer)를 사용하여 LED가 장착된다.

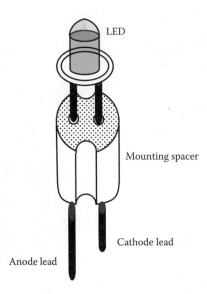

그림 4.4 리드의 구부러짐이나 합선을 방지하기 위해 내부에 적용한 테이퍼형 배리어를 장착한 스페이서 위에 LED를 장착한다. 이를 통해 지속적이고 균일한 방식으로 LED의 수직 장착이 가능하므로 조립을 수월하게 한다.

4.5 백색 LED

LED로 백색광을 발생시키기 위한 세 가지의 주요한 방법이 있다(Zissis 2009):

1. InGaN LED에서 방출되는 청색광(더 짧은 파장)은 형광체 물질의 도움으로 진동수가 하향변환(down-conversion)되어(더 긴 파장), 황색광을 방출한다. 따라서 본래의 청색광과 더 낮은 주파수를 갖는 하향변환된 황색광의 조합으로 백색광이 만들어진다.

2. 백색광을 만드는 두 번째 대안은 근자외선 복사를 일으키는 LED의 사용과 형광등에서 행하는 방식과 같이 단일 형광체 또는 다중 형광체를 이용하여 가시광선으로 변환시키는 방식이다.

   1과 2의 두 방법에서, 형광체로 들어가는 빛과 형광체에서 방출되는 빛의 에너지 차이는 그들의 진동수와 파장에서 스토크스 편이(Stokes shift)에 의해 야기되는 스토크스 손실(Stokes loss)이라고 알려진 에너지 손실을 나타낸다. 이러한 스토크스 손실이 형광체를 이용한 변환방식이 갖는 주된 손실 요소이다.

3. 백색광을 생성시키는 또 다른 방법은 적색, 녹색, 청색의 세 가지 보색(complementary color)을 각각 생성하는 개별적인 LED들의 빛들을 정확한 비율로 섞거나 합성하여 백색광을 만드는 방식이다. 그러나 세 개의 LED가 필요한 이 방법은 비용

이 많이 소요되므로 기피하는 경향이 있다.

백색 LED의 주제는 별도로 할당된 15장에서 매우 상세하게 다룰 것이다.

4.6 표시용(Indicator-type) LED 및 조명용(Illuminator-type) LED

표시용 LED는 자체 발광체(self-luminous object)로서 예를 들어, 출구 표지등, 신호등, 시계 라디오 및 TV 세트와 같은 전자제품에서의 ON/OFF 광처럼 직접 보이는 광원이다. 조명용 LED는 물체로부터 반사되는 빛을 이용하여 그 물체를 보기 위한 광원이다. 예를 들어, 대부분의 가정에서의 일반 조명(general lighting)이나 책상 위에서 많이 쓰이는 작업 조명(task lighting)을 들 수 있다. 표시용 LED는 통상 크기가 250 μm^2이다. 대조적으로 조명용 LED는 다양한 표시용 LED보다 크기가 훨씬 더 크다(약 900 μm^2). 게다가 더 많은 면에서 빛이 방출되도록 고안되었다. 이 방식의 LED는 17장에서 논의할 것이다.

대부분의 표시용 LED들은 매우 일반적인 3 mm와 5 mm 패키지(package)로 제작된다. 출력이 증가하면 패키징(packaging)은 더 복잡해지며, 열 제거 및 방열에 특화되었다. 하이테크(high-tech) 및 고출력 조명용 LED를 위해 설계된 패키지는 초창기의 표시용 LED와 상당히 다르다. 보드와 방열기(heat sink)로의 개선된 방열을 위하여 구리 스트립(copper strip)을 이 LED의 하부에 배치한다.

4.7 SSL을 위한 예비 아이디어

이 교재는 "고체조명(solid-state lighting)"의 주제를 탐구하며, 기본 개념에서 출발하여 응용과 미래의 추세까지 다룰 것이다. 우선 주제 자체를 독자들에게 소개하겠다.

4.7.1 "고체조명"이라는 용어

고체조명(solid-state lighting, SSL)은 일반 조명 응용분야에서 전기를 빛으로 변환시키는 역할을 하는 반도체에 사용되는 포괄적인 용어이다(Enviro energy partners 2010~2012).

국제조명공학회(International Illumination Engineering Societies)에 의해 규정된 바와 같이, "고체조명(solid-state lighting)"이라는 용어는 조명 용도의 백색 발광 다이오드(white LED)의 사용을 의미한다. 수식어 "고체(solid-state)"는 앞선 "깨지기 쉬운 진공 및 기체가 채워진 실린더(fragile vacuum and gas-filled cylinders)"와 구분되는, 고체인 반도체 물질을 사용하는 LED와 관련이 있다. 반도체 기술의 태동에 앞서서, 거의 모든 능동 전자회로에는 깨지기 쉬운 진공관을 채택했었다. 따라서 "고체"라는 제목은 조명 기반에서 LED의 제작에 고체인 반도체 물질을 사용한다는 관점에서 필연적이다.

SSL은 전기 필라멘트, 플라즈마(형광등과 같은 아크등에 사용되는), 또는 기체 대신에 조명용 광원으로 반도체 LED, 유기 발광 다이오드(organic light emitting diode, OLED), 또는 폴리머 발광 다이오드(polymer light emitting diode, PLED)를 사용하는 조명의 방식이다(http://en.wikipedia.org/wiki/Solid-state_lighting).

SSL은 움직이는 부품들 또는 깨지고, 갈라지고, 벌어지고, 새어 나오고, 또는 자연 세계를 오염시킬 수 있는 부품들을 포함하지 않는 소자 및 관련 부품에 대한 설명을 다룬다(http://www.pixi-lighting.com/glossary.html).

4.7.2 조명의 의미

조명은 빛을 비추는 행위(the act of illuminating) 또는 빛을 공급하는 것(supplying with light)이다(http://www.theenglishdictionary.org/definition/illumination).

조명은 "불이 켜지거나(lighted) 빛이 나도록(glow) 빛을 제공하거나 밝게 하는 것"이다(http://www.answers.com/topic/illuminate).

조명은 환경의 가시성(visibility)의 정도를 나타내는 것으로 단위면적당 입사되는 광속(luminous flux)[조도(illuminance)]이다(http://www.thefreedictionary.com/illumination).

4.7.3 디스플레이 소자

"디스플레이"는 쉽게 눈에 띄는 장소에(무언가의) 탁월한 전시를 행함을 의미한다(http://www.google.co.in/#hl = en&q = display&tbs = dfn:1&tbo = u&sa = X&ei = Rj59T8G3B8iJrAemscTmDA&ved = 0CEIQkQ4&bav = on.2,or.r_gc.r_pw.r_qf.,cf.osb&fp = 6ebe5f8d477aef29&biw = 1280&bih = 843).

디스플레이 소자는 다양한 형식으로 획득되고, 저장되고, 또는 전달되는 시각적, 청각적, 또는 명백한 수신을 위하여 광정보를 제공하는 출력 소자이다. 입력 정보가 전기신호로 공급되는 경우에 "전자정보 디스플레이"라 불린다(http://en.wikipedia.org/wiki/Displays).

4.8 왜 고체조명인가?

고체조명(SSL)은 미래의 조명 시스템을 근본적으로 변경하고 개선시키기 위한 유망하고 중추적인 떠오르는 기술이다(Plymouth Rock Energy 2013). SSL의 원동력(Bergh et al. 2001, Žukauskas et al. 2002, Nicol 2006, Sanderson et al. 2008)은 다음의 매력적인 특징들에 의해서 제공된다.

1. 에너지 효율: 기존의 광원들보다 훨씬 높은 에너지 변환 효율을 제공하는 에너지 효율이 우수한 조명 광원이다(Brodrick and Christy 2003, Navigant Consulting, Inc. 2010). 참고로 백열등은 소비된 에너지의 단지 5%만을 가시광선으로 변환하고, 형광등은 에너지의 25%를 빛으로 변환할 수 있다.

   조명은 세계적인 전체 전기에너지 소비의 19%를 차지하며, 전기에너지는 다양한 에너지원들의 총량의 16%에 해당하므로, 조명은 총 에너지의 약 0.19 × 0.16 = 0.0304 즉 3.04%에 해당한다. 따라서 조명의 목적에 사용되는 에너지를 절감하는 것은 엄청나게 유용할 것이다.

2. 안전한 배터리로 구동되는 가능성: 이러한 종류의 조명은 LED 동작이 높은 전압을 필요로 하지 않기 때문에, 배터리로 동작하는 전력 소모가 더 낮은 장치의 시대를 예고한다. 낮은 전압은 사용자들에게 매우 안전하다. LED 기반의 조명은 주요 전원공급 장치 없이도 시행할 수 있다. 이 소자들은 배터리에 의해 쉽게 전원을 공급할 수 있다.

3. 컬러필터를 사용하지 않고서도 의도한 색의 빛을 방출: 전혀 다른 색의 빛을 만들어 내는 LED들은 서로 다른 반도체 물질들로 제작되어진다. 따라서 각 색상의 빛은 다른 LED를 필요로 한다. 색을 띠는 빛(colored light)을 생성하는 이 방법은 원하는 색을 얻기 위하여 광원의 앞에 컬러필터(color filter)를 끼워 넣은 종래의 조명보다 더 효율적이다.

4. 열 발생의 감소: LED 램프는 차가운 소자(cold device)로, 백열전구나 형광등보다 더 적은 열이 생성되고 조명 영역으로 복사된다. LED 빔(beam)은 적외선 성분이 없는 차가운 빔이다.

5. 친환경: SSL은 공해가 없는 조명이므로 환경과 기후를 보호한다. 이는 본질적으로 친환경적이고 책임감 있는 조명이다. 이는 기존의 조명 기술에서 보이는 독성 물질들이 전혀 없는 "녹색" 광원이다. 예를 들어, 형광등은 3~5 mg의 수은을 함유하는데, 이것은 유리 커버가 깨지면 주변의 환경으로 방출된다. 반면에 LED나 LED의 형광체 코팅은 어떠한 독성 물질도 함유하지 않도록 할 수 있다. 게다가 LED 기반

조명은 적외선이나 자외선을 방출하지 않도록 할 수 있다. 간접적으로 환경을 보호하는 또 다른 요소는 SSL이 엄청난 양의 에너지를 절약한다는 사실이다. 이는 결과적으로 발전소에서의 화석연료의 사용량을 줄여 준다. 분명한 결과는 발전소에서 대기로 방출되는 황(sulfur)이나 산화질소(nitrogen oxide)와 더불어 비산재(fly ash)나 다른 공해 물질의 획기적인 감소가 기대된다는 점이다.

또한 LED 조명은 윙윙거리는 소리(humming), 깜박거림(flickering) 등의 소음공해를 제거하고 형광등 조명과 관련된 두통을 없애 준다.

6. 더 높은 신뢰성, 길어진 수명, 장기적인 비용효과: 움직이는 부분이 없기 때문에 LED는 파손이나 진동에 대한 안정성을 갖는다. 빠른 사이클링(cycling)이 영향을 주지 않는다. 기존의 조명보다 고장이 덜하다. 백열등은 필라멘트가 손상되면 바로 고장이 난다. LED 램프는 LED 어레이로 구성된다. 몇 개의 LED가 광 강도가 감소하더라도 램프는 기능을 계속한다. 따라서 갑작스러운 조기 고장(premature failure)은 잘 일어나지 않는다. 이렇게 돌발 고장(catastrophic failure)의 약점이 덜하기 때문에 유지보수 비용을 줄일 수 있고, SSL 광원의 전체적인 동작 수명 또한 증가한다.

LED의 정격수명은 60,000시간(약 7년)이다. 반면에 백열등은 1,000~2,000시간이고, 콤팩트 형광등(CFL)은 약 5,000~10,000시간 정도이다. 이렇게 현저하게 긴 수명 때문에 LED는 램프 교체를 위한 노동 비용이 엄청나게 드는 많은 상업적 또는 산업 조명의 응용에 있어 이상적인 조명이 된다. 따라서 장기간의 동작에서 LED는 비용효과가 탁월하고, 더 경제적이다.

위의 시나리오는 라디오나 TV의 송신 소자뿐만 아니라 수신기와 같은 고체 전자장치들이 그 이전의 동일한 기능을 수행하는 진공관(valve) 버전들보다 더 성공적임이 증명되었다는 사실을 연상시킨다. 독자들은 진공관 라디오 및 TV 수신기가 전력 소모가 더 심할 뿐만 아니라 충격이나 진동에 의한 고장이 잦아 제한된 수명을 가지고 있었다는 것을 기억할 것이다. 따라서 진공관 필라멘트를 가열하기 위해 더 많은 전력을 사용하였고, 유지보수 인력들의 주의를 필요로 했다.

7. 즉시적인 스위칭 ON/OFF: SSL은 트랜지스터 라디오와 같이 예열이나 준비 대기 시간이 필요하지 않다. 지난 시절의 진공관 라디오와는 달리 즉시적인 조명이다. LED는 켜서 최고의 밝기에 도달하는 데 1분 이상이 소요되는 아크 램프와는 달리 즉시 켜진다.

8. 빈번한 on-off 주기의 응용에 대한 적합성: 자주 켰다 껐다 하면 더 빨리 수명이 다하는 형광등과는 달리, 또는 재가동하기 위해서는 오랫동안 기다려야 하는 고휘도 방전(high-intensity discharge, HID) 램프와는 달리, LED는 반복적인 on-off 사이

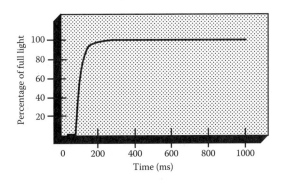

그림 4.5 300 ms의 응답시간을 갖는 LED의 점등 특성.

클링이 수행되는 응용 분야에 특히 적합하다(그림 4.5).

9. 작은 LED 형태인자에 기인한 장치의 크기와 중량 감소: SSL은 장치의 소형화, 간결화, 휴대성을 가능하게 한다. 이러한 장치의 크기를 줄여 주는 장점은 아무리 강조해도 지나치지 않다.

10. 조절의 유연성: 두 가지 면에서 더 유연한 조절성을 갖는다. 첫 번째로 디밍(dimming)이라고 부르는 빛의 강도를 조절하는 것과, 두 번째로 색 조절(color control)로 알려진, 특별한 조명의 응용에서의 요구에 부합하는 색상 변화(color variation)가 있다. 약 10~25%의 밝기 조절만 가능한 수은램프와는 달리 LED는 넓은 범위의 밝기 조절이 가능하다. 형광등 또한 디밍에 있어서 기술적인 어려움이 있다. 디밍을 수행하면 황색으로 변하는 백열등과는 달리 LED는 디밍에 의해 소자에 흐르는 전류가 변해도 빛의 색조가 변하지는 않는다. SSL이 제공하는 자유도가 폭넓은 응용을 한층 더 강화시켰다.

11. 태양 환영 효과의 제거: 태양광이 일반적인 전구가 장착된 교통신호등 위에 직접 비치면 실제로는 꺼져(OFF) 있어도 켜져(ON) 있는 것처럼 착시효과(false visual effect)가 있는데, 이 현상을 선팬텀 효과(sun phantom effect)라고 한다. 이러한 착시효과는 LED 신호등에서는 나타나지 않는다.

12. 다양한 응용: 휘도, 방출색(파장), 스펙트럼 등과 같이 SSL에 의해 제공되는 넓은 범위의 제어성과 조절성으로 인하여 SSL은 일반 조명뿐만 아니라 디스플레이, 통신, 교통, 생물의학, 생물공학, 농업 및 다른 분야와 같은 다양한 응용 분야에 사용되고 있으며, 규칙적으로 새로운 기능들이 더해지고 있다. 무기(inorganic) LED는 매우 방향성이 우수한 빛을 필요로 하는 좁은 각도의 반사기 램프와 같은 응용에 적절한 높은 지향성을 가지고 집속된 광원으로 주로 사용된다. 이 소자들은 국부적인 점 조명(local spot lighting), 국부 조명(task lighting), 또는 거리 조명(street lighting)을 제공하는 데 이용된다. 그러나 유기 발광 다이오드(organic light

emitting diode, OLED)는 대면적 디스플레이(large-area display)에 적합한 면광원(areal source)이다. LED는 냉장고 조명과 같은 저온 응용에 적합하다. 왜냐하면 LED의 효율은 온도가 감소하면 증가하기 때문이다. 이와는 대조적으로 형광등의 효율은 더 낮은 온도에서 감소한다.

LED는 열을 덜 방출하고 식물이 성장하고 개화하는 데 도움이 되는 최적의 진동수의 빛을 제공하기 때문에 식물 재배에 유용하다. 건강관리 응용 중에서, 피부 표면의 치료와 악성 세포의 파괴를 위하여 공기 중이나 물속에 있는 박테리아나 바이러스를 죽이는 살균을 위한 응용에 대하여 언급할 필요가 있다.

4.9 SSL의 단점들

다음에서 언급하는 SSL의 단점들은 주목할 가치가 있다.

1. 더 낮은 lumen/watt 출력: 현재 LED는 백열등보다 높은 발광 효율을 가지며, 형광등과는 비슷한 효율을 가지지만, 나트륨 증기 램프보다는 낮은 효율을 갖는다. LED의 발전이 지속되면, LED는 궁극적으로 나트륨 증기 램프의 효율을 능가하는 효율에 도달할 것이다.
2. 더 높은 초기 구매 비용: 현재, 구동회로를 포함한 LED 시스템의 초기 비용은 다른 광원들의 시스템보다 훨씬 비싸다. LED 시스템의 비용이 다른 광원들의 총 비용(초기 비용 + 유지 및 보수 비용)과 비슷한 수준이 되어야만 이 시스템의 사용이 정당화될 수 있다. LED는 실제로 유지 및 보수 비용이 전혀 들지 않고 기존 조명들보다 훨씬 긴 수명을 가지고 있기 때문에, LED 조명의 전체적인 비용은 다른 광원들의 비용보다 훨씬 낮아진다.
3. LED 특성의 주변 온도 의존성: LED는 적당한 방열기(heat sink)를 필요로 한다. 특히 뜨거운 환경에서는 LED의 아주 적은 과도 구동으로도 광 방출 특성의 편차 형태로 그 특성이 손상을 입을 수 있으며, 더 강한 과도 구동은 소자를 망가뜨릴 수도 있다.
4. 집속이 잘 된 빔을 얻기가 불가능: 빔 발산각(beam divergence)이 < 0.2°인 루비 레이저(ruby laser)와는 달리, LED는 발산각이 수 도 미만인 높은 지향성을 갖는 광원으로 적합하지 않다. 다만 광학렌즈를 사용하면, 제한된 범위 내에서의 보정은 가능하다.
5. 인체에 대한 안전 문제: 청색과 백색 LED가 가능해짐에 따라 그 파장이 인간의 눈의 안전 한계를 넘어서고 있다.

표 **4.1**   LED의 장점과 단점

번호	장점	단점
1.	소형(방열기가 추가되면 커짐)	고가
2.	튼튼하고 견고함	눈부심
3.	긴 수명	구동회로 필요
4.	빠른 응답속도	열 관리 필요
5.	점멸에 의해 수명이 줄지 않음	표준화 미흡
6.	백열전구보다 높은 광원효율	
7.	색 변환 가능	
8.	열효과 없음	
9.	새로운 조명의 가능성	
10.	친환경(독성 물질 없음)	

표 4.1은 조명으로 LED가 각광을 받는 주된 이유들과 몇 가지 단점들을 요약하여 정리한 것이다.

4.10   SSL의 잠재성과 전망

SSL은 세계 경제를 부흥시키고, 에너지 안전성을 강화하고, 온실가스 방출(greenhouse gas emission)을 감소시키는 세 가지 기본적인 도전을 부르는 잠재성을 가진 싹트는 기술이다(Brodrick and Christy 2003). 가까운 미래에 가정이나 상업 시설들에서 전기의 사용을 획기적으로 줄여 화석연료의 의존성을 줄인 친환경 시대를 제공하게 될 것이다. 성능이 우수한 건물이 되기 위해서는 상대방보다 에너지 소비를 줄이고, 온실가스의 방출을 줄이는 것이 열쇠가 될 것이다. 미국 에너지성(Department of Energy, DOE)의 고체조명의 2012, 2013 보고서(U.S. Department of Energy 2012, 2013)에서는 다음의 SSL의 시대들을 강조하였다.

4.10.1   단색 시대(The Monochrome Era): 1960년대 초에서 1990년대 후반

1960년대 초에 조명 무대에서의 LED의 최초의 등장은 적색 LED였고, 연한 황색과 녹색 LED가 그 뒤를 이었다. 적색 LED의 특성 향상의 결과로, 표시용 광원과 휴대용 계산기와 같은 제품에의 적용이 시작되었다. 1990년대에 청색 LED의 도입은 청색 LED에 형광체를 코팅하여 만든 백색 LED의 시대를 인도하였다. 바로 뒤를 이어서 적색, 녹색, 청색 LED의 조합으로 백색광을 만드는 기술이 잇따라 증명되었다.

백색 LED를 사용할 수 있게 되자마자 일반 조명용 LED 설계가 시작되었지만, LED의 완전한 잠재력을 실현하기 위해서는 방대한 효율 개선이 필요하였다.

4.10.2 LED 일반 조명의 시작: 2000년~

2000년에 미국 에너지성(Department of Energy, DOE)은 고효율의 패키지화된 LED를 개발하기 위한 백색 LED 기술을 활성화하기 위하여 민간 산업체들과 손을 잡았다. 처음에는, 백색 LED는 백열등만큼 효율적이지 않았다. 2010년이 되어서는 우수한 CRI를 갖는 경쟁력 있는 따뜻한 백색(warm white) LED 대체 램프는 백열 전구보다 3~4배 우수한 정상상태(steady-state) 효율, 즉 동일한 품질의 따뜻한 빛으로 62 lm/W를 보였다. 2010년에 연구소에서 200 lm/W의 효율을 기록하였고, 상업적으로 이용 가능한 차가운 백색(cool white) 소자도 132 lm/W의 효율을 보였다.

4.10.2.1 SSL 조명기구(Luminaire)의 성능

고품격의 LED 조명기구를 만들기 위해서는 LED 어레이, 전자 구동장치, 방열기 및 광학계와 같은 몇 가지 요소들이 정교하게 설계되어야 한다. 이 요소들의 열, 빛 그리고 전기와 관련한 상관관계들을 고려하여 조명 기구물(lighting fixture) 내에서 주의 깊은 집적화가 이루어져야 한다. 이미 LED 광원의 효율은 백열등을 능가하였고, 계속하여 앞서 나가고 있다. 2015년경에는 LED 조명기구의 효율이 150 lm/W에 도달하였고, 이 값은 형광등 장치의 효율의 두 배 이상이다. 고효율 2011 LED는 표준 구동 전류에서 75 lm/W에 도달하였으나, 구동 전류를 낮추면 효율은 더 증가한다. 다른 고효율 제품들도 구동 전류에 따라 60 lm/W에서 110 lm/W의 범위를 갖는다.

4.10.2.2 LED 가로등(Street Light)

LED 거리 조명 및 도로 조명은 그 역량을 증명하였다. 그 잠재적인 장점들에는 에너지 효율, 긴 수명, 제어장치의 호환성이 있으며 이 모두는 에너지 소비와 유지보수 비용을 줄일 수 있게 해 준다.

LED lm/W 역량 및 다른 특성들의 추가적인 향상이 기대된다. 발전은 계속될 것이다. 이 책의 마지막 두 장(29장, 30장)에서 다가올 SSL 혁명의 다른 전망들에 대해 조명할 것이다.

4.11 결론 및 고찰

이 장에서는 LED의 동작을 적색 LED의 예를 들어 소개하였다. LED를 백열등이나 형광등과 구분하는 중요한 특징은 그 자체로는 백색광원이 아니라는 것이다. LED로 백색광을 만드는 방법들이 요약되었다. 표시장치 및 조명장치로서의 LED의 역할이 논의되었다.

SSL은 일반 조명 분야에서 통상의 백열등과 형광등을 발광 다이오드로 대체하는 것과 관련된 기술이다. 오늘날 고체 램프는 교통신호등, 전자 광고판(electronic billboard), 자동차용 전조램프(headlamp), 플래시램프, 강력한 탐조등(searchlight), 카메라, 실내 및 야외 조명 준비용 및 많은 다른 상황에서 사용된다. 백열등이나 형광등과 비교하여 이 램프들이 갖는 주된 장점들에는 상대적으로 우월한 에너지 변환 효율, 긴 수명, 수은이나 나트륨과 같은 위험물질의 부재 및 떨어뜨려도 깨지지 않는 튼튼함이 있다. 이 램프들은 백열등과 같이 디밍이 가능하며, 이는 형광등이나 CFL에서는 불가하다. 고체조명이 가진 단점은 백열등보다는 상당히 비싸고, CFL보다도 약간 고가라는 점이다.

1960년대부터 1990년대까지의 기간은 단색 LED의 시대였고, 2000~2011년 사이의 기간에 LED를 이용한 일반 조명의 시대가 열렸다.

 참고문헌

Bergh, A, M. G. Craford, A. Duggal, and R. Haitz. 2001. Dec. The promise and challenge of solid-state lighting. *Physics Today* 54(12), 42–47; DOI: 10.1063/1.1445547

Brodrick, J. R., and C. E. Christy. 2003. Nov. Accelerating the development of next-generation solid-state lighting sources: DOE's solid-state lighting R & D program. 6pp. http://apps1.eere.energy.gov/buildings/publications/pdfs/ssl/doe_spie_paper_5530–1.pdf. *Proceedings of SPIE 5530, Fourth International Conference on Solid State Lighting*, Denver, CO, August 3–6, 2004, vol. 5530, doi:10.1117/12.567099

Enviro energy partners 2010–2012: Solid-state lighting glossary. http://enviroep.com/index.php/solid-state-lighting-led/solid-state-lighting-glossary/

Life-Cycle Assessment of Energy and Environmental Impacts of LED Lighting Products Part 2: LED Manufacturing and Performance, June 2012. http://apps1.eere.energy.gov/buildings/publications/pdfs/ssl/2012_led_lca-pt2.pdf

Life-Cycle Assessment of Energy and Environmental Impacts of LED Lighting Products Part 3: LED Environmental Testing, Mar. 2013. http://apps1.eere.energy.gov/buildings/publications/pdfs/ssl/2013_led_lca-pt3.pdf

Navigant Consulting, Inc. 2010. Feb. *Energy savings potential of solid-state lighting in general illumination applications 2010 to 2030*, 47 pp. http://apps1.eere.energy.gov/buildings/publications/pdfs/ssl/ssl_energy-savings-report_10–30.pdf

Nicol, D. B. 2006, Dec. *A novel solid state general illumination source*. PhD thesis, Georgia Institute of Technology, 145pp.

Plymouth Rock Energy. 2013. Lighting the way to better savings. http://www.plymouthen-ergy. com/newsroom/lighting-the-way-to-better-savings

Sanderson, S. W., K. L. Simons, J. L. Walls, and Y.-Y. Lai, 2008. Lighting industry: Struc-ture and technology in the transition to solid state. Manuscript prepared for a vol-ume of the National Academies, Version April 8, 2008, 64 pages. http://papers.ssrn. com/sol3/papers.cfm?abstract_id=1123500

Schubert, E.F. 2006. *Light-Emitting Diodes.* Cambridge, UK: Cambridge University Press, 432pp. US Department of Energy. 2012, 2013.

Solid-StateLighting: Market Studies and Technical Reports. http://www1.eere. energy.gov/buildings/ssl/tech_reports.html

Zissis, G. 2009. Light-emitting diodes: Principles and challenges. In: P. Mottier (Ed.), *LEDs for Lighting Applications,* Chapter 1. London: ISTE Ltd. and NJ: John Wiley & Sons, Inc., pp. 1–27.

Žukauskas, A., M. S. Shur, and R. Gaska, 2002. *Introduction to Solid-State Lighting.* New York: John Wiley & Sons, Inc.

연습문제

4.1 반도체 다이오드는 왜 극성 소자라 불리는가?

4.2 LED는 P-N 접합이다. 그러나 보통의 P-N 접합은 빛을 방출하지 않는다. 그 러면 LED는 어떻게 빛을 방출하는가?

4.3 LED와 태양전지는 어떻게 다른가?

4.4 LED는 단일 파장의 빛을 방출하는가? 또한 "LED에서 방출되는 빛은 준-단 색(quasi-monochromatic)이다"라는 말의 의미를 밝혀라.

4.5 적색 LED의 단면 구조를 그리고, 동작원리를 설명하라.

4.6 LED를 이용하여 백색광을 만드는 세 가지 방식을 간단히 기술하라.

4.7 표시용 LED와 조명용 LED의 차이는 무엇인가?

4.8 고체조명(SSL)을 정의하라. SSL의 주된 장점들과 단점들을 논하라.

4.9 SSL이 비용효과가 우수한(cost-effective) 기술이라는 것을 어떻게 정당화할 수 있는가?

4.10 LED 기반의 조명에 의해 제공되는 조절의 유연성은 무엇인가? SSL은 어떤 의미에서 "실생활"에 친화적이라고 할 수 있는가?

PART **II**

무기 발광 다이오드
Inorganic LEDs

CHAPTER 5

무기 LED의 물리적 원리
Physical Principles of Inorganic LEDs

학습목표

이 장을 학습한 후에 독자들은 다음의 역량들을 갖출 수 있게 된다.

- 빛의 방출 과정의 이해
- 야블론스키 다이어그램으로부터 형광과 인광의 이해
- 전계발광을 포함한 여러 가지 발광 현상들에 관한 이해
- 반도체에서의 발광성 및 비발광성 전자−정공 재결합 방식에 관한 이해
- 과잉 운반자 수명의 개념에 관한 이해

모든 고체조명 램프의 중심은 발광 다이오드(light emitting diode, LED)이다. 따라서 LED 동작의 기본에 관한 체계적이고 완전한 이해가 필수적이다. 앞으로 배울 더 고급 주제들에 대한 준비로, 이 장에서는 LED를 지배하는 물리적인 원리들의 기초를 세운다.

5.1 발광이론으로부터의 조명 원리의 이해

모든 빛 방출 과정은 두 가지 기본적인 단계로 구성된다: (i) 원자, 분자 또는 이온에서 바닥상태에서 더 높은 에너지의 양자상태(quantum state)로 올라감; 바닥상태와 더 높은 에너지 상태와의 에너지 차이를 여기 에너지(excitation energy)라 부른다. 전자가 이 에너지를 획득한 후의 원자, 분자 또는 이온은 여기상태에 있다고 한다. (ii) 전자가 더 높은 상태에서 바닥상태로 완화된다. 이 단계에서는 두 상태 사이의 에너지 차이가 광자나 빛의 양자의 형태로 방출된다.

발광(luminescence)은 물질에 의한 전자기파 복사의 방출 현상이다. 이는 빛, 전기장, 전자빔, 핵 방사, 화학에너지, 열 또는 역학적 에너지와 같은 어떤 형태의 에너지에

표 5.1 형광과 인광의 비교

유사점	차이점
두 현상 모두, 전자기 복사 원으로부터의 에너지를 흡수하여 빛을 방출하는 물질의 특성을 표현한다.	형광 물질들은 전자기 복사 원에 노출된 시간 동안만 빛을 방출하고 복사 원이 제거되면 발광을 멈춘다. 반면에 인광 물질들은 복사 원을 제거한 후에도 일정 시간 동안 발광을 지속한다.

의해 바깥쪽으로 여기된 후에, 열복사를 초과하여 일어나며(다시 말해서, 온도 상승이 아닌 다른 원인으로), 동시에 또는 확장된 시간주기 동안 일어난다. 따라서 이는 열에너지가 아닌 다른 에너지에 의해 만들어진 빛의 방출이다.

상당한 양의 빛의 방출이 지속되는 시간에 의존하여, 다시 말해서 여기상태를 끝마친 후에 더 짧거나 더 긴 시간간격 동안 상당한 양의 빛을 방출하느냐의 여부에 따라 발광은 형광과 인광으로 세분화된다. 발광 지속시간이 10 ns 이상이면 인광(phosphorescence)이라 부르고 그렇지 않으면 형광(fluorescence)이라 부른다. 간단히 다음과 같이 정의된다.

형광은 물체에 전자기파 복사원에 의해 노출시키면 열이 나지 않고 빛이 방출되는 현상이다.

인광은 물체에 전자기파 복사원에 의해 노출시킨 후에 제거하면 열이 나지 않고 빛이 지속적으로 방출되는 현상이다.

표 5.1은 형광과 인광의 유사점과 차이점을 나타낸다.

흡수, 형광, 인광 현상은 야블론스키 다이어그램(그림 5.1)을 통해 직접 이해될 수 있다(Jabłoński 1933). 알렉산더 야블론스키 교수는 폴란드의 물리학자이다(1898~1980). 그에 의해 제안된 다이어그램에서, 아래쪽의 가장 진한 선은 전자의 바닥상태를 나타내고 더 위쪽의 선들은 여기된 전자의 에너지상태에 속한다. 예를 들어, S_1과 S_2는 전자 단일항(왼쪽/중앙) 상태를, T_1은 첫 번째 전자 삼중항(오른쪽) 상태를 나타내며, 위쪽의 가장 진한 선은 세 개의 여기 전자상태들의 바닥 진동상태를 의미한다. 삼중 항 상태의 에너지가 상응하는 단일항 상태의 에너지보다 더 낮음에 유의하라. 야블론스키 다이어그램을 참조하면, 위의 세 가지 현상의 발생속도는 다음과 같다: 광자의 흡수는 매우 빨리 일어난다. 형광 발광은 상대적으로 더 느린 속도로 일어난다. 삼중항–단일항 또는 그 역 전이는 금지되어 있어서 단일항–단일항 전이보다 발생할 확률이 더 적다. 따라서 삼중항–단일항 전이의 비율은 일반적으로 느리다. 그러므로 인광에 의한 빛의 방출은 형광보다 더 많은 시간이 소요된다.

게다가 특별한 발광 현상들은 다음의 여기 방식에 따라 이름을 붙였다. 예를 들어, 여기원이 빛이나 광자이면 광발광(photoluminescence); 여기원이 전기장이면 전계발

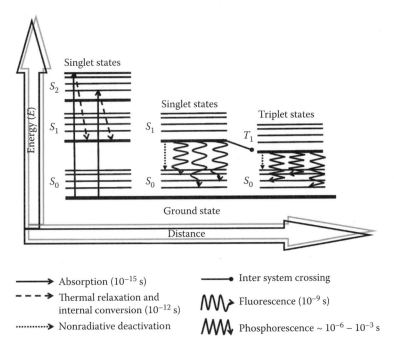

그림 5.1 흡수, 형광, 인광 현상을 야블론스키 에너지 다이어그램으로 표현한 개략도.

광(electroluminescence, EL)이고 전류이면 전하주입형 전계발광(charge injection EL); 여기원이 전자빔인 경우는 음극선발광(cathodoluminescence); 여기원이 x-선, α-선, β-선, 또는 γ-선인 경우는 방사선발광(radioluminescence); 여기원이 화학에너지인 경우는 화학발광(chemiluminescence); 여기원이 열이면 열발광(pyroluminescence 또는 thermoluminescence); 그리고 여기원이 역학적 에너지인 경우는 마찰발광(triboluminescence)이라 부른다. 따라서 물체를 태우는 것은 열발광(pyroluminescence)의 경우에 해당된다. 유사하게 어떠한 발광 현상도 위의 과정들 중 하나나 그 이상의 결과물로 이해될 수 있다. 표 5.2에서는 서로 다른 발광 방식들을 요약하였다.

5.2 주입형 발광: 가장 효율적인 주입형 전계발광

전계발광(electroluminescence)은 다양한 방식으로 활성화된다. 예를 들어, 내인성(intrinsic), 전자사태(avalanche), 터널링(tunneling) 및 주입 과정(injection process)이 있다. 기체 방전과 박막에서의 충돌 이온화에 의한 빛의 방출이 모두 전계발광 현상이다. 그러나 여기서 특별히 호기심을 끄는 것은 P-N 접합에서 P-영역에서 N-영역으로의, 또는 반대방향으로의 소수 운반자의 주입에 의해 발광성 재결합이 일어나게 하는 주입형 발광(injection luminescence), 즉 전하 주입형 전계발광(charge

표 5.2 발광의 종류(일파벳 순서)

Sl. No.	Luminescence Type	Underlying Cause	Remarks
1.	Bioluminescence	Living organisms (fireflies, anglerfish, some mushrooms, and bacteria)	They produce a pigment luciferin and an enzyme luciferase. Luciferin reacts with oxygen to produce light in the presence of luciferase.
2.	Candoluminescence	Heating to incandescence, specifically by a flame, followed by mainly short wavelength emission than anticipated for a black-body radiator	A type of thermoluminescence observed in transition metal and rare earth metal oxides, for example, ZnO, cerium, or thorium oxide; also CaO. Useful in trace analysis of elements.
3.	Cathodoluminescence	Impact of an electron beam on a phosphor material	It is used for making displays, classical cathode ray tube (CRT) or TV tube.
4.	Chemiluminescence or Che-moluminescence	Chemical or electrochemical reactions	The reaction enthalpy supplies the energy needed. Flash of light from dynamite explosion is not chemiluminescence but black-body radiation or incandescence.
5.	Crystalloluminescence	Crystallization	It is a variant of chemiluminescence.
6.	Electroluminescence	Apply of a high voltage across some material	Basis of inorganic LEDs.
7.	Injection Electroluminescence	Flow of an electric current through some material	Basis of LEDs and OLEDs.
8.	Photoluminescence	Absorption of photons	It is easily created in semiconductors by photons of energy > the bandgap.
9.	Piezoluminescence	Application of pressure on piezoelectric materials	There is no need to break bonds as in (3) but only elastic deformation. It is a subcategory of Mechanoluminescence.
10.	Pyroluminescence	Distinctive spectral radiation emitted by vaporizing salts in the flame of a gas or vapor.	It comes under Thermoluminescence. "Pyro" originates from a Greek word meaning "fire."
11.	Radioluminescence	Ionizing radiations like α, β, or γ-rays	It was used to make watch dials glow around 1960.
12.	Thermoluminescence	Heating but not black-body radiation or incandescence	It is used for dating archeological artifacts because buried ceramic parts receive ionizing dose from radioactive elements in the soil or from cosmic rays proportional to their age and so is the intensity of resulting thermoluminescence.
13.	Triboluminescence	Triboluminescence Friction between materials	Blue flashes of light are seen when someone violently crushes sugar between the teeth, keeping lips open. It is a subclass of Mechanoluminescence.

injection electroluminescence)이다. 그리하여 노출된 반도체의 표면에서 빛이 방출된다. LED는 이러한 주입형 전계발광의 원리에 의해 작동한다.

주입형 발광은 기본 또는 발생 매질로 반도체 접합을 필요로 하기 때문에, 접합발광(junction luminescence)이라고도 부른다. 여기서 벌크 물질의 양단에 높은 전압을 인가할 때 발생하는 발광 현상인 데스트라우 효과(Destriau effect)라 불리는 일반적인 전계발광 효과와 혼동해서는 안 된다. 주입형 전계발광은 고전압 현상이 아니라 상대적으로 낮은 전압에서 일어나는 현상임을 분명히 기억하라.

5.3 반도체에서의 전자와 정공의 재결합 체계

재결합은 반도체 내에서 전자와 정공이 소멸되거나 파괴되는 과정으로 정의된다. 재결합은 전자와 정공이 생겨나는 생성과 반대의 과정이다. 반도체 내에서의 전자나 정공과 같은 과잉 운반자의 재결합은 두 가지 주된 방식으로 일어난다: 광자가 방출되는가, 그렇지 않은가에 따라 발광성과 비발광성으로 구분한다. 따라서 각각 발광성 재결합(radiative recombination)과 비발광성 재결합(nonradiative recombination)으로 부른다. 발광성 재결합의 또 다른 이름은 "자발 방출(spontaneous emission)"이다. 모든 재결합 과정이 다 발광성은 아니다. 발광 소자에 있어서 관심은 주로 발광성 재결합에 집중된다. 비발광성 재결합이 잘 일어나는 조건을 잘 알아야 그러한 과정들을 신중하게 공들여 제거할 수 있기 때문이다. 더 말할 것도 없이, 효율적인 발광 물질은 발광성 전이가 비발광성 전이보다 더 주도적인 물질이며, 이를 위해서는 발광성 재결합의 확률은 증가하고, 비발광성 재결합의 확률은 줄어들어야 한다.

5.3.1 발광성 재결합 체계

발광성 재결합은 전자-정공 쌍의 직접적인 소멸을 말한다. 그림 5.2와 그림 5.3은 각각 GaAs와 GaN에서의 이러한 직접 전이의 다양한 표현들을 도시하고 있다. 이는 반도체에 빛을 조사하여 전자-정공 쌍을 만드는 소위, 광 생성의 역 과정이다. 발광성 재결합 동안에 과잉 에너지는 대부분 광자로 방출된다.

i. 밴드 간 전이(band-to-band transition): 전도대의 전자와 가전자대의 정공과의 재결합과 관련이 있다. 이 재결합에 의하여 $E = h\nu$의 에너지를 갖는 광자가 방출된다. 여기서 h는 플랑크상수이고 ν는 방출되는 광자의 진동수이다. 방출되는 광자의 에너지는 전도대의 아래 경계와 가전자대의 위 경계 사이의 에너지 차이와 같다. 다시 말해서, 관련된 반도체의 밴드갭(E_g)에 에너지 $k_B T$를 더한 값이다. 여기서 k_B는 볼

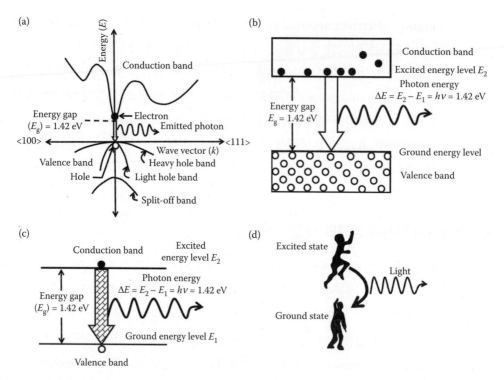

그림 5.2 GaAs에서의 직접 밴드 간 발광성 재결합의 표현: (a) 에너지−운동량(E-k) 다이어그램, (b) 에너지−위치(E-x) 다이어그램, (c) (b)의 개략도, (d) (c)의 간단한 비유.

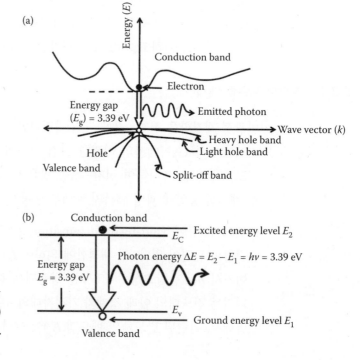

그림 5.3 GaN(우르츠 광)에서의 직접 밴드 간 발광성 재결합의 표현: (a) 에너지−운동량(E-k) 다이어그램, (b) 에너지−위치(E-x) 다이어그램.

츠만상수이고 T는 켈빈 단위의 온도이다. 이를 식으로 나타내면 다음과 같다.

$$E = h\nu = E_g + k_B T \tag{5.1}$$

식 5.1의 우변의 "$k_B T$" 항은 전도대의 전자가 가질 수 있는 최빈 에너지가 온도에 의존하기 때문에 생겨나며, 이 에너지는 다음과 같이 주어진다.

$$E_e = E_c + \frac{k_B T}{2} \tag{5.2}$$

같은 식으로 가전자대의 정공이 갖는 최빈 에너지도 다음과 같이 주어진다.

$$E_h = E_v - \frac{k_B T}{2} \tag{5.3}$$

따라서 전자와 정공 사이의 에너지의 차이는 다음과 같아진다.

$$\begin{aligned} E = h\nu = E_e - E_h &= E_c + \frac{k_B T}{2} - \left(E_v - \frac{k_B T}{2} \right) \\ &= (E_c - E_v) + k_B T = E_g + k_B T \end{aligned} \tag{5.4}$$

$k_B = 8.63 \times 10^{-5}$ eV/K이므로, 상온 $T = 300$ K에서는 $k_B T = 0.025887$ eV $=$ 25.887 meV이다. 이 값은 일반적인 반도체의 밴드갭 E_g와 비교하면 충분히 작은 값이므로 무시할 수 있으며, 이 경우에는 보편적으로 사용하는 다음의 결과 식을 얻는다.

$$E = h\nu \approx E_g \tag{5.5}$$

그러나 에너지 보존이 방출 스펙트럼의 선폭을 결정함에 유의하라: 선폭은 운반자의 열적 분포와 연결되어 있다.

예제 5.1

두 반도체 물질이 각각 ν_X와 ν_Y의 진동수를 갖는 광자를 방출한다고 하자. 만약 $\nu_X = 3\nu_Y$라면 두 물질 중에서 어떤 물질의 밴드갭이 더 크며, 그 비율은 어떻게 될까?

주어진 두 반도체 물질의 에너지 밴드갭을 각각 E_{gX}와 E_{gY}라 놓고, 다음의 식을 이용하면,

$$E = h\nu \approx E_g \tag{5.6}$$

다음의 결과를 얻는다.

$$E_{gX} \approx h\nu_X \quad \text{그리고} \quad E_{gY} \approx h\nu_Y \tag{5.7}$$

따라서

$$\frac{E_{gX}}{E_{gY}} \approx \frac{h\nu_X}{h\nu_Y} \approx \frac{\nu_X}{\nu_Y} = \frac{3\nu_Y}{\nu_Y} = 3 \tag{5.8}$$

예제 5.2

27°C에서의 다음 물질들에서 방출되는 광자의 파장을 계산하라: (i) GaAs (E_g = 1.424 eV), (ii) GaP (E_g = 2.261 eV), (iii) 6H-SiC (E_g = 3.03 eV), (iv) GaN (E_g = 3.45 eV). 여기서 플랑크상수는 h = 6.62617 × 10^{-34} J-s, 볼츠만상수는 k_B = 8.63 × 10^{-5} eV/K, 빛의 속도는 c = 2.9979 × 10^{10} cm/s이다. 전자기파 스펙트럼에 관한 지식을 동원하여, 각 경우에 방출되는 빛의 색을 조사하라.

계산에 사용된 식은 다음과 같다.

$$E = h\nu = \frac{hc}{\lambda} = E_g + k_B T \tag{5.9}$$

또는

$$\frac{hc}{\lambda} = E_g + k_B T \tag{5.10}$$

따라서

$$\lambda = \frac{hc}{E_g + k_B T} \tag{5.11}$$

여기서

$$
\begin{aligned}
hc &= \left(\frac{6.62617 \times 10^{-34}\,\text{J-s}}{1.6 \times 10^{-19}\,\text{C}} \right) \times \left(\frac{2.9979 \times 10^{10}\,\text{cm-s}^{-1}}{10^2} \right) \\
&= 4.141356 \times 10^{-15}\,\text{eV} - \text{s} \times 2.9979 \times 10^{8}\,\text{m-s}^{-1} \\
&= 1.241537 \times 10^{-6}\,\text{eV} - \text{m}
\end{aligned} \tag{5.12}
$$

T = 27°C = 27 + 273 = 300 K에서,

$$k_B T = 8.63 \times 10^{-5}\ \text{eV-K}^{-1} \times 300\ \text{K} = 2.589 \times 10^{-2}\,\text{eV} \tag{5.13}$$

i.

$$
\begin{aligned}
\lambda &= \frac{hc}{E_g - k_B T} \\
&= \frac{(1.241537 \times 10^{-6})\text{eV} - \text{m}}{(1.424 + 2.589 \times 10^{-2})\text{eV}} \\
&= 8.56297 \times 10^{-7}\,\text{m} = 856.3\ \text{nm}
\end{aligned} \tag{5.14}
$$

이 파장은 가시광선 대역을 벗어난 적외선 영역이다.

ii.

$$\lambda = \frac{(1.241537 \times 10^{-6}) eV - m}{(2.261 + 2.589 \times 10^{-2}) eV} \tag{5.15}$$
$$= 5.42893 \times 10^{-7} \, m = 542.9 \, nm$$

이 파장은 가시광선 대역의 녹색이다.

iii.

$$\lambda = \frac{(1.241537 \times 10^{-6}) eV - m}{(3.03 + 2.589 \times 10^{-2}) eV} \tag{5.16}$$
$$= 4.06277 \times 10^{-7} \, m = 406.3 \, nm$$

이 파장은 가시광선 대역의 보라색이다.

iv.

$$\lambda = \frac{(1.241537 \times 10^{-6}) eV - m}{(3.45 + 2.589 \times 10^{-2}) eV} \tag{5.17}$$
$$= 3.57185 \times 10^{-7} \, m = 357.2 \, nm$$

이 파장은 가시광선 대역을 벗어난 중-자외선 영역이다.

예제 5.3

300 K에서의 세 물질들에서 방출되는 광자의 파장이 각각 다음과 같다: (i) 840 nm, (ii) 555 nm, (iii) 210 nm. 이 반도체들의 밴드갭은? 문헌상에서 반도체 물질들의 밴드갭을 조사하라. 계산한 밴드갭 값과 유사한 밴드갭을 갖는 가능한 물질들을 찾아보아라.

파장을 구하는 다음의 식을

$$\lambda = \frac{hc}{E_g + k_B T} = \frac{(1.241537 \times 10^{-6}) eV - m}{(E_g + 2.589 \times 10^{-2}) eV} \tag{5.18}$$

다음과 같이 바꿀 수 있다.

$$E_g = -2.589 \times 10^{-2} \, eV + \frac{(1.241537 \times 10^{-6}) eV - m}{\lambda(m)} \tag{5.19}$$

i. $\lambda = 840$ nm의 경우,

$$E_g = -2.589 \times 10^{-2} \, eV + \frac{(1.241537 \times 10^{-6}) eV - m}{(840 \times 10^{-9}) m} \tag{5.20}$$
$$= -2.589 \times 10^{-2} \, eV + 1.47802 \, eV$$
$$= 1.45213 \, eV$$

E_g = 1.43 eV는 GaAs의 밴드갭이다.

E_g = 1.504 eV는 ZnTe의 밴드갭이다(Yang et al. 2002).

ii. λ = 555 nm의 경우,

$$
\begin{aligned}
E_g &= -2.589 \times 10^{-2} \text{ eV} + \frac{(1.241537 \times 10^{-6}) \text{ eV} - \text{m}}{(555 \times 10^{-9})\text{m}} \\
&= -2.589 \times 10^{-2} \text{ eV} + 2.237 \text{ eV} \\
&= 2.21111 \text{ eV}
\end{aligned}
\tag{5.21}
$$

E_g = 2.25 eV는 GaP의 밴드갭이다.

E_g = 2.263 eV는 CdTe의 밴드갭이다(Yang et al. 2002).

iii. λ = 210 nm의 경우,

$$
\begin{aligned}
E_g &= -2.589 \times 10^{-2} \text{ eV} + \frac{(1.241537 \times 10^{-6}) \text{ eV} - \text{m}}{(210 \times 10^{-9})\text{m}} \\
&= -2.589 \times 10^{-2} \text{ eV} + 5.9121 \text{ eV} \\
&= 5.88621 \text{ eV}
\end{aligned}
\tag{5.22}
$$

티타늄(Ti)이 도핑된 사파이어(titanium-doped sapphire, Ti:Al$_2$O$_3$)는 직접 밴드갭 구조를 갖는다. 광학적 밴드갭은 Ti가 0.1% 도핑된 경우에 5.57 eV이고, Ti가 0.25% 도핑된 경우에 5.94 eV이다(Kusuma et al. 2011).

E_g = 6.2 eV는 AlN의 밴드갭이다.

예제 5.4

반도체의 에너지 밴드갭은 주위온도 T가 증가함에 따라 감소한다. GaAs의 경우에, 이 변화를 지배하는 방정식은 다음과 같다.

$$
E_g(T) = E_g(0) - \frac{\alpha T^2}{T + \beta}
\tag{5.23}
$$

여기서 $E_g(0)$, α, β는 맞춤 매개변수이다: $E_g(0)$는 0 K에서의 밴드갭으로 $E_g(0)$ = 1.521 eV, α = 5.58 $\times$ 10^{-4} eV/K, β = 220 K이다. 400 K의 GaAs에서 방출되는 광자의 파장을 구하라. 그 값을 300 K의 값과 비교하라.

$$
E_g(300) = 1.521 - \frac{(5.58 \times 10^{-4} \text{eVK}^{-1})(300 \text{ K})^2}{300 \text{ K} + 220 \text{ K}} = 1.424423 \text{ eV}
\tag{5.24}
$$

$$
E_g(400) = 1.521 - \frac{(5.58 \times 10^{-4} \text{eVK}^{-1})(400 \text{ K})^2}{400 \text{ K} + 220 \text{ K}} = 1.377 \text{ eV}
\tag{5.25}
$$

$$k_B T(300) = 8.63 \times 10^{-5} \ \text{eV-K}^{-1} \times 300\,\text{K} = 2.589 \times 10^{-2}\,\text{eV} \tag{5.26}$$

$$k_B T(400) = 8.63 \times 10^{-5} \ \text{eV-K}^{-1} \times 400\,\text{K} = 3.452 \times 10^{-2}\,\text{eV} \tag{5.27}$$

$$hc = 1.241537 \times 10^{-6}\,\text{eV} - \text{m} \tag{5.28}$$

$$
\begin{aligned}
\lambda(300) &= \frac{hc}{E_g - k_B T} \\
&= \frac{1.241537 \times 10^{-6}\,\text{eV} - \text{m}}{1.424423\,\text{eV} - 2.589 \times 10^{-2}\,\text{eV}} \\
&= 8.87742 \times 10^{-7}\,\text{m} = 887.742\,\text{nm}
\end{aligned}
\tag{5.29}
$$

$$
\begin{aligned}
\lambda(400) &= \frac{hc}{E_g - k_B T} = \frac{1.241537 \times 10^{-6}\,\text{eV} - \text{m}}{1.377\,\text{eV} - 3.452 \times 10^{-2}\,\text{eV}} \\
&= 9.24809 \times 10^{-7}\,\text{m} = 924.809\,\text{nm}
\end{aligned}
\tag{5.30}
$$

게다가 발광 소자에 사용되는 물질의 에너지–밴드 구조는 운동량 보존을 위해 정한 제약들을 준수해야 한다. 광자의 파수(k_{ph})는 방출되는 빛의 진동수(v)와 속도(c)의 함수로 표현된다.

$$k_{ph} = 2\pi \frac{v}{c} \tag{5.31}$$

공기나 진공 중에서 $c = 2.9979 \times 10^8$ m/s이다. 비교를 위하여, 전자와 정공의 파수는 다음과 같이 주어진다.

$$k = \left(\frac{1}{\hbar} \right) \sqrt{2m^* k_B T_c} \tag{5.32}$$

여기서 m^*는 운반자(전자 또는 정공)의 유효질량이고, T_c는 운반자의 온도이다. 분명히, $k \gg k_{ph}$이다. 따라서 그림 5.2a와 그림 5.3a에서 보는 바와 같이, 전도대와 가전자대 사이에서의 직접 전자–정공 재결합은 $E\text{-}k$ 밴드 다이어그램상에서 수직인 직선을 따라 일어난다. 전도대의 바닥과 가전자대의 피크가 동일한 k 점에서 정렬된 반도체 물질들을 직접 밴드갭 물질이라 부른다. 예를 들어, GaAs, GaN, ZnSe 등의 이러한 물질들은 직접 밴드 간 발광성 전이를 위해 선호하는 모체(host)로 발광 소자를 만드는 데 더 적합하다.

예제 5.5

다음의 값을 갖는 GaAs LED에서의 k_{ph}와 k를 계산하라: 방출되는 광자의 파장 = 880 nm, GaAs 내의 전자의 유효질량 = 0.067 × 정지질량(rest mass) = 0.067 × 9.1 × 10^{-31} kg, 환산 플랑크상수(축소된 플랑크상수) = 1.054571628 × 10^{-34} J-s, 볼츠만상수 = 1.3806503 × 10^{-23} J − K^{-1}, 전자온도 = 127°C; 따라서 $k_{ph} \ll k$임을 보여라.

$$k_{ph} = 2\pi \frac{v}{c} = 2\pi \times \frac{c/\lambda}{c} = 2 \times 3.14 \times \frac{1}{\lambda} = \frac{6.28}{880 \times 10^{-9}\,\mathrm{m}} \qquad (5.33)$$
$$= 7.13636 \times 10^{6}\,\mathrm{m}^{-1}$$

$$k = \left(\frac{1}{\hbar}\right)\sqrt{2m^* k_B T_c}$$

$$= \left(\frac{1}{1.054571628 \times 10^{-34}\,\mathrm{Js}}\right)$$

$$\times \left(\sqrt{2 \times 0.067 \times 9.11 \times 10^{-31}\,\mathrm{kg} \times 1.3806503 \times 10^{-23}\,\mathrm{J\text{-}K}^{-1} \times 400\,\mathrm{K}}\right) \qquad (5.34)$$

$$= \frac{2.5964707179 \times 10^{-26}\sqrt{\mathrm{kg} \times \mathrm{m}^2 \mathrm{kg s}^{-2}}}{1.054571628 \times 10^{-34}\,\mathrm{Js}} = 2.462109 \times 10^{8}\,\frac{\mathrm{kg m s}^{-1}}{\mathrm{m}^2 \mathrm{kg s}^{-2} \times \mathrm{s}}$$

$$= 2.462109 \times 10^{8}\,\mathrm{m}^{-1}$$

$$\therefore \frac{k}{k_{ph}} = \frac{2.462109 \times 10^{8}\,\mathrm{m}^{-1}}{7.13636 \times 10^{6}\,\mathrm{m}^{-1}} = 34.5009 \qquad (5.35)$$

ii. 자유 여기자 소멸(free-exciton annihilation): 너무 높지 않은 온도에서, 여기자(exciton)의 발광성 소멸을 수반하는데, 이는 속박에너지가 통상 수 meV인 전자−정공 쌍 조합으로 구성된 수소원자와 같은 구조(hydrogen atom-like structure)에서 일어난다(그림 5.4a). 여기자 내에서의 전자와 정공은 수소원자 내에서의 전자와 양성자와 유사하게 속박되며, 원자 여기처럼 거동하고, 종종 수명이 길고, 한 원자에서 다른 원자로 전파된다. 에너지 보존법칙에 따라, 방출 선의 모양은 밴드 포텐셜의 변동 정도로 결정된다.

iii. 국소화된 여기자 재결합(localized-exciton recombination): 이것은 LED 제작에 사용되는 InGaN와 같은 반도체 합금에서 가능한 방식이다. 이러한 합금에서는 합금을 구성하는 원소들의 공간적인 분포에 불균일성이 있어서, 밴드 포텐셜(band potential)에 불안정성을 야기한다(그림 5.4b). 이러한 포텐셜의 변동 안에

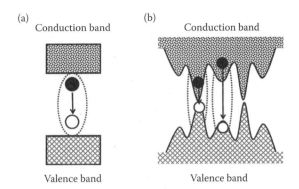

그림 5.4 서로 다른 내인성 발광성 재결합 경로: (a) 자유 여기자 소멸, (b) 밴드 전위 변동에 위치한 여기자들의 재결합.

속박된 전자와 정공들은 비발광성 재결합의 장소에 도달하는 것이 불가능하다. 따라서 이러한 운반자들의 주된 재결합 경로는 발광성 재결합이다. 실제로 국소화된 전자나 정공은 혼자서 견디거나 기다리다가, 그 근처에서 반대되는 극성의 운반자가 국소화되면, 그 파동함수가 기다리던 운반자의 파동함수와 겹쳐져서 여기자를 형성한다; 그리하여 국소화된 여기자는 빛을 내면서 소멸된다.

iv. 밴드갭 내의 불순물/결함 준위나 도너 또는 억셉터 준위에 포획된 자유 운반자들과 밴드 내의 반대 극성의 운반자들과의 재결합: 결함(defect) 또는 불순물(impurity)들은 밴드갭 내에서 에너지 준위를 형성한다. 이 에너지 준위들에 포획된(trapped) 자유 운반자들은 재결합 체계에 참여한다. 불순물의 도핑으로부터 기인하는 에너지 준위들을 고려하자. 몇 가지 가능한 상황들이 발생한다: (a) 도너 준위(donor state)는 전자의 전도에 기여한다. 반대의 과정도 가능하다. 즉 전도대(conduction band)의 전자가 포논의 형태로 에너지를 잃고 도너 준위로 떨어질 수 있다. 도너 준위에 포획된 이 전자가 계속하여 가전자대로 떨어지면, 이 전이(도너 준위 → 가전자대)에 의해 광자가 방출된다(그림 5.5a). (b) 유사한 상황을 정공에 대해서도 상상할 수 있다. 정공은 가전자대(valence band)에서 억셉터 준위(acceptor state)로 올라갈 수 있다. 그러면 이 전이(전도대 → 억셉터 준위)에 의해 광자가 방출될 수 있다(그림 5.5b). (c) 또 다른 가능성은 도너 준위의 전자와 억셉터 준위의 정공 사이의 전이에 의한 도너-억셉터 재결합으로, 이 과정은 격자(lattice) 내에서 각각의 전자와 정공들이 근처에 충분히 존재하는 경우에만 가능하며, 그렇지 않으면 재결합은 몇 개의 포논(phonon)들을 방출할 것이다(그림 5.5c). (d) 마지막으로 불순물에 포획된 운반자가 반대되는 극성의 운반자와 함께 여기자를 생성하는 경우에, 불순물에 속박(bound)된 여기자의 발광성 소멸이 발생한다. 이 과정은 저온에서 낮은 과잉 운반자 농도를 갖는 수많은 반도체들에서 우세하게 발생한다(그림

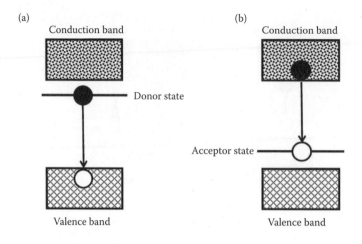

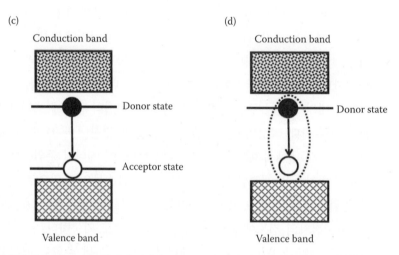

그림 5.5 불순물 준위를 통한 서로 다른 발광성 재결합 경로들: (a) 도너 준위−가전자대, (b) 전도대−억셉터 준위, (c) 도너−억셉터 재결합, (d) 속박 여기자 소멸.

5.5d).

도너 준위는 전도대 끝보다 약간 낮은 에너지이고 억셉터 준위는 가전자대 끝보다 약간 높은 에너지이므로, (a)~(d)의 모든 경우에, 전이가 완전한 에너지 갭에 의해 일어나지 않으므로 방출되는 광자의 에너지는 반도체 물질의 밴드갭보다 약간 더 작다.

v. 반대 극성의 운반자와 함께 등전자적 중심의 에너지 준위에 속박된 운반자들의 재결합: (iv)에서는, 외부에서 반도체에 도핑을 할 때 일어나는 상황들을 논의했다. 이 경우에 주기율표의 다른 족(group)에 속하는 원자가 주 반도체 격자 내에 도입된다. 그 결과 도너 준위나 억셉터 준위가 생성된다. 그러나 때로는, 예를 들어

GaP(III-V족) 내에 질소(V족)와 같은 동일한 족의 원소가 도입된다. 그러면 질소 (N)와 인(P) 원자는 최외곽 껍질(outermost shell)에 같은 수의 전자를 가지기 때문 에 등전자(isoelectronic)라 부른다. 전자나 정공이 생기지 않기 때문에 이러한 도핑 에 의해 전기 전도가 변형되지 않는다. 그러나 질소와 인 원자는 서로 다른 원자들 이다. 따라서 전도대 하부에 에너지 준위가 생성된다. 이 에너지 준위는 전자를 국 소화시키고, 가전자대의 정공과 결합하여 속박된 여기자를 생성한다. 결국 이 속박 된 여기자가 스스로 붕괴하면서 밴드갭 에너지보다 분명히 어느 정도 더 작은 에너 지를 갖는 광자를 방출한다. 왜냐하면 가전자대와 전도대 가장자리보다 낮은 준위 사이에서 전이가 일어나기 때문이다.

5.3.2 비발광성 재결합 체계

직접 및 간접 밴드갭 물질들을 고려해 보면, 세 가지의 가능성이 있다.

a. 전도대에서 도너 상태로 떨어지는 전자와 가전자대의 정공이 재결합한다; 에너

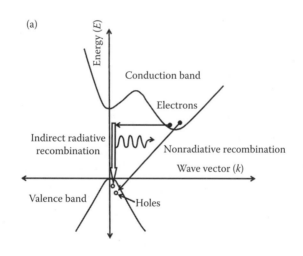

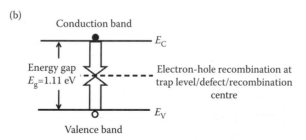

그림 5.6 Si에서의 간접 쇼클리-리드-홀(Shockley Read Hall) 재결합 표현: (a) 에너지-운동량(E-k) 다이어그램, (b) 에 너지-위치(E-x) 다이어그램.

지는 호스트 격자에서 진동 또는 열에너지로 방출된다.

b. 그림 5.6의 쇼클리−리드−홀(shockley-read-hall, SRH) 재결합으로도 알려진 결함을 통한 재결합은 결함이 없는 완전무결하게 순수한 물질에서는 일어나지 않으므로 피할 수 있는 재결합이다; 결함을 줄이면 재결합을 제한할 수 있다. SRH 재결합은 2 단계의 과정이다. 첫째로, 전자(또는 정공)가 결정격자 내의 결함들에 의해 생겨난 금지대역 내의 에너지 상태에 속박된다. 여기서 결함들은 본의 아니게 그리고 불가피하게 도입되거나 아니면 의도적으로, 예를 들어, 재료에서의 도핑 물질에 추가되기도 한다. 둘째로, 만약 전자가 열적으로 전도대로 재방출되기 전에 정공(또는 전자)이 같은 에너지 상태로 올라가면 재결합이 일어난다. 따라서 이 과정은 근본적으로 전도대의 전자가 결정결함이나 깊은 준위 불순물에 의해 생성된 금지대역 내의 중간적인 준위로 떨어지고 거기에서 가전자대의 정공과 재결합을 한다; 에너지는 포논(phonon)의 형태로 방출된다.

운반자가 금지대역 내의 에너지 준위로 이동할 확률은 양쪽 밴드 가장자리로부터 도입된 에너지 준위까지의 거리에 의존한다. 따라서 만약 도입된 에너지 준위가 각 밴드에 가까우면 재결합의 확률은 더 줄어든다. 왜냐하면 전자가 가전자대로부터 동일한 에너지 상태로 이동한 정공과 결합하는 대신에 전도대의 가장자리로 재방출될 기회가 더 많기 때문이다. 이러한 존재의 이유(raison d'être) 때문에 미드−갭(mid-gap) 근처의 에너지 준위들은 재결합이 매우 효과적으로 일어나며 재결합 센터(recombination center)라 불린다.

c. 오제 재결합(Auger recombination)은 불가피한 내인성 기제(intrinsic mechanism)를 갖는다(그림 5.7). 이는 충돌 이온화(impact ionization)의 역 과정으로 고농도로 도핑된 물질이나 높은 운반자 농도에서 주로 발생한다. 이는 세 개의 운반자들이 관련된 재결합 과정이다. 전자와 정공이 재결합하지만 열이나 광자의 형태로 에너지를 방출하는 대신에 제3의 운반자에게 에너지를 준다. 에너지는 다수 운반자에 의해 흡수되며, N-형 물질에서는 전자 그리고 P-형 물질에서는 정공이다. 따라서 두 개의 정공과 한 개의 전자가 관련된 과정은 주로 고농도로 도핑된 P-형 물질에서 일어나는 반면에, 두 개의 전자와 한 개의 정공을 필요로 하는 과정은 고농도로 도핑된 N-형 물질에서 일어난다. 전도대의 전자에 에너지를 전달하면 전자의 운동에너지가 증가한다. 증가한 에너지는 밴드 가장자리로의 완화과정, 다시 말해서, 열운동화(thermalization)를 통한 전도대 가장자리로의 이동을 통하여 소멸된다.

오제 재결합률은 운반자 농도의 세제곱에 비례한다:

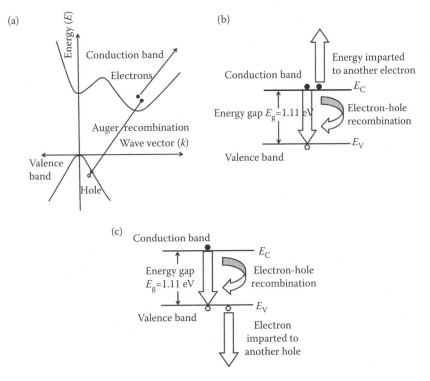

그림 5.7 Si에서의 간접 오제 재결합 표현: (a) 에너지-운동량(*E-k*) 다이어그램, (b) 에너지-위치(*E-x*) 다이어그램.

$$U_{\text{Auger}} \approx Cn^3 \tag{5.36}$$

여기서 C는 오제 계수(Auger coefficient)이고 n은 주입된 운반자 밀도이다. GaAs의 경우에 $C = 4{\sim}5 \times 10^{-30}$ cm^{6}s^{-1}이다.

주목하여야 할 중요한 사실은 밴드갭 에너지가 큰 직접 반도체의 경우에는 오제 재결합의 영향이 별로 크지 않다는 점이다. 주로 높은 운반자 농도에서의 간접 밴드갭 물질에서 주된 손실 요인이 된다. 직접 밴드갭의 발광 재료에서는 SRH 재결합이 주된 손실 요인이 된다.

5.4 과잉 운반자의 재결합률과 과잉 운반자 수명

5.4.1 발광성 재결합률(U_{rad}) 및 운반자 수명(τ_{rad})

발광성 재결합률 U_{rad}는 자유 전자의 농도 n과 자유 정공의 농도 p에 의존한다(Dzhekov 2003). 만약 n_0와 p_0가 열역학적 평형상태에 있는 반도체 물질 내에서의 전자와 정공의 농도이고 Δn과 Δp가 운반자의 주입에 의한 전자와 정공의 농도의 증가분이라면 전자와 정공의 새로운 농도는 각각 $n = n_0 + \Delta n$ 및 $p = p_0 + \Delta p$라 쓸 수 있다. 따라서 발광성 재결합률은 다음과 같이 쓸 수 있다.

$$
\begin{aligned}
U_{\text{rad}} &= B(np - n_0 p_0) = B\{(n_0 + \Delta n)(p_0 + \Delta p) - n_0 p_0\} \\
&= B\{(n_0 p_0 + n_0 \Delta p + p_0 \Delta n + \Delta n \Delta p) - n_0 p_0\} \\
&= B(n_0 \Delta p + p_0 \Delta n + \Delta n \Delta p)
\end{aligned}
\tag{5.37}
$$

여기서 B는 발광성 재결합 계수로 발광성 전이의 양자역학적 확률을 의미하며 반도체의 밴드 구조, 굴절률 $n_r(\nu)$, 흡수 계수 $\alpha(\nu)$, 온도 T에 강하게 의존한다. 발광성 재결합 계수 B는 축퇴되지 않은 운반자들에 대하여 다음과 같이 쓸 수 있다.

$$
B = \frac{R_0}{n_i^2} = \left(\frac{8\pi}{n_i^2 c^2}\right) \int_0^\infty \frac{n_r^2(\nu)\alpha(\nu)\nu^2 d\nu}{\exp(h\nu/k_B T) - 1}
\tag{5.38}
$$

여기서 R_0는 열역학적 평형상태에서의 재결합률이다. 또한 $n_i^2 = n_0 p_0$이다. 여기서 n_i는 반도체의 진성 운반자 농도이다. 식 5.38은 Van Roosbroeck-Shockley 관계식으로 알려져 있다(Van Roosbroeck and Shockley 1954).

직접 밴드갭 물질들에서는 $B = 10^{-11} \sim 10^{-9}$ cm^3 s^{-1}인 반면에 간접 밴드갭 물질들에서는 $B = 10^{-15} \sim 10^{-13}$ cm^3 s^{-1}이다. 예를 들어, GaAs의 경우에는 $B = 7.2 \times 10^{-10}$ cm^3 s^{-1}인 반면에 Si의 경우에는 $B = 1.8 \times 10^{-15}$ cm^3 s^{-1}이다. 따라서 직접 밴드갭 물질의 B는 간접 밴드갭 물질보다 대략 10^4 배만큼 더 크다.

전하 중성 조건 $\Delta p = \Delta n$ 때문에 U_{rad}의 표현은 다음과 같이 쓸 수 있다.

$$
U_{\text{rad}} = B(n_0 \Delta n + p_0 \Delta n + \Delta n \times \Delta n) = B\Delta n(n_0 + p_0 + \Delta n)
\tag{5.39}
$$

LED 구조에 있어 세 가지의 흥미로운 경우들이 있다. 처음의 두 경우에는 저수준 주입(low-level injection)이 고려되는데, 이는 주어진 극성을 갖는 반도체 영역에 주입된 운반자의 농도가 평형상태의 운반자의 농도보다 작은 경우이다. 세 번째 경우는 고수준 주입(high-level injection)을 다루는데, 이는 반도체에 주입된 운반자의 농도가 그 반도체의 평형상태의 운반자 밀도보다 더 큰 경우이다.

Case I: P-형 반도체에서의 저수준 또는 약한 전자의 주입: 여기서 $\Delta n < n_0 + p_0$이다. 이 경우는 주입된 운반자가 한 종류이기 때문에 단분자 주입(monomolecular injection)이라 불린다. $n_0 + p_0$와 비교하여 Δn을 무시하면 다음의 결과를 얻는다.

$$
U_{\text{rad}} = B\Delta n(n_0 + p_0)
\tag{5.40}
$$

P-형 반도체에서는 $n_0 \ll p_0$ 이므로 다음과 같아진다.

$$U_{\text{rad}} = B\Delta n\,(p_0) \tag{5.41}$$

전자의 발광성 수명 τ_{rad}은 다음과 같다.

$$\tau_{\text{rad}} = \frac{\Delta n}{U_{\text{rad}}} = \frac{\Delta n}{B\Delta n\,(p_0)} = \frac{1}{Bp_0} \tag{5.42}$$

B는 상수이므로 P-형 물질에 전자를 저수준으로 주입하면 전자의 발광성 수명은 주입이 일어나는 P-형 물질의 다수 운반자 농도에 반비례한다. 이 경우에 다수 운반자는 정공이다.

Case II: P-형(가정) 반도체에서의 저수준의 전자와 정공의 주입: 여기서 $\Delta n = \Delta p$ 이고 $\Delta n < n_0 + p_0$이다. 이 경우는 2분자 주입이라 알려져 있으며, 이중 이종접합 LED에서 일어난다. 뒤에서 자세히 알아보기로 한다. 이 경우에 다음과 같이 쓸 수 있다.

$$U_{\text{rad}} = B\Delta n\,(n_0 + p_0 + \Delta n) \approx B\Delta n\,(n_0 + p_0) \tag{5.43}$$

따라서

$$\tau_{\text{rad}} = \frac{\Delta n}{U_{\text{rad}}} = \frac{\Delta n}{\{B\Delta n\,(n_0 + p_0)\}} = \frac{1}{B(n_0 + p_0)} \tag{5.44}$$

이 결과를 통하여 운반자들의 발광성 수명은 평형상태의 전자와 정공의 농도의 합에 반비례함을 알 수 있다.

Lasher-stern 모형에 따라, 발광성 밴드 간 재결합의 2분자 계수 B는 다음과 같이 주어진다(Lasher and Stern 1964).

$$B = \frac{(2\pi)^{3/2}\,\hbar e^2 n_\text{r} E_\text{g} E_\text{p}}{3m_0 c^3 \{(m_\text{e} + m_\text{h})k_\text{B}T\}^{3/2}} \tag{5.45}$$

여기서 n_r은 물질의 굴절률, E_g는 에너지 밴드갭, E_p는 운동량 행렬 요소의 에너지 매개변수이고, m_e와 m_h는 각각 전자와 정공의 유효질량이다. 밴드갭의 온도 의존성을 무시하면, 수명은 $T^{3/2}$의 온도 의존성을 가지고 증가한다. 결과적으로 발광성 재결합이 주도적인 구조에서, 최종의 발광성 수명은 $T^{3/2}$에 비례한다.

Case III: 고수준 또는 강한 주입: 여기서 $\Delta n > n_0 + p_0$이다. 따라서 재결합률은 다음과 같이 쓸 수 있다.

$$\tau_{\text{rad}} = \frac{\Delta n}{B(\Delta n)^2} = \frac{1}{B\Delta n} \tag{5.46}$$

이므로

$$U_{\text{rad}} = B\Delta n(\Delta n) \approx B(\Delta n)^2 \tag{5.47}$$

이 결과 식으로부터, P-형 반도체에 전자를 고수준으로 주입하면, 전자의 수명은 주입한 전자 농도에 반비례한다. 고수준 주입의 경우에 수명은 주입 수준에 따라 감소한다.

또 발광성 수명은 감소한다. 따라서 발광성 재결합에 기여하는 운반자의 비율은 증가한다.

위의 세 가지 경우와는 별개로, LED 구조에서의 또 다른 흥미로운 상황은 밴드갭 내의 불순물 준위에서의 발광성 재결합이다. 예를 들면, Case IV에서 다루는 바와 같이 III-V 화합물 내의 아연(zinc)이 이에 해당한다.

Case IV: 전도대와 억셉터 불순물 준위 사이의 발광성 전이: 만약 N_A가 억셉터 운반자의 농도라면, 발광성 전자 수명은 다음과 같다.

$$\tau_{\text{rad}} = \frac{1}{BN_A} \tag{5.48}$$

이 식으로부터 발광 센터의 농도와 전자의 발광성 수명은 서로 반비례함을 알 수 있다.

5.4.2 비발광성 재결합률(R_{nrad})과 운반자 수명(τ_{nrad})

Shockley-Read-Hall 이론(Macdonald and Cuevas 2003)에 따르면, 단일 재결합 센터를 통한 정상상태에서의 재결합률은 다음과 같이 주어진다(Pukšec 2002).

$$U_{\text{nrad}} = \frac{np - n_i^2}{\tau_{p0}(n + n_1) + \tau_{n0}(p + p_1)} \tag{5.49}$$

여기서 n, p = 전자와 정공의 농도; n_i = 진성 운반자 농도; τ_{p0} = 고농도로 도핑된 N-형 물질에서의 정공의 수명으로 다음과 같다.

$$= 1/(\sigma_p \, v_{\text{th}} \, N_r) \tag{5.50}$$

여기서 σ_p는 정공의 포획 단면적, v_{th}는 정공의 열 속도, 그리고 N_r은 재결합 센터의 밀도이다; 또한 τ_{n0} = 고농도로 도핑된 P-형 물질에서의 전자의 수명으로 다음과 같다.

$$= 1/(\sigma_n \, v_{th} \, N_r) \tag{5.51}$$

여기서 σ_n는 전자의 포획 단면적, v_{th}는 전자의 열 속도, 그리고 N_r은 재결합 센터의 밀도; n_1, p_1 = 페르미 준위가 에너지 갭 내의 재결합 준위의 위치와 일치하는 경우의 전자와 정공의 평형상태의 농도를 나타내는 통계적인 인수로 다음과 같다.

$$n_1 = N_c \exp\left(\frac{E_r - E_c}{k_B T}\right), \quad p_1 = N_v \exp\left(\frac{E_v - E_r}{k_B T}\right) \tag{5.52}$$

여기서 N_c, N_v = 전도대와 가전자대의 상태 밀도; E_c, E_r, E_v = 전도대, 재결합 준위, 가전자대의 위치이다.

만약 n_0, p_0 = 열역학적 평형상태에서의 전자와 정공의 농도이고, Δn, Δp = 과잉 전자와 정공의 농도라면, $n = n_0 + \Delta n$ 및 $p = p_0 + \Delta p$이고 $n_i^2 = n_0 p_0$이므로, 결과적으로 다음과 같이 쓸 수 있다.

$$
\begin{aligned}
U_{nrad} &= \frac{(n_0 + \Delta n)(p_0 + \Delta p) - n_i^2}{\tau_{p0}(n_0 + \Delta n + n_1) + \tau_{n0}(p_0 + \Delta p + p_1)} \\
&= \frac{n_0 p_0 + n_0 \Delta p + p_0 \Delta n + \Delta n \Delta p - n_0 p_0}{\tau_{p0}(n_0 + \Delta n + n_1) + \tau_{n0}(p_0 + \Delta p + p_1)}
\end{aligned} \tag{5.53}
$$

공간전하의 중립성에 의하여, $\Delta n = \Delta p$이므로 재결합 비율 방정식은 다음과 같아진다.

$$
\begin{aligned}
U_{nrad} &= \frac{\Delta n p_0 + \Delta n n_0 + (\Delta n)^2}{\tau_{p0}(n_0 + \Delta n + n_1) + \tau_{n0}(p_0 + \Delta p + p_1)} \\
&= \frac{\Delta n(n_0 + p_0 + \Delta n)}{\tau_{p0}(n_0 + n_1 + \Delta n) + \tau_{n0}(p_0 + p_1 + \Delta n)}
\end{aligned} \tag{5.54}
$$

따라서 비발광성 재결합 수명은 다음과 같다.

$$\tau_{nrad} = \frac{\Delta n}{U_{nrad}} = \frac{\tau_{p0}(n_0 + n_1 + \Delta n) + \tau_{n0}(p_0 + p_1 + \Delta n)}{n_0 + p_0 + \Delta n} \tag{5.55}$$

P-형 물질에서의 전자의 저수준 주입의 경우에는 $\Delta n \ll p_0$이므로 다음과 같아진다.

$$\tau_{\text{nrad}} = \frac{\Delta n}{U_{\text{nrad}}} = \frac{\tau_{p0}(n_0 + n_1 + \Delta n) + \tau_{n0}(p_0 + p_1)}{n_0 + p_0}$$

$$= \frac{\tau_{p0}(n_0 + n_1 + \Delta n)}{n_0 + p_0} + \frac{\tau_{n0}(p_0 + p_1)}{n_0 + p_0} \qquad (5.56)$$

평형상태와 작은 편차가 있는 경우에, 분자에서의 Δn은 무시할 수 있다. 상황을 더 단순하게 하기 위하여 $\tau_{p0} = \tau_{n0} = \tau_0$를 가정하면, 다시 말해서 정공과 전자의 포획 단면적이 같다고 가정하면 다음의 결과를 얻는다.

$$\tau_{\text{nrad}} = \frac{\Delta n}{U_{\text{nrad}}} = \frac{\tau_0(n_0 + n_1)}{n_0 + p_0} + \frac{\tau_0(p_0 + p_1)}{n_0 + p_0}$$

$$= \frac{\tau_0(n_0 + p_0 + n_1 + p_1)}{n_0 + p_0} = \tau_0\left(1 + \frac{n_1 + p_1}{n_0 + p_0}\right) \qquad (5.57)$$

만약 재결합 에너지 준위 E_r이 밴드갭의 중앙 근처에 있다면, n_1과 p_1은 진성 운반자 농도 n_i와 크게 차이가 나지 않는다. 따라서

$$n_1 = n_i \exp\left(\frac{E_r - E_i}{k_B T}\right), \quad p_1 = n_i \exp\left(\frac{E_i - E_r}{k_B T}\right) \qquad (5.58)$$

여기서 E_i은 진성 에너지 준위이다.

진성 반도체 물질의 특별한 경우에, $n_0 = p_0 = n_i$이다. 따라서 다음의 결과를 얻는다.

$$\tau_{\text{nrad}} = \tau_0\left(1 + \frac{n_1 + p_1}{2n_i}\right) = \tau_0\left\{1 + \frac{n_i \exp\left(\frac{E_r - E_i}{k_B T}\right) + n_i \exp\left(\frac{E_i - E_r}{k_B T}\right)}{2n_i}\right\}$$

$$= \tau_0\left\{1 + \frac{2\cosh\left(\frac{E_r - E_i}{k_B T}\right)}{2}\right\} = \tau_0\left\{1 + \cosh\left(\frac{E_r - E_i}{k_B T}\right)\right\} \qquad (5.59)$$

이 식은 비발광성 재결합 수명이 온도의 증가에 따라 지수함수적으로 감소함을 보이는데, 이는 위에서 언급한 발광성 재결합 수명의 거동과 대비된다.

5.4.3 과잉 운반자의 총수명과 LED의 복사효율

발광성 및 비발광성 재결합 과정을 모두 고려하면, 총수명의 역수는 발광성 및 비발

광성 수명의 역수들의 합으로 주어진다.

$$\frac{1}{\tau} = \frac{1}{\tau_{\mathrm{rad}}} + \frac{1}{\tau_{\mathrm{nrad}}} \tag{5.60}$$

LED의 복사효율(radiative efficiency)은 다음과 같이 쓸 수 있다.

$$\eta_{\mathrm{rad}} = 발광성\ 재결합률/총\ 재결합률 \tag{5.61}$$

$$= 발광성\ 재결합률/(발광성\ 재결합률 + 비발광성\ 재결합률) \tag{5.62}$$

$$= \frac{U_{\mathrm{rad}}}{U_{\mathrm{rad}} + U_{\mathrm{nrad}}} \tag{5.63}$$

$U_{\mathrm{rad}} = \Delta n/\tau_{\mathrm{rad}}$이고 $U_{\mathrm{nrad}} = \Delta n/\tau_{\mathrm{nrad}}$이다. 따라서

$$\eta_{\mathrm{rad}} = \frac{\Delta n/\tau_{\mathrm{rad}}}{(\Delta n/\tau_{\mathrm{rad}}) + (\Delta n/\tau_{\mathrm{nrad}})} = \frac{\tau_{\mathrm{nrad}}}{\tau_{\mathrm{nrad}} + \tau_{\mathrm{rad}}} \tag{5.64}$$

비발광성 재결합 수명은 온도에 따라 지수함수적으로 감소하고, 역으로 발광성 재결합 수명은 온도에 따라 $T^{3/2}$에 비례하여 증가하므로, 두 가지 방식의 재결합이 모두 일어나는 LED 구조에서의 총수명은 온도의 함수로 일반적으로 감소한다(Bemski 1955, Chen et al. 2005).

예제 5.6

어떤 LED에서, 300 K에서의 수명이 τ_0 s로 측정되었다. 만약 비발광성 요소 50% 및 발광성 요소 50%의 비율로 재결합이 구성된다면, 300 K에서 400 K로 온도가 증가할 때, 수명의 온도 의존성은 어떤 특성을 보일까? 단 비발광성 재결합 요소는 다음의 관계식을 따른다.

$$\tau_{\mathrm{nrad}} = \tau_0 \exp\left(\frac{T_0}{T}\right) \tag{5.65}$$

그리고 발광성 재결합 수명은 다음의 관계식을 따른다.

$$\tau_{\mathrm{rad}} = \tau_0 \left(\frac{T}{T_0}\right)^{1.5} \tag{5.66}$$

여기서 T_0와 T는 각각 상온(300 K)과 더 높은 온도(400 K)를 의미한다.

비발광성 재결합 수명은 다음과 같다.

$$(\tau_{\text{nrad}})_{300\text{K}} = \left(\frac{\tau_0}{2}\right)\exp\left(\frac{300}{300}\right) = \left(\frac{\tau_0}{2}\right)\exp(1)$$

$$= \left(\frac{\tau_0}{2}\right) \times 2.718 = 1.359\tau_0 \text{ s} \qquad (5.67)$$

$$(\tau_{\text{nrad}})_{320\text{K}} = \left(\frac{\tau_0}{2}\right)\exp\left(\frac{300}{320}\right) = \left(\frac{\tau_0}{2}\right)\exp(0.9375)$$

$$= \left(\frac{\tau_0}{2}\right) \times 2.5536 = 1.2768\tau_0 \text{ s} \qquad (5.68)$$

비슷한 방식으로,

$$(\tau_{\text{nrad}})_{340\text{K}} = 1.208\tau_0 \text{ s} \qquad (5.69)$$

$$(\tau_{\text{nrad}})_{360\text{K}} = 1.1505\tau_0 \text{ s} \qquad (5.70)$$

$$(\tau_{\text{nrad}})_{380\text{K}} = 1.1011\tau_0 \text{ s} \qquad (5.71)$$

$$(\tau_{\text{nrad}})_{400\text{K}} = 1.0585\tau_0 \text{ s} \qquad (5.72)$$

발광성 재결합 수명은 다음과 같다.

$$(\tau_{\text{rad}})_{300\text{K}} = \left(\frac{\tau_0}{2}\right)\left(\frac{300}{300}\right)^{1.5} = 0.5\tau_0 \text{ s} \qquad (5.73)$$

$$(\tau_{\text{rad}})_{320\text{K}} = \left(\frac{\tau_0}{2}\right)\left(\frac{320}{300}\right)^{1.5} = \left(\frac{\tau_0}{2}\right)(1.067)^{1.5} = 0.551\tau_0 \text{ s} \qquad (5.74)$$

동일한 방식으로,

$$(\tau_{\text{rad}})_{340\text{K}} = 0.6033\tau_0 \text{ s} \qquad (5.75)$$

$$(\tau_{\text{rad}})_{360\text{K}} = 0.6573\tau_0 \text{ s} \qquad (5.76)$$

$$(\tau_{\text{rad}})_{380\text{K}} = 0.7128\tau_0 \text{ s} \qquad (5.77)$$

$$(\tau_{\text{rad}})_{400\text{K}} = 0.7698\tau_0 \text{ s} \qquad (5.78)$$

표 5.3 운반자 수명과 구성요소들의 온도 의존성

온도(K)	300	320	340	360	380	400
τ_{nrad}/τ_0 (s)	1.359	1.2768	1.208	1.1505	1.1011	1.0585
τ_{rad}/τ_0 (s)	0.5	0.551	0.6033	0.6573	0.7128	0.7698
τ_{nrad}/τ_0 (s) $+ \tau_{rad}/\tau_0$ (s)	1.859	1.8278	1.8113	1.8078	1.8139	1.8283

비발광성 수명, 발광성 수명, 총수명 값들은 표 5.3에 정리되어 있다.

표 5.3에 의하면 개별적인 비발광성(발광성) 재결합 수명 요소는 단조 감소(증가)하지만, 총수명은 우선 360 K까지는 감소하다가 그 이후로는 온도가 증가하면 증가한다.

예제 5.7

세 LED의 내부 효율을 구하라. 첫 번째는 Si, 두 번째는 GaAs, 세 번째는 GaN 물질로 되어 있다. 각 LED는 N⁺P 구조로 되어 있으며, N⁺ 영역의 도핑 농도는 1×10^{18} cm⁻³ 이다. GaAs와 GaN의 비발광성 수명(τ_{nr})은 1 ns이고, Si의 경우는 10 μs이다. silicon, gallium arsenide, gallium nitride의 발광성 재결합 계수(B)는 각각 1.1×10^{-14} cm² s⁻¹, 7.2×10^{-10} cm² s⁻¹, 1.1×10^{-8} cm² s⁻¹이다.

발광성 수명(τ_r)은 다수 운반자의 도핑 농도에 반비례한다. 여기서는 N⁺-P 다이오드의 경우에 N_D이다.

$$\tau_r = \frac{1}{BN_D} \tag{5.79}$$

Si의 경우에,

$$(\tau_r)_{Si} = \frac{1}{1.1 \times 10^{-14} \text{ cm}^2\text{s}^{-1} \times 1 \times 10^{18} \text{ cm}^{-3}} = 9.09 \times 10^{-5}\text{s} \tag{5.80}$$

GaAs의 경우에,

$$(\tau_r)_{GaAs} = \frac{1}{7.2 \times 10^{-10} \text{ cm}^2\text{s}^{-1} \times 1 \times 10^{18} \text{ cm}^{-3}} = 1.389 \times 10^{-9}\text{s} \tag{5.81}$$

GaN의 경우에,

$$(\tau_r)_{GaN} = \frac{1}{1.1 \times 10^{-8} \text{ cm}^2\text{s}^{-1} \times 1 \times 10^{18} \text{ cm}^{-3}} = 9.091 \times 10^{-11}\text{s} \tag{5.82}$$

내부 효율은 다음과 같다.

$$\eta_{\text{int}} = \frac{\tau_{\text{nr}}}{\tau_{\text{r}} + \tau_{\text{nr}}} \tag{5.83}$$

Si의 경우에,

$$(\eta_{\text{int}})_{\text{Si}} = \frac{10 \times 10^{-6}}{9.09 \times 10^{-5} + 10 \times 10^{-6}} = 0.0991 \tag{5.84}$$

GaAs의 경우에,

$$(\eta_{\text{int}})_{\text{GaAs}} = \frac{1 \times 10^{-9}}{1.389 \times 10^{-9} + 1 \times 10^{-9}} = 0.4186 \tag{5.85}$$

GaN의 경우에,

$$(\eta_{\text{int}})_{\text{GaN}} = \frac{1 \times 10^{-9}}{9.091 \times 10^{-11} + 1 \times 10^{-9}} = 0.9167 \tag{5.86}$$

위의 내부 효율을 살펴보면, 고품위 및 저결함의 결정구조를 갖는 실리콘이라 하더라도 LED로는 적합하지 않은 물질임에 분명하다.

예제 5.8

발광성 수명(τ_{r})이 5×10^{-9} s이고 비발광성 수명(τ_{nr})이 2.5×10^{-7} s인 GaAs LED의 차단 주파수(cutoff frequency)를 구하라.

차단 주파수 ω_{c}는 출력/입력의 비가 0.707의 크기를 갖는 주파수로 정의된다. 만약 τ가 운반자 수명이라면,

$$\omega_{\text{c}} = 1/\tau \tag{5.87}$$

또는

$$f_{\text{c}} = 1/2\pi\tau = \{1/(2\pi)\}(\tau_{\text{r}}^{-1} + \tau_{\text{nr}}^{-1}) \tag{5.88}$$

따라서 차단 주파수는 다음과 같다.

$$\begin{aligned} &\{1/(2 \times 3.14)\} \times \{(5 \times 10^{-9}\text{s})^{-1} + (2.5 \times 10^{-7}\text{s})^{-1}\} \\ &= (1/6.28)\{(5 \times 10^{-9}\text{s})^{-1} + (2.5 \times 10^{-7}\text{s})^{-1}\} \end{aligned} \tag{5.89}$$

$$= (1/6.28) \times (2 \times 10^8 \text{ s}^{-1} + 4 \times 10^6 \text{ s}^{-1}) \tag{5.90}$$

$$= 3.25 \times 10^7 \text{ Hz} \tag{5.91}$$

5.5 결론 및 고찰

발광(luminescence)은 차가운 물체에서 일어나는 복사로 보통의 온도나 더 낮은 온도에서 방출된다. 형광과 인광은 두 가지 방식의 발광이다. 형광은 입사 복사광의 충격이 멈추면 곧바로 멈추는 반면에, 인광은 입사 복사광이 제거된 후에도 지속된다. 발광의 원인에 따라 수많은 발광 과정들이 정의될 수 있지만, 여기에서 관심이 있는 발광은 전계발광으로, 더 구체적으로는 다수 운반자들이 반도체 내로 주입되어 발광 메커니즘을 통하여 재결합할 때 일어나는 주입형 발광(injection luminescence), 즉 전하 주입형 전계발광(charge injection electroluminescence)이다. 발광성 재결합은 직접 밴드갭 반도체에서 전도대의 전자와 가전자대의 정공이 재결합하여 남는 에너지를 빛의 형태로 방출할 때 일어난다. 비발광성 재결합은 간접 밴드갭 반도체에서 결함, 트랩 준위(trap level), 또는 오제(Auger) 기저를 통하여 일어난다. 직접 밴드갭 물질에서 전도대의 최소 에너지는 가전자대의 최대 에너지의 바로 위쪽에 놓이는 반면에, 간접 밴드갭 물질에서는 전도대의 최소 에너지 상태가 가전자대의 최대 에너지 상태와 k-벡터의 차이가 존재한다. 간접 밴드갭 물질의 이러한 k-벡터의 차이는 운동량의 차이를 의미하며, 이 때문에 전자–정공 재결합이 직접 일어날 확률이 작다. 직접 또는 간접의 각각의 재결합 과정은 관련된 과잉 운반자 수명에 의해 규정되며, 이 값은 과잉 소수 운반자가 재결합하는 데 걸리는 평균적인 시간으로 정의된다.

LED의 공핍 영역(depletion region)에서의 운반자의 재결합을 통한 주입형 전계발광에 의한 빛의 발생은 다음 장에서 논의할 것이다.

참고문헌

Bemski, G. 1955. Lifetime of electrons in p-type silicon. *Physical Review* 100(2), 523–524.

Chen, F., A. N. Cartwright, H. Lu, and W. J. Schaff. 2005. Temperature dependence of carrier lifetimes in InN. *Physica Status Solidi (A), Applied Research* 202(5), 768–772.

Dzhekov, T. 2003. Basic recombination-generation processes—A generalized approach to the excess carrier lifetime analysis. Cyril and Methodius University (Republic of Macedonia), ISSN03-Ohrid, 13pp.

Jabłoński, A. 1933. Efficiency of anti-Stokes fluorescence in dyes. *Nature* 131, 839–840.

Kusuma, H. H., Z. Ibrahim and M. K. Saidin. 2011, Mar. Optical energy gap of TiO₂: Al₂O₃ single crystals. *Journal of Applied Scien*ces 11(5), 888–891.

Lasher G and F. Stern. 1964. Spontaneous and stimulated recombination radiation in semiconductors. *Phys. Rev. A—Gen. Phys.* 133, 553–63.

Macdonald, D. and A. Cuevas. 2003. Validity of simplified Shockley–Read–Hall statistics for modeling carrier lifetimes in crystalline silicon. *Physical Review* B 67, 075203-1–075203-7.

Pukšec, J. D. 2002. Recombination processes and holes and electrons lifetimes. *Automatika* 43(1–2), 47–53.

Van Roosbroeck, W. and W. Shockley. 1954. Photon-radiative recombination of electrons and holes in germanium. *Phys. Rev.* 94(6), 1558–1560.

Yang, J., Y. Zidon, and Y. Shapira. 2002. Alloy composition and electronic structure of $Cd_{1-x}Zn_xTe$ by surface photovoltage spectroscopy. *Journal of Applied Physics* 91(2), 703–707.

연습문제

5.1 발광 과정에서의 두 가지 기본적인 단계들은 무엇인가?

5.2 물체에 의한 전자기 복사의 과정으로서의 발광의 정의에서 "열복사를 초과하여"의 의미는 무엇인가? 외부의 여기에 의해 즉시 발광이 일어나는 것이 필요한가?

5.3 형광과 인광을 어떻게 구분할 수 있는가?

5.4 근원적인 여기 에너지원을 내포하는 다섯 가지 발광 현상들을 명명하라.

5.5 다음 각각의 응용을 인용하라: (a) 방사선발광(radioluminescence)과 (b) 열발광(thermoluminescence).

5.6 전계발광(electroluminescence)을 위해 여기시키는 세 가지 방법들을 언급하라. 데스트라우(Destriau) 효과와 주입형 전계발광의 차이를 설명하라.

5.7 반도체에서의 두 가지 주요한 재결합 모드들은 무엇인가? 발광 소자에서는 어떤 재결합 과정이 더 중요한가?

5.8 반도체에서의 밴드 간 발광성 천이는 무엇인가? 이러한 천이에서 광자 에너지의 방정식에 있는 "$k_B T$" 항의 근원을 설명하라. 높은 계산의 정확도가 필요한 경우를 제외하고는 이 항을 고려할 필요가 없는 이유를 설명하라.

5.9 운동량 보존법칙의 관점에서 전도대의 전자가 가전자대로 천이할 때, 반도체의 *E-k* 밴드 다이어그램상에서 실질적으로 수직선상을 따라 천이하는 것처럼 보이는 이유를 설명하라. 어떤 종류의 반도체 물질들이 광전자 소자에의 응용으로 더 적합한지와 그 이유를 설명하라.

5.10 여기자는 무엇인가? 여기자가 소멸될 때, 무슨 일이 일어나는가? 발광이 일어나는가?

5.11 속박된 여기자의 재결합은 무엇인가? 어떤 종류의 반도체에서 가장 잘 일어나는가?

5.12 도너 또는 억셉터 준위에 있는 반대 극성의 운반자들과 불순물 준위에 갇힌 자

유 운반자들의 재결합을 설명하라. 도너와 억셉터 준위 사이의 재결합에서는 밴드갭보다 더 작은 에너지를 갖는 빛이 방출되는 이유를 설명하라.

5.13 도펀트 불순물과 등전자 센터에 의해 반도체에 생성되는 에너지 준위의 차이를 설명하라. 후자의 경우에는 어떻게 발광성 재결합을 성립시키는가?

5.14 세 가지 종류의 비발광성 재결합의 방식들을 기술하라. 이 방식들 중에 직접 밴드갭 물질에 가장 큰 역할을 하는 것은?

5.15 반도체 내에서의 발광성 재결합률(U_{rad})과 관련된 방정식을 전자와 정공의 농도의 증가분 Δn과 Δp의 함수로 유도하라. 저수준의 1분자(monomolecular) 및 2분자(bimolecular) 주입에서 이 식은 어떻게 수정되는가? 이 두 가지 경우에, 운반자 수명과 관련된 식을 구하라. P-형 물질에서의 전자의 고수준의 주입에 대하여 운반자 수명은 주입된 전자의 농도에 반비례함을 보여라.

5.16 전자와 정공의 포획 단면적이 동일하다는 조건 아래, 쇼클리−리드−홀 재결합 모델을 통한 저수준의 운반자 수명에 관한 방정식을 구하라.

5.17 LED의 복사효율(radiative efficiency)을 발광성 및 비발광성 운반자 수명의 식으로 표현하라. 복사효율은 온도에 의해 어떻게 영향을 받는가?

CHAPTER **6**

동종접합 LED
Homojunction LEDs

학습목표

이 장을 학습한 후에 독자들은 다음의 역량들을 갖출 수 있게 된다.

- P-N 동종접합 다이오드의 동작원리와 표동전류와 확산전류의 정의에 대한 이해
- 서로 다른 상황에서의 P-N 동종접합의 에너지−밴드 다이어그램 구성
- 내부전위(built-in potential), 공핍 영역 폭, 항복전압에 관한 지식 습득
- 관련된 기호들을 이용한 이상적인 다이오드 방정식의 설정과 사용
- 불순물 도핑의 농도분포에 따른 주입효율의 이해

6.1 평형상태의 동종접합

주입형 전계발광(injection electroluminescence)으로 잘 알려진 구조는 서로 반대 전도성 타입인 P-형 및 N-형의 2개의 주입 영역과 주입이 발생하고 재결합하는 운반자들의 거점인 발광성 재결합 영역으로 구성된다. 효율이 좋지 않은 간단한 구조로는 P-N 동종접합(homojunction)이 있으며, 이는 P-형과 N-형으로 각각 도핑된 밴드갭 에너지에 차이가 없는 동일한 반도체 물질들 사이에서 금속학적 계면(metallugical interface)으로 구성된다(Wood 1994, Colinge and Colinge 2002, Sze 2007, Streetman 2009). 반면에 더 많은 관심을 받는 P-N 이종접합(heterojunction)은 P-형과 N-형으로 각각 도핑된 밴드갭 에너지가 같지 않은 서로 다른 반도체 물질들 사이에서의 접합이다.

반도체 소자의 동작을 이해하기 위한 기본적인 단계는 재료 내에서의 공간적인 위치에 따른 에너지의 변화를 나타내는 에너지−밴드 다이어그램(energy-band diagram)을 그리는 것이다. 어느 곳에서나 동일한 조성을 갖는 대등하게 도핑된 P-N 반

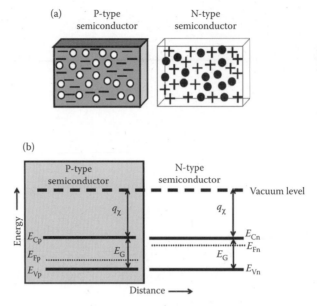

그림 6.1 접합이 일어나기 전의 P-N 동종접합: (a) 고정 및 이동 전하 모형, (b) 에너지−밴드 다이어그램.

도체 접합의 에너지−밴드 다이어그램을 검토해 보자(그림 6.1). 전도대 및 가전자대 가장자리의 에너지 E_C와 E_V는 전도대 최소 에너지(conduction band minimum, CBM)와 가전자대 최대 에너지(valence band maximum, VBM)에 해당한다. 이는 결정격자 내의 원자들의 화학적 결합에 의해 결정되며, 반도체에서 벗어난 일시적인 자유 전자에 상응하는 에너지 준위를 나타내는 진공 준위(vacuum level)라 불리는 기준 준위에 대하여 측정된다. 반도체의 전자친화도(electron affinity) χ_s는 전도대 최소 에너지 E_C와 진공 에너지 준위 E_0 사이의 에너지 차이로 다음과 같다.

$$\chi_s = E_0 - E_C \tag{6.1}$$

반도체의 일함수(work function) φ_s는 진공 준위와 페르미 준위(Fermi level)의 에너지 차이로 다음과 같이 표현된다.

$$\phi_S = E_0 - E_F \tag{6.2}$$

페르미 준위 E_F는 결정 고체 내부의 전자의 포텐셜 에너지(potential energy)의 가상의 준위로, 전자가 점유될 확률이 50%인 에너지 준위로 정의된다. 밴드 가장자리에 대한 페르미 준위의 위치는 이동하는 전하들의 밴드 내의 점유율을 규정한다. 페르미 준위가 전도대에 더 가까울수록, 전도대에 자유 전자가 더 많아진다. 유사하게 페르미 준위와 가전자대의 거리가 가까울수록 가전자대에 정공이 더 많이 존재한다.

P-N 동종접합에서 P-형 및 N-형 영역 모두 운반자 주입 영역(carrier injector)이거나, 어느 한 영역이 더 우월한 주입 영역이다. 이 구조는 오늘날에는 잘 사용하지는 않지만, LED의 기능을 이해하는 데 필요하므로 간단히 살펴보기로 한다. P-N 동종접합은 보통 불순물의 열확산(thermal diffusion)과 드라이브-인(drive-in) 공정 또는 이온 주입(ion implantation)과 후속 열처리(thermal annealing)에 의해 제작된다. 여기서 두 개의 고립된 P-형 및 N-형 영역을 고려하여 사고실험(thought experiment)을 해 보자. 두 영역이 분리되어 있을 때에는, N-형 영역의 페르미 준위 E_F는 진성 에너지 준위 E_i보다 더 위쪽에 위치한다. 여기서 E_i는 전도대와 가전자대의 거의 중간에 위치한다. 따라서 E_F는 전도대에 더 가깝게 위치한다. N-형 물질에서는 전자의 점유 확률은 50%를 넘는다. 따라서 페르미 준위는 진성 준위를 넘는다. 같은 이유로 P-형 물질의 페르미 준위는 진성 에너지 준위보다 더 아래쪽에 위치하고, E_F는 가전자대에 더 가깝게 위치한다. 이 경우에 전자의 점유 확률은 50%보다 작다.

두 영역을 접촉시키면 P-영역에 풍부한 정공은 상대적으로 수가 부족한 N-영역으로 확산된다(그림 6.2). 또한 N-영역에 풍부한 전자는, N-영역에서 상대적으로 전자가 거의 없는 P-영역으로 확산된다. 이러한 다수 운반자(majority carrier)들의 이동은 더 높은 농도에서 더 낮은 농도로의 농도 기울기(concentration gradient)에 의해 발생한다. 이러한 농도 차에 의해 발생하는 전자와 정공의 이동은 다수-운반자 확산전류(majority-carrier diffusion current) $I_{Diffusion}$을 생성한다. P-영역에서 N-영역으로 확산되는 정공들은 P-영역에 도펀트(dopant) 원자들로부터 형성되는 음전하를 띤 억셉터(acceptor) 이온들을 남긴다. 같은 방식으로, N-영역에서 P-영역으로 확산되는 전자들은 N-영역에 도펀트 원자들로부터 형성되는 양전하를 띤 도너(donor) 이온들을 남긴다. 무거운 억셉터 및 도너 이온들은 움직이지 않는다. 그들은 결정격자의 일부이다. 따라서 자유 전하 운반자들이 없는 영역이 접합면 주변의 양쪽 영역에 형성된다. 이를 공핍 영역(depletion region) 또는 공간전하 영역(space-charge region)이라 부른다.

점차 음전하를 띤 억셉터 이온들과 양전하를 띤 도너 이온들에 의한 전기장이 강해지면, 전술한 확산전류와 반대방향으로 표동전류(drift current) I_{Drift}를 생성한다. 표동전류는 소수 운반자들로 구성된다. 다시 말해서, P-영역의 전자와 N-영역의 정공이다. 이러한 소수 운반자들이 공핍 영역의 확산 거리(diffusion length) 이내에 도달하면 내부전위(built-in potential)의 영향 안에 들게 되어 접합면을 건너 휩쓸고 가면서 소수-운반자 표동전류(minority-carrier drift current)를 생성한다. 자유 운반자의 확산 거리는 운반자의 수명 동안 진행하는 평균적인 거리이다. 정공 수명(hole lifetime) τ_p와 관련한 정공의 확산 거리 L_p는 다음과 같다.

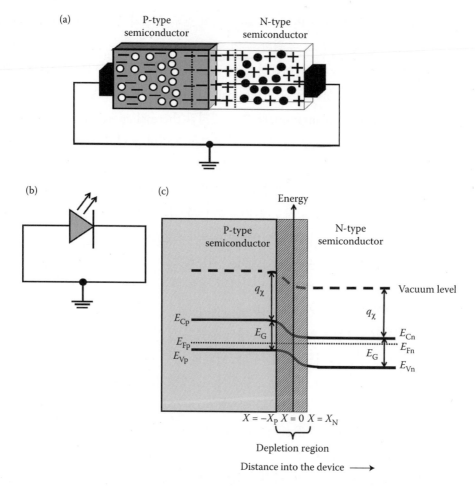

그림 6.2 접합 후에 평형상태에서의 P-N 동종접합: (a) 고정 및 이동 전하 모형, (b) 회로도, (c) 에너지–밴드 다이어그램.

$$L_p = \sqrt{D_p \tau_p} \qquad (6.3)$$

여기서 D_p는 정공의 확산계수(diffusion coefficient)이다. 정공과 유사하게 전자 수명(electron lifetime) τ_n 및 확산계수 D_n과 관련한 전자의 확산 거리 L_n은 다음과 같다.

$$L_n = \sqrt{D_n \tau_n} \qquad (6.4)$$

전기장이 어느 정도의 세기가 되면, 열역학적 평형상태—접합면에 인가된 전압, 열 또는 빛이 존재하지 않음—에서 확산전류는 표동전류와 정확하게 균형을 이룬다.

$$I_{\text{Diffusion}} = I_{\text{Drift}} \qquad (6.5)$$

따라서 접합면을 가로질러 흐르는 순 전류(net current)는 0이다. 접합면을 가로지르는 운반자의 확산에 의해 접합면에서 생성된 전기적인 전위차는 내부전위(built-in potential) 또는 접촉전위(contact potential) ψ_0라 부른다. 이 값은 P-형 및 N-형 영역의 도핑 농도 N_A 및 N_D와 다음과 같이 연관된다.

$$\psi_0 = \frac{kT}{q}\ln\left(\frac{N_A N_D}{n_i^2}\right) \tag{6.6}$$

P-N 접합에서 평형상태의 상황은 분명히 본질적으로 정적이 아니라 동적(dynamic)이다. 따라서 외부에서 인가된 전기적인 전위나, 가열이나, 반도체 표면에 빛을 조사하거나 또는 다른 유사한 에너지원의 영향하에서만 변할 수 있다.

상황을 좀 더 깊이 분석하기 위하여 에너지−밴드 표현을 살펴보자. 평형상태(equilibrium situation)의 P-N 접합에서 평균 에너지는 변하지 않아야 한다. 이는 반도체 물질 전체에서 페르미 준위가 일정해야 함을 의미한다. 이 가능성을 수용하기 위하여, 밴드는 다이어그램에 나타난 바와 같이 구부러져야 한다. 왜냐하면 이런 방식으로만 반도체 내에서 페르미 준위가 예외 없이 일정할 것이기 때문이다. 그러나 접합면으로부터 멀어지면, 본래의 벌크(bulk) 조건이 우세하므로 밴드 다이어그램은 변하지 않는다. 밴드 벤딩(band bending)의 정도가 생성되는 전기장의 강도를 나타낸다. 밴드 다이어그램에서 확산전류의 흐름은 내리막(downhill)을 향하고, 표동전류는 오르막(uphill)을 향한다.

6.2 역방향 바이어스가 인가된 동종접합

P-N 접합에 외부 바이어스(external bias)가 인가되면, 평형상태와 더불어 페르미 준위가 깨지게 되어, 더 이상 다이오드를 통틀어 페르미 준위가 일정하지 않다. 자유 전하 운반자가 없는 공핍 영역은 다이오드의 벌크 N-영역 및 P-영역과 비교하여 저항이 매우 크다. 따라서 인가된 전압의 대부분은 공핍 영역에서 강하가 일어나며, N-영역 및 P-영역에서는 매우 작은 정도만 전압강하가 일어난다. P-영역에 음 전위를 그리고 N-영역에 양 전위를 인가하는, 역(방향) 바이어스 조건(reverse bias condition)에서는 인가한 전압은 내부전위와 동일한 방향으로 작용하므로, 후자의 효과는 더욱 더 증가한다(그림 6.3). 이는 공핍 영역의 확장을 가져온다. 에너지−밴드 다이어그램의 관점에서 P-영역에서는 외부의 전력 공급원으로부터 이 영역으로 전자가 주입되므로 페르미 준위가 상승한다. 장벽 높이(barrier height)는 $q(\psi_0 + V)$가 된다. 여기서 V는 역 바이어스의 크기이다. 전자가 P-영역으로 주입되더라도 N-영역에서 P-영역으로의 전자의 확산과 역 과정은 허용되지 않는다. 왜냐하면 전자는 여전히 P-영역에

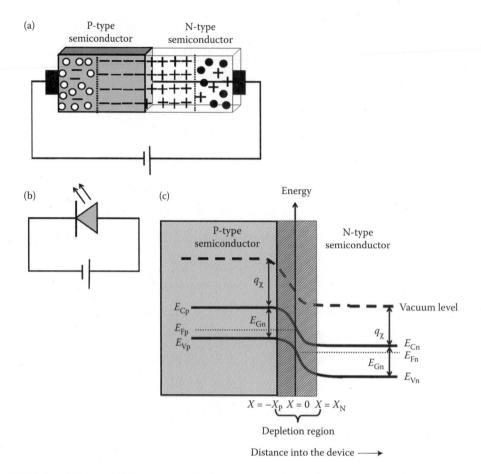

그림 6.3 역 바이어스에서의 P-N 동종접합: (a) 고정 및 이동 전하 모형, (b) 회로도, (c) 에너지-밴드 다이어그램.

서 소수 운반자이기 때문이다. 같은 방식으로 접합면을 가로지르는 정공의 확산도 금지된다.

역 바이어스의 인가에 따라 공핍 영역의 폭이 넓어짐에 따라, 소수 운반자의 표동 전류는 약간 증가한다. 표동 현상은 소수 운반자 추출을 야기하고, 이는 운반자 확산 거리에 의해 지배된다. 다이오드의 양단에 결합된 전력공급 단자에 의해 다시 채워진 소수 운반자 농도의 증가에 의해 표동 운반자들이 공급된다. 공핍 영역 근처로의 운반자 확산에 의해 표동이 일어난다. 공핍 영역 폭의 편차를 무시하면, 단면적 A의 P-N 접합에서 P-영역에서 N-영역으로의 소수-운반자 전자전류는 다음과 같이 표현된다.

$$I_{n0} = \frac{qD_n n_i^2 A}{L_n N_A} \tag{6.7}$$

N-영역에서 P-영역으로의 정공전류는 다음과 같다.

$$I_{p0} = \frac{qD_p n_i^2 A}{L_p N_D} \tag{6.8}$$

기본적인 P-N 접합 이론으로부터 주어진 역 바이어스 전압 V_R에서의 공핍 영역 폭은 V_R뿐만 아니라, 접합면의 P-영역과 N-영역에서의 도핑 농도, N_A 및 N_D의 함수로 다음의 식으로 주어진다.

$$W_{\text{Depletion}} = \sqrt{\frac{2\varepsilon_0 \varepsilon_s (N_A + N_D)(\psi_0 - V_R)}{q N_A N_D}} \tag{6.9}$$

여기서 ε_0는 자유공간의 유전율(permittivity)이고, ε_s는 반도체에서의 상대유전율 (relative permittivity)이다.

예제 6.1

N⁺P-GaAs에서의 소수−운반자 수명은 1 ns이다. P-영역의 도핑 농도가 5×10^{18} cm³이고, 전자의 확산계수가 220 cm² s⁻¹이며, GaAs에서의 진성 운반자 농도가 1.79×10^6 cm⁻³일 때, 이상적인 역 포화 전류밀도(reverse saturation current density)를 구하라.

N⁺P 다이오드에서 역방향 전류 I_R은 다음과 같이 근사된다.

$$I_R = \frac{qD_p n_i^2 A}{L_p N_D} + \frac{qD_n n_i^2 A}{L_n N_A} \approx \frac{qD_n n_i^2 A}{L_n N_A} \tag{6.10}$$

역 전류밀도는 다음과 같다.

$$
\begin{aligned}
J_R &= \frac{qD_n n_i^2}{L_n N_A} = \frac{qD_n n_i^2}{\sqrt{D_n \tau_n} N_A} = \frac{q\sqrt{D_n}\, n_i^2}{\sqrt{\tau_n}\, N_A} \\
&= \frac{1.6 \times 10^{-19} \times \sqrt{220} \times (1.79 \times 10^6)^2}{\sqrt{1 \times 10^{-9} \times 5 \times 10^{18}}} \\
&= \frac{7.6 \times 10^{-6}}{1.58 \times 10^{14}} = 4.81 \times 10^{-20} \, \text{A cm}^{-2}
\end{aligned}
\tag{6.11}
$$

예제 6.2

GaN P-N 접합의 역 전류밀도가 20°C에서 1.39×10^{-12} A cm⁻²라 할 때, 온도가 20°C에서 50°C로 증가하면, 역 전류밀도는 어떻게 되는가? 0 K에서의 GaN의 밴드갭은

$E_G(0) = 3.427$ eV이고, $k_B = 8.617 \times 10^{-5}$ eV K^{-1}이다. 여기서 밴드갭의 온도 의존성 $E_G(T)$는 다음과 같다.

$$E_G(T) = E_G(0) - 9.39 \times 10^{-4} \times \frac{T^2}{T + 772} \tag{6.12}$$

$$E_G(T_1) = 3.427 - 9.39 \times 10^{-4} \times \frac{(293)^2}{293 + 772} = 3.427 - 0.07569 = 3.3513 \tag{6.13}$$

$$\begin{aligned} E_G(T_2) &= 3.427 - 9.39 \times 10^{-4} \times \frac{(323)^2}{323 + 772} = 3.427 - 0.0894657 \\ &= 3.337534 \end{aligned} \tag{6.14}$$

역 전류밀도는 다음과 같다.

$$J_R(T) \propto n_i^{\,2} \tag{6.15}$$

$$n_i \propto T^{3/2} \exp\left\{-\frac{E_G(T)}{2k_BT}\right\} \tag{6.16}$$

$$n_i^{\,2} \propto T^3 \exp\left\{-\frac{E_G(T)}{k_BT}\right\} \tag{6.17}$$

따라서

$$J_R(T) \propto T^3 \exp\left\{-\frac{E_G(T)}{k_BT}\right\} \tag{6.18}$$

$$\begin{aligned} \frac{J_R(T_2)}{J_R(T_1)} &= \frac{\text{Constant} \times T_2^3 \exp\left\{-\dfrac{E_G(T_2)}{k_BT_2}\right\}}{\text{Constant} \times T_1^3 \exp\left\{-\dfrac{E_G(T_1)}{k_BT_1}\right\}} \\ &= \left(\frac{T_2}{T_1}\right)^3 \exp\left\{-\frac{E_G(T_2)}{k_BT_2} + \frac{E_G(T_1)}{k_BT_1}\right\} \\ &= \left(\frac{T_2}{T_1}\right)^3 \exp\left[\frac{1}{k_B}\left\{-\frac{E_G(T_2)}{T_2} + \frac{E_G(T_1)}{T_1}\right\}\right] \end{aligned} \tag{6.19}$$

매개변수 값들을 대입하면 다음과 같다.

$$\frac{J_R(323)}{J_R(293)} = \left(\frac{323\,\text{K}}{293\,\text{K}}\right)^3 \exp\left\{\frac{1}{8.617\times10^{-5}\,\text{K}^{-1}}\left(-\frac{3.337534\,\text{eV}}{323\,\text{K}} + \frac{3.3513\,\text{eV}}{293\,\text{K}}\right)\right\}$$

$$= (1.102)^3 \times \exp\left\{-1.199\times10^2(\text{eVK}^{-1})^{-1} + 1.327\times10^2\,\text{eVK}^{-1}\right\} \tag{6.20}$$

$$= 1.338 \times \exp(12.8) = 1.338 \times 3.622\times10^5 = 4.846\times10^5$$

따라서

$$J_R(T_2) = 1.39\times10^{-12} \times 4.846\times10^5\,\text{Acm}^{-2} = 6.736\times10^{-7}\,\text{A cm}^{-2} \tag{6.21}$$

예제 6.3

GaN LED가 도너 농도가 $N_D = 1\times10^{18}$ cm^{-3}인 1.5 μm 두께의 N-GaN 층과 억셉터 농도가 $N_A = 2\times10^{17}$ cm^{-3}인 Mg이 도핑된 0.25 μm 두께의 P-GaN 층으로 되어 있다. 300 K에서의 동종접합의 내부전위를 구하라. 진성 운반자 농도는 다음과 같다.

$$n_i = \sqrt{N_C N_V}\,\exp\{-E_G/(2k_B T)\} \tag{6.22}$$

여기서 N_C와 N_V는 각각 전도대와 가전자대의 유효 상태 밀도(effective density of state)로 다음과 같이 주어진다.

$$N_C \cong 4.3\times10^{14} \times T^{1.5}(\text{cm}^{-3}) \tag{6.23}$$

$$N_V = 8.9\times10^{15} \times T^{1.5}(\text{cm}^{-3}) \tag{6.24}$$

또한 온도에 따른 에너지 갭은 다음과 같다.

$$E_G(T) = E_G(0) - \frac{7.7\times10^{-4}T^2}{T + 600} \tag{6.25}$$

여기서 $E_G(0) = 3.47$ eV (섬유아연광, wurtzite).

또한 GaN의 유전 상수가 8.9이고, 300 K에서의 $k_B T = 0.025887$ eV일 때, 역 바이어스가 0일 때의 전체 다이오드 두께 중 공핍된 비율을 계산하라.

$$E_G(300) = 3.47 - \frac{7.7\times10^{-4}(300)^2}{300 + 600}\,\text{eV} = 3.393\,\text{eV} \tag{6.26}$$

$$\begin{aligned} n_i &= \sqrt{N_C N_V}\,\exp\{-E_G/(2k_B T)\} \\ &= \sqrt{4.3\times10^{14}\times(300)^{1.5}(\text{cm}^{-3})\times8.9\times10^{15}\times(300)^{1.5}(\text{cm}^{-3})} \\ &\quad \exp\{-3.393\text{eV}/(2\times0.025887)\,\text{eV}\} \\ &= 1.0165\times10^{19}\times3.456\times10^{-29}\,\text{cm}^{-3} = 3.513\times10^{-10}\,\text{cm}^{-3} \end{aligned} \tag{6.27}$$

$$\psi_0 = \frac{k_B T}{q} \ln\left(\frac{N_A N_D}{n_i^2}\right) = \frac{1.6 \times 10^{-19}\,\text{C} \times 0.025887\,\text{V}}{1.6 \times 10^{-19}\,\text{C}}$$

$$\ln\left\{\frac{2 \times 10^{17} \times 1 \times 10^{18}}{(3.513 \times 10^{-10})^2}\right\} \tag{6.28}$$

$$= 0.025887\,\text{V} \times \ln(1.6206 \times 10^{54})\,\text{V} = 0.025887\,\text{V} \times 124.8224\,\text{V}$$

$$= 3.2313\,\text{V} \cong 3.23\,\text{V}$$

$$W_{\text{Depletion}} = \sqrt{\frac{2\varepsilon_0\varepsilon_s(N_A + N_D)(\psi_0 - 0)}{q N_A N_D}}$$

$$= \sqrt{\frac{\begin{array}{l} 2 \times 8.854 \times 10^{-14}\,\text{Fcm}^{-1} \times 8.9 \times (2 \times 10^{17} + 1 \times 10^{18})\,\text{cm}^{-3} \\ \times 3.23\,\text{V} \end{array}}{1.6 \times 10^{-19}\,\text{C} \times 2 \times 10^{17}\,\text{cm}^{-3} \times 1 \times 10^{18}\,\text{cm}^{-3}}} \tag{6.29}$$

$$= 1.3816 \times 10^{-5}\,\text{cm} = 1.3816 \times 10^{-5} \times 10^4\,\mu\text{m} = 0.13816\,\mu\text{m}$$

다이오드의 전체 두께는

$$W = W_N + W_P = 1.5\,\mu\text{m} + 0.25\,\mu\text{m} = 1.75\,\mu\text{m} \tag{6.30}$$

따라서

$$\frac{W_{\text{Depletion}}}{W} \times 100\% = \frac{0.13816\,\mu\text{m}}{1.75\,\mu\text{m}} \times 100\% = 0.078948 \times 100\% = 7.895\% \tag{6.31}$$

예제 6.4

P-N 동종접합 LED가 P-형과 N-형 영역에서 모두 2×10^{16} cm^{-3}의 같은 농도로 도핑되었다. Xi와 Schubert(2004)는 $N_D = N_A = 2 \times 10^{16}$ cm^{-3}에서 순방향 전압의 미분 온도계수(differential temperature coefficient)가 $d\psi_0/dT = -1.76$ mV/K임을 구했다. 순방향 다이오드 전압이 20°C에서 3.6 V였다가 3.37 V로 감소했다면, 접합 온도(junction temperature)는 어떻게 되었을까?

$$\frac{\Delta\psi_0}{\Delta T} = -1.76 \times 10^{-3}\,\text{VK}^{-1} \tag{6.32}$$

$$\frac{3.37 - 3.6}{\Delta T} = -1.76 \times 10^{-3} \tag{6.33}$$

$$-1.76 \times 10^{-3} \times \Delta T = 3.37 - 3.6 = -0.23 \tag{6.34}$$

$$-1.76 \times 10^{-3} \times \Delta T = -0.23 \tag{6.35}$$

$$\Delta T = 130.68 \text{ K} \tag{6.36}$$

따라서 접합 온도는 다음과 같다.

$$T_{\text{j}} = 20 + 130.68 \text{ K} = 150.68°C \tag{6.37}$$

예제 6.5

300 K에서의 GaN의 항복(전기)장(E_{crit})은 약 5 × 10⁶ V cm⁻¹이고, 유전 상수(ε_{s})는 8.9 이다. N-형과 P-형 영역에서의 도핑 농도가 각각 1 × 10¹⁸ cm⁻³과 2 × 10¹⁷ cm⁻³인 접합에서의, 전자사태 항복전압(avalanche breakdown voltage)을 구하라. 항복전압에서의 더 낮게 도핑된 P-영역과 더 높게 도핑된 N-영역에서의 공핍 영역을 구하라.

다이오드의 항복전압 BV는 임계 전기장 E_{crit}, 내부전위 ψ_0, 그리고 접합의 양쪽 영역의 도핑 농도(N_{A}, N_{D})로부터 다음과 같이 주어진다.

$$E_{\text{crit}} = \sqrt{\frac{2q(\psi_0 - BV)}{\varepsilon_0 \varepsilon_{\text{s}}} \left(\frac{N_{\text{A}} N_{\text{D}}}{N_{\text{A}} + N_{\text{D}}} \right)} \tag{6.38}$$

$$
\begin{aligned}
5 \times 10^6 &= \sqrt{\frac{2 \times 1.6 \times 10^{-19} \times (3.23 - BV)}{8.854 \times 10^{-14} \times 8.9} \left(\frac{2 \times 10^{17} \times 1 \times 10^{18}}{2 \times 10^{17} + 1 \times 10^{18}} \right)} \\
&= \sqrt{(3.23 - BV) \times 4.061 \times 10^{-7} \times 1.67 \times 10^{17}} \\
&= \sqrt{(3.23 - BV) \times 6.78 \times 10^{10}}
\end{aligned} \tag{6.39}
$$

$$(5 \times 10^6)^2 = (3.23 - BV) \times 6.78 \times 10^{10} \tag{6.40}$$

$$3.23 - BV = 368.73 \tag{6.41}$$

$$-BV = 368.73 - 3.23 = 365.5 \text{ V} \tag{6.42}$$

BV와 비교한 내부전위 ψ_{bi}를 무시하면, 다시 말해서, $\psi_{\text{bi}} \ll BV$인 경우에, 공핍 영역 폭은 다음과 같이 주어진다.

$$W = \sqrt{\frac{2\varepsilon_0 \varepsilon_{\text{s}}}{q} \left(\frac{N_{\text{A}} + N_{\text{D}}}{N_{\text{A}} N_{\text{D}}} \right) (\psi_{\text{bi}} - V)} \approx \sqrt{\frac{2\varepsilon_0 \varepsilon_{\text{s}}}{q} \left(\frac{N_{\text{A}} + N_{\text{D}}}{N_{\text{A}} N_{\text{D}}} \right) \{ 0 - (-BV) \}} \tag{6.43}$$

여기서 전에 정의한 바와 같이, ε_0는 자유공간의 유전율, ε_{s}는 반도체 물질에서의 상대유전율, ψ_{bi}는 내부전위, 그리고 V는 인가한 전압이다.

더 낮게 도핑된 P-영역에서의 공핍 영역의 폭은 다음과 같다.

$$W = \sqrt{\frac{2\varepsilon_0\varepsilon_s}{q}\left(\frac{N_D}{N_A N_D}\right) \times BV} = \sqrt{\frac{2 \times 8.854 \times 10^{-14} \times 8.9}{1.6 \times 10^{-19}}\left(\frac{1 \times 10^{18}}{1 \times 10^{18} \times 2 \times 10^{17}}\right) \times 365.5} \tag{6.44}$$

$$= 1.34168 \times 10^{-4}\,\text{cm}$$

더 높게 도핑된 N-영역에서의 공핍 영역의 폭은 다음과 같다.

$$W = \sqrt{\frac{2\varepsilon_0\varepsilon_s}{q}\left(\frac{N_A}{N_A N_D}\right) \times BV} = \sqrt{\frac{2 \times 8.854 \times 10^{-14} \times 8.9}{1.6 \times 10^{-19}}\left(\frac{2 \times 10^{17}}{1 \times 10^{18} \times 2 \times 10^{17}}\right) \times 365.5} \tag{6.45}$$

$$= 6.0 \times 10^{-5}\,\text{cm}$$

N-영역의 두께가 1 μm로 감소하면, 펀치스루 다이오드(punch-through diode)를 위한 방정식으로부터 구해지는 새로운 항복전압 BV_{New}은 다음과 같다.

$$\frac{BV_{\text{New}}}{BV} = \left(\frac{W}{W_{\text{max}}}\right)\left(2 - \frac{W}{W_{\text{max}}}\right) = \left(\frac{1.0\,\mu\text{m}}{1.34168\,\mu\text{m}}\right)\left(2 - \frac{1.0\,\mu\text{m}}{1.34168\,\mu\text{m}}\right) \tag{6.46}$$

$$= 0.935145$$

따라서

$$BV_{\text{New}} = 365.5 \times 0.935145 = 341.796\,\text{V} \tag{6.47}$$

예제 6.6

i. $N_A = N_D = 1 \times 10^{15}$ cm^{-3}인 대칭의 동종접합 GaN LED를 제작하였다. GaN의 상온에서의 밴드갭이 3.39 eV이고 온도에 의존하지 않는다고 가정할 때, LED가 다이오드로서의 기능을 멈추는 온도를 구하라. 여기서 $N_c \cong 4.3 \times 10^{14} \times T^{3/2}$ cm^{-3}, $N_v \cong 8.9 \times 10^{15} \times T^{3/2}$ cm^{-3}이고, $k_B = 8.61733248 \times 10^{-5}$ eV K^{-1}이다.

ii. 다음으로, 온도에 따른 밴드갭의 의존성을 나타내는 Varshni 식을 고려하자.

$$E_G = E_G(0) - 9.39 \times 10^{-4} \times \frac{T^2}{T + 772} \tag{6.48}$$

여기서 $E_G(0) = 3.427$ eV이고, T는 켈빈(K) 단위의 절대온도이다. (i)의 결과로부터 과대평가한 양을 계산하라.

i. P-N 접합은 전자 농도 = 정공 농도인 경우에 그 기능을 멈추게 되므로, 다음과 같이 쓸 수 있다.

$$\sqrt{N_D N_A} \approx n_i = \sqrt{N_C N_V} \exp\left(-\frac{E_G}{2k_B T}\right) \tag{6.49}$$

$$= \sqrt{4.3 \times 10^{14} \times T^{3/2} \times 8.9 \times 10^{15} \times T^{3/2}} \\ \exp\left(-\frac{3.39}{2 \times 8.61733248 \times 10^{-5} \times T}\right) \tag{6.50}$$

따라서

$$\sqrt{1 \times 10^{15} \times 1 \times 10^{15}} = 1.956 \times 10^{15} \times T^{3/2} \exp\left(-\frac{1.967 \times 10^4}{T}\right) \tag{6.51}$$

또는

$$\sqrt{1 \times 10^{15} \times 1 \times 10^{15}} = 1.956 \times 10^{15} \times T^{3/2} \exp\left(-\frac{1.967 \times 10^4}{T}\right) \tag{6.52}$$

또는

$$0.51125 = T^{3/2} \exp\left(-\frac{1.967 \times 10^4}{T}\right) \tag{6.53}$$

$T = 1670$ K의 경우에,

$$T^{3/2}\exp\left(-\frac{1.967 \times 10^4}{T}\right) = 68245.61 \times 7.668 \times 10^{-6} = 0.52331 \tag{6.54}$$

$T = 1667$ K의 경우에,

$$T^{3/2} \exp\left(-\frac{1.967 \times 10^4}{T}\right) = 68061.79 \times 7.50726 \times 10^{-6} = 0.510958 \tag{6.55}$$

따라서 T = 1667 K이다.

ii.

$$E_G = E_G(0) - 9.39 \times 10^{-4} \times \frac{T^2}{T + 772} \\ = 3.427 - 9.39 \times 10^{-4} \times \frac{(1667)^2}{1667 + 772} \\ = 3.427 - 1.0699 = 2.3571 \tag{6.56}$$

$E_G = 2.7$ eV로 놓으면,

$$\exp\left(-\frac{3.39}{2 \times 8.61733248 \times 10^{-5} \times T}\right) = \exp\left(-\frac{2.7}{2 \times 8.61733248 \times 10^{-5} \times T}\right)$$

$$= \exp\left(-\frac{1.567 \times 10^4}{T}\right)$$

(6.57)

$T = 1360$ K의 경우에,

$$T^{3/2}\exp\left(-\frac{1.567 \times 10^4}{T}\right) = 50154.322 \times 9.9091 \times 10^{-6} = 0.49698 \quad (6.58)$$

$T = 1362$ K의 경우에,

$$T^{3/2}\exp\left(-\frac{1.567 \times 10^4}{T}\right) = 50264.997 \times 1.00782 \times 10^{-5} = 0.50658 \quad (6.59)$$

따라서 $T = 1362$ K이다.

밴드갭으로 가정한 값이 정확한지를 증명하기 위하여,

$$E_G(1362) = E_G(0) - 9.39 \times 10^{-4} \times \frac{T^2}{T + 772}$$

$$= 3.427 - 9.39 \times 10^{-4} \times \frac{(1362)^2}{1362 + 772}$$

$$= 3.427 - 0.81625 = 2.61075$$

(6.60)

여전히 정한 밴드갭 값은 더 높다. 따라서 온도는 1362 K보다 낮아야 한다. 온도 $T = 1350$ K가 더 정확할 수도 있다. 이런 식으로 독자는 밴드갭의 온도 의존성을 설명할 수 없는 한, 더 높은 온도를 시도할 수도 있다.

6.3 순방향 바이어스가 인가된 동종접합

배터리의 양극 단자와 P-영역을 연결하고 음극 단자와 N-영역을 연결하면, 접합은 순방향 바이어스(forward biased)라 부른다(그림 6.4). 이 조건에서, 접합면 양단에 인가된 순 전압(net voltage)은 내부전위에서 인가한 전압을 뺀 값이다. 인가한 전압이 내부전위와 반대방향으로 인가되므로, 내부전위의 효과를 감소시킨다. 이것은 표동전류에 거의 또는 전혀 영향을 주지 않는다. 왜냐하면 표동전류는 공핍 영역 내부에서

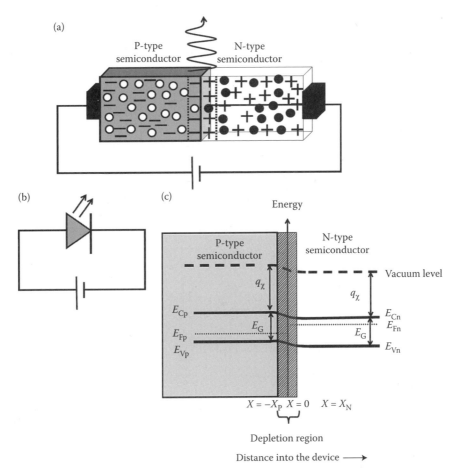

그림 6.4 순방향 바이어스에서의 P-N 동종접합: (a) 고정 및 이동 전하 모형, (b) 회로도, (c) 에너지–밴드 다이어그램.

생성되거나 근처로 접근하는 소수 운반자들에 의해 생성되고, 소수 운반자의 수는 훨씬 적기 때문이다. 그러나 확산전류에 대한 장벽이 줄어들면 확산전류 요소의 기여에 의해 곧바로 총 전류가 증가한다.

순방향 바이어스(forward bias) 하에서의 에너지 밴드 다이어그램을 보면, 인가한 전압 V는 qV의 양만큼, 공핍 영역에서 페르미 준위를 조절한다. 동시에 전도대와 가전자대는 V의 크기에 상응하는 구부러짐을 경험한다. 따라서 순방향 전압 V를 인가하면, 확산전류에 대한 장벽이 qV만큼 감소하고 확산전류는 $\exp(qV/k_{B}T)$의 비율만큼 증가한다. P-영역의 과잉 정공 농도와 더불어 전위 장벽의 감소는 P-영역에서 N-영역으로의 정공 확산이 더 용이하게 한다. 유사한 이유로 전자들은 N-영역에서 P-영역으로 어려움 없이 이동할 수 있다. 따라서 순방향 바이어스 하에서는, 정공과 전자 전류는 다음과 같다.

$$I_{\mathrm{p}} = I_{\mathrm{p}0}\left\{\left(\exp\frac{qV}{k_{\mathrm{B}}T}\right) - 1\right\} \qquad (6.61)$$

이고

$$I_{\mathrm{n}} = I_{\mathrm{n}0}\left\{\left(\exp\frac{qV}{k_{\mathrm{B}}T}\right) - 1\right\} \qquad (6.62)$$

반대로 도핑된 영역(N-영역과 P-영역)으로 이동하는 다수 운반자들(정공들과 전자들)을 이 영역에서의 주입 운반자(injected carrier)라 부른다. 주입 운반자들은 발광성 및 비발광성 채널을 경유하여 재결합한다. 정공과 전자 전류를 합하면, 전체 다이오드 전류 I는 다음과 같다.

$$\begin{aligned}
I &= I_{\mathrm{p}0}\left\{\left(\exp\frac{qV}{k_{\mathrm{B}}T}\right) - 1\right\} + I_{\mathrm{n}0}\left\{\left(\exp\frac{qV}{k_{\mathrm{B}}T}\right) - 1\right\} \\
&= \left(I_{\mathrm{p}0} + I_{\mathrm{n}0}\right)\left\{\left(\exp\frac{qV}{k_{\mathrm{B}}T}\right) - 1\right\}
\end{aligned} \qquad (6.63)$$

실제의 LED에서는 두 가지의 추가적인 요소들이 고려되어야 한다. 첫째, 인가한 전압은 V보다 작다. 왜냐하면 LED의 직렬 저항 R_{s}에 의한 전압강하 때문이다. 따라서 실제 전압은 $V - IR_{\mathrm{s}}$이다. 둘째로, LED에서 일어나는 비발광성 표면 재결합(nonradiative surface recombination)을 고려해야 한다. 이 두 가지 요소들을 고려하면, 순방향-바이어스된 전류는 다음의 변형된 방정식에 의해 주어진다.

$$I = \left(I_{\mathrm{p}0} + I_{\mathrm{n}0}\right)\left[\left\{\exp\frac{q\left(V - IR_{\mathrm{s}}\right)}{k_{\mathrm{B}}T}\right\} - 1\right] + I_{\mathrm{nrad}0}\left[\left\{\exp\frac{q\left(V - IR_{\mathrm{s}}\right)}{\zeta k_{\mathrm{B}}T}\right\} - 1\right] \qquad (6.64)$$

여기서 $I_{\mathrm{nrad}0}$는 비발광성 재결합 전류이고 ς는 이상 지수(ideality factor)로 $1 \leq \varsigma \leq 2$의 범위를 갖는다.

예제 6.7

300 K에서, 3.5 V의 인가전압에 대하여, GaN LED에 흐르는 순방향 전류는 350 mA 이고 역 포화전류(reverse saturation current)는 1 nA였다. 쇼클리의 다이오드 방정식 (Shockley's diode equation)에서의 이상 지수 η를 구하라.

다이오드 전류 I와 인가전압 V를 갖는 다이오드에서의 쇼클리의 다이오드 방정식은 다음과 같다.

$$I = I_R \left\{ \left(\exp \frac{qV}{\eta k_B T} \right) - 1 \right\} \tag{6.65}$$

여기서 I_R은 역 포화전류, k_B는 볼츠만상수로 $k_B = 1.38 \times 10^{-23}$ J K^{-1}, q는 전자의 전하량의 크기로 $q = 1.6 \times 10^{-19}$ C이고, T는 켈빈 단위의 동작온도이다. 인자 η는 다이오드의 이상 지수로 알려져 있으며, 실리콘 다이오드에서는 η가 대략 1에서 2의 사이이지만, GaN 다이오드에서는 그 값이 달라진다. 따라서

$$\begin{aligned} I_R &= I \left\{ \left(\exp \frac{qV}{\eta k_B T} \right) - 1 \right\}^{-1} = 350 \times 10^{-3} \text{A} \\ &\times \left\{ \left(\exp \frac{1.6 \times 10^{-19} \text{C} \times 3.5 \text{ V}}{\eta \times 1.38 \times 10^{-23} \text{JK}^{-1} \times 300 \text{K}} \right) - 1 \right\}^{-1} \end{aligned} \tag{6.66}$$

$$1 \times 10^{-9} \text{A} = 350 \times 10^{-3} \text{A} \times \left\{ \left(\exp \frac{1.6 \times 10^{-19} \text{C} \times 3.5 \text{ V}}{\eta \times 1.38 \times 10^{-23} \text{JK}^{-1} \times 300 \text{ K}} \right) - 1 \right\}^{-1} \tag{6.67}$$

$$\exp \left(\frac{1.6 \times 10^{-19} \text{C} \times 3.5 \text{ V}}{\eta \times 1.38 \times 10^{-23} \text{JK}^{-1} \times 300 \text{ K}} - 1 \right) = \frac{350 \times 10^{-3} \text{A}}{1 \times 10^{-9} \text{A}} = 3.5 \times 10^8 \tag{6.68}$$

양변에 자연로그를 취하면 다음과 같다.

$$\frac{1.6 \times 10^{-19} \text{C} \times 3.5 \text{ V}}{\eta \times 1.38 \times 10^{-23} \text{JK}^{-1} \times 300 \text{ K}} - 1 = \ln(3.5 \times 10^8) = 19.673 \tag{6.69}$$

$$\frac{135.2657}{\eta} = 20.673 \tag{6.70}$$

따라서 $\eta = 6.543$이다. GaN-기반의 P-N 접합에서 보고된 이상 지수는 2.0~8.0의 범위를 갖는다(Shah et al. 2003).

6.4 동종접합 LED의 주입효율

동종접합 LED에서의 주입효율(injection efficiency)(η_{inj})은 약 0.3~0.8이다. 주입효율을 조절하기 위하여, 대칭(symmetric) 및 비대칭(asymmetric)의 서로 다른 종류의 확산 분포들이 채택된다.

1. 대칭 분포(symmetric profile): P-영역과 N-영역 모두에서 재결합이 발생하는 LED: 대칭 분포에서는, 모든 실제적인 목적에 있어서 접합의 양쪽 영역의 도핑 농도가 동일하다. 주입효율은 다음과 같다.

$$\eta_{\text{inj}} = \frac{I_{\text{p}} + I_{\text{n}}}{I} \tag{6.71}$$

2. 비대칭 분포(asymmetric profile): 오직 P-영역이나 N-영역의 어느 한쪽에서만 재결합이 발생하는 LED: 비대칭 분포는 접합의 어느 한쪽 영역을 다른 쪽보다 훨씬 더 높은 농도로 도핑하는 방식으로 얻는다. 예를 들어, $N_{\text{D}} \gg N_{\text{A}}$인 N$^+$P 접합 다이오드를 들 수 있다. 여기서 주입효율은 다음과 같다.

$$\eta_{\text{inj}} \approx \frac{I_{\text{n}}}{I} \tag{6.72}$$

왜냐하면 $I_{\text{p}} \ll I_{\text{n}}$이기 때문이다. 다이오드의 직렬저항과 표면 재결합을 무시하고, I_{n}과 I에 대한 표현을 대입하면 다음의 결과를 얻는다.

$$
\begin{aligned}
\eta_{\text{inj}} &= \frac{I_{\text{n0}}\left\{\left(\exp\dfrac{qV}{k_{\text{B}}T}\right) - 1\right\}}{\left(I_{\text{p0}} + I_{\text{n0}}\right)\left\{\left(\exp\dfrac{qV}{k_{\text{B}}T}\right) - 1\right\}} = \frac{I_{\text{n0}}}{I_{\text{p0}} + I_{\text{n0}}} = \frac{\dfrac{qD_{\text{n}}n_{\text{i}}^2 A}{L_{\text{n}}N_{\text{A}}}}{\dfrac{qD_{\text{p}}n_{\text{i}}^2 A}{L_{\text{p}}N_{\text{D}}} + \dfrac{qD_{\text{n}}n_{\text{i}}^2 A}{L_{\text{n}}N_{\text{A}}}} \\[2em]
&= \frac{\dfrac{qD_{\text{n}}n_{\text{i}}^2 A}{L_{\text{n}}N_{\text{A}}}}{\dfrac{qD_{\text{p}}n_{\text{i}}^2 AL_{\text{n}}N_{\text{A}} + qD_{\text{n}}n_{\text{i}}^2 AL_{\text{p}}N_{\text{D}}}{L_{\text{p}}L_{\text{n}}N_{\text{D}}N_{\text{A}}}} \\[2em]
&= \frac{qn_{\text{i}}^2 AD_{\text{n}}}{L_{\text{n}}N_{\text{A}}} \times \frac{L_{\text{p}}L_{\text{n}}N_{\text{D}}N_{\text{A}}}{qn_{\text{i}}^2 A(D_{\text{p}}L_{\text{n}}N_{\text{A}} + D_{\text{n}}L_{\text{p}}N_{\text{D}})} = \frac{D_{\text{n}}L_{\text{p}}N_{\text{D}}}{D_{\text{p}}L_{\text{n}}N_{\text{A}} + D_{\text{n}}L_{\text{p}}N_{\text{D}}}
\end{aligned}
\tag{6.73}
$$

비대칭 분포를 갖는 LED의 주입효율은 대칭 분포를 갖는 LED의 효율보다 훨씬 높다.

예제 6.8

$N_{\text{D}} = 1 \times 10^{18}$ cm^{-3}이고 $N_{\text{A}} = 1 \times 10^{15}$ cm^{-3}인 GaAs 비대칭 N$^+$P 접합을 고려하자. 다음의 인자들을 사용하여 접합의 주입효율을 계산하라: $D_{\text{n}} = 129$ cm^2/s, $D_{\text{p}} = 6.46$ cm^2/s, $L_{\text{n}} = 1.34 \times 10^{-3}$ cm, $L_{\text{p}} = 3 \times 10^{-4}$ cm이다.

$$\eta_{inj} = \frac{D_n L_p N_D}{D_p L_n N_A + D_n L_p N_D}$$

$$= \frac{129 \ cm^2/s \times 3 \times 10^{-4} \ cm \times 1 \times 10^{18} \ cm^{-3}}{6.46 \ cm^2/s \times 1.34 \times 10^{-3} \ cm \times 1 \times 10^{15} \ cm^{-3} \\ + 129 \ cm^2/s \times 3 \times 10^{-4} \ cm \times 1 \times 10^{18} \ cm^{-3}} \tag{6.74}$$

$$= \frac{3.87 \times 10^{16} \ s^{-1}}{8.6564 \times 10^{12} \ s^{-1} + 3.87 \times 10^{16} \ s^{-1}}$$

$$= \frac{3.87 \times 10^{16} \ s^{-1}}{3.8708656 \times 10^{16} \ s^{-1}} = 0.99978$$

6.5 결론 및 고찰

LED는 일반적으로 직접 밴드갭 반도체로 구성된 P-N 접합 소자이다. P-N 동종접합은 P-형과 N-형으로 도핑된 동일한 반도체(따라서 동일한 밴드갭)의 두 인접한 영역들로 구성되어 있다. 이종접합은 서로 다른 밴드갭과 거의 유사한 격자상수(lattice constant)를 가진 두 반도체로 구성된다.

한쪽은 N-형으로 도핑되고 다른 한쪽은 P-형으로 도핑된 동일한 반도체에서, 두 영역 사이에서의 계면이나 급격한 불연속면을 금속학적 동종접합(metallurgical homojunction)이라 부른다. 이 계면은 운반자의 공핍 영역을 포함하며, 그 폭은 $W = W_P + W_N$이다. 여기서 W_P는 P-형 반도체의 공간전하 영역이며 그 반대도 마찬가지이다. 이 영역에서는 경계에서의 자유 에너지를 최소화하고 질량작용법칙(mass action law)을 만족하는 방향으로 접합면 양단에 내부전위를 생성하여, 전기장이 발생한다. 각 영역의 경계를 가로질러 생성된 전위는 경계를 가로지르는 전하밀도의 변화에 의해 만들어지는 전기장을 적분하여 유도할 수 있다. 동종접합에서 순방향 전압을 인가하면, 공핍 영역의 폭이 줄어든다. 그래서 소자의 P-영역으로 더 많은 전자가 흐를 수 있게 하며, 공핍 영역에서의 재결합의 확률을 증가시킨다. 재결합 영역은 활성 영역(active region)이라 불리며, 광자가 생성되는 공간이다.

동종접합은 소자에서 방출되는 광자가 흡수되기 전에 용이하게 방출시키기 위하여 N-기판에 얇은 P-형 우물(well)을 만든다. 하지만 이러한 얇은 우물들은 P-형 물질의 상부 표면에 위치한 결함들에 도달하는 전자들의 비발광성 재결합을 일으키므로, 효율을 감소시킨다. P-N 동종접합을 지배하는 수학적인 방정식들이 소개되었고, 관련한 계산 문제들을 다루었다.

참고문헌

Colinge, J. P. and C. A. Colinge. 2002. Physics of Semiconductor Devices. Massachusetts: Kluwer Academic Publishers, pp. 95–138.

Shah, J. M., Y. Li, T. Gessmann, and E. F. Schubert. 2003. Experimental analysis and a new theoretical model for anomalously high ideality factors (n >>2.0) in GaN-based p-n junction diodes. Materials Research Society Symposium Proceedings 798, pp. 113–118, Symposium on GaN and related alloys, December 1–5, 2003, Boston, Massachusetts, USA.

Streetman, B. G. and S. Banerjee. 2009. Aug. Solid State Electronic Devices, New Delhi: PHI Learning, 608pp.

Sze, S. M. and K. K. Ng. 2007. Physics of Semiconductor Devices. NJ: John Wiley & Sons, pp. 79–133.

Wood, D. 1994. Optoelectronic Semiconductor Devices. Prentice-Hall International Series in Optoelectronics. New York: Prentice-Hall, pp. 33–123.

연습문제

6.1   주입형 전계발광을 위한 가장 보편적인 구조는 무엇인가?

6.2   동종접합과 이종접합의 차이는 무엇인가?

6.3   반도체의 에너지−밴드 다이어그램에서, E_C와 E_V 심벌이 의미하는 것은 무엇인가? (a) 진공 준위, (b) 전자친화도, (c) 일함수, (d) 페르미 준위가 의미하는 것은 무엇인가?

6.4   반도체에서 페르미 준위가 E_C에 가깝다고 하자. 이는 무엇을 의미하는가? 만약 페르미 준위가 E_V에 가깝다고 하면, 이는 무엇을 의미하는가?

6.5   어떤 운반자들이 N-영역에서 P-영역으로 흐르는 확산전류와 관련이 있는가? 어떤 운반자들이 P-영역에서 N-영역으로 흐르는 표동전류와 관련이 있는가?

6.6   P-N 접합에서의 내부전위는 무엇인가? 내부전위는 접합면의 양쪽에서의 도핑 농도와 어떤 관련이 있는가?

6.7   P-N 접합의 평형상태는 본질적으로 정적인가? 동적인가? 설명하라.

6.8   P-N 접합의 밴드 구부러짐의 정도가 암시하는 것은? 에너지−밴드 다이어그램을 참조하여 확산전류 및 표동전류의 방향을 표시하라.

6.9   다음의 에너지−밴드 다이어그램을 그리고 비교하라: (a) 분리된 P-영역과 N-영역, (b) 평형상태의 P-N 동종접합, (c) 역 바이어스가 인가된 P-N 동종접합, (d) 순방향 바이어스가 인가된 P-N 동종접합.

6.10 이상적인 동종접합의 다이오드 방정식을 기술하고, 사용된 심벌들의 의미들을 설명하라. 실제 LED 소자에서는 이 식이 어떻게 변형되는가? 다이오드 방정식의 변형된 방정식을 기술하라.

6.11 N⁺P 동종접합 LED의 주입효율에 관한 방정식을 유도하라. 동종접합 LED에서 어떤 종류의 불순물의 확산 분포가 높은 주입효율을 가능하게 하는지와 그 이유를 설명하라.

CHAPTER 7

이종접합 LED
Heterojunction LEDs

학습목표

이 장을 학습한 후에 독자들은 다음의 역량들을 갖출 수 있게 된다.

- 동형 및 이형 이종접합에 관한 이해
- 이종접합의 밴드 오프셋 비율과 전자친화도 모형에 관한 이해
- 이종접합의 필요성 인식과 단일 이종접합 및 이중 이종접합 LED의 동작 원리 이해
- 단일 양자우물 및 다중 양자우물 이종접합에 관한 이해
- 내부전위 차, 전류 주입 비율, 누설전류 계산 수행

7.1 LED에서의 주입효율 증가

동종접합 LED의 주된 단점은 활성 영역에서 만들어진 빛들 중 상당 부분이 전도 영역에서 흡수되어 효율을 심각하게 떨어뜨린다는 점이다(Stringfellow and Crawford 1997). 비대칭적인 도핑 분포를 이용하면 더 높은 주입효율(injection efficiency)을 얻을 수 있지만, 이러한 분포는 접합의 어느 한쪽에의 높은 농도의 도핑이 필요하다. 높은 도핑 농도의 한 가지 결과는 재흡수를 통한 광 손실의 증가이다. 높은 도핑 농도의 또 다른 결말은 과다한 불순물 복합체들이 형성되어 비발광성 재결합(nonradiative recombination)의 중심 역할을 하고, 비발광성 재결합을 증가시킨다는 것이다. 따라서 더 많은 비율의 운반자들이 비발광성 과정에서 소진된다.

이러한 단점들을 살펴보면, LED의 주입효율을 향상시키기 위한 대체 수단을 찾아야 함이 명백하다. 주입효율을 바꾸는 데 있어서 불순물의 도핑만이 유일한 방법은 아니다. 반도체 재료의 조성 자체도 동일한 효과를 위해 변경할 수 있다. 물질의 조성

을 변화시키면, 위치에 따라 에너지갭이 변하므로, 포텐셜 분포(potential profile)를 조절하여 주입효율을 조절할 수 있다. 서로 다른 에너지갭을 가진 반도체들로 구성된 구조들을 이종접합(Lundstrom 1997, Zhao 1997)이라 부르며, 밴드갭 엔지니어링 (bandgap engineering)에 의해 실현된다. 이때 격자 정합(lattice matching)의 관점에서 물질 조합을 선택하는 데 극도의 신중함이 강조되어야 한다. 그렇지 않으면 반도체들 사이의 계면에 결함이 생성되어 비발광성 재결합을 증가시키게 된다. 이렇게 되면 비발광성 경로를 통한 운반자들의 손실에 의해 이종접합(heterojunction)의 장점이 상당 부분 퇴색된다.

7.2 동형과 이형의 이종접합: 표기법상의 협약과 밴드 다이어그램

이종접합(heterojunction)은 동형(isotype)과 이형(anisotype)의 두 가지 종류가 있다. 동형 이종접합(isotype heterojunction)은 밴드갭은 다르지만 같은 극성을 갖는 반도체 물질들 사이에서 형성된다. 예를 들면, P-p와 N-n 접합이 있다. 여기서 대문자 "P"는 밴드갭이 더 큰 반도체 물질을 의미하고, 소문자 "p"는 밴드갭이 더 작은 반도체 물질을 뜻한다. 이형 이종접합(anisotype heterojunction)은 서로 다른 극성의 반도체들로 구성된다. 예를 들어, P-n과 N-p를 들 수 있다. 여기서 대문자와 소문자는 위와 동일한 의미를 갖는다.

그림 7.1a와 7.1b는 각각 접촉 전 상태와 접촉 후의 N-n 이종접합의 에너지 다이어그램을 나타낸다. 두 반도체 물질이 결합되어진 후에, 페르미 준위를 일정하게 유지하기 위하여 N-영역의 전도대 끝이 위로 구부러진다. 반면에 n-영역에서는 아래로 구부러진다. 이렇게 밴드가 위나 아래로 구부러지면, 접합면에서 스파이크(spike)를 형성한다. 그러나 N에서 n으로의 전이에서 더 높은 전도대 끝에서 더 낮은 전도대 끝으로 이동하는 데에 있어서의 불연속 값은 감소하거나 음의 불연속 값 ΔE_C를 갖는다. 가전자대의 상황은 이와 다르다. N-영역에서 가전자대 끝은 위로 구부러지지만, n-영역에서는 아래로 구부러진다. N-영역의 더 낮은 준위에서의 가전자대 끝에서 n-영역의 더 높은 준위에서의 가전자대 끝으로 이동하는 데 있어서 불연속 값은 증가하거나 양의 불연속 값 ΔE_V를 갖는다.

N-영역의 전도대 끝이 위로 구부러지는 사실이 관심을 끄는 것은 N-영역에서의 전자의 공핍을 의미하기 때문이지만, n-영역에서 아래로 구부러지는 것은 n-영역에서의 전자의 축적을 의미한다. N-영역에서는, N-영역에서 n-영역으로의 전자의 전위 장벽이 있다.

그림 7.2a와 7.2b에서는 P-p 이종접합의 에너지-밴드 다이어그램이 도시되어 있다.

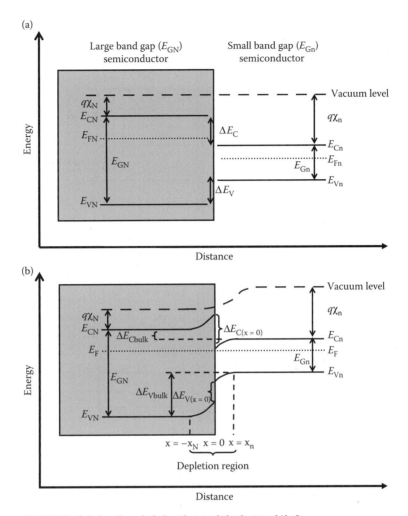

그림 7.1 동형 N-n 이종접합의 에너지−밴드 다이어그램: (a) 접합 전, (b) 접합 후.

앞에서 논의한 것과 유사한 방식으로, 이 접합의 거동을 쉽게 이해할 수 있다. P-영역
의 가전자대 끝이 아래로 구부러지는 것은 P-영역에서의 정공의 공핍을 의미하기 때
문이다. p-영역에서 위로 구부러지는 것은 p-영역에서의 정공의 축적을 의미한다. P-
영역에서는, P-영역에서 p-영역으로의 정공의 흐름에 대한 전위 장벽이 있다. ΔE_C와
ΔE_V의 변화 또한 여기서 역할을 하게 되며, 비슷한 설명이 가능하다.

7.3 반도체에서의 에너지 밴드 오프셋(Energy Band Offset)

밴드 오프셋 비율(band offset ratio)은 (전도대 에너지의 차이/가전자대 에너지의 차
이)에 의해 주어지는 비율이다. 이는 이종접합을 분석하기 위한 필수적인 실험적 매

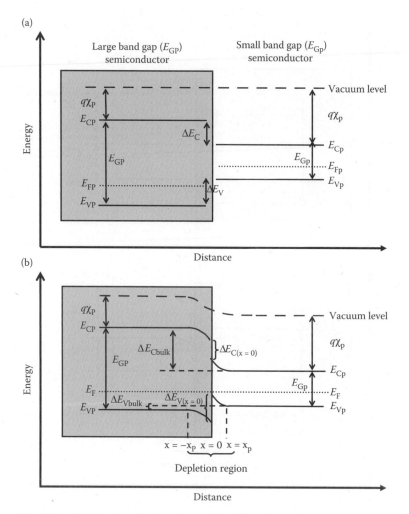

그림 7.2 동형 P-p 이종접합의 에너지−밴드 다이어그램: (a) 접합 전, (b) 접합 후.

개변수이다. GaAs/AlGaAs 재료 시스템에서, 전자와 정공은 GaAs에서보다 Al-GaAs에서 더 상승된 에너지를 경험한다. GaAs/AlGaAs 이종접합의 경우에, 전도대 오프셋은 전체 오프셋의 약 60%이고, 가전자대 오프셋은 약 40%이다. 따라서 이러한 오프셋들은 60:40의 비율을 나타낸다.

에너지 밴드 오프셋을 계산하기 위한 가장 오래된 모형은 전자친화도 모형(electron affinity model)으로, 어떤 이종접합들에 대해서는 잘 맞지만, 다른 이종접합들에 대해서는 잘 맞지 않는다. 이 모형의 기본은 움직이는 전자의 에너지 균형이다. 전자가 (i) 진공 준위에서 전자친화도 χ_1인 반도체 1로 움직이고; (ii) 반도체 1에서 전자친화도 χ_2인 반도체 2로 움직이고; (iii) 반도체 2에서 진공 준위로 움직이면 0이 되어야 한다. 다시 말해서, 전도대 불연속 값 ΔE_C에 대하여 다음의 식이 성립한다.

$$\chi_1 - \Delta E_C - \chi_2 = 0 \tag{7.1}$$

자동으로 가전자대 불연속 값 ΔE_V는 반도체 1의 에너지 밴드갭 E_{g1}과 반도체 2의 에너지 밴드갭 E_{g2}를 이용하여 다음과 같이 쓸 수 있다.

$$\Delta E_V = E_{g2} - E_{g1} - \Delta E_C \tag{7.2}$$

위의 식들의 유효성은 반도체 계면과 이종접합 계면에서의 원자 쌍극자들(atomic dipoles)에 의해 나타나는 전위 간격이 무시할 만한 양인 조건 하에서만 성립한다.

예제 7.1

GaAs/InAs 계가 있다. GaAs의 전자친화도(χ_1)는 4.07 eV이다. InAs의 전자친화도(χ_2)는 4.9 eV이다. GaAs의 밴드갭(E_{g1})은 1.42 eV이다. InAs의 밴드갭(E_{g2})은 0.36 eV이다. 에너지 밴드 오프셋을 구하라.

$$\Delta E_C = \chi_1 - \chi_2 = 4.07 - 4.9 = -0.83 \text{ eV} \tag{7.3}$$

$$\Delta E_V = E_{g2} - E_{g1} - \Delta E_C = 0.36 - 1.42 + 0.83 = -0.23 \text{ eV} \tag{7.4}$$

예제 7.2

GaAs의 밴드갭은 1.424 eV이다. $x < 0.45$에서 AlGaAs의 에너지갭은 $1.424 + 1.247x$ eV이다. 따라서 $x = 0.3$인 경우에 $1.424 + 1.247 \times 0.3 = 1.424 + 0.3741 = 1.7981$ eV 이다. GaAs/AlGaAs 이종접합에 있어서 AlGaAs의 모든 조성에 대하여, 전도대와 가전자대의 밴드 오프셋은 60:40 비율을 유지한다. 다시 말해서, $\Delta E_C : \Delta E_V = 60:40$이다. 따라서 $\Delta E_C / \Delta E_G = 0.6$ 또는 $\Delta E_C = 0.6 \times \Delta E_G = 0.6 \times (1.7981 - 1.424)$ eV $= 0.22446$ eV이다. 또한 $\Delta E_V / \Delta E_g = 0.4$ 또는 $\Delta E_V = 0.4 \times \Delta E_G = 0.4 \times (1.7981 - 1.424)$ eV $= 0.14964$ eV이다.

P-형 GaAs에서 $N_A = 2 \times 10^{19}$ cm^{-3}이고, N-형 AlGaAs에서 $N_D = 9 \times 10^{15}$ cm^{-3} 이라고 할 때, 이종접합의 내부전위를 구하라.

이종접합의 내부전위는 다음과 같이 쓸 수 있다.

$$\begin{aligned}
\psi_{bi} &= E_{FP} - E_{FN} = (E_{GP} + \chi_P - \varphi_P) - (\chi_N + \varphi_N) \\
&= E_{GP} + (\chi_P - \chi_N) - (\varphi_P + \varphi_N) \\
&= E_{GP} + \Delta E_{CP} - (\varphi_P + \varphi_N) \text{ eV}
\end{aligned} \tag{7.5}$$

여기서 E_{FP} = P-영역에서의 페르미 준위, E_{FN} = N-영역에서의 페르미 준위, E_{GP} =

P-형 반도체의 밴드갭, χ_P = P-형 반도체에서의 전자친화도, χ_N = N-형 반도체에서의 전자친화도, 그리고 ΔE_{CP} = P-형 반도체의 전도대 오프셋이다.

또한 φ_P는 P-영역의 준-페르미 에너지(quasi-Fermi energy)이다.

$$\varphi_P = E_{VP} - E_{FP} \tag{7.6}$$

여기서 E_{VP}는 가전자대 끝의 에너지이고, E_{FP}는 P-영역에서의 페르미 준위이다.

또한 φ_N는 N-영역의 준-페르미 에너지이다.

$$\varphi_N = E_{FN} - E_{CN} \tag{7.7}$$

여기서 E_{FN}는 N-영역에서의 페르미 준위이고, E_{CN}는 전도대 끝의 에너지이다.

GaAs의 가전자대에서의 정공의 농도는 다음과 같다.

$$p = N_V \exp\left(\frac{E_{VP} - E_{FP}}{k_B T}\right) \tag{7.8}$$

여기서 N_V = GaAs의 가전자대에서의 유효 상태 밀도는 9×10^{18} cm^{-3}이다. 양변에 자연로그를 취하면 다음의 결과를 얻는다.

$$\ln p = \ln N_V + \left(\frac{E_{VP} - E_{FP}}{k_B T}\right) \tag{7.9}$$

또는

$$\begin{aligned}
\frac{E_{VP} - E_{FP}}{k_B T} &= \ln p - \ln N_V = \ln\left(\frac{p}{N_V}\right) = \ln\left(\frac{N_A}{N_V}\right) \\
&= \ln\left(\frac{2 \times 10^{19} \text{ cm}^{-3}}{9.0 \times 10^{18} \text{ cm}^{-3}}\right) = 0.79851
\end{aligned} \tag{7.10}$$

따라서

$$\varphi_P = k_B T \times \frac{E_{VP} - E_{FP}}{k_B T} = 0.0259 \times 0.79851 = 2.06814 \times 10^{-2} \text{eV} \tag{7.11}$$

유사한 방식으로 Al$_{0.3}$Ga$_{0.7}$As 합금의 전도대에서의 전자의 농도는 다음과 같다.

$$n = N_C \exp\left(\frac{E_{FN} - E_{CN}}{k_B T}\right) \tag{7.12}$$

여기서 N_C = Al$_{0.3}$Ga$_{0.7}$As의 전도대에서의 유효 상태 밀도는 $x < 0.45$인 경우에, $2.5 \times 10^{19} \times (0.063 \times 0.083x)^{3/2}$ cm^{-3}이므로, $N_C = 2.5 \times 10^{19} \times (0.063 \times 0.083 \times 0.3)^{3/2}$

cm^{-3} = 6.515×10^{17} cm^{-3}이다.

양변에 자연로그를 취하면 다음의 결과를 얻는다.

$$\ln n = \ln N_C + \left(\frac{E_{FN} - E_{CN}}{k_B T} \right) \qquad (7.13)$$

따라서

$$\frac{E_{FN} - E_{CN}}{k_B T} = \ln n - \ln N_C = \ln \left(\frac{9 \times 10^{15}\,\text{cm}^{-3}}{6.515 \times 10^{17}\,\text{cm}^{-3}} \right)$$
$$= -4.28205 \qquad (7.14)$$

그러므로

$$\varphi_N = k_B T \times \frac{E_{FN} - E_{CN}}{k_B T} = 0.0259 \times - 4.28205 = - 0.110905\,\text{eV} \qquad (7.15)$$

따라서

$$\psi_{bi} = E_G + \Delta E_C - (\varphi_P + \varphi_N)\,\text{eV} = 1.424 + 0.22446$$
$$- (2.06814 \times 10^{-2} - 0.110905)\,\text{eV} = 1.738684\,\text{V} \qquad (7.16)$$

예제 7.3

1.85 V의 내부전위를 갖는, 급준성(abruptness)을 갖는 GaN/4H-SiC 이종접합이 있다. GaN와 4H-SiC의 불순물 농도는 각각 5×10^{17} donors cm^{-3}와 1.4×10^{16} acceptors cm^{-3}이고, 유전 상수는 각각 8.9와 9.6이다. 열적 평형상태에서의 각 물질의 정전 포텐셜(electrostatic potential)과 공핍 영역 폭(depletion width)을 구하라.

총 내부전위는 다음과 같이 쓸 수 있다.

$$\psi_{bi} = \psi_{GaN} + \psi_{SiC} \qquad (7.17)$$

여기서 ψ_{GaN}와 ψ_{SiC}는 각각 GaN와 SiC에서의 전위로 다음과 같이 주어진다.

$$\psi_{GaN} = \frac{\varepsilon_{SiC} N_{SiC}(\psi_{bi} - V)}{\varepsilon_{GaN} N_{GaN} + \varepsilon_{SiC} N_{SiC}} \qquad (7.18)$$

$$\psi_{SiC} = \frac{\varepsilon_{GaN} N_{GaN}(\psi_{bi} - V)}{\varepsilon_{GaN} N_{GaN} + \varepsilon_{SiC} N_{SiC}} \qquad (7.19)$$

여기서 ε_{GaN}과 ε_{SiC}는 각각 GaN과 4H-SiC의 유전 상수이고, N_{GaN}과 N_{SiC}는 각각

GaN과 4H-SiC의 도핑 농도이다.

값들을 대입하면, 전기 포텐셜은 다음과 같이 구해진다.

$$\psi_{\text{GaN}} = \frac{9.6 \times 1.4 \times 10^{16}(1.85 - 0)}{8.9 \times 5 \times 10^{17} + 9.6 \times 1.4 \times 10^{16}} = \frac{2.4864 \times 10^{17}(\text{cm}^{-3} \times \text{V})}{4.5844 \times 10^{18}\,\text{cm}^{-3}} \tag{7.20}$$
$$= 5.4236 \times 10^{-2}\ \text{V}$$

$$\psi_{\text{SiC}} = \frac{8.9 \times 5 \times 10^{17}(1.85 - 0)}{8.9 \times 5 \times 10^{17} + 9.6 \times 1.4 \times 10^{16}} = \frac{8.2325 \times 10^{18}(\text{cm}^{-3} \times \text{V})}{4.5844 \times 10^{18}\,\text{cm}^{-3}} \tag{7.21}$$
$$= 1.79576389\ \text{V}$$

GaN과 4H-SiC에서의 공핍 영역은 다음과 같이 표현된다.

$$x_{\text{GAN}} = \sqrt{\frac{2\varepsilon_0\varepsilon_{\text{GAN}}\varepsilon_{\text{SiC}}N_{\text{SiC}}\left(\psi_{\text{bi}} - V\right)}{qN_{\text{GaN}}\left(\varepsilon_{\text{GaN}}N_{\text{GaN}} + \varepsilon_{\text{SiC}}N_{\text{SiC}}\right)}} \tag{7.22}$$

$$x_{\text{SiC}} = \sqrt{\frac{2\varepsilon_0\varepsilon_{\text{GAN}}\varepsilon_{\text{SiC}}N_{\text{GaN}}\left(\psi_{\text{bi}} - V\right)}{qN_{\text{SiC}}\left(\varepsilon_{\text{GaN}}N_{\text{GaN}} + \varepsilon_{\text{SiC}}N_{\text{SiC}}\right)}} \tag{7.23}$$

값들을 대입하면, 다음의 결과를 얻는다.

$$x_{\text{GAN}} = \sqrt{\frac{2(8.854 \times 10^{-14}\,\text{Fcm}^{-1}) \times 8.9 \times 9.6 \times 1.4 \times 10^{16}\,\text{cm}^{-3}(1.85 - 0)\text{V}}{1.6 \times 10^{-19}\,\text{C} \times 5 \times 10^{17}\,\text{cm}^{-3}(8.9 \times 5 \times 10^{17} + 9.6 \times 1.4 \times 10^{16})\text{cm}^{-3}}} \tag{7.24}$$
$$= \sqrt{\frac{3.918596 \times 10^5}{3.66752 \times 10^{17}}} = 1.03366 \times 10^{-6}\,\text{cm}$$

$$x_{\text{SiC}} = \sqrt{\frac{2\left(8.854 \times 10^{-14}\right) \times 8.9 \times 9.6 \times 5 \times 10^{17}\left(1.85 - 0\right)}{1.6 \times 10^{-19} \times 1.4 \times 10^{16}\left(8.9 \times 5 \times 10^{17} + 9.6 \times 1.4 \times 10^{16}\right)}} \tag{7.25}$$
$$= \sqrt{\frac{1.399499 \times 10^7}{1.0269 \times 10^{16}}} = 3.69166 \times 10^{-5}$$

예상했던 바와 같이 내부전위의 주된 기여는 더 적은 도핑 농도를 갖는 반도체에 의해 주어진다. 여기서는 4H-SiC이다. 또한 그 공핍 영역 폭은 훨씬 더 넓다.

7.4 이종접합의 장점

이종접합은 그 구조의 소자를 제작하는 데 있어서 동종접합보다 추가적인 노력과 노동을 필요로 하기 때문에, 이에 대한 정당성의 차원에서 이종접합이 갖는 장점들에 대한 적절한 설명들이 가능하다. 첫째로, 이미 언급한 바와 같이 고농도의 도핑에 의한 결함들이 제거된다. 둘째로, 주입효율이 증가한다. 이러한 효율 증가에 대한 설명은 뒤의 절에서 설명하기로 한다. 셋째로, 더 큰 밴드갭을 갖는 물질은 더 작은 밴드갭을 갖는 물질에서 생성된 광자를 투과시킨다. 밴드갭 에너지보다 더 큰 에너지를 갖는 광자는 물질에 흡수되어 전자−정공 쌍(electron hole pair)을 생성하는 데 기여한다. 그러나 밴드갭 에너지보다 더 작은 에너지를 갖는 광자는 흡수되지 않고, 물질과 상호작용이 없이 지나칠 수 있으므로 전자−정공 쌍의 생성과는 무관하다. 따라서 흡수에 의한 LED에서의 빛의 손실을 줄일 수 있음을 의미한다. 넷째로, 서로 다른 에너지갭을 갖는 물질들은 굴절률 또한 같지 않다. 일반적으로 밴드갭 에너지가 클수록 굴절률이 더 작다. 따라서 더 작은 밴드갭(더 큰 굴절률)을 갖는 물질에서 더 큰 밴드갭(더 작은 굴절률)을 갖는 물질 쪽으로 진행하는 빛은 법선에 대하여 발산하며, 이와 반대 과정도 성립한다. 따라서 임계각(critical angle)이라 부르는 어떤 각도에서, 빛의 굴절각이 90도가 되어 빛은 실제로 두 매질의 경계면에서 다음 매질로 넘어가지 못하게 되는데, 이러한 굴절 및 반사의 조건을 전반사(total internal reflection)라고 부른다. 빛을 제어하는 이 기술은 광학 설계에 있어 진행하는 빛의 방향을 제어할 수 있게 도와주고, "광학적 구속(optical confinement)"이 가능하게 하며, 이러한 전반사 기술은 여러 가지 광전자 소자들에 폭넓고 유익하게 사용된다.

7.5 전류 주입 비율 계산

이제부터 이종접합을 사용하면 어떤 방식으로 주입효율이 개선되는가?(how the injection efficiency is improved by using a heterojunction?)에 관하여 조사해 보기로 하자. 이러한 질문에 대해 대답하기 위하여, P-N 접합에 대한 간단한 다이오드 방정식(diode equation)으로부터 전류 주입 비율(current injection ratio) $\kappa = I_n/I_p$를 계산해 보자. 여기서 κ는 다음과 같이 쓸 수 있다.

$$\kappa = \frac{I_n}{I_p} = \frac{I_{n0}}{I_{p0}} = \frac{\left[\dfrac{qD_n n_i^2 A}{L_n N_A}\right]_{\text{P-side}}}{\left[\dfrac{qD_p n_i^2 A}{L_p N_D}\right]_{\text{N-side}}} = \frac{\left[\dfrac{D_n n_i^2}{L_n N_A}\right]_{\text{P-side}}}{\left[\dfrac{D_p n_i^2}{L_p N_D}\right]_{\text{N-side}}} \tag{7.26}$$

동종접합과 이종접합의 차이는 이 식으로부터 n_i를 관찰해 보면 즉시 분명하게 알 수 있다. 이종접합에서는 진성 운반자 농도 n_i는 이종접합의 양쪽 영역에서 같지 않다. 지금 단계에서는 P-영역과 N-영역 중 어느 쪽이 더 밴드갭이 큰지는 알 수 없다. 따라서 N-영역과 P-영역 모두에 대하여 대문자들이 사용되었다. 반도체에서의 진성 운반자 농도는 다음의 기본적인 방정식에 의해 주어진다.

$$n_i = (N_c N_v)^{1/2} \exp\left(-\frac{E_g}{2k_B T}\right) \tag{7.27}$$

여기서 N_c와 N_v는 각각 전도대와 가전자대의 유효 상태 밀도이다. 따라서

$$\left(N_c N_v\right)^{1/2} = 2\left(\frac{2\pi k_B T}{h^2}\right)^{3/2} \left(m_c^* \, m_v^*\right)^{3/4} \tag{7.28}$$

여기서 m_c^*는 전도대의 바닥에서의 전자의 유효질량이고, m_v^*는 가전자대의 꼭대기에서의 정공의 유효질량이다.

κ 방정식에 n_i를 대입하면 다음의 결과를 얻는다.

$$\kappa = \frac{\left[\dfrac{D_n n_i^2}{L_n N_A}\right]_{\text{P-side}}}{\left[\dfrac{D_p n_i^2}{L_p N_D}\right]_{\text{N-side}}} = \frac{\left[\dfrac{D_n}{L_n N_A} \times 4\left(\dfrac{2\pi k_B T}{h^2}\right)^3 \left(m_c^* \, m_v^*\right)^{3/2} \exp\left(-\dfrac{E_g}{k_B T}\right)\right]_{\text{P-side}}}{\left[\dfrac{D_p}{L_p N_D} \times 4\left(\dfrac{2\pi k_B T}{h^2}\right)^3 \left(m_c^* \, m_v^*\right)^{3/2} \exp\left(-\dfrac{E_g}{k_B T}\right)\right]_{\text{N-side}}} \tag{7.29}$$

두 반도체의 에너지갭이 E_{gP}와 E_{gN}이라면, 다음의 결과를 얻는다.

$$\kappa = \frac{\left[\dfrac{D_n \left(m_c^* \, m_v^*\right)^{3/2}}{L_n N_A}\right]_{\text{P-side}}}{\left[\dfrac{D_p \left(m_c^* \, m_v^*\right)^{3/2}}{L_p N_D}\right]_{\text{N-side}}} \times \exp\left(-\frac{E_{gP} - E_{gN}}{k_B T}\right) \tag{7.30}$$

확산계수(diffusion coefficient) 또는 운반자들의 확산거리, 전자와 정공의 유효질량 또는 도핑 농도의 차이에서 기인하는 지수 앞자리 인자(pre-exponential factor)는 질문의 두 반도체의 에너지갭의 차이 ΔE_g에서 기인하는 지수 인자(exponential factor)에 의해 종속된다. 밴드갭이 더 큰 물질에 대문자를 사용하는 규정을 적용하면, P-영역이 N-영역보다 밴드갭이 더 크다고 할 때, P-n 이종접합이 된다. 그러면 exp $\{-(E_{gP} - E_{gn})/k_B T\} < 0$이므로 κ가 작다. 반면에 N-영역이 P-영역보다 밴드갭이 더

크면, $\exp\{-(E_{gp} - E_{gN})/k_B T\} > 0$이므로 κ가 크다. $Al_{0.3}Ga_{0.7}As/GaAs$ N-p 이종접합에 대하여,

$$E_{gp} = (E_g)_{GaAs} = 1.422 \text{ eV}, \; E_{gN} = (E_g)_{Al0.3Ga0.7As} = 1.797 \text{ eV} \tag{7.31}$$

따라서

$$\exp\{-(E_{gp} - E_{gN})/k_B T\} = \exp\{-(1.422 - 1.797)/2.589 \times 10^{-2}\}$$
$$= 1.95198 \times 10^6 \tag{7.32}$$

κ 값이 크면 밴드갭이 더 큰 영역에서 다수 운반자들을 손쉽게 방출할 수 있지만 다른 영역에서는 어렵기 때문에 큰 κ 값이 중요하다. 에너지갭의 차이는 동종접합 LED에서의 주된 특징이었던, 주입효율에 대한 도핑 농도의 차이의 효과를 상당히 줄여 준다.

예제 7.4

N-ZnO/P-GaN 이종접합 LED는 $N_D = 5 \times 10^{19} \text{ cm}^{-3}$ 및 $N_A = 3 \times 10^{17} \text{ cm}^{-3}$이다. N-ZnO에 대하여 $D_p = 2.6 \text{ cm}^2/s$, $L_n = 400 \text{ nm}$, $m_c^* = 0.28m_0$, $m_v^* = 0.78m_0$이고 P-GaN에 대하여 $D_p = 3.6 \text{ cm}^2/s$, $L_p = 500 \text{ nm}$, $m_c^* = 0.2m_0$, $m_v^* = 1.1m_0$이다. 300 K에서의 에너지 밴드갭은 GaN(섬아연광, znic blende)에서는 $E_{gP} = 3.2 \text{ eV}$이고, GaN(섬유아연광, wurzite)에서는 $E_{gP} = 3.39 \text{ eV}$이다. N-ZnO에 대하여 $E_{gN} = 3.48$ eV인 경우와 N-ZnO에 대하여 $E_{gN} = 3.37$ eV인 경우에서의 주입효율을 계산하라.

섬유아연광 GaN와 $E_{gN} = 3.48$ eV에 대하여 다음의 결과를 얻는다.

$$\kappa = \frac{\left[\dfrac{D_n \left(m_c^* \, m_v^*\right)^{3/2}}{L_n N_A}\right]_{\text{P-side}}}{\left[\dfrac{D_p \left(m_c^* \, m_v^*\right)^{3/2}}{L_p N_D}\right]_{\text{N-side}}} \times \exp\left(-\frac{E_{gP} - E_{gN}}{k_B T}\right)$$

$$= \frac{\left[\dfrac{2.6 \text{ cm}^2/s \times \left(0.2m_0 \times 1.1m_0\right)^{3/2}}{400 \times 10^{-7}\text{cm} \times 3 \times 10^{17} \text{ cm}^{-3}}\right]_{\text{P-side}}}{\left[\dfrac{3.6 \text{ cm}^2/s \times \left(0.28 \, m_0 \times 0.78m_0\right)^{3/2}}{500 \times 10^{-7}\text{cm} \times 5 \times 10^{19} \text{ cm}^{-3}}\right]_{\text{N-side}}} \times \exp\left(-\frac{3.39 - 3.48}{0.0259}\right)$$

$$= \frac{2.236 \times 10^{-14}}{1.4697 \times 10^{-16}} \times \exp\left(\frac{0.09}{0.0259}\right) = 152.1399 \times 32.295 = 4913.358 \tag{7.33}$$

섬유아연광 GaN와 E_{gN} = 3.37 eV에 대하여 다음의 결과를 얻는다.

$$\kappa = \frac{2.236 \times 10^{-14}}{1.4697 \times 10^{-16}} \times \exp\left(-\frac{0.02}{0.0259}\right) = 152.1399 \times 0.461995 \tag{7.34}$$
$$= 70.288$$

섬아연광 GaN와 E_{gN} = 3.48 eV에 대하여 인자는 다음과 같다.

$$\exp\left(-\frac{3.2 - 3.48}{0.0259}\right) = \exp(10.811) = 49563.007 \tag{7.35}$$

따라서

$$\kappa = 152.1399 \times 49563.007 = 7540510.9287 \tag{7.36}$$

섬아연광 GaN와 E_{gN} = 3.37 eV에 대하여 인자는 다음과 같다.

$$\exp\left(-\frac{3.2 - 3.37}{0.0259}\right) = \exp(6.56371) = 708.8968 \tag{7.37}$$

따라서

$$\kappa = 152.1399 \times 708.8968 = 107851.488 \tag{7.38}$$

따라서 주입효율은 ZnO와 GaN의 밴드갭의 상대적인 크기에 민감하게 의존한다. 따라서 원하는 값을 얻기 위해서는 정확하게 조절되어야 한다.

7.6 단일 이종접합(Single Heterojunction) LED

이종접합의 한 종류로 더 작은 밴드갭을 갖는 물질의 전도대와 가전자대가 더 큰 밴드갭을 갖는 물질의 전도대와 가전자대의 완전히 안쪽에 놓이는 한 쌍의 물질로 된 구조가 있다. 그 예로는 AlGaAs/GaAs, AlAs/GaAs, GaP/GaAs 등이 있다.

개념적으로 두 반도체로부터 형성되는 이종접합은 동종접합에서 행했던 방법과 동일하게 먼저 고립된 반도체들을 고려하고, 다음으로 두 물질을 가까이 접촉시키는 방식으로 추론할 수 있다. 독자들은 N-p와 P-n 이종접합의 거동에 대한 아이디어를 얻기 위하여 그림 7.3과 그림 7.4를 살펴보라. 두 물질을 접촉시키면 고립된 상태에서 페르미 준위가 더 높은 반도체로부터 다른 반도체로 전자가 이동하며, 이 동작을 방해하는 전기장이 형성된다. 이러한 내부전위는 두 고립된 반도체들의 일함수의 에너지 차이와 같다.

그림 7.3에서 P-형 영역은 N-형 영역보다 밴드갭이 더 작은 물질로 되어 있다. 접

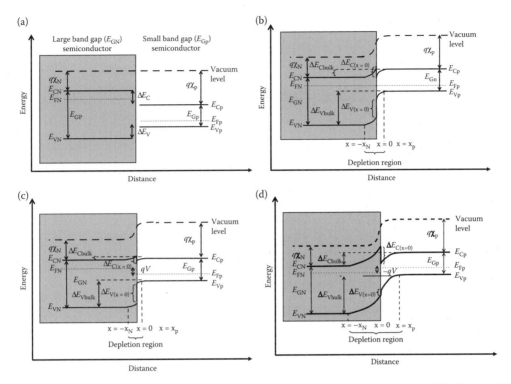

그림 7.3 N-p 이종접합의 에너지—밴드 다이어그램을 통한 이종접합에서의 두 반도체 사이에서 일어나는 계면 현상의 이해: (a) 접합 전, (b) 접합 후의 평형상태, (c) 역 바이어스.

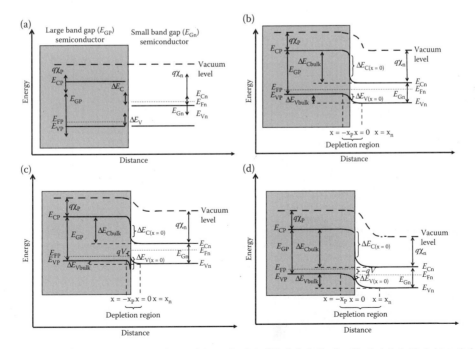

그림 7.4 P-n 이종접합의 에너지—밴드 다이어그램을 통한 이종접합에서의 두 반도체 사이에서 일어나는 계면 현상의 이해: (a) 접합 전, (b) 접합 후의 평형상태, (c) 역 바이어스.

합면에서의 밴드의 불연속성은 P-영역에서 N-영역으로의 불연속성 ΔE_V에 의해 정공 확산에 대한 장벽을 증가시킨다. 또한 불연속성 ΔE_C에 의해 전자 확산에 대한 장벽을 증가시킨다. 따라서 정공 전류 I_p는 감소하고, 전자 전류 I_n은 증가한다. 결과적으로 I_n/I_p의 비율은 증가하며, 주입효율 또한 증가한다. 그러나 이러한 주입효율의 증가는 도핑 분포에 의해 이루어지지 않는다. 대신에 접합에서의 밴드 오프셋에 의해 야기된다. 따라서 도핑을 많이 하는 데 따르는 단점이 없이 주입효율이 개선된다. 밴드갭이 더 큰 N-형 영역은 빛을 투과하기 때문에, P-형 영역에서 생성된 광자를 이용할 수 있다. 그 결과 P-영역에서 N-영역으로 진행하는 빛은 흡수에 의해 약해지지 않고 쉽게 축적된다.

그림 7.5는 단일 이종접합의 몇 가지 예들과 단일 이종접합 LED의 한 가지 예를 보여 준다(Zheng et al. 2011). 그림 7.5e의 단면 구조는 Zheng(2011)과 동료 연구자들의 연구 결과를 참조하였다.

이종접합에서는 활성 영역에 운반자를 구속하여 소수 운반자가 먼 거리를 확산하는 것을 방지하여 효율을 개선할 수 있고, 또한 생성된 광자를 도파로 영역 내에 구속할 수 있다. 이종접합의 단점은 소자의 저항이 증가하는 문제로, 활성 영역에 발열이 일어나 복사효율(radiative efficiency)을 감소시킨다. 두 반도체 사이의 이종접합을 고

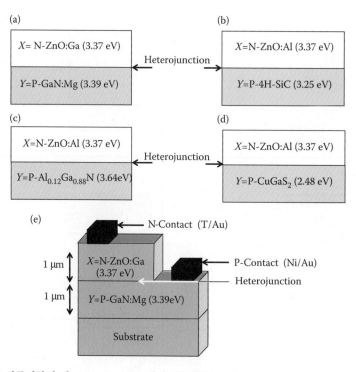

그림 7.5 (a)~(d) 단일 이종접합의 예, (e) ZnO/GaN 단일 이종접합 LED.

려하자. 이 저항의 증가는 전기 쌍극자의 형성에서 기인한다. 이는 밴드갭이 큰 물질 내에서의 이온화된 도너들을 포함하는 양으로 대전된 전하 공핍 영역과 밴드갭이 작은 물질 내에서의 이온화된 억셉터들을 포함하는 음으로 대전된 전하 축적 영역에서의 전위 장벽을 통해, 밴드갭이 더 큰 물질에서 더 작은 물질로 이동하는 전자들에 의해 발생한다. 한 반도체에서 다른 반도체로의 운반자의 이동은 계면에서의 전위 장벽을 넘어가야 가능한데, 이는 터널링(tunneling)이나 장벽에서의 열적 방출(thermal emission)에 의해 가능하다. 이 문제는 이종접합 계면 근처에서의 반도체의 화학적 조성에 연속적으로 변화를 주면 해결할 수 있다.

예제 7.5

GaN 구조의 활성 영역에서의 전자들은 1×10^{18} cm^{-3}의 농도를 갖는다. 200 meV와 400 meV의 장벽 높이에서의 장벽을 넘어가는 운반자 손실의 전류밀도를 계산하라. 여기서 전자 이동도(mobility)는 440 cm^2/(V–s)이고, 소수 운반자 수명은 1.0 ns이다. 50~100 A/cm^{2}의 순방향 전류밀도를 갖는 LED에서 계산한 누설전류밀도를 비교하라. 단, GaN 의 전도대에서의 유효 상태 밀도는 1.2×10^{18} cm^{-3}이다.

N_C는 전도대에서의 유효 상태 밀도, E_C는 전도대 끝에서의 에너지, 그리고 E_F는 페르미 준위의 에너지라고 할 때, 전자 농도 n은 다음과 같다.

$$n = N_\mathrm{C} \exp\left(-\frac{E_\mathrm{C} - E_\mathrm{F}}{k_\mathrm{B}T}\right) \tag{7.39}$$

따라서

$$
\begin{aligned}
E_\mathrm{F} - E_\mathrm{C} &\cong k_\mathrm{B}T \ln\left(\frac{n}{N_\mathrm{C}}\right) + \frac{k_\mathrm{B}T}{\sqrt{8}}\left(\frac{n}{N_\mathrm{C}}\right) - k_\mathrm{B}T\left(\frac{3}{16} - \frac{\sqrt{3}}{9}\right)\left(\frac{n}{N_\mathrm{C}}\right)^2 + \cdots \\
&= 0.0259 \times \ln\frac{1 \times 10^{18}\,\mathrm{cm}^{-3}}{1.2 \times 10^{18}\,\mathrm{cm}^{-3}} + \frac{0.0259}{\sqrt{8}}\left(\frac{1 \times 10^{18}\,\mathrm{cm}^{-3}}{1.2 \times 10^{18}\,\mathrm{cm}^{-3}}\right) \\
&\quad - 0.0259\left(\frac{3}{16} - \frac{\sqrt{3}}{9}\right)\left(\frac{1 \times 10^{18}\,\mathrm{cm}^{-3}}{1.2 \times 10^{18}\,\mathrm{cm}^{-3}}\right)^2 \\
&= -0.004722 + 0.0259 \times 0.29463 + 0.0259 \times 0.003438 \\
&= -0.004722 + 0.007631 + 0.00008904 \\
&= 0.002998\ \mathrm{V} = 0.002998 \times 1000\ \mathrm{meV} = 2.998\ \mathrm{meV}
\end{aligned}
\tag{7.40}
$$

전자 농도가 1×10^{18} cm^{-3}인 GaN에서의 페르미 준위는 전도대 끝의 위로 2.998 meV 에 있다. 따라서 200 meV의 장벽은 (200 – 2.998) = 197.002 meV에 해당하고, 400 meV

의 장벽은 (400 − 2.998) = 397.002 meV에 해당한다. 장벽에서의 유효 상태 밀도가 GaN 활성 영역에서의 값과 같다고 가정하면, 장벽의 경계에서의 자유 운반자 농도는 200 meV 장벽에서는 다음과 같다.

$$n = 1.2 \times 10^{18} \ \exp\left(-\frac{197.002 \times 10^{-3}}{0.0259}\right) = 5.968 \times 10^{14} \mathrm{cm}^{-3} \tag{7.41}$$

또한 400 meV 장벽에서는 다음과 같다.

$$n = 1.2 \times 10^{18} \ \exp\left(-\frac{397.002 \times 10^{-3}}{0.0259}\right) = 2.6436 \times 10^{11} \mathrm{cm}^{-3} \tag{7.42}$$

확산계수는 다음과 같다.

$$D_{\mathrm{n}} = (k_{\mathrm{B}}T/q) \times \mu_{\mathrm{n}} = 0.0259 \times 440 = 11.396 \ \mathrm{cm^2/s} \tag{7.43}$$

확산거리는 다음과 같다.

$$L_{\mathrm{n}} = (D_{\mathrm{n}}\tau_{\mathrm{n}})^{1/2} = (11.396 \times 1 \times 10^{-9})^{1/2} = 1.0675 \times 10^{-4} \ \mathrm{cm} \tag{7.44}$$

누설전류밀도(leakage current density)는 다음과 같이 주어진다.

$$J_{\mathrm{n}}\big|_{x=0} = -qD_{\mathrm{n}} \frac{dn(x)}{dx}\bigg|_{x=0} = -qD_{\mathrm{n}} \frac{n(0)}{L_{\mathrm{n}}} \tag{7.45}$$

따라서 200 meV 장벽에서는 다음과 같다.

$$\begin{aligned} J_{\mathrm{n}}\big|_{x=0} &= -qD_{\mathrm{n}} \frac{n(0)}{L_{\mathrm{n}}} = -1.6 \times 10^{-19} \times 11.396 \times \frac{5.3156 \times 10^{14}}{1.0675 \times 10^{-4}} \\ &= 9.079 \ \mathrm{Acm}^{-2} \end{aligned} \tag{7.46}$$

또한 400 meV 장벽에서는 다음과 같다.

$$\begin{aligned} J_{\mathrm{n}}\big|_{x=0} &= -qD_{\mathrm{n}} \frac{n(0)}{L_{\mathrm{n}}} = -1.6 \times 10^{-19} \times 11.396 \times \frac{2.3547 \times 10^{11}}{1.0675 \times 10^{-4}} \\ &= 4.022 \times 10^{-3} \mathrm{Acm}^{-2} \end{aligned} \tag{7.47}$$

7.7 이중 이종접합(Double Heterojunction) LED

위에서 설명한 LED 구조는 단일 이종접합 LED(single heterostructure LED, SH-LED)의 경우였다. 밴드갭 엔지니어링에 의해 제공되는 개선된 구조가 이중 이종접

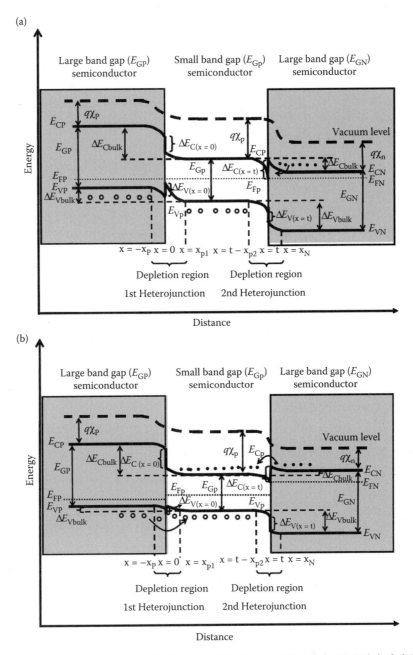

그림 7.6 P-p-N 구조의 이중 이종접합 LED의 에너지−밴드 다이어그램: (a) 평형상태, (b) 순방향 바이어스.

합 LED(double heterostructure LED, DH-LED)이다. 그림 7.6에서 보듯이 밴드갭이 큰 N-형과 P-형 영역 사이에 밴드갭이 작은 P-형 영역을 샌드위치 모양으로 끼워넣은 구조이다. 구조적으로 N-p-P로 나타낼 수 있으며, 이형(anisotype) N-p 접합과 동형(isotype) p-P 접합으로 구성된다. 이 구조는 활성 영역에 쌍방향(bidirectional)으로 과잉 운반자들을 주입할 수 있게 하여 재결합에 의해 빛을 생성하므로 주입효율을 향상시킬 수 있다. 이종접합 계면 중 어느 하나를 지나 확산되는 어떤 소수 운반자들도 다음 계면에 의해 가로막혀 활성층 내에 구속된다. 다음 계면의 밴드 오프셋에 의한 장벽은 더 이상의 확산을 허용하지 않는다. 따라서 과잉 운반자 농도와 발광성 재결합률은 향상된다.

그림 7.6a의 바이어스(bias)가 인가되지 않은 평형상태에서의 밴드 다이어그램은 N-영역에서 p-영역으로 전자가 이동할 때, E_C에서의 스파이크(spike)에 의해 나타나는 전위 장벽이 존재함을 보인다. 그리고 p-영역에서 P-영역으로의 전자의 이동에 대한 또 다른 전위 장벽이 있는데, 이는 이 계면에서의 E_V의 큰 전위 구부러짐에 의해 주어진다. 위의 두 계면에서 정공의 이동에도 동일한 제약이 적용된다. 충분한 순방향 바이어스가 인가되면, 밴드 다이어그램은 그림 7.6b에 나타난 바와 같이 변경된다. 이제 N-영역의 일부 전자들은 E_C에서의 N-p 스파이크의 장벽이 낮아져서 이를 극복할 만한 충분한 에너지를 가지게 되어 중앙의 p-영역을 넘어갈 수 있게 해 준다. 그러나 이 전자들은 p-P 접합을 가로질러 p-영역에서 P-영역으로 넘어갈 수 없다. 왜냐하면 그곳에 큰 장벽이 지속되기 때문이다. 이 전자들에 남은 유일한 선택 사항은 중앙의 p-도핑된 영역 이내에 구속되어, 재결합을 통하여 빛의 형태로 소멸하고, 효율을 증가시키는 것이다. 게다가 밴드갭이 더 큰 물질은 굴절률이 더 작기 때문에, 동종접합에서는 재결합 영역의 바깥쪽에서의 손실의 감소에 의해 수반되는 광 구속과 비교하여 광 구속 인자(optical confinement factor)가 증가한다.

이중 이종접합과 관련한 여러 가지 예들이 그림 7.7에 도시되어 있다(Nakamura et al. 1994, Ban et al. 2004, Sheng et al. 2011). 또한 두 가지 종류의 이중 이종접합 LED들이 도시되어 있다. 그림 7.7e에 도시된 구조는 Ban(2004)과 동료 연구자들 그리고 Sheng(2011)과 동료 연구자들의 결과를, 그리고 그림 7.7f는 Nakamura(1994)와 동료 연구자들의 결과를 따랐다.

7.8 양자우물(Quantum Well) 이종접합 LED

이제까지 우리의 관심은 어느 한쪽이나 양쪽 영역으로부터 활성 영역으로 주로 운반자를 주입하는, 그리하여 운반자로 가득 차게 하는 수단에 초점을 맞추었다. 그러나 운반자의 주입이 행해지는 이 영역의 두께에 관해서는 아무런 관심도 제기하지 않았다. DH-LED가 처한 어려움은 중앙의 재결합 영역이 불필요하게 넓다는 것이다. 이

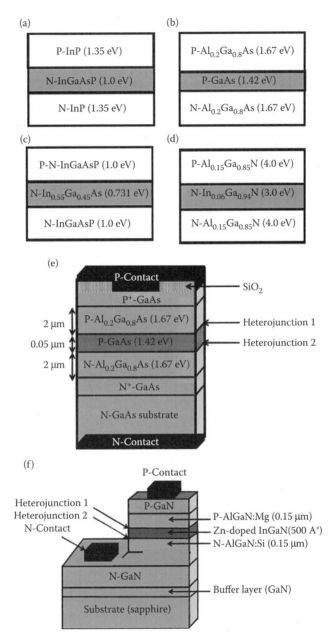

그림 7.7 (a)~(d) 이중 이종접합의 예, (e) AlGaAs/GaAs/AlGaAs 이중 이종접합 LED, (f) InGaN/AlGaN 이중 이종접합 LED.

영역에서 생성되는 빛은 LED의 밖으로 빠져나오기 위해서는 그 폭만큼을 가로질러 이동해야 하며, 도중에(en route) 흡수에 의해 손실이 일어난다. 궁금한 것은 이 영역에 필요한 최소 두께가 얼마나 되는가 하는 것으로, 이 문제를 양자역학적으로(quantum mechanically) 취급하여 그 답을 얻을 수 있다.

7.8.1 양자우물의 개념

양자우물(quantum well)은 전에 3차원적으로는 자유롭게 움직일 수 있었던 입자들을 2차원적으로 구속하여, 평면상의 영역에만 머무르게 한다. 이 상황에서는 양자우물은 반도체 이종접합 구조를 의미하며, 밴드갭이 더 작고, 극도로 얇은 반도체층(통상 1~10 nm 두께)이 바깥의 양쪽으로 밴드갭이 더 큰 반도체층 사이에 삽입되어, 전하 운반자들이 결정성장 방향에 수직한 방향으로는 움직일 수 있으나, 결정성장 방향으로는 구속되어 움직일 수 없다. 양자우물에서 전자의 포텐셜 에너지는 우물의 내부에서는 더 작아서, 층에 수직한 방향으로의 전자들의 운동은 양자화(quantization)된다. 우물층에서는 전자와 정공이 모두 더 낮은 에너지를 가진다. 따라서 "포텐셜 우물(potential well)"과 비슷한 의미로 "양자우물"이라고 이름이 붙여졌다. 위와 같은 양자우물에 구속된 전자의 특성은 친숙한 예인 우물(water well)을 연상하게 한다. 우물은 땅에 구덩이를 파고 측면에 시멘트로 마감하였고, 지하수를 담아 공급하는 역할을 한다. 우물로 떨어지는 모든 물체는 중력에 의한 위치에너지를 능가하는 에너지가 공급되는 경우에만 빠져나올 수 있고, 그렇지 않으면 빠져나올 수 없다. 그러나 우물 내에서는 물체의 에너지의 값은 연속이다.

그림 7.8은 단일양자우물(single quantum well, SQW) LED의 구조를 나타낸다. 이 LED는 Nakamura(1995)와 동료 과학자들에 의해 만들어졌으며, 독자들은 이 LED 구조에 관하여 더 자세한 정보를 얻으려면 논문 원문을 읽어 보기를 추천한다. 다중 양자우물(multiple quantum well, MQW) LED는 그림 7.9에 나타나 있다 (Ramaiah 2004, Miao 2009, Li et al. 2013). Ramaiah(2004)는 InGaN(3 nm)−우물/GaN(5 nm)−장벽의 3-period MQW 녹색 LED를 연구했다. Miao(2009)는 $In_{0.2}$

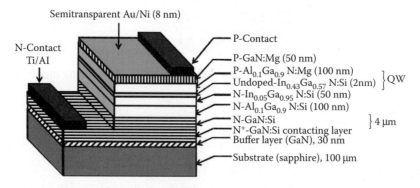

그림 7.8 단일양자우물 LED. 양자우물은 100-nm 두께의 p-$Al_{0.1}Ga_{0.9}$N:Mg층과 50-nm 두께의 n-$In_{0.05}Ga_{0.95}$N:Si층 사이에 2-nm 두께의 도핑이 안 된 $In_{0.43}Ga_{0.57}$N 박막을 삽입한 구조이다.

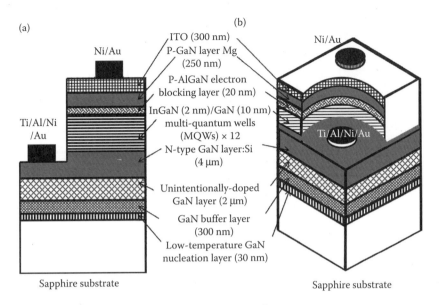

그림 7.9의 내용(캡션):

그림 7.9 12-주기의 다중 양자우물(MQW) LED: (a) 단면도, (b) 조감도.

$Ga_{0.8}N(3\ nm)$-우물/GaN(7 nm)-장벽의 5-period MQW LED를 연구했다. 또한 Li(2013)와 동료 과학자들은 $In_{0.3}Ga_{0.7}N(3\ nm)$-우물/GaN(12 nm)-장벽의 12-period MQW LED를 연구했다. 그림 7.9의 구조는 전형적인 층들의 두께를 도시하기 위한 목적으로 그려졌다. 전자는 장벽을 벗어날 만큼 충분한 에너지를 가질 때까지는 이산적인 에너지 준위들만 가질 수 있다. 따라서 전자가 우물 내에서 중간 정도의 허용 가능한 불연속적인 에너지 값을 가지고 우물 내를 움직일 만큼 충분한 에너지를 갖는다고 하더라도, 우물로부터 터널링할 확률은 매우 작다. 이는 전자가 우물 내에 제한된 상태로 남음을 의미한다.

전자의 파동적 성질은 슈뢰딩거 방정식(Schroedinger's equation)에 의해 기술된다. 전자 파동의 특정한 진동은 동작이 없거나 정지한 것처럼 보인다. 사실은 이 구조에서 허용 가능한 상태는 층에 수직한 방향으로의 정재파(standing wave)에 상응한다. 특별한 파동들만 정재파이기 때문에, 계는 양자화된다. 양쪽 끝이 고정된 줄에 진동이 발생하면 이와 비슷한 거동을 보인다. 특정 주파수들에서 합성 파들은 정지한 것처럼 보이고 전혀 움직이지 않는 것처럼 보인다. 이것들을 정재파(stationary wave, 또는 standing wave)라고 한다.

그림 7.10에서 보는 바와 같이, 양자우물들은 클래딩층(cladding layer)이라 불리는 "장벽층(barrier layer)"을 구성하는 다른 반도체 물질 사이에 어떤 반도체 "우물(well)" 물질의 얇은 층들(예를 들어, 40원자층 두께)에서의 전하 운반자들(전자와 정공)의 양자 구속(quantum confinement)으로부터 특별한 특성들이 유도된다. 양자우

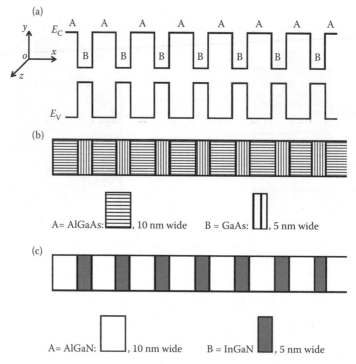

그림 7.10 다중 양자우물 LED 구조: (a) 에너지–밴드 다이어그램, (b) AlGaAs/GaAs 구조, (c) AlGaN/InGaN 구조.

물은 에피택셜 결정성장(epitaxial crystal growth) 기술들을 이용하여 극도로 정교하게 제작한다. 과학적으로 이 장치들은 흥미로운 연구실 환경을 제공하고, 양자역학적 효과의 탐구를 가능하게 한다. 이것들 중의 많은 부분은 보통의 연구실 여건에서는 쉽게 조사하기 어렵다.

7.8.2 격자부정합(Lattice Mismatch)이 유도한 결함들을 피하기 위한 얇은 활성층(Thin Active Layer)의 사용

활성층을 얇게 하는 것은 빛의 재흡수를 줄이는 데 있어 효과적이다. 또한 격자부정합에 의한 결함(defect)을 회피하는 데 도움이 된다. 왜냐하면 얇은 층은 하부의 두꺼운 구속층들에서의 울퉁불퉁함에 더 쉽게 적응할 수 있기 때문에 구조적 문제점들의 영향을 덜 받는다. 사실 얇은 층은 스스로의 조성을 갖는 정상적인 특성의 구조 대신에 하부 물질의 결정 구조를 획득하는 부정형층(pseudomorphic layer)처럼 거동한다.

7.8.3 양자우물에서의 전자 운동

x-축은 이종접합 계면과 수직한 방향을 향하고, y-z 평면은 계면에 평행하다. 폭이 W이

고 무한한 깊이를 갖는 직사각 양자우물에 대하여, x-방향의 양자화된 에너지 준위 (quantized energy level)는 다음과 같다.

$$E_n = E_C + \frac{n^2\pi^2\hbar^2}{2m_eW^2} \tag{7.48}$$

여기서 n은 양의 정수로 양자수(quantum number)라 불리며, m_e는 전자의 유효질량이다.

y-z 평면의 방향을 따라서는 전자 운동에 대한 양자화가 되지 않기 때문에 부밴드 (subband) n 내에서의 전자의 에너지는 다음과 같이 표현된다.

$$E = E_n - E_C + \frac{\hbar^2 k^2}{2m_e} = \frac{n^2\pi^2\hbar^2}{2m_eW^2} + \frac{\hbar^2 k^2}{2m_e} \tag{7.49}$$

여기서 k는 이차원의 파수(wave number)이다.

전자의 파동함수(wave function)는 다음의 형태를 갖는다.

$$\varphi(x,y,z) = \sqrt{\frac{2}{W}}\sin\left(\frac{n\pi x}{W}\right)\exp(iky)\exp(ikz) \tag{7.50}$$

이 식들은 x-방향에서의 에너지 양자화에 따른 구속 하에서 전자의 운동이 어떻게 y-z 평면에 평행하게 일어나는지를 보여 준다. 실제 소자 구조에서는 포텐셜 우물 (potential well)은 U_0의 유한한 깊이를 가지므로 위의 식들에서 약간 변형된 형태를 갖는다.

7.8.4 양자우물 LED의 동작

양자우물 LED는 이중 이종접합 LED의 특별한 경우로, 전자와 정공의 운동이 활성 영역의 두께 이내에서 강력하게 제한되며, 그 두께는 관련된 반도체 물질 내의 전자의 드브로이 파장(de Broglie wavelength)보다 더 얇다. 또한 이렇게 강한 구속효과 (enclosing effect)에 의해 구속된 부밴드 내의 전자와 정공은 재결합을 통하여 LED에서 빛을 방출하며, 중심파장은 DH-LED보다 더 단파장 쪽으로 청색 편이가 일어난다.

7.8.5 양자우물 내에서의 발광성 천이

양자우물 이종접합 구조에서, 더 작은 밴드갭(E_{g1})을 갖는 물질의 얇은 박막이 양쪽으로 더 큰 밴드갭(E_{g2})을 갖는 물질들의 더 두꺼운 층들에 둘러싸인 구조를 가정하

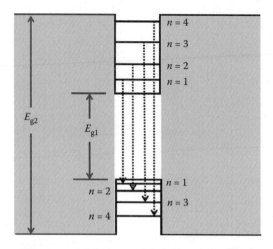

그림 7.11 양자우물 구조에서의 밴드 정렬. 화살표는 양자적으로 구속된 전자와 정공 준위 사이의 광학 천이를 나타낸다.

자. 이러한 이종접합 구조의 에너지−밴드 다이어그램이 그림 7.11에 도시되어 있다. 이 그림은 Žukauskas(2002)와 동료 연구자들의 연구 결과를 참조하였다. 가운데의 더 얇은 물질에서의 에너지 준위들은 이 층의 두께가 나노 크기에 도달함에 따라, 예측한 바와 같이 분명하게 분리된다. 그러나 전자들의 에너지 준위는 정공들의 경우보다 더 간격이 넓다. 전자의 에너지 준위들 간의 간격이 더 넓은 이유는 전자가 정공보다 유효질량이 더 작기 때문이다.

밴드 다이어그램은 양자우물 이종접합 구조의 독특한 특성들에 대한 유용한 통찰력을 준다. (i) 같은 양자수를 갖는 전자와 정공의 에너지 준위들끼리, 부밴드 간(inter-subband) 광학 천이(optical transition)에 참여한다. 이는 $n = 1$인 전자의 에너지 준위에서 $n = 1$인 정공의 에너지 준위로의 천이와 같이, 양자수가 일치하는 경우에 천이가 일어남을 의미한다. (ii) 양자우물 구조에서는 전자와 정공의 파동함수들이 강하게 중첩되므로, 활성 영역에 도핑을 하지 않아도 효율적인 이분자 재결합(bimolecular recombination)이 가능하다. 실제로 양자우물에서는 특별한 경우를 제외하고 양자우물에 도핑할 필요가 없다. (iii) 양자우물에서의 재결합 기저는 본질적으로 내인성(intrinsic)이며, 불순물 준위를 경유하는 외인성(extrinsic) 현상이 아니다. 따라서 발광 스펙트럼의 선폭(line width)이 더 좁다. (iv) 양자우물에서의 여기자 결합 에너지(exciton binding energy)는 벌크 결정(bulk crystal)과 비교하여 더 크므로, 전자와 정공의 구속이 더 강해져서, 상온에서조차도 이차원 여기자(two-dimensional exciton)에 의한 광학 천이가 가능하다. (v) 벌크 결정 물질에서는 밴드 끝에서 상태 밀도가 0이고, 에너지가 증가함에 따라 증가한다. 하지만 양자우물의 부−밴드에서의 상태 밀도는 에너지와 무관하므로, 발광성 재결합 계수의 온도 의존성이 벌크 결정에서보다 덜 심하게 나타난다.

7.8.6 양자우물에서의 에너지 밴드에 대한 전기장의 효과

양자우물에 외부 바이어스를 인가하면 에너지 밴드는 기울어진다. 이러한 경사는 전자와 정공이 공간적으로 분리되게 한다. 전자와 정공의 파동함수가 중첩되지 않으므로 전자−정공 재결합률(electron−hole recombination rate)이 감소하게 된다. 이러한 현상은 발광 스펙트럼의 적색 편이(red shift)로 관찰된다.

7.8.7 추가적인 층의 첨가에 의한 주입효율 향상

양자우물 이종접합 구조 LED에서, 전자들 중의 일부는 P-형 구속층(confinement layer)으로 침투하여 재결합에 기여하지 않는다는 사실을 인식할 필요가 있다. 이는 전자가 정공보다 더 높은 이동도를 가지고 있기 때문에 가능하다. 정공은 더 느리기 때문에 누설(leakage) 문제가 덜 심각하다. 따라서 P-형 구속층으로 침투한 전자들은 주입효율을 감소시키므로, 그렇게 되지 않도록 조치를 취해야 한다. 이러한 목적으로 추가적인 전자 차단층(electron blocking layer)이 양자우물과 P-형 구속층의 사이에 설치된다. 이 P-형 전자 차단층은 빠른 전자를 효과적으로 차단하기 위하여 P-형 구속층보다 밴드갭 에너지가 더 커야 한다.

7.8.8 양자우물 LED에서의 순방향 전류-전압 특성(Current-Voltage Characteristics)

이중 이종접합 구조 또는 양자우물 이종접합 구조 LED의 동작은 몇 가지 면에서 일반적인 P-N 동종접합 다이오드의 동작과 다르다.

1. 이 LED들은 높은 주입 수준에서 동작하고, 활성 영역의 두께가 운반자들의 확산계수보다 더 작기 때문에, 확산전류(diffusion current)는 운반자들의 확산거리의 함수로 기술할 수 없다. 확실히 확산거리의 개념은 이 LED들의 동작을 설명하는 데 기여하지 않는다. 따라서 확산전류는 다른 시각에서 보아야 한다. 이는 다음과 같이 표현된다.

$$I_{\text{Diff}} = I_{D0} \left\{ q \left(\frac{V - IR_s}{k_B T} \right) \right\} \tag{7.51}$$

여기서 I_{D0}는 실험적인 피팅 매개변수(empirical fitting parameter)이다.

2. 재결합 전류(recombination current)에서는 이종접합 계면에서 일어나는 비발광성 재결합뿐만 아니라 활성 영역 내부에서 일어나는 발광성 및 비발광성 재결합 기저들을 고려해야 한다. 재결합 전류는 다음과 같이 주어진다.

$$I_{\text{Recom}} = I_{R0} \left\{ q \left(\frac{V - IR_s}{\gamma k_B T} \right) \right\} \tag{7.52}$$

여기서 I_{R0}는 실험적인 매개변수(empirical parameter)이다.

3. 만약 활성 영역 내에 깊은 준위(deep level) 불순물들이 존재한다면, 상당한 크기의

터널링 전류(tunneling current)가 클래딩층으로부터 이 깊은 준위들로 흐르므로, 총 전류에 이 기여분이 추가되어야 한다. 이 전류는 다음과 같이 쓸 수 있다.

$$I_{\text{Tunn}} = I_{\text{T0}} \left\{ q \left(\frac{V - IR_{\text{s}}}{E_{\text{T}}} \right) \right\} \tag{7.53}$$

여기서 I_{T0}는 실험적인 매개변수이고, E_{T}는 약 0.12 eV의 에너지 상수이다.

마지막으로 총 순방향 전류는 위의 세 가지 요소들의 합으로, 다음과 같이 쓸 수 있다.

$$I = I_{\text{Diff}} + I_{\text{Recom}} + I_{\text{Tunn}} = I_{\text{D0}} \left\{ q \left(\frac{V - IR_{\text{s}}}{k_{\text{B}}T} \right) \right\} + I_{\text{R0}} \left\{ q \left(\frac{V - IR_{\text{s}}}{\gamma k_{\text{B}}T} \right) \right\}$$
$$+ I_{\text{T0}} \left\{ q \left(\frac{V - IR_{\text{s}}}{E_{\text{T}}} \right) \right\} \tag{7.54}$$

7.9 동종접합 LED와 이종접합 LED의 비교

표 7.1에서는 이제까지 논의한 여러 가지 방식의 LED들의 주요한 구조와 그 특성들을 간단히 비교하였다.

표 7.1 동종접합 vs. 이종접합 LED

번호	특징/특성	동종접합 LED	이종접합 LED		
			단일 이종접합	이중 이종접합	양자우물
1.	고전적인 구속	–	–	예	아니오, 양자역학적 구속
2.	구성 재료	반도체 1개	반도체 2개	반도체 2개	반도체 2개
3.	주입효율	낮음	보통	높음	높음
4.	주입효율 제어 인자	N-형 및 P-형 물질의 도핑 농도	에너지 밴드갭 차이	에너지 밴드갭 차이	에너지 밴드갭 차이
5.	광 손실	높음	보통	보통	낮음

7.10 결론 및 고찰

고효율과 고휘도를 위해서는 동종접합 LED는 적합하지 않다. 왜냐하면 생성된 수많은 광자들이 재흡수되지 않고 빠져나오기 위해서는 얇은 P-영역이 필요하기 때문이다. 그러나 P-영역이 너무 얇으면, 전자들이 확산에 의해 P-영역에서 달아나 층의 표면에 있는 결정 결함들을 통하여 재결합을 한다. 이러한 재결합은 비발광성 과정이므로 LED의 효율을 떨어뜨린다. 그러나 P-영역이 두꺼우면, 생성된 광자가 LED로부터 빠져나오기 전에 먼 거리를 경유해야 하기 때문에, 재흡수가 주요한 문제가 된다.

고휘도와 고효율의 LED를 제작하기 위하여, LED 구조는 운반자 구속(carrier confinement)과 광학적 구속(optical confinement)의 수단들을 제공해야 한다. 운반자 구속 및 광학적 구속은 동종접합 대신에 단일 이종접합 및 이중 이종접합 구조를 사용하여 달성한다. 이종접합 구조 LED들에서는 AlGaAs 및 GaAs와 같이, 서로 다른 밴드갭을 갖는 두 가지 반도체들을 사용한다.

이종접합 구조 LED 소자는 활성 영역이 이와 다른 두 개의 밴드갭이 더 큰 층들 사이에 샌드위치 형태로 삽입된 구조이다. 이 활성 영역에서 발광성 재결합이 일어난다. 이 소자들은 활성 영역과 이를 둘러싼 층들의 밴드갭 에너지와의 차이에 의하여 운반자의 구속이 이루어진다. 또한 활성 영역의 재료는 주변의 재료들보다 굴절률이 더 크도록 선택된다. 이러한 굴절률의 차이에 의하여 LED 구조는 활성 영역이 중앙에 위치한 슬랩 도파로(slab waveguide)와 같이 동작한다. 그 결과로 생성된 광자의 광학적 구속이 이루어진다. 이중 이종접합 LED는 밴드갭이 더 작은 물질을 중앙에 배치하였기 때문에, 전이 영역(transition region)에서의 운반자 밀도가 증가하고 통과 시간(transit time)은 감소하여, 효율이 더 향상된다. 이러한 두 가지 개선들이 모두 재결합 비율을 증가시켜, 광출력을 증가시킨다.

활성 영역의 폭이 전자의 드브로이 파장과 비슷해지면 우물의 폭에 의존하는 이산적인 에너지 준위들을 갖는 양자우물이 형성된다. 발광 파장은 우물의 폭에 따라 조절된다. 이 구조에서는 구속이 증가하므로, LED 구조가 더 효율적이다. 여러 개의 양자우물이 한 소자에 사용되는 다중 양자우물 소자를 만들면 더 효율적이다.

참고문헌

Ban, D., H. Luo, H. C. Liu, Z. R. Wasilewski, A. J. SpringThorpe, R. Glew, and M. Buchanan. 2004. Optimized GaAs/AlGaAs light-emitting diodes and high efficiency wafer-fused optical up-conversion devices. *Journal of Applied Physics* 96(9), 5243–5248, doi:10.1063/1.1785867.

Li, H., P. Li, J. Kang, Z. Li, Y. Zhang, Z. Li, J. Li, X. Yi, J. Li, and G. Wang. 2013. Quantum efficiency enhancement of 530 nm InGaN green light-emitting diodes with shallow quantum well, *Applied Physics Express* 6, 052102-1–052102-4, http://dx.doi.org/10.7567/APEX.6.052102

Lundstrom, M. 1997, August. *Notes on Heterostructure Fundamentals.* EE-650Y. Fall 1995. Electrical and Computer Engineering, Purdue University, T3-1 to T3-43; https://engineering.purdue.edu/~ee606/downloads/T3.PDF

Miao, C., H. Lu, D. Chen, R. Zhang, and Y. Zheng. 2009. InGaN/GaN multiquantum-well-based light-emitting and photodetective dual-functional devices. *Frontiers of Optoelectronics China* 2(4), 442–445, doi:10.1007/s12200-009-0059-z.

Nakamura, S., T. Mukai, and M. Senoh. 1994, March. Candela-class high-brightness InGaN/AIGaN double-heterostructure blue-light-emitting diodes. *Applied Physics Letters* 64(13), 1687–1689.

Nakamura, S., M. Senoh, N. Iwasa, and S.-i. Nagahama. 1995, July. High brightness InGaN blue, green and yellow light-emitting diodes with quantum well structures. *Japanese Journal of Applied Physics* 34(7A), L797–L799, doi:10.1143/JJAP.34.L797.

Ramaiah, K. S., Y. K. Su, S. J. Chang, C. H. Chen, F. S. Juang, H. P. Liu, and I. G. Chen. 2004, July. Studies of InGaN/GaN multiquantum-well green-light-emitting diodes grown by metal organic chemical vapor deposition. *Applied Physics Letters* 85(3), 401–403, doi:10.1063/1.1773371.

Sheng, X., L. Z. Broderick, J. Hu, L. Yang, A. Eshed, E. A. Fitzgerald, J. Michel, and L. C. Kimerling. 2011, July. Design and fabrication of high-index-contrast self-assembled texture for light extraction enhancement in LEDs. *Optics Express* A701, 19(S4), 9pp.

Stringfellow, G. B. and M. G. Crawford (Eds.). 1997, October. High-brightness light-emitting diodes. In: R. K. Richardson and E. R. Weber (Series Eds.), *Semiconductors and Semimetals*, Vol. 48. New York: Academic Press, 469pp.

Zhao, J. H. 1997, August. Heterostructure Tutorial. Electrical and Computer Engineering, Purdue University, 23pp. http://www.learningace.com/doc/4509665/f026d0bfeefbf-4cbb49ea6748c6300d8/heterostruct

Zheng, H., Z. X. Mei, Z. Q. Zeng, Y. Z. Liu, L. W. Guo, J. F. Jia, Q. K. Xue, Z. Zhang, and X. L. Du. 2011. Fabrication and characterization of high quality n-ZnO/p-GaN heterojunction light emission diodes. *Thin Solid Films* 520, 445–447, doi:10.1016/j.tsf.2011.06.029.

Žukauskas, A., M. S. Shur, and R. Gaska. 2002. *Introduction to Solid-State Lighting.* New York: John Wiley & Sons, Inc., p. 52.

연습문제

7.1 동종접합 LED의 단점은 무엇인가? LED에서 높은 도핑 농도가 갖는 불리한 점은 무엇인가?

7.2 이종접합 LED의 제작에서 비발광성 재결합이 일어나지 않기 위해, 물질을 선택하는 데 있어 주의해야 할 사항들은 무엇인가?

7.3 동형과 이형의 이종접합은 무엇인가? 각각의 에너지-밴드 다이어그램을 그리고, 그 동작원리를 설명하라.

7.4 반도체에서 에너지-밴드 오프셋 비율은 무엇인가? 에너지-밴드 오프셋을 계산하기 위한 가장 오래된 모형은 무엇인가?

7.5 LED를 제작하는 데 있어 이종접합을 사용하는 장점을 기술하라. 이종접합에 의해 어떻게 주입효율이 개선되는지를 분석적 유도에 의해 보여라.

7.6 동종접합 LED와 비교하여, 단일 이종접합 LED에서 주입효율이 어떻게 증가하는지를 설명하라. 이중 이종접합 LED의 원리는 무엇인가?

7.7 양자우물은 무엇인가? 이는 우물과 어떤 점에서 유사한가? 또한 어떤 점에서 다른가?

7.8 이중 이종접합 LED의 활성층의 두께는 두껍다. 이 LED 구조가 갖는 흡수 손실을 줄이는 데, 양자우물 구조가 어떤 도움을 주는가?

7.9 허용된 불연속적인 에너지 값을 가지고 양자우물 내에서 움직이는 데 충분한 에너지를 가지고 있음에도 불구하고, 양자우물 밖으로의 전자 터널링의 확률이 작은 이유를 설명하라.

7.10 재흡수를 줄이는 것을 제외하고, 얇은 활성층이 갖는 장점 한 가지를 기술하라.

7.11 폭이 W이고 무한한 깊이를 갖는 직사각형 양자우물의 경우에, x-방향으로의 에너지 양자화 제약 하에서, 부밴드 n에서의 전자 에너지의 방정식을 기술하라.

7.12 에너지-밴드 다이어그램 표현을 참조하여, 더 작은 밴드갭 에너지(E_{g1})를 갖는 얇은 물질의 양쪽으로 더 큰 밴드갭 에너지(E_{g2})를 갖는 더 두꺼운 물질로 둘러싸인 양자우물 이종접합 구조에서 일어나는 발광성 천이의 주된 특징들을 기술하라. 에너지 밴드에서의 전기장의 효과는 무엇인가?

7.13 양자우물과 P-형 클래드층 사이에 전자 차단층을 삽입한 LED 구조에서 주입효율이 어떻게 향상되는지를 설명하라.

7.14 이중 이종접합 또는 양자우물 이종접합 LED와 P-N 동종접합 LED와의 주된 동작원리의 차이를 설명하라.

C H A P T E R 8

표면 및 측면 발광 LED
Surface- and Edge-Emitting LEDs

학습목표

이 장을 학습한 후에 독자들은 다음의 역량들을 갖출 수 있게 된다.

- 광통신에 사용되는 두 가지 방식의 LED(표면 및 측면 발광)의 구조적인 차이 이해
- 광 발광 조건 및 광섬유에의 결합효율 관점에서의 광통신 응용을 위한 두 가지 방식의 LED 출력의 적합성 이해
- 초발광(superluminescence) 및 증폭 자발방출에 관한 이해
- LED를 상징하는 넓은 발광 스펙트럼과 레이저와 유사한 스펙트럼이 조합된 초발광 LED(SPLED)의 광출력에 관한 이해
- SPLED의 발진 억제에 사용되는 방법의 이해

8.1 광 방출 방향을 기반으로 한 LED 설계

LED의 종류들을 그 본질과 구성층들의 배열 구조에 따라 기술하고 조명해 보았으므로, LED의 분류에 대한 우리의 관심을 출력 광 빔의 출사 방향 즉, 소자의 표면 또는 측면으로 바꿔 보자(Botez and Ettenberg 1979, Liu and Chiang 1980). 이 LED들의 성능의 차이를 통하여 의도한 응용에 맞는 적절한 설계를 선택할 수 있게 도와준다. 빛의 방출의 관점에서 LED는 다음과 같이 세 가지 종류로 분류한다. (i) 표면발광 LED(surface-emitting LED, SLED), (ii) 측면발광 LED(edge-emitting LED, ELED) 및 (iii) 초발광 LED(superluminescent LED, SPLED). 모든 서로 다른 방식의 LED들이 P-N 동종접합(homojunction) 또는 P-N 이종접합(heterojunction) 구조의 설계를 이용하여 제작된다. 특히 이종접합 구조 설계는 운반자 및 광학적 구

속을 개선하여 더 우수한 성능을 보인다.

SLED와 ELED는 850 nm, 1300 nm, 1550 nm 파장 창을 갖는 광섬유 통신 시스템(fiber-optic communication system)에서 자주 사용된다. 이 LED들은 광섬유에서의 흡수를 줄이고, 시스템 대역으로 부처 최대의 이득을 유도할 수 있도록 하기 위한 파장에서 동작하도록 고안되어 있다.

단일 모드(single-mode) 광섬유 통신 시스템은 코어 직경이 8~10 μm로 매우 작은 단일 모드 광섬유 케이블을 채택하므로, 오직 한 가지 모드의 빛만 전송할 수 있다. 이 시스템은 보통 레이저 다이오드(LD) 기반의 고가의 광섬유 전송 장치를 사용하여 5~8 km 이상의 장거리 전송에서 사용한다. 단일 모드 시스템에서는 LED가 허용할 수 없을 정도로 부정확하고 간섭성이 없는 조명(incoherent illumination)을 방출하기 때문에 LED의 사용은 기피한다. 단일 모드 시스템을 위해 개발된 LED 또한 단일 모드 광섬유 내로 적절한 광출력을 갖는 빛을 집어넣는 데 실패하였다.

다중 모드(multi-mode) 광섬유 통신 시스템은 코어 직경이 62.5 μm 이상인 큰 코어 직경을 갖는 다중 모드 광섬유 케이블을 채택하므로, 다중 모드의 빛들이 광케이블을 통하여 전파할 수 있다. 이 시스템은 보통 더 저렴한 LED-기반의 광섬유 전송 장치를 사용하여 3 km 이하의 단거리 전송에서 사용한다. LED는 LD보다 더 저렴한 비용으로 적절한 출력을 갖는 빛을 만들어 내는 능력 때문에 이러한 시스템에서 매우 선호하는 광원이다. GaAs/AlGaAs LED들은 850 nm 대역에서 사용되는 반면에, InGaAsP/InP LED들은 1300 nm 및 1550 nm 통신 파장 대역에서 주로 사용된다.

LED는 LD에 필적하면서, 더 신뢰성이 우수하고, 온도 의존성이 감소하고, 구동 회로의 요구사항이 간단하고, 광 귀환(optical feedback)의 영향을 받지 않고, 높은 수율과 패키징 기술이 더 손쉬워서 더 저비용으로 제작이 가능하다.

낮은 데이터율의 광섬유 통신 시스템에 사용되는 단거리용(0~3 km)으로 추천하는 광원은 SLED와 ELED이다. 일반적으로 SLED는 250 Mb/s(megabits per second)까지의 비트율(bit rate)에서 효율적으로 동작한다. SLED에서 방출되는 빛은 넓은 영역으로 확장되어 넓은 발산각(far-field angle)을 가지므로, 대략적으로 다중 모드 시스템을 위한 용도로만 사용된다.

중거리(medium-distance)의 중간 데이터율 시스템(medium-data-rate system)에서는 ELED가 선호되는 소자이고, 광통신 시스템에서 의심의 여지 없이 SLED에 비해 우월한 성능을 보인다. ELED는 400 Mb/s까지 변조가 가능하며, 단일 모드와 다중 모드 광섬유 통신 시스템에서 모두 사용이 가능하다.

SPLED는 ELED 기반의 다이오드로 초발광(superluminescence) 모드에서 동작하도록 고안되었다. SPLED는 400 Mb/s 이상의 비트율에서 변조 가능하다. SPLED와

ELED는 모두 확장된 거리와 높은 데이터율을 갖는 시스템에서 사용된다.

SLED와 ELED는 단순히 광섬유 통신 시스템에만 속하는 것이 아니고, 동등한 영역은 대부분의 다른 LED에도 확장 가능하다.

8.2 표면발광 LED(Surface-Emitting LED)

이 LED는 이 구조의 개발을 선도했던 C. A. Burrus의 이름을 따서 Burrus LED라고도 불린다(Burrus and Miller 1971). LED 구조는 활성 광전송 영역의 직경이 약 20~100 μm인 광섬유의 끝부분과의 광 결합을 쉽게 하기 위하여 의도적으로 그 크기를 작게 제작하였다. 작은 면적을 갖는 주입형 전계발광(injection electro-luminescent) 다이오드에 높은 전류밀도로 전류 변조를 하면, 다중 모드 광섬유 통신 시스템을 위한 송신 광원으로 사용할 수 있다.

Kasap(2001)에 의하면 이 LED는 이중 이종접합 구조로 되어 있다(그림 8.1). 이 소자의 구조는 N⁺-GaAs 기판 위에 N-GaAlAs, P-GaAs, P-AlGaAs, P⁺-GaAs층을 순차적으로 성장한다(Kasap 2001). 상부의 N⁺-GaAs층과 하부의 P⁺-GaAs층은 이종접합 구조의 오믹 접촉 전극을 제공한다.

활성 영역(P-GaAs 및 P-GaAlAs)은 성장된 반도체 구조 내의 깊숙한 곳에 놓여 있다. 이 층은 운반자 구속을 위해 의도적으로 얇게 고안되었다. 활성층은 약 0.2 μm 의 두께를 가지며, 이 층은 광섬유–코어 끝의 면과 잘 맞도록 직경이 약 20~100 μm 인 원형 영역에 국한한다. 빛은 얇은 P-GaAs층에서 만들어진다. 후방 결정면에서의 반사가 유지되는 이종접합 구조는 표면으로의 빛의 방출이 가능하게 한다.

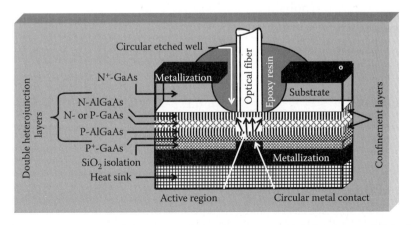

그림 8.1 광섬유를 장착한 AlGaAs 이중 이종접합 SLED. 하부의 P⁺-GaAs와 상부의 N⁺-GaAs 층들은 저저항 오믹 접촉이 가능하게 해 준다.

빛은 활성 접합 영역에 수직한 방향으로 집속된다. 방출되는 빛은 광섬유에 의해 직접 결합된다. 기판의 광 방출 영역에 식각을 통하여 깊은 우물이나 트렌치(trench)를 형성하고 광섬유의 축이 기판에 수직하게 하여 광섬유를 고정시킨다. 광섬유는 최대 결합효율을 갖도록 정렬한다. 상부의 N⁺-GaAs층으로 빛이 재흡수되지 않도록 하기 위하여 우물의 식각을 행한다. 식각 용액은 AlGaAs에 영향을 주지 않고 GaAs만 선택적으로 식각한다. 이 구조를 통하여 광섬유와 발광 영역 사이에 근접한 접촉을 하는 것뿐만 아니라, 광섬유와 SLED를 결합하는 에폭시에 의해 굴절률 불일치(refractive index mismatching)를 감소시켜 결합효율을 더 증가시킬 수 있도록 주의를 기울여야 한다.

칩의 뒤쪽 면에는 약 50 μm 폭의 접촉 면적을 갖는 하부 전극을 형성하고, 나머지 영역은 모두 SiO_2(silicon dioxide)층으로 덮는다. 상부 전극은 N⁺ GaAs층 위에 고리 모양의 링(annular ring) 형태로 형성된다.

이 방식의 LED는 120°의 반치 빔 폭(half-power beam width)을 갖는 등방적인 방사 패턴을 갖는다. 램버시안 패턴(Lambertian pattern)이라 알려진 이 패턴에서, 광원의 밝기는 어느 방향에서나 같아 보인다. 그러나 광출력은 보는 방향과 표면에 수직한 방향 사이의 각도의 코사인 값에 의존하여 감소한다. 60°의 각에서의 강도는 0°에서의 최댓값의 50%로 감소한다. 램버시안 분포에 의한 빛의 손실을 고려하면 결합효율은 1%~2%이다. 이는 다른 렌즈 체계를 사용하여 렌즈-결합 LED(lens-coupled LED)를 만들면 개선될 수 있다. 이 방식들은 다음과 같다: (i) 구면 광섬유(spherical fiber): 광섬유의 끝이 구면 렌즈 형태로 가공되어 빛을 모아 평행 광을 만들어준다. (ii) 유리 마이크로렌즈(glass microlens): 광섬유와 LED의 사이에 삽입된다. (iii) 구면 반도체 렌즈(spherical semiconductor lens): LED의 상부 발광 표면이 식각(etching)과 폴리싱(polishing)에 의해 구면 렌즈 형태로 가공된다. 이 방식에 의해 5%~15%의 결합효율을 얻는다.

위에서의 논의는 통신에 사용되는 LED 반도체 재료에 초점을 맞추고 있다. 그러나 고체조명의 응용에서는 표면-방출 구조가 보통 GaN LED에 적용된다. 왜냐하면 GaN에서의 빛의 방출은 비등방적이고 c-축 방향으로 향하기 때문이다. 따라서 광 추출은 LED의 상부 또는 하부 표면에서만 가능하고, 측면에서는 가능하지 않다.

8.3 측면발광 LED(Edge-Emitting LED)

측면발광 LED(ELED)는 웨이퍼의 벽개된(cleaved) 측면에서 빛을 방출한다. 활성층(active layer)은 벽개된 표면에 노출되어 빛이 접합면에 나란하게 방출된다(Ettenberg

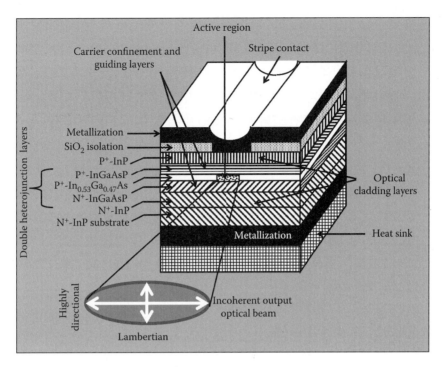

그림 8.2 스트라이프−구조 이중 이종접합 InGaAsP/InGaAs/InGaAsP ELED.

et al. 1976, Kashima and Munakata 1999). 이 구조는 광원과 광섬유의 긴밀한 광 결합이 필요한 경우에 사용된다(Kasap 2001).

이 소자의 구조에서는 Kasap(2001)이 도시한 바와 같이, 다음의 서로 다른 층들을 사용한다: P^+-InP, P^+-InGaAsP, N-$In_{0.53}Ga_{0.47}As$, N^+-InGaAsP, N^+-InP(그림 8.2). N-$In_{0.53}Ga_{0.47}As$ 활성층은 소자 표면의 아래에 좁은 스트라이프(stripe)의 형태로 놓인다. 특히 이 구조는 활성 접합 영역과 더불어 P^+-InGaAsP와 N^+-InGaAsP의 두 개의 운반자를 구속하고 빛을 도파하는 층들로 되어 있으며, 이 층들의 굴절률은 활성층의 값보다는 더 작지만 주변의 물질들보다는 높아서 빛의 도파 채널(wave-guide channel)을 형성한다. 이 LED의 동작에 있어서 도파로에 의해 행해지는 역할 때문에, 이 소자는 또한 도파로 LED(guided-wave LED)라 불린다. P^+-InP와 N^+-InP 층들은 광학적 클래딩층(cladding layer)이라 불린다.

얇은 활성 영역에서 만들어지는 빛은 도파층들로 퍼져 나간다. 이 층들은 밴드갭 에너지가 더 크기 때문에, 이 층들에서 흡수가 일어나지는 않는다.

활성 영역을 규정하는 전극 스트라이프는 측면발광체(edge-emitter)의 활성 영역이 광섬유와 잘 조화를 이룰 수 있도록 제작된다. 스트라이프 구조(stripe geometry)는 동일한 구동전류에서도 더 높은 운반자 주입밀도를 가질 수 있도록 하여, 전력 변환 효율(power conversion efficiency)을 향상시킨다. 이 구조에서는 빠른 열 방출이 필수적이다. 활성층은 일반적으로 100~150 μm의 길이를 가지며, 50~100 μm 직경의 광섬유 코어에 대하여 스트라이프의 폭은 50~70 μm의 폭으로 설계되어 있다.

웨이퍼는 벽개되어 스트라이프가 소자의 앞과 뒤 사이를 연결한다. 스트라이프의 양쪽 끝의 벽개된 표면을 벽개면(facet)이라 부른다. 후방 벽개면은 높은 반사율을 갖지만, 전방 벽개면은 무반사(anti-reflection) 물질로 코팅이 되어 있다. 후방 벽개면으로 진행하는 빛은 대부분 전방 벽개면으로 반사되어 되돌아온다. 전방 벽개면에 무반사 물질로 코팅을 하였기 때문에 광 귀환은 감소하고 빛의 방출이 가능해진다. ELED는 전방 벽개면을 통해서만 주로 빛을 방출한다. 좁은 방출 각을 갖기 때문에, SLED보다 광원-광섬유(source-to-fiber) 간의 광 결합 효율이 더 우수하다. 레이저 다이오드와는 달리, SLED는 귀환 공진구조(feedback cavity)를 갖지 않기 때문에 방출되는 비간섭성 광이다.

보통 SLED에서 방출되는 원형 출력 광(circular output beam)보다 ELED에서 방출되는 타원 출력 광(elliptical output beam)이 더 지향성이 있다. 이는 도파로 효과 (wave-guiding effect) 때문에 빔 발산이 줄어들어서 생긴다. 그 결과로 P-N 접합면에 수직한 방향으로 반치선폭(full width at half maximum, FWHM)이 약 25°~35°인 더 좁은 빔이 방출된다. 그러나 접합면에 수평한 방향으로는 도파로 효과가 없으므로 FWHM이 120°인 램버시안 특성을 보인다. 선택적 식각과 더 큰 밴드갭을 갖는 물질의 재성장(regrowth)을 통하여, 빛은 횡방향으로 광학적으로 구속된다.

SLED의 경우와 마찬가지로, 위의 설명은 통신용 응용에서의 LED 설계에서도 유효하다. 그러나 고체조명에서는 측면방출 구조는 주로 AlGaInP 물질계에 채택되며, 여기서는 빛의 방출이 등방적(isotropic)이라서 모든 방향으로 균일하므로, 측면을 통한 광 추출이 가능하다. 또한 활성층 내에서의 도파로 인한 장점도 있다. 또한 8.2 절에서 언급한 바와 같이, 이 구조는 GaN LED에서는 사용이 불가하다. 왜냐하면 이 소자들의 방출 패턴은 c-축 방향을 향하므로 측면에서는 빛이 거의 방출되지 않거나 전혀 방출되지 않는다.

SLED와 ELED의 주된 차이는 표 8.1에 정리되어 있다. 이 소자들의 스펙트럼 특성은 그림 8.3에서 보여진다(Keiser 2008).

8.4 초발광 LED(Superluminescent LED)

초발광 LED(SPLED)는 발광 다이오드의 넓은 스펙트럼 대역과 LD의 높은 광출력을 결합한 독특한 특성을 갖는다. 통상의 LED와 LD 사이의 간격을 채우기 위하여,

표 8.1 SLED와 ELED

번호	특성	SLED	ELED
1.	제작	쉬움	어려움
2.	반도체 재료	GaAs, InP, GaP, GaN	GaAs, InP, GaP, 및 AlGaInP
3.	제작 허용범위의 민감성	낮음	높음
4.	장착 및 취급	쉬움	어려움
5.	변조대역폭	낮음	더 높음(~100 MHz)
6.	광출력 결합 능력	열등	우수
7.	시스템 성능	열등	우수
8.	신뢰성	열등	우수

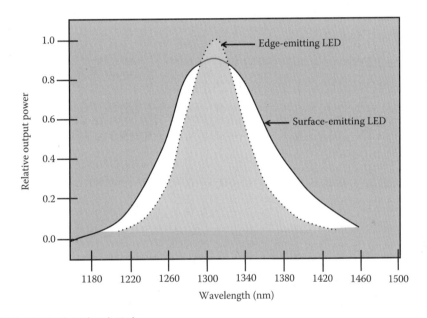

그림 8.3 SLED와 ELED의 스펙트럼 특성.

SPLED는 초발광(superluminescence)에 기반을 둔 ELED로 증폭 자발방출(ampli-fied spontaneous emission)이라 부른다. 초발광에서 자발방출에 의해 생성된 빛은 이득 매질(gain medium)에서의 유도 방출(stimulated emission) 과정을 통하여 광학적으로 증폭된다. SPLED는 최적화된 LED라 간주할 수 있다. 넓은 대역폭(band-width)과 높은 광출력 덕분에 SPLED는 광 간섭성 단층촬영법(optical coherence tomography, OCT), 광섬유 센서(fiber sensor), 광 간섭성 영역 방사 측정법(optical coherence domain reflectometry, OCDR) 분야와 관련된 틈새 응용(niche application) 분야에서 인기 있는 광원으로 자리 잡았다. 망막(retinal)과 각막(corneal)의 진단, 심장혈관과 위장의 장애, 피부과와 치과 치료에서의 3차원 영상에 더하여, 응력, 압력 및 유동에 대한 광센서와 광섬유 자이로스코프(fiber-optic gyroscope) 장치에 사용된다.

구조적으로 SPLED는 벽개면에서의 반사율이 작아서 레이저 발진이 제한되는 특성 면에서 LED와 닮아 있다. 기하학적으로는 LD에서 유도방출을 위한 광 귀환 기저에서 레이저 발진을 증대시키는 요소만 제외하면 LD와 닮아 있다. 레이저 발진을 억제하고 증폭 자발방출을 얻기 위하여, 출력 단 쪽에 있는 벽개면의 반사율은 상당히 낮아져야 한다. 일반적으로 벽개면은 반사 방지 유전체 거울로 코팅되어진다. 또한 스트라이프에 몇 도 정도 경사를 주면, 단면 반사율에 큰 영향을 준다. 보통 경사진 벽개면은 입사 및 반사 도파로 모드 사이에 보강 또는 상쇄 결합을 일으킨다. 결합이 완전한 보강이 아니라면, 반사광의 일부는 항상 손실되므로, 레이저 발진을 막는 데 도움이 된다.

LED와 마찬가지로 SPLED도 넓은 방출 스펙트럼과 낮은 가간섭성(coherence)을 갖는다. 그러나 LD와 같이 SPLED는 광출력이 높고 빔 발산각이 작다. LED 출력은 보통 수 밀리와트 정도이지만, SPLED의 광출력은 약 100 mW나 그 이상이다. SPLED는 100 mA 이상의 구동전류에서 동작하므로, 넓은 주변온도 범위에서 광출력을 안정화하기 위하여 열전소자(thermoelectric element)가 필요하다(Fye 1986). LED와는 달리 SPLED의 광출력은 고전류에서 초선형(super-linear)으로 증가한다. SPLED가 LD와 구분되는 두드러진 특징은 활성층에서의 상대적으로 더 높은 이득, 훨씬 더 높은 전류밀도, 그리고 광자와 운반자의 밀도 분포의 불균일성이 매우 심하다는 점이다. 모든 SPLED에서는 활성 영역을 따라서 움직이는 증폭 자발방출의 빔이 서로 반대되는 두 개의 방향으로 향한다. 이상적으로 SPLED는 최적화된 진행파(traveling-wave) LD 증폭기로, 활성 영역의 종단에서 반사되는 빛이 전혀 없다. 그러나 무반사 코팅과 같은 제작 공정의 물리적인 한계 때문에 완전한 SPLED를 구현하는 것은 불가능하다.

LED, SPLED, LD의 두드러진 특징은 표 8.2에 정리하였다. 대표적인 특성들은 그림 8.4에 도시하였다.

따라서 SPLED는 지향성이 있는 출력과 광섬유에 효율적인 광 결합이 되는 LED이다. 이 소자는 넓은 대역의 광출력을 갖는 공간적으로 간섭성 LD이다. 게다가 시간적으로 비간섭성의 스페클이 없는(speckle-free) LD이다.

표 8.2   LED, SPLED 및 LD

번호	특성	LED	SPLED	LD
1.	발광 원리	자발	자발증폭	유도
2.	광 스펙트럼 범위	넓음	넓음	좁음
3.	방출 광출력	보통	보통	높음
4.	광출력 밀도	낮음	보통	높음
5.	광 도파로	×	○	○
6.	방출 방향	모든 방향	발산에 의해 제한	발산에 의해 제한
7.	집속의 필요성	○	×	×
8.	단일모드 광섬유와 결합	×	○	○
9.	공간적 결맞음	낮음	높음	높음
10.	시간적 결맞음	낮음	낮음	높음
11.	스펙클 잡음	낮음	낮음	높음

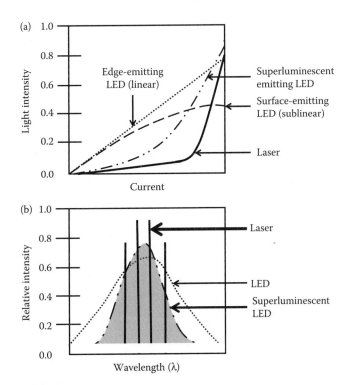

그림 8.4 서로 다른 LED들과 LD의 상대적인 특성들의 정성적 비교: (a) 전류 대 광출력, (b) 스펙트럼.

8.5 결론 및 고찰

SLED에서 활성 발광 영역의 평면은 광섬유의 축과 수직하다. 이러한 종류의 LED 에서는 식각을 통하여 이중 이종접합 소자의 수동 영역에 우물을 만들어 활성층의 발광 영역과 광섬유의 평탄한 끝을 가능한 한 가깝게 하고, 에폭시 본딩(epoxy bonding)으로 이중 이종접합의 표면에 광섬유의 끝을 고정하여 광 결합을 행한다. 이 소자의 방출 특성은 램버시안이므로, 이 광원을 어느 방향에서 보아도 동일한 밝기로 보이나 실제로는 cos θ에 의존하여 광출력이 감소한다. 여기서 θ는 보는 방향과 표면의 법선 방향 사이의 각도이다.

ELED 구조는 활성 접합 영역과 굴절률이 활성층보다 더 낮지만 주변 물질들보다는 더 높은 두 개의 도파 영역으로 구성되므로, 광 복사를 위한 도파 채널(waveguide channel)을 형성한다. ELED의 빔은 SLED보다 더 지향성이 우수하고 집속이 잘 되어 있고, 그 강도 또한 더 우수하다. 그러나 횡방향, 다시 말해서 접합면에 평행한 방향으로는 도파가 되지 않는다. 따라서 이 평면에서는 빔이 FWHM이 120°인 램버시안이다. 광섬유와 결합하기 위해서는 다이오드는 벽개되어 매끄러운 방출 면을 갖는다. 다음으로 광섬유의 끝에 달린 GRIN 렌즈(graded-index lens)에 결합된다.

SPLED는 LD와 LED의 좋은 특성들만을 조합하여, 모두 보이는 광전자 소자이다. 이러한 조합 때문에, 이 소자는 피코-투사(pico-projection)라 불리는 무초점(focus-free) 휴대용 프로젝터를 위한 이상적인 광원이 된다. 또한 스마트폰이나 카메라와 같은 가전 응용에 적극 활용되고 있다. 주목할 만한 특성으로는 투사되는 표면의 상태와 무관하게 투사 이미지는 항상 초점이 잘 맞는다.

참고문헌

Botez, E. and M. Ettenberg. 1979. Comparison of surface and edge-emitting LEDs for use in fiber optical communications. *IEEE Transactions of Electronic Devices* ED-26(8), 1230–1238.

Burrus, C. A. and B. I. Miller. 1971. Small-area, double-heterostructure aluminum–gallium arsenide electroluminescent diode sources for optical-fiber transmission lines. *Optics Communications* 4(4) issue, 4 December, 1971. pp. 307–309, doi: 10.1016/0030–4018(71)90157-X.

Ettenberg, M., H. Kressel, and J. P. Wittke. 1976. Very high radiance edge-emitting LED. *IEEE Journal of Quantum Electronics* QE-12(6), 360–364, doi: 10.1109/JQE.1976. 1069158.

Fye, D. M. 1986, October. Low-current 1.3-μm edge-emitting LED for single-mode-fiber subscriber loop applications. *Journal of Lightwave Technology* LT-4(10), 1546–1551, doi: 10.1109/JLT.1986.1074648.

Kasap, S. O. 2001. *Optoelectronics and Photonics: Principles and Practices. Chapter 4: Stimulated Emission and Photon Amplification.* New Jersey, USA: Prentice Hall International, 340pp. http://zone.ni.com/devzone/cda/ph/p/id/249

Kashima, Y. and T. Munakata. 1999. Edge emitting LED having a selective-area growth optical absorption region. US Patent number: 5889294 A, Filing date: February 25, 1997, Issue date: March 30, 1999.

Keiser, G. 2008. *Optical Fiber Communications.* New Delhi: Tata McGraw-Hill, 581pp.

Liu, Y.-Z. and S.-Y. Chiang. 1980. Light emitting diode structure. US Patent number: 4220960, Filing date: October 25, 1978, Issue date: September 2, 1980.

연습문제

8.1 단일모드와 다중모드 광섬유 통신 시스템의 의미는 무엇인가? 이 시스템들 중, LED가 선호하는 것과 그 이유를 설명하라.

8.2 Burrus LED는 SLED와 ELED 중 어느 것인가?

8.3 광섬유 통신에서 LD와 비교한 LED의 장점 세 가지를 기술하라.

8.4 SLED와 ELED는 무엇인가? 단면 다이어그램을 참조하여 각각의 두드러진 특징들을 기술하라. 또한 각각의 주된 응용분야를 기술하라.

8.5 "표면발광 LED는 램버시안 방출 패턴을 나타낸다"라는 말의 중요성을 설명하라.

8.6 초발광은 무엇인가? SPLED의 독보적인 특성을 기술하라. 이 소자는 두 반도체 소자들의 특성을 어떻게 통합하는가? 이 소자들의 명칭은 무엇인가?

8.7 SPLED의 두 가지 주된 응용분야를 기술하라.

8.8 표면발광과 측면발광 LED 중에서 어느 쪽이 더 제작이 용이한가? 그 이유는 무엇인가?

8.9 주어진 반도체 물질계에서 SLED와 ELED 중, 어느 쪽이 더 선호하는 구조인지, 즉 LED 방식에 따른 재료의 의존성을 기술하라.

CHAPTER **9**

LED에서의 광 추출
Light Extraction from LEDs

학습목표

이 장을 학습한 후에 독자들은 다음의 역량들을 갖출 수 있게 된다.

- 반도체-공기의 계면에 도달하는 빛의 극히 작은 일부만 LED의 표면에서 밖으로 방출된다는 사실을 이해하게 된다. 이는 전반사 때문이며 예를 들어, GaAs-공기의 계면에서의 전반사 임계각은 겨우 16°에 불과하다.
- 엔지니어들이 반도체의 표면의 형태를 돔형 구조나 반구형 구조로 하려는 이유를 이해할 수 있게 된다.
- LED 표면을 플라스틱 돔 구조로 밀봉하는 방식으로 굴절률의 차이를 줄여 전반사 임계각을 증가시키는 보편적인 해법을 이해한다.
- 탈출 원뿔(escape cone)의 개념과 광 추출효율을 높이기 위한 다양한 방법들, 즉 피라미드형 반사기(pyramidal reflector), 브래그 반사기(bragg reflector), 공진기(resonant cavity) LED, 표면 플라스몬(surface-plasmon) LED, 표면 roughening, 칩 shaping 등에 관한 아이디어를 습득한다.
- 단일 탈출 원뿔 구조에 대한 광 추출효율 공식을 유도하고, 이를 통해 N개의 탈출 원뿔에 대하여 일반화한다.

LED에서 유용한 빛의 수확은 LED의 활성층 내에서 생성되는 빛의 총량이 아니라 소자로부터 빠져나오는 유익한 빛들이다(Gasse 2009). 흡수기판을 갖고 에폭시 돔에 의해 봉지되어 있는 원초적인 평탄한 LED의 광 추출효율(light extraction efficiency)은 고작 4%에 불과하다. 따라서 이러한 LED들이 표시용 램프나 디스플레이 소자로만 유용하다는 사실은 놀랍지도 않다. 이렇게 낮은 광 추출효율은 과거의 연구자들을 매우 당혹스럽게 하였고, 그들은 이렇게 낮은 값에 대한 근본적인 정당화를 위해 그 원인을 모색하였다. 모색의 결과로부터 이렇게 저조한 효율의 주된 원인은

LED를 구성하는 물질(반도체)과 LED를 둘러싼 매질(공기) 사이의 굴절률의 비가 크기 때문에 생성된 빛이 밖으로 나가지 못하고 반도체 내로 전반사되어 되돌아옴이 자명하다. 이러한 이유로 LED 내에서 생성된 광자들을 외부세계로 빼낼 수 있도록 도움을 주는, 그리하여 광 추출효율을 향상시키는 적절한 방법의 개발이 필요해졌다. LED 광자(공)학(photonics)은 빛의 흡수, 반사, 굴절을 지배하는 광학 법칙들에 기반을 둔 독립적이면서도 포괄적인 학문이 되었다.

9.1 빛의 전반사와 탈출 원뿔의 개념

빛의 손실의 주된 요소는 기판, 반도체층, 전극, 에폭시 렌즈 물질에서의 빛의 흡수이다. 고전적인 직사각형 평면 구조의 LED에서 방출되는 빛의 광선 다이어그램이 그림 9.1에 작도되어 있다. 전반사 임계각도 ϕ_C보다 작은 각도로 입사하는 빛의 광선은 굴절되어 법선으로 부터 발산한다. 왜냐하면 에폭시의 굴절률이 일반적으로 반도체보다 훨씬 작기 때문이다. 입사각이 증가함에 따라 굴절각 또한 증가하며 결국 어떤 특정한 입사각도에서 굴절각이 90°가 되는데, 이때의 입사각이 반도체−에폭시 계면에서의 임계각도(critical angle) ϕ_C이다. 이후로, 이 임계각도보다 더 큰 각도로 입사하는 광선들은 전반사를 경험하며 반도체로 되돌아온다. 이 광선들 중 일부는 흡수되며 남아 있는 광선들은 다시 다른 각도로 반도체−에폭시 계면에 충돌한다. 이 과정이 반복되며, 그 과정에서 빛의 일부는 방출되고 나머지는 흡수된다.

원뿔의 선단 각도 $2\phi_C$ 이내로 입사하는 입사각 ϕ_S가 법선의 양쪽으로 임계각 ϕ_C 보다 작은 광선들만 에폭시 렌즈로 나아갈 수 있다. 따라서 선단 각도 $\theta_{Escape} = 2\phi_C$인 원뿔을 탈출 원뿔(escape cone)이라 부른다.

LED를 구성하는 고체 재료들, 예를 들어 반도체, 부도체, 금속층들의 굴절률은 실제로 동일하다. 따라서 이 재료들은 하나의 굴절률 n_S를 가진 것처럼 간주할 수 있다. 에폭시의 굴절률은 n_E라고 하자. 반도체−에폭시 계면에서 스넬−데카르트의 굴절의

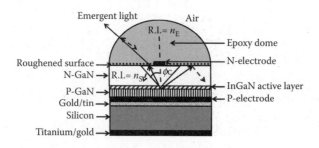

그림 9.1 에폭시 돔 내부에 매립된 직육면체 LED에서의 광선 작도 및 탈출 원뿔.

법칙(Snell-Descartes law of refraction)을 적용하면, 굴절률이 n_S인 반도체 광원(S)으로부터 굴절률이 n_E인 외부의 에폭시 물질로의 광 추출은 다음의 식으로 주어진다.

$$\frac{n_S}{n_E} = \frac{\sin \phi_E}{\sin \phi_S} \tag{9.1}$$

여기서 ϕ_E는 굴절각이다. 그러면 입사각의 sine 값은 다음과 같이 주어진다.

$$\sin \phi_S = \frac{n_E \sin \phi_E}{n_S} \tag{9.2}$$

전반사 임계각도는 굴절각이 90°가 되는 특별한 경우에 해당한다. 임계각도 $\phi_C(n_E, n_S) = \phi_S$에서 $\phi_E = 90°$이므로, $\sin \phi_E = \sin 90° = 1$이다. 그러므로

$$\sin \phi_C(n_E, n_S) = \frac{n_E}{n_S} \tag{9.3}$$

따라서

$$\phi_C(n_E, n_S) = \sin^{-1}\left(\frac{n_E}{n_S}\right) \tag{9.4}$$

유사한 현상이 에폭시–공기 계면에서 발생하여, LED의 광출력을 제한할 수 있다. 또한 여기서도 빛의 일부는 흡수되고, 나머지 부분은 반사되거나 굴절되는 두 개의 성분으로 나뉘어 진행한다.

LED의 반도체층들은 큰 굴절률을 갖는 재료들이므로, 이러한 층들을 넘나들면서 빛은 수많은 내부 반사를 경험하며, 큰 손실이 생길 수도 있다.

예제 9.1

GaN LED에서의 에폭시 렌즈의 굴절률은 1.5이다. 만약 GaN의 굴절률이 2.5라면, GaN-에폭시 계면에서의 탈출 원뿔의 선단 각도는 얼마인가? 만일 에폭시 렌즈가 없어서, GaN-공기 계면이라면 이 경우의 탈출 원뿔의 선단 각도는 얼마인가? 에폭시가 선단 각도에 어떤 영향을 주는가? 공기의 굴절률은 1로 가정하자.

반도체–에폭시 계면에서의 탈출 원뿔의 선단 각도는 다음과 같다.

$$\begin{aligned}(\theta_{\text{Escape}})_{\text{GaN-epoxy}} &= 2\phi_C(n_E, n_S) = 2\sin^{-1}\left(\frac{n_E}{n_S}\right) = 2\sin^{-1}\left(\frac{1.5}{2.5}\right) \\ &= 2\sin^{-1}(0.6) = 2 \times 36.87 = 73.74°\end{aligned} \tag{9.5}$$

만약 공기의 굴절률이 $n_A = 1$이라면, 반도체–공기 계면에서의 탈출 원뿔의 선단

각도는 다음과 같다.

$$(\theta_{\text{Escape}})_{\text{GaN}-\text{air}} = 2\phi_C(n_A, n_S) = 2\sin^{-1}\left(\frac{n_A}{n_S}\right) = 2\sin^{-1}\left(\frac{1.0}{2.5}\right) \tag{9.6}$$
$$= 2\sin^{-1}(0.4) = 2 \times 23.58 = 47.16°$$

에폭시가 있으면 공기보다 에폭시가 반도체의 굴절률에 더 가깝기 때문에 탈출 원뿔의 선단 각도가 증가한다.

9.2 광 추출효율을 개선하는 기술들

LED에서의 광 추출효율(light extraction efficiency)을 개선하기 위한 다양한 방식들이 연구되고 있다. 그 방식들 중 일부를 간단히 살펴보자.

9.2.1 탈출 원뿔의 수의 증가

광 추출을 개선하기 위해 탈출 원뿔을 가능한 한 많이 만드는 것이 분명하게 효과적이다. Žkauskas와 동료 연구자들(2002)은 탈출 원뿔의 수를 변화시킨 몇 가지의 LED 구조들을 제안하였다. 고려하는 직사각형 LED 칩에서(그림 9.2a), 한 개의 탈출 원뿔에서는 위 방향으로의 빛의 방출이 일어난다. 그림 9.2b는 두 개의 탈출 원뿔을 갖는 LED 칩을 보여 준다. 여기서는 흡수기판을 제거하거나 빛을 투과하는 물질을 기판으로 적용하므로 빛은 아래 방향으로도 방출된다. 이렇게 이미 존재하는 위 방향에 추가로 아래 방향으로의 빛의 방출을 위한 하나의 탈출 원뿔을 도입하면, 탈출 원뿔의 수가 두 개가 되어 광 추출이 두 배가 된다.

그림 9.2c는 세 개의 탈출 원뿔을 갖는 LED 칩을 보여 준다. 이 그림을 설명하기 위하여, 창층(window layer)이라 불리는 LED의 상부의 투과층을 소개한다. 만약 이 층이 얇다면 위 방향으로의 탈출 원뿔만 존재한다. 이 층의 두께를 증가시키면, 횡 방향으로 창층에서 네 개의 반 원뿔 또는 두 개의 원뿔이 새로 추가된다. 원래 있는 위 방향의 원뿔과 더불어 탈출 원뿔의 수는 모두 3개가 된다.

그림 9.2d에서는 네 개의 탈출 원뿔을 갖는 LED를 보여 준다. 여기서는 투명 기판의 두께를 증가시키면 횡 방향으로 네 개의 반 원뿔 또는 두 개의 탈출 원뿔이 열린다. 기존의 연직 상방 및 연직 하방의 원뿔들과 합치면 원뿔의 수는 모두 4개가 된다.

그림 9.2e는 5개의 탈출 원뿔을 갖는 LED 칩을 보여 준다. 이 경우에는 창층과 흡수기판의 두께를 증가시켜 위 방향의 한 개의 원뿔과 4개의 횡 방향의 원뿔을 수용할 수 있으며, 다 합치면 5개가 된다. 다만 기판이 흡수기판이므로 아래 방향으로의 원뿔

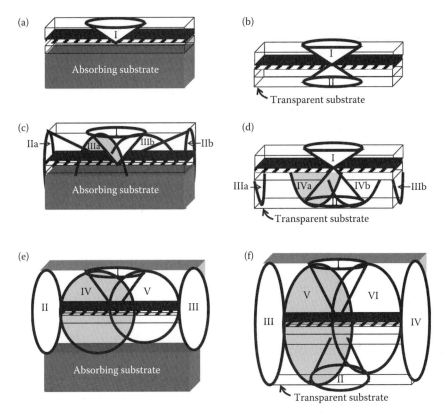

그림 9.2 서로 다른 탈출 원뿔의 수를 가진 LED들: (a) 1개의 원뿔(얇은 창층과 흡수기판), (b) 2개의 원뿔(얇은 창층과 얇은 투과기판), (c) 3개의 원뿔: 1개의 전 원뿔과 4개의 반 원뿔들(더 두꺼운 창층과 흡수기판), (d) 4개의 원뿔: 2개의 전 원뿔들과 4개의 반 원뿔들(얇은 창층과 더 두꺼운 투과기판), (e) 5개의 원뿔(두꺼운 창층과 흡수기판), (f) 6개의 원뿔(두꺼운 창층과 두꺼운 투과기판).

이 없다.

6개의 탈출 원뿔을 가진 LED 칩이 그림 9.2f에 나와 있다. 이 경우는 그림 9.2e에서 흡수기판을 쓰는 대신에 투과기판을 사용하는 한 가지만 다르다. 따라서 아래 방향으로의 광 추출을 위한 하나의 원뿔이 가능해지며, 총 6개의 원뿔을 갖는다.

따라서 직사각형 LED에서는 6개의 탈출 원뿔을 갖는 LED 칩의 구조를 적용하면, 원시적인 LED 설계와 비교하여 6배의 광 추출이 가능하다.

9.2.2 피라미드형 반사기

Xi와 동료 연구자들(2006)은 P-형 GaN 위에 SiO_2 피라미드 어레이와 은(Ag)층으로 구성된 피라미드형 반사기를 가진 GaInN LED를 제작하였다(그림 9.3). 그들은 평면 은(Ag) 반사층을 갖춘 통상의 GaInN LED와 비교하여 13.9%의 광출력 향상을 확인하였다. 실험 결과는 광선추적 시뮬레이션(ray-tracing simulation)과 매우 잘 일

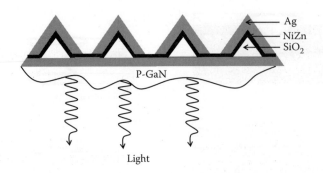

그림 9.3 LED의 하방으로의 광 추출을 향상시키기 위해 상부의 P-GaN층 위에 놓인 피라미드형 반사기 부분.

치한다. 시뮬레이션에 따르면 피라미드형 반사기는 14.1%의 광 추출효율의 향상을 나타냈다. 이러한 향상의 원인은 3차원의 피라미드형 반사기에 의해 반사된 광선들의 전파 방향이 변하므로 광 추출을 위한 추가적인 탈출 원뿔들의 생성이 가능해졌기 때문이다.

9.2.3 분포 브래그 반사기(Distributed Bragg Reflectors)

아래 방향으로의 탈출 원뿔을 도입하기 위한 착상으로 흡수기판을 제거하고, 그 자리를 투과형 기판으로 대체하는 기술이 있다. 하지만 특정 물질계에서는 이러한 방식을 적용하는 데 어려움이 있기 때문에 분포 브래그 반사기에 기반을 둔 방식이 제안되었다. 이는 내려오는 빛을 반사시켜 되돌려 보내는 거울의 기능을 수행한다(그림 9.4). 이 장치는 각각 높고 낮은 굴절률을 갖는 물질들을 발광 파장의 1/4의 두께로 반복하여 적층한 다층 구조의 반사층들로 구성되어 있다. 브래그 반사기는 활성층과 흡수기판의 사이에 놓인다. 이는 특정한 파장에서 제한된 입사각도 범위에서만 동작하는 공진 구조이다. LED에서 방출되는 빛은 넓은 스펙트럼 범위를 갖기 때문에 넓은 각도와 넓은 스펙트럼 범위에 대하여 충분한 반사율을 갖기 위하여 다양한 브래그 반사기들이 제안되고 제작되었다. 통상의 분포 브래그 반사기는 AlInP/AlGaInP 또는 AlInP/GaAs의 두 가지 다층 적층 구조로 되어 있다.

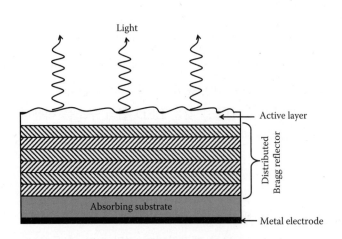

그림 9.4 LED의 위쪽 표면으로의 광 추출을 향상시키기 위해 흡수기판과 활성층의 사이에 브래그 반사기를 적용한 구조.

9.2.4   공진기(Resonant Cavity) LED

공진기 LED(resonant cavity LED, RCLED)는 미세공동(microcavity) 효과를 통하여 자발 방출을 증가시킨다. 활성층을 공진기 내에 놓으면 광출력이 2~10배 정도 증가하며, 스펙트럼 순도도 더 좋아진다. 스펙트럼 선폭이 2배 이상 좁아진다. 온도에 따른 안정성도 좋아지고 좀 더 지향성이 있는 빔을 얻는다. 이렇게 개선된 출력과 스펙트럼 순도로 인하여 RCLED를 광섬유를 통한 광전송에 쓸 수 있게 되었다. 또한 RCLED는 고체조명 시스템에서 전통적인 LED에 기반을 둔 기존의 시스템보다 더 높은 효율과 더 높은 루멘 출력을 생성할 기회를 제공한다. RCLED의 주된 장점은 높은 광 추출효율에 있다.

RCLED는 오직 하나의 고 반사(보통 80%~90%) 거울과 약 50%의 반사율을 갖는 제2의 거울이 필요할 뿐이다. Schubert와 동료 연구자들의 연구에서(1994) GaAs 기반의 LED의 활성층은 다중 양자우물 구조이다. 상부의 반사기-1은 금(Au)으로 보호된 은(Ag)층을 사용한다. 하부의 반사기-2는 일련의 AlAs와 GaAs 층들을 반복하여 성장한 분포 브래그 반사기 구조이다. 이 층들은 각각이 $\lambda/4$의 광학두께를 갖는 방식으로 성장되며, 선택된 파장에서 거의 100%의 반사율을 얻을 수 있다. Schubert와 동료 연구자들(1996)은 기판을 통하여 방출되는 이러한 RCLED의 온도와 변조 특성을 보고하였다. 그림 9.5는 1994년과 1996년의 Schubert와 동료 연구자들의 아이디어가 적용된 이 소자의 단면 구조를 보여 준다.

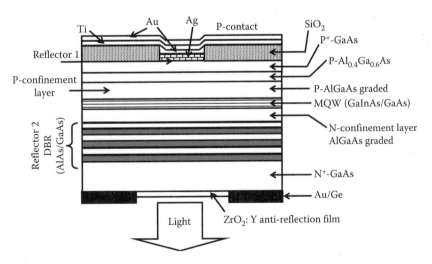

그림 9.5 금속 거울-DBR 공진기를 사용한 GaAs 기반의 공진기 LED(RCLED) 구조.

9.2.5 왕관 모양의 패턴을 가진 사파이어 기판(Crown-Shaped Patterned Sapphire Substrates)

Chiu와 동료 연구자들(2012)은 통상의 사진석판술에 의해 왕관 모양의 패턴을 가진 사파이어 기판(crown-shaped patterned sapphire substrates, CPSS)과 GaN 에피택셜층의 사이에 금속유기 화학기상 증착법(MOCVD)으로 성장된 도넛 모양의 기공 어레이(air void array)를 사용하였다. CPSS-LED의 광출력은 참조용으로 평탄한 사파이어 기판 위에 나란히 성장한 통상의 LED와 비교하여 20 mA의 구동전류에서 무려 32.1%나 개선되었다.

9.2.6 거친(Roughened) 표면과 패턴을 준 표면(Textured Surfaces)

LED의 활성층에서 생성된 광자들의 탈출 확률을 높이기 위해서는 큰 임계각도나 거친 표면이 필요하다. LED의 상부 표면을 거칠게 하면 표면에서의 산란과 난반사에 의하여 광자의 굴절각도가 무작위로 변하므로 내부에서의 빛의 전반사를 극복할 수 있다. 기판의 제거를 위하여 레이저 리프트오프(laser lift-off) 방식을 채택하였고, 다음으로 비등방성 식각(anisotropic etching) 공정에 의해 표면을 거칠게 가공하였다(Fujii et al. 2004). 이렇게 하여, N-side-up GaN 기반 LED에서 육각의 "원뿔형" 표면을 얻을 수 있었다. 이 LED는 거친 표면을 갖지 않은 LED와 비교하여 두세 배의 광출력을 갖는다. 이 소자의 구조는 Fujii와 동료 연구자들에 의해 2004년에 수행된 연구를 토대로 하여 그림 9.6에 나타나 있다.

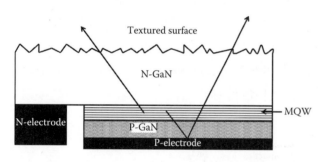

그림 9.6 기판 제거, N-GaN층의 표면 텍스처링, 반사형 P-전극에 의해 광 추출을 증가시킨 구조.

결정 성장 멈춤(growth-interruption) 단계와 마그네슘 처리(Mg-treatment) 공정을 통하여 제단형 마이크로 피라미드(truncated micro-pyramid) 표면을 형성한 GaN 기반 LED가 제작되었다(Sheu et al. 2006). 이 LED들은 거친 LED 표면의 생성에 의하여 광자 추출 경로 길이가 줄어들기 때문에 광출력에 있어서 60%의 향상을 보였다.

Kang과 동료 연구자들(2011)은 습식 식각 공정에 의하여 ITO 나노-구(nanosphere)를 사용한 단일층 및 이중층의 패턴 형성을 수행하였다. ITO 나노-구를 식각 마스크로 하여 ITO 오믹 전극층과 P-GaN층에 패턴을 형성하였다. Kang과 동료 연구자들(2011)의 아이디어에 의한 ITO 패턴 형성(texturing)과 광 추출의 향상을 보여 주는 구조가 그림 9.7에 도시되어 있다. P-GaN층의 표면 또한 패턴을 형성하는 방식으로 이중층의 패턴을 형성하여, 더 많은 빛을 추출하였다.

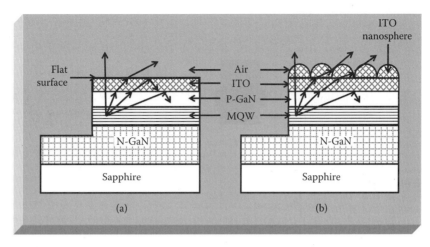

그림 9.7 GaN LED의 MQW/P-GaN/ITO/공기 계면에서의 빛의 전파 경로: (a) 편평한 표면, (b) 패턴을 준 ITO 표면.

9.2.7 표면 플라스몬(Surface-Plasmon) LED

표면 플라스몬은 금속과 유전체의 계면의 금속 내에 있는 자유전자의 집합적인 진동이다. 표면 플라스몬 LED는 양자우물(quantum well, QW)을 표면 플라스몬(SP)에 결합하여 발광성 재결합률을 증가시키는 방식을 이용한다.

Cho와 동료 연구자들(2011)에 의해 개발된 녹색 LED(그림 9.8)에서, P-GaN층에 삽입된 금(Au) 나노입자(nano-particle)들에 의해 자발방출률이 증가하였다. 이는 다중 양자우물 내의 여기자(exciton)와 금 나노입자들 내의 국재화된 표면 플라스몬(localized surface plasmon, LSP)들 사이의 결합에 의하여 발생한다. QW과 금 나노입자들 사이의 거리는 여기자들과 LSP 사이의 강한 공명결합(resonant coupling)을 얻기 위하여 P-GaN 스페이서층의 두께에 의해 정밀하게 제어된다. 시편들을 MOCVD

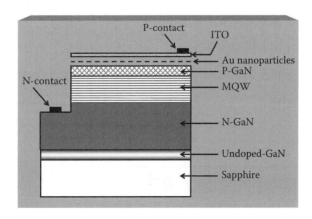

그림 9.8 표면 플라스몬(SP) LED.

성장 챔버에서 꺼낸다. 다음으로 전자빔 증착법에 의해 20 nm 두께의 p-GaN 스페이서층 위에 0.2 nm 두께의 금 박막층이 증착된다. MOCVD 챔버 내에서 800°C에서 3분 동안 열처리를 행한 후에, 800°C에서 1.5분 동안 30 nm 두께의 p-GaN층이 덮개층(capping layer)으로 금 나노입자 위에 증착되고, 970°C에서 p-GaN 덮개층 위에 150 nm 두께의 p-GaN층을 성장한다. 금 나노입자를 적용한 SP-향상된 녹색 LED의 광출력은 86% 향상되었다.

9.2.8 흡수 손실의 방지

이 손실들은 주로 LED의 기판과 전극 영역에서 발생한다. 기판에서의 손실을 피하기 위한 방법은 전적으로 기판에 맡기는 방식을 포함하며, LED 구조에 투과형 기판을 사용하거나 브래그 반사기와 같은 거울을 설치하여 아래 방향으로 향하는 빛을 반사시키고 복구한다. 전극 영역에서의 손실은 Ni/Au 전극, indium tin oxide(ITO) 전극, 또는 indium oxide 전극과 같은 투명전극을 사용하면 획기적으로 줄일 수 있다. 다른 해결책은 전극 영역 하부에 전자 차단층(electron blocking layer)을 삽입하여 그 영역에서의 빛의 생성을 막는 방법이 있다.

9.2.9 광자의 재생(Reincarnation) 및 재활용(Recycling)

활성층에 흡수된 광자들은 광자로 다시 생성되어 LED 칩의 밖으로 나갈 두 번째 기회가 가능하다. 높은 내부양자효율을 보이는 LED들에서, 광자는 밖으로 방출되기 전에 여러 차례 재활용된다. 따라서 내부양자효율에 대한 광 추출효율의 의존성은 쉽게 추측할 수 있다. 광자 재활용은 LED 제작에 사용되는 반도체 물질의 품질과 결함 수준에 매우 민감하다. 밖으로 나가지 못한 광자들을 가능한 한 많이 포획하여 재활용하기 위하여 저 결함의 물질과 두꺼운 활성층을 갖게 하여 높은 내부양자효율을 갖는 LED를 제작하는 것이 바람직하다. 그러나 100%의 내부양자효율을 갖는 것은 불가능하며, LED를 사용할수록 더 나빠진다는 사실을 지적하고자 한다. 또한 더 두꺼운 층은 더 높은 기생 흡수 손실(parasitic absorption loss)을 가져온다. 따라서 직접적인 해결책을 제시할 수 없으며, 흡수 손실과 광자 재활용의 요구사항 사이에서 타협하는 절충(trade-off) 전략이 마련되어야 한다.

9.3 단일 탈출 원뿔 LED에서의 추출효율 공식

통계적인 방식을 기반으로 한 광 추출효율의 이론적인 계산은 복잡하다. Lee(1998)

이후로 단순화된 기하학적인 접근방법을 여기서 소개한다. LED의 추출효율을 위한 공식 유도를 위해 다음 세 가지 적용 요소들을 고려해야 한다.

1. 반도체-에폭시 계면에서의 분수 입체각: LED의 활성층에서 생성된 빛은 반도체-에폭시 계면으로 입사된다. 그중에서 탈출 원뿔의 선단에 의해 지배되는 입체각 이내로 들어오는 빛들만이 굴절을 경험하고 추가적으로 진행된다. 나머지 빛들은 전반사를 겪는다.

2. 반도체-에폭시 계면에서의 투과율(T_{SE}): 반도체로부터 진행하는 빛이 에폭시로 들어갈 때, 반도체-에폭시 계면으로 입사하는 모든 빛이 계면을 통과하는 것은 아니다. 이 계면을 통과하는 비율은 투과율 T_{SE}에 의해 지배되며, 이 투과율은 다음으로 두 매질의 굴절률들에 의존한다. 투과율은 입력 광 파워에 대한 출력 광 파워의 비이다.

3. 에폭시-공기 계면에서의 투과율(T_{EA}): 에폭시-공기 계면 또한 에폭시와 공기의 굴절률에 의해 결정되는 투과율(T_{EA})을 갖기 때문에 반도체-에폭시 계면과 유사하다.

9.3.1 분수 입체각 인자(Fractional Solid Angle Factor)

탈출 원뿔의 선단에서의 임계각도가 θ_C이므로, 입체각은 다음과 같이 쓸 수 있다.

$$
\begin{aligned}
\Omega_C &= \int_{\phi=0}^{2\pi}\int_{\theta=0}^{\theta_C}\sin\theta\,\mathrm{d}\theta\,\mathrm{d}\phi = \int_{\phi=0}^{2\pi}\mathrm{d}\phi \times \int_{\theta=0}^{\theta_C}\sin\theta\,\mathrm{d}\theta = \left[\phi\right]_{\phi=0}^{2\pi} \times \left[-\cos\theta\right]_{\theta=0}^{\theta_C} \\
&= \left[0-2\pi\right] \times \left[-1+\cos\theta_C\right] \\
&= 2\pi\left(1-\cos\theta_C\right) = 2\pi\left(1-\sqrt{1-\sin^2\theta_C}\right) = 2\pi\left\{1-\sqrt{1-\left(n_E/n_S\right)^2}\right\}
\end{aligned}
\tag{9.7}
$$

한 점에 대응하는 총 입체각은 4π이므로, 분수 입체각은 다음과 같다.

$$
\omega_C = \frac{2\pi\left\{1-\sqrt{1-\left(n_E/n_S\right)^2}\right\}}{4\pi} = \frac{1-\sqrt{1-\left(n_E/n_S\right)^2}}{2}
\tag{9.8}
$$

9.3.2 반도체-에폭시 투과율(T_{SE}) 인자

여기서 균일한 매질을 전파하던 빛이 상이한 굴절률을 갖는 또 다른 매질의 경계에서 매끄러운 계면을 만나는 상황에 직면한다. 이 계산은 처음에 프레넬(Fresnel)에 의해 수행되었다. 맥스웰 방정식에서 유도된 프레넬 방정식이 광학의 중심이다. 따라서 서로 다른 굴절률 n_S(반도체)와 n_E(에폭시)를 갖는 두 개의 등방적(isotropic)이고 균질

(homogeneous)한 매질 사이의 평탄한 계면에서 투과되는 빛의 비율을 계산하기 위해 프레넬 해석(Fresnel analysis)의 도움을 받기로 한다.

계면에서의 투과계수는 경계조건에 의해 구해지는데, 이는 입사광의 편광에 의존한다. 입사평면은 입사 및 반사 k-벡터들을 포함하는 평면이다. 광학에서 보편적으로 사용하는 명칭은 전기장($\vec{E}$)-벡터가 입사평면에 수직한 경우에 S-편광(S-polarization)이라 부르고, 전기장($\vec{E}$)-벡터가 입사평면에 놓이는 경우에 P-편광(P-polarization)이라 부른다. 수직편광(S-편광)된 빛의 투과계수는 다음과 같다.

$$t_\perp = \frac{2n_S \cos\theta_S}{n_S \cos\theta_S + n_E \cos\theta_E} \tag{9.9}$$

여기서 θ_S는 입사각이고, θ_E는 투과각(굴절각)이다. 이와 유사하게 평행편광(P-편광)된 빛의 투과계수는 다음과 같이 쓸 수 있다.

$$t_\parallel = \frac{2n_S \cos\theta_S}{n_S \cos\theta_E + n_E \cos\theta_S} \tag{9.10}$$

수직입사($\theta_S = 0°$)에 대하여 $n_S \sin\theta_S = n_E \sin\theta_E$이므로, 투과각 θ_E 또한 0°이다. 따라서 위의 투과계수 방정식들은 다음과 같아진다.

$$t_\perp = \frac{2n_S \cos\theta_S}{n_S \cos\theta_S + n_E \cos\theta_E} = \frac{2n_S}{n_S + n_E} \tag{9.11}$$

$$t_\parallel = \frac{2n_S \cos\theta_S}{n_S \cos\theta_E + n_E \cos\theta_S} = \frac{2n_S}{n_S + n_E} \tag{9.12}$$

무작위의 편광에 대하여, 평균 투과계수는 다음과 같다.

$$t = \frac{t_\perp + t_\parallel}{2} = \frac{\left(\dfrac{2n_S}{n_S + n_E} + \dfrac{2n_S}{n_S + n_E}\right)}{2} = \frac{2n_S}{n_S + n_E} \tag{9.13}$$

프레넬 해석에 의해, 투과율 T_{SE}는 다음과 같이 주어진다.

$$T_{SE} = \frac{n_E \cos\theta_E}{n_S \cos\theta_S} \times t^2 = \frac{n_E \cos\theta_E}{n_S \cos\theta_S} \times \left(\frac{2n_S}{n_S + n_E}\right)^2 \tag{9.14}$$

$\theta_S = \theta_E = 0°$이므로 이 식은 다음과 같아진다.

$$T_{SE} = \frac{n_E}{n_S} \times \left(\frac{2n_S}{n_S + n_E} \right)^2 = \frac{4n_S n_E}{\left(n_S + n_E \right)^2} \tag{9.15}$$

예제 9.2

i. AlGaAs(굴절률 n_S = 3.5) LED가 공기(굴절률 n_A = 1) 중에 놓여 있다. 프레넬 투과계수와 투과인자(transmission factor)를 구하라.

ii. LED에 굴절률이 1.8인 물질로 코팅을 할 경우에, 투과인자의 증가율을 구하라.

i. 프레넬 투과계수 T는 AlGaAs-공기 계면으로 입사하는 총 광속에 대한 계면을 통과하는 복사 광속의 비를 의미하며 다음과 같이 주어진다.

$$T = \frac{4n_S n_A}{(n_S + n_A)^2} = \frac{4 \times 3.5 \times 1}{(3.5 + 1)^2} = 0.69136 \tag{9.16}$$

투과인자 TF는 생성된 총 복사에너지에 대한 투과되는 복사에너지의 비를 의미하므로, 반도체에서 생성된 광자들에 대한 AlGaAs-공기 계면으로부터 공기 중으로 방출되는 광자들의 비율이라 할 수 있다. 90° 각도의 복사 분포가 반구를 형성하는 경우에, 다음과 같이 임계각도 θ_C에 의해 제한되는 입사각의 원뿔을 고려하자.

$$TF = \frac{T\Omega_i}{\Omega_e} \tag{9.17}$$

여기서 Ω_e와 Ω_i는 각각 방출 광자와 입사 광자의 입체각이다. 입체각 Ω는 원뿔의 선단에 대응하는 반-수직 각(semi-vertical angle) θ의 함수로 다음과 같이 정의된다.

$$\Omega = 2\pi(1 - \cos\theta) \tag{9.18}$$

따라서 TF는 다음과 같다.

$$TF = \frac{T\Omega_i}{\Omega_e} = \frac{T \times 2\pi(1 - \cos\theta_C)}{2\pi(1 - \cos 90°)} \tag{9.19}$$

여기서 AlGaAs-공기 계면의 임계각 $\theta_C = \sin^{-1}(1/3.5) = 16.60155°$이다. 따라서

$$TF = \frac{0.69136 \times (1 - \cos 16.60155°)}{1 - \cos 90°} = 0.02882 \tag{9.20}$$

ii. 굴절률 n_S = 3.5인 반도체 LED에 굴절률이 n_E = 1.8인 물질로 코팅을 적용하면, 반도체-코팅 계면에서의 임계각은 다음과 같다.

$$\theta_C = \sin^{-1}\left(\frac{1.8}{3.5}\right) = 30.9497° \tag{9.21}$$

$$T = \frac{4n_S n_E}{(n_S + n_E)^2} = \frac{4 \times 3.5 \times 1.8}{(3.5 + 1.8)^2} = 0.89712 \tag{9.22}$$

$$TF = \frac{T \times 2\pi\left(1 - \cos\theta_C\right)}{2\pi(1 - \cos 90°)} = T \times (1 - \cos\theta_C) \tag{9.23}$$
$$= 0.89712 \times (1 - \cos 30.9497°) = 0.1277$$

이는 이전의 경우와 비교하여 TF가 $0.1277/0.02882 = 4.431$배만큼 더 크다.

예제 9.3

i. 흡수는 무시하고, 반도체–공기 계면에서의 투과계수 공식으로부터 이 계면에서의 반사계수에 관한 공식을 유도하라. 또한 이 식을 이용하여 반도체–공기 계면에서의 반사계수를 계산하라.

ii. 굴절률이 $n_E = 1.5$인 봉지재(encapsulant)를 사용하는 경우에 반사계수를 구하라.

i. 표면의 반사계수는 표면에 입사하는 총 광자 수에 대한 표면에서 반사되는 광자의 수의 비로 정의된다. 반도체–공기 계면에서의 반사계수는 다음과 같다.

$$R = 1 - T = 1 - \frac{4n_S n_A}{(n_S + n_A)^2} = \frac{(n_S + n_A)^2 - 4n_S n_A}{(n_S + n_A)^2}$$
$$= \frac{n_S^2 + n_A^2 + 2n_S n_A - 4n_S n_A}{(n_S + n_A)^2} \tag{9.24}$$
$$= \frac{(n_S - n_A)^2}{(n_S + n_A)^2} = \frac{(3.5 - 1)^2}{(3.5 + 1)^2} = 0.3086$$

ii. 굴절률이 $n_E = 1.5$인 봉지재를 사용하는 경우에 반사계수는 다음과 같다.

$$R = \frac{(n_S - n_E)^2}{(n_S + n_E)^2} = \frac{(3.5 - 1.5)^2}{(3.5 + 1.5)^2} = 0.16 \tag{9.25}$$

9.3.3 에폭시–공기 투과율(T_{EA}) 인자

반도체–에폭시 계면에서의 투과율의 프레넬 기반 해석에서, 반도체와 에폭시의 굴절률 n_S 및 n_E를 에폭시와 공기의 굴절률 n_E 및 n_A로 대체하여 에폭시–공기 계면에 적용할 수 있다. T_{SE} 방정식에 이렇게 대체하면, 에폭시–공기 계면에서의 투과율 T_{EA}는 다음과 같다.

$$T_{\text{EA}} = \frac{4n_{\text{E}}n_{\text{A}}}{(n_{\text{E}} + n_{\text{A}})^2} \tag{9.26}$$

공기의 굴절률은 $n_{\text{A}} = 1$이므로, T_{EA}는 다음과 같다.

$$T_{\text{EA}} = \frac{4n_{\text{E}}}{(n_{\text{E}} + 1)^2} \tag{9.27}$$

9.3.4 추출효율 인자들의 조합과 가정들

LED의 광 추출효율에 기여하는 세 가지 인자들을 조합하면, 단일 원뿔 LED의 추출효율 η_{extr}은 다음의 식으로 주어진다.

$$\eta_{\text{extr}} = \omega_{\text{C}} \times T_{\text{SE}} \times T_{\text{EA}} = \frac{1 - \sqrt{1 - (n_{\text{E}}/n_{\text{S}})^2}}{2} \times \frac{4n_{\text{S}}n_{\text{E}}}{(n_{\text{S}} + n_{\text{E}})^2} \times \frac{4n_{\text{E}}}{(n_{\text{E}} + 1)^2} \tag{9.28}$$

여기서 첫 번째 인자는 단일 탈출 원뿔의 분수 입체각, 두 번째 인자는 반도체-에폭시 계면에 대한 탈출 원뿔의 투과율, 그리고 세 번째 인자는 에폭시-공기 경계면에서의 투과율이다.

이러한 유도의 과정에서 수학적인 복잡성을 피하기 위해 몇 가지 단순화 가설들을 적용하였음을 상기하자. 그 내용들을 분명히 하면 유도 과정에서의 가정들은 다음과 같다: (i) 반도체 또는 에폭시 돔에서 반사되는 광자들은 이용되지 않는다. (ii) 탈출 원뿔은 완전히 개방되어 있다. (iii) 원뿔 바닥면의 평균 반사율은 수직하게 입사된 광선의 경우와 동일하다. (iv) LED의 상부 표면의 전극에 의한 탈출 원뿔의 차폐는 없다.

9.3.5 *N*개의 탈출 원뿔을 갖는 LED 구조에의 일반화

일반적으로, 주어진 LED 구조에는 몇 개의 탈출 원뿔이 존재한다. 이 탈출 원뿔들은 결합된 것과 결합되지 않은 것의 두 가지 종류가 있다. 결합된 탈출 원뿔들(coupled escape cones)은 각각의 바닥면들이 낮은 광학밀도 구조에 의해 분리된 마주하는 원뿔들을 갖는다. 이러한 원뿔들에서 원뿔의 한쪽 바닥면에서 반사된 광자는 반대쪽 원뿔의 바닥면을 통하여 밖으로 방출된다. 결합된 원뿔에서 탈출 표면을 분리하는 층이 광학적으로 얇기 때문에 다중 반사는 프레넬 손실을 매우 작게 만든다. 따라서 전극의 차폐 효과를 무시하면, 결합된 한 쌍의 원뿔에서의 투과율 $T_{\text{SE}} = 1$이다. 결합되지 않은 원뿔들(uncoupled escape cones)은 흡수기판의 옆에 위치한 원뿔이다. 반대쪽 원뿔을 광자가 한 번만 지나가는, 다시 말해서 높은 광학밀도의 매질이 서로의 바닥면을 분리하는 원뿔들 또한 결합되지 않은 원뿔에 포함된다.

위의 관점에서, 추출효율 방정식에서의 T_{SE} 승수는 $\sum_{n=1}^{N} T_{SE}$로 바꿔야 한다. 변경된 방정식은 다음과 같다.

$$\eta_{extr} = \omega_C \times T_{EA} \times \sum_{n=1}^{N} T_{SE} = \frac{1 - \sqrt{1 - (n_E/n_A)^2}}{2} \times \frac{4n_E}{(n_E + 1)^2} \times \sum_{n=1}^{N} T_{SE} \qquad (9.29)$$

여기서 결합된 탈출 원뿔의 경우에는 다음과 같다.

$$\sum_{n=1}^{N} T_{SE} = 1 \qquad (9.30)$$

반면에 결합되지 않은 탈출 원뿔에서는 다음과 같이 쓸 수 있다.

$$\sum_{n=1}^{N} T_{SE} = \sum_{n=1}^{N} \frac{4n_S n_E}{(n_S + n_E)^2} \qquad (9.31)$$

9.3.6 평면, 직사각형 LED에서의 탈출 원뿔의 엔지니어링

LED 소자의 제작에서는 평면의 직사각형 LED 구조가 처음으로 시도되었다. 이 LED들의 광 추출효율은 탈출 원뿔 개념을 적용한 지능화된 방법을 통하여 4%의 낮은 값에서 30%의 높은 값까지 증가하였다. 이는 다음의 몇 가지 예제들을 통하여 분명하게 확인할 수 있다.

예제 9.4

i. 세 가지 서로 다른 재료로 된 LED들이 있다: 굴절률이 각각 3.5, 3.4, 2.5인 AlGaAs, AlGaInP, AlGaInN가 있다. 모든 LED에 굴절률이 1.5인 에폭시 돔을 적용하였다고 할 때, 이 재료들로 만든 LED의 탈출 원뿔의 선단 각도를 구하고 그 결과를 설명하라.

ii. AlGaAs, AlGaInP, AlGaInN에 굴절률 $n_E = 1.5$인 에폭시로 봉지한 경우에 각각의 소자에서 갇힌 광자의 비율을 계산하라.

i.
$$\text{Apex angle} = 2 \times \text{critical angle} = 2 \times \sin^{-1}(n_E/n_S) \qquad (9.32)$$

$$\therefore (\text{Apex angle})_{AlGaAs} = 2 \times \sin^{-1}(1.5/3.5) = 2 \times \sin^{-1}(0.4286) \\ = 2 \times 25.38 = 50.76° \qquad (9.33)$$

$$(\text{Apex angle})_{\text{AlGaInP}} = 2 \times \sin^{-1}(1.5/3.4) = 2 \times \sin^{-1}(0.4412) \tag{9.34}$$
$$= 2 \times 26.18 = 52.36°$$

$$(\text{Apex angle})_{\text{AlGaInN}} = 2 \times \sin^{-1}(1.5/2.5) = 2 \times \sin^{-1}(0.6) \tag{9.35}$$
$$= 2 \times 36.87 = 73.74°$$

이용된 세 가지 반도체들 중에서 AlGaInN의 선단 각도가 가장 크고 AlGaAs의 선단 각도가 가장 작다. 계산된 선단 각도를 갖는 원뿔에 포함된 방향으로 방출되는 광자들만이 에폭시 돔에 도달하는 반면에, 나머지 광자들은 반사되어 칩 내부로 되돌아 간다. 따라서 AlGaInN으로 구성된 가장 큰 선단 각도를 갖는 LED는 생성된 광자들 중 가장 높은 비율로 방출할 수 있고, 가장 작은 선단 각도를 갖는 경우에는 방출되는 빛의 비율이 가장 적다.

ii. 굴절률이 n_S인 반도체 칩의 탈출 원뿔의 입체각은 다음과 같다.

$$\Omega_\text{C}(n_\text{S}, n_\text{E}) = 2\pi \left\{ 1 - \sqrt{1 - (n_\text{E}/n_\text{S})^2} \right\} \tag{9.36}$$

따라서 포획된 광자의 비율은 다음과 같이 쓸 수 있다.

$$\begin{aligned}
\eta_\text{trap} &= \frac{4\pi - 6\Omega_\text{C}}{4\pi} \times 100\% = \frac{4\pi - 12\pi \left\{ 1 - \sqrt{1 - (n_\text{E}/n_\text{S})^2} \right\}}{4\pi} \times 100\% \\
&= \frac{4\pi \left\{ 1 - 3 \left\{ 1 - \sqrt{1 - (n_\text{E}/n_\text{S})^2} \right\} \right\}}{4\pi} \times 100\% \\
&= \frac{4\pi \left\{ 1 - 3 + 3\sqrt{1 - (n_\text{E}/n_\text{S})^2} \right\}}{4\pi} \times 100\% \\
&= \left\{ 3\sqrt{1 - (n_\text{E}/n_\text{S})^2} - 2 \right\} \times 100\%
\end{aligned} \tag{9.37}$$

AlGaAs의 경우에, 포획된 광자의 비율은 다음과 같다.

$$(\eta_\text{trap})_{\text{AlGaAs}} = \left\{ 3\sqrt{1 - (1.5/3.5)^2} - 2 \right\} \times 100\% = 71.0523\% \tag{9.38}$$

이와 유사하게

$$(\eta_\text{trap})_{\text{AlGaInP}} = \left\{ 3\sqrt{1 - (1.5/3.4)^2} - 2 \right\} \times 100\% = 69.2261\% \tag{9.39}$$

$$(\eta_{\text{trap}})_{\text{AlGaInN}} = \left\{ 3\sqrt{1 - \left(1.5/2.5\right)^2} - 2 \right\} \times 100\% = 40\% \tag{9.40}$$

따라서 세 가지 경우 중에서 포획된 광자들의 비율은 AlInGaN에서 최소가 된다. 왜냐하면 이 재료가 가장 큰 탈출 원뿔의 선단 각도를 갖기 때문에 더 많은 광자들을 활용할 수 있도록 해 주기 때문이다.

예제 9.5

각각 AlGaAs(n_S = 3.5), AlGaInP(n_S = 3.4), AlGaInN(n_S = 2.5)으로 구성된 세 가지 LED가 있다. 이 LED들은 모두 완전히 개방된 단일 탈출 원뿔을 가지며, 동일한 에폭시 (n_E = 1.5)를 사용한다. 흡수기판을 사용한 세 가지 LED들의 광 추출효율을 비교하라. 이 세 가지 LED들 중에서 효율이 가장 높은 것을 찾고, 그 이유를 설명하라.

모든 LED에 대하여

$$T_{\text{EA}} = \frac{4 \times 1.5}{(1.5 + 1)^2} = 0.96 \tag{9.41}$$

또한 탈출 원뿔이 완전히 개방되고 완전히 사용되므로, 모든 경우에 대하여

$$T_{\text{SE}} = 1 \tag{9.42}$$

AlGaAs LED의 광 추출효율은 다음과 같다.

$$(\eta_{\text{extr}})_{\text{AlGaAs}} = 0.96 \times \frac{1 - \sqrt{1 - \left(1.5/3.5\right)^2}}{2} \times 1 \times 100\% = 4.63\% \tag{9.43}$$

다른 LED들의 경우에도 유사한 방식으로 구할 수 있다.

$$(\eta_{\text{extr}})_{\text{AlGaInP}} = 0.96 \times \frac{1 - \sqrt{1 - \left(1.5/3.4\right)^2}}{2} \times 1 \times 100\% = 4.92\% \tag{9.44}$$

$$(\eta_{\text{extr}})_{\text{AlGaInN}} = 0.96 \times \frac{1 - \sqrt{1 - \left(1.5/2.5\right)^2}}{2} \times 1 \times 100\% = 9.6\% \tag{9.45}$$

AlGaInN이 가장 높은 광 추출효율을 갖는다. 그 이유는 에폭시와 접한 이 반도체 물질에 대하여 단일 탈출 원뿔의 분수 입체각이 가장 크기 때문이다. 이는 AlGaInN 이 문제에 주어진 세 가지 물질들 중에서 탈출 원뿔의 선단 각도가 가장 크기 때문이다.

예제 9.6

굴절률이 1.78인 투과형 사파이어(Al₂O₃) 기판을 이용하여 AlGaInN LED를 제작하였다. 광 추출효율을 계산하라.

수직 방향으로의 두 개의 탈출 원뿔은: (i) 반도체(2.5)와 에폭시(1.5)의 굴절률에 의해 결정되는 선단 각도를 갖는 위 방향의 원뿔로, 다음과 같다.

$$(2\theta_C)_{\text{Upward}} = 2 \times \sin^{-1}(1.5/2.5) = 73.7398° \tag{9.46}$$

(ii) 반도체(2.5)와 투과형 기판(1.78)의 굴절률에 의해 결정되는 선단 각도를 갖는 아래 방향의 원뿔로 다음과 같다.

$$(2\theta_C)_{\text{Downward}} = 2 \times \sin^{-1}(1.78/2.5) = 90.796° \tag{9.47}$$

추가적으로, 주어진 구조는 4개의 추가적인 반 원뿔을 가지며, 각 원뿔의 선단 각도 또한 투과형 기판과 에폭시의 굴절률에 의해 결정된다.

$$(2\theta_C)_{\text{Lateral}} = 2 \times \sin^{-1}(1.5/1.75) = 117.9946° \tag{9.48}$$

$(\theta_C)_{\text{Upward}} < \theta_C < (\theta_C)_{\text{Downward}}$의 각도범위에서 위쪽 표면으로부터 전반사되는 광자들은 외부 선단 각도 $= (2\theta_C)_{\text{Upward}}$와 내부 선단 각도 $= (2\theta_C)_{\text{Downward}}$를 갖는 부-원뿔 구조를 통하여 투과형 기판 쪽으로 방출된다. 위 방향의 원뿔과 부-원뿔 구조는 모두 선단 각도 $= (2\theta_C)_{\text{Downward}}$인 원뿔과 동일한 효과를 갖는다. 따라서 부-원뿔 구조를 갖는 위 방향의 원뿔과 아래 방향의 원뿔의 조합의 효과는 선단 각도 $= (2\theta_C)_{\text{Downward}}$인 두 개의 완전한 탈출 원뿔의 경우와 동일하다. Lee(1998)는 위 방향 및 아래 방향의 원뿔 사이의 결합이 $\Omega_C(n_S, n_E)$에서 $\Omega_C(n_S, n_I)$로의 위 방향 원뿔의 입체각을 확장시킴을 보였다. 여기서 n_I는 사파이어 기판의 굴절률이다. 그 결과, 추출효율 방정식에서의 분수 입체각은 다음과 같이 쓸 수 있다.

$$\omega_C = \frac{1 - \sqrt{1 - (n_I/n_S)^2}}{2} \tag{9.49}$$

전술한 두 개의 완전한 탈출 원뿔의 동작은 4개의 수평 방향의 반 원뿔들에 의해 지지되므로, 두 쌍의 손실 없이 결합된 탈출 원뿔들이 관찰된다. 따라서 광 추출효율을 계산하기 위해서는 분수 입체각을 위한 첫 번째 승수가 반도체/투과형 기판의 선단 각도와 관련이 있고; 두 번째 승수는 각각의 두 쌍의 손실이 없이 결합된 탈출 원뿔들에 대하여 투과율 = 1이며; 세 번째 승수는 에폭시에서 굴절률 = 1인 공기로의 투과율이 되어 다음의 결과를 얻는다.

$$\eta_{\text{extr}} = \omega_C \times T_{\text{SI}} \times T_{\text{EA}} = \frac{1 - \sqrt{1 - \left(n_I/n_S\right)^2}}{2} \times (1 + 1) \times \frac{4n_E}{\left(n_E + 1\right)^2} \times 100\%$$

$$= \frac{1 - \sqrt{1 - \left(1.78/2.5\right)^2}}{2} \times (1 + 1) \times \frac{4 \times 1.5}{\left(1.5 + 1\right)^2} \times 100\% \tag{9.50}$$

$$= 0.14891 \times 2 \times 0.96 \times 100\% = 28.591\%$$

다른 (근사적인) 방식: 반도체와 투과형 사파이어 기판의 평균 굴절률 = (2.5 + 1.78)/2 = 2.14이다. 따라서

$$\eta_{\text{extr}} = \frac{1 - \sqrt{1 - \left(1.5/2.14\right)^2}}{2} \times 2 \times \frac{4 \times 1.5}{(1.5 + 1)^2} \times 100\% \tag{9.51}$$

$$= (1 - 0.713) \times 0.96 \times 100\% = 27.552\%$$

예제 9.7

6H-SiC 투과형 기판을 이용하여 AlGaInN LED가 제작되었다. 만약 6H-SiC의 굴절률이 2.7이면 이 LED의 광 추출효율은 얼마인가?

GaN와 6H-SiC의 평균 굴절률 = (2.5 + 2.7)/2 = 2.6이다. 따라서

$$\eta_{\text{extr}} = \frac{1 - \sqrt{1 - \left(1.5/2.6\right)^2}}{2} \times 2 \times \frac{4 \times 1.5}{(1.5 + 1)^2} \times 100\% \tag{9.52}$$

$$= (1 - 0.817) \times 0.96 \times 100\% = 17.568\%$$

9.4 비평면, 비직사각형 LED 구조를 이용한 효율 개선

직사각형이나 정사각형 구조의 칩은 제작 공정이 쉽기 때문에 이러한 구조를 선호하는 주된 이유이다(Choi et al. 2011). 소잉(sawing) 공정에 의해 연속적인 선형 절단이 가능하므로 직사각형 칩이 가장 논리적인 구조이다. 그러나 이러한 대칭적인 기하학적인 구조는 광 추출 관점에서는 도움이 되지 않는다. 이 구조에서는 어느 한 계면에서 전반사가 일어나면, 후속의 계면에서도 역시 전반사를 경험하게 된다. 왜냐하면 이러한 칩들의 모든 계면이나 벽개면들은 서로 평행하거나 수직하기 때문이다. 그 결과, 광선의 입사각은 난반사에 의한 산란이 일어나지 않으면 연속적인 반사를 거듭한 후에도 입사각이 변하지 않는다. 따라서 이러한 방식으로 구속된 광자들은 결국 재흡

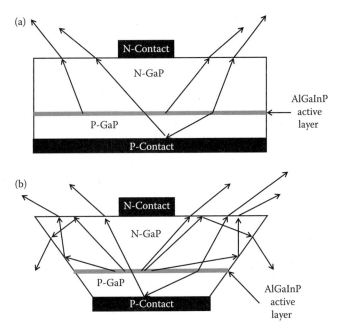

그림 9.9 (a) 수직 측면, (b) 제단형 피라미드 구조를 가진 LED에서의 광 추출효율. (b)의 구조에서 횡 방향으로 빛의 추출 효율이 더 향상된다.

수된다. 광 추출효율을 30% 이상에서, 40%~60%까지 추가적으로 증가시키기 위해서는 평면이 아닌 모양이나 직사각형이 아닌 모양의 기하학적 구조를 적용하는 것에 의해 달성된다. 일반적이지 않은 기하학적 구조의 LED를 제작하기 위해서는 레이저 마이크로머시닝(laser micromachining)이 효율적인 방법이다.

어떤 LED는 제단형 피라미드 구조(pyramidal truncated edge)를 만들기 위하여 평행 육면체의 가장자리를 자르는 방식으로 흔히 제작된다(Krames et al. 1999). 그 목적은 Krames와 동료 연구자들(1999)이 고안한 바와 같이, 칩의 내부를 진행하는 빛의 평균 자유 행로(mean free path)를 줄이고, 측면에서 빛을 추출하기 위한 것이다(그림 9.9). 측면에서 추출된 빛은 은(Ag), 금(Au) 또는 알루미늄(Al)과 같은 적절한 금속 반사기에 의해 반사된다. 이 방식에 의해 광 추출효율은 2배까지 증가한다.

9.5   결론 및 고찰

LED는 빛의 방출 과정을 통하여 생성된 광자들이 모든 방향으로 무작위로 방출되기 때문에 내재적으로 효율이 낮다. 왜냐하면, 예를 들어, 표면발광(surface-emitting) LED에서 기판 쪽으로 아래 방향으로 방출되는 빛과 소자의 측면을 향하여 횡 방향으로 진행하는 빛들 중 상당한 비율이 LED의 바깥으로 나가지 못하므로 유용한 LED의 광출력으로 기여하지 못한다. 이러한 상황을 숙고해 보면, LED에서, 광자들은 공기 중에서가 아닌 칩 물질의 내부에서 생성되기 때문에 궁극적으로는 겪어야 할 일이다. 그런데 칩 물질의 굴절률이 공기의 굴절률과 비교하여 매우 크기 때문에 심각한 문제를 일으킨다. 칩이 공기, 실리콘(silicone), 또는 다른 물질과 같은 굴절률이 다른 매질에 에워싸이면 칩과 이 물질 사이의 계면에 부딪히는 빛은 전반사 임계각도보다 크게 입사하는 빛의 경우에 전반사가 일어난다. 반도체를 돔 형태로 가공하는 방법을 이용하면 반도체−공기 계면에서의 입사각을 전반사 임계각도보다 더 작게 할 수 있어서, LED 내부에서의 이러한 전반사를 줄일 수 있으므로 더 많은 빛을 추출할 수 있다. P-N 접합을 돔형 구조로 만드는 것은 비용도 많이 들고 현실성이 떨어지므로, LED로부터 더 많은 빛을 추출할 수 있는 경제적인 방법은 반도체 접합을 굴절률이 공기보다 큰 에폭시와 같은 투과형 플라스틱 매질로 돔형으로 봉지하는 것이다. 굴절률이 1.5인 에폭시로 봉지를 하면 일반적인 LED의 효율이 두세 배 증가한다. 에폭시의 돔 구조는 에폭시−공기 계면으로 빛이 90°의 각도로 입사함을 의미하므로 전반사를 피할 수 있다. 전반사 각도는 스넬의 법칙(Snell's law)($\sin \phi_C = n_A/n_S$)을 통하여 빛의 탈출 원뿔을 정의한다. 높은 추출효율을 얻기 위해서는 분명히 LED 구조의 탈출 원뿔의 개수가 최대가 되어야 한다.

계면 반사의 영향을 줄이기 위한 다양한 전략들이 수립되었다. 제안된 방법 중의 하나는 3차원(3-D) 구조의 반사기로, 구체적으로 SiO_2 피라미드 어레이와 은(Ag)층으로 구성된 피라미드형의 반사기가 GaInN LED의 추출효율을 향상시키는 데 사용된다.

활성층과 기판의 사이에 분포 브래그 반사기를 삽입하여, 흡수되는 빛을 감소시킨다. 활성층에서 생성되어 기판 쪽으로 입사하는 빛이 분포 브래그 반사기에서 반사되어 상부의 표면으로 효과적으로 투과되어 나가므로, 광 추출효율이 획기적으로 향상된다. 분포 브래그 반사기는 통상, 서로 상이한 굴절률을 갖는 두 종류의 물질들을 λ/4(quarter-wavelength) 두께로 주기적으로 반복하여 적층하여 구성한다. 따라서 이 구조는 특정한 파장에 대하여 높은 반사율을 갖는다.

공진 공동 LED(resonant-cavity LED, RCLED)는 자발 방출 특성, 방향성, 빛의 강도를 개선하기 위하여 공진기 내에서의 다중 빔의 공간적인 보강간섭에 의하여 미세 공동 내에 광자를 양자화하는 원리에 기반을 둔다. 이 소자에서는, 방출되는 빛의 파장과 비슷한 길이의 일차원적인 공동 내에 활성층을 가둔다. 따라서 자발 방출 특성이 변경되며, 내부의 빛의 방출은 더 이상 등방적이 아니다. 대신에 빛은 주로 더 낮은 반사율을 갖는 거울을 통하여 방출되므로 유용한 전계방출이 배가된다. 광 공동은 공진 파장에서의 자발 방출을 무려 10배까지도 증가시키며, 전계발광의 파장을 좁은 스펙트럼 대역에 집중시킨다. 따라서 많은 양의 자발 복사가 좁은 파장 대역에 할당되며, 이때의 스펙트럼 대역폭(spectral bandwidth)은 공진기의 예리도(finesse)의 함수로 배타적으로 결정된다. 이러한 스펙트럼 순도(spectral purity)의 개선과 지향성 (directivity)으로 인해 빛을 광섬유에 더 효과적으로 결합시킬 수 있게 되었다.

표면 플라스몬(surface-plasmon)과 관련된 발광의 개선은 표면 플라스몬을 지탱하는 금속 박막이 에미터(emitter)와 매우 근접(<75 nm)하여 위치하는 경우에 가능하다. 표면 플라스몬 모드의 필드가 금속-유전체 계면으로부터의 거리에 따라 지수함수적으로 감소하기 때문에 에미터는 이 계면과 가능한 한 가까운 곳에 위치해야 한다. 예를 들어, 양자우물이 시편의 표면과 매우 가까운 곳에 성장되어 우물과 매우 근접한 곳에 금속의 증착이 가능하도록 해야 한다.

계면 반사의 영향을 줄이기 위한 또 다른 방법으로는 표면에서 전반사된 빛을 재흡수 및 재방출하도록 LED를 설계하는 것이다. 이는 광자 재활용(photon recycling)이라 불린다. 무작위의 거친 표면을 도입하여 반사를 줄이는 표면의 미세 구조를 만들면 광의 추출 또한 개선될 수 있다. 더 거친 반도체 표면은 내부 반사를 중단시켜, 더 많은 빛이 밖으로 나갈 수 있게 한다. GaN 표면은 KOH와 같은 염기성 식각액을 이용하여 거칠게 만들 수 있다. 후면 반사를 최소화하기 위한 광자 결정(photonic crystal)의 이용은 고휘도(high-brightness) LED의 장에서 논의할 것이다.

 참고문헌

Chiu, C.-H., L.-H. Hsu, C.-Y. Lee, C.-C. Lin, B.-W. Lin, S.-J. Tu, Y.-H. Chen et al. 2012. Light extraction enhancement of GaN-based light-emitting diodes using crown-shaped patterned sapphire substrates. *IEEE Photonics Technology Letters* 24(14), 1212–1214.

Cho, C.-Y., S.-J. Lee, J.-H. Song, S.-H. Hong, S.-M. Lee, Y.-H. Cho, and S.-J. Park. 2011. Enhanced optical output power of green light-emitting diodes by surface plasmon of gold nanoparticles. *Applied Physics Letters* 98, 051106-1–051106-3.

Choi, H. W. 2011, January/February. Shaping up LED chips. *Compound Semiconductor*, 4pp. http://www.eee.hku.hk/~hwchoi/CompoundSemicon_ JanFeb11%20myarticle.pdf

Fujii, T., Y. Gao, R. Sharma, E. L. Hu, S. P. DenBaars, and S. Nakamura. 2004. Increase in the extraction efficiency of GaN-based light-emitting diodes via surface roughening. *Applied Physics Letters* 84(6), 855–857.

Gasse, A. 2009. Packaging (Ch. 5). In: Mottier, P. (Ed.), *LEDs for Lighting Applications*. London: ISTE Ltd. and NJ: Wiley, pp. 146–153.

Kang, J. H., J. H. Ryu, H. K. Kim, H. Y. Kim, N. Han, Y. J. Park, P. Uthirakumar, and C.-H.

Hong. 2011. Comparison of various surface textured layer in InGaN LEDs for high light extraction efficiency. *Optics Express* 19(4), 3637–3647.

Krames, M. R., M. Ochiai-Holcomb, G. E. Hofler, C. Carter-Coman, E. I. Chen, I.-H. Tan et al. 1999, October. High-power truncated-inverted-pyramid$(Al_xGa_{1-x})_{0.5}In_{0.5}P$/GaP light-emitting diodes exhibiting > 50% external quantum efficiency *Applied Physics Letters* 75(16), 2365–2367.

Schubert, E. F., N. E. J. Hunt, R. J. Malik, M. Micovic, and D. L. Clliler. 1996. Temperature and modulation characteristics of resonant-cavity light-emitting diodes. *Journal of Lightwave Technology* 14(7), 1721–1729.

Schubert, E. F., N. E. J. Hunt, M. Micovic, R. J. Malik, D. L Sivco, A. Y. Cho, and G. J. Zydzik. 1994, August. Highly efficient light-emitting diodes with microcavities. *Science* 265(5174), 943–945.

Sheu, J. K., C. M. Tsai, M. L. Lee, S. C. Shei, and W. C. Lai. 2006, March. InGaN light-emitting diodes with naturally formed truncated micropyramids on top surface. *Applied Physics Letters* 88, 113505-1–113505-3.

Xi, J.-Q., H. Luo, A. J. Pasquale, J. K. Kim, and E. F. Schubert. 2006, November. Enhanced light extraction in GaInN light-emitting diode with pyramid reflector. *IEEE Photonics Technology Letters* 18(22), 2347–2349.

Žukauskas, A., M. S. Shur, and R. Gaska. 2002. *Introduction to Solid-State Lighting*. New York: John Wiley & Sons, Inc., p.52.

연습문제

9.1 흡수기판과 에폭시 돔에 의해 매립된 평면 LED의 광 추출효율은 (a) < 5% 또는 (b) > 25% 중에서, 보통 어느 정도인가? 이러한 LED는 (a) 일반 조명 또는 (b) 표시기 중, 주로 어떤 용도로 사용되는가?

9.2 높은 주입효율을 얻기 위하여 다음의 두 가지 중에서 어떤 선택이 더 바람직한가? (a) 공기와 반도체 사이의 굴절률 차이를 크게 한다. (b) 공기와 반도체 사이의 굴절률 차이를 작게 한다.

9.3 탈출 원뿔의 의미는 무엇인가? 에폭시−반도체 계면에서의 탈출 원뿔의 선단 각도를 반도체와 에폭시의 굴절률의 함수로 표현하라.

9.4 광선 다이어그램을 참조하여, 다음의 직육면체 LED 칩을 작도하라: (a) 3개의 탈출 원뿔을 갖는 칩, (b) 5개의 탈출 원뿔을 갖는 칩.

9.5 수신된 광을 반사시켜 되돌려 보내는 분포 브래그 반사기의 구조를 기술하라. 두 개의 다층 적층의 한 가지 예를 들어라.

9.6 LED를 미세 공진기 내에 설치하면 성능이 어떻게 개선되는가? 공진 공동 LED의 개략적인 구조도를 그리고, 그 동작원리를 설명하라.

9.7   LED의 표면을 거칠게 하면 광자의 추출효율의 증가에 어떻게 도움이 되는가? 실제 LED에 이 효과가 어떻게 이용되는가?

9.8   표면 플라스몬은 무엇인가? 어떻게 발광이 증대되며, LED 구조에 이 효과가 어떻게 활용되는가?

9.9   LED의 전극 영역에서 발생하는 손실들을 줄이기 위하여 어떤 해결책들이 사용되는가?

9.10 단일 탈출 원뿔을 갖는 LED 구조의 광 추출효율식과 관련된 세 가지 곱셈 인자들은 무엇인가? 세 가지 곱셈 인자들의 함수로 식을 유도하고, 사용된 각각의 심벌들을 설명하라. 유도 과정에서 사용된 가정들을 분명하게 제시하라.

9.11 결합된 탈출 원뿔과 결합되지 않은 탈출 원뿔은 무엇인가? 결합된 반대되는 탈출 원뿔들과 결합되지 않은 탈출 원뿔들에 대한 에폭시–공기 투과율(T_{EA}) 인자의 함수로 방정식을 기술하라.

CHAPTER 10

무기 LED를 위한 반도체 재료

Semiconductor Materials for Inorganic LEDs

학습목표

이 장을 학습한 후에 독자들은 다음의 역량들을 갖출 수 있게 된다.

- LED 제작에 사용되는 무기물의 주요한 종류들을 이해한다.
- 합금의 조성 변화를 통한 빛의 파장이나 색의 조절에 익숙해진다.
- 합금에서의 서로 다른 원소들의 역할들을 이해한다.
- LED 제조에서 친숙한 물질인 GaN(gallium nitride)의 유용한 특성들을 이해한다.

10.1 LED 제작을 위한 재료의 요구사항

LED 제작에 사용되는 재료들을 선택하는 데 있어서, 다음 특성들에 대한 준수 여부가 입증되어야 한다(그림 10.1).

1. 가시광선 범위의 발광의 가능성: 반도체 물질이 고체조명 응용에 부합하는가 여부에 대한 첫 번째 검증 단계는 그 물질의 밴드갭(bandgap)에 의해 가시광선 근방과 자외선 파장의 광자(photon)를 방출할 수 있는가의 여부를 확인하는 것이다. 이 요구사항의 만족 여부는 반도체 물질의 밴드갭 E_g 및 발광 파장 λ와 관련된 다음의 방정식을 통하여 검증할 수 있다.

$$\lambda(\text{nm}) = 1239.5/E_g(\text{eV}) \tag{10.1}$$

2. 직접 밴드갭 특성: 선택된 반도체 물질은 높은 발광성 재결합 비율을 가지는 직접 밴드갭 구조를 가져야 한다. 이 기준으로부터 판단하자면 실리콘(Si), 게르마늄(Ge), 다이아몬드(diamond) 등의 IV족 단 원소 반도체들은 간접 전이형 구조이므

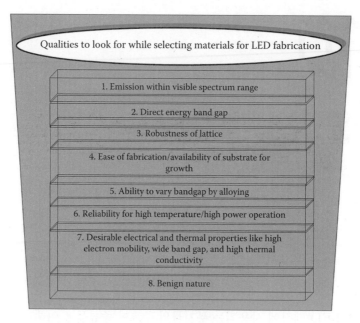

그림 10.1 LED 제작을 위한 물질의 요구사항.

로 불가하다. 또한 실리콘 카바이드(silicon carbide, SiC) 다결정과 같은 IV-IV족 화합물들도 부적당하다. SiC 청색 LED는 10~20 mcd의 광도를 보인다. 그럼에도 불구하고 다른 대안이 없었기 때문에 6H-SiC 청색 LED는 오랜 기간 동안 상용 제품으로 이용되어 왔다. 예를 들어 AlAs, AlSb, AlP와 같은 일부 III-V족 화합물 반도체들도 가시광선을 방출하지만 직접 밴드갭 특성을 가지지 않기 때문에 부적 당하다.

3. 격자의 강건성 및 비발광성 재결합 센터 형성에 대한 저항성: 많은 II-VI족 화합물 들은—특히 CdSe(적색), ZnTe 및 CdO(녹색), ZnSe(청색), ZnO 및 ZnS(근자외 선)—가시광선 범위에서 빛을 낼 수 있다. 그러나 이 물질들은 모두 쉽게 결함을 생성하는 경향이 있다. 따라서 격자 강건성을 개선하는 방법들에 대한 연구가 지속 되고 있다.

4. 제작의 용이성/결정성장을 위한 기판의 가용성: 다양한 발광 파장을 얻기 위한 활 성층/양자우물의 제작을 위해서는 통상 모체 재료에 인듐/알루미늄과 같은 원소들 을 추가하여야 한다(밴드갭 엔지니어링). 이러한 원소들의 첨가는 격자 결함의 발 생을 야기한다. 따라서 어떤 반도체 재료와 공정을 선택하느냐에 의해 이 원소들이 모체에 잘 용해되어 빛이 발생하는 활성층을 고품질로 성장할 수 있는가의 여부가 정해진다.

게다가 LED의 제작은 기판 위에 성장되는 반도체 재료의 에피택시층(epitaxial layer)들과 격자−정합되는 고품질의 기판 재료의 가용성에 의존한다. 기판 재료의 품질과 기판과 반도체 재료 사이의 격자부정합이 최소가 되도록 하는 것이 고효율 LED의 제작에 있어 매우 중요하다. 상업적으로 이용 가능한 최대 기판 크기는 소자 제조공정의 비용을 결정하는 필수적인 요소이다. 또한 LED 소자로부터 광 추출이 용이하게 하기 위하여 투과성 기판이 선호된다.

5. 합금화에 의해 밴드갭을 맞추고, 원하는 포텐셜 모양을 갖도록 이종접합 구조를 제작하는 능력: 다음의 III-V족 이원 화합물 반도체들이, 예를 들어 InP, GaAs, InN, GaN, AlN이 이 조건에 부합한다. 또한 Al, Ga, In을 양이온으로 하거나 As, P, N을 음이온으로 하는 삼원 또는 사원 화합물들이 이 범주에 포함되며 AlGaAs, AlGaInP, AlInGaN 등의 화합물들이 있다. 이러한 재료들을 이용하여 재료성장기술과 LED 제작공정은 잘 구축되었다. 따라서 이 재료들이 LED의 제작에 있어 가장 검증된 무기물 재료들에 해당된다.

6. 고온 및 고출력 동작에서의 신뢰성: 고출력 동작에서 발생하는 열에 의한 파손을 막기 위하여 격자와 기판의 열팽창계수는 잘 맞아야 한다.

7. 바람직한 전기적 및 열적 특성: 이러한 특성으로는 반도체의 밴드갭이 원하는 파장의 빛을 방출할 수 있어야 하고, 고주파 회로와의 집적화를 위하여 높은 전자이동도를 가져야 하며, 접합면으로부터의 열의 방출을 용이하게 하기 위하여 높은 열전도도를 가져야 한다. 또한 큰 밴드갭(높은 절연파괴전압)을 갖는 반도체를 선호한다. 왜냐하면 절연 파괴에 대한 위험부담이 없이 고출력 동작을 견딜 수 있기 때문이다.

8. 재료의 독성: 재료는 친환경적이어야 한다. 관련된 제조 산업, 소비자, 폐기 방법이 생태계에 해를 끼치지 않아야 한다. 인간의 건강과 안전은 결코 타협할 수 있는 성질의 것이 아니기 때문이다. II-VI족과 III-V족 화합물 반도체들은 독성이 있으나, 질화물 반도체(III-nitride)들은 무독성이다.

10.2 일반적인 LED 재료

세 부류의 재료가 LED 제작에 사용된다. 이 재료들에는 AlGaAs, AlGaInP, AlInGaN 등이 있다(그림 10.2 및 10.3). 이 재료들의 주된 특성들을 표 10.1에 간단하게 나타냈다. 또한 특정한 재료들과 관련된 논의들이 이어진다.

AlGaInP

Material	E_g (eV)	λ(nm)
AlP	2.5	500
GaP	2.3	520
InP	1.4	900

AlInGaN

Material	E_g (eV)	λ(nm)
AlN	6.2	200
GaN	3.5	370
InN	0.9	1400

AlGaAs

Material	E_g (eV)	λ(nm)
AlAs	2.16	582
GaAs	1.42	888

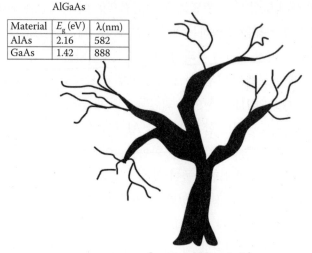

Inorganic LED materials

그림 10.2 무기 LED 재료 나무.

10.2.1 AlGaAs 재료

"AlGaAs"라는 화학식은 약어와 같이 알루미늄 갈륨 아세나이드(aluminum gallium arsenide)를 축약된 방식으로 표현하는 유일한 방법이다. 이 재료의 원소들 간의 특정한 비율을 결정하는 데 있어 이 약어가 잘못 이해되어서는 안 된다. AlGaAs 또는 GaAlAs(gallium aluminum arsenide)는 $Al_xGa_{1-x}As$라는 화학식으로 주어지는 반도체 재료로 첨자 x는 0에서 1 사이의 수($0 < x < 1$)이며, GaAs와 AlAs 사이의 임의의 합금이라는 사실을 나타낸다. 독자들은 AlGaAs와 GaAlAs가 기본적으로 동일한 재료를 나타냄을 알 수 있을 것이다.

실제로 $Al_xGa_{1-x}As$는 GaAs와 거의 동일한 격자상수를 가지나 더 큰 밴드갭을 가지며, GaAs(1.42 eV)에서 AlAs(2.16 eV) 사이의 밴드갭의 범위에서 변한다. $Al_xGa_{1-x}As$ 시스템은 $0 < x_c < 0.45$의 범위에서 직접 밴드갭을 갖는다(Steranka 1997, Levinhstein et al. 1999). $Al_xGa_{1-x}As$ 합금의 에너지 밴드갭은 알루미늄 조성에 의존한다. $x > x_c = 0.45$에서 밴드갭은 간접 전이형으로 바뀐다. 직접 밴드갭인 $Al_xGa_{1-x}As$ 합금의 상온(300 K)에서의 알루미늄 조성 x에 따른 밴드갭은 다음의 식으로 주어진다(Adachi 1994).

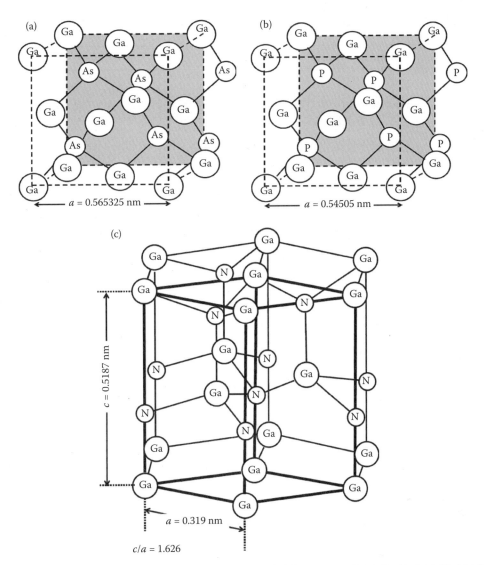

그림 10.3 LED 제작에 사용되는 무기재료의 단위 셀: (a) GaAs(섬아연광), (b) GaP(섬아연광), (c) GaN (우르츠광).

$$E_{g,dir}(x) = 1.424 + 1.247x \text{ eV} \qquad (10.2)$$

여기서 $E_{g,dir}$은 $x < 0.45$ 범위에서의 $Al_xGa_{1-x}As$의 직접 에너지 밴드갭이고, x는 Al_x $Ga_{1-x}As$ 합금에서의 알루미늄의 조성을 나타낸다.

GaAs에 대하여 $x = 0$에서 $x = 1$ 사이의 서로 다른 조성의 합금들에서도 우수한 격자정합 덕분에 반도체 이종접합(heterojunction) 소자의 제작에 매우 적합하다. 따라서 GaAs 기판 위에 다양한 알루미늄의 조성에서 낮은 결함밀도를 갖는 Al_xGa_{1-x} As층의 에피택시 성장이 가능하다. 임의의 함금 조성을 갖는 $Al_xGa_{1-x}As$층이 다른

표 10.1 AlGaAs, AlGaInP, AllnGaN의 특징

번호	특성	AlGaAs	AlGaInP	AllnGaN
1.	조성	삼원	사원	사원
2.	합금 성분과 그 구조	GaAs, AlAs; 모두 입방정계(섬아연광) 구조	AlP, GaP, InP; 모두 입방정계(섬아연광) 구조	AlN, InN, GaN; 모두 우르츠광 구조
3.	격자정합	Al 조성의 전 범위에서 격자정합됨	$(Al_xGa_{1-x})In_{1-y}P$ 합금은 y가 약 0.5일 때 GaAs에 거의 완벽하게 격자정합됨	격자부정합된 기판 위에 AlN 또는 AlGaN 버퍼층을 사용하여 성장. 사파이어(Al_2O_3) 기판이 주로 사용되며 ZnO 기판도 연구되고 있음.
4.	밴드갭 성질	$Al_xGa_{1-x}As$에서 $x < 0.45$이면 직접밴드갭이고, $x > 0.45$이면 간접 밴드갭임	GaP와 AlP는 간접 밴드갭이지만 직접 밴드갭인 InP와의 합금으로 AlGaInP는 직접 밴드갭임. x를 조절하면 직접 밴드갭 에너지를 적색에서 녹색까지 변화시킬 수 있음.	조성의 모든 범위에서 직접 밴드 갭임
5.	도너 불순물	Sn, Te	Te, Si	Si
6.	억셉터 불순물	Zn, Mg	Zn, Mg	Mg
7.	굴절률	$x = 0.3 \sim 0.4$에서 3.6	$(AlGa_{1-x})_{0.5}In_{0.5}P$에서 3.6	2.4(GaN), 2.1(AlN), 2.8(InN)
8.	양산 기술	액상 에피택시(LPE)	유기금속화학증착법(MOCVD), 유기금속기상에피택시(OMVPE)라고도 불림	MOCVD
9.	LED 색	red, 적외선	orange, amber(yellowish orange), yellow, green	green, bluish-green, blue, violet, 자외선

조성의 재료 위에 직접 성장될 수 있으며, 계면에 중간층을 형성하지 않고 조성과 밴드갭의 변화에서 급준성을 유지할 수 있으므로 이 재료 시스템은 우수한 이종접합 시스템을 가능하게 한다. 이종접합 구조에서의 운반자의 가둠은 접합면에 수직한 방향에서의 주입된 운반자들의 운동을 억압한다는 사실을 상기할 필요가 있다. AlGaAs 층은 전자들을 GaAs 영역 내로 제한한다. 이것이 이 영역에서의 운반자 밀도를 확산−제한 농도 이상으로 증가시켜, 결과적으로 내부 양자효율과 속도를 증가시킨다.

보편적으로 사용되는 결정성장 공정 중에 액상 에피택시(liquid-phase epitaxy, LPE)가 있다. 이 공정은 경제적이며, 870 nm($x = 0$)에서 624 nm($x = 0.45$) 파장 범위를 포함하는 이종접합 구조들이 성장된다.

$x = 0.06$인 합금은 효율과 속도가 우수한 최고의 이중 이종접합 구조로 고출력과 고속 특성을 필요로 하는 근적외선 응용에 매우 적합한 재료이다. 이 LED 소자들은

층의 두께, 채택된 기판의 종류, 전극 면적에 따라 5%~20%의 효율과 20~50 ns의 상승/하강 시간을 갖는다.

730 nm 이중 이종접합 LED의 제작을 위해 가장 적합한 재료는 Al 조성 x가 약 0.2인 합금이다. 이 이종접합 구조로 제작된 730 nm LED는 약 20%의 복사효율(radiant efficiency)을 가지는 것들을 상업적으로 이용할 수 있다. 파장이 700 nm 이하로 감소하면 AlGaAs의 발광성 재결합 효율은 감소한다. 이는 파장이 짧아질수록 직접–간접 밴드갭의 교차점에 점점 가까워지기 때문이다.

$Al_xGa_{1-x}As$가 직접 밴드갭 물질에서 간접 밴드갭 물질로 전환되는 교차점의 에너지는 1.985 eV이며, 해당 파장은 624 nm이다. 직접–간접 교차점을 지나면 LED의 내부 양자효율은 급격히 감소한다. $x = 0.35$~0.4에서 $\lambda = 640$~650 nm로 발광하며, 이때 내부 양자효율이 0.5로 최적의 발광효율(luminous efficiency)을 얻는다.

적색 파장 영역에서는 파장이 짧아질수록 인간의 눈의 시감도가 증가하므로 광원효율(luminous efficacy)의 피크는 660 nm 근방에서 얻어짐을 상기하라. 따라서 660 nm LED는 시각 신호 응용분야를 위해 주로 제작된다. 그러나 660 nm AlGaAs LED의 복사효율(radiant efficacy)은 약 21% 정도로 제한되며, 상업적으로 이용 가능한 소자의 경우는 15% 미만에 불과하다.

$x = 0.38$의 합금 조성에서 단일 및 이중 이종접합 구조들로 제작되며 가시광선 스펙트럼에서의 응용에 최적화되어 있다. 이중 이종접합이 단일 이종접합 구조에 비하여 효율과 속도 면에서 1.5~2.0배 우수하며, $x = 0.38$인 $\lambda = 650$ nm에서 가장 우수한 양자효율과 눈의 응답 특성을 얻는다. 흡수기판의 경우에 단일 이종접합 구조는 약 4 lm/W의 효율을 보이며, 이중 이종접합 구조에서는 약 6~8 lm/W의 효율을 나타낸다. 반면에 투과형 GaAlAs 기판을 사용하면 통상 약 15~20 lm/W의 효율을 나타내며, 30 lm/W의 높은 효율을 보이기도 하였다. 이 적색 LED들은 정보 패널이나 자동차용 정지등과 같은 높은 광속이 필요한 응용분야에 널리 사용되고 있다. 또한 고속 변조 특성을 갖기 때문에 플라스틱 광섬유를 이용한 광통신 분야에서도 효과적으로 사용되고 있다.

LPE는 상대적으로 경제적인 공정이지만 산소의 제염 효과가 나쁘다. 따라서 Al이 많이 함유된 AlGaAs 합금은 산소와의 반응에 의해 재료의 특성 열화가 급속히 진행된다. 이러한 열화는 고온과 높은 습도에서의 동작에서 더욱 가중된다. 따라서 이 LED는 열적으로 동작 범위가 제한된다. AlGaAs LED는 고온과 높은 습도에서 Al이 가수분해되어 산소가 풍부한(oxygen-rich) 화합물을 형성하므로 심각한 특성 열화를 겪는다.

예제 10.1

다음의 관계식을 이용하여 알루미늄의 조성 $x = 0.05$ 및 $x = 0.39$에서의 LED의 발광 중심파장 및 색을 조사하라.

$$E_{g,dir}(x) = 1.424 + 1.247x \text{ eV} \ (x < 0.45) \tag{10.3}$$

$x = 0.05$일 때에는,

$$E_{g,dir}(x) = 1.424 + 1.247 \times 0.05 \text{ eV} = 1.424 + 0.06235 \text{ eV} = 1.48635 \text{ eV} \tag{10.4}$$

따라서

$$\lambda(\text{nm}) = 1239.5/E_g(\text{eV}) = 1239.5/1.48635 \text{ (eV)} = 833.922 \text{ nm} \tag{10.5}$$

이 파장은 적외선 영역이므로 눈에 보이지 않는다.

$x = 0.39$일 때에는,

$$E_{g,dir}(x) = 1.424 + 1.247 \times 0.39 \text{ eV} = 1.424 + 0.48633 \text{ eV} = 1.91033 \text{ eV} \tag{10.6}$$

따라서

$$\lambda(\text{nm}) = 1239.5/E_g(\text{eV}) = 1239.5/1.91033 \text{ (eV)} = 648.841 \text{ nm} \tag{10.7}$$

이 파장은 가시광선 영역의 적색광이다.

10.2.2 AlGaInP 재료

AlGaInP 또는 AlInGaP, InGaAlP 등은 AlP, GaP, InP의 반도체 합금으로 이종접합 LED 구조를 형성하여 적색, 주황색, 녹색, 황색의 LED를 만드는 데 주로 사용된다(Aliyu et al. 1995). 이 합금에서는 III족이 들어갈 원자 자리의 거의 절반이 In에 의해 점유된다. AlGaAs 물질 시스템과 마찬가지로 격자정합을 깨뜨리지 않으면서 Al/Ga 비율은 변할 수 있다. 이는 AlP와 GaP의 격자상수가 거의 비슷하기 때문이다. 따라서 이종접합 구조의 성장이 가능하다. GaAs와 $(Al_xGa_{1-x})_{0.5}In_{0.5}P$의 격자정합만 만족되는 것이 아니라, 이 물질들 사이의 열팽창계수 또한 동일하다. x 값을 변화시키면 제한된 범위 내에서 밴드갭 에너지가 변한다. AlGaAs 시스템에서의 많은 장점들을 AlInGaP 시스템에서도 이용할 수 있다. 추가적으로 2.3 eV의 더 높은 에너지로 직접 에너지 갭을 가지므로 540 nm에서의 녹색의 발광도 가능하다.

LED의 가장 상부층은 생성되는 빛을 투과해야 함은 자명하다. AlInGaP 이종접합의 상부에 있는 창(window)층으로는 AlGaAs나 GaP가 일반적으로 사용된다. AlGaAs

재료의 경우는 AlInGaP와 격자정합이 되기 때문에 장점이 있으며, AlInGaP/AlGaAs 계면에서의 결함밀도가 최소로 유지될 수 있다. 그러나 비록 제한된 양이지만 높은 알루미늄 조성에 의해 생성되는 황색이나 녹색 광을 흡수한다는 문제점이 있다. 이제 GaP 창층을 고려해 보자. GaP 창층을 사용하면 AlInGaP 소자의 효율을 극대화할 수 있다. GaP는 AlGaAs보다 단파장에 대하여 투명성이 보장되며, MOVPE에 의해 성장된 AlInGaP DH 구조의 상부에 VPE나 LPE를 이용하여 GaP층을 두껍게 성장하는 것이 용이하다. 유기금속 화학기상 증착법(metal organic chemical vapor deposition, MOCVD)보다 VPE와 LPE에 의해 훨씬 더 빠른 결정성장 속도가 가능하다.

직접 밴드갭 $(Al_xGa_{1-x})_{0.5}In_{0.5}P$는 Al 조성 x와 무관하게 GaP와 격자정합된다. 이 특성 때문에 파장 652 nm($x = 0$)에서 580 nm($x = 0.4$)의 범위에서 발광하는 LED의 활성층으로 적합한 재료가 된다. 이 재료의 단점은 간접 밴드갭 구간이 되면 발광성 재결합의 효율이 나빠진다는 점이다. 590 nm보다 짧은 파장에서는 AlInGaP LED의 효율이 감소하는데, 이는 이 물질이 직접 밴드갭에서 간접 밴드갭으로 전환되기 때문이다. 눈의 시감도가 660 nm에서 540 nm로 갈수록 강해진다는 전제하에 AlInGaP LED의 효율의 감소는 어느 정도 상쇄된다. 660 nm에서 발광하는 AlGaAs보다 Al 조성이 낮은 AlGaInP 합금에 있어서 전체적인 효과는 덜 중요하고 온도 의존성도 덜하다.

45 μm 두께의 GaP 창층을 첨가한 AlInGaP LED의 외부 양자효율은 적색과 황색의 발광 스펙트럼 영역에서 5%를 넘는데, 이는 상대적으로 얇은 AlGaAs 창층을 적용한 LED의 밝기의 두 배 이상에 해당한다.

이 재료들에서는 특히 높은 Al 조성의 경우에 P-형 도핑에서 문제가 발생한다. 도너들보다 더 높은 이온화 에너지를 갖는 억셉터 불순물들의 경우에, 이온화가 쉽지 않아서 높은 정공 농도를 쉽게 얻을 수는 없다. 이 문제와 관련하여 보상(compensation) 문제가 있다. 산소를 함유한 화합물들은 억셉터를 보상하는 깊은 준위를 생성한다. 또한 결정성장 도중에 도입된 수소도 동일한 효과를 가진다. 따라서 이를 방지하기 위해서는 결정성장 도중에 산소의 인입을 최소화하고, 후속 열처리 공정을 상당한 정도까지 수행해야 한다.

AlGaInP 구조는 MOCVD를 이용하여 제작되는데, 이는 AlGaAs 성장에 사용되는 LPE와 비교하여 재료의 오염을 줄일 수 있는 더 진보된 기술이다. MOCVD 방식은 오염이 없는 공정일 뿐만 아니라, 구조의 조성 변화에 대해서도 유연성과 우수한 제어능력을 갖는다.

앞서 언급한 AlGaInP 재료계의 장점들 때문에 고출력 영역에서의 LED 동작이 가능하다. 단일 칩으로 1 W의 출력을 갖는 652 nm 파장의 GaInP LED들이 이미 보고되었다. 이 LED들은 50% 이상의 양자 효율(quantum efficiency)을 보인다(Krames et al. 1999).

적색 영역에서의 최고 수준의 발광효율(luminous efficiency) 때문에 시각적 신호 응용분야에서 대략 640 nm 파장 대역의 피크 파장을 갖는 고출력 LED가 제조되고 있다. 피크 파장을 652 nm로 변화시키면 AlGaInP LED의 복사효율(radiant efficacy)을 더 높이고 온도 의존성을 더 줄일 수 있어서, 더 고출력 영역에서의 동작이 가능하므로 고무적이다.

AlInGaP는 640 nm뿐만 아니라 적색을 제외하고 다른 색의 영역에서도 다른 기술들보다 더 높은 광원효율(luminous efficacy)을 제공하기 때문에, 다른 LED들보다 주황색과 황색 영역에서 10배 이상 더 밝으며, 최고성능의 AlGaAs 적색 LED와도 어깨를 나란히 한다. 이 소자는 최고의 성능을 보이는 650 nm AlGaAs LED를 제외하면 다른 가용한 어떤 기술과 비교해서도 더 우수한 양자효율을 보인다. 특히 620 nm 파장의 (적색/주황색) AlInGaP LED는 눈의 시감도의 차이로 인해 650 nm AlGaAs LED보다 더 우수한 광원효율(luminous efficacy)을 보인다.

10.2.3 AlInGaN 재료

AlInGaN(aluminum indium gallium nitride)는 InGaAlN(indium gallium aluminum nitride) 또는 AlGaInN(aluminum gallium indium nitride)라 불리며 이는 GaN 기반의 화합물 반도체이다. GaN(gallium nitride)는 이원소 III/V 직접 밴드갭 반도체이다. AlInGaN 합금은 GaN, InN(indium nitride), AlN(aluminum nitride)의 혼합으로 구성된다. 재료의 밴드갭의 조절은 합금에서의 인듐의 양을 조절하는 방식으로 달성된다. 보통 In/Ga 비는 0.02/0.98에서 0.3/0.7의 범위에서 결정된다. InGaN 양자우물 내에서의 상대적인 InN-GaN 비율을 조절함으로써 발광하는 색을 보라색에서 주황색의 범위 내에서 조절할 수 있다.

AlGaN(aluminum gallium nitride)는 AlN의 조성을 변화시키는 방식으로 자외선 LED를 위한 클래딩(cladding)층과 양자우물층들을 제조하는 데 사용될 수 있다. AlGaN에 수 %의 인듐을 첨가하면 결정의 품질이 좋아져서 AlInGaN층들의 밴드-바닥 포텐셜의 모양이 상당히 평평해진다. 가파른(abrupt) 광학 밴드갭을 얻을 수 있어, 큰 에너지 밴드 오프셋을 갖는 거의 격자정합된 AlInGaN/GaN 이종접합 구조를 얻을 수 있으며, 이를 통하여 높은 효율을 갖는 LED를 성장할 수 있다(Tamulaitis et al. 2000).

GaN를 포함하는 III-nitride계 반도체는 육방결정계의 섬유아연광(wurtzite) 구조나 입방결정계의 섬아연광(zinc blende) 구조로 결정화되며, 두 구조 모두 에피택셜 박막 방식으로 성장된다. 섬유아연광 구조가 열역학적으로 더 안정하기 때문에 LED 의 제조에 더 많이 이용된다.

적절한 기판과 P-형 물질의 부재로 III-nitride계 반도체들은 오랫동안 발전이 정체되어 있었다. 1990년대가 돼서야 이 분야에 급속한 발전이 이루어져서 청색, 녹색, 황색, 근자외선 LED의 생산이 가능해졌다(Adivarahan et al. 2001).

AlInGaN은 보통 에피택셜 성장을 통해 제조하며, 예를 들어 MOCVD, 분자선 에피택시(molecular beam epitaxy, MBE), 펄스 레이저 증착법(pulsed laser deposition, PLD) 등을 이용한다. 사파이어 기판 위에 고품위의 GaN 박막을 성장하는 것은 사파이어 기판과 GaN 사이의 격자부정합이 매우 커서 쉽지 않았다. 이 문제는 일련의 버퍼층들을 서로 다른 성장온도에서 연속적으로 성장하는 방식으로 해결할 수 있었다.

1989년에 Amano는 GaN에 Mg을 도핑하고 저에너지 전자빔을 조사하여 Mg이 Ga 자리를 점유하도록 하는 방식으로 P-형 GaN 물질을 얻는 데 성공하였다. 가장 높은 정공 농도는 10^{17} cm^{-3}이었고, 이에 해당하는 가장 낮은 비저항은 12 Ω cm이었다. 그러나 이 농도와 비저항은 LED의 제작에는 아직 불충분하였다. 1992년에 Nakamura와 동료 연구자들은 질소 분위기에서의 열처리 공정을 이용하여 P-형 도핑에서 더 낮은 비저항을 얻을 수 있음을 보였다. Mg-doped GaN를 결정성장한 다음, 열처리를 하는 공정을 통하여 혁신적인 결과를 얻을 수 있었다. 왜냐하면 이 공정은 쉽고 안정적이며 대량생산에도 적합한 공정이기 때문이다. 이전의 연구자들도 암모니아 분위기에서 1000°C까지 열처리를 행하는 시도를 하였으나 암모니아에서 빠져나온 수소가 억셉터들과 결합하여 억셉터의 활성화를 방해하였기 때문에 물질의 비저항을 낮추는 데 실패하였다.

AlInGaN는 청색 LED를 만드는 매우 특별한 광전자공학의 응용에 사용된다. AlInGaN 재료의 가장 두드러진 특징은 큰 격자부정합과 더불어 높은 전위(dislocation) 밀도를 가짐에도 불구하고 LED로 만들었을 때, 높은 내부 양자효율을 얻을 수 있다는 점이다. 실제로 적색 AlGaAs 및 AlGaInP와 비교하여 큰 결정결함 밀도를 가짐에도 불구하고 청색/녹색 GaN 기반의 LED가 우수한 특성을 보인다는 점이 III-V nitride 반도체가 가지는 주된 장점이다.

간단히 MOCVD를 이용하여 격자부정합이 있는 사파이어 기판 위에 성장된 III-Vnitride LED 소자를 제작하였다. 이 소자들은 40% 이상의 복사효율(radiant efficiency)을 보였다(Shibata et al. 2003). 이 소자들은 낮은 온도 의존성을 보인다. 또한 간접 밴드갭이 되는 문제점도 생기지 않는다. 이러한 이유들로 AlInGaN 물질계는 고출력 LED에의 응용에 매우 유용하며, 현재 5 W까지의 전력에서 동작하는 제품들이 시장에 나와 있다(Wierer외. 2001). 실제로 AlInGaN 화합물을 이용하여 만들어지는 LED의 파장 범위는 200 nm (AlN)에서 1500 nm(InN)의 넓은 범위를 포함한다. 그러나 놀랍게도 사업적으로 이용 가능한 고출력 질화물 LED들은 근자외 선에서 녹색 범위의 특정한 영역에서만 생산되는데, 이는 주로 재료의 품질 문제에서 기인한다. 청색 질화물 LED는 출력은 더욱 증가하고 가격은 더욱 낮아질 것이다. 이 청색 LED 소자에 대한 연구가 지속적으로 강도 높게 이루어지고 있는 이유는 이 소 자가 백색 LED 기술의 기반이 되기 때문이다.

AlInGaN 이종접합 구조가 갖는 또 다른 주요한 특성은 내부 분극 전기장(built-in polarization electric field)이 포텐셜 분포에 영향을 끼친다는 점이다.

통상의 운반자 수명은 다음과 같다. 사파이어 기판 위에 성장된 GaN의 경우에는 약 250 ps 정도인 반면에 벌크 GaN 위에 성장된 GaN층은 890 ps 정도이다. 두꺼운 InGaN 에피택셜층의 경우에는 운반자 수명이 약 100 ps 정도이다.

AlInGaN 재료와 소자의 성능이 발전함에 따라 AlInGaN 물질계 기반의 가시광 선 청색 및 녹색 LED의 에너지 변환 효율이 통상의 광원들을 능가하는 결과를 촉진 시켰고, 현재의 할로겐 램프와 콤팩트 형광등의 효율에 더 근접하였다. 약 610 nm 파 장에서 광원효율(luminous efficacy)이 100 lm/W 이상인 황색 및 적색 AlInGaP-기 반의 LED들과 함께, AlInGaN LED들은 낮은 에너지 소비와 오랜 수명을 갖는 응 용분야를 지배하고 있다. 이 결과로 AlInGaN LED-기반의 형광체 변환 기술이나 적색, 녹색, 청색 LED의 조합 기술에 의한 백색 LED를 이용한 일반 조명 기술이 각 광을 받고 있다.

예제 10.2

Piprek과 동료 연구자들(2007)은 $Al_xIn_yGa_zN$층$(z = 1 - x - y)$의 상온에서의 밴드갭 E_g는 다음의 비선형적인 내삽 공식으로부터 계산될 수 있음을 제안하였다.

$$E_g\left(Al_xIn_yGa_zN\right) = xE_{AlN} + yE_{InN} + zE_{GaN} + xyb_{AlInN}$$
$$+ yzb_{InGaN} + zxb_{AlGaN} + xyzb_{AlInGaN} \tag{10.8}$$

여기서 이원(binary) 밴드갭들은 $E_{AlN} = 6.28$ eV, $E_{InN} = 0.77$ eV, $E_{GaN} = 3.42$ eV이고, 삼원(ternary) 보잉 파라미터(bowing parameter)들은 $b_{AlInN} = -3.4$ eV, $b_{InGaN} = -1.43$ eV, $b_{AlGaN} = -0.7$ eV이다. 사원(quaternary) 보잉 파라미터 $b_{AlInGaN}$는 불필요하므로 0 으로 간주할 수 있다.

i. 이 식을 이용하여 알루미늄의 조성 x는 0.06으로 고정하고, 인듐의 조성 y를 0.01과

0.1로 하였을 때 방출되는 빛의 파장을 계산하라. 어떤 색의 빛이 방출될까?

ii. 만약 $y = 0.2$ 및 0.3이라면, 방출되는 빛의 파장과 색은 어떠할지 계산하라.

i. $y = 0.01$인 경우에는

$$
\begin{aligned}
\{E_g(Al_x In_y Ga_z N)\}_{In=0.01} \\
&= 0.06 \times E_{AlN} + 0.01 \times E_{InN} + (1 - 0.06 - 0.01) \times E_{GaN} + 0.6 \\
&\quad \times 0.01 \times b_{AlInN} + 0.01 \times (1 - 0.06 - 0.01) \times b_{InGaN} + (1 - 0.06 - 0.01) \\
&\quad \times 0.06 \times b_{AlGaN} + 0.6 \times 0.01 \times (1 - 0.06 - 0.01) \times b_{AlInGaN} \\
&= 0.06 \times 6.28 + 0.01 \times 0.77 + (0.93) \times 3.42 + 0.06 \times 0.01 \times (-3.4) \\
&\quad + 0.01 \times (0.93) \times (-1.43) \\
&\quad + (0.93) \times 0.06 \times (-0.7) + 0.6 \times 0.01 \times (0.93) \times 0 \\
&= 0.3768 + 0.0077 + 3.1806 - 0.00204 - 0.013299 - 0.03906 \\
&= 3.56510 - 0.054399 = 3.5107 \approx 3.51 \text{eV}
\end{aligned}
\tag{10.9}
$$

따라서

$$
\{\lambda(nm)\}_{In=0.01} = 1239.5/E_g(eV) = 1239.5/3.51(eV) = 353.134 \text{ nm} \tag{10.10}
$$

이 파장은 자외선(380~315 nm)이다.

같은 방식으로, $y = 0.1$의 경우에는

$$
\begin{aligned}
\{E_g(Al_x In_y Ga_z N)\}_{In=0.1} \\
&= 0.06 \times E_{AlN} + 0.1 \times E_{InN} + (1 - 0.06 - 0.1) \times E_{GaN} + 0.6 \times 0.1 \times b_{AlInN} \\
&\quad + 0.1 \times (1 - 0.06 - 0.1) \times b_{InGaN} \\
&\quad + (1 - 0.06 - 0.1) \times 0.06 \times b_{AlGaN} + 0.6 \times 0.1 \times (1 - 0.06 - 0.1) \times b_{AlInGaN} \\
&= 0.3768 + 0.077 + 2.8728 - 0.204 - 0.12012 - 0.03528 \\
&= 3.3266 - 0.3594 \approx 2.9672 \text{eV} \approx 2.97 \text{eV}
\end{aligned}
\tag{10.11}
$$

따라서

$$
\begin{aligned}
\{\lambda(nm)\}_{In=0.1} &= 1239.5/E_g(eV) = 1239.5/2.97(eV) \\
&= 417.34 \text{ nm}
\end{aligned}
\tag{10.12}
$$

이 파장은 보라색(380~450 nm)이다.

ii. $y = 0.2$의 경우에는

$$
\begin{aligned}
\{E_g(Al_x In_y Ga_z N)\}_{In=0.2} \\
&= 0.06 \times E_{AlN} + 0.2 \times E_{InN} + (1 - 0.06 - 0.2) \times E_{GaN} + 0.6 \times 0.2 \times b_{AlInN} \\
&\quad + 0.2 \times (1 - 0.06 - 0.2) \times b_{InGaN} + (1 - 0.06 - 0.2) \times 0.06 \times b_{AlGaN} \\
&\quad + 0.6 \times 0.2 \times (1 - 0.06 - 0.2) \times b_{AlInGaN} \\
&= 0.3768 + 0.154 + 2.5308 - 0.0408 - 0.21164 - 0.03108 \\
&= 3.0616 - 0.28352 \approx 2.77808 \text{ eV} \approx 2.78 \text{ eV}
\end{aligned}
\tag{10.13}
$$

따라서

$$\{\lambda(\text{nm})\}_{\text{In}=0.2} = 1239.5/E_g(\text{eV}) = 1239.5/2.78(\text{eV}) = 445.8633 \text{ nm} \quad (10.14)$$

이 파장은 가시광선 영역의 청색(380~450 nm) 영역이다.

$y = 0.3$의 경우에는

$$\{E_g(\text{Al}_x\text{In}_y\text{Ga}_z\text{N})\}_{\text{In}=0.3}$$
$$= 0.06 \times E_{\text{AlN}} + 0.3 \times E_{\text{InN}} + (1 - 0.06 - 0.3) \times E_{\text{GaN}} + 0.6 \times 0.3 \times b_{\text{AlInN}}$$
$$+ 0.3 \times (1 - 0.06 - 0.3) \times b_{\text{InGaN}} + (1 - 0.06 - 0.3) \times 0.06 \times b_{\text{AlGaN}} \quad (10.15)$$
$$+ 0.6 \times 0.3 \times (1 - 0.06 - 0.3) \times b_{\text{AlInGaN}}$$
$$= 0.3768 + 0.231 + 2.1888 - 0.612 - 0.27456 - 0.02688$$
$$= 2.7966 - 0.91344 \approx 1.88316 \text{ eV} \approx 1.88 \text{ eV}$$

따라서

$$\{\lambda(\text{nm})\}_{\text{In}=0.3} = 1239.5/E_g(\text{eV}) = 1239.5/1.88(\text{eV}) = 659.31 \text{ nm} \quad (10.16)$$

이 파장은 적색광의 파장(620~750 nm)이다.

10.3 결론 및 고찰

LED에서 방출하는 빛의 파장이나 색은 재료의 에너지 밴드갭에 의해 결정되기 때문에, 다양한 색의 빛을 방출하는 LED를 만들기 위하여 다양한 직접 밴드갭 반도체 재료들이 사용된다. AlGaAs는 적외선과 적색 파장을 방출하는 LED를 만드는 데 적합한 고효율의 재료이다. 비록 밴드갭이 1.424 eV(GaAs)와 2.16 eV(AlAs)의 사이에 있지만, 주황색이나 더 짧은 파장의 빛을 내는 데에는 부적합하다. 그 이유는 $\text{Al}_x\text{Ga}_{1-x}\text{As}$ 밴드갭의 직접-간접 전이가 파장이 624 nm인 x가 약 0.45 근방에서 일어나기 때문이다.

300 K에서의 AlP, GaP, InP의 밴드갭은 각각 2.45, 2.25, 1.27 eV이다. AlGaInP는 가시광선 스펙트럼상의 장파장 영역에 적색, 주황색, 황색, 황록색 파장을 구현하는 데 가장 적합한 재료이다. 556~532 nm의 파장에 해당하는 2.23~2.33 eV의 에너지에서의 밴드갭의 직접-간접 전이 때문에 더 짧은 파장의 발광은 곤란하다.

AlN, GaN, InN는 각각 6.2 eV, 3.4 eV, 0.7 eV의 직접 밴드갭 에너지를 가지기 때문에, III-nitride족 재료들은 넓은 범위의 격자상수의 변화와 밴드갭의 변화(0.7~6.2 eV)를 제공한다. 따라서 III-nitride 삼원 합금의 밴드갭은 그 조성을 조절하는 방식으로 가시광선 스펙트럼 전 대역에 걸쳐 쉽게 조절할 수 있다. 다른 큰 밴드갭 에너지를 갖는 반도체들과 비교한 III-nitride의 장점은 견실한 화학적 결합과 이에 따른 안정성으로, 이를 통하여 높은 구동전류와 온도에 의해 야기되는 열화가 덜 일어날 수 있다. 이러한 이유들로 세계적으로 III-nitride 재료가 LED의 제작에 폭발적으로 이용되고 있다.

 참고문헌

Adachi, S. 1994, January. *GaAs and Related Materials: Bulk Semiconducting and Superlattice Properties*. Singapore: World Scientific Publishing Co. Pte. Ltd., 675pp.

Adivarahan, V., A. Chitnis, J. P. Zhang, M. Shatalov, J. W. Yang, G. Simin, M. A. Khan, R. Gaska, and M. S. Shur. 2001. Ultraviolet light-emitting diodes at 340 nm using quaternary AlInGaN multiple quantum wells. *Applied Physics Letters* 79(25), 4240–4242.

Aliyu, Y. H., D. V. Morgan, H. Thomas, and S. W. Bland. 1995. AlGaInP LEDs using thermally evaporated transparent conducting indium tin oxide (ITO). *Electronics Letters* 31(25), 2210–2212.

Kim, A. Y., W. Götz, D. A. Steigerwald, J. J. Wierer, N. F. Gardner, J. Sun, S. A. Stockman et al. 2001, November. Performance of high-power AlInGaN light emitting diodes. *Physica Status Solidi (a)* 188(1), 15–21.

Krames M. R., M. Ochiai-Holcomb, G. E. Höfler, C. Carter-Coman, E. I. Chen, I.-H. Tan, P. Grillot et al. 1999. High-power truncated-inverted pyramid $(Al_xGa_{1-x})_{0.5}In_{0.5}P/$ GaP light-emitting diodes exhibiting > 50% external quantum efficiency. *Applied Physics Letters* 75(16), 2365–2367.

Levinhstein, M., S. Rumyantsev, and M. Shur (Eds.) 1999. *Handbook Series on Semiconductor Parameters, Vol. 2. Ternary and Quaternary III–V Compounds*. Singapore: World Scientific, Co. Pte. Ltd., 205pp.

Piprek, J., H. Wenzel, and M. Kneissl. 2007. Analysis of wavelength-dependent performance variations of GaN-based ultraviolet lasers. In: J. Piprek and J. J. Wang (Eds.), *Optoelectronic Devices: Physics, Fabrication, and Application IV*, 67660H. Proceedings of SPIE 6766, 67660H-1–67660H-8. doi:10.1117/12.736729.

Shibata, N., T. Uemura, H. Yamaguchi, and T. Yasukawa. 2003. Fabrication of LED based on III–V nitride and its applications. *Physica Status Solidi A: Applied Research* 200(1), 58–61.

Steranka, F. M. 1997. Chapter 3: AlGaAs red light-emitting diodes. In: G. B. Stringfellow and M. G. Crawford (Eds.), High brightness light-emitting diodes. R. K. Willardson and E. R. Weber (Series Eds.), *Semiconductors and Semimetals*, Vol. 48. New York: Academic Press, pp. 65–96.

Tamulaitis, G., K. Kazlauskas, S. Juršėnas, A. Žukauskas, M. A. Khan, J. W. Yang, J. Zhang, G. Simin, M. S. Shur, and R. Gaska. 2000, October. Optical band gap formation in AlInGaN alloys. *Applied Physics Letters* 77(14), 2136–2138.

Wierer J. J., D. A. Steigerwald, M. R. Krames, J. J. O'Shea, M. J. Ludowise, G. Christenson, Y. C. Shen et al. 2001, May. High-power AlGaInN flip-chip light-emitting diodes. *Applied Physics Letters* 78(22), 3379–3381.

연습문제

10.1 물질의 에너지 밴드갭과 방출되는 빛의 파장을 연결하는 방정식을 기술하라. LED의 제작에 도움이 되기 위해 물질이 가져야 할 주된 특성은 무엇인가?

10.2 LED의 제작에 (a) 직접 밴드갭 또는 (b) 간접 밴드갭 중, 어떤 물질을 사용할 것인가? 그리고 그 이유는 무엇인가? 다음 중, 어떤 물질들이 LED로 사용하기에 적합한지와 그 이유를 설명하라: (a) AlAs, (b) GaAs, (c) AlInGaN, (d) AlSb, (e) AlP, (f) SiC.

10.3 LED의 제작에 사용되는 가장 유명한 무기물들은 무엇인가? 이 물질들의 주요 특성들의 비교표를 작성하라.

10.4 LED를 만들기 위한 물질의 적합성을 결정하는 데 도움이 되는 기준을 정하라.

10.5 AlGaAs를 이용한 LED를 제작하는 데 보편적으로 사용되는 에피택셜 성장 공정은? 이 공정의 주목할 만한 장점은? Al 조성이 높은 AlGaAs 합금을 성장하기 위해 부딪히는 문제점에는 무엇이 있는가?

10.6 $Al_xGa_{1-x}As$가 직접 밴드갭에서 간접 밴드갭으로 전환되는 지점의 밴드갭 에너지는 얼마인가? 간접 밴드갭 영역에 도달하면 무슨 일이 일어나는가?

10.7 $(Al_xGa_{1-x})_{0.5}In_{0.5}P$ 합금과 GaP 사이의 격자정합을 논하라. 이 물질은 간접 밴드갭 영역이 존재하는가?

10.8 AlGaInP 구조를 성장하기 위하여 어떤 장치가 사용되는가? 이 방식의 주된 장점을 기술하라.

10.9 사파이어 기판 위에 고품위의 GaN 막을 성장하는 것이 가능한가? 이러한 문제를 해결하기 위하여 버퍼층이 도움이 되는가?

10.10 GaN 물질을 P-형으로 만드는 방법을 논하라. 열처리가 물질의 특성에 끼치는 영향을 설명하라.

10.11 AlInGaN 화합물을 이용하여 이론적으로 가용한 파장 범위를 구하라. 상업적인 고출력 질화물 반도체 LED로 만드는 주된 색들은 무엇인가? 실질적으로 상당히 좁은 파장(색깔) 범위의 LED가 만들어지는 이유는 무엇인가?

CHAPTER 11

무기 LED의 제작
Fabrication of Inorganic LEDs

학습목표

이 장을 학습한 후에 독자들은 다음의 역량들을 갖출 수 있게 된다.

■ LED 제작에 사용되는 LPE, MOCVD와 같은 주요 장비의 동작과 구조적 특징에 대해 알 수 있다.

■ LED의 제작에 사용되는 기판 재료에 대해 익숙해질 수 있다.

■ LED 제조에서의 단위 공정을 설명할 수 있다.

■ LED의 공정순서를 스케치하기 위해서 단위 공정 단계를 통합할 수 있다.

■ 사파이어와 실리콘 기판 위에서의 LED 제작 공정에 대해 논의할 수 있다.

LED 제작은 반도체 웨이퍼(semiconductor wafer)로부터 시작하는 여러 가지 공정을 포함하고, 그 다음에 에피텍셜층(epitaxial layer)과 금속층(metal layer)을 형성하여 칩(chip)을 만들고, 자르고(dicing), 실장(mounting)하고, 패키징(packaging)한다. 이렇게 패키징된 LED는 여러 가지 소비자제품을 만들기 위해 조립된다(그림 11.1). 이 장은 웨이퍼 단계에서 LED 칩 단계까지 수행해야만 하는 공정들을 다룬다. 이를 위해 공기의 청정도를 10,000 클래스(class) 정도로 유지하면서 항온 항습 기능을 갖춘 반도체 클린룸이라고 불리는 특별한 실험실이 구축된다. 전반적인 실험실의 청정도와 반입되는 웨이퍼의 청정도는 세밀하게 관리된다. 일반적으로 많은 제작 단계들은 일관성을 위해 자동화된다. 이러한 모든 조치는 칩의 제조 수율(웨이퍼당 성공적으로 제작된 LED 칩의 수)을 높이기 위한 작업이다.

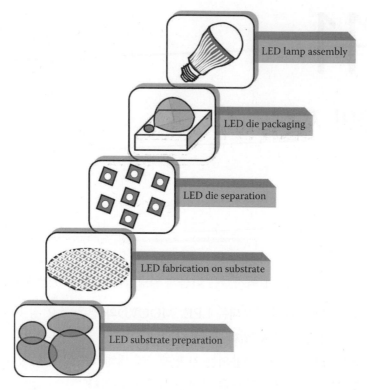

그림 11.1 LED 램프 제조단계.

11.1 이종접합 구조의 성장방법: 액상 에피택시와 금속유기 화학기상 증착

AlGaAs LED는 저가의 액상 에피택시(liquid-phase epitaxy, LPE) 기술로 제작되는 반면 AlGaInP와 AlInGaN LED는 복잡한 금속유기 화학기상 증착(metal organic chemical vapor deposition, MOCVD) 장비의 사용이 요구된다(DenBaars and Keller 2000, Weimar 2011, Ranjan 2013).

11.1.1 액상 에피택시(LPE)

초기 용액은 정제된 Ga 용융물에 Al, GaAs 및 도펀트(dopant)의 혼합에 의해 준비된다. 필요한 함량은 Al-Ga-As 상태도(phase diagram)로부터 얻어진다. 반응은 수소(H_2)로 채워진 바깥쪽 석영관으로 구성된 수평 슬라이더(slider)에서 일어나며, 거기에는 흑연(graphite)으로 만들어진 슬라이더와 받침판(baseplate)이 있다(그림 11.2). 기판은 슬라이더의 받침판 위에 놓여 있고, 용액(Ga, Al, GaAs, Te)과 (Ga, Al, GaAs, Zn)은 슬라이더에 만들어진 구멍 속에 배치된다(Chen et al. 1997). 더 자세

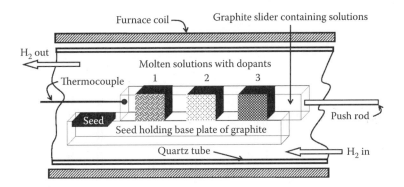

그림 11.2 LPE를 위한 설치.

한 것은 참고문헌들을 참조하기 바란다.

이종접합(heterojunction) 구조를 성장시키기 위해서, 그 구멍들을 연속적으로 기판 위에 위치하게 한다. 먼저 용액을 높은 온도(800~900℃)에서 유지시킨다. 용액이 기판과 접촉할 때 용액이 과포화되도록 온도를 낮추면 AlGaAs 성장이 야기된다. 그 이후에 다음 용액이 기판과 접촉되고, 전기로(furnace)는 이전과 같이 천천히 냉각된다.

액상 에피택시(LPE)는 장비도 단순하고, 성장층의 순도가 높고 두꺼운 층을 성장할 수 있게 해 준다. 그러나 AlGaInP 성장을 위해 LPE를 사용하는 경우에는 AlP와 InP의 열역학적 안정성의 차이 때문에 정확한 함량 조절이 어려워진다. 또한 Al의 분리로부터 문제가 발생한다. AlGaInN의 경우에는 질화물의 높은 용융 온도에서 질소(N_2)의 높은 평형 압력 때문에 용융물을 다루는 데 어려움에 직면한다.

11.1.2 금속유기 화학기상 증착(MOCVD)

MOCVD는 원료 물질의 증기 수송과 높은 온도 구간에서의 이들 물질의 반응, 그리고 기판 상에 원하는 물질의 결정질 형태의 증착을 이용하는 비평형 성장 공정이다(Chen et al. 1997).

그림 11.3은 MOCVD 반응장치를 보여 준다(Semiconductor Device Technology 2002). 인용된 논문의 설명처럼, 기판 웨이퍼는 반응로(reactor)라고 불리는 반응 용기 내부의 서셉터(susceptor)라고 하는 흑연판 위에 놓여지고, RF 유도 히터로 통상 500℃에서 800℃로 가열된다. 성장은 100 Torr에서 700 Torr 압력의 수소 분위기에서 진행되며, 성장 전구물질(precursor)이 고온의 기판과 접촉하여 분해되면서 에피택셜층이 형성된다. V족의 전구물질은 인화물(phosphide) 성장을 위한 PH_3(phosphine), 질화물(nitride) 성장을 위한 NH_3(ammonia)와 같은 수소화물(hy-

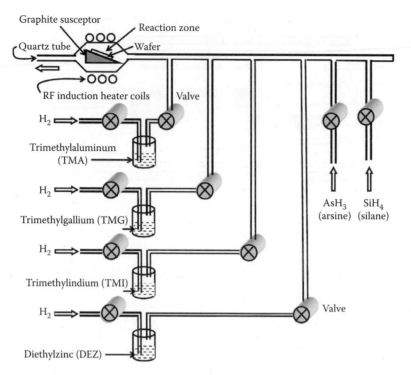

그림 11.3 MOVCD 반응장치의 개략도.

dride)이다. 반면 III족의 전구물질은 Ga 성장을 위한 Ga(CH$_3$)$_3$: 트리메틸갈륨(tri-methylgallium, TMG), Al 성장을 위한 Al(CH$_3$)$_3$: 트리메틸알루미늄(trimethylalu-minum, TMA), In 성장을 위한 In(CH$_3$)$_3$: 트리메틸인듐(trimethylindium, TMI), Si 성장을 위한 SiH$_4$: 실레인(silane), As 성장을 위한 AsH$_3$: 아르신(arsine), Zn 성장을 위한 DEZ: 디에틸징크(diethylzinc)이다. 운반기체(carrier gas)인 질소나 수소를 전구물질에 통과시켜 버블링(bubbling)하여 그 전구물질들을 기체 흐름으로 만들어 운반한다. 전형적인 성장속도는 2 μm/h 정도로, V족과 III족의 전구물질 비율이 250이라고 가정한 경우이다. 고체상태의 TMI의 경우 정상상태 조건에서 지속적으로 충전해야 한다는 문제가 있어 왔기 때문에, 액상 TMI가 이러한 목적으로 사용 되어 왔다(Ravetz et al. 2000).

그림 11.4에 Nakamura(1991a)가 개발한 투플로우(two-flow) MOCVD 반응장치가 있다. Nakamura의 챔버(chamber)는 스테인리스 스틸로 만들어졌고 회전하는 서셉터를 갖고 있다. 전구물질은 석영 노즐(quartz nozzle)을 통과하는 수평 가스 흐름에 의해 공급되고, 수직 아래 방향 가스 흐름에 의해 기판과 만나게 되어 있다. 먼저 낮은 온도(400~600°C)에서 핵형성(nucleating)을 위한 질화물층이 성장되고, 이후 1000°C보다 높은 온도에서 실제 질화물층은 성장된다. 전형적인 성장속도는

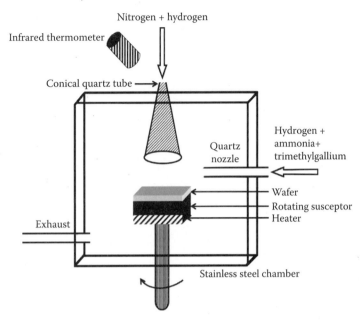

그림 11.4 III족 질화물 반도체를 위한 AlInGaN 투플로우 MOCVD 반응기.

4 μm/h이다. 표 11.1은 MOCVD에서 사용되는 가스를 나타낸 것이다(Tolia 2011). 그리고 표 11.2는 MOCVD의 장점과 단점을 나타낸 것이다.

표 11.1 MOCVD 반응에 사용되는 가스들

III족 전구물질	V족 전구물질	불순물 전구물질	기본 성장 반응 (R = P or N for PH_3 or NH_3)
트리메틸알루미늄,	PH_3	디에틸징크: DEZn	$xAl(CH_3)_3 + yGa(CH_3)_3$
$Al(CH_3)_3$	NH_3	디메틸징크: DMZn	$+zIn(CH_3)_3 + RH_3 \leftrightarrow$
트리메틸갈륨,		비스(사이클로펜타이에닐)마그네슘: Cp_2Mg	$Al_xGa_yIn_zR + RH_4$
$Ga(CH_3)_3$		디에틸텔루륨: DETe	
트리메틸인듐,		실레인: SiH_4	
$In(CH_3)_3$		디실레인: Si_2H_6	

표 11.2 MOCVD의 장점과 단점

번호	장점	단점
1.	얇은 층과 계단접합 구조를 포함한 이종접합 구조의 재현성 있는 성장	높은 효율의 빛 추출에 필수적인 두꺼운 창층(window layer)의 구현이 불가능
2.	정확한 함량과 도핑 프로파일의 제어	사용되는 전구물질의 위험성

11.2 LED 기판

LED 제작을 위해서는 기판에 요구되는 바람직한 특성들이 제시되어야 한다. 최소의 전력 소모, 빛 흡수, 결함(defect) 발생 등이 최소화된 기판이 요구된다. 전력 소모를 최소화하기 위해 기판은 높은 전기 전도성 및 열 전도성을 가져야 한다. 빛의 흡수를 줄이기 위해 기판은 LED에 의해 만들어지는 빛에 대해 투명해야 하며, 이는 외부 양자 효율을 증가시킬 것이다. 결함을 최소화하기 위해서는 기판의 결함밀도가 낮아야 할 뿐만 아니라, 기판물질은 격자상수와 열팽창계수 모두에서 에피성장층과 밀접하게 서로 잘 맞아야 한다.

AlGaAs와 AlInGaP 물질 시스템에 있어서, GaAs 기판은 이 물질 시스템과 격자정합(lattice matching)을 이루기 때문에 사용된다. 통상 GaAs 기판은 Te, S 혹은 Si으로 N-형 도핑하고, 가끔씩 Se나 Sn을 사용하기도 한다. 어떤 AlGaAs LED 구조에서는 P-형 기판을 사용하기도 하며 이때 Zn을 도핑 불순물로 사용한다. 전기 전도도를 최대화하기 위해서는 기판이 고농도로 도핑되어야 한다. 그러나 용해도를 넘게 되면 불순물이 석출되거나 다른 구조적 결함이 나타나게 된다. 기판에서의 도핑 농도는 대략 10^{18} cm^{-3}이다.

인화물은 GaAs나 GaP 기판에 성장된다. 그러나 GaN는 주로 실리콘 카바이드(SiC), 사파이어(Al_2O_3), Si과 같은 이질적인 기판 위에서 엑피택셜 성장에 의해 증착된다(Dadgar et al. 2006, Lee et al. 2011, Cooke 2011, Virey 2012). GaN 벌크 성장 방법의 어려움 때문에 이와 같은 선택을 한 것이다. 그러나 이러한 기판 물질의 격자상수나 열팽창계수가 GaN와 차이가 많이 난다. 또한, 에피성장된 원자들은 고온의 기판 위에서 높은 이동도를 가지므로 기판을 균일하게 덮는 데 어려움을 야기시킨다. GaN LED 성장을 위해 사용되는 여러 가지 기판들의 비교가 표 11.3에 나와 있다.

표 11.3 GaN LED의 기판 비교

번호	기판	격자상수 (nm)	TD밀도 (cm^{-2})	가능한 웨이퍼 크기	열전도도 (W·m^{-1}K^{-1})	열팽창계수 (K-1)	가격
1.	사파이어	$a = 0.478$, $c = 1.2991$	10^9	6″	20~40	$4 \sim 9 \times 10^{-6}$	낮음
2.	실리콘카바이드 (4H-SiC)	$a = 0.3073$, $c = 1.0053$	10^8	6″	490	2.77×10^{-6}	높음
3.	실리콘	$a = 0.543$	$>10^9$	12″	150	2.6×10^{-6}	가장 낮음
4.	벌크 질화갈륨	$a = 0.319$, $c = 0.518$	10^6	2″	250	$3 \sim 5 \times 10^{-6}$	가장 높음

기판 문제를 극복하기 위해, 높은 온도에서 주요 층들의 성장이 시작되기 전에 핵 형성 층으로 알려진 AlN 또는 GaN 버퍼층을 비교적 낮은 온도에서 증착시킬 필요가 있다(Lee et al. 2002). 버퍼층은 GaN와 사파이어 사이의 16.1%의 큰 격자부정합을 수용하는 역할을 한다. 이러한 버퍼층을 삽입함으로써 고품위 GaN층의 성장이 가능해진다. 버퍼층의 낮은 증착 온도는 원자 이동도에 현저하게 영향을 미친다. 원자 이동도의 감소는 결정질의 기판을 완전히 덮는 GaN의 3차원(3-D) 성장으로 이어진다. 주요 층의 성장은 GaN의 점진적인 2차원(2-D) 층별 성장을 수반한다. 따라서 주요 층의 구조적 품질, 특히 실 형상 전위(threading dislocation, TD) 밀도는 버퍼층 특성과 긴밀하게 관련되어진다. 그럼에도 불구하고, 저온 버퍼층에 성장된 GaN층의 전위 밀도는 허용할 수 없을 정도로 높게 남아 있다($10^8 \sim 10^{10}$ cm^{-2}). 게다가 이미 언급한 사파이어와 GaN의 열팽창계수의 상당한 차이는 성장된 층의 휘어짐을 야기시킨다.

Lee의 논문(2004)은 N-GaN층과 AlN 버퍼층 사이에 중간층으로서 $Al_{0.3}Ga_{0.7}N/$GaN 초격자의 성장을 실험하였고, 그 결과 Si(111)상에서 고품질 LED 성장의 주요 장애는 균열(crack)의 존재임에 주목하였다. 이런 이유로 GaN/Si(111) 위에 에피택시 성장된 LED의 성능은 GaN/사파이어 위에 성장된 LED보다 나빴다. 균열은 광 전파를 위한 전류 산란 중심으로 작용한다.

11.3 GaN 다이오드 공정 단계

11.3.1 GaN 버퍼층을 이용한 GaN 성장

MOCVD는 GaN 성장을 위한 대량 생산 방법이다. 의도적인 도핑 없이 성장된 GaN층은 일반적으로 N-형이다. 그림 11.4에 투플로우(two-flow) MOCVD(TF-MOCVD) 반응장치를 나타냈다(Nakamura 1991a, Nakamura et al. 1993). 이 반응장치를 보면 주 유동(main flow)은 기판과 평행하며, 갈륨과 질소 공급을 위해 각각 TMG와 NH_3 가스를 사용한다. 부 유동은 기판과 수직한 불활성 가스를 전송하는 혼합기체($N_2 + H_2$)이다. 부 유동 없이 성장된 필름은 불연속적인 섬(island)들을 형성한다.

기판을 H_2 흐름 속에서 1050℃까지 가열시킨 다음 450℃에서 600℃ 사이의 값으로 온도를 하강시킨다. GaN 버퍼층(두께 100~1000 Å)은 정해진 유량(flow rate)으로 주 유동에서 H_2, NH_3, TMG를 사용하고, 부 유동에서 H_2와 N_2를 사용하여 성장된다. 주 유동에 대한 일반적인 유량은 H_2, NH_3, TMG: 1.0 L/min, 5.0 L/min, 54 μmol/min이고 부 유동에 대한 유량은 H_2, N_2: 10 L/min, 10 L/min이다. 두께는 성

장시간으로 제어된다.

다음으로 온도를 1000~1030°C로 올려 3~4 μm 두께의 GaN층을 성장시킨다. 성장시간은 일반적으로 40~60분 정도이다. 높은 홀 이동도(Hall mobility) 값(300 K에서 600 cm²/V·s 그리고 77 K에서 1500 cm²/V·s)이 얻어지며, 이는 GaN 필름의 품질을 나타낸다. 최적의 버퍼층 두께는 200 Å이다.

11.3.2 GaN의 N-형 도핑

Si에 의한 N-도핑은 SiH$_4$ 가스의 유량 제어를 통하여 수행된다. 운반자 농도는 $1 \times 10^{17} \sim 1 \times 10^{19}$ cm^{-3}이다; 최대 농도는 10 nmol/min의 SiH$_4$ 유량으로 얻어진다. 온도는 앞서 설명한 GaN 성장온도와 같다. GeH$_4$를 이용해서 Ge로 N-도핑을 수행할 경우, 운반자 농도는 $7 \times 10^{16} \sim 1 \times 10^{19}$이며 최대의 값은 100 nmol/min의 GeH$_4$에서 얻어진다. Ge의 도핑효율(doping efficiency)은 Si보다 10배 정도가 낮다.

11.3.3 GaN의 P-형 도핑

Mg-도핑된 GaN는 TF-MOCVD 반응로에서 성장된다. Mg로 P-도핑을 하는 경우, Mg 소스는 비스−사이클로펜타디에닐 마그네슘(bis-cyclopentadienyl magnesium, Cp$_2$Mg)이다. 4 μm 두께의 P-GaN 성장을 위한 통상의 가스 유량은 3.6 μmol/min이고 시간은 1035°C에서 60분이다. GaN 성장 온도는 앞에서 주어진 것과 동일하다. 열처리(thermal annealing)는 N 분위기, 1000°C에서 20분간 실시된다.

11.3.4 N-GaN 상에서의 오믹 접촉

선형적인, 대칭적인 그리고 온도에 무관한 전류−전압 특성은 좋은 접촉에서 기대되는 필수적인 특성이다. 또한 접촉 전극에서의 전압강하는 LED의 활성 영역에서의 전압강하에 비해 무시할 정도로 작아야 한다. 접촉의 특성은 Ω·cm로 측정되는 비접촉저항(specific contact resistance)으로 평가된다. N-GaN에서 오믹 접촉(ohmic contact)을 하는 데 가장 많이 쓰이는 증착 금속의 조합은 Ti/Al/Ni/Au이고, 두께는 100/200/40/50 nm이다. Ti는 4.33 eV의 일함수를 갖고, Al은 4.28 eV를 갖는다. Ti는 GaN과의 접착력이 강하고 Al은 좋은 전도체이지만 둘 다 대기 중에서 쉽게 산화된다. 따라서 그것들은 Au층으로 보호되어야 한다. 그러나 Au는 반도체 속으로 빠르게 확산되므로 Ni을 확산장벽으로서 Au보다 먼저 증착해 줘야 한다. 600°C에서 2분 동안 열처리한 후 비접촉저항은 대략 10^{-6} Ω·cm이다.

11.3.5 P-GaN 상에서의 오믹 접촉

P-GaN 상에 오믹 접촉을 형성하는 것은 매우 어려운데 이는 상온에서 10^{17} cm^{-3} 수준인 마그네슘 도핑으로 인한 낮은 운반자 농도에서 기인한다. 운반자 농도가 이렇게 낮은 것은 도핑된 마그네슘 원자 중 고작 1% 수준만이 전기적으로 활성화되는 마그네슘의 작은 활성화 에너지 때문이다. P-GaN에 사용될 접촉 금속은 높은 일함수가 요구되며 적합한 금속으로는 Ni(φ_{Ni} = 5.15 eV), Au(φ_{Au} = 5.1 eV), Pt(φ_{Pt} = 5.65 eV), Pd(φ_{Pd} = 5.12 eV) 등이 있다. 20/100 nm의 박막 두께를 가지는 Ni/Au 전극은 10^{-6} Ω-cm 수준의 낮은 비접촉저항을 갖는 오믹 접촉(ohmic contact)을 제공한다.

11.3.6 GaN 식각과 기판 분리

GaN의 식각 용액에 대한 높은 화학적 안정성 때문에, 오로지 끓는 산(H_3PO_4, H_2SO_4 등)이나 알칼리(NaOH, KOH) 용액만이 이 물질에 대한 식각제(etchant)로서 역할을 하고, 전위(dislocation)와 같은 결함들에 우선적으로 작용하여 거친 표면을 만든다. GaAs의 원자당 결합 에너지 6.52 eV에 비해 높은 결합 에너지(원자당 8.92 eV)로 인해 GaN의 건식 에칭(dry etching)도 어렵다. 비등방성 식각(anisotropic etching)으로 통상의 식각비율인 1 μm/min로 수직벽면을 형성할 경우 아르곤이나 질소와 같은 비활성 가스와 할로겐 기반(Cl_2, BCl_3, BBr_3, BI_3 등)의 화학물질을 사용한다. 화학반응뿐 아니라 이온의 기계적 충격 모두를 통해 식각이 이루어진다.

사파이어는 단단한 물질이라서 기계적 연마에 의해 쉽게 제거되지 않는다. 그래서, 공정이 끝난 웨이퍼의 뒷면을 파장 248 nm의 엑시머 레이저 빔(excimer laser beam)으로 조사시켜 박리시킨다. 박리되는 영역에는 작은 Ga 액적(droplet)과 질소 기포가 함께 발생된다. 이것은 강한 국소 가열 효과(local heating effect)에 의해 생기는 현상이다. 열처리에 의해 에피택시층이 기판으로부터 분리되고 남은 Ga 액적은 염산(HCl)에 의해 제거된다. 이 방법은 제어가 힘들고 시간 소모도 많다. 광의 방출 효율을 향상시키기 위해 광증강 전기화학적(photoenhanced electrochemical etching, PEC) 식각으로 표면을 거칠게 만들기도 한다.

11.4 GaN LED 제작의 대표적인 공정 과정

11.4.1 사파이어 기판 상에서

LED 구조는 N-형(1×10^{18} cm^{-3})과 P-형(2×10^{17} cm^{-3}) GaNa층 사이에 위치한 MQW(multi quantum well)로 구성되어 있다(Nakamura et al. 1991b, Suihkonen

2008). c-사파이어 기판 위에 우선 30 nm 두께의 GaN 버퍼층이나 핵생성층을 TMGa 와 NH₃를 이용하여 500℃에서 성장시킨 후, 온도를 1010~1020℃까지 서서히 올려 서 TMGa를 이용하여 2 μm 두께의 도핑되지 않은 GaN층을 성장시킨다. 다시 TMIn, TMGa 및 NH₃ 소스를 사용하여 도핑되지 않은 InGaN이나 InGaN/GaN MQW 를 성장시키기 위해 온도를 730~780℃로 낮춘다. InGaN 우물층과 GaN 장벽층을 갖는 여러 개의 MQW을 성장한다. 알킬(alkyl) 화합물의 캐리어 가스와 분위기 가스 로서 수소가 사용된다. In이 함유된 InGaN이나 InGaN/GaN MQW을 성장할 때는 질소가 캐리어 가스로 사용된다. 마지막으로 고농도로 도핑된 P-GaN:Mg 덮개층 (capping layer)은 1020℃에서 성장된다. P-형 도펀트는 급속 열처리(rapid thermal annealing, RTA)에 의해 950℃에서 1분간의 열처리를 거쳐 활성화된다.

LED 구조의 성장 이후에, 샘플의 일부를 N-GaN층이 노출될 때까지 반응성 이온 식각(reactive ion etching, RIE)을 사용하여 부분적으로 식각한다. Ni/Au(5/6 nm) 의 투명한 전류−퍼짐층(current spreading layer)이 P-GaN:Mg층 상에 전자빔 증발 에 의해 증착되고 P-형 접촉전극으로서의 역할을 한다. 현재는 Ni/Au 대신 투명도가 더 높은 ITO 투명전극이 사용된다. N-형 접촉의 경우 Ti/Al/Ni/Au(25/ 150/25/ 150 nm) 오믹 접촉 N-GaN 윗면에 증착된다. 최종적으로 Ni/Au(30/80 nm)층을 투 명한 전류−퍼짐층 위에 증착시킨다. 모든 접촉은 질소 분위기에서 500℃의 온도에 서 30초 동안 열처리된다. 전류−전압 특성과 광출력을 측정한다.

그림 11.5는 사파이어 기판 위에 제작되어진 후 Si 서브마운트(submount)로 옮겨져 완성되는 "수직형" GaN LED를 나타낸다(Nguyen et al. 2010). 그림 11.6에는 사파 이어 기판 위에 "수평형" GaN LED 칩으로 제작되어진 후 뒤집어 Si 서브마운트 (submount)에 장착되는 "플립칩(filip chip) 형태" GaN LED가 나타나 있다(Nguyen et al. 2010).

11.4.2 Si 기판 상에서

Si 기판을 이용하여 GaN LED를 구현하기 위한 공정 단계들이 그림 11.7에 나타나 있다(Lee et al. 2011, Cook 2011, Virey 2012). Si 기판 위의 GaN의 품질은 독립된 GaN 기판, 사파이어 혹은 SiC과 같은 고가의 다른 기판에 비해 더 큰 격자부정합 (lattice mismatch)을 견뎌야 한다. 실제로 Si은 열적으로나 기계적으로 GaN와 부정 합이 심하고, 따라서 웨이퍼 성장 후 심하게 휘거나, 웨이퍼 균열과 높은 실형상 전위 (TD) 밀도와 같은 결정품질이 떨어지는 문제를 유발한다. 그럼에도 불구하고 6″ 이상 의 지름을 갖는 Si 웨이퍼는 상당한 기판 가격의 절감을 가져올 수 있을 뿐만 아니라,

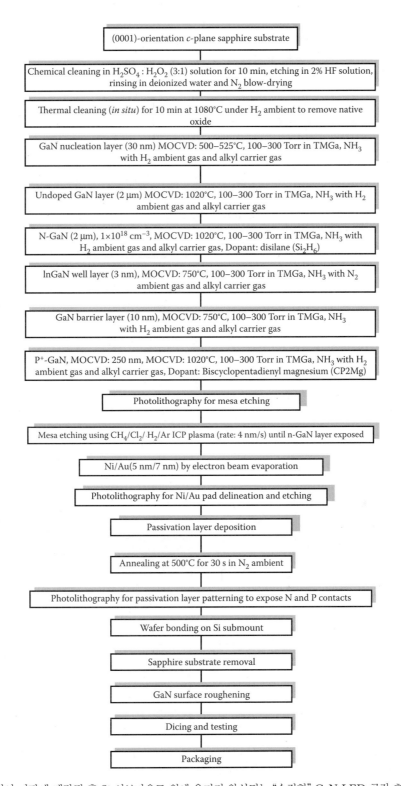

그림 11.5 사파이어 기판에 제작된 후 Si 서브마운트 위에 옮겨져 완성되는 "수직형" GaN LED 공정 흐름도.

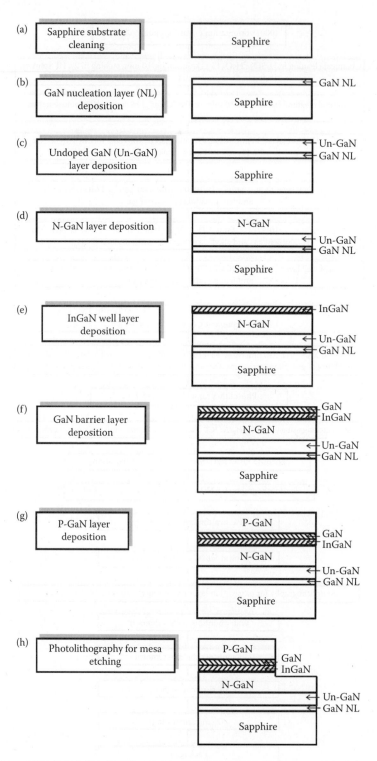

그림 11.6 Si 서브마운트에 "플립칩 형태"로 제작된 GaN-on-sapphire LED의 공정 순서에 대한 단계적 설명과 단면도.

(continued)

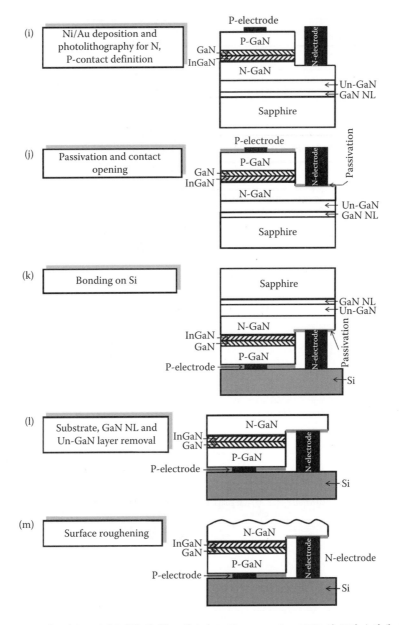

그림 11.6 (Continued) Si 서브마운트에 "플립칩 형태"로 제작된 GaN-on-sapphire LED의 공정 순서에 대한 단계적 설명과 단면도.

전자산업에서 두루 사용하는 자동화 집적회로(IC) 제조라인에서 공정을 할 수 있다는 장점을 갖고 있다. Ga이 Si 기판을 파고 들어가는 "melt-back" 식각을 피하기 위해, Si 위에서의 GaN의 성장 전에 AlN 버퍼를 성장시킨다.

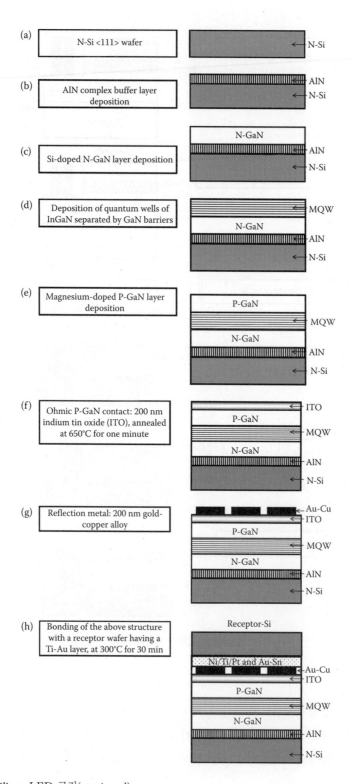

그림 11.7 GaN-on-silicon LED 공정(continued).

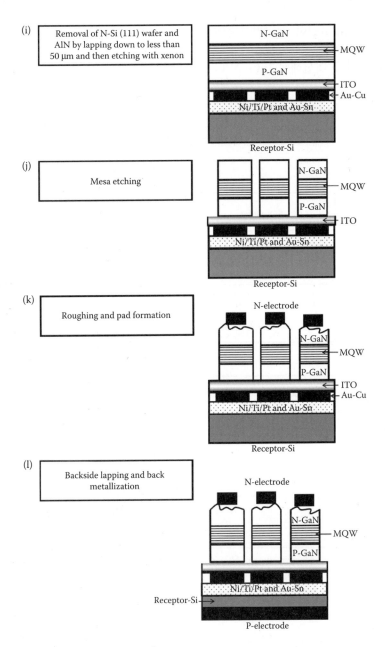

그림 11.7 (Continued) GaN-on-silicon LED 공정.

11.4.3 Silicon-on-Insulator 웨이퍼 상에서

Si 기판을 대신해서 InGaN/GaN LED는 SOI(silicon-on-insulator) 웨이퍼를 기판 물질로 사용하여 만들 수도 있다. SOI 웨이퍼 위에 제작되는 InGaN/GaN MQW LED 공정은 그림 11.8에 나와 있다(Dolmanan et al. 2011). 이 방법은 P-접촉 금

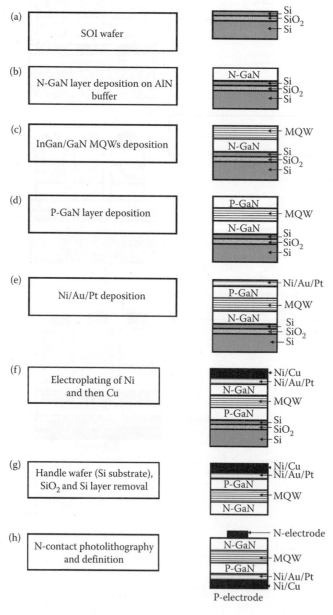

그림 11.8 SOI 웨이퍼를 사용한 GaN LED 공정.

속의 증착과 전기도금 그리고 기판 분리 공정 및 LED 칩 상의 상단 N-접촉 배열을 포함하는 전사기술(transfer technique)이 사용된다.

11.5 결론 및 고찰

LED 제작은 MOCVD, 리소그래피, 메사(mesa) 식각, 금속 증착, 리프트오프(lift-off)와 열처리를 포함하는 갖가지 표준 미세가공 기술을 포함한다. MOCVD는 금속 유기 기상 에피택시(metal organic vapor-phase epitaxy, MOVPE), 유기금속 기상 에피택시(organo-metallic vapor phase epitaxy, OMVPE), 혹은 유기금속 화학 기상 증착(organo-metallic chemical vapor deposition, OMCVD)이라고도 알려져 있으며, 화학적 화합물을 기화시켜 다른 가스와 함께 반응장치로 수송함으로써 화합물 반도체를 형성시킨다. III족 원소를 위한 전구물질은 TMGa, TMAl 그리고 TMIn이고, V족 원소의 경우에는 NH_3이다. 수소는 25~760 Torr의 압력에서 캐리어 가스로 사용된다. GaN의 성장은 약 1000~1100°C 온도에서 수행되는데, 그때가 임계의 화학반응을 통해 원하는 화합물 반도체 결정이 형성되는 시점이다. LED 구조에서 요구되는 가장 얇은 필름은 1 nm 미만이며, 그것은 100 mm 지름의 기판 위에 증착된다.

III-nitride 물질은 비교적 강한 결합 에너지를 가지고 있어서(InN: 7.72 eV, GaN: 8.92 eV, AlN: 11.52 eV) 기존의 용량 결합형 플라즈마(capacitively coupled plasma, CCP)를 이용하는 RIE 시스템으로는 빠른 식각이 불가능하므로 고밀도 플라즈마를 통해야 하고, 이러한 물질은 플라즈마 밀도와 이온 에너지를 독립적으로 조절 가능하고 고밀도 플라즈마를 이용하는 유도 결합형 플라즈마(inductively coupled plasmas, ICP)와 같은 방법을 통해 식각이 가능하다. 고밀도 플라즈마를 이용하여 에피택시 방식으로 성장한 III-nitride 필름의 식각 특성이 연구되어 왔으며, 그 결과 높은 이온 플럭스와 에너지를 갖는 경우 고밀도 플라즈마 식각장비로 III-nitride 단일 필름에 대해 분당 6000 Å 이상의 식각률을 얻을 수 있다는 것은 잘 알려져 있다. Park(2003)은 Cl_2/Ar를 식각 가스로 이용하여 식각 가스의 밀도, 압력, RF 척 전력, 그리고 ICP 소스가 식각률에 미치는 영향을 조사하였다. 그들은 Cl_2 농도가 60%에 이를 때까지는 식각률이 증가하지만 더 높은 Cl_2 농도에서는 상대적으로 변하지 않는다는 것을 알았다. 또한 식각률은 ICP 소스와 RF 척 전력의 증가에 따라 단조증가하였다. 그들에 따르면 적당한 ICP 조건에서 얻어지는 InGaN/GaN MQW 구조의 식각률은 4500 Å/min이며 이때의 조건은 700 W ICP 소스 전력, 100 W 척 전력, 10 mTorr 압력에 50% Cl_2였다.

LED 기판에 대한 다이(die)-후면 전극증착은 대부분 금속 증발법에 의해 실행되며, 1인치에서 4인치 지름의 웨이퍼에 대해 높은 처리량을 갖는 것으로 증명된 기술이다. 금속 필름은 증발에 의해 증착되고 증기보다 낮은 온도인 기판에서 증기가 응결되는 것을 이용한 방법이다. 모든 금속은 저항성 유도 전자총 충돌이나 레이저 가열에 의해 충분히 높은 온도에 다다르면 증발이 일어난다. 또 다른 방법으로는 스퍼터링(sputtering) 방법이 있으며, 타깃 물질을 이온으로 충돌시키고 타깃으로부터 떨어져 나온 원자들이 필름을 형성하도록 기판에서 응결시키는 것이다. 증발과는 달리 스퍼터링은 제어가 아주 잘되는 방법이다.

얇은 필름의 금속을 증착한 이후에는 리소그래피를 통해 필름에 패턴을 형성하여, 필요한 연결과 접착을 위한 패드 형태를 만든다. 리프트오프는 다른 방법으로 증착 금속의 패터닝을 얻는 기술로, 포지티브 포토리지스트(positive photoresist)를 웨이퍼 상에 스핀코팅(spin coating)하고 표준 리소그래피 기술을 통해 패턴을 얻는다. 그 후, 웨이퍼 위에 금속 박막을 증착하고 아세톤과 같은 적당한 유기용매에 담근 후 초음파 세정을 거치면, PR이 녹아 없어지면서 그 위의 금속막도 떨어져 나간다. 이 방법이 성공하기 위해서는 금속 필름 두께가 PR보다 반드시 얇아야 한다.

 참고문헌

Chen, C. H., S. A. Stockman, M. J. Peansky, and C. P. Kuo. 1997. OMVPE growth of AlIn GaP for high-efficiency visible light-emitting diodes. In: G. B. Stringfellow and M. G. Crawford (Eds.), *High-Brightness Light-Emitting Diodes, Semiconductors and Semimetals*, Vol. 48. Series eds. R. K. Willardson and E. R. Weber, New York: Academic Press, pp. 97–148.

Cooke, M. 2011. June. High-brightness nitride LEDs on silicon through wafer bonding, *News, Semiconductor Today*; http://www.semiconductor-today.com/news_items/2011/JUNE/KOREAPHOTONICS_040611.html

Dadgar, A., C. Hums, A. Diez, F. Schulze, J. Blasing, and A. Krost. 2006. Epitaxy of GaN LEDs on large substrates: Si or sapphire? In: C.-H. Hong, T. Taguchi, J. Han, and L. Chen (Eds.), *Advanced LEDs for Solid State Lighting, Proceedings of SPIE*, 6355, 63550R-1–63550R-8, Gwangju, USA, doi: 10.1117/12.691576.

DenBaars, S. P. and S. Keller. 2000. Basic physics and materials technology of GaN LEDs and LDs. In: S. Nakamura and S. F. Chichibu (Eds.), *Introduction to Nitride Semiconductor Blue Lasers and Light-Emitting Diodes*. London: Taylor & Francis, pp. 1–27.

Dolmanan, S. B., S. L. Teo, V. K. Lin, H. K. Hui, A. Dadgar, A. Krost, and S. Tripathy. 2011. Thin-film InGaN/GaN vertical light emitting diodes using GaN on silicon-on-insulator substrates. *Electrochemical Solid-State Letters* 14(11), H460-H463, doi:10.1149/2.015111 esl:10.1149/2.015111esl.

Lee, J. W., S. H. Jung, H. Y. Shin, I.-H. Lee, C.-W. Yang, S. H. Lee, and J.-B. Yoo. 2002. Effect of buffer layer on the growth of GaN on Si substrate. *Journal of Crystal Growth* 237–239, 1094–1098.

Lee, S.-S., I.-S. Seo, K.-J. Kim, and C.-R. Lee. 2004. November. Fabrication and characteristics of blue led on GaN/Si (111) epitaxy grown with $Al_{0.3}Ga_{0.7}N$/GaN superlattice interlayer. *Journal of the Korean Physical Society* 45(5), 1356–1360.

Lee, S.-J., K. H. Kim, J.-W. Ju, T. Jeong, C.-R. Lee, and J. H. Baek. 2011. High-brightness GaN-based light-emitting diodes on Si using wafer bonding technology. *Applied Physics Express* 4(6), 066501-1–066501-3, doi:10.1143/APEX.4.066501.

Nakamura, S. 1991a. GaN growth using GaN buffer layer. *Japanese Journal of Applied Physics* 30(10A), L1705–L1707, doi:10.1143/JJAP.30.L1705.

Nakamura, S., T. Mukai, and M. Senoh. 1991b. High power GaN P–N junction blue-light-emitting-diodes. *Japanese Journal of Applied Physics* 30(12A), L1998-L2001, doi:10.1143/JJAP.30.L1998.

Nakamura, S., S. Pearton, and G. Fasol. 2000. *The Blue Laser Diode: The Complete Story*. Springer-Verlag, Berlin, p. 112.

Nakamura, S., M. Senoh, and T. Mukai. 1993. P-GaN/N-InGaN/N-GaN double heterostructure blue-light-emitting-diodes. *Japanese Journal of Applied Physics* 32(1AB), L8–L11, doi:10.1143/JJAP.32.L8.

Nguyen, X. L., T. N. N. Nguyen, V. T. Chau, and M. C. Dang. 2010. The fabrication of GaN-based light emitting diodes (LEDs). *Advances in Natural Sciences: Nanoscience and Nanotechnology* 1(2), 025015(5pp), doi:10.1088/2043-6254/1/2/025015.

Park, H. J., R. J. Choi, Y. B. Hahn, Y. H. Im, and A. Yoshikawa. 2003, Mar. Dry etching of InGaN/GaN multiple quantum-well LED structures in inductively coupled Cl_2/Ar plasmas. *Journal of the Korean Physical Society* 42(3), 358–362.

Ranjan, M. 2013 (September–October). Technology considerations for cost effective HBLED manufacturing. *Chip Scale Review: CSR Tech Monthly*; http://www. chipscalereview.com/tech_monthly/csrtm-0611-front.php

Ravetz, M. S., L. M. Smith, S. A. Rushworth, A. B. Leese, R. Kanjolia, J. I. Davies, and R. T. Blunt. 2000. Properties of solution TMI as an OMVPE source, *Journal of Electronic Materials* 20(1), 156–160.

Semiconductor Device Technology. 2002. Copyright 2002 = Functional combinations in solid states = h.dr. V.Gavryushin

http://www.pfk.ff.vu.lt/lectures/funkc_dariniai/technology.htm

Suihkonen, S. 2008. *Fabrication of InGaN Quantum Wells for LED Applications*. Doctoral dissertation. Helsinki University of Technology, Faculty of Electronics, Communications and Automation. TKK dissertations 113: Espoo 2008, 63pp; http://lib.tkk.fi/Diss/2008/isbn9789512292875/isbn9789512292875.pdf

Tolia, A. 2011 (July/August). Feature: Gas usage and cost management in photovoltaics and high-brightness LEDs. *Gases and Instrumentation* 20–24.

Virey, E. 2012. Silicon substrates contend for LED opportunity. *i LED*, March, Issue 3, pp. 16–19; http://www.i-micronews.com/upload/iLED/AC_iLED_avril2012.pdf

Weimar, A. 2011. High brightness LEDs: Manufacturing and applications. *CS MANTECH Conference*, Palm Springs, California, USA, May 16–19th, 2011, 3pp.

연습문제

11.1 어떤 제작 기술이 AlGaAs, AlGaInP, AlInGaN LED에 사용되는가? LPE를 사용하여 AlGaInP 성장을 하는 데 어떤 문제가 있는가?

11.2 MOCVD 반응장치를 이용한 AlGaInP 성장에 대해 설명하라. Nakamura (1991a)가 개발한 MOCVD 반응장치를 설명하고 특징을 서술하라.

11.3 III족과 V족 공급을 위해 어떤 전구물질들이 MOCVD 반응장치에 사용되는가? MOCVD 기술의 주요 장단점은 무엇인가?

CHAPTER **12**

LED 패키징
Packaging of LEDs

학습목표

이 장을 학습한 후에 독자들은 다음의 역량들을 갖출 수 있게 된다.

- 신뢰성 있는 LED 동작을 위해 패키징이 갖는 중요성을 알 수 있다.
- 초기의 스루홀 LED 패키징에 대해 이해할 수 있다.
- 표면 실장형 LED 패키징에 대해 이해할 수 있다.
- 리드선이 있는 경우와 없는 경우의 표면 실장형 LED 패키징에 대해 이해할 수 있다.
- 칩온보드(chip on board, COB) LED 패키징에 관해 알 수 있다.
- MEMS 기술 기반의 LED 패키징을 설명할 수 있다.
- 플라스틱 패키징과 관련하여 LED로부터의 열방출에 대해 논의할 수 있다.

LED 칩이 내장되어 있는 패키징은 칩과 외부 세계를 전기적으로 연결해 줌과 동시에 기계적 안정성을 보장하고 외부 환경으로부터 기인하는 손상을 막아 준다(Mottier 2009, Karlicek 2012, Ron Bonné 2013). 패키징 이후에, LED는 기준 전류에서 원하는 밝기가 나오는지 전기적인 테스트를 받게 된다. 광학 테스트를 통해 웨이퍼의 각 배치(batch)별 LED에서 출력되는 빛의 색과 스펙트럼을 측정한다. 패키징의 완전성은 온도 사이클링 및 열/기계적 충격, 습도, 진동에 잘 견디는지 등의 스트레스 테스트를 통하여 평가한다. 이렇게 설정된 최악의 조건에서 LED가 살아남는지 테스트를 하게 된다. 따라서 전기적 연결과는 별도로 패키징은 LED에 기계적 강도, 환경적 안전성과 신뢰성을 부여한다. 그러나 LED의 전기적, 광학적 기능을 보장하는 책임을 강조하면서도 소자의 열분산 관리 역할을 간과해서는 안 된다. LED에 공급되는 전력의 80%가 열의 형태로 소진되기 때문에, 온도 관리는 패키징에 의해 보호되어야 하는 중요한 손실이다. 350 mA 구동 LED의 표준화된 사이즈는 350 μm × 350 μm 인 반면, 1 A 구동 LED는 1000 μm × 1000 μm이다. 각각의 전류밀도는 285.71 A/cm^{2}와 100 A/cm^{2}이다. 순방향 전압을 3 V로 고려한다면, 350 mA LED의 전력밀도는 857.13 W/cm^{2}이고 1 A LED의 경우는 300 W/cm^{2}이다. 50% 외부 효율을 가정한다면, 표준은 857.13/2 = 428.6 W/cm^{2}이고 300/2 = 150 W/cm^{2}이다. 마이크로프로세서의 전력밀도 약 80~100 W/cm^{2}와 비교한다면 LED는 마이크로프로세서보다 상당히 높은 전력밀도에서 동작하는 것이므로 열 분산에 많은 신경을 써야 한다. 실제로 온도 문제는 전력 반도체 소자에서 나타나는 경우만큼이나 중요하며, LED의 수명과 성능 저하에 영향을 미치기 때문에 간단히 넘길 문제가 아니다. 만약 회로 동작 중에 전도를 통해 빠져나가는 열보다 더 많은 열이 다이(die)에서 발생한다면, 다이가 과열되어 성능저하가 일어날 것이다. 그러면 LED 형광체가 영향을 받게 되고, 종래에는 열폭주(thermal runaway) 상태에 빠지게 될 것이다. 이 장에서 설명될 여러 가지 기술들은 (i) 스루홀 패키징, (ii) 표면 실장형 패키징, (iii) COB 패키징, (iv) 실리콘 패키징이다.

12.1 스루홀 패키징(Through-Hole Packaging)

초기의 LED는 두 개의 연결핀과 투명 혹은 유색의 에폭시 피복(epoxy casing)을 이용하여 패키징하였다(그림 12.1). 이렇게 패키징된 LED 형태는 스루홀 실장(through-hole mounting)으로 분류되며, 여기서 LED는 보드에 난 구멍에 딱 맞게 들어가서 리드선(lead wire)이 보드의 반대쪽으로 나오게 되어 있다. 이 방법은 보드 구멍에 LED 리드선을 밀어 넣고 그 반대쪽을 구부려서 빠지지 않게 한 다음 납땜(solder seep)을 하여 고정하며, 수십 년간 소자를 고정 설치하는 가장 흔한 방식이었다.

스루홀 실장은 강하게 고정설치할 수 있는 반면, 추가적인 구멍뚫기 작업 때문에 보드의 비용이 증가한다는 단점이 있다. 또한 다층 보드에서 이 방법을 사용하면, 아래층들의 신호 추적을 위한 경로 확보에 제약이 생긴다. 이러한 이유로 스루홀 실장은 보통 단순하면서 큰 부품에 사용한다.

4장 4.4절에서 자세히 다룬 이러한 전형적인 패키징 방법에 덧붙여, 표면 실장 기술(surface-mount technology, SMT)에 기초한 패키징 방식이 인기를 얻게 되었다.

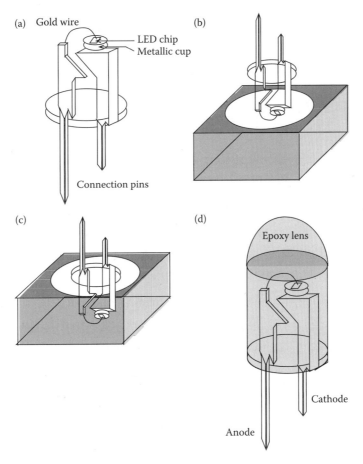

그림 12.1 주입과 몰딩법을 통한 LED 패키징: (a) 반사컵 위에 실장되고 금속선이 연결된 칩, (b) 몰딩법 준비과정, (c) 몰드 속에 투입, (d) 몰드에서 꺼낸 후.

12.2 표면 실장기술 기반 패키징

표면 실장기술(SMT)은 표면에 실장된 소자를 이용하여 소비 공간을 줄임으로써 PCB 의 크기를 감소시키고 고속으로 부품 탑재가 가능한 기술이다. SMT 조립에서 LED 는 PCB의 표면에 직접 장착된다. 보드의 구멍에 리드선을 끼우는 대신에, LED와 다른 부품들을 보드 표면에 있는 패드(pad) 위에 납땜하여 고정시킨다. 땜납을 녹이는 방법이 가장 일반적이다. SMT는 PCB의 생산가에 가격을 추가시키는 리드선 구멍뚫기 작업을 생략할 수 있다. 기계화 수준을 높이고 생산가의 절감을 가져오기 때문에 SMT 개념은 널리 사용되고 있다. SMT 조립은 리드선이 있는 경우와 없는 경우의 패키지 모두를 포함한다.

12.2.1 SMT LED 패키징

이 방법의 일반적인 도해는 그림 12.2에 나와 있다. 이 패키징은 다음과 같은 부분으로 되어 있다.

(i) 베이스 혹은 플랫폼은 전기적 연결뿐 아니라 주변으로 열을 빼내어 준다. 도해에서 보는 바와 같이 절연을 위해 일부분에 고분자 코팅이 된 구리 또는 알루미늄 방열기로 구성된다. 플랫폼의 상부 표면은 은(Ag)으로 코팅되어 있어서 여기에 도달하는 빛을 반사하게 만들어져 있다. 하부 표면은 금(Au)이나 은으로 도금되어 있어서 Ag 에폭시 접착이나 납땜을 용이하게 해 준다.

(ii) 원하는 파장의 광을 생성하기 위한 형광체 재료는 실리콘 겔과 같은 고분자 결합제에 혼합된 무기물 분말로 구성된다. 그 혼합물의 점성에 따라 형광층의 두께는 수십에서 수백 마이크로미터가 될 수 있다.

(iii) 칩을 보호하기 위한 봉지재(encapsulating material)는 주입 몰딩법으로 적용된다.

(iv) 속이 빈 반구체 렌즈로 봉지재를 덮어씌운다.

금속선은 LED 패드로부터 PCB상의 상호연결핀(interconnection pin)으로 연결된다. 그러나 이러한 연결은 LED 칩의 형태, 즉 수직형(vertical)인지 수평형(lateral)인지에 따라 다르므로 관련 칩을 참조하여 표시될 것이다.

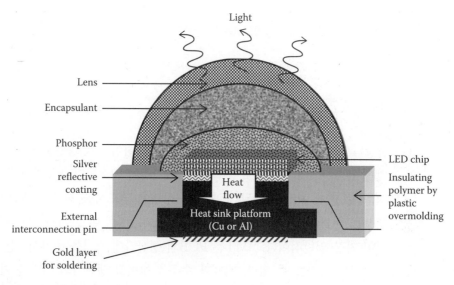

그림 12.2 SMT LED 패키징의 주된 요소.

12.2.2 리드형 **SMT** 패키징

1. 수직형 LED 칩 패키징: 그림 12.3은 수직형 LED 칩의 단면도이다. 그림 12.4에
   서 이러한 LED 구조의 패키징이 나타나 있다. 선 하나는 칩의 상단 표면에 있는
   금속 전극과 상호연결핀 1(음극이라고 표시되어 있는 핀)을 이어 준다. LED 칩의
   바닥면은 방열기(heat sink)와 납땜으로 결합되어 있고, 방열기와 상호연결핀 2(양
   극이라고 표시되어 있는 핀)를 다른 금속선 하나가 연결해 준다.

   방열기의 극성이 정해지면 나머지는 반대의 극성이 된다. 이것은 효율적으로 열
   을 분산시킬지는 모르나, 몇몇 다른 응용에는 적합하지 않다. 대안으로서는 방열기
   와 칩 사이에 전기적으로는 절연체이지만 열을 전달시킬 수 있는 인터포저(inter-
   poser)를 삽입하는 것이다. 그 인터포저는 상단에 도전성 필름이 있고 금속선이 이

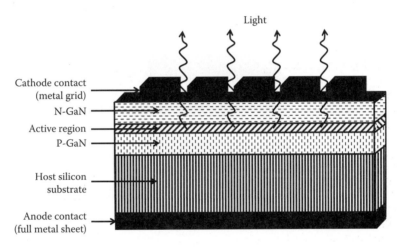

그림 12.3 수직형 LED 구조.

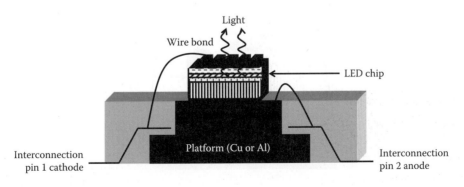

그림 12.4 수직형 LED 칩의 패키징.

도전성 필름과 양극 접촉을 제공하기 위한 상호연결핀 2를 연결시켜 준다. 정전방전(ESD)으로부터 칩을 보호하기 위해 제너 다이오드가 LED와 병렬로 연결된다.

2. 수평형 LED 칩 패키징: 그림 12.5와 12.6은 각각 수평형(lateral 혹은 horizontal) LED 칩의 구조와 패키징을 보여 준다. 여기서 음극과 양극 모두는 LED 칩의 윗면으로부터 연결된다. 사파이어 기판은 제거되지 않았고 그것은 방열기와 칩을 전기적으로 절연시킨다. 이 방법의 단점은 칩 표면에서의 금속선 연결로 인한 광출력 부위의 그늘효과(shadowing effect)로 인해 출력이 감소할 수 있다는 것이다.

3. 뒤집힌 LED 칩 패키징: 뒤집힌(flipped) LED 칩의 구조가 그림 12.7에 나와 있다. 플립칩 조립체(flip chip assembly)는 뒤집어져 아래쪽을 향한 LED 다이를 유기물 회로보드 혹은 세라믹 회로보드 위에 전도성 범프(bump)를 이용하여 칩 본드

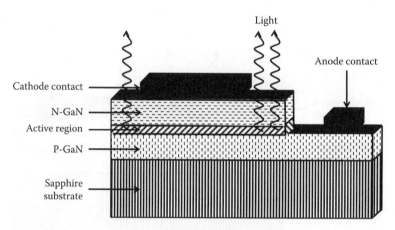

그림 12.5 수평형 LED 구조.

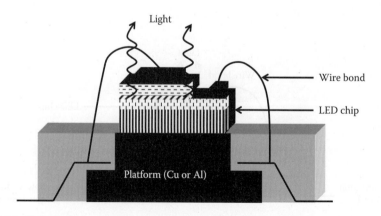

그림 12.6 수평형 LED 칩의 패키징.

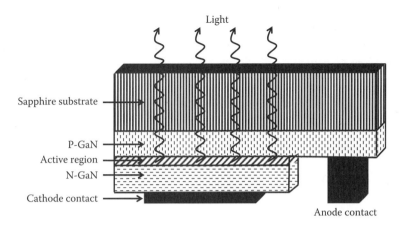

그림 12.7 플립칩 LED 구조.

패드(chip bond pad) 상에 직접 전기적으로 연결하는 것이다. 리드선으로 패기지 패드를 위로 향하게 하여 연결(bonding)하는 대신에 수평형 LED 칩을 뒤집어 패키지 기판 또는 회로보드 자체에 고정된 인터포저(interposer)에 장착한다(그림 12.8).

인터포저 위의 솔더범프가 칩의 접촉 패드와 정렬된 후 솔더를 녹이기 위해 오븐에서 열처리된다. 연결이 이루어진 후, 아래 공간을 메우기 위해(underfill) 절연 에폭시를 LED 칩의 한쪽 측면이나 양쪽 측면을 따라서 토출하면, 낮은 점성의 에폭시가 모세관 현상에 의해 빨려 들어가서 범프 사이의 간극을 채우게 된다. 이것은 LED와 인터포저 사이의 떨어진 간극을 봉인하게 된다. 끝으로 낮은 온도에서 열처리하여 언더필(underfill)을 경화시킨다.

양극과 음극 연결 모두를 칩 윗면의 전극 패드로부터 빼낸다. 가끔 칩의 사파이

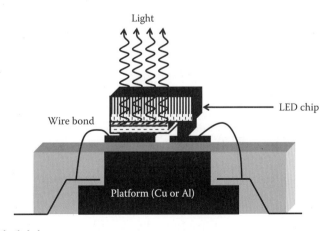

그림 12.8 플립칩 LED의 패키징.

어기판이 광 손실을 최소화하기 위해 제거되기도 한다.

12.2.3 리드가 없는 SMT 패키징

리드가 없는 패키지(leadless package)는 이름이 의미하듯이 리드선이 필요 없는 패키징이다(그림 12.9). 이 패키징은 측면으로 나오는 조립 단자나 접촉부가 존재하지 않는다. 측면 단자는 패키징의 아랫면으로 옮겨져 있다. 이러한 배치의 주요 장점은 비용-효율성(cost-effectiveness)이다. 그것은 터미널에서 차지하는 공간이 제거되므로 보드의 주어진 전기적 기능을 위한 면적이 줄어들어 보드 공간을 보다 경제적으로 활용할 수 있게 한다. 또한 방열기로 동작하는 큰 외부 접촉면을 가지고 있는 평탄한 리드프레임을 사용할 수 있고 열적으로도 매우 효율적이다.

AlN 기판이나 세라믹 기판에 있는 비아(via)를 통해 50~100 μm 두께의 구리(Cu)로 상호 연결한다. 극성 핀 1번과 2번 이외에도 칩의 뒷면에 있는 구리층을 통해 열 분산이 향상된다.

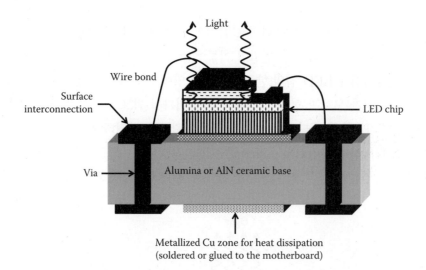

그림 12.9 세라믹 베이스를 갖는 리드가 없는 SMT LED 패키징.

12.3 COB LED 패키징

위에서 언급된 방법 이외에도 LED 패키징을 위한 다양한 COB(chip on board) 방법들이 있다. 스루홀이나 SMT 패키징에 의한 LED 조명은 가격이 저렴하고 조립하기 쉬울지는 모르나, 균일하면서도 강한 출력을 내지 못할 뿐만 아니고 만족스러운 온도 특성을 제공하지 않는다. 이러한 문제점들은 종종 각 LED 소자의 크기에 의해 커지기도 한다. 그럼에도 불구하고, 몇몇 응용 방식에서는 이러한 표준 LED 패키징 방법은 가장 가격이 저렴하면서도 적절한 방법임이 입증되었다.

스루홀이나 SMD LED가 요구되는 성능 수준에 못 미칠 수도 있는데, 이런 경우에 COB 맞춤형 LED 패키징에 기초한 해결책들이 이용된다. COB LED 배열의 장점은 (i) LED 칩의 작은 크기에 기인하는 소형화; (ii) 밀집된 LED 칩 밀도에 기인하는 특히 근거리에서 높은 강도의 빛; (iii) 촘촘한 LED 칩 밀도로 인해 작은 동작거리에서 빛의 균일성 향상; (iv) 더 나은 수명, 안정성, 신뢰성을 위한 향상된 열특성; (v) 연속적이고 적정 전력 작동 동안의 우수한 방열기이다.

LED 온도를 최대한 낮게 유지하는 것은 요구되는 빛의 출력을 얻는 데 있어서 지대한 영향을 미치는 요소이다. 이것은 장시간의 LED 수명을 실현하는 데 꼭 필요하다. 스루홀 패키징 LED로부터 나오는 열은 접합(junction)으로부터 전극을 통해서만 빠져나올 수 있는 반면, COB를 이용하면 칩들이 높은 열효율을 얻도록 맞춤형 디자인된 기판 구조와 직접 접촉하고 있으므로 열이 더욱 잘 빠져나갈 수 있다.

12.4 실리콘 LED 패키징

또 다른 방법으로는 MEMS에 기초한 실리콘 패키징이 있다(Zhang et al. 2011). 여기서 실리콘 캐리어는 LED가 패키징될 공동을 비등방성 식각 공정을 이용하여 식각함으로써 제작된다(그림 12.10). 이 공동의 벽은 알루미늄으로 덮어서 빛이 반사될 수 있게 한다. 솔더범프를 공동의 바닥에 정렬시킨 후 칩의 윗면을 아래로 향하게 해서 장착한다. 접촉은 공간의 바닥면의 비아(via)를 통해 금속으로 연결한다. 플립칩 장착 이후에 형광체와 봉지재가 차례로 채워지고 나서 렌즈를 씌운다.

이 방법은 뚜렷한 두 가지 장점이 있다. 첫째로, 많은 수의 실리콘 캐리어들이 한 실리콘 웨이퍼에서 한번에 제작이 가능하다. 이렇게 제조된 실리콘 캐리어들은 이후 웨이퍼 다이싱을 통해 분리된다. 이 방법으로 캐리어를 용이하게 제작할 수 있다. 둘째로, LED 칩과 캐리어를 같은 물질(실리콘)로 만들기 때문에 열 전도도가 잘 맞는다.

실리콘 집적 회로 산업의 최신 트렌드(추세)가 칩

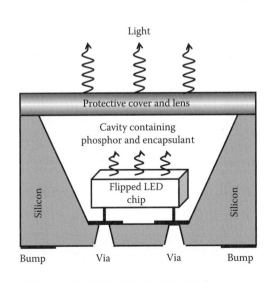

그림 12.10 실리콘 캐리어 LED 패키징.

기반의 패키징에서 웨이퍼 레벨의 패키징으로 옮겨 감에 따라 서브마운트 웨이퍼 제작, 상호 연결 증착과 패터닝, 형광체 코팅, 웨이퍼 레벨 봉지(encapsulation)와 같은 LED 제작의 핵심 공정들도 이러한 추세를 뒤따르고 있다(Esashi 2008, Lee et al. 2012). 이 공정에서는 수직 상호 연결을 위해 실리콘 비아(via)를 통해 패터닝된 실리콘 서브마운트 웨이퍼 위에 LED 칩을 장착시킨 다음 소자를 집적하는 방법이 사용된다. Pan 등의 논문(2009)은 틈이 없는 이중곡률 마이크로렌즈 배열(gapless dual-curvature microlens array, GDMLA)을 이용하여 LED를 패키징하는 새로운 방법을 소개했다. Tseng과 Tsou의 논문(2013)에서는, LED 서브마운트용 캐리어 기판과 빛에 반응하는 소자가 실리콘 웨이퍼에서 직접 제작된 방법이 소개되었다.

12.5 LED 동작 중에 발생되는 열과 LED 플라스틱 패키징의 신뢰성

LED는 일반적으로 플라스틱 재료로 패키징된다. 20%~25% 정도의 입력전력만이 빛으로 바뀌고 나머지 80%~75%는 열로 바뀐다. LED가 동작하는 동안 전류에 의해 도달되는 전력밀도는 약 $100 \sim 200$ W/cm^{2}이다. 열에 의한 피로(thermal fatigue)는 플라스틱 패키징 LED의 제약요소 중 하나이며 LED 성능에 악영향을 미친다. 에폭시 플라스틱, 구리 리드 프레임, 금 선, III-V LED 등과 같이 LED 속에서 사용되는 서로 다른 재료들의 다양한 열팽창계수 차이로 인해 온도 차이가 발생하고 이로 인해 내부에 스트레스를 축적시킨다. 따라서 열팽창계수가 다른 두 부품이 존재하는 어느 위치에서나 열기계적인 스트레스가 생긴다. 이러한 내부의 스트레스로 인한 열적 변화가 미소한 균열, 박리를 유발하거나, 제대로 설계/조립되지 못한 패키징에서 칩 접촉 불량이나 선 결합 불량을 유발하여 회로 개방을 일으키기도 한다. 결과적으로 구성 재료의 가속화된 노화를 통해 LED의 수명이 더욱 단축된다. LED의 광학부품, 즉 렌즈는 점차 반투명해지다가 불투명해진다. 정선 온도가 증가함에 따라 LED의 내부 양자효율은 떨어진다. 물질의 상호확산에 의해 결정 구조에 결함이 발생한다. 형광층을 포함한 LED(pc-LED)에서는, 형광체의 특성이 떨어진다. 대체로 LED는 시간이 지남에 따라 감소된 효율로 계속 동작하거나, 온도가 과도하게 증가하면 완전히 죽어 버릴 것이다. 주의를 기울여 설계한다면, 넓은 온도 범위에 걸쳐 이러한 문제를 무시할 수 있는 수준까지 완화시킬 수 있으며, 고성능의 플라스틱 램프는 −55°C에서 +100°C까지 100번의 온도 사이클 시험을 불량 없이 견뎌 낼 수 있다.

또 다른 필수적인 요소는 플라스틱 패키징 재료 자체의 온도 안정성이다. 보통의 동작 조건에서 플라스틱의 열팽창계수는 일정하지만 유리전이 온도 T_g를 초과할 때 급격하게 상승한다. 따라서 플라스틱 패키징 LED는 신뢰성 있는 성능을 유지하기 위해 유리전이 온도 이하의 온도에서만 동작해야 한다. 너무 높은 납땜 온도나 너무 긴 납땜은 바람직하지 못할 뿐더러 패키징 불량을 일으킬 수 있다. 유사한 이유로 높은 저장 온도는 안전하지 못하므로 피해야 한다.

습기에 장시간 노출하면 수증기들이 플라스틱을 침투하여 패키징 속으로 들어가서 칩이 습기의 영향을 받아 부식, 플라스틱 박리 혹은 표면 누설 문제를 일으킬 수 있지만, 정상적 사용 조건에서 플라스틱 패키징된 LED는 만족스럽게 동작한다. LED 패키징의 신뢰성은 가속 방습 테스트를 통해 확인된다. 플라스틱 재료는 끈질긴 연구를 통해 그 품질이 향상되어, LED 제품이 85°C의 온도와 85%의 상대습도 환경에서 1000 시간 동안 견딜 수 있게 되었다.

12.6 결론 및 고찰

전도성 기판 위에 만들어진 수직형 LED나 표준 메사 구조 수평형 LED를 패키징하기 위해, 금속 리드프레임, 유리-세라믹, 실리콘 그리고 COB(금속-코어 PCB 위에)가 기판으로서의 역할을 수행한다. 플립칩 LED 패키지에는 금속 리드프레임, 세라믹, 유리-세라믹 그리고 실리콘 기판이 사용된다. 기판은 솔더 페이스트를 이용하여 패키지 위에 장착된다. 패키징이 최고의 전력에 도달하게 되면, 자연 냉각이나 공기의 강제 대류 냉각으로는 정션 온도를 LED가 견딜 수 있는 125°C 이하로 유지할 수 없게 된다. 그때 방열기가 효율적으로 열을 분산시켜 LED를 보호한다. 접착 열 테이프는 방열기의 뒷면에 붙어 있고, LED 기판의 바닥에 위치해 있다.

오늘날, 대부분의 상용 LED는 Plastic Leaded Chip Carrier (PLCC)와 4면을 갖는 정사각형 혹은 직사각형 모양의 플라스틱 패키지에 패키지된다. 그 패키징은 패키지의 뒷면으로 휘어져 들어가는 "J" 모양의 리드를 가지고 있다. 리드의 개수는 20개에서 84개로 다양하다. 또 많이 사용되는 패키징으로는 알루미나 세라믹 홀더가 있다.

PCB는 LED 제품을 만드는 표준 부품 중 하나이다. PCB 디자인은 새로운 LED 제품의 시작 단계이다. 디자인은 패키징의 수행과 결과물의 질에 직접적으로 영향을 미친다. FR-4는 일반적으로 사용되는 PCB 재료이다. 그것은 화염 방지제인 강화 섬유유리 층상구조이다. 그러한 구조이기 때문에, FR-4는 매우 낮은 열 전도성을 보인다. 저가로 FR-4 PCB의 열전도 성능을 향상시킬 수 있는 방법은 비아를 만드는 것이며, 두 전도층 사이의 비아를 통해 도금을 하는 방법이다(plate through hole, PTH). PTH는 드릴작업으로 비아를 만들고 구리로 도금을 하여 만든다. 금속-코어 PCB는 단층의 PCB이며 다음과 같은 부품으로 구성된다.

(i) 솔더 마스크

(ii) 구리회로층

(iii) 열 전도성 유전 필름, 그리고 이것과 결합하여

(iv) 다중층 접합 구조의 금속-코어를 기반으로 하는 금속 기판은 열 방출을 위한 경로를 제공한다. 이러한 금속 기판은 철이나 구리도 적합한 물질이지만, 보편적으로는 알루미늄이 사용된다.

외부 조명용 LED 패키징은 온도, 습도, 염분에 의한 부식과 같은 외부 환경적 스트레스를 받기 쉽다. 온도 충격 테스트에서 LED는 20초 이내에 매우 뜨거운 환경(85~150°C)으로부터 매우 차가운 환경(-40°C에서 -65°C)으로 옮겨진다. 기계적 스트레스 적응성은 두 가지 테스트로 되어 있는데, 기계적 충격과 가변 주파수 진동 테스트이다. 조립 처리 스트레스 테스트로는 납땜 열 저항성뿐만 아니라 습기와 솔더 용융 민감도를 확인한다.

 참고문헌

Esashi, M. 2008. Wafer level packaging of MEMS. *Journal of Micromechanics and Microengineering* 18(7), 073001(13pp).

Karlicek, R. 2012. *The Evolution of LED Packaging.* 21 pp. http://smartlighting.rpi.edu/aboutus/EvolutionofLEDPackaging.pdf

Lee, S. W. R., R. Zhang, K. Chen, and J. C. C. Lo. 2012. Emerging trend for LED wafer level packaging. *Frontiers of Optoelectronics* 5(2), 119–126.

Mottier, P. (Ed.) 2009. *LEDs for Lighting Applications.* London: ISTE Ltd. and New Jersey: John Wiley & Sons, Inc., 270pp.

Pan, C. T., M. F. Chen, P. J. Cheng, Y. M. Hwang, S. D. Tseng, and J. C. Huang. 2009. Fabrication of gapless dual-curvature microlens as a diffuser for a LED package. *Sensors and Actuators A* 150, 156–167.

Ron Bonné, L. C. 2013. LED packaging from one size fits all to application specific. *Philips Lumileds Lighting Company*, ECTC 2013 LED Panel; Las Vegas, 15pp. http://www.ectc.net/files/63/3Ron_Bonne.pdf

Rong Zhang, S. W., R. Lee, D. G. Xiao, and H. Chen. 2011. LED packaging using silicon substrate with cavities for phosphor printing and copper-filled TSVs for 3D interconnection. *IEEE 61st Electronic Components and Technology Conference*, May 31, 2011–June 3, 2011, Lake Buena Vista, FL, 1616–1621, doi: 10.1109/ECTC.2011.5898727.

Tseng, K. and C. Tsou. 2013, March. Novel silicon-based LED packaging module with an integrated photosensing element. *IEEE Photonics Technology Letters* 25(5), 515–518.

연습문제

12.1 LED 패키징에 의해 수행되는 다섯 가지 기능을 쓰고, 네 가지 형태의 LED 패키징에 대해 언급하라.

12.2 스루홀 LED 패키징은 무엇인가? 그것의 한계는 어떤 것이 있는가?

12.3 SMT 패키징을 선호하게 하는 주요 특징에 대해 지적하라. SMT LED 패키징의 세 가지 부분은 무엇인가?

12.4 도해를 보고, 수직형과 수평형 SMT LED 패키징 방법에 대해 설명하라. 플립칩 LED 패키징에서, LED 다이와 세라믹 보드는 전기적으로 어떻게 연결하는가? 솔더범프 사이의 갭은 어떻게 채워지는가?

12.5 리드 없는 SMT 패키징에서 조립 단말은 어디에 위치하는가? 이러한 배치의 장점은 무엇인가? 연결은 어떻게 이루어지는가?

12.6 COB 패키징은 어떻게 LED 패키징에 유용한가?

12.7 LED의 MEMS 기반 실리콘 패키징에 대해 설명하고 이러한 패키징 방법이 가지는 두 가지 장점에 대해 언급하라.

12.8 LED 동작 시 일반적인 전력밀도 값은 무엇인가? 플라스틱 패키징 LED에서 쪼개짐 불량과 박리 불량은 어떻게 촉발되는가?

12.9 플라스틱 패키징 LED에서 온도와 습도는 성능에 어떤 악영향을 끼치는가?

12.10 "LED 동작에서 온도에 의해 야기된 문제들은 전력 반도체 경우만큼이나 심각하다"라는 문구에 대해 논하라.

CHAPTER **13**

LED 성능 파라미터
LED Performance Parameters

학습목표

이 장을 학습한 후에 독자들은 다음의 역량들을 갖출 수 있게 된다.

- LED의 성능을 평가하는 주요 파라미터들을 알 수 있다.
- LED의 효율 파라미터와 LED 내부기능과 관련된 파라미터를 정의할 수 있다.
- LED의 전류−전압 특성을 그릴 수 있고 전류 조절 동작에 관해서 설명할 수 있다.
- LED의 순방향 전압강하(forward voltage drop)와 절연파괴 전압(breakdown voltage)과 같은 전기적 사양을 이해할 수 있다.
- "효율(efficiency)"과 "효율(efficacy)"의 차이를 구분할 수 있다.
- 출력 스펙트럼과 같은 LED의 광학 파라미터, 반치폭, CCT, CRI, 빔 각도 등을 정의할 수 있다.

13.1 LED 특성 파라미터

13.1.1 피딩효율(η_{feed})

피딩효율(feeding efficiency, η_{feed})은 LED가 동작할 때 방출된 광자의 평균 에너지와 전자−정공 쌍이 전원으로부터 획득한 총 에너지의 비율이다(Chrobak-Kando 2011, Terminology: LED efficiency 2004). h를 플랑크상수(Plank constant), $\bar{\nu}$를 광자의 평균 진동수(frequency)로 표기하면 다음과 같은 식이 주어진다.

$$\eta_{\text{feed}} = h\bar{\nu}/qV_{\text{F}} \tag{13.1}$$

여기서 q는 기본전하이고 V_{F}는 LED 양단에서의 순방향 전압강하이다. 작은 구동전류의 LED 동작에서, $V_F < h\overline{v}/q$를 만족하며 이는 고에너지 전자가 열 분포로 존재하기 때문이다. 에너지 $h\overline{v} > qV_F$로 방출되는 광자들은 단일 값의 양자효율 η_{ext}(아래에서 정의)과 무시할 정도로 작은 직렬저항을 갖는 완전한 LED가 냉각기의 역할을 하여 에너지의 일부를 빛으로 변환하도록 결정을 냉각한다. 그 결과 피딩효율 값은 1을 초과하게 된다. 그러나 실제 결정체에서는 상황이 달라진다. η_{ext}는 1보다 작기 때문에, 냉각 결과는 내부적으로 생성된 열에 의해 상쇄된다. 또한 LED의 접촉 영역과 반도체 사이의 한정된 직렬저항으로부터 발생하는 약간의 발열효과 역시 존재한다. 일반적으로 작은 구동전류에서, 손실전압 $(V_F - h\overline{v}/q)$은 약 0.05~1.0 V이고, 이 경우 η_{feed}는 약 0.75~0.97 정도이다.

13.1.2 외부 양자효율(η_{ext})

$$\eta_{ext} = \text{LED 밖으로 방출된 광자의 수/소자를 통과한 전자의 수}$$

$= $ (LED의 활성층에서 발광성 재결합한 전자−정공 쌍의 수/ LED의 활성층에서 발광성 혹은 비발광성 재결합 모두에 참여한 전체 전자−정공 쌍의 수)

$\times$ (LED의 활성층에 주입된 전자의 수/LED에 흐른 총 전자의 수)   (13.2)

$\times$ (LED 밖으로 방출된 광자의 수/발생한 광자의 총수, 즉 소자의 활성층에서 발광성 재결합한 전자−전공 쌍의 수)

위 식에서 첫 번째 항은, LED에 들어가는 전체 전자의 개수 중 내부적으로 생성된 광자수의 비로 내부 양자효율(internal quantum efficiency, η_{int})이라고 지칭하며 복사효율(radiative efficiency, η_{rad})이라고도 불린다. 두 번째 항은 LED의 주입효율(injection efficiency, η_{inj})이다. 세 번째 항은 내부적으로 생산된 광자로부터 LED 밖으로 방출하는 광자의 비로 광 추출효율(light extraction efficiency, η_{extr}) 또는 광효율(optical efficiency, η_{opt})로 지칭한다. 그래서 다음과 같은 식으로 표현할 수 있다. 여기서 P는 LED 밖으로 방출되는 광출력이고 I는 LED 내부로 들어가는 전류이다.

$$\eta_{ext} = \eta_{int} \times \eta_{inj} \times \eta_{extr} = \frac{P/hv}{I/q}   \quad (13.3)$$

혹은 같은 의미로

$$\eta_{ext} = \eta_{rad} \times \eta_{inj} \times \eta_{opt}   \quad (13.4)$$

13.1.3 전력효율 또는 월-플러그 효율(η_e)

LED의 전력효율(power efficiency, η_e)은 외부 양자효율(η_{ext})과 피딩효율(η_{feed})의 곱으로 정의된다.

$$\eta_e = \eta_{ext} \times \eta_{feed} = \frac{P}{IV_F} \tag{13.5}$$

이것은 광원효율(luminous efficacy)을 통한 LED의 발광효율(luminous efficiency)과 관련된다.

13.2 LED의 전류-전압 특성

어떤 저항체가 있을 때, 인가된 전압(V)과 거기에 흐르는 전류(I)는 옴의 법칙에 따라 선형적인 관계를 갖는다.

$$V = IR \tag{13.6}$$

만약 전압이 $V/2$로 감소한다면 전류 또한 $I/2$로 감소한다. 반대로 전압이 $2V$로 증가한다면 전류 또한 $2I$로 증가한다. 두 가지 경우에서, 전압-전류 비율인 저항체의 저항은 다음 수식으로 인해 동일하다.

$$R = \frac{V}{I} = \frac{V/2}{I/2} = \frac{2V}{2I} \tag{13.7}$$

이러한 비례관계는 반도체 다이오드에는 맞지 않으며 LED도 마찬가지이다(그림 13.1). 대신 전압과 전류는 지수함수(exponential) 관계이다(Hartberger 2011). 그래서 LED에 걸린 순방향 전압강하 V_F와 LED에 흐르는 전류 I_F는 다음과 같은 수식을 따른다.

$$V_F(I_F) = \left(\frac{1}{k}\right)\ln\left(\frac{I}{I_0}\right) \tag{13.8}$$

여기서 k, I_0는 각각 전압과 전류에 대한 스케일을 결정하는 상수로, 상온에서 상용 백색 LED의 일반적인 값은 $k = 3.64$ V^{-1}이고 $I_0 = 3.2 \times 10^{-6}$ A이다. 역으로 전류 I_F는 전압 V_F에 대해 식 (13.9)와 같이 표현된다.

$$I_F(V_F) = I_0 \exp(kV_F) \tag{13.9}$$

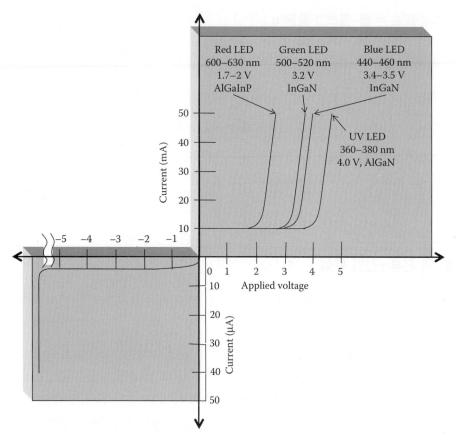

그림 13.1 LED의 전류−전압 특성.

예제 13.1

LED에 걸린 순방향 전압강하가 3 V일 때 흐르는 전류는 얼마인가? 만약 순방향 전압강하가 3.5 V이면 LED에 흐르는 순방향 전류(forward current)는 얼마인가? 그 결과를 설명하라.

$V_F = 3.0$ V일 때 I_F는 다음과 같은 식으로 구할 수 있다.

$$
\begin{aligned}
I_F(V_F) = I_0 \exp(kV_F) &= 3.2 \times 10^{-6}\,\mathrm{A} \times \exp(3.64\,\mathrm{V}^{-1} \times 3.0\,\mathrm{V}) \\
&= 3.2 \times 10^{-6} \times 55270.7989 = 0.176866\,\mathrm{A} \\
&= 176.87\,\mathrm{mA}
\end{aligned}
\tag{13.10}
$$

$V_F = 3.5$ V에서의 I_F는

$$
\begin{aligned}
I_F(V_F) = I_0 \exp(kV_F) &= 3.5 \times 10^{-6}\,\mathrm{A} \times \exp(3.64\,\mathrm{V}^{-1} \times 3.5\,\mathrm{V}) \\
&= 3.5 \times 10^{-6} \times 341123.5475 = 1.0916\,\mathrm{A} = 1091.6\,\mathrm{mA}
\end{aligned}
\tag{13.11}
$$

이 계산은 순방향 전압강하가 3.5/3.0 = 1.167배만큼 증가할 때 순방향 전류는 1091.6/176.87 = 6.172배만큼 증가하는 것을 보여 준다. 이에 상응하는 퍼센트 변화는 다음과 같다.

$$\Delta V = \frac{3.5 - 3.0}{3.0} \times 100\% = 16.67\%$$

$$\Delta I = \frac{1091.6 - 176.87}{176.87} \times 100\% = 517.18\%$$

(13.12)

이처럼, 작은 순방향 전압 증가가 훨씬 큰 순방향 전류 증가를 수반하게 됨을 알 수 있다.

13.3 전류 조절에 의한 LED의 동작

예제 13.1에 나타난 단순한 계산을 보면 전압이 원인, 전류가 결과라는 것을 보여 주지만 순방향 전류가 순방향 전압보다 몇 배 더 크게 증가하기 때문에, LED는 전류제어 또는 전류구동 소자(current-driven device)이며, LED를 다룰 때 전압보다 전류를 목표 변수(target parameter)로 보는 것이 더 합리적이다. 실제로도 순방향 전류가 넓은 폭으로 변하더라도 순방향 전압은 거의 동일하다. 다시 말해, 전압이 아닌 LED를 통해 흐르는 순방향 전류가 결정 요인이다.

전력 = 전압 × 전류이기 때문에, 전력에 주목해야 한다. 앞에서 언급한 광출력을 루멘(lumen) 값으로 얻기 위해서, lm/W(lumen per watt) 등급으로 LED의 전력수준을 설정한다. 전력은 전류에 비례하기 때문에, 실험자는 원하는 광출력을 lumen 값으로 얻기 위해 전류값을 고정한다. 그러므로 LED 동작을 위해서는 정전류 전력(constant current power) 공급이 사용된다.

13.4 LED의 순방향 전압강하(V_F)

N$^+$-P 실리콘 정류 다이오드를 상기해 보면, 일반적으로 $V_F = 0.5 \sim 1.2$ V 범위의 순방향 전압을 갖는다. 쇼트키(Schottky) 접촉 다이오드는 다른 특성을 갖고 있으며 여기에서는 명시하지 않는다. 순방향 전압 V_F는 반도체 물질의 에너지 밴드갭 E_G뿐만 아니라 물질의 직렬저항 R_S(여기서는 P 영역의 저항)의 영향을 받는다. 높은 전류 주입 조건에서는 P 영역의 전도도의 변조가 발생하고 이는 전압강하를 감소시킨다. 그러나 일반적인 낮은 주입 동작 조건에서는 직렬저항이 중요한 역할을 하므로, 순방향 전류 I_F에서 낮은 순방향 전압강하를 가지는 다이오드는 더 큰 면적을 가져야 한다.

칩 크기에서 오는 영향을 제외하면, 다이오드에 걸린 순방향 전압강하는 다이오드의 온도에 의존하며 높은 온도에서 작아진다. 그러므로 열방출이 더 좋은 보다 큰 패키지를 갖는 다이오드는 더 낮은 온도를 유지할 것이므로 더 높은 순방향 전압을 가질 것이다. 순방향 전압은 다음과 같은 요소로 결정된다: (i) 물질의 밴드갭, (ii) 칩 크기, (iii) 패키지 크기와 열방출부 등. 다른 조건들이 만족이 된다면, 전력 손실을 최소화하기 위해서 회로 설계자들은 더 낮은 순방향 전압을 갖는 다이오드를 언제나 선호할 것이다.

상기 언급된 실리콘 정류 다이오드의 순방향 전압 개념은 LED에도 적용이 가능하다. 그러나 주요한 차이는 다음과 같다: (i) LED는 간접 밴드갭(indirect bandgap) 실리콘으로 만들어지지 않았다. 따라서 물질의 밴드갭에 따른 순방향 전압강하의 의존성으로 인해, LED의 순방향 전압이 실리콘 다이오드의 순방향 전압과는 다르다는 것은 예상하기 쉽다. (ii) LED는 다양한 색을 위해 만들어진다. 각각의 색을 위해 LED는 다른 물질로 만들어지고 밴드갭은 물질마다 다르기 때문에 LED의 순방향 전압강하 역시 물질마다 다르다. 서로 다른 색을 내는 LED들의 순방향 전압강하는 서로 같지 않다. 적색 LED는 약 2.2 V를 갖는 반면, 백색과 청색 LED는 3.1~3.8 V의 범위를 갖는다. LED 연구의 주요 분야는 동작 전력 손실을 줄이기 위해 LED의 순방향 전압강하를 최소화하는 것이다.

예제 13.2

100 mA에서 동작하고 1.25 mW의 파워를 내는 LED의 순방향 전압강하가 2.5 V일 때 이 LED의 전력변환효율(power conversion efficiency)은 얼마인가?

전력변환효율(η)은 LED의 출력전력(P_{out})과 LED에 공급된 입력전력(P_{in})의 비로 정의된다. 여기서, $P_{in} = V \times I = 2.5$ V $\times 100 \times 10^{-3}$ A $= 0.25$ W. $P_{out} = 1.25 \times 10^{-3}$ W이므로,

$$\eta = (P_{out}/P_{in}) \times 100\% = (1.25 \times 10^{-3} \text{ W}/0.25 \text{ W})$$
$$\times 100\% = 0.5\% \tag{13.13}$$

13.5 LED의 역방향 절연파괴 전압(V_R)

역방향 전압에서 다이오드를 통해 흐르는 전류는 매우 작다. 그러나 다이오드는 의도적으로 혹은 의도치 않게 역방향 절연파괴 전압에서 동작되기도 한다. 제너 다이오드는 의도적으로 절연파괴 영역에서 동작시키는 다이오드의 범주에 속한다. 그러나 정

류 다이오드나 LED는 의도적으로 절연파괴 영역에서 동작시키는 다이오드에 속하지 않는다. 전력 공급 시 전압스파이크가 생겨 피해를 줄 수 있는 절연파괴 영역을 벗어난 *I-V* 지점에서 LED가 손상받지 않고 동작할 수 있다. 정류 다이오드의 경우 광범위한 역방향 절연파괴 전압을 갖는 다이오드를 사용하는 것이 가능하다. 예를 들어, 만약 V_R = 1000 V를 갖는 다이오드가 죽는다면, V_R = 1500 V 또는 2000 V를 갖는 다이오드로 교체하는 것이 더 안정적이다. 그래서 절연파괴 전압 문제를 극복하는 것은 어렵지 않다. 그러나 일반적으로 LED는 약 5 V의 절연파괴 전압을 갖는다. 몇 개의 LED들을 직렬연결하여 절연파괴 전압을 증가시킬 수는 있지만, 이 방법으로 얻을 수 있는 전체 절연파괴 전압은 여전히 수십 볼트 정도이다. 예를 들어 V_R = 5 V인 LED를 20개 직렬연결한 경우 절연파괴 전압은 겨우 20 × 5 = 100 V이다. 이러한 상황은 정류 다이오드의 경우보다 LED에 대해서 더 복잡하기 때문에 더 안전한 해결책이 필요하다. LED는 단 수 마이크로초 동안 지속되는 전압스파이크에 의해서도 피해를 받는다.

역방향 전압 동작에서 LED를 보호하는 두 가지 가능한 해결책이 그림 13.2에 제안되어 있다. 첫 번째 해결책은 일반적인 정류 다이오드를 LED와 함께 직렬로 연결하는 것이다. 이러한 정류 다이오드는 LED에 역방향 전압이 인가되었을 때 역방향 바이어스되는 방식으로 연결된다. 그러면 이 정류 다이오드를 통해 흐르는 역방향 전류가 LED를 통해 흐르게 될 것이다. 역방향 전압이 순간적으로 증가하여 불안전한 값에 도달했을 때, 그 정류 다이오드는 LED에 거쳐 인가되는 역전압을 막아 LED에 걸리는 전압급증으로부터 보호해 줄 것이다. 그러므로 LED는 높은 전압을 견디지 않아도 될 것이다. 실제로 이 연결은 LED를 보호하는 정류 다이오드 연결로 간주된다. 이 LED는 보호되지 않은 LED보다 분명히 장점을 갖는다. 그러나 LED가 정전압 동작 조건일 때, 전류 흐름은 LED뿐만 아니라 정류 다이오드에서도 전압강하를

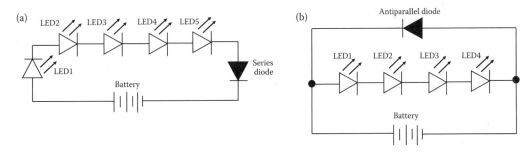

그림 13.2 역방향 바이어스에서도 LED를 안전하게 동작하게 하는 다이오드 연결방법: (a) 다이오드의 직렬연결방법, (b) 다이오드의 병렬 반대방향 연결방법.

발생시킨다. 이 연결을 통한 전체 전압강하는 정류 다이오드와 LED 두 개의 전압강하의 합이기 때문에 LED 한 개만 연결된 것보다 훨씬 크다. 이러한 추가적인 전압강하는 전력 손실을 의미하므로, 단점으로 작용한다. 예를 들면, 500 mA의 전류가 흐르고 순방향 전압 2 V를 갖는 LED가 V_F가 1 V인 정류 다이오드와 연결된다면, LED에 의해 소비된 전력은 2 V × 500 mA = 1000 mW이고 정류 다이오드에 의해 소비된 전력은 1 V × 500 mA = 500 mW이다. 이 값은 LED 소비전력과 비교했을 때 무시될 수 없는 값이므로 손실이 더 적은 방법이 요구된다.

두 번째 제안된 방법은 정류 다이오드와 LED를 반 평행(antiparallel)하게 배치하는 것이다. 정류 다이오드와 LED가 반대방향으로 병렬연결된다는 것은, 첫 번째 (i) 정류 다이오드가 LED와 병렬로 연결되고, (ii) LED가 순방향 바이어스일 때 정류 다이오드는 역방향 바이어스가 인가되고, 반대로, LED가 역방향 바이어스일 때 정류 다이오드는 순방향 바이어스가 인가됨을 의미한다.

LED와 정류 다이오드가 순방향 바이어스와 역방향 바이어스 모드일 때 어떻게 동작할지 알아보자. 순방향 바이어스일 때, LED와 정류 다이오드에 걸쳐 같은 전압이 인가된다. 그러나 LED는 순방향 바이어스가 걸린 반면, 정류 다이오드는 역방향 바이어스가 걸린다. 그러므로 모든 전류는 LED를 통해서 흐르게 되고 정류 다이오드에서는 매우 작은 누설전류만 발생할 것이다. 어떠한 전류도 정류 다이오드를 통해 흐르지 않기 때문에, 정류 다이오드와 관련되어 소비되는 전력은 없다. 그래서 첫 번째 연결방법에서 발생하는 전력 소비는 여기에서 문제가 되지 않는다.

역방향 전압이 인가된 경우, LED는 역방향 바이어스가 걸리고, 반면 정류 다이오드는 순방향 바이어스가 걸린다. 역방향 전압이 매우 큰 값으로 증가된다면, 그 효과는 LED와 정류 다이오드의 저항에 따라 분담된다. 전류는 LED와 정류 다이오드의 저항에 따라 두 갈래로 나뉠 것이다. 전류는 낮은 저항 쪽으로 흐를 것이다. 더 큰 전류는 순방향 바이어스가 걸린 정류 다이오드를 통해 흐르고, 역방향 바이어스가 걸린 LED에는 더 작은 전류가 흐를 것이다. 실리콘으로 만들어진 일반적인 정류 다이오드는 보통 더욱 낮은 순방향 전압을 갖는다. 이때의 순방향 전압을 1 V라고 가정하면, LED 전체에 걸린 전압은 1 V로 고정되어 위험한 전압에 노출되지 않을 것이므로 보호가 될 것이다.

이러한 분명한 이유 때문에, LED와 반대방향으로 병렬연결된 다이오드는 "free-wheeling diode"라고 불린다. 역방향 바이어스 동안, 이 정류 다이오드는 LED의 브레이크다운을 회피하는 전류 흐름을 위한 쉬운 경로를 제공한다. 순방향 바이어스 동작에서조차도, free-wheeling diode는 전력소비가 없거나 거의 무시할 만하다.

13.6 LED의 효율(Efficacy) 및 효율(Efficacy)과 효율(Efficiency)의 차이

눈에 보이지 않는 복사를 방출하는 적외선 LED의 경우에, 입력전력에 대한 출력전력의 비를 효율(efficiency) 파라미터로 정의하고, 다음과 같이 나타낼 수 있으며 그 값은 일반적으로 분수 혹은 백분율(%)로 명시된다.

$$\text{Efficiency} = \frac{\text{방출되는 적외선 광 전력}}{\text{입력되는 전력}} \tag{13.14}$$

그러나 색깔이 있거나 혹은 백색 LED의 경우에는 출력이 가시광선이고 사람의 눈으로 감지된다. 그래서 방출된 광 전력은 관심 파라미터가 아니다. 오히려 관찰자들에 의해 루멘(lumen)으로 표현되는 광의 지각 혹은 밝기가 중요하다. 동시에 입력전력은 와트(W) 단위이다. 따라서 출력은 광 지각 파라미터이고, 그 용어를 "효율(efficiency)"로 표기하는 것은 적절치 않다. "효율(efficacy)"이라는 새로운 파라미터는 루멘(lm) 단위의 광출력을 와트(W) 단위의 전기적인 입력으로 나눈 값으로 와트당 루멘(lm/W)으로 정의한다. 주어진 입력전력에서 눈으로 인지할 수 있는 빛을 나타내는 이 새로운 파라미터를 통해 우리는 서로 다른 광원들을 비교할 수 있다.

사람의 눈에 의해 서로 다른 색의 광 지각이 연구되었을 때, 가시광 스펙트럼 중 황록색 부분에 해당되는 약 555 nm의 파장을 가장 크게 지각하는 것으로 확인되었다. 이처럼 사람의 눈은 다른 색보다 녹색에 더 잘 반응을 한다. 이것은 갈색과 녹색은 같은 광출력을 갖더라도 눈에서는 다르게 지각된다는 것을 의미한다. 녹색이 갈색 빛보다 더 강하게 보인다. 다르게 표현하면, 만약 갈색 빛과 녹색 빛이 같은 효율(efficacy)을 갖는다면, 갈색 빛이 실제로 녹색보다 상당히 강렬해야 한다. 효율(efficacy)을 기초로 LED 사이의 상대적인 평가를 하기 위해서는, LED들은 같은 색이어야 한다. 황색 빛이 도는 청색과 청색 빛이 도는 황색처럼 서로 비슷해 보이는 색은 효율(efficacy) 측면에서 비교할 수 없다. 이 논의의 요지는 같은 색깔의 빛은 효율(efficacy) 값에 의해 표현적으로 구별될 수 있다는 것이다.

오직 같은 색의 빛에 대해서만 효율(efficacy) 비교가 가능하다는 것을 받아들인다면, LED 발광에 많은 파장들이 존재하기 때문에 효율(efficacy) 개념의 적용이 복잡해진다는 것을 깨닫는 것은 어렵지 않다. 예를 들어, 적색 LED 출력은 적색 스펙트럼 주위에 퍼져있는 여러 파장들을 갖는 빛들의 혼합이다. LED는 레이저 다이오드와는 달리 단색 광원이 아니기 때문이다.

또 다른 예로서, 주 발광 파장이 520 nm과 540 nm 사이이고, 20 nm의 스펙트럼 반치폭(spectral half-width)을 갖는 녹색 LED를 살펴보자. 스펙트럼 반치폭이란 최고 출력의 절반에 해당하는 출력을 내는 위치에서의 중심 주파수(혹은 중심 파장)의 너비를 의미한다. 이 LED는 500 nm~560 nm의 파장을 갖는 빛 성분을 방출할 것이다. 그래서 이러한 LED들의 발광 파장들은 넓게 분산될 것이고, 효율(efficacy)또한 자연스럽게 분산될 것이다.

적색 또는 녹색 같은 단일 색상을 갖는 빛에 대한 위 개념들은 여러 가지 색상이 혼합된 복합 광신호로 확장될 수 있다. 일곱 개의 색상이 혼합된 백색빛에 이 논거를 적용하게 되면, 상황은 7배로 더 복잡해진다. 백색 LED의 효율(efficacy)은 각 색상의 정확한 혼합 정도와, 각 색깔성분의 밝기, 각 색깔의 정확한 발광파장 등의 함수이다.

사람의 눈은 녹색을 더 잘 인지하기 때문에, 백색광의 효율(efficacy)은 녹색성분의 크기를 올려 줌으로써 증가될 수 있다. 이것은 효율(efficacy)을 증가시키는 한 방법이다.

그러나 효율(efficacy)은 LED의 구동전류에도 의존한다. 일반적으로 LED의 효율(efficacy)은 350 mA 구동전류에서 제시된다. 구동전류가 증가하면 LED의 발광출력도 증가하지만, 더 많은 전력이 소비되기 때문에 효율(efficacy)은 감소한다. 비슷하게 구동전류의 감소는 입력전력을 감소시키고, 그에 따라 효율(efficacy)을 증가시킨다.

LED의 과구동은 몇몇 효과를 유발한다. 가열로 인해 LED 온도가 증가한다. 이것은 가열효과(heating effect)를 통해 LED에 걸린 순방향 전압강하를 감소시키며 동시에 저항효과를 통해 순방향 전압강하가 증가된다. 전반적인 LED의 수명은 과구동에 의해 동기화된다. 백색 LED의 가열은 형광체의 포화를 야기하고, 그 결과 청색광이 백색으로 변환되지 않고 LED로부터 변환되지 않은 청색광이 LED로부터 방출된다. 청색 컬러는 사람의 눈에 의해 매우 잘 감지되지 않기 때문에 이러한 청색 발광은 LED의 효율(efficacy)을 감소시킨다.

13.7 LED의 광 파라미터

13.7.1 광 스펙트럼

LED의 광 스펙트럼은 파장을 x축에, 스펙트럼의 상대적 파워를 y축에 플로팅하여 얻어지는 그래프이다(White LED Tips 2009, Photon Systems Instruments 2013). 이 그래프는 서로 다른 파장에서 발광하는 빛의 상대적인 비교만 보여 줄 뿐 절대적인 크기를 보여 주지는 않는다. 예를 들어, 어느 부분이 더 높은 출력으로 발광하는지 혹은 더 낮은 출력으로 발광하는지와 둘 사이의 비율을 알려줄 뿐이다.

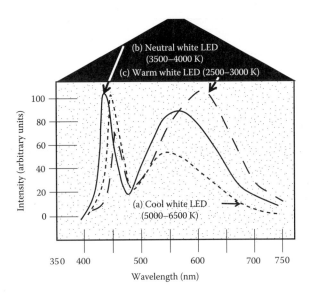

그림 13.3 CRI가 다른 LED들의 방출 스펙트럼: (a) cool white LED, (b) neutral white LED, (c) warm white LED.

그림 13.3은 전형적인 백색 LED의 스펙트럼을 보여 준다. 그 스펙트럼은 청색영역에서의 좁은 피크와 나머지 가시 스펙트럼을 커버하는 넓은 영역으로 구성된다. 이 그래프는 백색광을 구성하는 다양한 파장의 구성요소에 관한 비교 정보를 제공하는 유용한 성능 파라미터이다. 청색 피크는 변환 없이 LED 밖으로 빠져나오는 빛이며 LED 고유의 발광에 해당된다. 사람의 눈은 이 파란색 부분에서 감지가 약하며, 만약 이 청색 빛까지 백색으로 변환된다면 LED의 효율(efficacy)은 향상될 것이다.

청색 부분을 제외하고, 가시 스펙트럼을 포함하는 넓은 범위는 LED의 유용한 광출력 요소이다. 그래서 이 영역이 더 넓어질수록 더 높은 효율(efficacy)을 얻을 수 있다. 그래프에 보이듯이, 이 스펙트럼은 적색 부근에서 차츰 감소하는데 이것은 적색 부분의 빛의 출력이 상대적으로 낮다는 것을 의미한다. 이러한 스펙트럼 꼬리부분의 감소는 적색과 갈색 같은 비슷한 색상을 가지는 물체를 LED에서 나오는 빛 아래에서 볼 때 영향을 줄 수 있다.

LED의 발광 스펙트럼은 그림 13.4에 나타난 것처럼 온도에 의존한다. 세 가지 뚜렷한 효과를 볼 수 있는데, 스펙트럼 파워 분포 피크, 즉 피크 크기가 온도가 높을수록 더 높은 파장대로 이동하고, 피크 크기는 감소하며, 스펙트럼 폭은 온도가 증가할수록 커진다.

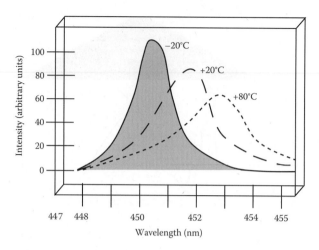

그림 13.4 LED의 접합부 온도에 대한 단일 색상 LED의 발광 스펙트럼의 의존도.

13.7.2 스펙트럼 반치폭(Half-Width or Full Width at Half-Maximum)

색의 순도 혹은 단색성 측정은 스펙트럼 파워-파장 곡선에서 스펙트럼 파워가 반이 되는 위치에서의 파장 폭이다. 이것은 스펙트럼 파워 혹은 크기가 최댓값의 반이 되는 두 개의 파장 사이의 간격을 측정한 값이다. 피크 파장 밀도에 해당되는 λ는 식 (13.15)로 나타낼 수 있다.

$$\lambda = hc/E \tag{13.15}$$

여기서 E는 방출된 광자 에너지이고, h는 플랑크상수이다. 그리고 c는 빛의 속도이다.

이 식을 재배열하면 식 (13.16)을 얻는다.

$$E = hc/\lambda \tag{13.16}$$

λ에 대해 미분하면

$$\frac{dE}{d\lambda} = \frac{0 \times \lambda - 1 \times hc}{\lambda^2} = -\frac{hc}{\lambda^2} \tag{13.17}$$

을 얻고, 여기에서

$$d\lambda = -\frac{\lambda^2}{hc} dE \tag{13.18}$$

혹은

$$\Delta\lambda = -\frac{\lambda^2}{hc} \Delta E \tag{13.19}$$

을 얻는다. 이 식에서 $\Delta\lambda$는 피크값 주위에 파장의 분포를 나타내고, ΔE는 거기에 해당하는 운반자(carrier)들의 에너지 분포에 관련된다. ΔE는 전도대(conduction band)에서의 전자농도 식과 가전자대(valence band)의 정공농도 식에 대한 반도체 이론으로부터 얻을 수 있다. 전도대에서 전자는 $E_C + k_B T/2$에 해당하는 에너지를 가질 확률이 가장 높고, 가전자대에서 정공은 $E_V - k_B T/2$를 가질 확률이 가장 높으며, 이 에너지의 차이는 다음과 같다.

$$E_C + k_B T/2 - \left(E_V - k_B T/2\right) = \left(E_C - E_V\right) + k_B T = E_G + k_B T \quad (13.20)$$

이 값은 물질의 밴드갭 $E = hc/\lambda = E_G$으로부터 $k_B T$만큼 벗어나 있다. 즉 ΔE는 다음과 같은 식으로 나타낸다.

$$\Delta E = k_B T \quad (13.21)$$

식 (13.21)의 ΔE를 식 (13.19)의 $\Delta\lambda$에 관한 식에 대입하면 다음을 얻는다.

$$\Delta\lambda = -\frac{\lambda^2}{hc}\Delta E = -\frac{\lambda^2}{hc}k_B T \quad (13.22)$$

파장대가 피크파장의 양쪽으로 분포되어 있다는 것을 고려할 때, 스펙트럼 반치폭은 식 (13.23)과 같이 주어진다.

$$\left|2\Delta\lambda\right| = \frac{2\lambda^2}{hc}k_B T \quad (13.23)$$

실험적인 관측으로 보면 아래의 식 (13.24)가 더 신뢰할 만한 데이터의 답을 제공해 준다.

$$\left|2\Delta\lambda\right| = \frac{2N\lambda^2}{hc}k_B T \quad (13.24)$$

여기에서 N은 이상계수(ideality factor)이며 도핑 농도와 물질에 따라 $0.75 \leq N \leq 1.75$ 사이에서 달라지는 값이다.

예제 13.3

460 nm 파장 SiC의 LED의 상온(27°C) 스펙트럼 반치폭을 구하여라. $N = 1$, $h = 6.62617 \times 10^{-34}$ J-s, $k_B = 8.63 \times 10^{-5}$ eV/K, $c = 2.9979 \times 10^{10}$ cm/s.

$$|2\Delta\lambda| = \frac{2N\lambda^2}{hc}k_BT$$

$$= \frac{2 \times 1 \times (460 \times 10^{-9})^2\,\text{m}^2}{6.62617 \times 10^{-34}\,\text{J-s} \times 2.9979 \times 10^8\,\text{ms}^{-1}} \times 8.63 \times 10^{-5} \qquad (13.25)$$
$$\times 1.6 \times 10^{-19}\,\text{Js}^{-1}\text{K}^{-1} \times 300\text{K}$$

$$= 8.8251 \times 10^{-9}\,\text{m} = 8.8251\,\text{nm}$$

13.7.3 CCT와 CRI

광 스펙트럼 이외에 중요한 다른 파라미터로는 LED의 상관 색온도(CCT)와 연색성 지수(CRI)가 있다. CCT와 CRI의 개념은 이미 이 책의 2장에 설명되어 있으며, CCT는 발광된 빛이 얼마나 차가운지, 반면 CRI는 LED에 의해 방출된 빛이 얼마나 꼼꼼하게 물체 고유의 색을 표현하였는지를 말해 준다.

13.7.4 색 좌표

LED의 구동전류에 따른 색 좌표의 변화는 LED 외형상으로 나타나는 색감을 변화시키기 때문에 LED의 색 좌표 x, y는 중요하다.

13.7.5 광 분포

LED 뒷부분은 불투명한 패키지 위에 장착되기 때문이다. LED 빛은 칩 표면에 수직 방향인 LED 앞쪽으로 발광된다. 빛은 또한 칩의 옆 방향으로도 나온다(Rix 2011). 빛은 LED를 빠져나오기 전에 실리콘 접착제와 에폭시 렌즈 등 다양한 광학 프로세스를 거친다. LED로부터 나오는 세 가지 일반적 빛의 분포 유형이 그림 13.5에 있다: (i) Lambertian: 가장 흔한 분포로, LED의 앞쪽 방향으로 방출되는 빛으로 구성된다. (ii) Batwing: 앞쪽 방향으로 방출되는 모양이지만, 가장자리에서 최댓값을 갖는 고리 모양이고 가운데 부분이 꺼져 있는 형태이다. (iii) Side emitting: 이것은 LED의 앞쪽 방향이 아니라 옆 방향으로 방출된 빛으로 구성되어 있다.

13.7.6 LED의 사잇각(Included Angle)

LED의 사잇각은 빛의 각 방출(angular emission)에 관한 척도로, 방출되는 빛의 90%를 포함하는 원 각도(circular angle)이다.

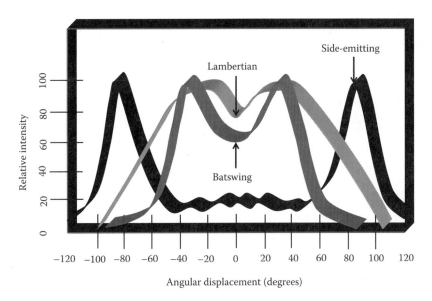

그림 13.5 출력 광 강도 분포의 세 가지 유형의 형상.

13.7.7 LED의 시야각 또는 빔 각도

LED의 빛은 지향성(directional)이며 보통 원뿔 형태로 방사된다. 시야각(viewing angle)은 빛이 분산되는 각도이고, LED의 밝기와 관련된다(그림 13.6). 시야각은 밝기가 최댓값의 50%로 감소되는 각도이다. 즉, 빛의 강도가 약 50%로 감소되는 양쪽

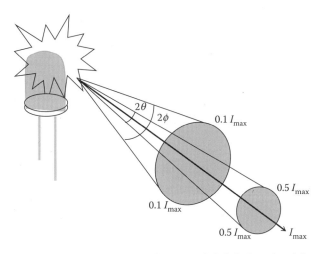

그림 13.6 빔 각도 2θ와 필드앵글 2ϕ; 각은 최대 강도 I_{max}가 10%로 떨어지게 되는 각도이다.

사이의 각도이다. 더 과학적으로 표현하자면, 만약 θ가 중심($0°$)으로부터 측정된 LED 의 밝기가 절반으로 되는 각도라고 하면, 2θ가 전체 시야각(full viewing angle) 또는 빔 각도(beam angle)가 된다.

많은 LED는 오직 하나의 빔 각도를 갖도록 만들어지지만 어떤 경우에는 빔 각도를 선택할 수 있는 옵션이 있다. 좁은 빔 각도를 갖는 경우 더 좁은 영역에 집중조명 (spot light)을 만들고, 더 넓은 빔 각도의 빛은 넓은 영역을 빛으로 가득 차게 한다.

예제 13.4

$30°$ 시야각을 갖는 50 candelas LED는 1 m 거리에서 몇 lumen에 해당하는가?

칸델라(candela)는 광도(luminous intensity)의 단위 = 1 lumen per steradian (13.26)

혹은

$$\text{lumen} = \text{candela} \times \text{steradian} \tag{13.27}$$

$30°$ 시야각을 갖는 LED의 루멘(lumen) 출력을 얻기 위해서, 구의 중심에서 $30°$ 꼭 지각을 갖는 원뿔에 의해 생성된 입체각(steradian)에 칸델라(candela) 값을 곱해야 한다. 입체각은

$$
\begin{aligned}
&= 2\pi(1 - \cos\phi) = 2 \times 3.14 \times (1 - \cos 15°) \\
&= 6.28 \times (1 - 0.9659) = 0.214148
\end{aligned}
\tag{13.28}
$$

그래서, 루멘(lm) 값은,

$$= 50 \times 0.214148 = 10.7074 \text{ lm} \tag{13.29}$$

이다. 구형 덮개를 갖는 LED에서 50 칸델라(cd)를 공급하고 그 표면적은 $S = 2\pi Rh$ 이다. 여기서 R은 구의 반지름이고 h는 캡의 중앙높이이다. 반지름 1 m 구에 대해서 높이를 구하면

$$h = 1 - \cos(15°) = 1 - 0.9659 = 0.0341 \tag{13.30}$$

그리고,

$$S = 2 \times 3.14 \times 1 \text{ m} \times 0.0341 \text{ m} = 0.214148 \text{ m}^2 \tag{13.31}$$

이 표면적에 칸델라(cd) 값을 곱하여 루멘(lm) 값을 도출한다.

$$= 50 \text{ candelas} \times 0.214148 \text{ m}^2 = 10.7074 \text{ lm} \tag{13.32}$$

예제 13.5

시야각 90°를 갖는 LED는 140 cd의 광도(luminous intensity)를 갖고 100 W 백열전구는 95 cd라면 LED는 100 W 백열전구보다 더 밝은가 아니면 그 반대인가?

칸델라(cd) 단위는 보통 시야각과 관련되어 표현되는 값이다. 백열전구는 360°의 시야각을 갖는다. 같은 강도(intensity)일 경우 시야각이 클수록 더 많은 양의 빛을 얻는다. 즉, 130° 시야각에 걸친 1 칸델라(cd)는 20°인 경우보다 더 밝다. 왜냐하면 루멘(lm) 값은 정격 전류에서 디바이스의 총 광출력을 나타내기 때문이다. 그것은 전구에서 모든 방향으로 방출되는 모든 빛의 합으로 표현된다.

LED의 루멘(lm) 출력과 백열전구의 루멘 출력을 계산해서 비교해 보자. LED에 대한 루멘 출력은

$$
\begin{aligned}
&= \text{candela} \times \text{steradian} = 140 \times 2\pi(1 - \cos \phi)\\
&= 140 \times 2 \times 3.14 \times (1 - \cos 90°/2)\\
&= 140 \times 6.28 \times (1 - 0.7071) = 140 \times 1.839412 \text{ lm}\\
&= 257.51768 \text{ lm}
\end{aligned}
\tag{13.33}
$$

백열전구에 대한 루멘(lm) 출력은

$$
\begin{aligned}
&= 95 \times 2\pi(1 - \cos\phi) = 2 \times 3.14 \times (1 - \cos 360°/2)\\
&= 95 \times 6.28 \times (1 + 1) = 95 \times 12.56 = 1193.2 \text{ lm}
\end{aligned}
\tag{13.34}
$$

그래서, 백열전구의 루멘 출력은 LED보다 훨씬 크기 때문에 백열전구가 훨씬 밝다. 백열전구만큼의 광속(luminous flux)을 얻기 위해서는 1193.2/257.52 = 4.633~5배만큼 많은 LED가 필요할 것이다.

예제 13.6

시야각 180°를 갖고 총 광속이 300 lm인 LED가 있다. 1 m와 3 m 거리에서의 조도 (illuminance)와 광도(luminous intensity)를 구하라.

180° 시야각은 LED가 광속이 반구에 걸쳐 분포되어 있음을 의미한다. 1 m 거리에서 반지름 1 m인 반구의 면적은

$$
= (4\pi r^2)/2 = 2\pi r^2 = 2 \times 3.14 \times (1 \text{ m})^2 = 6.28 \text{ m}^2
\tag{13.35}
$$

그래서, 조도는

$$
(300 \text{ lm}/6.28 \text{ m}^2) = 47.771 \text{ lm/m}^2
\tag{13.36}
$$

입체각(steradian) 값은

$$= 2\pi(1 - \cos 90°) = 2\pi = 2 \times 3.14 = 6.28 \qquad (13.37)$$

그러므로 광도는

$$= 300 \text{ lm} \div 6.28 \text{ sr} = 47.7707 \text{ lm/sr} = 47.77 \text{ cd} \qquad (13.38)$$

3 m 거리에서, 반지름 3 m인 반구의 면적은

$$= (4\pi r^2)/2 = 2\pi r^2 = 2 \times 3.14 \times (3 \text{ m})^2 = 56.52 \text{ m}^2 \qquad (13.39)$$

그래서, 조도는

$$(300 \text{ lm/56.52}) \text{ m}^2 = 5.3079 \text{ lm/m}^2 \qquad (13.40)$$

입체각 값은 앞의 경우와 같이

$$= 2\pi(1 - \cos 90°) = 2\pi = 2 \times 3.14 = 6.28 \qquad (13.41)$$

그러므로 광도도 47.77 cd로 전과 같다. 즉 이 값은 거리와는 무관하다.

(3 m에서 광속/1 m에서 광속) 비율은

$$= 5.3078 \text{ lm/m}^2 \div 47.77 \text{ lm/m}^2 = 1/8.99996 \sim 1/9 \qquad (13.42)$$

이고 이는 거리의 비율의 제곱

$$(1 \text{ m/3 m})^2 = 1/9 \qquad (13.43)$$

에서 충분히 예상되는 값이어서 조도는 역제곱 법칙을 따름을 알 수 있다.

13.7.8 비닝(Binning)

서로 다른 공정을 거친 또는 같은 일괄 공정에서 제조된 LED 사이에서도 성능 편차는 발견된다. Narendran(2004)은 이러한 상용 LED에서의 성능 편차를 연구하기 위해 실험을 하였고 다음과 같은 사실을 발견하였다. 백색 LED는 시간에 따른 색 변이는 작지만, 각각의 LED 간에 상당한 색상 차이가 나타남을 알 수 있었다. 제조 시 발생하는 편차를 피할 수 없고, 제조사는 모든 칩들을 팔기 원하겠지만 고객들은 선택한 파라미터의 범위에 있는 LED만을 구매하기 원하기 때문에, LED는 보통 "bin"으로 분리된다. 여기서 비닝(binning)은 특별한 LED 파라미터의 구간으로 구분되는 각각의 통에 분배하는 것을 말한다. 비닝을 위한 파라미터에는 색, 순방향 전압, 밝기가 포함된다. 같은 bin에 속하는 LED들은 서로 아주 유사한 색상을 가질 것이다.

13.7.9 공차(Tolerance) 파라미터

LED 파라미터 값들은 일반적으로 측정 오차를 명시한다. 예를 들어, "LED의 광출력은 90~100 lm ± 10%"의 의미는 광출력이 81과 110 lm 사이에 있다는 것을 뜻한다.

13.8 결론 및 고찰

특정 기기에 적용할 목적으로 LED를 선택하기 위한 전제조건은 LED의 규격 명세 비교와 파라미터들을 이해하는 것이다. 360 nm 자외선부터 950 nm 적외선까지 LED의 전 범위에 대한 일관된 규격 명세는 존재하지 않는다. 다른 LED 사양 사이에서 각각의 사양은 특정 LED를 선택하는 데 영향을 준다.

전기적으로, 전류-전압 특성, 순방향 전압강하, 역 절연파괴 전압, 소비전력 등이 주요 파라미터이다. LED는 전압구동이 아닌 전류구동 소자이므로 광출력을 얻기 위해 요구되는 순방향 전류 값과 초과돼서는 안 되는 최대 한계 전류가 중요하다. 순방향 전압강하는 LED를 구성하는 물질의 함수이다. LED 역 바이어스는 약 5 V 정도이며, 역바이어스에 의한 소자 파괴를 방지하기 위한 안전 한계 전압을 제시한다.

광학적 성능은 주로 스펙트럼, 광도계와 색도계 성능 요구사항, 빔 각도 등에 관련된다. LED의 색은 피크파장의 관점에서 설명될 수 있으며, 이 피크파장은 주로 LED 제작에 사용되는 물질에 의해 결정된다. 색깔을 내는 LED는 우세한(dominant) 파장에 따라 특정지어지며 자외선부터 적외선 영역에서 사용 가능하다. LED의 색은 색좌표계와 색좌표값으로 표현할 수 있다. 백색 LED는 색온도로 명시되며, 주로 실내조명으로 사용되는 "따뜻한 백색(warm white)" LED는 2800~3500 K 범위를 갖는다.

광출력은 전류에 따라 증가하므로 광도(luminous intensity)는 동작전류에 대하여 주어진다. 광 세기를 표현하기 위해서 "high-brightness" 또는 "ultra high-brightness" 와 같은 용어가 사용된다. LED로부터의 광은 어떤 특정 각도 이내에서 방출된다. LED의 총 광출력은 광 세기 값으로만 명시하지 않으며 시야각 역시 알아야 한다. 공간적인 빛 방출 패턴에 영향을 주는 이 각도는 광을 분산시키는 에폭시 렌즈에 의존한다. 확산된 봉지(encapsulation)를 사용하면 광은 더 분산되지만, 투명 봉지를 사용하게 되면 더 좁은 시야각을 갖고 더욱 강한 광을 얻는다.

작동 수명은 처음 조명 세기의 70% 또는 50%로 떨어지는 시간으로 정의되며, 보통 약 50,000 시간 이상이다. 광출력이 그리 중요하지 않은 응용분야에서는, 루멘(lumen) 값의 50%까지 적용되고 있다.

다른 주목할 만한 특징으로는 장치 외관이 포함되며 예를 들어 "5 mm 둥근 렌즈 타입"이나 "무색 투명" 등이 있다.

상용 LED의 경우, 자외선에서부터 적외선까지 전체 범위(360~950 nm)에 대해서 일관되게 적용되는 사양(specification)은 존재하지 않는다(OptoDiodeCorporation 2008).

참고문헌

Chrobak-Kando, J. 2011, April. How to interpret LED lamp data. *LEDs Magazine.* http://ledsmagazine.com/features/8/4/1

Hartberger, A. 2011, November. Overcoming the Technical Challenges in Implementing a Driver-Based Method for Detecting Failed *Power Lighting* Solutions http://www.digikey.com/us/en/techzone/lighting/resources/articles/overcoming-technical-challenges.html

Narendran, N., L. Deng, R. M. Pysar, Y. Gu and H. Yu. 2004. Performance characteristics of high-power light emitting diodes. *Third International Conference on Solid State Lighting, Proc. of SPIE* 5187, pp. 267–275; http://www.lrc.rpi.edu/programs/solidstate/pdf/ledperformance.pdf

OptoDiodeCorporation. 2008, January. Application Note: Specifying LEDs: Important performance parameters to consider; http://www.photonicsonline.com/doc/specifying-leds-important-performance-paramet-0002

Photon Systems Instruments. 2013. LED Fyto-Panels http://www.psi.cz/products/led-light-sources/

Rix, R. 2011, March. An introduction to solid state lighting: LED selection and optics. http://www.ecnmag.com/articles/2011/03/introduction-solid-state-lighting-led-selection-and-optics

Terminology: LED efficiency. 2004, January. *LEDs Magazine.* http://ledsmagazine.com/features/1/1/10

White LED Tips 2009. http://www.girr.org/girr/tips/tips7/white_led_tips.html

연습문제

13.1 LED의 내부 양자효율과 외부 양자효율은 어떻게 다른지 설명하라.

13.2 LED의 피딩효율(feeding efficiency)은 무엇이고, 낮은 구동전류에서 일반적인 값은 얼마인가?

13.3 LED의 전류-전압 특성은 저항의 전류-전압 특성과 어떤 차이가 있는가? LED의 순방향 전류를 순방향 전압으로 표현하는 식을 써라.

13.4 전류 조절을 통한 LED의 동작을 명료하게 설명하라. 그래서 LED는 전류구동장치라고 하는 것이 타당함을 보이라. 왜 LED 구동을 위해 정전류원이 필요한가?

13.5 다이오드의 순방향 전압의 가장 중요한 요소는 무엇인가? 왜 다른 색을 갖는 LED는 전압강하가 다른지 설명하라.

13.6 왜 역 바이어스에서 LED의 절연파괴 문제는 정류 다이오드보다 더 복잡한가? LED에서 절연파괴를 예방하기 위한 가능한 해결책들은 무엇인가? 이러한 해결책들을 서로 비교하라.

13.7 정류 다이오드를 LED와 직렬로 연결함으로써 어떻게 절연파괴로부터 보호되는가? 이 연결의 한 가지 장점과 한 가지 단점을 기술하라.

13.8 역방향 절연파괴로부터 LED 보호를 위해 다음 어느 방법이 더 선호되고 그 이유는 무엇인가?: (a) LED와 정류 다이오드를 직렬로 연결 혹은 (b) 정류 다이오드와 LED를 반대방향으로 병렬로 연결.

13.9 왜 "효율(efficiency)"이라는 용어는 사람 눈에 통한 광원의 유효성(effectiveness)을 설명할 수 없는가? 이 유효성을 정확하게 설명하기 위해서 어떤 새로운 파라미터가 도입되어야 하는가?

13.10 "만약 갈색 빛과 녹색 빛이 같은 효율(efficacy)을 갖는다면 실제로 갈색 빛이 녹색 빛보다 더 강렬할 것이다"는 맞는 표현인가? 왜 그런지 설명하라.

13.11 LED의 효율(efficacy)은 구동전류에 따라 어떻게 변하는가? LED에 과구동 전류를 흘려 구동할 경우 무슨 효과가 일어나는가?

13.12 LED의 광 스펙트럼에서 어떤 정보를 얻을 수 있는가? 백색 LED의 스펙트럼에서 청색 피크는 어디에서 나오는 것인가?

13.13 LED에서 일반적인 세 가지 빛 분포(light distribution)는 어떤 것들인가? LED에서 다음 용어들은 무슨 의미인가?: (a) 사잇각(included angle), (b) 시야각(viewing angle).

13.14 LED에서 "비닝(binning)"이라는 용어는 무엇을 의미하는가? 어떤 변수에 따라 비닝이 되는가?

CHAPTER 14

LED의 열 특성 관리
Thermal Management of LEDs

학습목표

이 장을 학습한 후에 독자들은 다음의 역량들을 갖출 수 있게 된다.

- LED 동작에 있어서의 열에 의한 직접적인 영향과 긴 시간 고온 동작 시 LED의 열화에 대해 이해할 수 있다.
- 온도와 LED 수명에 대한 상관성에 대해 이해할 수 있다.
- LED 동작에 대한 시뮬레이션을 통해 열 저항 및 열 커패시턴스에 대해 정의할 수 있다.
- LED에 대한 열 영향에 관해 수학적 계산을 수행할 수 있다.
- 온도 영향으로부터 LED 구동회로를 보호하는 것에 대해 이해할 수 있다.

LED 조명 시스템에 내재된 물리적 모순(physical contradiction)은, 한편으로는 원하는 높은 루멘(lumen) 출력을 위해 LED 구동 전류를 높여야 하지만, 다른 한편으로는 광 손실과 열을 줄이기 위해 구동 전류를 낮춰야 한다는 사실이다(Luger 2007). 높은 전류에서 LED를 구동하면 열에 의한 손실을 야기한다(Huaiyu et al. 2011). 온도는 LED에 잠정적이거나 단기적으로, 혹은 지속적이거나 장기적인 영향을 끼친다(Lenk and Lenk 2011). 단기적인 영향은 보통 LED 동작 과정에서 일어나는 가역적(reversible) 과정을 포함하지만, 장기적인 영향은 LED 특성이 바뀌어서(입력전압, 전류 등의 변화) 원래 값으로 돌아오지 않는 고화 메커니즘(ageing mechanism)을 의미한다.

14.1 LED 성능에 대한 온도의 단기적인 영향

14.1.1 LED의 전기적인 동작에 대한 온도 영향

그림 14.1은 LED의 온도가 변할 때 순방향 전류에 대한 순방향 전압의 변화를 보여준다. 순방향 전류가 증가할수록 LED의 온도도 증가하며(그림 14.1a), 온도가 증가함에 따라 LED의 순방향 전압강하, V_F는 감소하고 감소율은 2 mV/°C에서 4 mV/°C로 변한다(그림 14.1b). 이는 온도에 따른 전압 감소율을 3 mV/°C로 가정했을 때, 25°C에서 V_F = 3.0 V인 LED가 125°C에서 더 낮은 V_F를 나타낸다는 것을 의미하며 그 값은

$$V_F = 3.0 - 3 \times (125 - 25) \times 10^{-3} = 3.0 - 0.3 = 2.7 \text{ V} \tag{14.1}$$

만약 LED가 일정한 전류, 예를 들어 300 mA에서 구동된다면, 125°C에서 그에 따른 관련 전력은

$$300 \times 10^{-3} \times 2.7 \text{ V} = 0.81 \text{ W} \tag{14.2}$$

이며, 25°C에서의 관련 전력

$$300 \times 10^{-3} \times 3 = 0.9 \text{ W} \tag{14.3}$$

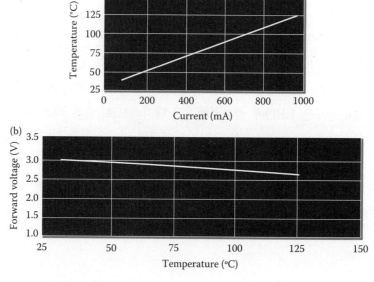

그림 14.1 LED 순방향 전류, 전압 및 온도: (a) LED의 순방향 전류 효과에 따른 온도 특성 곡선, (b) LED의 온도에 따른 순방향 전압강하 곡선.

보다는 10%(0.09 W) 더 감소함을 알 수 있다. 그 결과, 입력전력의 감소로 광출력은 감소할 것이다.

LED의 광출력을 일정하게 유지하기 위해서는 LED의 감소한 전압강하를 측정하여 순방향 전류를 필요한 만큼 증가시켜 입력전력이 변하지 않게 하여 LED 고유의 전압강하를 유지해야 한다. 이러한 일정 전력 구동 방법으로 LED의 광출력이 감소하는 것을 막는다. 위의 예시에서 소비 전력이 0.9 W에서 0.81 W로 감소 비율 0.81/0.9로 감소하면, 전류는 0.9/0.81의 비로 반비례하여 증가시켜야 하므로, 새로운 전류 값은 다음과 같다.

$$(0.9/0.81) \times 300 \times 10^{-3} \text{ A} = 333.33 \text{ mA} \tag{14.4}$$

전류는 다음과 같이

$$\{(333.33 - 300)/300\} \times 100\% = 11.11\% \tag{14.5}$$

만큼 증가하였으며 이러한 조정에 의해 전력은 0.9 W로 되돌아간다.

14.1.2 LED 광 특성에 있어서의 온도 영향

LED의 밝기와 그 효율(efficacy)은 온도가 증가함에 따라 감소한다(그림 14.2). 열에 의해 형광체에서의 발광 파장 이동이 발생하므로 백색 LED에서 나오는 빛의 색에도 변화가 생긴다. 적색은 이러한 영향에 가장 민감하다. 따라서 LED의 상관 색온도(correlated color temperature, CCT)와 연색성 지수(color rendering index, CRI) 또한 달라지게 될 것이다. 열 특성 조절은 패키지와 시스템 단계에서의 고체조명 응용에서 중요한 변수이다 (Petroski 2002, Arik et al. 2002, 2003, 2004).

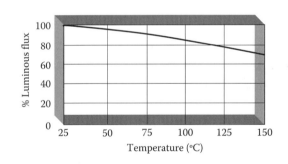

그림 14.2 LED 밝기의 온도 의존성.

14.2 LED 수명 개념

백열전구는 전구의 필라멘트가 다 타 버리거나 충격으로 유리 전구가 깨지면 그 기능을 다하게 된다. 형광등은 그 수명이 다할 즈음에는 깜빡거리며 자극적인 빛을 낸다. 형광등의 필라멘트가 끊어졌거나 튜브의 진공이 깨진 것이다. 그러므로 시간이 지남에 따라 전구나 형광등은 빛을 내지 않고 수명이 다하게 된다. 전구는 동작을 하면 수명이 다할 때까지 처음과 같은 빛을 내고, 어느 순간 수명이 다하여 전혀 빛을 내지 않게 된다. 이전의 광량보다 적게 일부만 빛을 발하는 경우는 없다. 전구나 형광등의 수명은 그 밝기가 처음의 밝기보다 50%의 밝기 이하로 떨어지는 시간으로 정의된다.

전구나 형광등과 같은 기존의 광원과는 달리 LED는 오랜 시간이 지나도 완전히 고장나지 않지만 발광은 시간에 따라 감소하거나 감쇠할 수 있다. 따라서 장치의 절반이 고장이 발생하는 데 걸리는 시간으로 하는 수명의 전통적인 정의는 LED에는 적용되지 않는다(ASSIST 2005, Jiao 2011, Parker 2011). 이러한 정의를 대신하여, 전체 LED에서 임의로 샘플링한 LED 중에서 50%가 초기 밝기의 30%가 감소하는 시간, 즉 처음 밝기의 70%로 떨어질 때까지의 시간이 새로운 수명의 개념으로 도입되었다. 그림 14.3a에 LED의 수명에 대하여 정의하였고, 그림 14.3b에 구동시간 동

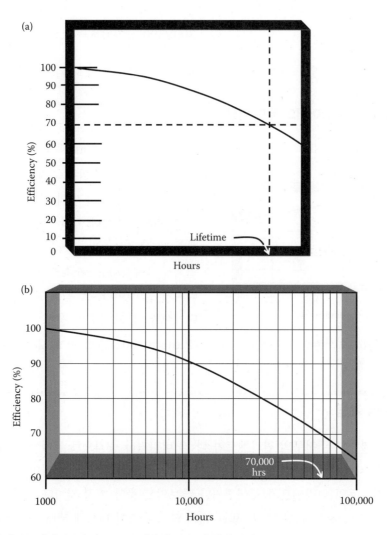

그림 14.3 LED 수명: (a) 정의, (b) 수명 70,000 시간인 LED의 특성 곡선.

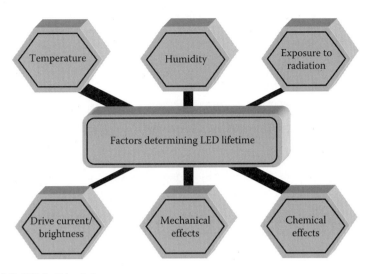

그림 14.4 LED 수명에 영향을 주는 요소.

안 LED 효율(efficiency)이 감소하는 곡선을 나타냈다.

LED의 수명은 그림 14.4에 나타낸 것처럼 다양한 요인에 의한 복잡한 요소에 의해 결정된다.

14.3 LED의 다양한 영역에서 온도에 의한 장기적인 영향

온도는 LED의 다양한 요소에 서로 다르게 영향을 끼치는데, 그 모든 요소들이 함께 작용하여 그림 14.5에 나타낸 것처럼 LED 수명 감소에 영향을 끼친다.

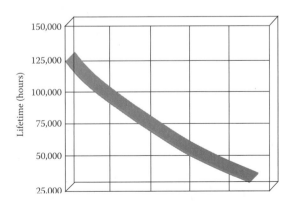

그림 14.5 온도에 따른 LED 평균수명의 감소 곡선.

14.3.1 백색 LED Die

높은 온도에서 장시간 동작하게 되면 LED 칩(chip)의 발광 파장이 바뀐다. 그 파장 변화는 대개 작지만, LED 형광체는 흡수 대역이 좁아서 들어오는 청색 또는 UV 복사를 흡수하여 백색광으로 변환할 수 있다. 입력 파장에 어떤 편차가 있는 경우에는 형광체에 의한 변환이 불충분하여 LED의 효율(efficacy)이 감소하게 된다. LED 다이는 실패로 여겨지는 명시된 최대 온도를 넘어서도 견딜 수 있다. 이 온도는 LED에 흐르는 전류가 전체적으로 균일하지 않아 전류가 특정부분으로 더 많이 흐르게 되어 LED의 일부분이 다른 부분보다 더 뜨거워지기 때문에 발생한다. 불균일한 전류의 흐름은 LED의 물질 자체의 이질성, 결함뿐만 아니라 칩 설계 결함으로부터 기인한다. 전류 집중은 국소가열(localized heating)을 일으키고, 그 결과 온도가 지나치게 상승하는 핫스팟(hot spot)이 발생된다. 결국 LED는 타서 완전히 파괴된다. 이러한 되돌릴 수 없는 고장 모드를 열폭주(thermal runaway)라 하며, 장치의 안전한 구동을 위해서는 반드시 피해야 한다.

14.3.2 형광체(Phosphor)

형광체는 어떤 특정 파장의 복사(radiation)를 흡수하도록 설계된다. 만약 형광체가 고온에서 장시간 노출이 된다면, 흡수 파장대가 바뀌게 된다. 그러한 열에 의한 형광체의 열화는 다시 LED 성능에 영향을 끼친다. 특히 적색 형광체는 이러한 열화 현상에 큰 영향을 받는다.

14.3.3 봉지재(Encapsulant)

방열 에폭시와 실리콘은 열이 가해지거나 시간이 지남에 따라 황색으로 변하는데, 그 결과 방출하는 빛의 색도 변하여 LED의 효율을 떨어뜨린다. 재료공학자들은 LED가 동작하면서 열에 의해 발생하는 열화를 극복할 수 있는 새로운 봉지재의 합성에 대한 흥미로운 연구과제에 직면해 있다.

14.3.4 패키지(Package)

상당히 논리적으로, 대부분 주변보다 훨씬 더 높은 온도에 있는 패키지는 수천 시간의 LED 수명에서 견뎌 내어야 한다. 어떤 패키지는 방출되는 광의 색상에 영향을 미치는 시간에 따라 황색을 띠게 되는데 이는 바람직하지 않은 현상이다. 또한 패키지는 빛을 완전히 반사시켜야 한다. 고화(ageing)는 빛을 흡수하여 효율(efficacy)을 떨어뜨릴 수 있다. 보다 더 신뢰성 있는 패키지는 더 많은 비용을 요구하므로 성능과 지불하는 비용 사이에서 타협점을 찾아야 한다.

14.4 LED 성능에 대한 열 순환성의 영향

뜨거운 열대 국가의 여름에는 LED의 동작온도가 50°C까지 올라갈 수 있고, 반대로 추운 극지방의 겨울에는 LED의 동작 온도가 −40°C 아래까지 떨어질 수 있다. 비록 전해질 축전지와 같은 장치들은 동작하지 않겠지만, 반도체인 LED는 극한의 온도에서도 동작이 가능하다. 온도에 대한 문제는 추운 지역에서 더 부각된다. LED가 저녁이나 야간에 동작하는 몇 시간 정도는 70~80°C까지 온도가 올라가지만, 그 후에는 다시 온도가 −40°C까지 떨어진다. 이렇듯 LED는 항상 극한의 온도에 반복적으로 노출되어 있다. 이러한 열 사이클은 LED가 가열되는 동안 확장을 하고 냉각을 하는 동안 수축을 반복하여 LED의 수명을 단축시키게 된다. 열 순환성(thermal cycling)은 미소한 균열을 만들어 내고 LED와 패키지 간의 접합이나 박리의 문제를 일으켜 LED의 원상태 회복을 불가능하게 한다. 플라스틱 소재들은 열 스트레스에 의해 균열이 생기고, 납땜 부위들의 접합이 약해지며, 접합된 와이어들은 끊어지게 되어 LED 구동회로는 동작하지 않게 된다.

위와 같은 문제들은 영상에서 0°C를 지나 영하로 떨어지게 될 때 LED 주변으로부터 수분의 응축이 생겨 성에가 발생하기 때문에 더 심각해진다. 0°C 아래에서는 주변의 수증기가 응축되어 물방울로 바뀌게 된다. 이 물방울들은 다시 LED가 동작할 때 증발하게 된다. 이와 같이 온도와 습도가 연합하여 LED의 동작을 방해한다. 온도 영향만으로 이에 대한 문제를 해결하기는 어려운데 이는 온도와 습도가 동시에 LED를 구동하는 회로에 악영향을 주기 때문이다. 전기적 합선 또한 자주 발생하는 문제이다. 구동회로는 코팅처리로 쉽게 보호 가능하지만, 모든 코팅은 광 방출에 영향을 미치고 광출력을 감소시키므로 사용되지 않는다. 그러므로 LED를 그대로 노출시키거나 투명한 물질로 덮어 주어야 한다. LED 코팅 물질에 관한 연구는 흥미로운 분야가 될 것이다.

14.5 열 관련 변수들과 LED 수명의 상관관계

14.5.1 온도 평가와 LED 수명

LED는 보통 150°C나 85°C에서 평가된다. 높은 온도에서의 형광체 열화를 고려하여 저온 평가가 주로 수행된다. 저온에서 LED를 구동하면 형광체의 열화속도가 느려지고 LED 특성의 악화가 지연되어 정격 밝기(rated brightness)로 오랜 기간 동안 빛이 방출된다.

14.5.2 펄스 전류 흐름과 LED 수명

LED 구동회로는 광 조광(light dimming)을 위하여 보통 펄스폭 변조(pulse-width modulation, PWM) 기술을 활용한다. 펄스폭 변조 모드에서는 구동하는 LED에 따라서 전체 반복 기간(on-time + off-time)이 달라지고, 켜진 시간(on-time)에서만 LED에 전류가 주입이 된다. 켜진 시간 동안 LED들은 가열이 되고, 꺼진 시간(off-time) 동안 LED는 주변으로 열을 잃게 된다.

LED는 일반적으로 약 10 ms의 열 시간상수(thermal time constant)를 갖는데, 이는 LED가 최종 정상상태가 되었을 때의 온도를 기준으로 63%의 온도에 도달했을 때의 시간을 의미한다. 비슷하게, LED는 냉각이 필요하며 냉각에는 시간이 걸린다. LED를 펄스 모드에서 구동하는 동안, 듀티 사이클(duty cycle)의 많은 부분이 LED의 온도가 상승하고 하강하는 시간으로 쓰인다. 그러므로 만약 연속 전류 흐름에서 LED가 125℃까지 가열되었다면, 펄스 모드의 전류에서는 시스템상에 내재된 꺼진 상태(off-state)에서의 냉각 단계에 의해 LED의 온도가 연속 전류 모드에서보다 더 낮을 것이다. 결과적으로 전류 흐름이 중단되지 않은 연속 전류 모드에서보다도 펄스 모드 전류에서 LED의 수명은 더 길어질 것이다.

14.5.3 LED의 열적 분석

전기적인 요소(electrical component)는 장치의 열적 분석(thermal analysis)에 대응 상대를 갖는다. 열적 이론에는 전기 저항, 커패시턴스 등과 유사한 양(analogous quantity)들이 존재하므로 열 이론에 대한 전기적인 개념을 강화하고 열적 분석에서 문제를 상당히 단순화할 수 있다.

14.5.4 전기적, 열적 유사성

전기적 저항(electrical resistance)과 커패시터(capacitor)는 선형 소자이다. 등가 요소들을 열 이론에서 접할 수 있다.

$$\text{전기적 저항(electrical resistance)} \rightarrow \text{열 저항(thermal resistance)} \qquad (14.6)$$

$$\text{전기적 커패시턴스(electrical capacitance)}$$
$$\rightarrow \text{열 커패시턴스(thermal capacitance)} \qquad (14.7)$$

전기적 저항이 전도체에서 전류의 흐름을 방해하는 것과 같이, 열 저항(thermal resistance)은 열 전도성 물질에서 열의 흐름을 방해하는 개념과 같다. 전도체 양단의 전위차와 전류에 의해 정의되는 전기적 저항(volt/ampere 혹은 ohm)처럼 열 저항은 단위 열 전력(watt)당 온도 변화량으로 정의되며 단위는 °C/W이다. 이러한 정의로부터 온도는 전압에 비교되고, 열 전력은 전류에 비교된다.

전도체가 전하를 얼마나 잘 축적하고 그에 따라 전압을 증가시키는가를 측정한 전기적 커패시턴스처럼, 열 커패시턴스(thermal capacitance)는 열 전도체가 그 내부에 얼마나 열을 잘 저장하여 온도를 증가시키는가를 측정한 수치이다. 전도체의 커패시턴스는 단위전압(ground 상태에 대한 전위차)에 대하여 쿨롱(coulomb) 단위로 저장된 전하량을 의미하며, 단위는 coulomb/volt이다. 비슷한 개념으로, 열 전도체의 열 커패시턴스는 주변과의 온도차에 대하여 줄(joule 또는 kilocalorie) 단위로 저장된 열적 에너지이며, 단위는 J/°C이다. 앞서 말했던 것과 같이, 열을 저장하여 온도가 증가하는 열 특성들은 전압이 증가함에 따라 전하가 증가하는 전기적 특성과 유사하다. 나아가 열에너지는 전하에 상응된다. 다시 말하면, 단위시간당 열에너지(heat energy/time) 또는 열 전력은 단위시간당 전하량(charge/time) 또는 전류와 유사하게 거동한다.

예제 14.1

전류에 상응하는 열 물리량에 대한 정보를 모른다고 할 때, 전기에서의 옴의 법칙을 적용하여 전기 및 열에서의 단위(unit)를 고려하여 전류와 상응하는 열 물리량을 구하라.

옴의 법칙에 따라

$$전압 = 전류 \times 저항 \tag{14.8}$$

열 영역에서의 등가 관계는

$$온도 = 전류에 상응하는 열 물리량 \times 열 저항 \tag{14.9}$$

이며

$$전류에 상응하는 열 물리량 = 온도/열 저항 \tag{14.10}$$

전류에 상응하는 열 물리량의 단위는 다음과 같다.

$$온도 단위/열 저항 단위 = °C/(°C/W) = °C \times (W/°C) = W \tag{14.11}$$

따라서 전류에 상응하는 열 물리량은 watt 단위를 가지므로 열 전력(thermal power)으로 표현한다.

예제 14.2

우리에게 친숙한 RC 시간상수(R = 저항, C = 커패시턴스)는 ohm과 farad의 곱으로 이루어지며 초 단위를 가진다. 비슷하게 열 분석에도 이러한 관계가 적용된다. 이를 증명하라.

$$\text{열 저항 단위} \times \text{열 커패시턴스 단위}$$
$$= (°\text{C/W}) \times (\text{J/}°\text{C}) = \text{J/W} = \text{J/(J/s)} = \text{J} \times \text{s/J} = \text{s} \tag{14.12}$$

그러므로 위의 열 시간상수도 초 단위를 가진다.

예제 14.3

LED가 켜지면 점점 뜨거워지다가 주변 온도와 평형을 이루게 된다. 5 W짜리 LED가 주변 온도와 같은 25°C에서 시작하여 정상상태(steady-state)인 75°C에 도달했다. 그리고 200초 후에 52.5°C가 되었다. 열 저항과 열 커패시턴스를 구하라. LED가 정상상태에 도달하는 시간을 구하라.

열 전력 5 W로 인한 온도차 = (75°C − 25°C) = 50°C가 발생하였다. 따라서,

$$\text{LED의 열 저항} = \text{온도/열 전력}$$
$$= 50°\text{C/5 W} = 10°\text{C/W} \tag{14.13}$$

열 커패시턴스를 구하기 위해서, 측정된 50°C에 대한 63%의 열 시간상수 값을 구하면, 0.63 × 50 = 31.5°C이다. 여기에 주어진 주변 온도 25°C를 더하면, 전체 증가한 온도에서 63%의 온도는 25°C + 31.5°C = 52.5°C이다. 전기 이론을 다시 생각해 보면, 커패시터 전류가 정상상태의 63%에 도달하는 시간이 전기적 시간상수($\tau_{\text{electrical}}$)이다. 이와 유사하게, 열의 경우에도 온도가 정상상태의 63%에 도달하는 시간이 열 시간상수(τ_{thermal})이다. 주어진 조건으로부터 LED가 정상상태의 63%인 52.5°C에 도달하는 시간이 200초임을 알 수 있고, 이는 곧 LED의 열 시간상수가 된다.

$$\text{열 시간상수} = \text{열 저항} \times \text{열 커패시턴스} \tag{14.14}$$

그러므로

$$\text{열 커패시턴스} = \text{열 시간상수/열 저항}$$
$$= 200 \text{ s/(10}°\text{C/W)} = (200/10) \times (\text{s} \times \text{W/}°\text{C}) \tag{14.15}$$
$$= 20 \text{ s} \times (\text{J/s)/}°\text{C} = 20 \text{ J/}°\text{C}$$

전자학에서, 커패시터는 정상상태에 도달하기까지 보통 시간상수 값의 5배 정도 시간이 걸린다. 이와 비슷하게 열 전달 경우에서 정상상태에 도달하기까지 걸리는 시간은

표 14.1 전기적 물리량과 열적 물리량의 유사성

유사한 물리량		단위	
전기	열	전기	열
저항	열 저항	Ohm	°C/W
정전용량	열 커패시턴스	Farad	J/°C
전압	온도	Volt	°C
전류	열에너지	Ampere	W

$$\begin{aligned} &= 5 \times \text{열 시간상수} = 5 \times 200 \text{ s} = 1000 \text{ s} \\ &= 1000/60 \text{ min} = 16.67 \text{ min} \end{aligned} \tag{14.16}$$

전기적, 열적 물리량은 표 14.1에 단위와 함께 나타나 있다.

14.5.5 열 저항의 직렬·병렬 조합

두 개의 열 저항 R_1과 R_2로 직렬연결된 등가 저항 R_{series}는 다음과 같다.

$$R_{\text{series}} = R_1 + R_2 \tag{14.17}$$

전기회로상에서는 같은 전류가 흐르는 반면, 열 전력은 두 저항에 동시에 작용한다.

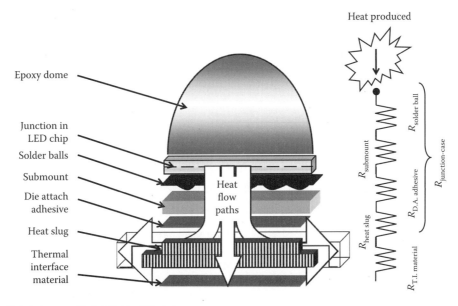

그림 14.6 패키징된 LED 칩에서의 열 저항 요소.

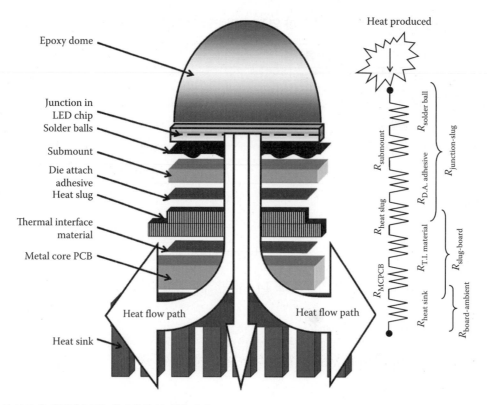

그림 14.7 보드에 실장된 LED 칩에서의 열 저항 요소.

두 개의 열 저항 R_1과 R_2이 병렬연결된 경우 등가 저항 $R_\parallel$는 다음과 같다.

$$R_\parallel = \frac{R_1 R_2}{R_1 + R_2} \tag{14.18}$$

열 측면에서 두 열 저항들은 같은 조건에 위치하므로 같은 온도를 갖는다. 전기회로에서와 유사하게, 병렬연결된 두 저항들은 양 끝에서 전위차가 같으므로 전압을 측정하더라도 같은 전압을 갖는다.

그림 14.6은 패키징된 LED 전체에서 열 저항을 구성하는 다양한 요소들을 보여주며, 그림 14.7은 금속이 내장된 PCB(metal core printed circuit board, MCPCB)에 LED가 실장된 그림이다. LED 패키지에서의 열 저항은 크게 두 개의 요소로 나눌 수 있는데, 접합부에서 패키지 프레임으로의 저항과 패키지 프레임에서 주변(ambient)으로의 저항으로 나뉜다(그림 14.8a). MCPCB에 실장되는 LED의 경우는 접합부에서 방열판(heat slug)으로, 방열판에서 회로기판으로, 보드에서 주변으로의 저항, 즉 세 개의 요소로 나눌 수 있다(그림 14.8b). 이 세 가지 그룹들이 LED를 위한

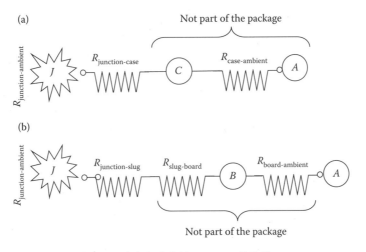

그림 14.8 접합부에서 공기까지의 열 저항: (a) 패키지 내의 칩, (b) 보드 위의 칩.

열 관리 시스템을 구성하며, 다음에 상세하게 설명할 것이다. 효율적인 열 손실을 위해서는 열 저항 요소들을 최소화하는 것이 가장 바람직한 방법이다.

예제 14.4

만약 접합부와 패키지, 패키지와 공기 간의 열 저항이 각각 10°C/W와 15°C/W라면, 주변 온도가 25°C일 때 5 W LED의 실제 온도는 얼마인가?

먼저 두 열 저항에 대해 생각해 볼 수 있다. 하나는 접합부에서 패키지까지의 열 저항($R_{junction-case}$), 다른 하나는 패키지에서 주변까지의 열 저항($R_{case-ambient}$)이다. 이 저항들은 직렬로 연결되어 있고 LED가 구동하여 온도가 올라감에 따라 그 열에너지에 의해 영향을 받는다. 그러므로 접합부부터 공기 중까지의 전체 열 저항($R_{junction-ambient}$)은 다음과 같다.

$$
\begin{aligned}
R_{junction-ambient} &= R_{junction-case} + R_{case-ambient} \\
&= 10°C/W + 15°C/W = 25°C/W
\end{aligned}
\tag{14.19}
$$

옴의 법칙으로부터

$$
전압 = 전류 \times 저항
\tag{14.20}
$$

열 시스템에서의 유사한 식은 다음과 같다.

$$
온도 = 열\ 전력 \times 열\ 저항
\tag{14.21}
$$

LED의 소비 전력이 5 W이므로, 위의 식은 다음과 같이 풀 수 있다.

$$\text{공기에 대한 LED의 온도} = 5 \text{ W} \times 25°\text{C/W} = 125°\text{C} \qquad (14.22)$$

위의 값은 주변부에 대하여 증가한 LED 칩의 온도이므로 주변 온도 25°C를 더해 주어야 한다.

$$\text{LED 칩의 온도} = 125°\text{C} + 25°\text{C} = 150°\text{C} \qquad (14.23)$$

예제 14.5

방열 구조물 플랜지(flange)에 실장된 두 개의 패키지된 LED들이 8 W의 열을 방출한다. 한 플랜지(F1)의 길이(L_1)는 2 cm이고, 다른 플랜지(F2)의 길이(L_2)는 4 cm이다. 두 플랜지의 열 저항률은 80°C/W · m이다. 만약 플랜지의 온도가 40°C에 도달했을 때, LED의 온도는 얼마인가? 8 W의 열 전력이 F1과 F2 플랜지에 의해 각각 얼마씩 나누어지는가?

$$\text{플랜지의 열 저항} = \text{열저항률} \times \text{플랜지의 길이} \qquad (14.24)$$

$$\therefore \text{F1 플랜지의 열 저항}(R_{F1}) = 80°\text{C/W} \cdot \text{m } (\rho_{F1}) \times 0.02\text{m } (L_1)$$
$$= 1.6°\text{C/W} \qquad (14.25)$$

$$\text{F2 플랜지의 열 저항}(R_{F2}) = 80°\text{C/W} \cdot \text{m } (\rho_{F2}) \times 0.04\text{m } (L_2)$$
$$= 3.2°\text{C/W} \qquad (14.26)$$

두 개의 플랜지가 같은 주변 온도에 노출이 되어 있고, 이것은 마치 양단에 같은 전압이 걸린 두 개의 저항처럼 두 개의 LED가 병렬로 연결되었음을 의미한다. 그러므로 전체 구조의 등가 저항은 병렬식으로 얻을 수 있다.

$$R_\parallel = \frac{R_{F1}R_{F2}}{R_{F1} + R_{F2}} = \frac{1.6°\text{C/W} \times 3.2°\text{C/W}}{1.6°\text{C/W} + 3.2°\text{C/W}} = 1.067°\text{C/W} \qquad (14.27)$$

플랜지에 대한 LED의 온도 = 열 전력 × 열 저항
$$= 8 \text{ W} \times 1.067°\text{C/W} = 8.536°\text{C} \qquad (14.28)$$

그래서, 주변에 대한 LED의 온도는
$$= 40°\text{C} + 8.54°\text{C} = 48.54°\text{C} \qquad (14.29)$$

F1 플랜지를 통해 빠져나간 열 전력은

$$\rho_{F1} = \text{온도/F1 플랜지에 의한 열 저항} = 8.536°\text{C}/(1.6°\text{C/W})$$

$$= (8.536/1.6) \times (°C \times W/°C) = 5.335 \text{ W} \tag{14.30}$$

F2 플랜지를 통해 빠져나간 열 전력은

$$\rho_{F2} = 온도/F2 \text{ 플랜지에 의한 열 저항} = 8.536°C/(3.2°C/W)$$
$$= (8.536/3.2) \times (°C \times W/°C) = 2.6675 \text{ W} \tag{14.31}$$

두 열 전력을 더하면 5.335 W + 2.6675 W = 8.0025 W로 두 LED의 열 전력 약 8 W
와 거의 같다. 열 저항이 더 낮은 플랜지가 전체 열 방출 중에서 (5.335/8.0) × 100% =
66.69%만큼을 담당하고, 열 저항이 더 높은 플랜지는 (2.6675/8.0) × 100% = 33.34%
만큼의 열 방출을 담당한다.

14.5.6 주변부로의 열 경로와 공기 중으로의 방열 메커니즘

LED가 실험실의 금속 작업대에 놓여 있다고 생각하자. LED에서 발생하는 열이 그
작업대를 통해 빠져나가게 될 것이다. 그리고 전원장치와 연결해 주는 가느다란 전선
을 통해서도 적은 양이지만 일부의 열이 빠져나가게 될 것이다. 이와 같이, LED로부
터 주변으로 열이 전달되는 다양한 병렬의 열 경로(thermal path)가 존재한다. 이러한
방열 경로들이 병렬로 연결되어 있을지라도, 그 방열 경로들의 등가 열 저항(equiva-
lent thermal resistance)은 그 방열 경로들의 열 저항 중에서 가장 작은 열 저항 값에 의
해 결정된다. 비록 각자 다른 경로들에 의한 열 저항의 정확한 계산은 어려울지라도,
그 경로들의 열 저항들 중 가장 낮은 열 저항에 의해 전체의 등가 열 저항을 도출해
내는 것이 쉬운 방법이다. 이와 같이 단순한 방법을 통하여 전체 열 저항을 도출해 낼
수 있다.

공기뿐 아니라 다양한 매질에서 열을 발산하는 방식에는 전도(conduction), 대류
(convection), 복사(radiation)의 세 가지가 있다. 전도나 대류는 공기를 필요로 하지
만, 복사는 매질을 이용하지 않고도 진공상태에서도 발생할 수 있다. 적외선 영역에서
복사를 통한 열 전달은 전자기파(electromagnetic wave)의 형태로 발생한다.

공기는 열 전도성이 낮은 매질로 열 전도도가 약 0.02 W/m · K이며 플라스틱의
약 1/10 수준이다. 그러므로 공기를 통하여 LED의 열을 방출하는 것은 불합리한 방
법이다.

대류는 방열체 주변의 환경(물, 공기 등)뿐만 아니라, 방열체의 모양이나 크기, 방
열체의 특성에 영향을 받는 복잡한 과정이다. LED 외부에서 LED 주변에 대류흐름
을 형성하여 냉각할 수도 있다.

복사에 의한 열은 Stefan-Boltzmann 법칙을 따르는데, 복사에 의한 열 전달은 LED와 주변 온도(K, Kelvin)의 4제곱에 비례한다. 뜨거워진 LED의 온도를 주변의 낮은 온도의 매질로 복사하는 에너지는 전체 복사열 손실률로 표현이 가능하다.

$$q = \sigma\left(T_{LED}^{\ 4} - T_C^{\ 4}\right)A_{LED} \tag{14.32}$$

여기서 σ는 Stefan-Boltzmann 상수 = $5.6703 \times 10^{-8}(W/m^2 \cdot K^4)$, T_{LED}는 LED의 절대온도(K), T_C는 주변부의 절대온도(K), A_{LED}는 LED의 면적(m^2)이다. 위 식으로부터 LED는 실온에서 주변으로 어떠한 복사열도 방출하지 않는다는 것을 알 수 있다.

14.6 LED로부터의 열 손실 최대화

14.6.1 열 전도의 향상

공기를 통한 전도 손실(conduction loss)은 매우 적기 때문에 다른 방법을 사용해야 한다. 앞서 언급했듯이, 한 가지 방법은 열 전도성이 높은 금속을 포함하는 방열기(heat sink)에 LED를 장착하는 것이다(그림 14.9). 방열기는 보통 대류현상에 의한 냉각효과를 높이기 위해 여러 개의 날개(fin)를 가지고 있다. LED와 방열기 사이의 계면 열 저항이 최소가 되도록 LED를 방열기에 장착해야만 한다. LED와 방열 구조체 사이에 접촉면적이 더 넓어질수록 LED와 방열기 사이의 열 저항은 낮아지게 된다. 이때 열 저항은 LED와 방열 구조체 사이의 접촉 물질에 의해서도 영향을 받는다. 높은 전도성을 갖는 열 전달 에폭시는 상당히 낮은 접촉 저항을 갖는데, 만약 에폭시의 두께가 상당히 얇다면 그 저항은 더욱 낮아진다.

일반적인 PCB와 알루미늄과 같은 금속판이 접합된 MCPCB(metal core printed circuit board)에 실장된 LED의 경우 열적으로 향상된 성능을 보여 준다. PCB와 알루미늄 간의 접촉은 절연 물질로써 구분이 되어 있다.

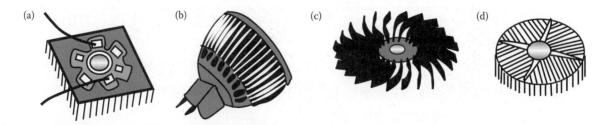

그림 14.9 LED 방열기: (a) 별형 LED, (b) LED 전구, (c) fin 형태의 방열기, (d) 납작한 원형의 방열기.

예제 14.6

면적이 5 cm²이고 소비 전력이 10 W인 LED가 열 저항이 2K/W인 방열기에, 열 전도 도가 0.5 W/m · ℃이고 두께가 500 µm인 방열 에폭시에 의해 접합이 되어 있다. 구동 중 LED의 온도 증가는 몇 도인가?

에폭시의 열 전도도는 0.5 W/m · ℃이다. 그러므로 그 열 저항률은 열 전도도에 반비례하여, (1/0.5) = 2m · ℃/W가 된다. 그에 따른 열 저항은 다음과 같다.

$$\text{열 저항} = 2m \cdot \text{℃/W} \times 500 \times 10^{-6}m/5 \times 10^{-4}m^2 = 2\text{℃/W} \qquad (14.33)$$

이는 방열기의 열 저항과 직렬로 연결이 되어 있다. 따라서 방열기의 열 저항은 에폭시의 열 저항을 포함하여 2(에폭시) + 2(방열 구조체)℃/W = 4℃/W이다. 10 W 로 구동을 하므로, LED의 온도 증가는 10W × 4℃/W = 40℃이다.

14.6.2 대류의 향상

대류에 의한 방열은 LED 주변에 소형 팬(fan)을 설치함으로써 향상시킬 수 있다. 팬에 의해 형성된 기류는 LED에서 발생하는 열을 빼앗아 가고, 그 자리에 찬 공기를 주입하여 방열 효율을 높여 줄 수 있다. 작고, 싸고, 전력을 덜 소비하고, 소음이 없는 팬이 필요할 것이다. 팬을 사용할 때, 팬으로 인해 사용하는 공간 내부에서 열 평형상 태가 되어, 내부의 온도가 처음의 온도보다 더 높아지지 않도록 공기의 주입과 배출을 잘 시켜 주어야 한다.

14.6.3 복사의 향상

LED의 외부 면적은 복사 손실(radiation loss)에 큰 영향을 끼친다. 표면적이 넓을수록 복사 손실은 더 커진다. 이는 공간의 제약에 의해 미리 정해진 허용 한계 내에서 표면적이 증가되어야 한다는 것을 의미한다. 방열기는 이 복사열을 외부로 빼내기 위한 가장 훌륭한 방법 중의 하나이다. 많은 방열기들이 방출하는 열 복사를 증가시키기 위해 검게 양극산화코팅 처리된다.

14.6.4 LED 구동회로로부터 열 제거

구동회로에서 열을 발생시키는 주요한 요소는 전력 트랜지스터나 다이오드 같은 전력 반도체 소자이다. 일반적으로 이러한 소자들의 구동온도는 125℃까지 올라간다. 열 방출을 위해 적절한 방열기에 붙여 사용하므로 이러한 소자들은 큰 걱정거리가 아니다. 가장 잘못되기 쉬운 부분은 전해질 커패시터(electrolytic capacitor)이고 반드시 별도의 방법으로 잘 보호되거나 대체 선택안으로 대체되어야 한다. 대체적으로 구동회로 자체는 방열기 위에 실장되고 팬에 의해 냉각되어 적정 구동온도 범위를 유지한다. 구동회로는 더 효율적인 냉각을 위해 더 크게 만들어지기도 한다. 열에 민감한 부품을 전력소자로부터 떼어 놓는 것 또한 냉각에 도움이 된다.

예제 14.7

20 W의 소비 전력을 가진 LED가 구동회로에 의해 80%의 구동효율을 보인다. 구동회로에서 얼마의 입력전력이 소비되는가?

구동회로의 효율이 80%이므로, 실제 입력전력은 20 W/0.8 = 25 W이다. 그러므로 구동회로에서의 소비 전력은 25 − 20 = 5 W가 되어, (5/25) × 100% = 20%만큼 구동회로에서 소비가 된다.

14.7 결론 및 고찰

백열전구는 빛을 내면서 복사열과 적외선을 방출한다. LED는 모든 전기에너지를 빛으로 바꾸어야 하지만, 실제로는 빛을 생성하는 반도체 공정의 비효율로 인해 LED 칩 내에서 열이 발생한다. 이때 발생하는 열은 LED로부터의 복사 스펙트럼에 포함되지 않으므로 그 열은 열 전도나 대류에 의해 방출되어야 한다. LED가 열이 나도록 방치하면 바람직하지 않은 현상이 발생한다. LED의 온도가 올라가면, 발생하는 빛의 파장이 변하게 되고, 백색광을 구현하는 RGB의 구성 성분에도 문제를 야기하며, 색의 안정성이나 색의 질에도 좋지 않은 영향을 끼치게 된다. LED의 순방향 전압과 같은 전기적 변수들 또한 LED의 온도 상승에 따라 변하게 되므로, LED의 구동회로는 이를 고려하여 설계해야 한다. 이러한 문제는 LED를 병렬로 배치할 때 큰 문제로 다가온다. LED를 지속적으로 높은 접합온도에 노출시키게 되면 LED의 성능저하를 가속시킬 뿐만 아니라 LED의 수명을 감소시키고 신뢰성에 문제를 일으킬 수 있다. LED의 광량을 지속적으로 측정하여 갑작스러운 동작불량 및 LED의 성능저하나 수명의 감소를 사전에 예방해야 한다.

LED의 더 효율적인 열관리는 더 높은 순방향 전류를 허용한다. 더 높은 순방향 전류가 흐를수록 LED에 의해 더 많은 광이 방출된다. 방출되는 광량이 많아질수록, 동일한 광출력을 내는 데 요구되는 LED의 수를 줄일 수 있다. 따라서 LED에 의해 생성된 열은 지정된 최대 한도 아래로 온도를 제한하기 위해 정확하게 열적으로 관리해야 한다.

패키지 및 방열기(방열 구조)를 포함한 LED 조립부의 열 저항은 접합부와 그 주변까지의 다양한 열 경로에서 발생하는 열 저항의 총합이다. 접합부와 패키지 간의 열 저항 R_{th}는 LED 제조사의 데이터 시트(data sheet)에 의해 주어지지만, 패키지와 주변(공기, 다이 등) 사이에서 발생하는 열 저항은 열 측정 장비를 통해 패키지와 주변의 온도 차이를 측정하여 확인할 수 있다. 이상적으로는 LED가 접합된 PCB 아래에 구멍을 뚫어 온도를 측정하면 된다. 열전도율이 높은 재료를 사용하여, 열은 LED로부터 인쇄 회로 기판(printed circuit board, PCB) 상의 넓은 구리영역과 같은 방열판이나 부착된 넓은 표면적을 가진 핀형 방열기 또는 LED를 장착하기 위해 열적으로 개선된 금속 PCB로 전도되어야 한다. 방열기에서 열을 제거하려면 팬을 사용하는 강제 기류 냉각 또는 수냉에 의한 능동 대류가 필요하다. 계면에서의 열 저항을 줄이기 위해서, 열 전도도가 높은 물질을 LED와 패키지, 패키지와 방열기 사이의 접촉물질로 사용해야 한다. 방열기의 크기와 모양, 냉각 팬의 조합은 LED의 소비 전력이나, 회로상의 LED의 개수, LED 주변의 온도, LED가 실장된 장소의 밀폐성에 따라 달라질 수 있다. 효과적인 냉각 시스템 설계를 위해서 소프트웨어를 통한 열 분석이 반드시 이루어져야 한다.

참고문헌

Arik M, C. Becker, S. Weaver, and J. Petroski. 2004. Thermal management of LEDs: Package to system. In: I. T. Ferguson, N. Narendran, S. P. DenBaars, and J. C. Carrano (Eds.), *Third International Conference on Solid State Lighting. Proceedings of SPIE*, Vol. 5187 (SPIE, Bellingham, WA, 2004), pp. 64–75, doi:10.1117/12.512731.

Arik, M, J. Petroski, and S. Weaver. 2002. Thermal challenges in the future generation solid-state lighting applications: Light emitting diodes. *Proceedings of The Eighth Intersociety Conference on Thermal and Thermomechanical Phenomena in Electronic Systems, ITHERM 2002*, San Diego, doi:10.1109/ITHERM.2002.1012446.

Arik, M., S. Weaver, C. Becker, M. Hsing, and A. Srivastava. 2003. Effects of localized heat generations due to the color conversion in phosphor particles and layers of high brightness light emitting diodes. *ASME/IEEE International Electronic Packaging Technical Conference and Exhibition—InterPACK'03*, July 6–11, 2003, Hawaii, USA.

ASSIST 2005, February. LED Life for general lighting: Definition of life, Vol. 1, Issue 1, 34pp., Lighting Research Center, Rensselaer, Copyright©by the Alliance for Solid-State Illumination Systems and Technologies (ASSIST).

Huaiyu, Y., S. Koh, H. van Zeij, A. W. J. Gielen, and Z. Guoqi. 2011. January. A review of passive thermal management of LED module. *Chinese Journal of Semiconductors—Chinese Edition* 32(1), 014008-1–014008-4.

Jiao, J. 2011, October. Understanding the difference between LED rated life and lumen-maintenance life *LEDs Magazine* http://ledsmagazine.com/features/8/10/12.

Lenk, R. and C. Lenk. 2011. *Practical Lighting Design with LEDs*. NJ: IEEE Press-Wiley, pp. 61–80.

Luger, S. 2007. November/December. The thermal challenge—A physical contradiction. *LED Professional Review* 4, 1, Copyright 2007 Luger Research & LED-professional.

Parker, A. 2011, September. The truth about LED lifetimes. *Digital Lumens Intelligent Lighting Systems* http://www.digitallumens.com/resources/blog-post/truth-about-led-lifetimes/

Petroski, J. 2002. Thermal challenges facing new generation light emitting diodes (LEDs) for lighting applications. In: I. T. Ferguson, N. Narendran, S. P. DenBaars, and Y.-S Park (Eds.), *Solid State Lighting II. Proceedings of the SPIE*, Vol. 4776, pp. 215–222.

연습문제

14.1 LED를 단시간 구동했을 때와 장시간 구동했을 때 온도는 LED 동작에 어떤 영향을 주는가?

14.2 LED를 일정한 전류에서 동작시킬 때, 온도에 따른 LED의 순방향 전압 변화는 LED 성능에 어떤 영향을 주는가?

14.3 LED의 수명은 어떻게 정의되는가? 이 정의는 이전의 백열등이나 형광등의 정의와 어떻게 다른가?

14.4 장기적인 LED 구동에 따른 백색 LED 각 구성 부분에 대한 영향은 무엇인가? 열 반복(thermal cycling)이 LED의 성능에 끼치는 영향에 대하여 설명하라.

14.5 LED는 온도와 수명에 대해 어떻게 평가되는가? 펄스 모드의 전류로 LED를 구동하면 LED의 수명에 어떠한 영향을 끼치는가?

14.6 전류, 전압, 저항, 커패시턴스에 상응하는 열적 물리량은 어떻게 표현되는가? 열 저항과 열 커패시턴스와의 관계는 어떠한가?

14.7 전하에 상응하는 열적 물리량은 무엇인가? 열 저항, 열 커패시턴스, 열 소비 전력의 단위를 기술하라.

14.8 복사에 의한 열 전달에 관한 Stefan-Boltzmann 법칙을 기술하라. LED는 상온에서 주변으로 열을 복사하는가?

14.9 LED로부터 전도, 대류, 복사에 의한 열 손실 개선을 위해 가장 먼저 고려할 사항은 무엇인가? 빠른 열 제거를 위해 구동회로의 어떤 요소에 주의가 필요한가?

CHAPTER 15

백색 무기 LED
White Inorganic LEDs

학습목표

이 장을 학습한 후에 독자들은 다음의 역량들을 갖출 수 있게 된다.

- 인간 시각의 삼원색 특성에 대한 개념을 얻을 수 있다.
- 백색광을 만들기 위한 파장 변환과 색 혼합 기술을 이해할 수 있다.
- LED와 형광체를 사용하는 위의 두 가지 접근에 대한 구현 방식에 익숙해진다.
- 변수 평가를 위한 측정 프로토콜을 정의하여 백색광의 품질을 판단한다.
- 빛의 품질을 측정하는 기구에 대한 지식을 얻을 수 있다.

백색광은 일반 조명을 위해 필수적이다. 왜냐하면 사람의 시력은 백색광에 만족감, 편안함, 평온함을 느끼기 때문이다. 순수 백색광을 방출하는 LED를 만드는 것은 도달할 수 없는 이상적인 목표로 보인다(Maxim 2004). LED는 통상 단파장 광원이고, "백색"은 색 스펙트럼에 나타나는 색이 아니기 때문이다. 백색은 단일 파장을 갖지 않고 여러 파장들이 혼합된 것이기 때문에, "백색"으로 지각하는 것은 여러 다른 파장들의 동화(assimilation)에 의해 이루어지는 것이다.

15.1 원색, 2차색, 보색

백색광은 일곱 가지 색으로 만들어지며(그림 15.1), 이 색들은 무지개 색상인 VIBGYOR (violet, indigo, blue, green, yellow, orange, and red)로 쉽게 기억할 수 있다. 백색광은 이 일곱 가지 색과 일치하는 일곱 개의 LED 조명으로 합성될 수 있다.

색의 가색 혼합 또는 가법 혼색(additive color mixing)을 통해 거의 모든 색을 만들 수 있다. 이것은 가시 스펙트럼(visible spectrum)의 넓은 범위에 위치하는 세 개의 색을 기본으로 한다. 이 세 개의 색은 다른 색들의 조합으로 만들어질 수 없는 색들이

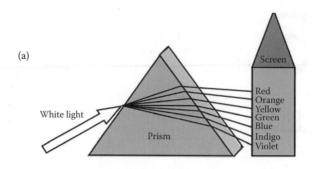

(a)

White light

Prism

Screen

Red
Orange
Yellow
Green
Blue
Indigo
Violet

(b)

	White light constituents	Approximate wavelength (nm)	Approximate frequency (THz*)
VIBGYOR	Red	600–800	500–370
	Orange	575–600	520–500
	Yellow	565–575	530–520
	Green	490–565	610–530
	Blue	475–490	630–610
	Indigo	460–475	650–630
	Violet	400–460	750–650

*1 × 10^{12} Hz

그림 15.1 백색광의 성분. (1) 프리즘에 의한 빛의 분산, (b) 각각의 색에 대한 파장과 주파수.

다. 따라서 이 색깔들은 원색(primary colors)이라 불린다. 원색은 빛의 기본적인 특성이 아닌 것에 주의해야 한다. 대신에, 그것들은 빛에 대한 눈의 생리학적인 반응과 관련이 있고, 이것은 인간의 색 시력(human color vision)이 삼색이라고 말함으로써 이루어진 주장이다. 표준이 되는 가법원색(additive primary colors)은 적색, 녹색, 청색이며 이 색들을 적당한 비율로 혼합하여 백색광을 만들 수 있다.

"백색"의 지각(perception)은 단지 두 가지 색을 통해서도 비슷하게 이루어질 수 있다. 그러한 흰색을 만드는 한 쌍의 색들은 서로 상보적인 쌍(complementary pair)이라고 말하며 이 색깔들이 함께 가시 스펙트럼을 완성시킨다. 이렇게 두 가지 색상을 정확한 비율로 혼합하여 백색을 생성할 때 각각의 색들을 보색(complementary color)이라 한다. 세 가지 색 대신에 두 가지 색으로 백색광을 만드는 것은 색의 품질을 떨어뜨릴 수 있다는 것에 주의해야 한다.

가법원색으로 사용되는 청색은 스펙트럼의 3분의 1 정도에 해당하는 작은 양의 광을 포함하는 반면, 황색은 적색과 녹색의 합에 해당되는 나머지 3분의 2의 스펙트럼에 해당하는 대부분의 광을 포함한다. 결과적으로 청색과 황색 빛을 합하면 백색광이 생긴다. 따라서 청색과 황색은 보색의 쌍을 구성한다. 또 다른 그러한 한 쌍은 녹색과 자홍색(magenta color)으로 구성되고, 적색과 청록색도 하나 이상의 상보적인 쌍을 구성한다. 한편, 원색(primary colors)에 상보적인 색상은 2차색(secondary colors)으로 알려져 있다. 적색, 녹색, 청색에 대한 2차색은 각각 청록색(cyan), 자홍색(magenta), 황색(yellow)이다. 이 세 가지 색인 청록색, 자홍색, 황색은 "감법원색(subtractive primary colors)"이란 이름을 갖는다.

15.2 파장 변환과 색 혼합 기술

15.1절에서 LED를 사용한 백색광 구현방법에 대해 제시했다(Nayfeh and Alrokayan 2008). 그림 15.2에는 백색광을 얻을 수 있는 방법들이 분류되어 있다.

관련 있는 적절한 질문은 이 일에 사용되는 LED의 개수이다. 만일 한 개의 LED가 사용된다면, 이 LED는 단일 파장이나 좁은 영역의 파장을 제공할 것이다. LED광의 일부를 백색광 스펙트럼의 잔여 부분으로 변환하여 빛의 나머지 파장을 생성해야 한다. 이러한 변환을 일으키기 위해 하나의 파장의 광을 흡수하여 다른 파장의 광을 방출하는 형광체 물질(phosphor material)에 광을 통과시킨다. 방출된 광자의 파장은

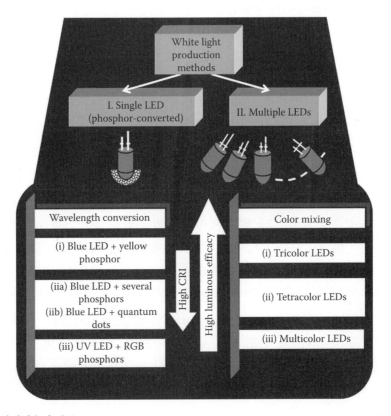

그림 15.2 백색광 합성기술의 분류.

일반적으로 형광체 물질에 의해 긴 파장 또는 진동수/에너지로 하향변환(down-converted)된다. 이러한 여기(excitation) 및 방출 파장/진동수의 변화(shift)는 스토크스 편이(Stokes shift)로 알려져 있으며, 이러한 광 변환 과정은 에너지 손실을 수반한다.

LED에서 나오는 원래의 빛과 파장 변환(wavelength conversion)을 통해서 변환된 파장의 빛이 결합하여 백색광을 만들게 된다. 본질적으로 이 방법은 LED에서 나오는 빛의 일부분을 LED에서 얻을 수 없는 범위의 파장으로 변환하고, 원래의 빛과 변환된 빛을 합하는 과정을 포함한다. 이러한 이유로 파장 변환을 위해 형광체가 필요하며, 이것은 파장 변환 기술(wavelength conversion technique)이라 불린다. 파장 변환은 LED 출력의 일부나 전체를 가시 파장(visible wavelength)으로 바꾸는 것이 수반되며, 이러한 과정을 구현하기 위한 여러가지 방법들이 있다.

형광체(phosphor)를 이용한 위의 접근방법 외에, 형광체 물질을 사용하지 않는 다른 방법이 있다. 삼원색을 동시에 만들기 위한 두 개 또는 세 개의 LED와 같이, 서로 다른 색을 방출하는 여러 개의 LED를 사용하여 백색광을 만들 수 있다. 이 방법은 원색과 삼색(trichromatic) 시각의 개념을 자연스럽게 따른다. 여기서는 파장 변환이 일어나지 않고 단지 추가적인 색의 혼합만이 이루어지기 때문에 색 혼합 기술(color mixing technique)이라 불린다.

파장 변환은 형광체에 의한 빛의 흡수 과정에서 에너지 손실을 입는다. 형광체가 사용되지 않는 색 혼합 기술에서는 형광체 물질의 흡수에 의해 발생하는 빛의 손실을 줄일 수 있다. 따라서 색 혼합 기술은 에너지 효율이 더 높고 가장 효율적일 수 있다. 또한 청색, 녹색, 적색 파장 범위의 직접 방출 LED는 FWHM이 약 20~40 nm인 방출 스펙트럼을 보이며, 이는 대부분의 형광체 물질의 방출(FWHM, 약 70~100 nm) 보다 좁기 때문에 우수한 색 포화(color saturation)와 복사(radiation)의 광원효율(luminous efficacy)을 가진다. 그럼에도 불구하고 파장 변환 방법이 실제 백색광 LED를 구현하는 데 쓰이고 있으며, 그 이유는 광범위한 연구에도 불구하고 여전히 효율 높은 짙은 녹색 LED를 얻기 어려워서 색 혼합을 통한 고품질의 백색광의 생산은 아직까지 힘들기 때문이다. 다시 말해 "더 백색 같은 백색"을 만들기 위해서는 "더 녹색 다운 녹색"이 필요하다. 530~570 nm 파장대역의 빛을 LED로 효율 높게 만들지 못하는 것을 "Green Gap"이라 부른다. 미국에너지부 산하 국립재생에너지연구소(National Renewable Energy Laboratory, NREL)는 Green Gap 문제를 극복하기 위해, 인간 눈의 스펙트럼 감도 피크(peak)에 가까운 짙은 녹색 빛을 낼 수 있는 562 nm LED를 보고했다(Innovation 2010). 또한 색 혼합 방법에서, 시간에 따른 LED의 품질 저하 정도의 차이 때문에 불균일한 색 출력이 발생한다.

형광체를 이용한 파장 변환 방법의 또 다른 문제점은 다음과 같다: (i) 흡수와 방출을 조절할 수 없다. 형광체가 LED의 방출 경로에 위치해야 하고 형광체의 방출은 원하는 방향으로 유도되어야 하는 필요성 때문에 모양을 바꾸기가 쉽지 않다. (ii) 형광체 필름의 큰 반사율 때문에 무시할 수 없는 비율의 LED 빛이 다시 LED 쪽으로 반사되고 열을 발생시켜서, 더 복잡하고 철저한 열 방출 설계를 필요하게 만든다. (iii) 형광체는 LED 빛의 청색 부분과 더 강하게 반응하며, 형광체를 투과한 UV 영역은 사람의 눈에 유해하다. 고출력 시스템에서는 UV 차단제가 반드시 포함되어야 한다.

현재의 두 가지 주요한 백색 LED 시스템인 단일 LED와 다중칩 LED(multichip LED)는 다음 부분에서 상세히 다뤄질 것이다.

15.3 파장 변환의 예

파장 변환을 통해 백색광을 만드는 다양한 방법들이 있지만 다음의 세 가지 방법이 일반적이다.

1. 청색 LED와 황색 형광체: 이 방법은 빛의 긴 파장 성분과 짧은 파장 성분의 혼합에 기반을 둔 것이다. 이것은 두 가지 색상을 혼합하는 것을 포함하며, 이중 색상(bicolor) 시스템이다. 일반적으로 YAG:Ce^{3+} 형광체($(Y_{1-a}Gd_a)_3(Al_{1-b}Ga_b)_5O_{12}$:Ce^{3+}) 층이 청색 InGaN LED 위에 덮이고(그림 15.3), LED 패키지로 통합된다 (Nakamura et al. 2000). LED의 청색 빛의 일부분은 형광체에 흡수되어 황색으로 바뀐다. 형광체와 반응하지 않고 투과한 청색 빛은 청색을 그대로 유지한다. 실제로 LED는 스펙트럼의 청색 부분을 만들기 위해 약간의 청색 빛이 형광체를 빠져나갈 수 있게 설계되고, 형광체는 청색광의 나머지 부분을 스펙트럼의 황색 부분으로 변환한다. 미리 정한 만큼의 청색 빛이 빠져나가게 하기 위해서, 형광체의 농도와 두께가 신중히 선택된다. 빠져나온 청색과 황색 성분이 서로 합쳐지고, 이 균형 잡힌 배합이 백색광을 만들어 낸다. 정확한 청색과 황색의 비율은 형광체의 정확한 양과 농도, 그리고 입자의 크기 및 청색 발광 칩 주위에 균일하게 분산된 정도에 의해 결정된다. 이 변수들 중 어느 한 파라미터의 변화는 단일 LED 또는 인접 LED 사이의 다른 시야각(viewing angle)에서 색상 또는 상관 색온도(CCT)의 변화를 야기한다. 예를 들어 소량의 점성 액체를 측정하는 어려움, 분사 전후의 슬러리 부착, 컵 내 혼합물의 분포, 형광체 분말 알갱이 크기의 편차 등 많은 요인들이 공정의 균일성을 제한한다.

생성된 빛의 스펙트럼은 폭이 좁은 청색과 폭이 넓은 황색을 포함하여 잘 분포

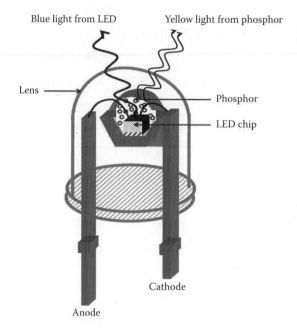

Blue light from LED   Yellow light from phosphor

Lens

Phosphor

LED chip

Cathode

Anode

그림 15.3 청색 LED와 황색 형광체를 사용한 백색 LED.

되어 있다(그림 15.4a와 b). 하지만 적색 성분이 결핍되어 있으며, 이 결핍된 적색 때문에 단일 형광체 변환 백색 LED의 경우 색온도의 조절이 힘들다. 높은 구동전류에서 청색 대역의 주입형 전계발광(injection electroluminescence)의 세기는 긴 파장대역보다 훨씬 빠르게 증가한다. 또한 구동전류는 주입형 전계발광 피크의 위치에도 영향을 미친다. 결과적으로 이러한 청색–황색 LED의 경우, 색온도는 높고 연색성 지수(color rendering index, CRI)는 낮다. 이 방법으로 약 5500 K의 색온도의 백색광을 만들 수 있고, 색온도 약 3200 K의 따뜻한 백색(warm white)에 도달하기 위해서는 적색 LED 하나가 청색 LED와 같이 사용되어야 한다. 그러나 그 후 광원효율(luminous efficacy)은 50% 감소한다.

호기심 많은 독자들은 다음과 같은 질문을 할 것이다. 왜 청색 LED가 사용되어야 하는지? 청색 빛의 특별한 점이 무엇인지? 왜 적색 LED를 대신 사용하지 않는지? 이 질문은 근본적인 물리학으로부터 답을 얻을 수 있다. 청색은 녹색, 황색, 주황색, 적색보다 더 높은 에너지를 갖는다. 가시 스펙트럼의 청색에서 적색영역으로 갈수록 더 낮은 진동수 또는 더 큰 파장으로 옮겨 간다. 형광체에 의해 흡수되는 동안 일부의 에너지가 손실되고 이는 마치 전도체 안에서 움직이는 전자가 열로 에너지를 잃는 것과 유사하다. 그러므로 형광체에서 나오는 빛은 낮은 에너지를 갖고,

따라서 청색보다 낮은 진동수 또는 긴 파장을 갖는다. 따라서 이 빛은 스펙트럼의 청색 부분에 속하지 않는 녹색, 황색, 주황색, 적색 스펙트럼 부분에 해당한다. 이 부분은 청색과 결합하여 백색광을 만들기 위해 필요한 빛이다. 만약 적색 LED를 사용한다면, 나오는 빛은 적색 LED보다 낮은 에너지, 즉 적색보다 긴 파장으로 변화된다. 따라서 가시광영역(visible range)의 밖에 있을 것이고 백색광을 만드는 데 쓸모가 없을 것이다. 그러므로 가시 스펙트럼의 모든 색을 얻기 위해서는 사람 눈이 인식할 수 있는 가장 높은 에너지 혹은 가장 낮은 파장의 빛이 필요하다. 사람에게 는 이 파장이 450 nm이고, 435 nm 파장의 청색 LED로 원하는 목적을 이룰 수 있으므로 백색광을 발생시키기 위한 광원으로서 널리 사용된다.

2. 여러 가지 형광체를 사용한 청색 LED: 여기서는 단일 형광체 대신에 많은 형광체 들이 사용된다. 많은 형광체들을 사용하여 얻는 장점은 방출되는 빛의 색 품질 (color quality)에서의 분명한 향상이다. 청색과 황색 빛 사이의 공백이 채워지고 스 펙트럼의 적색 부분이 강화된다(그림 15.4c). 당연히 이러한 다중대역(multiband)

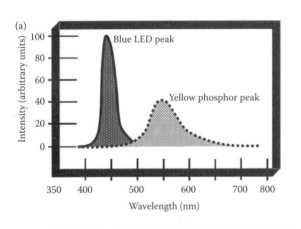

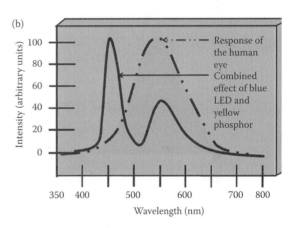

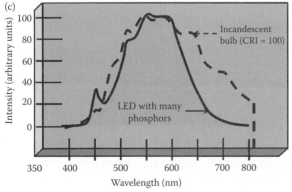

그림 15.4 방출 스펙트럼. (a) 청색 LED(실선)와 황색 형광체(점선), (b) 청색 LED와 황색 형광체(중첩), 비교를 위해 주어진 인간의 눈 반응, (c) 여러 형광체를 사용한 LED(실선)와 백열전구(파선).

의 LED 빛은 단일 황색 형광체를 사용한 LED보다 더 풍부하고 넓은 스펙트럼을 갖는다. 형광체 재료의 적절한 혼합에 의해 설계자는 용도에 따라 빛의 색조를 차가움(cool)에서 따뜻함(warm)으로 조절할 수 있다. 그러므로, 다수의 형광체가 사용된 LED는 높은 연색성(color rendering)과 조절 가능한 색온도를 제공한다. 그러나 이러한 개선은 형광체를 도입함으로써 발생하는 추가 비용을 수반한다.

3. 형광체를 사용한 UV LED: 이 방법은 세 개의 적절한 형광체를 측정된 양으로 사용하여 UV LED로부터의 보이지 않는 복사를 적색, 녹색, 청색 빛으로 바꾸고 세 가지 색상을 모두 합치는 방법이다(Han et al. 1998, Narukawa et al. 2002). 이 방법은 형광등(fluorescent tube)과 원리가 같다. 이 방법은 본질적으로 세 가지 색상을 포함하는 삼색(tricolor)에 기반하며 다색(multicolor)으로 언급되기도 한다. 방출되는 빛은 넓은 파장대역에 걸쳐 있고, 풍부한 스펙트럼을 갖는다. 하지만 Al 함량이 높은 AlGaN의 낮은 도핑효율 문제 때문에 UV LED 칩의 효율이 낮아서 이 방법의 사용 여부는 아직 불투명하다.

Shen과 동료 연구자들(2000, 2002, 2003) 및 Zhang 등(2007)은 청색, 녹색, 적색 형광체를 근자외선(n UV) LED 칩 위에 얇게 코팅하여 제작한 형광체–변환 백색 LED를 보고했다. 20 mA의 전류 주입에서, 색온도는 약 5900 K였고, CRI는 약 75였다. 주입 전류를 20 mA에서 69 mA로 올렸을 때, 색온도와 CRI는 변하지 않았다. 이와 비교하여, 청색–황색 백색 LED에서는 주입 전류가 20 mA에서 60 mA로 증가했을때, 색온도는 5500 K에서 7000 K로 증가됐고 CRI는 73에서 69로 감소했다. 이것은 UV 기반 백색 LED가 청색–황색 백색 LED보다 우수한 광학적 안정성을 보여 줌을 나타낸다.

표 15.1은 형광등과 UV-기반 백색 LED를 비교한 것이다.

4. 양자점(quantum dot)을 사용한 청색 LED: 양자점은 10~50개 원자가 모여 구성

표 15.1　백열등과 형광등, 그리고 LED의 유사성과 비유사성

특징	백열등	형광등	청색 LED + 황색 형광체
기본 방출 메커니즘	필라멘트의 고온 발광에 의한 방출	높은 온도의 플라즈마 생성으로 UV 방사 (파장 = 254 nm)	청색광을 생성 (파장 = 435 nm)
형광체	필요하지 않음	UV를 가시광으로 변화시키기 위해 형광체 사용	청색광을 황색으로 변화시키기 위해 형광체 사용
효율	열에 의한 에너지 손실 때문에 가장 낮음	254 nm 파장은 435 nm보다 가시범위에서 더 멀다. 따라서 높은 스토크스 편이 때문에 효율은 낮다.	435 nm는 가시범위에 있으므로 효율이 높고 스토크스 편이가 작다.

된 지름 2~10 nm의 반도체 나노결정(nanocrystal)이다. 카드뮴(cadmium)과 셀레늄(selenium) 원자를 포함하는 양자점을 청색 LED 위에 올려서 적색, 녹색, 청색 형광체를 가진 UV LED에 의해 생성되는 것과 유사한 스펙트럼을 갖는 백색광을 만든다. 이 방법의 성공을 막는 장애물은 나노입자(nanoparticle)의 높은 비용과 균일한 크기 분포의 불가능으로 인한 색 혼합의 어려움이다.

15.4   색 혼합의 사례

LED는 제작에 사용되는 반도체 물질의 밴드갭에 따라 결정되는 하나의 파장을 방출한다. 그러므로 LED의 피크 방출 파장은 밴드갭 엔지니어링을 통해 조절 가능하며, 이를 통해 상당히 다양한 백색광 발생이 가능해진다. 다중 LED 또는 다중 칩 방법은 다음과 같다.

1. 두 개의 단색 LED: 이 2색법에서는 두 개의 개별 LED가 사용되며, 하나는 청색이고 다른 하나는 황색이다. 백색을 만들기 위해 각 LED의 발광 세기는 조정된다. 다시 말해서 가시 스펙트럼을 커버하는 백색광을 생성하기 위해 각 LED는 정확한 비율로 구성 대역의 방출을 제공해야 한다.

2. 세 개의 단색 LED: 적색(R), 녹색(G), 청색(B) 세 가지 원색의 단색을 각각 방출하는 세 개의 LED 칩이 백색광을 만들기 위해 사용된다. 이 방법은 3색(tricolor) 또는 다색(multicolor)의 범주에 포함된다. 발광되는 빛의 스펙트럼은 서로 다른 세기의 세 개의 스펙트럼의 피크값과 그 사이에 낀 공백으로 구성된다. 녹색 LED의 발광효율(luminous efficiency)은 청색 LED보다 상당히 낮다. 녹색 LED의 낮은 발광효율은 이 방법의 효율(efficacy)을 감소시키는 원인이 된다.

3. 여러 LED를 사용한 조건등색과 스펙트럼 최적화: 우리는 때때로 상점에서 색이 완벽하게 조화된 물건을 구입했는데 집에서는 완전히 다르게 보이는 경험을 한다. 또한 종종 인공 광원에서와 햇빛에서의 물건의 색의 변화를 보기도 한다. 새로 구입한 카펫의 색이 벽과 어울리지 않는 것을 발견하고 좌절하기도 한다. 이러한 효과를 조건등색(metamerism)이라 한다. 조건등색은 하나의 조명 아래에서는 동일하지만 다른 조명 아래에서는 그렇지 않다고 인식하는 사람 눈의 특성 때문에 일어난다(Applications Note 2008). 이것은 비록 두 색의 스펙트럼 전력 분포(spectral power distribution)가 명백히 다르더라도 우리 눈에는 같은 색으로 보이기 때문에 일어난다. 이러한 두 가지 색조합을 조건등색을 나타내는 동위색(metamer)이라 한다.

조건등색의 문제점은 색 재현성이 더 좋은 LED 조합을 사용하여 없앨 수 있다. 이러한 세 가지 조합은 다음과 같다. (i) 적색, 호박색(amber), 녹색, 청색 LED; (ii) 적색, 녹색, 차가운 청색(cool blue) LED; (iii) 청색 InGaN LED와 황색 형광체 및 일곱 색의 LED. 마지막 조합은 자연스러운 햇빛과 동등한 분광 분포를 제공할 수 있다. 그러나 복수의 LED의 연합은 열과 시간에 따른 변동에 민감하며, 이것을 극복하기 위해서 교정 조치(corrective action)가 꼭 이루어져야 한다.

15.5 백색광 구현방법의 상대적 장점과 단점

위에 설명한 각각의 방법들은 특정한 장점과 단점을 가지고 있다. 비교하자면, 파장변환의 두 방법, 즉 청색 LED와 황색 형광체를 사용하는 방법과 UV LED + RGB 형광체를 사용하는 방법, 그리고 색 혼합 방법의 하나인 세 개의 LED를 사용한 방법에 집중한다.

첫 번째 방법(청색 LED + 황색)은 구현이 매우 간단하다. 또한 단일 LED를 사용하기 때문에 전력 소비가 적다. 이것은 높은 발광효율(luminous efficiency)과 약 70~90의 CRI를 제공하지만, 작은 색 변화가 생길 수 있고 "후광효과(halo effect)"나 "블리드 스루 효과(bleed-through effect)"와 같은 문제가 나타날 수 있다. 이 후광효과는 다이오드의 방향성을 갖는 광 방출 및 형광체에서 퍼지는 확산 광 때문에 일어난다. 전자는 특정 방향으로 방출되는 반면, 후자는 2π의 입체각(solid angle)으로 발광된다. 따라서 측면에서 바라보는 관찰자에게는 발광되는 빛이 여러 가지 색으로 보인다. 또 다른 문제로, 희토류(rare earth) 형광체의 청색 대역 빛의 제한적인 흡수 때문에 두꺼운 형광체가 요구된다는 점이다. 이러한 단점을 제거하기 위해 청색을 잘 흡수하는 형광체가 필요하다. 에너지를 희토류 이온으로 잘 전달하게 하는 증감제(sensitizer) 이온의 혼합도 수반되어야 할 것이다.

청색 LED와 단일 형광체를 사용한 방법은 백색광 고체조명의 일반적인 설명을 시작하는 데 좋은 출발점이다. 두 색을 사용하여 좋은 CRI를 만드는 것은 제한되기 때문에, 뒷부분에서 이 방법을 능가하는 다른 방법이 소개될 것이다.

두 번째 방법(UV LED + RGB 형광체) 또한 좋은 색 균일성과 색 재현성을 갖지만, 발광효율(luminous efficiency)이 낮고 UV 패키징이 필요하다는 단점도 있다. UV와 형광체, 특히 더 낮은 에너지의 적색 형광체 사이의 낮은 양자효율 때문에 상당한 에너지가 낭비되므로 본질적으로 다른 백색광을 만드는 방법보다 비효율적이다. 고에너지의 UV 발광은 유기 LED 패키지 물질을 열화시켜 LED의 수명을 짧게 만든다. UV광은 이전 접근법에서 사용된 청색광의 일부로 직접 사용되지 않기 때문에 변환 손실을 보상할 수 있는 고효율의 UV 광원이 반드시 사용되어야 한다. 최근 높은 내부 양자효율을 갖는 근자외선(near-UV) GaN-on-GaN LED(415 nm)의 출현으로 이 방법은 많은 관심을 받고 있다(Soraa 2014). 하지만 청색 LED 위에 형광체를 사용하는 경우와 마찬가지의 흡수효율에 대한 우려가 여기서도 역시 존재한다. UV로 여기시키는 모든 형광체는 높은 UV 흡수율과 우수한 광 안정성(photostability) 및 온도 안정성을 가져야 한다. 새로운 형광체는 적색, 녹색, 청색 파장대역에서 이러한 기준을 만족하는지 확인되어야 한다.

세 번째 방법(세 개의 LED)은 CRI가 낮고 광량 조절이 필요하며, 무엇보다도 각각의 LED 구동을 위한 회로가 필요하여 이 방법을 복잡하게 만든다. 다양한 색 요소들이 각각 필요 전압과 열화 특성, 온도 의존성이 달라서 제어 시스템 또한 복잡해진다. 각각의 LED는 독립된 전원 공급이 필요하고 특정한 광 특성을 갖는다는 것을 고려하면, 균일한 색 혼합을 얻기 위해 여러 LED의 광도 균형과 조화를 맞추는 일은 매우 어렵고 종종 부적절한 조명을 얻게 된다. 세 개의 LED의 비용은 한 개의 LED보다 비싸고 전력 소비도 크다. RGB 혼합은 LCD(liquid crystal display)의 백라이트(backlight)나 투영 이미지 같은 특수한 응용과 동적 색상 조절이 필요한 응용의 경우 선호된다. 하지만 이 방법은 파장 하향 변환(wavelength down conversion)보다 매우 비싸다. 더 나아가 청록색, 호박색, 적색 LED 등을 추가적으로 사용하여 뛰어난 연색성(CRI = 95)을 얻을 수 있지만, CCT는 피드백 시스템과 함께 외부 검출기를 사용하여 동적으로 조절해야 한다.

위에서 설명한 단점들에도 불구하고, 다중 LED 광원은 높은 휘도를 갖고, 다양한 색의 조절이 가능하며, 백색광을 만들기 위한 실리콘 집적회로(silicon integrated circuit, SIC)와의 결합이 가능하다. 장기적으로 이 방법은 고품질의 일반 조명(general illumination)용 백색광을 만들기 위해 알맞은 방법이 될 수 있다. 이 방법의 장점은 다음과 같다. 첫째로, 혼합되는 색의 수와 조절을 통해 높은 CRI를 갖는 백색광을 만들 수 있다. 둘째로, 각 LED에서 나오는 광자가 백색광의 세기에 직접적으로 기여하기 때문에 광자 변환 효율은 고려할 필요가 없다. 셋째로, 각 LED의 상대적 세기를 조절하여 다양한 응용에 필요한 광원의 색조를 쉽게 바꿀 수 있다.

추정치에 따르면 200 lm/W의 백색광을 만들 때, 첫 번째 방법을 사용할 경우 LED의 변환효율(conversion efficiency)은 60%가 필요하다. 반면 두 번째 방법에서 필요한 효율은 70%이며 세 번째 방법에서는 각각 효율이 30~40%인 세 개의 LED가 필요하다. 현재 이용 가능한 LED(20~30%)와 이 수치들을 비교했을 때, 200 lm/W를 달성하는 것은 여전히 힘들어 보인다. 오늘날 백색광을 만들기 위해서 사용되는 대부분의 LED는 청색 LED에 황색 형광체 하나를 더한 것이다. 비록 백색 LED를 만들

표 15.2 LED를 사용하여 백색광을 만드는 세 가지 방법

속성	청색 LED와 황색 형광체	UV LED와 형광체	다중 LED
범주	파장 변환	파장 변환	색 혼합
사용된 LED 수	1개	1개	3개
광원	청색 LED	UV LED	적색, 녹색, 청색 LED
사용된 형광체의 수	1개	3개	형광체 없음
형광체의 색	황색	적색, 녹색, 청색	해당 없음
시스템 유형	2색	3색	3색
연색지수	낮음	높음	높음
광원효율(luminous efficacy)	가장 높음	중간	높음
발광효율(luminous efficiency)	가장 높음	중간	가장 낮음
비용	가장 덜 비쌈	더 비쌈	가장 비쌈

기 위한 세 가지 다른 방법들 사이에 상호보완(trade-off) 관계가 잘 알려져 있을지라도, 장기적으로 볼 때 성공적인 방법을 예상하는 것은 쉽지 않다.

백색광을 만들기 위한 청색 LED, UV LED, 다중 LED 방법들의 주요한 특징들이 표 15.2에 제시되어 있다.

15.6 백색 LED의 발광 품질

2장에서 간단히 언급했듯이, 백색 광원의 품질을 판단하는 데 사용되는 주요 매개변수는 색도 다이어그램에서 방출 색상을 찾는 (i) CIE(Commission Internationale de'Eclairage) 색도좌표(chromaticity coordinates) (x, y)이다. 완벽한 백색광은 CIE 좌표(0.33, 0.33)에 위치한다. 이 좌표 주변의 넓은 영역도 백색광으로 여겨진다. (ii) 70의 CRI 값은 실내 조명으로 사용하기에 너무 낮고 약 90은 훌륭한 값이다. (iii) 2500~ 6500 K 영역의 CCT가 조명을 위해 필요하다.

15.6.1 측정 표준 및 프로토콜

LED의 백색광 품질은 광학 파라미터에 따라 달라진다. 특히 청색 LED와 황색 형광체로 백색 LED를 일관되게 대량생산하는 것은 매우 성가신 일이다. 가열시간(burn-in time)과 동작온도, 고화(ageing)현상들이 LED의 발광 성능에 영향을 준다. 품질 보증을 위해 생산 편차의 최소화와 평가의 정확한 규제 표준이 요구된다. LED의 매

개변수는 측정 조건에 따라 다르기 때문에, 데이터의 재현성을 위한 필요조건으로 방출 매개변수에 대한 측정 프로토콜 설정을 요구한다. 그래야만 두 세트의 측정치를 나란히 두고 국제적으로 비교 가능한 품질 표준을 정립할 수 있다. 이러한 목적을 위해 LED 구조, 기술, 측정에 사용되는 계측기 및 그 한계를 이해해야 한다. 분광복사기(spectroradiometer)는 광학 필터 없이 광도(photometric)와 색도(colorimetric) 파라미터를 더 높은 정확도로 계산할 수 있으므로 광도계(photometer)나 색도계(colorimeter)보다 더 선호되고 있다.

15.6.2 온도 의존성

온도가 상승함에 따라 황색 형광체를 가진 청색 LED의 발광 피크는 높은 파장 쪽으로 약간 이동할 수 있다. 이것은 온도가 형광체 발광에 미치는 영향과 관련되어 있지만 모든 경우에 발생하지는 않는다. 또 다른 눈에 띄는 효과는 휘도의 감소이다. 다시 말해, 백색 LED의 발광 세기의 감소이다. 이것은 모든 LED의 일반적인 특징이다. 이러한 LED 스펙트럼과 휘도의 변화는 LED의 색온도로 표현되는 빛의 색 변화로 관찰된다. 백색 LED의 이러한 특성 변화는 일반적인 조명에 응용하는 데 우려점이 되고 따라서 고품질의 제품을 개발하기 위해서는 정확히 모니터링되어야 한다.

또 다른 우려의 원인은 백색 LED의 번인(burn-in)에 대한 것이다. LED가 열 평형 상태에 도달하지 않는 한 광학적 특성들은 끊임없이 변한다. LED는 처음 작동 후 몇 초 동안 열 안정화를 향해 진행되면서, 광도계의 광속(luminous flux)은 감소하고 색온도는 증가한다. 따라서 데이터 시트(data sheet)에서 언급된 사양은 안정화 이전의 측정인지 안정화 이후의 측정인지 알기 전에는 검증할 수 없다. 그래서 구매자는 종종 실질적 사용처에 적합한지 확인하기 위해 실험실에서 LED 특정 변수들을 다시 측정해야 한다.

15.6.3 방출 각도에 따른 방사 패턴 변화

단색 LED의 지각색(perceived color)은 발광각에 따라 바뀌지 않는다. 하지만 백색 LED는 이러한 측면에서 다르다. 청색 LED 위의 황색 형광체 코팅의 제조회사 간 공정 변동성은 발광각에 따라 최고 1000 K에 달하는 색 지각의 차이를 만든다. 그러한 상황에서 좁은 입체각에 기초한 간단한 단순한 발광 강도 측정은 LED 방사 패턴을 포함하고 전체 방출 반구에 걸쳐 합친 공간 분포에 대한 고니오미터 및 스펙트럼 분석계 측정에 기초한 적분구 결과와 비교하여 완전히 다른 값을 산출한다. 따라서 좁은 입체각에 근거한 색온도 값은 적분구 측정에서 얻는 값과 비교할 수 없다.

15.6.4 백색 LED 고화 효과

시간이 지남에 따라 LED는 고화에 의한 성능 감소를 보인다. 밝기의 현저한 감소를 겪게 되고, 스펙트럼의 분포가 변한다. 결과적으로 유효 색온도는 수백 켈빈(kelvin, K)만큼 떨어진다. LED 엔지니어들은 이러한 요소들을 고려하여 장기간 동안 품질을 유지할 수 있도록 해야 한다. 적절한 피드백과 제어회로를 통해 그 난해함(enigma)은 어느 정도 극복된다.

15.6.5 측정 기구

이전에 미리 지적했듯이 분광복사기는 LED의 광학적 특성 평가를 위해 널리 사용된다. 하지만 그 측정은 계측기가 분광 해상도와 분산된 빛(spray light)의 억제 같은 성능 인증 기준을 충족하는 경우에만 측정치를 신뢰할 수 있다. LED의 정확한 유효 색온도를 알아내기 위해서는 황색 형광체 코팅에서 나오는 넓은 대역의 빛과 거기에 겹쳐진 청색 LED의 좁은 대역의 높이−너비 관계를 정확히 측정하는 것이 필요하다. 낮은 스펙트럼 분해능의 분광복사기는 좁은 청색 대역을 적절히 나타낼 수 없고, 믿을 수 없는 추정치를 얻게 한다. 피크(peak) 레벨의 감소와 청색 요소 대역의 폭을 커지게 하여, 스펙트럼을 왜곡하고 색 온도 평가를 방해한다. 좁은 청색 영역의 대역을 보기 위해서 2~3 nm의 분광 해상도가 적절하다. 스펙트럼 분해능은 작은 스펙트럼 선폭을 갖는 레이저 광원을 사용하여 결정할 수 있다. 반치폭(FWHM) 값은 복사계(radiometer)의 분광 해상도를 나타낸다.

분광복사기의 색좌표 측정에 영향을 미치는 중요한 요소인 벗어난 빛(digressional light)의 억제는 450 nm 이상 파장을 통과시키는 광학 필터(pass optical filter)를 갖는 할로겐 램프를 사용한 광역파장대 광원에 의해 판단된다.

15.7 결론 및 고찰

사실 "백색 LED"는 존재하지 않는다. 두 가지의 기본적인 백색 LED의 방식은 다음과 같다: (i) 세 가지 또는 더 많은 LED를 사용한 다중칩 LED(multichip LED, mc-LED). (ii) 하나의 LED 칩을 사용한 형광체 변환 LED(phosphor converted LED, pc-LED). 멀티칩 LED에서는 적색, 녹색, 청색 세 개의 좁은 대역 LED를 뒤섞는 방법(mishmash recipe)을 사용하여 백색광을 만든다. 형광체 변환 방식은 흡수와 발광 사이의 스토크스 편이(stokes shift)로 인한 에너지 손실을 항상 수반하기 때문에,

멀티칩 LED는 높은 효율을 가질 것이다. 또한 LED의 색은 전기적으로 조절 가능하다. 그러나 각각의 LED는 별개의 전원이 필요하고 광원마다 각자의 특정한 빛의 특성이 있기 때문에, 균일한 색 혼합을 얻기 위해 그것들의 발광 세기를 균일하게 하는 것은 명확하지 않은 작업이고 종종 불충분한 조명을 야기하기도 한다. 또한 RGB 다중칩 LED는 비싸다.

형광체 변환 LED는 근자외선(390~420 nm) 또는 청색(490 nm) LED를 백색광으로 변환시키기 위해서 형광체를 사용한다. 이것은 근자외선 또는 청색 InGaN-GaN 칩과 하향변환(downconversion)하는 발광성 물질인 황색 $Y_3Al_5O_{12}:Ce^{3+}$ (YAG:Ce) 형광체로 구성된다. LED에서 나오는 청색 빛은 YAG:Ce 형광체를 자극하여 황색 빛을 방출하게 만들고, 청색 LED 빛과 혼합되어 백색광을 만든다. 그러나 이러한 백색 LED는 적색 스펙트럼의 부족으로 인하여 높은 CRI > 85를 제공하지 못한다. 그럼에도 불구하고 형광체 변환 LED(pc-LED)는 오늘날 시장의 대부분을 차지한다. 가장 큰 이유는 현저히 낮은 비용과 훨씬 간단한 구동회로 때문이다. 형광체를 사용하는 청색과 근자외선 LED 두 가지 방법 중에서도 청색 LED를 사용하는 방법이 오늘날 더욱 일반적이다.

근자외선을 사용한 백색 LED는 덜 사용된다. RGB 형광체가 있는 근자외선 LED는 근자외선을 흡수하여 광대역 백색광 방출로 변환하며, GaN on GaN LED 기술(Soraa 2014)을 사용하여 높은 발광효율(luminous efficiency)과 높은 CRI를 달성할 수 있어 최고의 백색광원 중 하나이다. 그러나 적색, 청색, 녹색의 세 형광체를 합하여 얻은 RGB 형광체는 다른 형광체의 복잡한 혼합문제와 효율적인 적색 형광체의 부족, 그리고 자기 흡수로 인한 문제점들이 있다.

백색 LED를 만들기 위한 또 다른 방법은 높은 효율의 CdSe/CdS/ZnS 양자점을 사용하는 것이다. 가장 우수한 특징은 입자 크기에 의존한 발광이다. 양자 구속 효과(quantum confinement effect)에 따라, 양자점 크기 조절을 통해 500~650 nm 사이에서 발광 파장 조절이 가능하다. 청색 GaN 칩과 녹색 그리고 적색 발광 양자점을 사용하여 뛰어난 연색(color-rendering) 특성을 갖는 백색 LED를 만들 수 있다.

참고문헌

Applications Note 2008. Insight on color: Metamerism. Vol. 6, No. 13, HunterLab, 2pp. http://www.hunterlab.com/appnotes/an11_95.pdf

Han, J., M. H. Crawford, R. J. Shul, J. J. Figiel, M. Banas, L. Zhang, Y. K. Song, H. Zhou, and A. V. Nurmikko. 1998. AlGaN/GaN quantum well ultraviolet light-emitting diodes. *Applied Physics Letters* 73(12), 1688–1690.

Innovation 2010. June. Green light-emitting diode makes highly efficient white light. National Renewable Energy Laboratory. 2pp. http://www.nrel.gov/docs/fy10osti/47567.pdf

Maxim 2004. February. Application Note 3070: Standard and White LED Basics and Operation, 12pp. Copyright©by Maxim Integrated Products. http://notes-application.abcelectronique.com/003/3-7379.pdf

Nakamura, S., S. Pearton, and G. Fasol. 2000. *The Blue Laser Diode: The Complete Story*. Springer-Verlag, Germany: Berlin Heidelberg, 368pp.

Narukawa, Y., I. Niki, K. Izuno, M. Yamada, Y. Murazki, and T. Mukai. 2002. Phosphor-conversion white light-emitting diodes using InGaN near-ultraviolet chip. *Japanese Journal of Applied Physics Letters* 41, L371–L373.

Nayfeh, M. H., and S. A. H. Alrokayan. United States Patent 8076410 B2, Filing date: 09/30/2008, Publication Date: 12/13/2011. *Luminescent Silicon Nanoparticle-Polymer Composites, Composite Wavelength Converter and White LED*.

Sheu, J. K., S. J. Chang, C. H. Kuo, Y. K. Su, L. W. Wu, Y. C. Lin, W. C. Lai, J. M. Tsai, G. C. Chi, and R. K. Wu. 2003. White-light emission from near UV InGaN–GaN LED chip precoated with blue/green/red phosphors. *IEEE Photonics Technology Letters* 15(1), 18–20.

Sheu, J. K., G. C. Chi, Y. K. Su, C. C. Liu, C. M. Chang, W. C. Hung, and M. J. Jou. 2000. Luminescence of an InGaN/GaN multiple quantum well light-emitting diode. *Solid-State Electronics* 44(6), 1055–1058.

Sheu, J. K., C. J. Pan, G. C. Chi, C. H. Kuo, L. W. Wu, C. H. Chen, S. J. Chang, and Y. K. Su. 2002. White-light emission from InGaN/GaN multi quantum well light-emitting diodes with Si and Zn co-doped active well layer. *IEEE Photonics Technology Letters* 14, 450–452.

Soraa Technology. 2014. GaN on GaN, http://www.soraa.com/technology

Zhang, M., J. Wang, W. Ding, Q. Zhang, and Q. Su. 2007. A novel white light-emitting diode (w-LED) fabricated with $Sr_6BP_5O_{20}:Eu^{2+}$ phosphor. *Applied Physics B: Laser and Optics* 86, 647–651.

연습문제

15.1 백색광은 단일 파장을 갖는가? LED는 혼합된 파장을 발광하는가?

15.2 "Human color vision is trichromatic in nature?"의 의미가 무엇인가? 백색광은 두 가지 색으로 만들어질 수 있는가? 만약 그렇다면 백색광을 만드는 몇 가지의 색 조합에 대해서 말해 보아라.

15.3 백색광을 만들기 위한 두 가지 주요한 접근법은 무엇인가? 어떤 기술이 더 높은 효율의 잠재력을 가지고 있는가?

15.4 백색광을 만들기 위한 파장 변환의 일반적 변종은 무엇인가? 청색 LED + 황색 형광체의 백색 LED와 형광등과 비교하고 대조하라.

15.5 어떻게 (a) 두 개의 LED, (b) 세 개의 LED를 사용하여 백색광을 만드는가?

15.6 조건등색은 무엇인가? 어떻게 다른 LED의 조합으로 극복할 수 있는가?

15.7 청색 LED + 황색 형광체 방법과 UV LED + 형광체, 여러 개의 LED 방법에 대하여 상대적 장점과 단점에 대해서 비교분석을 제시하라.

15.8 백색 LED에 대한 세 가지 주요한 품질에 관한 변수들은 무엇인가? 백색 LED에서 가열(burn-in)이란 무엇인가? 어떻게 데이터 시트의 사양와 다른 판단으로 이끌게 되는가? 발광각에 따라 LED의 발광패턴은 변하는가? 좁은 입체각 측정은 LED의 색온도에 대하여 현실적인 평가를 제공하는가?

15.9 백색 LED를 만들기 위한 직접 발광 LED의 두 가지 주요한 장점과 단점을 제시하라.

15.10 LED 발광의 온도 의존성을 설명하고 이것이 빛의 출력과 품질에 끼치는 영향을 설명하라.

15.11 백열등과 형광등, 다중칩 LED로 만든 백색광의 비슷한 점과 비슷하지 않은 점들을 설명하라.

15.12 백열등, 형광등과 비교하여 전형적인 LED 발광 스펙트럼의 독특한 특징을 설명하라. 어떻게 백색광을 만들 때 이 특징들이 이용되는가?

15.13 LED 칩과 양자점 사이의 차이점은 무엇인가? 양자점은 형광체처럼 사용될 수 있는가? 설명하라.

CHAPTER **16**

LED용 형광체 재료
Phosphor Materials for LEDs

학습목표

이 장을 학습한 후에 독자들은 다음의 역량들을 갖출 수 있게 된다.

- LED 형광체와 다른 여타 익숙한 고전 형광등 및 CRT 형광체를 구별할 수 있다.
- 형광체의 구성을 이해할 수 있다.
- LED 형광체의 모체(host)와 도펀트(dopant)에 대해 알 수 있다.
- 각 형광체 종류의 속성을 설명할 수 있다.
- 현재 최고 수준의 형광체 재료에 관한 간단한 설명을 할 수 있다.

형광체(phosphor)는 형광(fluorescence)이나 인광(phosphorescence)과 같은 다양한 형태의 활성화(energization) 작용하에서 발광현상을 나타내는 인공 합성 물질이다. 이러한 두 과정 모두는 에너지를 공급하는 광자의 파장보다 긴 파장의 광자를 방출하여 에너지 손실을 초래한다. 입사되는 광과 출현하는 광의 파장/진동수의 차이는 스토크스 편이(Stokes shift)로 알려져 있다. 인광에서는 밝기가 천천히 혹은 서서히 감쇠되는(>1 ms) 반면 형광에서의 방사 감쇠는 수십 나노초 동안에 일어난다. 형광체의 잔광 지속 시간은 10^{-6}초부터 몇 시간의 범위에서 머물며 이는 에너지의 변환 형태 및 여기상태의 수명에 따라 결정된다.

형광체는 한 세기에 걸쳐 발전해 왔으며, 형광등, TV 그리고 컴퓨터 디스플레이부터 X-선 기계에 이르기까지 우리의 일상생활 곳곳에 스며들어 있다. 형광체의 효율(efficiency)과 특성들의 주요 개선은 지난 40여 년 동안 이루어졌다.

16.1 LED에서 전통적인 형광체의 비사용성

형광체는 오래전부터 폭넓게 사용되어 왔지만, 이들을 LED에 바로 적용하는 것은 불가능하다(Rohwer and Srivastava 2003). 그 이유는 온도에 따른 특성 변화 때문이다. 이미 알고 있다시피 LED 패키지(package)의 온도는 150°C보다 높아질 수 있고, 다수의 형광등과 CRT 형광체는 이 온도에서 극심한 소광(quenching)이 생긴다. 온도가 증가할수록 형광체의 발광효율(emission efficiency)이 감소하는 현상을 "열적 소광(thermal quenching)"이라고 부른다. LED 형광체에 필요한 추가 요구 조건들에 따라 특별히 pc-LED(phosphor converted LED)에 사용될 새로운 형광체의 개발이 반드시 필요하다. 뿐만 아니라 다른 LED 응용분야에 따라 요구되는 발광 색과 스펙트럼 폭도 달라지게 된다.

16.2 백색 LED 형광체를 위한 바람직한 요건

형광등용 형광체는 254 nm 자외선 여기원(excitation source)에 의해 동작하고, TV와 컴퓨터 내부의 음극선관용 여기원은 전자빔이며, X-선 장치의 경우 X-선이다. 백색 LED용 여기원은 자외선 빛(350~410 nm) 혹은 청색 빛(440~470 nm) 중 하나이다. 형광체는 발광효율(luminous efficiency), 색도좌표(chromaticity coordinate), 색온도(color temperature), 신뢰성(reliability), 수명(lifetime)과 같은 LED의 광학적 특성을 결정한다. 그림 16.1을 통해 LED 형광체의 예상되는 특성을 엿볼 수 있다.

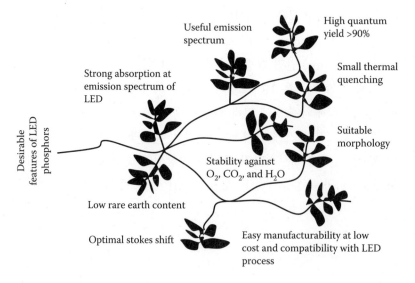

그림 16.1 LED 형광체의 필요 요건들.

백색 LED에 사용되는 형광체는 다음과 같은 매우 중요한 특성들을 가져야 한다. (i) LED에 의해 방출되는 광의 강한 흡수: 형광체에 떨어지는 많은 광자들이 발광을 발생시킬 수 있음을 의미한다. 형광체의 형광은 기본 물질의 특성과 베이스 내부에서 발광 중심을 형성하는 첨가제(활성제)에 따라 결정된다. 발광 중심은 형광체의 발광을 담당하는 격자 결함이거나 점 결함이다. (ii) 광역 여기 스펙트럼: 형광체의 흡수 스펙트럼이 LED의 방출 스펙트럼과 동기화되고 LED 칩들 간의 변동에 제약받지 않도록 한다. (iii) 유용한 방출 스펙트럼: 조명 LED의 경우 높은 연색성을 얻기 위해서 넓은 방출 스펙트럼을 가져야 한다. 그러나 LCD 백라이트 유닛(back-light unit)으로 사용되는 경우는 컬러필터(color filter)와 일치시키기 위해서는 방출 스펙트럼은 좁아야 한다. 동시에 넓은 색상 범위를 사용할 수 있어야 한다. (iv) 높은 양자효율: 결정성, 입자 형태 및 크기 분포에 영향을 미치는 형광체 처리공정 요인에 의해 좌우된다. (v) 적은 열적 소광(thermal quenching): 형광체의 열 안정성을 측정하고 모체 격자(host lattice)의 결정 구조 및 화학적 조성과 관련된다. 이 열적 소광은 LED의 수명 및 색도에 강한 영향을 미친다. (vi) 최적 스토크스 편이(Stokes shift): 큰 스토크스 편이는 상당한 에너지의 손실로 인해 효율을 제한한다. 반면 최소한의 스토크스 편이는 형광체층 내부에서 자체흡수를 유발시켜 전체적인 광출력 및 밝기를 감소시킨다. (vii) 높은 화학적 안정성: 주변 대기의 상태와 UV 및 청색 빛의 조사 하에서 화학적 침투에 대한 물질의 저항을 결정한다. (viii) 적합한 입자 형태와 크기: 에폭시 혹은 실리콘 수지에 혼합 및 분산된 5~20 μm 크기의 구형 입자는 침전 없이 쉽게 LED에 적용된다. (ix) 쉽게 합성되고 대량생산이 가능한 물질: 유용성(availability)을 향상시킨다. (x) 낮은 가격: 비록 LED에 사용되는 형광체의 질량이 겨우 수십분의 1그램일지라도, 소자 가격을 더 비싸게 만들어서는 안 된다. (xi) 유해물질 방지: 이는 지역 사회 복지, 건강 및 안전관리에 도움이 될 것이다. (xii) 희토류 물질의 포함은 희소성(희토류 위기)으로 인해 피해야 한다.

16.3 LED 형광체의 기회들

LED 형광체의 도전과 추가 전제조건들은 형광등 형광체와 비교하여 이러한 형광체들에 의해 제공되는 더 큰 조성의 유연성에 의해 균형이 이루어진다. 이에 대한 것으로 수은(Hg) 플라즈마에서 수은 흡착에 의해 많은 부분이 어두워지는 규산염 형광체(silicate phosphor)를 언급할 수 있다. 이는 그러한 부작용이 발생하지 않도록 적절한 보호층으로 코팅하지 않고 형광등에서 사용하는 것을 억제한다. 물론 LED에서의 수은증기의 부재는 이러한 반응을 방지하므로 여러 가지 유망한 형광체 조성물들이 이용될 수 있다. 더욱이 형광등용 형광체의 현탁액은 수성(water-based)이다. 이것은 수성 매질 하에서 분해된 형광체를 사용하지 못하게 한다. 그러나 많은 LED 패키징 프로토콜들에서는 수성 기반 공정을 피하고 있기 때문에 이러한 제약은 LED 형광체에는 해당되지 않는다. 그럼에도 불구하고, 공정 중 발생하는 문제를 제거하는 것이 높은 온도(85°C) 및 습도(85% 상대습도) 하에서 형광체의 안정성에 직면한 쟁점들을 극복한다는 것을 의미하는 것은 아니다. 그 이유는 pc-LED의 경우 밀폐되게 봉지되는 패키지 안에서 둘러싸이지 않을 수도 있기 때문이다.

16.4　LED에서 형광체의 위치

LED의 배치에 따라서 형광체는 접촉(contact) 혹은 근접(proximate)과 원격(remote) 형광체 두 종류로 나누어진다(LED Phosphors 2012). 접촉 형광체는 무작위로 분산되거나 LED 표면 위에 균등하게 코팅된다. 원격 형광체는 직접적으로 LED 표면과 접촉하지 않는다. 대신에, 이들은 LED 칩으로부터 특정한 거리에 놓여진다. 그림 16.2는 이에 따른 세 가지 종류의 LED 형광체의 분포를 보여 준다.

그림 16.3은 접촉 및 원격 형광체 LED의 증착을 위한 방법들을 설명하고 있다.

형광체를 증착하기 전에 올바른 LED 칩의 위치를 결정하는 것이 중요하다. 예를 들어, 접촉 형광체 LED의 경우, 칩의 수평적으로나(그림 16.4a) 혹은 수직적으로(그림 16.4.b) 위치 배열이 잘못되면 색의 각도 변화에 심각한 영향을 미친다.

접촉 형광체 LED(그림 16.5a)에서, 방출되거나 변환되는 광자들의 50% 정도가

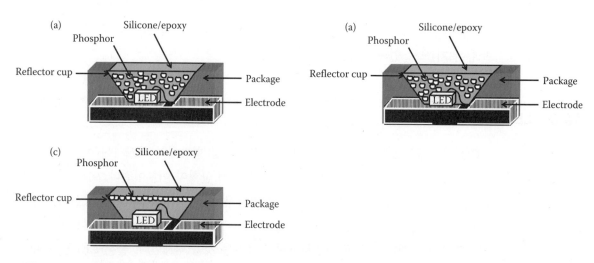

그림 16.2 LED에서 형광체의 분배: (a)와 (b) 가장 근접한 형광체들: (a) 무작위 분산, (b) 등각 코팅, (c) 원격 형광체층.

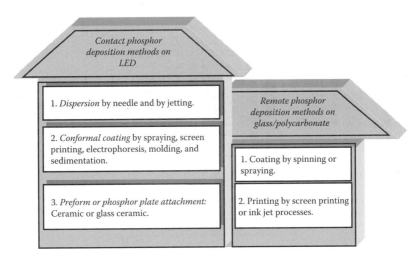

그림 16.3 접촉과 원격 형광체 증착 기술들.

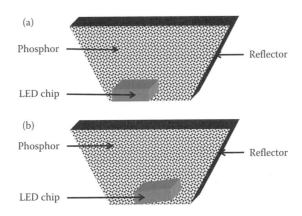

그림 16.4 색 균일성의 변화를 야기하는 부정확한 LED 칩 배열: (a) 잘못된 수평 배열, (b) 잘못된 수직 배열.

되돌아가며, 되돌아가는 광자의 상당 부분이 칩이나 패키지 내부에서 재흡수되어 효율을 감소시키고 칩을 가열시킨다. 그 결과 효율은 더욱 감소하게 된다.

원격 형광체 구조는 후방으로 산란되는 광자들을 추출하거나 회수하여 효율 향상을 위해 적절한 피드백 방식으로 재활용할 수 있다. 그림에 보이는 바와 같은 광학구조(optical assembly)를 배치하는 것도 이를 위한 노력이다.

16.5   형광체의 구조

일반적으로 무기 형광체 재료는 두 가지 주요 성분으로 이루어져 있다: (i) 모체 결정(host crystal): 일반적으로 산화물이거나 산화질화물, 질화물, 할로겐화물 혹은 옥시

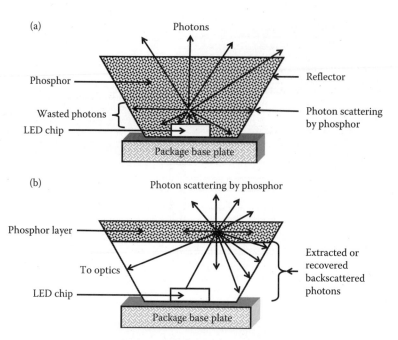

그림 16.5 접촉 대 형광체 LED 배치: (a) 접촉 형광체, (b) 원격 형광체.

할로겐화물로 존재하면서, 넓은 밴드갭과 함께 다른 특성들을 가진다. (ii) 도펀트 불순물(dopant impurity): 모체 결정에 소량씩 들어 있는 희토류 및 전이 금속 이온들이며 방출 중심(emissive center)으로서의 역할을 한다.

LED 형광체의 도펀트에 관하여 희토류 이온, 예를 들어 동등성 금지된(parity-forbidden) f-f 전이(transition)에 기반을 둔 Eu^{3+}, Tb^{3+}이나 Sm^{3+}를 이용하는 형광체 시스템에서 광 방출이 비효율적임을 분명히 해야 한다. 또한 더 낮은 상태에 놓여 있는 f 궤도들은 강력하게 이온의 배위 환경으로부터 차폐되어 있으며, 이러한 f-f 전이로부터 발생하는 방출의 반치폭은 아주 좁다(sharp). 따라서 가시 스펙트럼의 상당한 영역을 포괄해야 하는 pc-LED의 경우에는 부적절하며 맞지 않는다. 좁고 비효율적인 방출은 형광체가 Mn^{2+}, Ce^{3+} 혹은 Eu^{2+}와 같은 넓은 발광 이온과의 도핑에 의지함으로써 조심스럽게 이루어진다. Ce^{3+}와 Eu^{2+} 이온들의 경우 빛의 방출은 이온 안에서의 $4f$로부터 $5d$로의 전이에 의해 발생한다.

d 궤도의 에너지들과 d-d 전이 에너지를 제어하고, 다른 여기 파장들을 얻기 위한 형광체의 특성을 조정하는 데 이용되는 두 가지 효과는 다음과 같다. (i) 전자구름 퍼짐효과(nephelauxetic effect): 전이 금속의 자유 이온이 리간드(ligand)를 갖는 복합체를 형성할 때 발생하는 라카(Racah) 전자 간 반발 변수의 감소이다. 이는 공유 결

합의 배위 환경 때문에 $5d$ 궤도의 에너지 저하를 유발한다. (ii) 결정장 갈라짐(crystal field splitting): 결정장 이론(crystal field theory, CFT)은 리간드의 존재로 인한 전이금속 복합물에서 일반적으로 d나 f 궤도들에서 발생하는 궤도함수 축퇴(degeneracy)의 붕락(crumbling)으로 묘사한다. 결정장 갈라짐은 전이 금속과 리간드 사이의 상호작용에 의한 것으로서, 양으로 하전된 금속 양이온과 리간드의 비결합 전자 중 음전하 사이의 인력을 유도하고, 리간드의 $5d$ 궤도들에서 축퇴의 손실을 유발한다.

16.6 형광체의 준비

형광체의 준비는 고온에서 고체상태의 반응들을 통하여 이루어진다(그림 16.6). 형광체의 준비를 위한 출발물질들은 순수한 상태(phase)이고 고품질이어야 한다. 이러한 화합물들은 일반적으로 산화물이거나 탄산염 혹은 질산염이다. 먼저 이들은 완전히 섞이고, 균질화된다. 이후 이들은 도펀트 이온이 원하는 원자가 상태(예를 들어 Ce^{4+} 대신에 Ce^{3+}, Eu^{3+} 대신에 Eu^{2+})로 변환하기 위해서 ($H_2 + N_2$) 혼합 가스 혹은 CO 가스 분위기가 감소하면서 1000°C와 1600°C 사이의 온도에서 가열된다.

형광체 준비에 대한 선택적인 접근법은 용액 기반 기술을 포함한다. 이들 기술의 예로는 수열 및 용매열 합성법이 있다. 졸겔법 및 분무열 분해법 또한 예로서 들 수 있다. 높은 반응속도의 대안들 중에 대체할 만한 것은 연소 합성과 마이크로파 보조의 고체 물질 방법들이다.

16.7 형광체의 종류

여기의 방법에 따라서 형광체는 광 형광체(빛), 뢴트겐 형광체(X-선), 방사 형광체(방사성 재료), 음극선 형광체(음극선), 그리고 전자 형광체(전자 방사)로 분류된다.

형광체에 의해 방사되는 빛의 색에 따라서 형광체들은 적색, 녹색, 청색 그리고 그밖의 색들로 분류될 수 있다. 형광체가 사용되는 LED를 기준으로, 형광체는 UV나 청색 LED 형광체들로 분류할 수 있다.

조성의 관점으로부터 형광체들은 유기와 무기 형광체로 묶을 수 있다. 그들의 화학적 조성에 부합하여 무기 형광체는 다음의 족들로 더욱 세분화된다(그림 16.7): 산화물[가넷(garnet), 알루민산염(aluminate), 그리고 규산염(silicate)], 산화질화물, 질화물, 황화물, 산황화물, 옥시할로겐화물, 그리고 할로겐화물.

Ce³⁺가 도핑된 가넷 형광체의 제조방법들

고체상태 반응법: 1500°C와 공기/비활성 혹은 환원 분위기에서 전구체(Y_2O_3, Al_2O_3, CeO_2)들의 화학량론적 혼합물의 소결에 이은 고온이나 동일한 온도에서 재열처리와 재연삭 과정을 거침.

졸겔 공정: HNO_3에 용해된 전구체(Y_2O_3, Al_2O_3, CeO_2)들은 구연산과 에틸렌 글리콜 용액에 자력 교반을 통해 첨가된 후 200°C의 온도에서 5시간 동안 열처리와 400°C에서 2시간 동안 전가소처리되고, 1000°C의 공기에서 가소되고 마노 절구에서 미분쇄 과정이 이뤄짐.

플럭스 성장법: 전구체(Y_2O_3, Al_2O_3, CeO_2)들의 화학량론적 혼합물을 플럭스-NH_4Cl/BaO-B_2O_3-BaF_2에 첨가하고, 15~20시간 동안 공기에서 1000~1200°C에서 유지시키며 여분의 플럭스를 제거하기 위해서 산/물로 결정들을 세척해 줌.

화학적 동시석출법: HNO_3 내로 전구체(Y_2O_3, Al_2O_3, CeO_2)들이 용해되고, 자력 교반을 통한 NH_4HCO_3 석출 용액에 첨가, 걸러짐, 세척과 2시간 동안 100°C에서 건조, CO 분위기에서 가소, 그리고 가루를 결정화하기 위한 열처리 공정이 이뤄짐.

연소 제조법: HNO_3 내에 전구체(Y_2O_3, Al_2O_3, CeO_2)들의 용해, 3배의 몰의 Y^{3+}의 고체 요소를 끓는 용액에 첨가. 용액은 하얀 거품이 되고 불투명하게 된다. 건조와 제분 과정과 5시간 동안 공기, 1000°C의 온도에서 소결 이후에 나노결정질 형광체 분말이 제조된다.

용매열 제조법: 전구체-$Ce(No_3)_3 \cdot 6H_2O$, $Y(No_3)_3 \cdot 6H_2O$의 화학량론적 혼합물과 알루미늄 이소프로포사이드($C_9H_{21}AlO_3$)는 초음파 분쇄기를 이용하여 이소프로필 알코올 내에서 균일하게 분산된다. 용액은 자력 교반기에 의해서 졸 내에서 만들어지고, 높은 압력의 오토클레이브에 넣고 20시간 동안 190°C에서 열처리된다. 오토클레이브에서의 생성물들을 건조시키고 세척시킨 이후에 얻어진 전구체들을 관상 퍼니스(tubular furnace)에서 850°C에서 4시간 동안 가소시킨다.

그림 16.6 Ce³⁺가 도핑된 가넷(garnet)을 사례로 든 형광체를 제조하는 여러 가지 방법들.

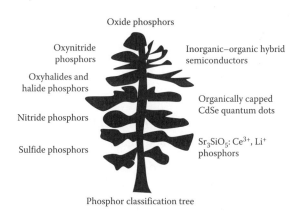

그림 16.7 LED에서 사용되는 다양한 종류의 형광체 재료.

16.8 산화물 형광체

산화물(oxide)은 형광체의 모체(host)로서 상당히 인기 있는 물질이며, 이 산화물이 받는 평판에 대한 이유를 찾는 것은 그리 어렵지 않다(Birkel et al. 2012). 손쉬운 제조 및 낮은 제조 비용과 함께 최종 형광체 화합물의 우수한 안정성은 주목할 만한 장점이다(Etchart 2011). 소량의 세륨이 도핑되어 YAG:Ce로 약칭되는 산화물 형광체(oxide phosphor)인 이트륨 알루미늄 가넷($Y_3Al_5O_{12}$)은 오늘날 고체조명 분야에서 가장 광범위하게 사용되는 물질이다. 고효율의 YAG:Ce 형광체는 1500°C를 초과하는 온도에서 제조된다. 이 물질들은 2~3 mol%의 세륨으로 도핑된다.

YAG:Ce는 AlO_4 4면체와 AlO_6 8면체로 구성된 입방체 공간 그룹으로 결정화된다. 이들 4면체와 8면체는 완전하게 모서리 연결이 되어 있어서 단단하고 잘 연계된 3차원 네트워크를 구성한다. 이 네트워크 내에서 공동들을 점유하고 있는 Y^{3+} 이온들은 여덟 개의 산소 이온들에 의해 공동작용되어 뒤틀린 배위 환경을 형성한다. Y^{3+} 이온들은 이들 다면체의 모서리들에 의해 또한 3차원적으로 연계되어 있으며, 부가된 AlO_n 다면체가 섞인 네트워크를 형성하고 있다.

YAG:Ce의 광학적 특성은 다른 LED 형광체의 성능을 평가하기 위한 척도로 대표되는 흥미로운 형광체 재료로 만든다.

첫 번째, 다른 무엇보다도 흡수와 방출 전이의 등가성과 스핀 허용은 포화 소광을 제거하는 빠른 붕괴시간과 더불어서 YAG:Ce에 의한 청색 빛의 강한 흡수를 가능하게 한다.

두 번째로, YAG:Ce는 심지어 200°C에서도 청색 LED 여기에 의해 85% 이상의 높은 양자효율(quantum efficiency, QE)을 보인다. 양자효율은 실온에서의 값보다 약간만 감소한다. 이러한 화학적, 열적 안정성으로 인해 YAG:Ce의 방출 파장은 온도가 상승하더라도 크게 변하지 않으므로 장기간의 조명 응용 제품을 실현 가능하게 한다.

세 번째로, YAG:Ce의 특성은 청색 LED 여기나 습기 하에서 부패되지 않는다는 것이다. 이것은 보다 오랜 시간 사용 가능하게 지탱해 준다.

네 번째로, YAG:Ce의 상대적으로 복잡하지 않은 제조는 고순도의 전구체(Y_2O_3, Al_2O_3 및 CeO_2)를 사용한다. 이들 전구체는 전통적인 형광등 조명과 CRT 형광체에 사용되기 위한 자격을 갖추면서 형광체 기술로 잘 확립되어 있다.

다섯 번째로, YAG:Ce는 약 450 nm의 넓은 여기 대역을 보여 준다. 이것은 청색 InGaN LED의 방출을 위한 이상적인 결합을 만든다.

여섯 번째로, YAG:Ce의 넓은 방출 대역은 약 550 nm에 파장 중심이 위치하고 있으나, 650 nm까지 확장되어 청색 LED와 결합하면서 차가운 백색광을 만들 수 있다. YAG:Ce에 의한 청색 LED 방사의 흡수는 허용된 $4f^1 \rightarrow 5d^1$ 전이를 통해 달성되며, 황색광의 방출은 반대로 $5d^1 \rightarrow 4f^1$ 전이를 통해 발생한다. 가장 낮은 여기 준위인 $5d^1$에서 광자가 방출되면 스핀-궤도 분리(spin-orbital split)된 $4f^1$ 바닥상태가 생긴다. 이를 통해 100 nm 이상의 반치폭을 가진 엄청나게 넓은 방출대역이 형성된다(Setlur 2009).

일곱 번째로, 세륨이 도핑된 YAG의 방출 파장은 화학 조성의 변형, 예를 들어 Y^{3+}를 Gd^{3+}로 치환하고 Lu^{3+}와 Al^{3+}를 Mg^{2+} 및 Ge^{4+}/Si^{4+}와 조합함으로써 조정할 수 있다. 조성 변화는 결합 길이 또는 결합의 강도 및 결합 유형의 변화를 통해 방출의 배위 환경에 차이를 만들며, 이렇게 결정장 분할을 바꿀 수 있다.

YAG:Ce의 장점을 칭송하는 것이 어떤 결점도 없다는 것을 의미하는 것은 아니다. pc-LED의 YAG:Ce의 한 가지 결점은 적색 스펙트럼 요소의 결핍 때문에, 높은 CCT와 낮은 CRI를 가진 백색광을 제공하는 데 한계가 있다는 것이다. Ce^{3+}의 $5d^1 \rightarrow 4f^1$ 방출은 Y^{3+}가 Gd^{3+}로 치환되거나 그렇지 않으면 Al^{3+}(8면체) Al^{3+}(4면체)의 Mg^{2+}-Si^{4+} 치환을 통하여 적색 편이(red shift)할 수 있다. 그러나 이 적색 편이는 특히 고온에서의 효율(efficiency)을 포기함으로써 얻게 된다.

가넷(garnet)을 제외하고, 주목할 만한 형광체 재료의 종류는 Ce^{3+}, Eu^{2+}와 같은 넓은 방출 이온이 도핑된 규산염족이다(Zhang et al. 2007). 이 재료들은 높은 양자 효율과 함께 온도 안정성을 제공한다. 특히 오르토 규산염(orthosilicate) 종류의 형광체 및 바륨(barium, Ba) 화합물들은 환원성 분위기 내에서 고온 기반에 의한 복잡하지 않은 제조법과 스트론튬(strontium, Sr)과 칼슘(calcium, Ca) 그리고 구성원들을 가진 고용체를 형성하는 요령 때문에 주목을 받고 있다. 사실 M_2SiO_4:Eu^{2+}(M = Ba^{2+}, Sr^{2+}, Ca^{2+})와 같은 알칼리 토류 규산염(alkaline earth silicate)들은 pc-LED를 위한 비 가넷, 산화 형광체의 최고급 세트를 구성한다. 적은 양의 Eu 이온의 도입은 근자외선(약 395 nm)의 여기 하에서 505 nm에 최대로 집중된 강한 녹색 방출을 만든다. 스펙트럼의 녹색 부분에 집중된 방출 특성 때문에 이 형광체를 복합적인 색의 형광체나 형광체 혼합물에 의해서 백색 LED 발광을 위한 적절한 후보이다. Ba_2SiO_4:Eu^{2+}의 방출에서 파장의 피크는 약 505 nm 근처에 위치하지만, Sr^{2+}/Ca^{2+}로 치환할 경우 자외선이나 심청색 파장에 의해 여기될 때 최대 585~590 nm까지 적색 편이가 발생할 수 있다. 이를 통해 이 형광체가 YAG:Ce를 대체할 수 있게 한다.

비록 가넷과 오르토 규산염 형광체 시스템들이 잠정적으로 비슷한 수준의 LED 효율을 나타낼지라도, 그들의 중대한 차이점 또한 강조되어야 한다. 오르토 규산염 형광체들은 오직 상온이나 100℃ 미만의 저온에서 효율적이다. 게다가 오르토 규산염은 Eu^{2+} 이온들과 함께 활성화되고 상대적으로 좁거나 잘록한 방출대를 가진다. 석류석은 Ce^{3+} 이온들과 활성화되고, 상당히 넓은 영역의 방출을 보여 준다. 그러나 석류석은 시각 효율이 낮지만 일반적으로 95%가 넘는 높은 양자효율을 통해 균형이 맞춰진다. 연색성은 LED의 색온도와 형광체의 조성에 의존한다. 오르토 규산염이 보잘것없는 약 65 정도의 CRI를 보이는 반면에 가넷의 경우 CRI는 70~80이다.

오르토 규산염의 가장 큰 결점은 이들이 고온에서 100℃ 이후부터 시작되는 고온에서 상대적으로 강한 소광을 겪는다는 것이다. 150℃에서 이들의 양자효율은 상온보다 60~65%로 떨어진다. LED 온도가 증가함에 따라 감소하는 효율은 고출력 LED에서 LED 색의 청색 편이(blue shifting)를 이끈다. 오르토 규산염의 단점들, 즉 낮은 CRI 및 고온에서의 형편없는 효율은 휴대전화용 저전력 마이크로 패키지에 있어서는 중요하지 않지만, 확실히 조명 응용 분야에는 적용하기 어렵게 한다. 그러므로 가넷은 조명 분야에서 오르토 규산염보다 더 나은 성능을 보이며, 특히 75를 넘는 CRI가 필수적인 실내 조명에서 그 수요가 더욱 증가하고 있다.

더욱이 가넷 형광체 하나만 가지고는 80이 넘는 CRI를 가지며 적색 형광체의 혼합이 필요한 따뜻한 백색 빛(CCT 약 2500~3000 K)을 발생시키기에는 불충분하다. 우수한 열적 특성을 가진 질화물 적색 형광체는 이 분야에 전도유망한 후보자이다. 그러나 긴 파장 영역에서 넓은 대역 방출(FWHM 약 80~100 nm)은 황색 가넷과 적색 질화물 형광체로 제작된 백색 LED의 복사 광원효율(luminous efficacy)을 상당히 제한한다. 이는 높은 CRI의 따뜻한 백색 빛의 발생을 위한 가시광 스펙트럼(600~650 nm)의 긴 파장 영역 내에서 좁은 방출을 일으키는 형광체에 대한 수요를 수반한다(Dhanaraj et al. 2001, Zeng et al. 2002). 약 615 nm에서 스펙트럼의 피크를 가진 Eu^{3+}이 도핑된 산화물들은 LED 능률의 유지를 위해 CRI를 증가시키는 동안 혹사를 당할 수 있는 화합물의 종류이다(Wang et al. 2009, Du et al. 2011, Zeng et al. 2013). 또한, Khanna와 Dutta(2012, 2013a, 2013b)는 알칼리 토류 금속과 희토류 텅스텐산염(tungstate)과 Eu^{3+}이 도핑된 몰리브덴산염(molybdate) 형광체의 용융액 성장이 고체상태 반응을 통하여 획득한 분말들과 비교하여 향상된 방출 세기를 이끌 수 있다는 것을 발견했다. 10 nm보다 작은 반치폭을 가진 610~620 nm의 영역에서의 방출은 이 형광체들이 높은 CRI 형광체로 덮인 백색광의 방출 다이오드에 대한 사용을 적합하게 만든다(Dutta and Khanna 2013).

16.9 산화질화물 형광체

오르토 규산염에 관계된 형광체의 종류는 $MSi_2O_2N_2$:Ln(M은 칼슘(Ca), 스트론튬(Sr), 혹은 바륨(Ba)을, Ln은 Ce^{3+}나 Eu^{2+}를 의미)족의 산화질화물이다(Xie and Hirosaki 2007, Mikami 2009). $CaSi_2O_2N_2$의 단위격자는 Ca^{2+} 이온들의 교대층과 세 개의 질화물로 끝나는 모서리를 통하여 이어지는 $SiON_3$ 4면체의 네트워크에 의해 형성된 층들로 구성되어 있다. 스트론튬과 바륨 $MSi_2O_2N_2$:Ln 산화질화물의 구조가 동일하지만 이들의 조성에서의 차이는 이들의 단위격자의 면적들에 어떠한 차이도 없도록 만든다. $SrSi_2O_2N_2$와 $BaSi_2O_2N_2$:Eu^{2+}가 600 K과 같은 높은 소광온도(quenching temperature)와 함께 매우 좋은 온도 안정성과 상온에서 93%까지의 양자효율을 나타내면서, 이 화합물들과 고용체들은 백색 LED를 위한 하향 변환 물질(down-converting material)로 폭넓게 사용되어 오고 있다. 2가 원소(divalent element)인 유로퓸(europium, Eu)이 도핑될 때, 순수한 형태로서의 화합물($CaSi_2O_2N_2$, $SrSi_2O_2N_2$, $BaSi_2O_2N_2$)들의 방출 피크는 각각 558, 538, 495 nm에 중심이 위치한다. 이와 같이, $MSi_2O_2N_2$:Eu^{2+}(M = Ca^{2+}, Sr^{2+}, Ba^{2+}) 화합물들의 방출은 $BaSi_2O_2N_2$:Eu^{2+}의 495 nm부터 $CaSi_2O_2N_2$:Eu^{2+}를 사용한 558 nm까지의 범위를 보여 준다. 200°C가 넘는 온도에서 녹색 $SrSi_2O_2N_2$ 형광체의 양자효율은 85%가 넘는다. Eu이 도핑된 산화질화물은 YAG:Ce의 상온과 고온의 양자효율과 어울린다. 게다가 이들 형광체는 응축되고 교차연결된(cross-linked) 4면체 네트워크를 형성하기 위해서 $Si(O,N)_4$를 포함하는 N^{3-}의 능력 때문에 고온/다습의 상태에서 효율을 떨어뜨리지 않는다.

의미 있는 잠재적 응용을 보증하는 산화질화물 형광체 역시 약간의 단점을 가지고 있다. 먼저 이 재료들의 제조는 전형적인 산화물 형광체들에 비해 더욱 복잡하다.

Si_3N_4의 내화성(refractory)은 종종 1500°C 이상에서 발생하는 고온 반응을 요구한다. 또한 알칼리 토류 질화물이나 $Si(NH_2)_2$은 많은 전구체 재료들이 공기나 습기와 반응하기 때문에 글러브박스(glove-box) 내에서 조작이 필요하다. 질화물 형광체를 제조하기 위해 공기에 안정적인 전구체를 이용할 수 있게 되면서 이 문제가 일부 해소되었으나, 특허 문헌 공보에 의하면, 몇몇 Eu^{2+}가 도핑된 산화질화물 형광체들이 pc-LED 패키지에서 시간 경과에 따른 효율이 다소 떨어질 수 있다고 발표되었다.

16.10 질화물 형광체

질화물 형광체는 종종 산화물에 대해 적색편이된(red shifted) 방출을 갖는다(Xie et al. 2013). 알다시피, 백색광의 적색 성분은 청색 LED 기반 고체상태 광원에서 조명의 색온도를 낮추는 데 결정적인 역할을 한다. 이는 백색광이 눈을 진정시킨다는 이유로 거주용 조명 응용분야에 필수적이다. 질화물 형광체의 잘 알려진 예는 $M_2Si_5N_8$:Ln(M은 Sr 혹은 Ba, 그리고 Ln은 Ce^{3+} 혹은 Eu^{2+})족이다. 고도로 상호연결된 $Sr_2Si_5N_8$의 격자는 상온에서 80%의 높은 양자효율을 내며 또한 적색 방출 형광체에서 우수한 열적 안정성을 제공한다. $Sr_2Si_5N_8$:Eu^{2+}의 여기대역은 370에서 460 nm로 늘어난다. 게다가 매우 효율적이고 안정한 적색 방출을 제공한다. 이러한 특성들은 이 화합물이 InGaN 기반의 따뜻한 백색 LED에 적색 스펙트럼 요소를 더하기 위한 변환 형광체의 확실한 선택이다.

주황색과 적색 형광체의 경우 다른 중요한 재료군도 사용된다. 그 재료군은 뒤틀린 우르차이트(wurtzite) 구조의 Eu^{2+}가 도핑된 $CaAlSiN_3$ 모체를 기반으로 한다. $CaAlSiN_3$: Eu^{2+} 형광체는 650 nm의 발광 피크와 200°C 이상에서 85%가 넘는 양자효율을 갖고 있다. 더 나아가, 아크-용융 합금의 고압 질화물을 사용하여 형광체를 제조함으로써 Sr^{2+} 치환을 통해 발광 최대치가 620 nm까지 조정될 수 있다.

산화질화물 화합물들이 많은 질화물 형광체의 기반이 되면서, 새로운 형광체의 혁신을 위한 질화물과 산화질화물 상태도의 연구가 있어 왔다. 많은 방법을 통한, 새로운 산화질화물의 발견은 몇몇 추측과 끊임없는 시도를 필요로 했는데, 이는 N^{3-}와 함께 응축된 4면체 네트워크의 형성은 규산염 혹은 알루민산염 고체상태를 유추하거나 묘사하는 것을 어렵게 만들었기 때문이다. 질화물과 산화질화물의 조성적인 가능성들에 관한 실험은 더욱 새로운 질화물 형광체와 모체의 발견을 위한 기반을 닦았다. 몇몇의 사례를 인용하자면 녹색 $Sr_5Al_{5+x}Si_{21-x}N_{35-x}O_{2+x}$:$Eu^{2+}$(x~0), 주황색-적색 $SrAlSi_4N_7$:Eu^{2+}, 황색 $Ba_2AlSi_5N_9$:Eu^{2+}, 그리고 녹색 $Ba_3Si_6O_{12}N_2$:Eu^{2+}를 들 수 있다.

16.11 산화질화물과 할로겐화물 형광체

Cs_3CoCl_5 구조를 갖는 모체(host) 또는 이 구조의 변형체를 기반으로 하는 형광체 시스템은 몇 가지 전망을 제공한다. 이 등급에 속하는 Eu^{2+} 도핑된 형광체, 예를 들어 $(Sr, Ca, Ba)_3SiO_5:Eu^{2+}$는 황색−오렌지색 광을 방출하는 반면, $Sr_2LaAlO_5:Ce^{3+}$, $Sr_3SiO_5:Ce^{3+}$와 같이 Ce^{3+} 도핑된 형광체 또는 그들의 고용체는 YAG:Ce와 동일한 황색−녹색 광을 방출한다. 그러나 $M_2SiO_4:Eu^{2+}$ 형광체와 같이 많은 이들 형광체들은 온도에 따른 강한 소광을 겪게 된다. 그러나 이 형광체 시스템에서 조성의 유연성은 우수한 pc-LED 형광체들을 제공한다. Eu^{2+}가 도핑된 몇몇 옥시할로겐 형광체들 또한 알려져 있으나, 추가적인 연구가 있어야 이들의 활용이 정해질 수 있을 것이다. 더 많은 산화물 시스템이 pc-LED에 권장되는 것으로 밝혀짐으로써 이러한 방향으로의 연구가 시도되고 있다. 이 방향으로의 연구 노력이 지향되어야 한다.

보라색 LED를 기반으로 하는 pc-LED의 연색성은 상업적인 형광등 형광체 Mg-fluorogermanate:Mn^{4+}에 의해 향상되었다. 더욱이 Mn^{4+}가 도핑된 다양한 불화 (fluoride) 형광체들은 청색 LED 여기 하에서 높은 효율을 보인다. Eu^{3+}와 Mn^{4+} (Eu^{3+}: 약 1 ms, Mn^{4+}: >3 ms)의 느린 감쇄시간은 형광체의 입사 유동을 줄이는 원격 형광체 패키지에 적합하다.

16.12 황화물 형광체

Ce^{3+}/Eu^{2+}가 도핑된 황화물 형광체는 효율적이지만, 이들의 단점은 pc-LED 제조업체들이 이들 물질을 꺼리게 되었다(Jia and Wang 2007). 이들의 합성은 독성의 황화수소 분위기를 요구하거나 파생물로서 H_2S를 생성한다. 또한, 많은 황화물 형광체는 습도에 민감하고, 수분 장벽 코팅으로 보호되지 않으면 높은 습도환경에서 열화된다.

16.13 형광체로서의 무기−유기 하이브리드 반도체

Fang과 동료 연구자들(2012)은 Cd-와/혹은 Se-가 치환된 이중층[$Zn_2S_2(ha)$](ha = n-hexylamine) 하이브리드 반도체가 벌크(bulk) 형태로 밝은 백색광이 방출되는 것을 보였다. 게다가 그들은 이들 반도체의 방출 특성이 체계적으로 조정될 수 있다는 것을 밝혔다.

II-VI족 나노층(nano-layer) 위에 제작된 무기−유기 하이브리드(inorganic-organic

hybrid) 반도체들은 LED 구조에서 단일상 백색 발광원으로서 유망한 반도체 벌크 재료를 구성한다. 이상적으로 정렬된 결정 격자를 형성하는 아민 분자(유기 성분)에 의해 결합된 II-VI족 반도체 구조(무기 성분)의 2차원 층을 구현하는 이 고결정질 물질은, 이들의 모재료 II-VI족 이원화합물에 의해 매우 크게 향상된 반도체 특성을 보일 뿐만 아니라, 콜로이드 양자점보다 큰 수준의 강한 양자구속 효과도 가진다. 이들은 벌크 형태의 반도체 재료에서 단일상의 백색광 형광체의 첫 번째 사례로 상징되었다. 주요한 이점은 이들 물질을 용액 기법을 통해 낮은 제조경비로 쉽게 대면적으로 가공할 수 있다는 점이다.

Lee와 동료 연구자들(2005)은 유기 및 무기 발광 재료를 혼합하여 3개의 형광 재료로 구성된 백색광을 발생하는 무기 발광체를 제조하였다: 녹색(520 nm) 방출을 위한 란탄 산화물(lanthanide)을 포함하는 두 개의 스트론튬 알루민산염 기반의 $SrAl_2O_4$: Eu^{2+}, 청색(490 nm) 방출을 위한 $SrAl_{14}O_{25}$:Eu^{2+}, 하나의 주황색 방출을 위한 Eu 금속 복합, 적색(614 nm) 방출을 위한 $Eu(BTFA)_3phen$. 형광체는 300~480 nm 범위에서 좋은 흡수효율(absorption efficiency)을 가진다.

16.14 유기적으로 캡핑된 CdSe 양자점과 Sr_3SiO_5:Ce^{3+}, Li^+ 형광체

녹색을 띠는 황색광을 방출하는 Sr_3SiO_5:$Ce3^{3+}$을 합성한 후, Li^+와 고품질의 TOP/TOPO/HDA로 캡핑된(capped) CdSe 양자점을 제작하여 이 두 가지 발광재료들을 청색 LED 칩 위에 함께 코팅하였다(Jang et al. 2008). 발광효율(luminous efficiency) = 14.0 lm/W, 연색성 지수(R_a) = 90.1 및 색온도(T_c) = 8864 K와 함께 우수한 색상 렌더링 특성을 갖는 백색 LED가 제작되었다.

16.15 결론 및 고찰

매우 짧은 발광 감쇠 시간(luminescence decay time)을 가지면서 극단적으로 높은 여기밀도에서 포화상태가 되는 효율적이고 안정적인 형광체들은 Eu^{2+}나 Ce^{3+}와 같은 활성제(activator) 이온들로 도핑된 무기 모체(host) 재료들을 포함한다. 이들 활성제들의 흡수는 모체 결정(host crystal)에 의존한다. Eu^{2+}나 Ce^{3+} 이온들은 대부분 공유결합 특성을 가지고 모체 격자 내부로 유입되고, 이때 활성제의 전자 궤도들과 인접한 이온들은 전이 에너지를 감소시키면서 혼합된다. 이 효과를 공유원자가 영향(covalency effect) 혹은 전자구름 퍼짐효과(nephelauxetic effect)라고 부르고, 이러한 현상은 질화물과 산화질화물 기반의 형광체에서 보통 발견된다. 활성제의 전이 에너지는 활성제의 위치에서 느끼는 주위 이온의 전기장으로 정의되는 소위 결정계(crystal field)라고 불리는 것에 의해서 또한 영향을 받는다. 이 효과는 배위수와 이웃 원자의 전하에 따라서 증가하며 이 두 효과들은 특히 여러 질화물 모체 결정에서의 강한 결정장에 기여한다. 이들 두 효과가 d 궤도의 에너지와 d-d 전이 에너지를 조절할 수 있기 때문에, 이들은 서로 다른 여기 파장을 일치시키기 위해 형광체의 특성을 맞추는 데 사용될 수 있다. 가넷(garnet)과 오르토 규산염(orthosilicate)은 오늘날 이용할 수 있는 가장 효율적인 황색 방출 형광체인 반면에, 질화물 형광체들은 따뜻한 백색 LED에서 안정된 적색 형광체로서 사용된다. 적색 편이는 질화물에서 큰 전자구름 퍼짐효과 때문에 발생한다. 그러나 질화물 형광체의 합성에는 높은 소성 온도와 높은 질소 압력이 요구된다. 황화물 기반 적색 방출 형광체는 화학적으로 불안정하며, 적용 전류의 증가와 함께 발광 포화(luminescence saturation)를 나타낸다. 습한 분위기에서의 불안정성 때문에 황화물은 상당히 크게 시장을 잃었다.

효율적인 일광 pc-LED(5000~6500 K)를 위해서, 황색 발광 가넷이나 오르토 규산염 형광체가 사용되어 왔다. 그래서 가넷은 조명 분야에서 최고의 선택이며, 특히 75 이상의 CRI를 필요로 하는 실내조명 분야에서 더욱 수요가 증가하고 있다. 차가운 백색 LED(4000 K)의 경우, 가넷이나 오르토 규산염 기반의 단일 형광체 용액법이 가능하다. 파장이 더 긴 파장으로 조절될 때, 가넷 형광체의 효율이 감소하는 반면에 이는 오르토 규산염 형광체의 경우에는 해당되지 않는다. 특별히 짧은 파장을 가진 펌프 LED가 사용되는 경우, 고효율은 오르토 규산염을 통해 달성할 수 있다. 그러나 그렇게 되면 CRI는 60 아래로 감소하게 된다. 오르토 규산염이나 두 가지의 형광체 혼합물의 장점은 응용 분야에 적용될 수 있도록 CRI를 조정할 수 있다는 것이다. 그러나 양쪽의 경우 모두 CRI가 높아질수록, 달성할 수 있는 효율은 더 낮아진다. 따뜻한 백색 LED(2700~3500 K)의 경우, 황색 및 황색 발광 가넷과 적색 질화물의 재혼합을 통해 주어진 연색성에서 최고의 효율을 얻는다. 따뜻한 백색 LED에서 가장 높은 효율을 보유한 단일 형광체 용액법은 오르토 규산염을 사용하고 있다. Eu^{3+}가 도핑된 알칼리 토류 금속과 희토류 몰리브덴산염과 텅스텐 화합물들은 고효율의 풍부한 적색 형광체들 후보로 관심을 받고 있다.

그림 16.8은 LED 형광체의 새로운 시나리오를 나타내고 있다.

Oxide phosphors, notably Ce^{3+} garnets or Eu-doped silicates are the widely used yellow phosphors. They are prepared by straightforward synthesis routes using proven precursors and processes. They are good for cool white lamps meeting all main requirements except CRI. For warm-white lamps, additional red phosphors, e.g., Eu^{2+}-doped nitrides or sulfides, and narrow line Eu^{3+}-doped molybdates, and tungstates are necessary.

Nitride and oxy-nitride phosphors require high firing temperatures and pressures. They also require glove box handling of precursors.

Sulfide and thio-gallate phosphors are difficult to synthesize in pure phase single crystalline form. Further, they have to be suitably coated for protection from moisture.

그림 16.8 LED용 형광체의 연구 트렌드.

참고문헌

Birkel, A., K. A. Denault, N. C. George, and R. Seshadri. 2012. Advanced inorganic materials for solid state lighting. *Material Matters* 7(2), 22–27.

Dhanaraj, J., R. Jagannathan, T. R. N. Kutty, and C.-H. Lu. 2001. Photoluminescence characteristics of Y$_2$O$_3$:Eu^{3+} nanophosphors prepared using sol-gel thermolysis. *Journal of Physical Chemistry B* 105, 11098–11105.

Du, F., Y. Nakai, T. Tsuboi, Y. Huang, and H. J. Seo. 2011. Luminescence properties and site occupations of Eu^{3+} ions doped in double phosphates Ca$_9$R(PO$_4$)$_7$ (R = Al, Lu). *Journal of Materials Chemistry* 21, 4669–4678.

Dutta, P. S., and A. Khanna. 2013. Eu3+ activated molybdate and tungstate based red phosphors with charge transfer band in blue region. *ECS Journal of Solid State Science and Technology*, 2(2), R3153–R3167.

Etchart, I., I. Hernández, A. Huignard, M. Bérard, W. P. Gillin, R. J. Curry, and A. K. Cheetham. 2011. Efficient oxide phosphors for light upconversion; green emission from Yb^{3+} and Ho^{3+} co-doped Ln_2BaZnO_5 (Ln = Y, Gd). *Journal of Materials Chemistry* 21, 1387–1394.

Etchart, I., I. Hernández, A. Huignard, M. Bérard, M. Laroche, W. P. Gillin, R. J. Curry, and A. K. Cheetham. 2011. Oxide phosphors for light upconversion; Yb^{3+} and Tm^{3+} co-doped Y_2BaZnO_5. *Journal of Applied Physics*. 109, 063104-1–063104-7.

Fang, X., M. Roushan, R. Zhang, J. Peng, H. Zeng, and J. Li. 2012. Tuning and enhancing white light emission of II–VI based inorganic–organic hybrid semiconductors as single-phased phosphors. *Chemistry of Materials* 24, 1710–1717.

Jang, H. S., H. Yang, S. W. Kim, J. Y. Han, S.-G. Lee, and D. Y. Jeon, 2008. White light-emitting diodes with excellent color rendering based on organically capped CdSe quantum dots and Sr_3SiO_5: Ce^{3+}, Li^+ phosphors. *Advanced Materials* 20, 2696–2702.

Jia, D., and X.-j. Wang. 2007. Alkali earth sulfide phosphors doped with Eu^{2+} and Ce^{3+} for LEDs. *Optical Materials* 30, 375–379.

Khanna, A., and P. S. Dutta. 2012. $CaWO_4$: Eu^{3+}, Dy^{3+}, Tb^{3+} phosphor crystals for solid-state lighting applications. *ECS Transactions* 41(37), 39–48.

Khanna, A., and P. S. Dutta. 2013a. Luminescence enhancement and charge transfer band extension in Eu^{3+} doped tungstate and molybdate phosphors. *Journal of Ceramic Processing Research*. 14 Special 1, s44–s47.

Khanna, A., and P. S. Dutta. 2013b. Narrow spectral emission $CaMoO_4$: Eu^{3+}, Dy^{3+}, Tb^{3+} phosphor crystals for white light emitting diodes. *Journal of Solid State Chemistry* 198, 93–100.

LED Phosphors 2012. October. I-Micronews http://www.i-micronews.com/reports/ LED-Phosphors/14/320/.

Lee, K. M., K. W. Cheah, B. L. An, M. L. Gong, and Y. L. Liu. 2005. Emission characteristics of inorganic/organic hybrid white-light phosphor. *Applied Physics A* 80(2), 337–339.

Mikami, M., H. Watanabe, K. Uheda, S. Shimooka, Y. Shimomura, T. Kurushima, and N. Kijima. 2009. New phosphors for white LEDs: Material design concepts. IOP Conf. Series: *Materials Science and Engineering* 1(1), 012002, 10.

Rohwer, L. S., and A. M. Srivastava. 2003. Development of phosphors for LEDs. *The Electrochemical Society Interface*. Summer 2003, 12(2), 36–39.

Setlur, A. A. 2009. Phosphors for LED-based solid-state lighting. *The Electrochemical Society Interface*, Winter 2009, 32–36.

Wang, L., D. Jin, G. Zhang, and G. Lv. 2009. Influence of microstructure on the luminescence properties of YVO_4:Eu^{3+} nanoparticles. *Inorganic Materials* 45(6), 678–682.

Xie, R.-J., and N. Hirosaki. 2007. Silicon-based oxynitride and nitride phosphors for white LEDs—A review. *Science and Technology of Advanced Materials* 8, 588–600.

Xie, R.-J., N. Hirosaki, T. Takeda, and T. Suehiro. 2013. On the performance enhancement of nitride phosphors as spectral conversion materials in solid state lighting. *ECS Journal of Solid State Science and Technology* 2(2), R3031–R3040.

Zachau, M., D. Becker, D. Berben, T. Fiedler, F. Jermann, and F. Zwaschka. 2008. Phosphors for solid state lighting. In: K. P. Streubel and H. Jeon (Eds.), *Light-Emitting Diodes:*

Research, Manufacturing, and Applications XII Proceedings of SPIE, Vol. 6910, article id. 691010, pp. 691010-1–691010-8, doi:10.1117/12.760066.

Zeng X.-Q., F.-Y. Lin, F.-X. Gan, and S.-H. Yuan. 2002. Luminescent properties of Eu^{3+}-doped yttrium oxide chloride embedded in nanoporous glass. *Chinese Physics Letters* 19(11), 1672–1674.

Zeng, Y., Z. Li, Y. Liang, X. Gan, and M. Zheng. 2013. August. A general approach to spindle-assembled lanthanide borate nanocrystals and their photoluminescence upon Eu^{3+}/Tb^{3+} doping. *Inorganic Chemistry* 52(16), 9590–9596.

Zhang, M., J. Wang, W. Ding, Q. Zhang, and Q. Su. 2007. March. A novel white light-emitting diode (w-LED) fabricated with $Sr_6BP_5O_{20}:Eu^{2+}$ phosphor. *Applied Physics B: Lasers and Optics* 86(4), 647–651.

연습문제

16.1 기존 형광체를 백색 LED에 사용할 수 없는 주된 이유는 무엇인가? 백색 LED에 사용하기 위해 형광체가 충족해야 하는 바람직한 특성의 기준을 나열하고 설명하라.

16.2 규산염 형광체가 형광등에는 사용되기 용이하나 LED에서 사용하기 어려운 이유는 무엇인가?

16.3 LED를 위한 근접 및 원격 형광체 구조 및 구성은 어떠한가? LED 칩 구조에서 형광체를 LED와 분리하여 먼 곳에 배치하였을 때 얻을 수 있는 장점은 무엇인가?

16.4 형광체의 특성을 조정하는 데 이용되는 두 가지 중요한 효과의 명칭을 제시하고 설명하라.

16.5 형광체를 LED에서 이용할 때 요구되는 높은 소광 온도의 중요성에 대해 설명하라. 또한, 열처리에 따른 다양한 형광체의 재료 시스템을 비교하라.

16.6 형광체의 여기 및 방출 스펙트럼을 조절하기 위해 사용되는 모체와 활성제의 역할을 설명하라.

16.7 스토크스 편이가 형광체의 효율에 미치는 영향은 무엇인가? 작은 스토크스 편이가 형광체에 항상 적절한가? 설명하라.

16.8 고효율의 백색 LED를 제작하기 위해 적색 형광체에 요구되는 바람직한 특성은 무엇인가?

16.9 Ce^{3+}를 도핑한 가넷(garnet) 형광체를 합성하기 위한 (a) 고체 반응 및 (b) 졸–겔 공정법을 설명하라.

16.10 형광체의 다양한 분류 방식을 설명하라. 산화물 형광체가 매우 각광받는 이유는 무엇인가? 일반적으로 사용되고 있는 산화물 형광체의 예를 제시하라.

16.11 YAG:Ce가 다른 형광체의 성능 평가를 위한 기준 형광체로 사용될 수 있는 특별한 특성에 대해 설명하라.

16.12 YAG:Ce 형광체가 가지는 단점 중 하나를 설명하고 비가넷 산화물로 이루어진 화합물 중 하나를 정하여 설명하라.

16.13 가넷 형광체와 오르토 규산염 형광체의 특징을 비교 분석하고 상대적인 장점과 단점을 보여라.

16.14 $MSi_2O_2N_2$:Ln 제품군에서 산화질화물 형광체의 주요 특징을 설명하고 그 단점을 논의하라.

16.15 InGaN LED용 형광체에 $M_2Si_5N_8$:Ln을 사용할 경우 스펙트럼에서 어떤 이점을 얻을 수 있는가?

16.16 황화물 형광체의 사용이 어려운 이유는 무엇인가?

16.17 다양한 종류의 형광체 재료 시스템을 합성의 간편함과 제조 가능성을 기준으로 판단하여 설명하라.

CHAPTER 17

고휘도 LED
High-Brightness LED

학습목표

이 장을 학습한 후에 독자들은 다음의 역량들을 갖출 수 있게 된다.

- 직접 쳐다볼 수 없는 LED와 별 불편함 없이 직접 쳐다볼 수 있는 LED 사이의 경계를 정할 수 있다.
- 직접 쳐다볼 수 없는 LED의 중요성을 인식할 수 있다.
- 다수의 저휘도 LED들이 소수의 고휘도 LED를 대체할 수 없는 이유를 이해할 수 있다.
- 수평형 구조가 고휘도 LED에 적절하지 않은 이유를 알 수 있다.
- 고휘도 LED 제작에 있어서 사파이어 기판을 제거하고 구리 기판을 붙여 사용하는 장점에 대해 논의할 수 있다.

17.1 고휘도 LED의 정의

보편적으로 "고휘도(high-brightness) LED"라는 명칭이 사용되고 있지만, 이러한 LED에는 고휘도(high-luminance)라는 용어로 표현하는 것이 더 적절하다. "휘도(luminance)"는 정량화할 수 있고 물리적인 양으로써 측정이 가능한 과학적 용어인 반면, "밝기(brightness)"는 생리학적 감각과 빛의 지각과 관련된 구어체적인 표현으로 정량적이지 못한 용어이다. 밝기에 대한 부정확성은 휘도가 변하는 배경에 놓여 있는 균일한 휘도의 직사각형 조각이 실제로는 휘도가 변하지 않음에도 불구하고 휘도가 변하는 것처럼 현혹되게 보이기 시작할 때 발생하는 착시(optical illusion) 현상으로부터 명확해진다. 그리고 상기의 논리에 따라 고휘도 LED는 눈을 불편하게 피하지 않고 쉽게 직접 쳐다볼 수 있는 표시용 LED와는 달리 관찰자가 직접 응시할 수

표 17.1 LED 분류표

번호	특징	저휘도 LED	고휘도 LED	초고휘도 LED
1.	색상	단색	단색	백색
2.	응용분야	표시기, 휴대폰 백라이트 및 키패드	TV 스크린, 계기판 백라이트, 대형 디스플레이	일반 조명, 자동차 헤드라이트
3.	광출력	1~3 lm	5~30 lm	> 100 lm
4.	효율(efficacy)	20 lm/W	> 30 lm/W	> 50 lm/W
5.	전력 소비	< 200 mW	1 W 이하	5 W 이하
6.	봉지재	에폭시	실리콘 소재	하이브리드계 소재

없는 강렬한 휘도를 갖는 LED 소자로 정의된다. 표 17.1은 LED를 밝기 등급으로 분류하고 각 등급의 주요 특성을 간략히 기술한 것이다.

17.2 고휘도 LED의 필요성

"많은 개수의 저휘도(low-brightness) LED들이 적은 개수의 고휘도 LED들을 대체할 수 있을까?"라는 의문을 가져 보자. 결론적으로 가능하지 않다. 그 두 종류의 LED들은 저마다 다른 응용분야를 갖고 있다. 저휘도 LED는 표시기 정도로 사용되는 반면, 고휘도 LED는 조명, 백라이팅(back-lighting) 등의 용도로 사용할 목적이 미리 정해진 것이다. LED의 개수만큼 구동회로의 복잡성이 증가하기 때문에, 많은 개수의 표시용 LED들은 그에 상응하는 만큼 회로가 복잡해지고, 따라서 일반 조명으로서의 용량을 충족시키지 못한다. 고휘도(high-brightness) LED는 더 나은 빛 추출과 고 전류에서도 구동 용량을 충족시키며, 열 몰수(heat confiscation) 기술 측면에서도 개선되어 있다.

외형적으로 고휘도 LED와 저휘도 LED는 닮았다. 방출된 빛을 평행하게 하는 반구형의 렌즈(domed lens)가 있는 표면 실장형 패키지에서 밝은 백색광의 소형 점들처럼 보인다. 그러나 이 LED들의 내부는 비교할 수 없을 정도로 다르다. 따라서 구조 설계, 제작 접근 방식 및 재료 문제의 관점에서 고휘도 LED를 보다 심도있게 조사하여 작동 방식 및 제약 조건을 이해해야 한다. 다시 말해서, 고휘도 LED의 내부 평가에는 앞선 지표들을 고려한 세심한 주의가 필요하다.

LED 초기 시절에는 표준 LED 구성이 1 W 소자이었고, 이는 350 mA의 순방향 전류와 3.3~3.5 V의 순방향 전압으로 구동되어 1.19 W 정도의 전력소비(power dissipation)를 초래했다. 칩 효율(chip efficacy)이 낮기 때문에, 각각의 LED들은 겨우 50 lm 정도의 광출력을 만들어 낼 수 있다. 그러나 업무 환경에서 요구되는 조도 수준은 대략 200~400 lx 정도이다. 결국 2.5 m² 면적 위에서 1000 lm의 출력을 갖는 조명기구가 400 lx를 생산하는 것을 고려했을 때, LED들에 의해 1000 lm의 광학출력이 만들어질 수 있어야만 한다. 만약 이전 세대의 LED 칩들이 건물의 조명기구로 사용된다면, 1000/50 lm = 20에 대응하는 20개의 칩들이 필요하게 되는데, 이는 열 관리 측면이나 전원 공급 측면에서 문제를 야기할 수 있는 복잡한 조립체이다. 그러나 근래 제작되는 1-W LED들은 100 lm 정도의 출력을 갖기 때문에 1000/100 lm = 10에 대응하는 10개 정도의 칩들이면 충분하며 이는 절반 정도 수치이다. 고휘도 LED는 150~300 lm 정도까지 제공하기 때문에 6개 미만의 LED들로 이전 세대 LED 20개의 광출력을 효과적으로 복원할 수 있다. 게다가 비록 고전류가 효율 저하(efficiency droop)로 인해 효율(efficacy)에 영향을 미치기는 하지만 고휘도 LED는 고전류에서 동작이 가능하다. 이처럼 높은 광출력을 갖고 고전류에서 동작 가능한 고휘도 LED에 대한 공동 노력을 통해 아주 적은 개수의 LED로도 밝은 조명기구를 생산할 수 있다는 것을 의미한다. 따라서 조명기구에 점점 적은 개수의 칩 사용이 가능해질수록 디자이너들로 하여금 희미한 LED에 긴 코드들이 엮인 복잡한 파워 드라이버를 제안해야 하는 어려움을 해소시켜 줄 수 있다.

17.3 저휘도, 고휘도 LED를 위해 필요한 컨버터 개수

허용 가능한 수준의 조명에 도달하기 위해서 많은 수의 LED가 필요할 때 LED들은 줄 형태의 배열(string)로 분할된다. 이러한 단계적인 동력 공급을 위해 3단 전원이 사용된다. 첫 단계는 정전압 전력 공급으로 이루어진다. 두 번째 단계는 높은 DC 전압에서 DC 컨버터로 이루어지는데, 28~60 V DC를 공급하는 안전한 전압 레일을 생성한다. 2단계의 고정된 전압 출력 레일은 3단계로 연결되며, 이는 편리하고 관리하기 쉬운 전류 출력을 제공하는 전용 직류–직류 변환회로(DC-to-DC converter)를 포함한다. 두 번째 단계의 출력과 LED의 순방향 전압강하를 기반으로, 변환회로는 8~12 LED로 구성되는 하나의 배열을 구동할 수 있다. LED의 수가 많아지면 많아질수록 더 많은 배열들이 필요하게 된다. 각 LED마다 고유의 변환회로를 지니게 되므로 LED의 개수가 많을수록 변환회로의 개수도 많아지게 된다.

더 밝은 LED의 장점은 허용할 수 있는 수준의 조명에서 요구되는 LED 수가 적고, 크기를 분리된 배열로 축소한다. 이러한 변화는 전용의 직류–직류 변환회로 중 하나를 제외한 다른 것들을 제거할 수 있으며, 시스템 비용의 감소, 소자의 신뢰도 향상,

전원공급 장치 디자인의 간소화를 가능케 할 수 있다. 모든 LED들이 같은 전류 하의 단일 변환회로를 통해 구동되기 때문에 빛의 균일도와 색 또한 크게 향상된다. 고휘도 LED의 빛의 밝기 및 색은 미세한 전류 변화에도 민감하게 바뀔 수 있다. 주요 반도체 업체들이 다양한 종류의 직류–직류 변환회로를 판매하고 있으므로 디자이너들은 보다 쉽게 설계에 임할 수 있다.

17.4 고휘도 수평형 LED

LED 칩은 수평형(lateral or horizontal)과 수직형(vertical) 두 가지 구조로 설계된다. 두 구조 사이에서의 선택은 사용되는 반도체 물질과 기술적인 요인으로 결정된다. 적색 GaAs 기반 LED에서 전도성 기판은 소자의 접촉단자로서 역할을 한다. 다른 하나의 접촉단자는 빛이 나가는 전단 혹은 상단에 형성된다. 이 표면상에 형성된 접촉 패드와 와이어 본드는 이 표면의 일부분을 가리어 방출되는 빛을 어느 정도 차단한다. 광 방출 상단부에 접촉면이 하나만 형성될 경우 광 손실이 적다.

GaN 기반 LED에서는 박막은 절연성 사파이어 기판 위에 성장이 된다. 비록 사파이어가 우수한 절연체이지만 우수한 열 전도체이다. 수평형 GaN LED 소자는 절연체인 사파이어 기판의 존재 때문에 상단부에 두 개의 접촉면이 필요하다. 그림 17.1은 수평형 LED 디자인에서의 전류 분포를 보여 주며, 비대칭적인 전류 흐름(그림 17.1a)과 대칭적인 전류 흐름(그림 17.1b)을 보여 주고 있다. 분명하게 대칭적인 설계가 훨씬 더 균일한 전류 분포를 제공한다. 상단 접촉은 LED 동작에 있어 다양한 기능을 수행한다. 만약 접촉 전극의 두께가 얇으면 빛에 더 투명하지만 동시에 전도성이 낮아지므로 그림 17.2a에 나타낸 것처럼 전류 집중이 상단 전극의 중앙 아랫부분에서 발생한다. 그러나 이러한 전류 집중은 중앙부분에서 원하지 않는 가열과 이 영역

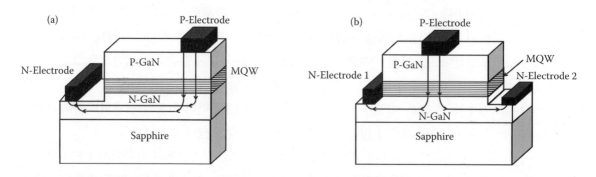

그림 17.1 서로 다른 수평형 LED 디자인에서의 전류 분산: (a) 비대칭적 디자인에서 N형 패드 쪽으로 전류 집중 현상, (b) 대칭적 구조에서 N형 패드로 균일한 전류 분산.

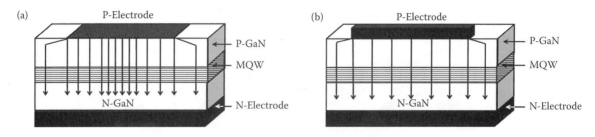

그림 17.2 P형 전극으로 주입된 전류의 서로 다른 전류 분산층에 의한 영향: (a) 얇고 전도도가 낮은 금속 필름의 경우 패드 바로 밑에서 전류 집중 현상이 발생, (b) 두껍고 전도도가 높은 금속 필름의 경우 균일한 전류 분산.

에서 LED 칩의 고장을 야기시킬 수 있기 때문에 LED 작동에 불리하다. 이러한 문제를 막기 위해 그림 17.2b와 같이 더 높은 전도성의 두꺼운 상단 전극이 증착된다. 이 경우 의심할 여지 없이 전극 아래에서 전류 분포를 균일화시키는 목표는 명백히 달성되지만, 전극의 두께 때문에 반투명해져 투과도가 감소하므로 전극을 통해 외부로 나오는 빛이 줄어든다. 그러므로 상단 전극의 투과도, 전도성, 두께 사이에는 상호보완(trade-off) 관계가 존재하며 이들은 전류 주입을 제어하고 또한 생성된 광의 아웃커플링(outcoupling)을 용이하게 하는 결정적인 요소들이다.

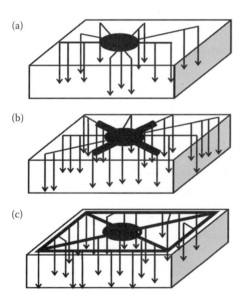

그림 17.3 수평형 LED의 기하학적 금속 접촉 표면: (a)와 (b) 작은 LED의 경우(250 μm ×250 μm), (c) 대면적 LED의 경우(> 350 μm × 350 μm). P형 패드로부터 주입된 전류 분산을 화살표 방향으로 나타냄. 소형 LED에서 원형 점 형태 또는 가지가 쳐진 원형 점 형태의 금속 패드를 사용하는 반면, 대형 LED에서는 추가적인 전류 공급을 위해 원형 접촉점 테두리에도 패드가 형성됨. 원형 점은 와이어 본딩을 위한 패드임.

그림 17.3은 등급이 다른 LED 칩에서 설계자들이 흔히 사용하는 세 가지 형태의 기하학적 배치(layout)를 나타내고 있다. 그림 17.3a에 나타낸 하나의 원형 접촉점은 저전류 LED 소자에서 사용된다. 그림 17.3b와 같은 가지(finger) 돌출부를 갖는 별 모양의 설계는 중간 전류 수준을 충족시킨다. 원형 접촉점을 중심으로 주변 링과 함께 별 모양의 가지를 갖는 마지막 설계(그림 17.3c)는 고휘도 LED의 높은 전류 주입 레벨에서 보다 더 균일한 전류 분산을 가능하게 하는 구조이다.

수평형 LED에서는 포토리소그래피 공정이 상부 표면에서만 이루어지고 이후 반대 극성의 층에 도달할 때까지 식각이 이루어진다. 따라서 두 번째 접촉 패드는 식각이 이루어진 면에 형성되고 그 후에 와이어 본딩이 진행된다.

수평형 LED는 그림 17.4와 같이 플립칩(flip-chip) 형태로도 패키징된다. 플립칩 형태의 LED 구조는 12장의

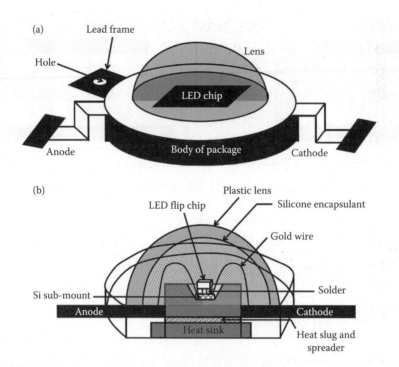

그림 17.4 플립칩 형태의 고휘도 수평형 LED: (a) 외부에서 바라본 모습, (b) 내부 구조. 작게 튀어나온 부분은 리드 프레임이라고 불리며 그 안에 작은 구멍이 있다. 리드 프레임에 가까운 리드는 양전극이며 그와 반대되는 리드는 LED의 음극 단자이다.

LED 패키징에 설명되어 있다. 그림 17.4a는 고휘도 수평형 LED의 외부 모습을 보여 준다. 그 내부에서 LED 소자는 실리콘 서브마운트(submount) 기판에 납땜되어 있고 실리콘 서브마운트는 방열판(heat slug)과 분산기(spreader)가 붙어 있는 다이 (die) 위에 결합되어 있다(그림 17.4b). 열전도성 계면 재료를 통해 분산기와 방열기 (heat sink)를 고정시킨다. 명확한 시각화를 위해 LED 패키지의 다양한 구성요소가 방열기와 함께 그림 17.5에 분리되어 그려져 있다. 그림을 통해 LED 조립체를 이루기 위해 함께 동작하는 각 구성요소를 명확히 알 수 있을 것이다.

수평형 LED 구조의 장애요소는 상단의 표면에서 와이어 본딩과 함께 두 개의 접촉 패드가 면적의 넓은 부분을 차지한다는 것이다. 패드로 가려진 면적은 순전히 낭비되는 영역으로 광 방출에 기여하지 못한다. 따라서 광 추출을 증가시키기 위해서는 상단 표면으로부터 단지 하나의 접촉과 나머지 하나의 접촉은 하단 표면으로부터 취하는 것에 의해 상단 표면상의 두 개의 접촉으로부터 발생되는 광 손실을 차단해야 한다. 동시에 잊지 말아야 할 사항은, 수평형 GaN 기반 LED 구조는 하단의 사파이어 기판이 절연체이기 때문에 접촉을 형성할 수 없다는 점이다. 따라서 수평형 구조보다는 이를 대체할 수 있는 적절한 구조가 제안되어야 한다.

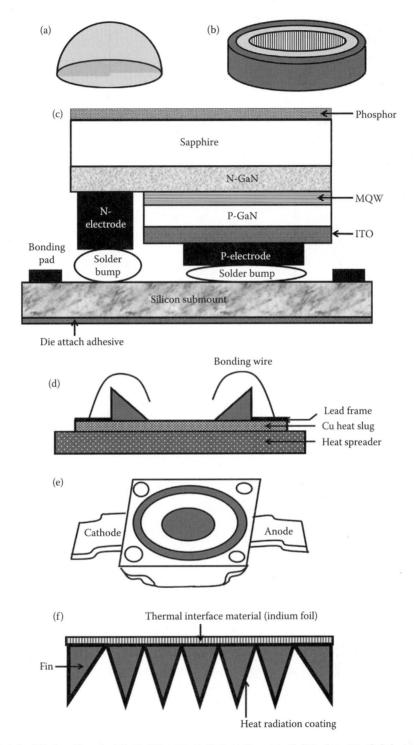

그림 17.5 방열기에 장착된 고휘도 수평형 플립칩 LED의 부품 분해도: (a) 실리콘 렌즈, (b) 반사판, (c) LED 다이(die), (d) 방열판 및 분산기, (e) 패키지, (f) 방열기.

17.5 고휘도 수직형 LED

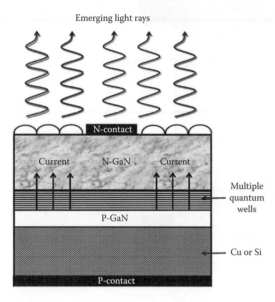

그림 17.6 수직형 LED 구조. 전류 방향은 화살표로 표시되어 있음.

급증하는 LED 제조 비용과 함께 광 차단(light blocking)에 대한 해결책이 점점 중요해지고 있다. GaN 기반 LED에서는 전체 층의 두께가 일반적으로 10 μm 이하 수준이며 이중 대략 50% 정도는 버퍼층(buffer layer)이 차지한다. 이 버퍼층은 활성층에서 우수한 결정 품질을 형성시키기 위해서 필수적이다. 광을 방출하는 다중 양자우물(multiple quantum well, MQW)층들이 표면에 아주 가깝게 위치해 있기 때문에 사파이어 기판으로부터 GaN 층을 분리시키는 것이 어려운 작업이다. 그 다음에 GaN 버퍼층 역시 제거된다. 제거 후 남은 3 μm 정도의 얇은 박막은 상단과 하단 양쪽으로부터 접촉되어진다. 실용적인 수직형 구조(그림 17.6)에서는 Cu, Si, SiC 등을 증착하여 형성시킨 반사 금속

층에 접합부의 P-형이 아래 방향으로 고정되는 것이 포함된다. 이와 같은 금속 반사층은 광 반사판, 오믹 접촉, 열 경로와 같은 세 가지 기능들을 수행한다. 본딩 패드와 본딩 와이어는 N-형 GaN의 윗면에서 접촉하게 된다. N-형 전극을 적절하게 설계함으로써 전류 집중(current crowding) 현상을 최소화할 수 있다. 또한, 접촉 가지(finger)들에 의한 광의 가림(eclipsing)도 최소한의 비율로 제한되어야 한다. 그러나 두 표면에서 일어나는 내부 반사 때문에 간섭무늬(interference fringe)가 형성될 수 있으며, 이는 N-형 GaN 상단 표면을 거칠게 만들어 줌으로써 완화시킬 수 있다. 따라서 상부 금속전극은 거칠기(roughening) 생성을 위한 식각 과정 전이나 후에 증착한다. 이렇게 하여 전면 접촉 및 후면 접촉이 형성되면 수직형 LED 구조가 완성된다.

사파이어 기판을 제거하고 잇따라 버퍼층도 제거한 후 구리 기판 위에 접착시킨 수직형 LED 다이(die)는 몇 가지 고유한 장점을 갖는다(Coherent White Paper 2011). 이미 언급한 바와 같이 가장 눈에 띄는 장점은 다중 양자우물 영역으로 균일한 전류 주입을 할 수 있는 것인데, 이는 본딩와이어 근처에서는 높은 전류가 주입되지만 여기에서 거리가 떨어진 곳으로 갈수록 긴 경로의 높은 저항에 따라 다소 적은 양의 전류가 흐르게 되는 것에 기인한 전류 분포의 불균형을 줄일 수 있기 때문이다. 또 다른 이점은 전도성 Cu 기판에 의한 열 분산 능력의 향상이다. 다이 크기를 증가시킬수록 단일 다이로부터 더욱 높은 출력을 얻을 수 있다. 게다가 단단한 사파이어 기판이

미리 제거되었기 때문에 기판을 자를 때 손쉽게 자를 수 있어 추가 공정이 간편해진다. 마지막으로 만약 비파괴 형식의 엑시머 레이저 리프트오프(excimer laser lift-off) 공정을 사파이어 기판 제거에 사용할 경우에는 제거한 사파이어 기판을 재사용함으로써 기판에 새로운 LED 제작이 가능하다. 결과적으로 동일한 사파이어 기판을 두 번 사용함으로써 분명히 비용 절감 효과를 가져올 수 있다.

17.6 사파이어 기판 제거를 위한 레이저 리프트오프 공정

앞에서 본 바와 같이 레이저 리프트오프(laser lift-off, LLO) 공정은 고휘도 GaN 기반 LED 구현에 중요한 공정과정 중 하나이다. 그러므로 여기서는 이 LLO 공정 과정의 정교한 처리기술들을 자세히 다루고자 한다. 기판 분리 과정은 화학적 에칭 방법 또는 기판을 갈아내는 방법으로도 수행될 수 있으나, GaN 활성층이 단지 수 미크론 두께이고 소자의 전체 수율을 크게 떨어뜨리는 번거로운 작업인 것을 무시해서는 안 되므로 이 방식에서는 적용되지 않아야 함을 강조해야 한다. LLO 공정 방식은 앞서 언급한 문제들에도 불구하고 소자 제작에 신뢰도가 확보될 수 있는 새로운 분리 방식으로 분류된다. LLO 공정은 기능성 GaN 기판에 손상을 주지 않으면서도 GaN과 기판을 선택적으로 분리해 낼 수 있는 방식이다.

그림 17.7은 LLO 공정 과정 중에서 기판이 거쳐 가는 주요 단계를 보여 준다. LLO

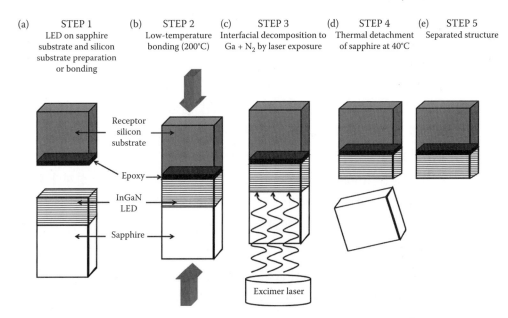

그림 17.7 레이저 리프트오프 공정 순서: (a) 준비단계, (b) 결합, (c) 레이저에 노출, (d) 사파이어 제거, (e) 분리된 구조.

공정은 사파이어 기판이 248 nm UV 파장대역에서 투명하기 때문에 적용 가능하다. 따라서 사파이어 기판 상에 성장된 GaN 박막이 UV 레이저에 노출될 경우, UV 광은 사파이어 기판을 투과하여 GaN/사파이어 계면 부근에서 20 nm 두께의 GaN 층 일부 영역만을 가열한다. 이 영역에서 600 mJ/cm² 레이저 선속(laser fluence)에서 약 1000℃의 온도를 발생시키는 강한 국소 가열이 순간적으로 일어난다. 이렇게 열적 영향을 받은 GaN 영역은 갈륨(Ga)과 질소(N)로 분해되어 기체상태로 자유로워진다. 기판 온도를 30℃ 가량으로 낮추면 갈륨 기체가 액화되면서 사파이어 기판이 GaN 층으로부터 분리된다.

LLO 공정은 기판 전체가 스캔될 때까지 기판 상에 UV 레이저 펄스(laser pulse)을 쪼여 줌으로써 순차적으로 구현된다. 공정의 신뢰성을 보장하기 위해 UV 레이저 소스(laser source)는 파장, 펄스 에너지 및 안정성과 관련된 특정 기준을 충족시켜야만 한다. 주의해야 할 점은 GaN의 에너지 밴드갭(energy bandgap)이 3.4 eV인 것을 감안하여 레이저 소스의 발광 파장은 350 nm 미만이어야 한다. 그래야만 사파이어 기판을 투과한 후에 GaN층에서 레이저 광이 흡수될 수 있다. 사용 가능한 레이저 소스는 엑시머 레이저와 Nd:YAG 레이저의 고조파(high harmonics)이다. 이제 이 두 소스를 서로 나란히 놓고 자세히 비교해 보도록 하자.

수 평방밀리미터의 큰 조사면적(per-shot-area) 위에 600 mJ/cm²의 선속(fluence)을 충족시키기 위해서는 400 mJ 이상의 굉장히 큰 레이저 펄스 에너지가 요구된다. 조사면적은 LED 다이의 최종 크기에 따라 다르며, 고휘도 LED들은 최대 5 mm²의 면적을 갖는다. 만약 조사면적이 지나치게 크거나 LED 다이가 지나치게 작다면, 단일 레이저 조사(shot) 내에서 많은 개수의 다이들이 분리될 수 있다.

엑시머 레이저는 고 에너지 UV 레이저 펄스를 방출하지만 Nd:YAG 레이저 경우처럼 더 높은 고조파에서 동작하지 않는다. 소형 엑시머 레이저는 500 mJ/pulse 이상 방출하지만, Nd:YAG 펄스의 경우 변환효율 때문에 200 mJ로 제한된다. 전체 조사에 대한 선속의 균일도(uniformity)가 레이저 성능의 주요한 지표이다. 엑시머 레이저는 본질적으로 낮은 가간섭성(coherence)을 가지며 빔 단면이 크다. 빔 프로파일의 모양 및 균질성(homogenization)을 위해 높은 수준의 UV 광학 설계가 필요하다. 빔 균질화는 모든 축마다 개별적인 원통형의 작은 렌즈들을 통해 이루어진다. 엑시머 레이저의 낮은 가간섭성 입력 빔과 함께 고품질의 광학계는 얼룩이 없는 큰 필드 크기를 제공한다. 선속은 매우 균일하고 가장자리 부근에서는 급격히 감소한다. 균질한 필드는 5배로 축소된 후 기판상에 투영된다.

연속적인 펄스에도 선속의 균일도 유지를 위해 레이저로부터 엄격한 펄스-펄스 안정성이 요구된다. Nd:YAG 레이저에서는 비선형 주파수 변환 때문에 대략 2%

RMS의 높은 펄스 에너지 변동이 발생된다. 248 nm의 엑시머 레이저에서는 100시간 이상의 연속 동작시간에도 약 0.5% RMS의 우수한 펄스 안정성이 보장되며 에너지와 파워 또한 안정적으로 유지된다. 개선된 고출력 엑시머 레이저에 의해 고작 몇 분을 소요하는 자동화된 가스교환을 제외하고는 유지보수가 필요없는 작동이 보장된다. 유지보수 비용 및 고장시간은 최첨단 고체상태 레이저와 동등한 수준이다.

보통 6인치 웨이퍼가 GaN 기반 LED의 제조 공정에 사용되며, 대량 제조를 위해서는 LLO 공정을 통해 적절한 처리량이 제공되어야 하는데 보통 시간당 60개의 웨이퍼를 처리할 수 있어야 한다. 이런 목적을 위해서, 파장 248 nm의 엑시머 레이저는 1 J/pulse 정도까지의 큰 출력 에너지 영역에 적합하다. 1 J/pulse 정도까지 에너지 출력이 가능한 248 nm 엑시머 레이저를 사용하는 것이 적절하다. 이 정도의 펄스 에너지를 갖는 경우, 50 Hz의 펄스 속도에서 10초 동안 지속되는 신속한 프로세스를 통해, 대략 400 펄스 정도로 6인치 웨이퍼 전체를 처리할 수 있다. 엑시머 LLO 공정이 제공하는 높은 반복 속도와 더 큰 조사영역을 통해 처리량을 향상하는 것은 고휘도 LED 제작을 위한 중요한 기술 중 하나이다.

17.7 열 제거 및 실패 모드에 대한 보호

GaN LED에 열이 발생하면 더 많은 전류를 끌어당겨 타 버리기도 한다(Lai and Cordero 2006). 열을 받으면 받을수록 더 많은 전류를 끌어당기게 된다. 이러한 재생 작용(regenerative action)에 의해 국소적으로 뜨거워지고 과열점(hot spot)이 생성된다. 이와 같은 열적 폭주에 의해 회복 불가능한 손상이 뒤따르게 된다. 따라서 열을 제거하기 위한 방안을 고안해 내는 것에 많은 관심을 기울이고 있다. 성장 기판이 제거된 후, 매우 약하고 깨지기 쉬운 GaN 활성층은 패키지에 장착되기 위해 전도성 기판에 고정된다. 실제로 이런 과정은 성장 기판을 사파이어 기판으로부터 떼어 내기 전에 이루어진다. 즉, 웨이퍼가 다른 캐리어(carrier) 기판 상에 뒤집혀 장착된 후에 사파이어 기판이 제거된다. 캐리어 기판으로는 유연한 기판(flexible substrate)을 포함하여 다양한 기판 선택이 가능하다. 공정을 마친 100~200 μm 두께의 LED 다이는 보통 Ag이나 Sn이 도금된 Cu 박편(foil)과 같은 두꺼운 금속 열 분산기에 부착된다.

두꺼운 열 분산기를 이용함으로써 LED에서 발생되는 열을 줄여 효율 저하 현상을 줄일 수 있다. Wang과 Li(2010)는 팬을 이용한 냉각 시스템을 제안하였다. 그러나 파워 다이오드와 동일한 고장 메커니즘이 문제를 야기하였다. LED는 때로는 개방회로 또는 단락회로 상태에 놓이게 되며, 순방향 및 역방향 바이어스 상태 모두에서 전압 과부하가 발생하기 쉽다. 제너 다이오드가 LED와 병렬로 장착되어 과전압이 가해질 경우 이를 보호하는 갑옷과 같은 역할을 하는 LED 패키지의 필수 구성요소로 내장되어 있다. 이것은 조명 시스템에 직렬연결된 LED 하나가 개방되었을 때도 지속적인 전류 공급을 가능하게 해 준다.

17.8 고휘도 LED의 색

AlInGaP 물질과 InGaN 물질을 사용하여 가시광 영역에서 고휘도를 갖는 다양한 색상의 LED 구현이 가능하다. 알루미늄, 인듐, 갈륨이나 인화물의 조합을 통해 적색, 주황색, 황색, 심지어 녹색의 구현이 가능하다. 또한 인듐과 질화갈륨의 조합을 통해 자외선, 청색, 청색−녹색, 녹색을 구현할 수 있다. 백색 고휘도 LED 역시 제작이 가능한데, LED와 형광체를 함께 사용하거나 여러 가지 단색 LED들을 조합하여 백색 구현이 가능하다. 형광체를 이용한 방법으로 안정적인 효율과 단단한 패키지를 얻을 수 있지만, 스토크스 편이(Stokes shift) 현상 때문에 빛의 손실이 발생하여 고효율을 얻기는 힘들다. 따라서 다수의 단색 LED를 조합하여 백색을 구현하는 방법을 찾게 된 것이다. 이런 다중 단색 LED 결합은 색상 튜닝의 효과까지 제공하는데, 하나의 조명기구를 통해 따뜻한 백색(warm white) 또는 차가운 백색(cool white)을 구현할 수 있다. 이러한 튜닝 효과는 장점과 단점을 모두 가진다. 다중 단색 LED 결합은 각 LED들의 정확한 비율의 출력 조정 및 빔 패턴의 혼합이 요구된다. RGB 시스템에서는 심지어 매우 작은 양의 적색 LED 출력 변화에도 눈으로 구별 가능할 만큼의 색 변화가 일어날 수 있다. 따라서 이런 민감도를 조절하기 위해서 LED의 출력을 모니터링할 수 있는 피드백 시스템이 절대적으로 필요하다.

17.9 광결정 LED

다른 굴절률(refractive index)을 갖는 물질로 이루어진 주기적인 구조는 광결정(photonic crystal)을 구성한다. 광학 적층 필름 또한 1차원의 광결정으로 볼 수 있다. 이러한 광결정 구조는 텔레비전 모니터나 안경의 표면 및 다른 광학적 구성요소에서 반사 방지막으로 흔히 사용된다. 그러나 "광결정"이라는 용어는 주로 2차원이나 3차원 구조에 적용된다. 광결정은 빔의 광학적 특징을 조절하는 기능을 한다. 예를 들어 빛의 투과, 반사, 굴절률 등이 조절 가능하다. 이는 일반적인 광학 필름을 통해 처리 가능한 수직 입사광뿐만 아니라, 2차원 또는 3차원 광결정 구조의 도움을 받아 다양한 각

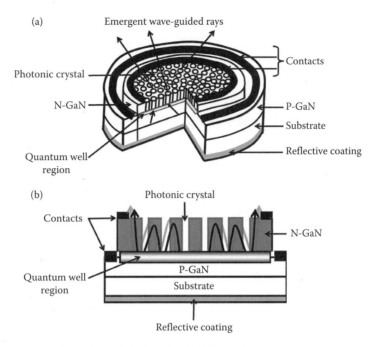

그림 17.8 광결정 LED: (a) 3차원 모식도, (b) 광결정 구조 영역에서의 단면도.

도로 입사하는 빛에 대해서도 전파 제어가 가능하다.

그림 17.8은 Barton과 Fischer(2008)가 제작한 후면 반사 광결정 LED 구조를 보여 준다. 소자의 안정적인 구동을 위해, 광결정의 빈 영역을 형성하는 구멍들은 반드시 빛을 생성하는 다중 양자우물 구조 위의 영역까지만 에칭이 되어야 한다. 평면 광결정과 LED 칩 내부에 갇힌 광학 필드 사이의 상호작용을 통해 빛이 회절되고 LED의 표면으로 튀어나오게 되어 그 세기가 증가한다. 청색−녹색 빛의 LED에서는 구멍 직경이 200 nm, 구멍 간 간격이 300 nm로 제작된 바 있다(Rahman 2007).

Kwon 등(2008)에 의해 삽입된 광결정 구조가 청색 LED의 외부 양자효율에 미치는 영향에 대한 연구가 진행된 바 있다. LED에 삽입된 광결정 구조에 의해 광발광(photoluminescence)과 광출력이 눈에 띄게 증가한 것이 확인되었다. 광학적, 전기적 특성의 개선은 광결정 구조에 의한 빛 추출 효율 향상과 N-GaN층 위에 에피택셜 수평 과성장(epitaxial lateral overgrowth) 방식 성장기법을 통한 전위밀도(dislocation density) 감소 및 이로 인한 내부 양자효율이 향상되었기 때문으로 증명되었다.

고휘도 LED의 궁극적인 빛 추출 효율 개선에 대한 방법은 Wierer 등(2009)에 의해 개발되었는데, 광결정 구조를 이용하여 청색 LED에서 73%의 광 추출 효율이 달성되었다. 사파이어 기판 위에 다중 양자우물 구조를 성장한 이 GaN 기반 LED 구조에서는 450 nm 파장에서 가장 강한 빛을 방출하였고 그 소자의 크기는 200 μm ×

200 μm이다. 700 nm 두께의 얇은 LED 표면에서는 육각(hexagonal) 광결정 구조가 존재한다. 이 광결정 구조는 455 nm의 격자상수(lattice constant) 및 250 nm의 깊이 (depth)를 갖고 있다.

Kwon 등(2013)에 의해 이루어진 추가 연구는 SiO_2/ITO 구조를 적용한 광결정 구조가 LED의 전기적 특성 및 광 추출 효율 특성에 미치는 영향에 대해 이루어졌으며, SiO_2/ITO 광결정 구조가 없는 LED에 비해 20 mA 전류 주입 기준에서 36%의 광출력 향상을 보였다. LED의 전기적인 특성 저하도 보이지 않았다. 그 실험에서 SiO_2/ITO 광결정 구조에 있는 SiO_2 기둥의 반지름은 75 nm였고, 주기는 256.5 nm 였으며, 기둥의 높이는 225 nm였다.

17.10 고휘도 LED의 봉지재 재료

고휘도 LED 패키징에 요구되는 성능 요건은 상당히 부담스러운 수준이다(Mosley et al. 2008). GaN 기반 LED에서는 1.8~2.5 정도의 굴절률을 갖는 봉지재(encapsulant)가 광 추출 향상에 기여한다. 고휘도 LED는 보통 120~200°C 온도 및 100 mW/mm² 이상의 광속(light flux) 수준에서 동작하기 때문에 봉지재의 열적, 광화학적 안정성은 매우 중요하다. 이러한 동작 조건에서 50,000시간 수명을 유지하기 위해서는 봉지재의 광학적 특성 변화나 아주 작은 기계적 특성 변화도 허용되지 않는다. 봉지재의 광 투과율(optical transmission)이 450 nm 기준에서 90% 이상의 수준도 만족해야 한다. 대부분의 고휘도 LED 업계에서 450 nm 파장대역 부근의 LED들을 생산하고 있지만, 소수 제조사들은 405 nm 파장대역의 UV LED 또한 생산하고 있다. 봉지재는 형광체와의 부정적인 상호작용 또한 없어야 한다. 고휘도 LED의 높은 온도 동작 조건 하에서 에폭시가 황변(yellowing) 현상을 나타내는 점은 주목할 만한 사항이다.

실리콘(Si)은 우수한 투과율 및 열적, 광화학적 열 안정성을 갖는 물질이다. 이는 일부 에폭시 수지가 갖는 수분 흡수율이 2% 정도인 것에 비하여, 0.2% 이하의 아주 낮은 수치를 보여 준다. 상온 가황성(vulcanizable) 실리콘은 이러한 조건에 사용 가능한 대안이 되었다(Norris et al. 2005). 실리콘 기반의 물질들은 LED 제조사들로부터 차세대 LED 소자 디자인을 위한 봉지재 및 렌즈의 역할로서 많은 주목을 받게 되었다. 따라서 최근 고휘도 LED 패키징 물질에 대한 트렌드가 유기 중합체(organic polymer)로부터 실리콘으로 변해 가고 있다. 실리콘은 자외선 및 청색 빛 조사 조건에도 안정적인 동작이 가능한 물질이다. 또한 높은 온도 및 습도에서도 내구성을 보이며, 강한 빛이 조사될 경우에도 기능을 상실하지 않는다. 이 실리콘 재료는 유리

(glass)와 유기 선형 중합체(organic linear polymer) 사이의 하이브리드 분자 물질로 취급할 수 있다. 실리콘 재료의 특성은 LED 응용분야에서 요구하는 특성을 지닌 이상적 물질로서, 보호적인 봉지재 역할뿐만 아니라 고휘도 LED 렌즈 제작을 위한 사출 성형 렌즈 재료로도 사용이 가능하다. 이로써 광학적으로 투명하고 단단한 수지 실리콘 재료를 통한 렌즈의 사출 성형이 가능해졌다.

17.11 고휘도 LED의 응용분야

17.11.1 포켓 프로젝터(Pocket Projector)

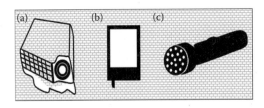

그림 17.9 LED 응용분야: (a) 포켓 프로젝터, (b) 핸드폰 백라이팅, (c) 손전등.

LED 출력과 밝기의 증가로 인해 이제는 프로젝터(projector) 시스템 또한 LED로 제작이 가능하다(그림 17.9a). 많은 사업체들에서는 25~50 lm 밝기 수준의 프로젝터 개발에 많은 관심을 갖고 있다. 이런 프로젝터들은 소형으로 어디에서나 사용 가능하기 때문에 포켓 프로젝터(pocket projector)라고 불린다. 다른 광원들에 비하여 LED 시스템이 갖는 장점은 다양한 대역의 색상 구현이 가능하다는 것이다. 후면 프로젝션 텔레비전 시스템 또한 이런 프로젝터 시스템을 통해 구현이 될 수 있다.

17.11.2 백라이팅(Backlighting)

많은 핸드폰 디스플레이들은 LCD에 빛을 공급하기 위해 백라이팅 시스템을 사용하고 있다(그림 17.9b). 대부분의 LED 백라이팅 시스템을 장착한 핸드폰들은 얇은 플라스틱 도광판(light guide plate, LGP)의 가장자리에 LED를 결합하여 사용한다. 이 도광판은 넓은 영역에 걸쳐 확산하는 빛들을 LCD 쪽으로 추출하는 기능을 수행한다. BEF(brightness enhancing film)라고도 불리는 빛 재사용 필름(light recycling film)은 도광판과 LCD 사이에 위치하며 빛의 분산각도를 조절하는 역할을 한다. 백라이팅 시스템에 포함되어 있는 확산 필름(diffuser film)과 반사 필름(reflective film)은 효율 향상과 빛의 균일도를 증가시키는 역할을 한다.

작은 핸드폰의 경우 엣지형 백라이트(edge-lit type backlight) 디자인이 빈번히 사용된다. 그러나 디스플레이 면적이 넓을수록 다수의 LED를 대형 2차원 면 위에 배치하는 것이 더욱 효율적이다. 이러한 직접적인 발광방법인 직하형 백라이트(direct-lit type backlight)에 대한 접근법은 LED의 열을 조절하기가 용이한데 이는 엣지형 접근방법보다 더 큰 영역에 걸쳐 열을 분산시킬 수 있는 디자인 구조이기 때문이다. 따라서 이러한 접근방법이 현재 활발히 개발되고 있는 추세이다.

17.11.3 손전등

LED가 백열램프에 비해 더 높은 효율(efficacy)을 갖게 된 이후로, LED를 사용하는 손전등(flashlight)에서는 배터리를 빈번히 교체할 필요가 없어졌다. 그림 17.9c는 LED 손전등(torch)을 보여 준다. 게다가 LED를 사용한 손전등의 경우 백열램프에서 생성되는 빔 패턴보다 빛의 생성 각도가 균일하며 직진성이 강한 잘록한 형태의 빔 패턴을 가질 수 있다. LED 손전등의 광학계는 전반사를 이용하여 광을 모으는 고체 광학계나 일반적인 반사체이다.

17.11.4 일반 조명

종종 고휘도 LED는 원하는 빔 패턴을 만들기 위해 익숙한 광학 기술을 사용하기도 한다. 그러나 보통의 조명기구와는 달리 LED 시스템은 적색, 녹색 및 청색 LED 그룹들을 사용하여 색의 조화 가능성을 구현해 낼 수 있다. 생성된 빛의 색상은 적색, 녹색, 청색 출력이 적절히 평형을 이룰 때 백색 구현도 가능하다. 그러나 색온도는 사용자들의 선호도 및 요구에 맞게 조절 가능한 파라미터 중 하나이다. 많은 조명 시스템들은 하루 중 태양광 색이 변하는 것처럼 색온도를 변화시키도록 하고 있다.

균일한 백색광원의 구현은 분리된 RGB LED들의 적절한 조절과 조합을 통해 이루어진다. 서로 다른 LED들의 출력은 혼합 막대(mixing rod)를 통해 혼합된다. 이러한 막대들은 매끄럽고 각도가 져 있거나(tapered) 혹은 물결(ripple) 무늬가 있는 혼합 막대 중 하나에 속하게 된다. 테이퍼링(tapering)을 통한 변환은 LED에서 나오는 반구 램버시안(hemisphere Lambertian) 형태의 출력을 작은 원추 각 분포로 변화시킨다.

기하학적으로는 물결무늬가 있는 것이 부드러운 형태의 믹서 형상을 갖는다. 그러나 광학 구조에서 색 혼합을 향상시키기 위해 그것의 표면에 미세한 구조가 믹서(mixer)의 길이에 따라 위치하기 때문에, RGB LED가 사용되는 경우 색 균일도(color uniformity) 측면에서 눈에 띄는 향상을 제공할 수 있다.

17.11.5 자동차 헤드램프 및 신호등

컬러 LED는 규제 기준의 요구조건과 일치하는 색상의 구현이 가능하다. 또한 어떠한 컬러 필터의 사용 없이도 원하는 빛 생성이 가능하다. 이러한 측면에서 LED는 원하는 출력을 생성하기 위해 필터를 사용해야만 하는 할로겐 램프와 구별된다. 게다가 LED 패키지는 광원의 형태가 구형이 아닌 반구형이라는 점에 또 하나의 장점이 있다. LED 패키지에서 사용되는 렌즈의 모양을 조절하여 광출력 패턴을 줄임으로써 효율적인 광학 디자인을 가능케 한다. 이는 빔의 패턴이 어떤 구체적인 평가 기준을 갖거나 그것을 충족시켜야 할 때 특히 유용하다고 할 수 있다.

자동차 정지신호 램프로서의 LED는 텅스텐 할로겐 램프보다 빠른 응답시간을 갖는데, 이와 같이 빠른 응답시간은 자동차 운전자로 하여금 60 mile/h의 주행속도 기준에서 불필요한 60 ft를 소모하지 않도록 해 준다.

17.12 결론 및 고찰

많은 LED 상품들이 판매되고 있고 광 레벨(light level) 또한 증가하는 추세이다. 고휘도 LED는 50 lm 이상의 광속을 제공할 수 있다. 비록 이런 고휘도 LED가 더 많은 전력을 소비할 것으로 생각될 수도 있으나, 많은 전력을 소비하는 LED를 고휘도 LED라고 단정할 필요는 없다. 고휘도 LED는 1 W당 100 lm에 가까운 효율(efficacy)을 가진다. 빛의 밝기는 전류에 의해 조절이 가능하며, 고휘도 LED는 대략 350 mA, 700 mA, 1 A, 1.4 A 또는 그 이상의 전류 주입에 따라 변동 가능하다. 고휘도 LED에서 열을 제거하는 방법은 앞으로도 꾸준히 주목되어야 할 점이다. 이런 열 제거를 위해 방열판(heat slug)이 LED 접합 바로 아래 배치되며 효율적인 열 제거를 담당한다. LED는 방열기 역할을 하는 회로 기판상에 실장된다. 실리콘은 봉지재로 우수한 역할을 수행하는데, 열 축적을 최소화시키며 전기적 또는 환경적 요인으로부터 LED를 보호하며 광 추출 효율 향상 및 특정한 빛의 분산 패턴을 위한 렌즈 설계도 가능케 한다. 고휘도 LED 제작을 위해 광결정과 같은 특별한 비경로의 광 추출 기술들도 적용된다.

 참고문헌

Barton, D. L. and A. J. Fischer. 2008, April. Photonic crystals improve LED efficiency, SPIE Newsroom. doi: 10.1117/2.1200603.0160. http://spie.org/x8796.xml

Cassarly, W. J. 2008. High-brightness LEDs. OPN, January, pp. 19–23. http://www.optical-res.com/news/OPN_High-Brightness%20LEDS.pdf

Coherent White Paper. 2011, June. The New Horizon is vertical in HB-LEDs. Excimer lasers excel in sapphire substrate removal, pp. 1–4. http://www.coherent.com/Downloads/HB_LED.pdf

Kwon, M.-K., J.-Y. Kim, K. S. Kim, G.-Y. Jung, W. Lim, S.-T. Kim and S.-J. Park. 2013. Enhanced light extraction of GaN based blue light-emitting diode with SiO_2/ITO photonic crystal structure. *ECS Journal of Solid State Science and Technology* 2(1), P13–P15.

Kwon, M.-K., J.-Y. Kim, I.-K. Park, K. S. Kim, G.-Y. Jung, S.-J. Park, J. W. Kim, and Y. C. Kim. 2008. Enhanced emission efficiency of GaN/InGaN multiple quantum well light-emitting diode with an embedded photonic crystal. *Applied Physics Letters* 92, 251110-1–251110-3, http://dx.doi.org/10.1063/1.2948851.

Lai, Y., and N. Cordero. 2006. Thermal management of bright LEDs for automotive application. *Proceedings of 7th Int. Conf. on Thermal, Mechanical and Multiphysics Simulation and Experiments in Micro-Electronics and Micro-Systems*, EuroSimE 2006, 5pp. http://www.researchgate.net/publication/4246675_Thermal_management_of_bright_LEDs_for_automotive_applications; doi:10.1109/ESIME.2006.1643953.

Mosley, D. W., K. Auld, D. Conner, J. Gregory, X.-Q. Liu, A. Pedicini, D. Thorsen, M. Wills, G. Khanarian, and E. S. Simon. 2008. High performance encapsulants for ultra high-brightness LEDs. In: K. P. Streubel, and H. Jeon (Eds.), *Light-Emitting Diodes: Research, Manufacturing, and Applications XII, Proc. of SPIE* Vol. 6910, 691017-1–691017-8.

Norris, A. W., M. Bahadur, and M. Yoshitake. 2005. Novel silicone materials for LED packaging. In: Ferguson, I.T., Carrano, J.C., Taguchi, T., and Ashdown, I. E. *Fifth International Conference on Solid State Lighting. Proc. of SPIE* Vol. 5941, 594115-1–594115-7, doi:10.1117/12.617250. http://proceedings.spiedigitallibrary.org/proceeding.aspx?articleid=873271

Rahman, F. and Richard De La Rue. 2007. Photonic crystals enable ultra bright LEDs. *Photonics Spectra*, July. http://www.photonics.com/Article.aspx?AID=30141

Wang, R. and J. Li. 2010. A cooling system with a fan for thermal management of high-power LEDs. *Journal of Modern Physics* 1(3):196–199.

Wierer, Jr., J. J., A. David, and M. M. Megens. 2009. III-nitride photonic-crystal light-emitting diodes with high extraction efficiency. *Nature Photonics* 3: 163–169.

연습문제

17.1 고휘도 LED란 무엇인가? 휘도(luminance)와 밝기(brightness) 중 어떤 용어가 고휘도 LED를 정의하기 위해 더 정확한 표현인가?

17.2 빛이 약한 다수의 LED가 고휘도 LED와 전체적인 밝기가 비슷함에도 불구하고 이를 대체할 수 없는 이유는 무엇인가? 고휘도 LED 제작의 필요성을 설명하라.

17.3 수평형 LED가 고휘도 LED 제작에 적절치 않은 이유는 무엇인가? 수직형 구조가 LED의 밝기를 증가시키는 이유에 대해 설명하라.

17.4 외부에서 바라봤을 때 고휘도 LED가 저휘도 LED와 비슷해 보임에도 불구하고 내부적으로 중요하게 다른 점에 대해 설명하라. 디자인, 구조적 특징, 전

류 이동, 열 분산 능력, 광 추출 방법, 봉지(encapsulation) 방법 면에서 고휘도 LED의 내부 구조를 자세히 설명하라.

17.5 GaN 기반 LED의 절연체인 사파이어 기판을 제거하기 위한 레이저 리프트오프 공정에 대해 설명하라. 제거된 사파이어 기판은 재사용이 가능한가? LED의 대량 생산을 위해 6인치 웨이퍼에 사용되는 레이저 소스는 어떠한 특별 요구 조건들이 필요한가?

17.6 LED 동작 동안에도 쿨링을 유지하기 위해 어떤 방법이 필요한가? LED의 고장 유형에는 어떤 것들이 있는가? LED 동작 동안 발생하는 결함들을 줄이기 위해 패키지된 LED에는 어떤 종류의 보호장치들이 설계되어 있는가?

17.7 고휘도 LED 제작에서 서로 다른 색을 구현하기 위해 사용되는 주요한 물질 시스템은 무엇인가? 각 LED 색상에 대응하는 물질들을 서술하라.

17.8 고휘도 LED에서 백색광 구현을 위한 여러 방법에는 무엇이 있는가? 단색 LED 여러 개를 조합하여 색 튜닝을 할 수 있는 방법에 대해 서술하라.

17.9 광결정(photonic crystal)이란 무엇인가? 73%까지 효율 달성이 가능한 광결정 LED 특징에 대해 설명하라.

17.10 저휘도 LED에서 사용되는 에폭시나 기타 봉지재들은 고휘도 LED에서도 적용이 가능한가? 고휘도 LED에서 수반되어야 할 패키징 물질들에 대해 중요한 요구사항으로 어떤 것들이 있는지 설명하라.

17.11 실리콘 물질이 고휘도 LED에 맞춰 사용할 경우 가질 수 있는 특별한 장점이 무엇인가? 실리콘 물질을 LED의 렌즈로 사용이 가능한가?

17.12 포켓 프로젝터(pocket projector)란 무엇인가? 이 프로젝터의 응용분야를 최소한 가지 기술하라.

17.13 소형 디스플레이에서 LED 기반의 백라이팅(backlighting)은 어떤 형식으로 수행되는가? 또한 대형 디스플레이에서는 어떻게 작용하는가?

17.14 손전등의 소스로서 백열등 대신 LED를 사용하는 장점은 어떤 것들이 있는가?

17.15 백색광 LED 시스템은 어떻게 컬러 보정 기능을 제공하는가? 물결무늬 막대(rippled rods)는 어떻게 컬러 믹싱을 증대시킬 수 있는가?

17.16 자동차 헤드라이트와 신호등으로 할로겐 전구 대신 LED를 사용했을 때 장점은 무엇인가?

PART **III**

유기 발광 다이오드

OLEDs

CHAPTER 18

유기 반도체 및 저분자 유기 발광 다이오드

Organic Semiconductors and Small-Molecule OLEDs

학습목표

이 장을 학습한 후에 독자들은 다음의 역량들을 갖출 수 있게 된다.

- 유기 반도체와 무기 반도체를 비교할 수 있다.
- 포화 유기 화합물과 불포화 유기 화합물을 명확히 구분할 수 있다.
- 유기 반도체의 특별한 특성을 이해할 수 있다.
- WOLED를 만들기 위한 두 가지 종류의 물질(형광과 인광)의 기여에 대해 토론할 수 있다.
- 단일항 여기자와 삼중항 여기자의 관점에서 단일항 및 삼중항 발광체 사이의 차이를 이해할 수 있다.
- 저분자 유기 반도체와 고분자 유기 반도체에 대해 이해할 수 있다.
- 저분자 LED 내에 구성되는 층들의 역할에 대해 토의할 수 있다.
- OLED의 동작을 에너지 밴드 모델의 관점에서 설명할 수 있다.
- 고효율 OLED의 실현을 위한 노력을 이해할 수 있다.

18.1 유기 재료와 반도체

18.1.1 유기 반도체: 유기 재료의 부분 집합

환경 친화적인 광원의 추구에 있어서 유기 재료는 모범적인 선택을 제공한다. 이러한 물질들은 하나 이상의 탄소(C) 원자들이 가장 일반적으로 수소(H), 산소(O) 또는 질소(N)와 같은 다른 원자들과 공유 결합된 큰 집단의 화합물(chemical compounds)을 나타낸다. 생명체의 화학적인 구성 물질이기 때문에 생물이나 유기체와의 연관성 때문에 유기 화합물(organic compounds)로 알려져 있다. 유기 분자 설계의 무한한 자유도는 전자공학 연구를 무기 재료(inorganic materials)에서 유기 재료(organic materials)로 유도하였다. 복잡한 유기 분자 구조들은 sp^3, sp^2, sp 혼성 궤도들을 포함하는 탄소의 독특한 결합에 의해 형성된다. 이와 같은 구조들은 유기체와 산업 제품들의 폭넓은 범위에서 매우 다양한 기능을 한다. 유기전자공학은 열정적으로 연구되고 있는 분야이다.

유기 재료 중에서 유기 반도체는 탄소와 수소 원자들의 결합 배열이 포함되어 있는 유기 화합물로 구성된 반도체(semiconductor) 특성을 나타내는 고체이며, 때로는 질소, 산소, 황(S) 또는 다른 원자들이 그 배열에 붙어 있다(Samuel and Turnbull 2007, Limketkai 2008). 그들은 유기농 식품 또는 농산물에 포함되지 않고 유해한 금속도 포함하고 있지 않다. 그들은 진정한 녹색 기술이고 또한 생분해되기도 한다.

18.1.2 포화 및 불포화 유기 재료

포화 유기 물질(그림 18.1)에서 탄소 원자들은 –C–C–C–C–C–C– 형태의 배열로 정렬된다. 여기서 "–"는 탄소 원자를 함께 결합하고 있는 전자쌍(electron pair)을 나타낸다. 이 경우 모든 전자들은 원자에 강하게 결합되어 있고 그 물질은 전기적으로 절연체(electrical insulator)이다. 그러나 불포화 유기 물질(그림 18.2)에서 –C=C–C=C–C=C–와 같은 배열이 가능하다. 이 탄소 결합들에서 잉여 전자들("="는 두 개의 전자쌍이 있는 이중결합을 나타낸다)은 탄소 원자에 느슨한 방식으로 결합되어 사로잡히게 된다. 이러한 느슨하게 결합된 전자들을 π-전자라고 한다. 이러한 π-전자들의 존재 때문에 그 물질은 실리콘(Si)과 같은 반도체로 된다. 따라서 유기 고체들은 대부분 절연체이지만, 그 구성 분자들이 π-공액계를 가지고 있을 때는 π-전자 중첩을

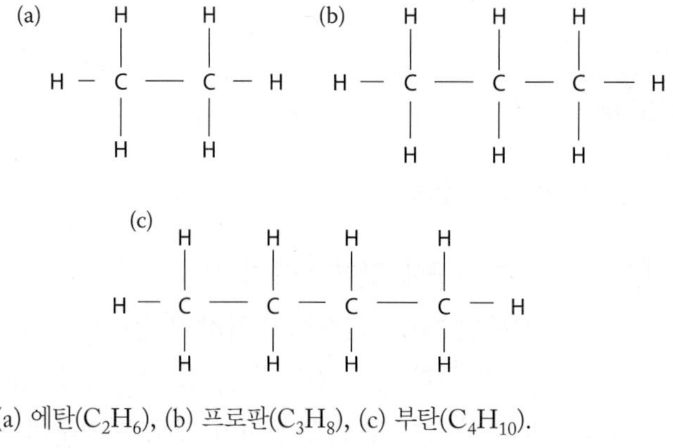

그림 18.1 포화 탄화수소: (a) 에탄(C_2H_6), (b) 프로판(C_3H_8), (c) 부탄(C_4H_{10}).

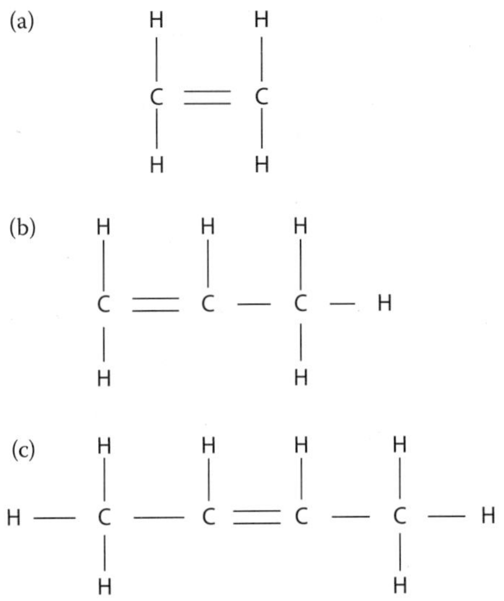

그림 18.2 불포화 탄화수소: (a) 에텐(C_2H_4), (b) 프로펜(C_3H_6), (c) 부텐(C_4H_8).

통해 호핑(hopping), 터널링(tunneling) 그리고 관련된 메커니즘들에 의해 전하 운반자들이 움직이게 된다.

18.1.3 유기 반도체의 특성

유기 반도체는 가볍고, 저렴하고, 유연하며, 유연성을 유도하는 기계적인 응력에 대한 탄성이 있다. 매우 높은 청정도의 클린룸을 필요로 하지 않아서 대기 조건에서 제조 공정을 행할 수 있다. 리소그래피 공정은 프린팅 공정으로 대체된다. 기판은 플라스틱, 종이, 천과 같은 저렴한 재료로 만들어진다.

다음은 유기 반도체의 가장 두드러진 특징이다.

1. 유기 반도체는 간단한 제작으로 고유의 광전자적(optoelectronic) 특성을 나타내며, 원하는 특성을 제공하도록 화학 구조를 조율할 수 있는 범위는 그들을 발광다이오드(LED) 재료로서의 매혹적인 경쟁자로 만든다.

2. 유기 반도체에서 에너지 밴드 개념은 제한적으로 적용된다. 각각의 분자에 국소화된(localized) 여기상태와 상호작용이 주된 역할을 한다. 전하 수송 사이트들은 가우시안 에너지 분포를 나타내며 국소화된다. 상태 밀도(density of states, DOS)도 가우시안 형태를 나타낸다.

3. 약한 반데르발스 결합(van der Waals bonds)과 론돈 힘(London forces) 때문에 유기 박막들은 비전통적인 재료들 위에 작거나 큰 면적으로 쉽게 성장된다. 이

러한 재료들은 유연하거나 자기 조립적이거나 형상에 맞게 형성할 수 있는 기판들을 포함한다. 유기 박막은 눈에 띄게 상당히 휘어지더라도 본질적인 특성을 유지한다.

4. 수율(yield) 문제는 무기 반도체 위에 대면적 소자의 제작을 어렵게 한다. 비정질(amorphous)과 다결정성(polycrystalline) 무기 반도체의 결정성 입자들 사이의 결합들 때문에 전자적 및 광학적 특성들이 억제되고 만약 불포화 결합(dangling bond)들이 존재하면 불안정성의 원인이 된다. 유기 반도체는 고립된 분자들이 약한 반데르발스 결합에 의해 연결되어지는 기본적인 구조 때문에 비록 저온 증착 공정을 사용하더라도 우수한 특성을 나타낸다. 분자 고체들은 원자적으로 정렬되어지고, 무기물 고체와는 달리 불포화 결합이 없다. 약한 결합은 분자들 사이의 무질서를 촉진하고, 그에 따라 전자 상태가 국소화되지만 광학적 특성은 그대로 유지된다.

5. 유기물 구조에서의 물리적 과정에는 엑시톤(exciton)이라는 여기자의 형성을 포함한다. 여기자의 동작 원리에 의해 그들은 추적되어지거나 조절된다. 여기자(exciton)는 서로 일정한 거리 떨어져 있는 전자와 정공이 쿨롱 힘(coulombic forces)에 의해 결합하여 상관되어 있는 전자−정공 쌍(electron hole pair)이다. 여기자는 임의의 궤도 각운동량을 가지고 있고, 스핀 각운동량은 0 또는 1을 가질 수 있다. 여기자 소멸 비율(annihilation rate)은 느리고 긴 시간이 걸린다(단일항 여기자는 수 나노초 정도, 삼중항 여기자의 상태는 수 마이크로초 이상의 긴 수명을 가진다).

6. 공간적으로나 에너지적으로 상당히 무질서하고 정돈되지 않은 구조 때문에, 특히 비정질 상태의 유기 반도체에서의 전하 이동도는 공유 결합되어 있고 규칙적으로 배열된 무기 반도체보다 아주 느리고, 나쁜 전하 수송 특성을 초래한다.

표 18.1에 유기 반도체와 무기 반도체의 비교를 나타내었다.

18.2 유기 발광 다이오드용 주입형 전계발광 재료

18.2.1 형광 및 인광 분자 여기자

백색 유기 발광 다이오드(white organic light emitting diode, WOLED)를 제작하는 데 일반적으로 두 종류의 재료, 즉 형광(fluorescent)과 인광(phosphorescent) 재료가 사용된다(Andrade and Forrest 2004, Tsuboi 2010). 1세대 유기 발광 다이오드

표 18.1 유기 반도체와 무기 반도체의 차이

번호	유기 반도체	무기 반도체
1.	분자 내의 결합은 강하지만 각각의 분자는 약한 반데르발스 결합(결합 에너지 약 10^{-3}~10^{-2} eV)에 의해 연결되어 있다.	원자들이 결합 에너지 약 2~4 eV의 강한 공유 결합으로 서로 결합되어져 있다.
2.	에너지 대역 구조가 분자 에너지 준위에 국소화되어 있다.	에너지 대역 구조가 전체 결정 구조에 퍼져 있다.
3.	분자에 국소화된 두 에너지 준위를 구분할 수 있다. HOMO(점유 최고 분자 궤도)와 LUMO(비점유 최저 분자 궤도)	전체 결정 구조에 퍼져 있는 두 에너지 대역이 존재한다. 이들이 잘 알고 있는 가전자대와 전도대이다.
4.	약한 분자 사이의 결합이 기계적 변형에 대한 유연성을 부여한다.	원소 반도체와 화합물 반도체 모두 기계적으로 딱딱하다.
5.	분자 내 전자적인 수송은 각각의 분자 내에 국소화되어 있으나, 분자 간 전자적인 수송은 국소화된 에너지 상태에서 다른 상태로 포논의 도움을 받아 일어나는 터널링 현상인 호핑에 의해 일어난다.	전자적인 수송은 표동(drift)과 확산(diffusion) 원리에 의해 일어난다.
6.	전하 운반자의 유효 질량이 전자 질량의 약 10^2~10^3배이다.	전하 운반자의 유효 질량이 전자 질량보다 작음.
7.	낮은 전하 운반자 이동도, 약 10^{-3} cm²/V·s	Si의 전자에 대한 높은 운반자 이동도, 약 1350 cm²/V·s
8.	짧은 평균 자유 경로, 결정 상수와 유사	긴 평균 자유 경로, 결정 상수의 약 10^2~10^3배
9.	낮은 전기 전도도	큰 전기 전도도
10.	낮은 녹는점과 승화 온도	더 높은 녹는점과 승화 온도
11.	순도 약 95%	일반적인 상용 재료의 순도 약 99.9999%
12.	수분에 극히 민감하다.	수분에 별로 민감하지 않다.
13.	합성하는 데 상대적으로 저렴하고, 넓은 면적에 쉽게 적용(500°C 이하에서 진공 증착하거나 실온에서 스핀 코팅)	무기 반도체 소자를 제작하는 데 클린룸, 정교한 장비와 고온 공정을 필요로 하기 때문에 복잡하고 비용이 많이 드는 기술이다.
14.	유연한 기판에 제작할 수 있다.	유연한 기판에 제작하기 어렵다.

(OLED)는 형광 분자로 제작되었다. 이들은 효율적인 발광 때문에 인광 분자들을 사용하는 2세대 OLED로 발전되었다. 형광 재료보다 효율이 더 높은 인광 재료를 적용하려는 이유를 좀 더 살펴볼 필요가 있다.

18.2.2 단일항 및 삼중항 여기자

이 두 종류의 재료의 차이를 이해하기 위해서 생성 가능한 두 종류의 여기자에 대해 자세히 살펴본다(Kamalasanan et al. 2010). 전자와 정공의 재결합은 단일항과 및 삼중항 여기자를 통해서 일어난다. 단일항 여기자에서는 최저 비점유 분자 궤도(lowest unoccupied molecular orbital, LUMO) 준위에 있는 전자의 스핀과 최고 점유 분자 궤도(highest occupied molecular orbital, HOMO) 준위에 있는 전자의 스핀이 짝이 될 수 있다. 단일항 여기자는 반대칭 스핀 상태이고 총 스핀 양자수는 $S = 0$이다. 삼중항 여기자에서는 LUMO 준위의 전자의 스핀은 HOMO 준위의 전자의 스핀과 짝을 이루지 않는다. 삼중항 여기자는 총 스핀 양자수 $S = 1$인 상태로 결합된 대칭 스핀 상태이다. 단일항 여기자가 바닥상태로 전이하는 것은 양자역학적으로 허용되기 때문에 나노초 시간 이내 수명의 형광(fluorescence)을 방출한다. 반면에 삼중항 상태에서 단일항인 바닥상태로의 전이는 양자역학적으로 금지되기 때문에 마이크로초에서 초 영역까지의 긴 수명을 보이는 인광(phosphorescence)을 방출한다. 따라서 형광 재료에서는 단일항 여기자만 빛을 내면서 소멸하는 반면에 인광 재료에서는 단일항과 삼중항 여기자 모두 발광성 소멸을 일으킨다.

18.2.3 단일항 발광 물질

대부분의 발광 물질들의 바닥상태는 아주 약한 스핀−궤도 결합(spin-orbit coupling)을 가지는 단일항 상태이다. 이것은 저분자나 고분자를 삼중항 상태로부터의 발광 비율이 아주 적은 형광을 방출한다. 단일항 발광 물질의 예로는 π-공액 고분자(π-conjugated polymers) 또는 유기/유기금속 단분자가 있다.

18.2.4 삼중항 발광 물질

삼중항 여기자가 빛을 내기 위해서는 전자의 스핀으로부터 일어나는 자기 모멘트와 전자의 궤도 각운동량 사이에서 상호작용인 스핀−궤도 결합이 요구된다. 이 효과는 중금속에서 현저해지므로 유기물 분자들로부터 인광을 낼 수 있도록 전이금속(transition metal)들이 자주 사용된다. 따라서 삼중항 발광 물질들은 Ir, Pt, Os와 같은 유기금속 착화합물(organometallic complex)이다. 효율적인 인광 WOLED를 만들기 위해서 전이금속 화합물이 모체(host) 물질에서 발광하는 도펀트(dopant)로서 사용된다. 이것은 삼중항−삼중항 소멸 혹은 소광 효과(quenching effect)들이 동반하는 삼중항 여기자의 상대적으로 긴 여기상태 수명을 점검해야 한다.

18.2.5 삼중항과 단일항 분자로부터의 효율

스핀 통계에 의하면 백색 유기 발광 다이오드(WOLED) 구조에 주입된 전하들 중에서 단지 25%만이 단일항 상태로부터 형광을 발생시키고, 75%는 삼중항 상태로부터 인광을 발생시킨다. 따라서 상관관계가 없는 전자와 정공은 단일항 상태보다 3배의 확률을 가지고 있는 삼중항 상태를 형성하고, 단일항 발광 분자들보다 삼중항 발광

분자들을 사용하면 이론적으로 4배 더 높은 효율(efficiency)을 얻을 수 있다.

단일항 상태의 형광 재료를 기반으로 하는 소자들에서는 외부 양자효율이 약 5%로 제한되는데, 인광 재료는 WOLED의 주입형 전계발광 효율(injection electroluminescence efficiency)에서 중대한 개선을 나타내었다. 실제 사용에 있어서 효율(efficiency)이 중요한 고체조명에 WOLED가 적합하다고 생각하게 된 것은 유기 인광체(삼중항 상태의 발광 물질)가 개발된 이후이다. 삼중항 상태의 수확 즉 인광 재료의 사용으로 효율과 색상 선택에서 극적인 발전을 이끌어 냈다. 이리듐 착화합물(iridium complexes)을 사용한 고효율 인광 WOLED에서 녹색 소자는 주입형 전계발광 효율이 최대 19%(또는 70 lm/W), 적색 소자는 10%(또는 8 lm/W)로 기록되었다. 그러나 RGB 천연색 디스플레이나 WOLED를 개발하는 데 필수적인 고효율 청색 인광 물질은 아직 개발 초기 단계이다. 청색 인광 물질의 성능은 녹색 또는 적색 발광 물질보다 상당히 뒤처져 있다.

18.3 유기 반도체의 종류

18.3.1 저분자와 고분자

유기 반도체는 두 가지 주요 종류로 크게 분류할 수 있다(Collins 2004): (i) 짧은 유기물 분자, 예를 들면, 5개의 벤젠 고리(benzene ring)가 일직선으로 연결된 펜타센(pentacene), (ii) 수백 또는 수천 개의 탄소 원자가 연속된 사슬처럼 연결된 긴 공액 고분자(conjugated polymer molecules), 예를 들면, 폴리아세틸렌(polyacetylene). "공액(conjugation)"은 사슬에 있는 탄소 원자들이 이중 결합과 단일 결합으로 교대로 연결된 것을 의미한다. 벤젠 고리는 교대로 결합하고 있는 6개의 탄소 원자로 된 짧은 사슬이 고리를 이루고 있는 것을 볼 수 있고, 그 사슬은 꼬리를 막아 폐쇄 루프를 형성한다. 몇 가지 유기 저분자의 화학 구조를 그림 18.3에 보였고, 긴 유기물 분자의 구조는 그림 18.4에 나타내었다.

두 종류의 유기 반도체는 모두 공액된 π-전자계를 가지고 있다. 이 시스템은 분자에 있는 탄소 원자의 sp^2-혼성 궤도의 p_z 오비탈(orbital)에 의해 형성된다. 반면에 σ-결합은 분자의 골격을 형성하고, π-결합은 상대적으로 민감하고 나약하다. 따라서 공액 분자들의 가장 낮은 전자적 여기는 에너지 갭이 약 1.5~3.0 eV인 π-π^* 전이에 해당하며, 가시광 스펙트럼 영역에서 빛의 흡수 또는 방출을 일으킨다.

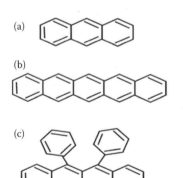

(a)

(b)

(c)

그림 18.3 짧은 유기물 분자:
(a) anthracene($C_{14}H_{10}$),
(b) pentacene($C_{22}H_{14}$),
(c) rubrene($C_{42}H_{28}$).

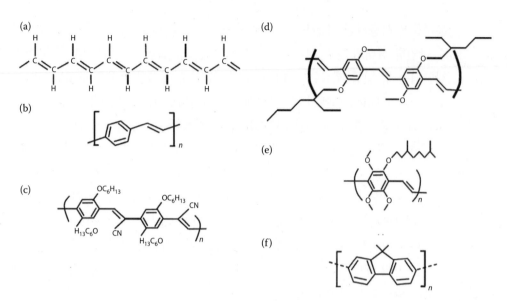

그림 18.4 고분자 분자: (a) polyacetylene, (b) PPV: poly(*p*-phenylene vinylene), (c) CN-PPV: poly(2,5,2′,5′-tetrahexy-loxy-7,8′-dicyano-di-p-phenylenevinylene), (d) MEH-PPV: poly[2-methoxy-5-(2′-ethylhexyloxy)-p-phenylene vinyl-ene, (e) TALK-PPV: poly{[2-(3′,7′-dimethyloctyloxy)-3,5,6-trimethoxy]-1,4-phenylenevinylene}, (f) polyfluorene: $(C_{13}H_8)_n$.

18.3.2 저분자와 고분자의 밴드갭

작은 짧은 사슬의 유기 반도체 분자들은 일련의 벤젠 고리로 구성된다. 이 고리들에서 π-결합들이 넓게 퍼져서 π-전자계를 형성한다. 비국소화가 커지면 이 π-전자계에 있는 점유된 상태와 비어 있는 상태 사이의 간격이 줄어들어 밴드갭(bandgap)이 더 작아진다. 긴 사슬의 고분자 유기 반도체는 사슬을 따라 퍼져서 1차원 전자계가 형성되는 π-전자를 갖는다. 비국소화는 단일 및 이중 탄소–탄소 결합들이 교대로 구성된 연속 중첩 오비탈들의 공액된 골격의 형성에 의해 발생하고, 그 때문에 중첩하는 *p*-오비탈들의 끊임없는 경로가 남는다(Burroughes et al. 1990). 따라서 고분자에서는 더 큰 밴드 폭을 가지는 1차원 에너지 밴드 구조가 형성된다. 고분자들의 전하 수송 특성은 1차원 사슬에 있는 결함들 또는 사슬 간의 호핑(hopping)에 의해 결정된다.

이 두 종류의 유기 반도체 사이의 차이를 표 18.2에 비교하였다.

표 18.2 유기 반도체의 종류: 저분자와 고분자

번호	특징	저분자	고분자
1.	분자량	작음 < 1000	큼 > 1000
2.	밴드갭	작음	큼
3.	전기적 · 광학적 특성 제어	분자 주변 그룹 또는 리간드(ligand)의 선택에 의해	단량체(monomer)와 주변 그룹의 종류에 의해
4.	박막 증착	진공 승화 또는 증발에 의해(100~500°C)	캐스팅(스핀 코팅), 잉크젯, 또는 스크린 프린팅과 같은 습식 공정과 건조 또는 열처리에 의해
5.	공정 환경	아주 높은 청정 환경 필요	아주 높은 청정 환경 불필요
6.	공정 시간	길다	소자 제작이 1~2일 이내에 가능
7.	박막 층수	최고 성능을 위해 필요한 만큼의 다층	각 스핀 캐스트 박막 층의 용매가 아래의 고분자 층을 녹이지 않아야 하므로 2층으로 제한
8.	적용 사례	Alq$_3$: 녹색 발광 물질, DPVB: 청색 발광 물질, DCM2: 적색 발광 물질, NPB: 정공 수송 물질, 또한 펜타센, 안트라센, 루브렌	폴리페닐렌 비닐렌(PPV)과 폴리플루오렌(polyfluorene) 유도체들

18.4 초기 유기 광전자 재료와 최초 유기 발광 다이오드

18.4.1 안트라센에 대한 관심의 부할

과학자들은 오래전 1963년에 안트라센(anthracene) 결정의 전계발광(electro-luminescent) 특성에 놀랐으나 발광을 얻는 데 필요한 300 V 이상의 높은 전압은 불운한 특성이었다. 1980년대에 안트라센이 분산된 얇은 비정질 박막에 의해 상당히 낮은 구동전압에서 발광 현상을 관찰할 수 있다는 것이 발견되면서 다시 관심이 일어났다.

18.4.2 저분자 유기 발광 다이오드(Small Molecule OLED)

1987년 유기 저분자에 대해 연구를 하던 코닥 연구팀은 진공 승화된 하나의 비정질 적층 소자[indium tin oxide(ITO)-coated glass/aromatic diamine(75 nm)/Alq$_3$; aluminumtris-8-hydroxy-quinolate(60 nm)/Mg:Ag(10:1)]로부터 광의 방출을 보였다(Tang et al. 1987). 이 주입형 전계발광 소자의 총 두께는 135 nm이었다. Tang 등(1987) 이후, 이 녹색 발광다이오드(그림 18.5)는 보통 모니터나 CRT의 휘도인 100 cd/m^2 휘도에 도달하는 데 5.5 V를 필요로 했다. 이 소자의 전류 효율(current efficiency)은 약 2 cd/A이었다. 그것은 현대의 최첨단 OLED의 시제품으로서의 가치를 여전히 지니고 있다.

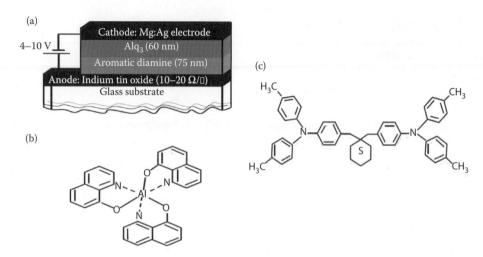

그림 18.5 (a) OLED 구조, (b) 녹색 발광 물질인 Alq$_3$의 분자 구조, (c) 정공 수송 물질인 방향족 디아민(diamine) 분자 구조.

18.4.3 구성 박막의 역할

이 소자의 성공은 상이한 구성 박막들을 위한 신중하고 판단력 있는 재료들의 선택에서 기인한 것이다. 따라서 소자의 동작에 대해 설명하기 전에, 여러 층들이 연속적인 순서로 구성된 일반적인 저분자 유기 발광 다이오드(small-molecule OLED, SM-OLED) 구조(그림 18.6)에 대해 이해해 보자. 이 구조에서 각 층은 명확하게 지정된

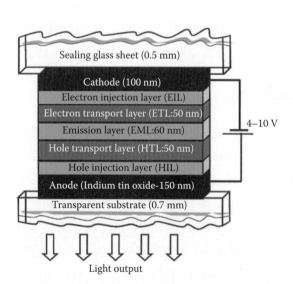

그림 18.6 OLED에서 박막 층의 순서.

다음과 같은 역할을 가지고 있다(Blochwitz 2001).

양극(anode, A): 정공 주입층(HIL)으로 정공들을 주입한다; 정공들을 정공 주입층으로 주입하기 위해서 칼슘(calcium)이나 마그네슘(magnesium)과 같은 이온화 포텐셜(ionization potential)이 큰 물질이 사용된다. 방출되는 빛을 외부로 투과시킬 수 있도록 ITO와 같이 투명한 물질을 사용한다.

정공 주입층(hole injection layer, HIL): HOMO 에너지 준위가 양극의 이온화 포텐셜(ionization potential)과 정공 수송층(HTL)의 HOMO 준위 사이에 있도록 선택하는 것에 의해 양극에서 정공 수송층으로의 정공 주입을 용이하게 한다.

정공 수송층(hole transport layer, HTL): 정공 이동도가 높은 물질의 특성에 의해 정공 수송이 쉽

게 이루어지게 한다; 이것은 또한 누설 전류를 일으키는 음극에서 양극으로의 전자 수송을 막는 역할도 한다.

발광층(emission layer, EML): 발광층의 적절한 HOMO와 LUMO 준위에 의해 서로 인접한 층들로부터 전자와 정공이 주입되게 한다; 이 물질은 흡수된 광에 비해 장파장으로 이동(red-shift)된 발광을 하는 높은 주입형 전계발광 효율을 가져야 한다.

전자 수송층(electron transport layer, ETL): 발광층(EML)으로 전자의 수송이 쉽게 이루어지게 한다.

전자 주입층(electron injection layer, EIL): 음극에서 전자 수송층(ETL)으로 전자의 주입을 용이하게 한다.

음극(cathode, K): 전자 주입층(EIL)으로 전자를 주입한다; 일반적으로 칼슘(Ca)이나 마그네슘(Mg)과 같이 일함수(work function)가 낮은 물질로 만든다.

18.4.4 저분자 유기 발광 다이오드의 동작 원리와 박막의 다기능

Tang과 Van Slyke(1987)의 LED에서 ITO는 인듐 주석 산화물(indium tin oxide) 또는 주석이 도핑된 인듐 산화물을 의미한다. 이것은 인듐(III) 산화물(In_2O_3)과 주석 (IV) 산화물(SnO_2)이 혼합되어 고체가 된 것(고용체)이다. 그러한 박막들은 투명하고 무색이다. ITO가 투명 전도성 산화물로 상당히 널리 사용되고 있는 것은 바로 두가지 중요한 특성, 즉 전기 전도도와 광 투과도 때문이다. ITO는 $10{\sim}20\ \Omega/\square$의 면저항을 가지고 있다. ITO는 인접한 박막인 디아민(diamine)층으로 정공의 효과적인 주입을 제공한다. 디아민은 정공 운반자로서 오직 정공만 전달하며 소광 영역인 전극 근처로부터 발광 영역을 떨어뜨리는 역할을 한다. 형광 금속 킬레이트 화합물(fluo-rescent metal chelate complexes) 패밀리에 속하는 Alq_3, tris (8-hydroxyquinoline aluminum)는 전자 운반자와 발광 중심이다. Alq_3는 높은 주입형 전계발광 효율을 가지며 흡수되는 광에 비해 강하게 장파장 쪽으로 이동된다. 그것은 녹색 발광을 제공한다. 전자 주입 접촉면은 마그네슘:은(Mg:Ag) 합금이다. 낮은 일함수를 갖는 Mg는 유기 박막으로의 전자 주입 물질로 사용된다. Mg의 대기 중에서 산화와 부식을 방지하고 유기 박막과의 접착력을 높이기 위해 은(Ag)이 사용된다. Mg:Ag는 전자를 Alq_3에 효율적으로 주입한다. 유기 박막들을 포함한 모든 층들은 진공 증발(vacuum evaporation)에 의해 증착된다.

OLED가 작동되는 동안에 디아민 층은 Mg:Ag 층에 의해 주입된 전자를 차단한다. 전자-정공 재결합(recombination) 과정이 디아민과 Alq_3 층 사이의 계면(interface)에서 일어난다. 그들은 디아민 층에 인접한 Alq_3 층에서 약 30 nm의 거리로 한정된다. OLED는 정류기로서 동작하며 양의 전압이 ITO 층에 인가될 때 순방향 바이어스된다. 2.5 V의 저전압에서 발광이 시작된다. 다이오드의 전류-전압 특성은 Alq_3 층의 두께에 의존하지만 상대적으로 디아민 층의 두께와는 독립적이다.

따라서 실제 OLED에서는 하나의 층이 다기능 즉 하나의 층이 여러 층의 용도로 사용되기 때문에 박막 층의 수는 상기에서 열거한 것보다는 적다.

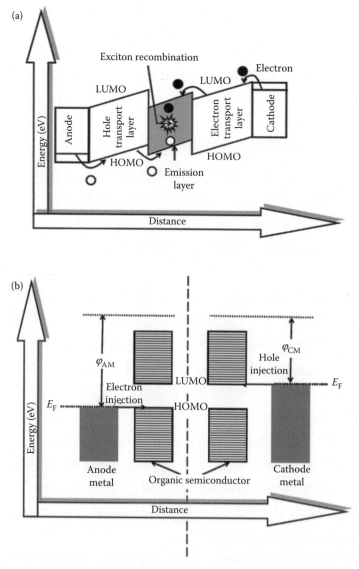

그림 18.7 에너지 밴드 다이어그램: (a) OLED 동작, (b) 양극-반도체 계면과 음극-반도체 계면.

18.5 OLED의 에너지 밴드 다이어그램

그림 18.7은 두 전극 사이에 끼여 있는 하나 이상의 반도체성 유기 박막들로 구성된 OLED 소자의 에너지 밴드 다이어그램을 보여 준다(Hughes and Bryce 2005, Guaino et al. 2011). 순방향 바이어스가 인가되면, 전자들은 음극으로부터 유기 반도체의 LUMO로 주입되고 정공들은 양극으로부터 유기 반도체의 HOMO로 주입된다.

유기 반도체의 LUMO 레벨과 금속 음극의 일함수(φ_{CM}) 즉 페르미 에너지(Fermi energy, E_F)의 매칭에 의해서 높은 효율의 전자 주입이 가능해진다. 음극 금속과 전자 주입층의 LUMO 사이의 에너지 준위 매칭은 전자 주입 동안의 에너지 손실을 방지한다. 요구되는 낮은 일함수를 갖는 금속은 가끔 산소가 있는 습한 환경에서 높은 반응성과 부식에 취약하여 선택이 제한된다. Ca 또는 Mg가 일반적으로 사용된다. Ca 또는 Mg의 일함수가 낮기 때문에 전자는 Ca 또는 Mg의 페르미 레벨과 유기 반도체의 LUMO 레벨 사이의 장벽을 극복할 수 있다. 그러므로 옴 접촉(ohmic contact)이 성립된다.

마찬가지로 우수한 발광효율(light-emitting efficiency)을 달성하기 위해서는 높은 비율의 정공 주입이 필수적이며, 이를 위해서는 양극 금속의 일함수(φ_{AM}) 즉 페르미 에너지(E_F)와 유기 반도체의 HOMO 준위를 매칭시킬 필요가 있다. 많은 금속들의 높은 일함수 때문에 이 매칭은 쉽다. 금속뿐만 아니라 투명한 ITO, $GaInO_3$ 또는 ZnInSnO와 같은 여러 가지 금속 산화물은 디아민과 같은 유기 반도체들의 HOMO 수준에 가까운 큰 일함수를 가지므로 양극에 적합하다.

18.6 고효율 OLED

높은 여기자 밀도에서 삼중항–삼중항 소멸(triplet-triplet annihilation)을 통한 삼중항 여기자들의 자기소멸(self-quench) 때문에 높은 휘도에서 높은 효율을 유지하는 단순화된 소자 구조를 실현하는 것은 어렵다. 고전류 밀도에서 삼중항 여기자들은 소자에서 다양한 유기물 이종접합에 축적된 폴라론(polaron, 충전된 분자)들과 함께 소멸될 것이다. 그러므로 고휘도에서 다양한 소멸(quenching) 과정의 영향을 최소화하기 위해서 많은 노력을 기울이고 있다. 제안된 방법들의 다수는 소자의 복잡성을 상당히 증가시켜 제조 문제들을 초래한다.

Wang 등(2011)은 고효율과 초저효율 롤-오프(roll-off) 특성을 갖는 단순화된 3 층 녹색 인광 유기 발광 다이오드(PHOLED)를 제작했다. 이 단순화된 소자의 설계 전략은 고효율(high efficacy) 유기 발광 다이오드를 향한 경로를 나타낸다. 그것은 백색 유기 발광 다이오드뿐만 아니라 다른 인광 발광 물질에도 적용할 수 있어야 한다. 그 소자 구조는 ITO/MoO$_3$(1 nm)로 코팅된 유리 기판으로 구성되며, 그 위에 CBP [4′-bis(carbazol-9-yl)-1-1′-phenyl], CBP:Ir(ppy)2(acac)(15 nm)에 뒤이어 CBP: Ir(ppy)2(acac)(15 nm)와 TPBi[2,2′,2″(1,3,5-benzinetriyl-tris(1-phenyl-1-H-benzimidazole)](65 nm) 그리고 LiF/Al(100 nm)로 끝난다. 넓은 휘도 범위에 걸친 단순화된 인광 유기 발광 다이오드의 높은 효율(efficiency)은 고휘도에서 삼중항 엑시톤 소멸(quenching) 과정의 억제로부터 발생한다. 정공 수송층(HTL)/발광층(EML) 계면에서 장벽은 인광 방출 물질을 위한 모체와 HTL 공통으로 CBP를 사용함으로써 제거된다. 게다가 CBP와 TPBi의 전자 수송층(ETL) 에너지 레벨이 거의 동일하기 때문에 발광층(EML)/전자 수송층(ETL) 계면에는 장벽이 없다. 따라서 전하 캐리어가 축적되는 에너지적인 장벽은 없다. 이러한 전하 캐리어 축적의 억제는 단순화된 설계의 낮은 효율의 롤-오프를 위한 이유이다.

Kwon and Pode(2011)는 단일 발광층만으로 구성된 고효율 적색 인광 유기 발광 다이오드(PHOLED)를 보여 주었고 반면에 Yuan 등(2012)은 고효율 녹색 PHOLED 를 시연했다.

18.7 결론 및 고찰

이중 이종 구조(double-heterostructure) 저분자 OLED(SM-OLED)는 투명한 금속 산화물 양극과 금속 음극 그리고 이들 전극 사이에 끼여 있는 정공 수송층(HTL), 발광층(EML), 전자 수송층(ETL)의 3개의 유기 박막 층으로 구성된 다층 소자이다. 양극에 인접한 유기 박막 층은 HTL이고 음극에 인접한 유기 박막 층은 ETL이다. EML은 일반적으로 적합한 모체 물질에 분산된 발광 염료 또는 도펀트들로 구성되며, 이것은 종종 정공 수송층 또는 전자 수송층 물질과 동일하다. SM-OLED의 표준 제작 방법은 고진공에서의 증발 증착(vapor deposition)이다. 그러나 이 공정은 제작의 복잡성을 증가시킨다. 게다가 증발 마스크(evaporation masks)를 사용한 픽셀화는 OLED의 확장성과 해상도를 제한한다. 그러므로 용액 공정 SM-OLED는 저분자의 장점들을 저비용의 용액 공정과 융합시키기 때문에 더 많은 연구 집중이 요구되고 있다.

참고문헌

Blochwitz, J. 2001. Organic light-emitting diodes with doped charge transport layers. PhD Thesis, Technische Universität, Dresden.

Burroughes, J. H., D. D. C. Bradley, A. R. Brown, R. N. Marks, K. MacKay, R. H. Friend, P. L. Burns, and A. B. Holmes. 1990, October. Light-emitting diodes based on conjugated polymers. *Nature*, 347, 539–541.

Collins, G. P. 2004, August. Next stretch for plastic electronics. *Scientific American*, pp. 76–81.

Guaino, P., F. Maseri, R. Schutz, M. Hofmann, J. Birnstock, L. L. Avril, J.-J. Pireaux et al. 2011, January. Large white organic light-emitting diode lighting panel on metal foils. *Journal of Photonics for Energy* 1(1), 011015, 9pp.

Hughes, G. and M. R. Bryce. 2005. Electron-transporting materials for organic electroluminescent and electrophosphorescent devices. *Journal of Materials Chemistry* 15, 94–107.

Kwon, J.-H. and R. Pode. 2011. High efficiency red phosphorescent organic light-emitting diodes with simple structure. In: S. H. Ko. (Ed.), *Organic Light Emitting Diode-Material, Process and Devices*, ISBN: 978-953-307-273-9, InTech, doi:10.5772/18521. Available from: http://www.intechopen.com/books/organic-light-emitting-diode-material-process-and-devices/high-efficiency-red-phosphorescent-organic-light-emitting-diodes-with-simple-structure

Limketkai, B. N. 2008. Charge-carrier transport in amorphous organic semiconductors. PhD Thesis. Massachusetts Institute of Technology, Department of Electrical Engineering and Computer Science, 106pp. http://dspace.mit.edu/handle/1721.1/43063

Samuel, I. D. W. and G. A. Turnbull. 2007. Organic semiconductor lasers. *Chemical Reviews* 107, 1272–1295.

Tang, C. W. and S. A. VanSlyke. 1987. Organic electroluminescent diodes. *Applied Physics Letters* 51, 913–915.

Wang, Z. B., M. G. Helander, J. Qiu, D. P. Puzzo, M. T. Greiner, Z. W. Liu, and Z. H. Lu. 2011. Highly simplified phosphorescent organic light emitting diode with >20% external quantum efficiency at >10,000 cd/m^2. *Applied Physics Letters* 98(7), 073310-1–073310-3.

Yuan, C.-H., S.-W. Liu, L.-A. Liu, Y.-S. Chen, P.-C. Lai, and C.-C. Lee. 2012. High-efficiency green electrophosphorescent organic light-emitting diodes with a simple device structure. *Proceedings of SPIE* 8476, Organic Light Emitting Materials and Devices XVI, 84761X, September 13, 2012, doi:10.1117/12.929566; http://dx.doi.org/10.1117/12.929566.

연습문제

18.1 불포화 유기 물질에서 π-전자는 무엇인가? 이들 재료에서 π-전자들은 어떤 원리에 의해 전기적인 전도에 기여하는가?

18.2 유기 반도체의 주요 특징들을 나열하고 무기 반도체와의 차이점을 설명하라.

18.3 유기 반도체의 두 가지 주요 종류는 무엇인가? 두 경우의 공정 조건 요구사항과 공정에 소요된 시간에 대해 언급하라.

18.4 저분자 OLED(SM-OLED)에서 구조적인 층들의 명칭을 기재하라. 각 계층의 역할을 기술하라.

CHAPTER **19**

고분자 발광 다이오드
Polymer LEDs

학습목표

이 장을 학습한 후에 독자들은 다음의 역량들을 갖출 수 있게 된다.

- Burroughes 등에 의한 고분자 발광 다이오드(polymer LED)의 도입 지식을 습득한다.
- 고분자 발광 다이오드의 구조적인 구성을 이해할 수 있다.
- 고분자 발광 다이오드의 내부 효율을 개선하는 데 필요한 단계에 대해 토론할 수 있다.
- 저분자와 고분자 발광 다이오드를 구별할 수 있다.
- 유기 발광 다이오드(OLED)와 무기 발광 다이오드(inorganic LED) 그리고 유기 발광 다이오드와 액정 디스플레이(LCD)를 비교할 수 있다.

19.1 고분자로 이동

유기 박막 층의 구조적 안정성은 분자에서 거대 분자 재료로의 이동에 의해 개선되어질 것이다(Kraft et al. 1998, Kulkarni et al. 2004). 적합한 재료의 선택은 "공액 고분자(conjugated polymer)"인데 그 이유는 그들이 우수한 전하 수송과 높은 양자 효율(quantum efficiency)을 발광에 제공하기 때문이다(Friend et al. 1999, Li et al. 1999). 폴리(p-페닐렌 비닐렌) 또는 PPV는 큰 반도체 밴드갭을 가지고 있으며 결함 위치에서 여기상태의 비방사성 감쇠(nonradiative decay)를 제어하기 위해 확실하게 오염되지 않은 형태로 준비될 수 있는 공액 고분자 부류의 호평받는 구성원이므로 발광을 위한 높은 양자 수율(quantum yields)을 제공한다. 공액 고분자는 고품질 필름으로 편리하게 만들어지고 2.2 eV 근처의 대역 중심에서 강한 발광을 나타내며, π에서 π^* 대역 간 전이에 의한 임계값보다 약간 낮다. Alq_3와 마찬가지로 스펙트럼의 녹색 영역에서의 빛을 방출한다.

발광 고분자(light-emitting polymer)는 최초로 케임브리지대학의 Burroughes 등 (1990)에 의해 네이처 논문에서 발표되었다. Burroughes 등(1990)은 용액 공정 가능한 전구체 고분자(II)를 사용하여 PPV(I)를 합성하였다. 약 70 nm의 박막은 메탄올 용매 중의 전구체 고분자를 유리 위에 스핀 코팅한 후에 경화시켰고(전형적으로 ≥250°C, 진공에서 10시간 동안), 그에 따라 동질적이고 치밀하고 균일하게 되었다. 음의 전자 주입층의 상부 접촉면에는 알루미늄과 같은 일함수가 낮은 물질이 사용되고, 양의 정공 주입층의 하부 접촉면에는 인듐 산화물과 같은 일함수가 높은 물질이 사용된다. 순방향 바이어스(forward bias) 동작에서 알루미늄(Al) 전극의 전압에 대해 산화 인듐의 전압을 양으로 유지하면, 전하 주입을 감지할 수 있는 임계 전압은 2×10^6 V/cm의 전기장에서 14 V 미만이고, 다이오드 발광은 스펙트럼의 녹색–황색 영역에서 방출되며 양자 효율은 0.05%이다. 고분자 발광 다이오드(polymer LED, PLED)가 고전압에서 황색을 띤 녹색만을 방출한 1990년 이후 상당한 진전이 있었다. 현재는 발광 색상이 진한 파란색에서 근적외선까지 가능하다. 또한, 다층 PLED의 양자 효율은 4% 이상의 값을 달성하였으며, 동작 전압은 훨씬 더 낮다. PLED는 상용화 단계에 도달했지만 유기 소자들의 타고난 고충들은 해결되지 않았다.

19.2 고분자 발광 다이오드의 동작

고분자 발광 다이오드(polymer LED, PLED)의 세 가지 주요 부분(그림 19.1)은 다음과 같다. (i) 양극(anode): 이 정공 전달 전극은 일반적으로 투명하고, 인듐 주석 산화

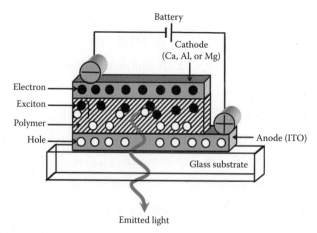

그림 19.1 고분자 발광 다이오드.

물(ITO, 4.6 eV), 금(Au, 5.1 eV) 등과 같은 일함수가 높은 금속으로 만들어진다. (ii) 음극(cathode): 이 전자 공급 전극은 알루미늄(Al, 4.08 eV) 또는 칼슘(Ca, 2.9 eV) 등과 같은 일함수가 낮은 금속으로 만들어진다. (iii) 고분자(polymer): 약 100 nm 두께의 공액 고분자 박막이다. 일함수는 금속 표면으로부터 전자를 방출시키는 데 필요한 최소 에너지이다.

PLED에 순방향의 DC 바이어스를 인가하면 양극으로부터의 정공 주입과 음극으로부터의 전자 주입이 야기된다. 주입된 정공과 전자는 인가된 바이어스 하에서 반대 극성을 향해 이동한다. 그들이 서로 더 가까이 접근할수록 결합된 여기상태(exciton)들을 형성하는 공액 고분자 층에서 전자−정공 재결합이 일어난다. 일중항 여기자(singlet exciton)의 일부는 공액 고분자 층에서 감쇠된다. 이러한 사멸하는 여기자들은 투명한 유리 기판을 통해 나오는 빛을 방출한다.

방출된 빛의 색상은 고분자의 에너지 갭에 의해 결정된다. 공액 고분자에서 π전자들이 전체 고분자 사슬에 걸쳐 완전히 비국소화되지 않기 때문에 유한한 에너지 밴드 갭이 존재한다. 대신에 고분자 사슬 내에 전자 밀도가 더 높은 대체 영역이 존재한다. 그러한 영역의 사슬 길이는 약 15~20개의 다중 결합들이다. 발광 색상은 이 에너지 밴드갭의 조절에 의해 변경된다. 결합 교대는 비국소화 정도에 따라 구역을 설정한다.

19.3 고분자 발광 다이오드의 내부 양자 효율

19.3.1 고분자 층에 도달하는 정공과 전자의 수의 매칭

공액 고분자의 더 높은 전자 친화력(음이온을 형성하는 전자를 포획하는 원자 또는 분자의 경향)으로 인해 정공의 수송은 전자보다 선호된다. 결과적으로 전자보다 더 많은 정공들이 고분자 층에 도달한다. 전자−정공의 균형은 전극의 일함수를 고분자의 전자 친화도와 이온화 전위(분리된 원자 또는 분자로부터 하나의 전자를 제거하는 데 필요한 에너지)와 일치시키거나 고분자의 전자의 전자 친화도와 이온화 전위를 전극의 일함수와 동등하게 조율함으로써 유지된다. 전자 밀도를 증가시키기 위해서 칼슘(Ca)과 같은 더 낮은 일함수의 금속이 알루미늄(Al) 대신 음극으로 사용될 수 있다.

19.3.2 다수 고분자 박막 층의 사용

poly[2,5-di(hexyloxy)cyanoterephthalylidene](CN-PPV)의 박막으로 PPV를 코팅하면 CN-PPV에서 니트릴(nitrile)기가 전자 친화력을 증가시키기 때문에 전자와 정공의 수송과 재결합을 개선하는 데 도움이 되므로 전자는 Al에서 고분자 박막 층으로 어려움 없이 통과한다. 또한 Ca 대신에 Al 또는 Au을 음극으로 사용할 수도 있다. 게다가 CN-PPV는 점유된 π 상태와 비점유된 π^* 상태의 결합 에너지가 증가하지만 동일한 π–π^* 간격을 유지한다. 따라서 PPV와 CN-PPV를 같이 배치하면 정공과 전자들은 이종접합(heterojunction)에서 제한된다.

19.3.3 고분자 도핑

도핑(doping)은 운반자를 생성하기 위해 의도적으로 불순물을 도입하는 과정이다. MEH-PPV와 요오드(iodine)를 5:1의 몰비(molar ratio)로 1 wt% MEH-PPV를 0.2 wt% 요오드와 혼합함으로써 얻어진 요오드로 도핑된 MEH-PPV는 효율을 200% 증가시킨다.

19.3.4 고분자 발광 다이오드의 외부 양자 효율

무기 발광 다이오드(inorganic LED)에서는 패브리–페로 공진 구조(Fabry-Perot resonant structure)들이 사용된다. 고분자 발광 다이오드(polymer LED, PLED)를 위한 미세공동(microcavity)을 구성하기 위해서 고분자는 2개의 거울 사이에 위치된다. 이들 거울 중 하나는 Al으로 만들어지고, 다른 하나는 Si_xN_y와 SiO_2의 에피택셜(epitaxial) 다층 적층에 의해 형성되어지는 브래그(Bragg) 거울이다.

19.4 다른 고분자 발광 다이오드 구조의 에너지 밴드 다이어그램

에너지 밴드 다이어그램은 고분자 LED(PLED)를 구성하는 박막 층들의 재료 호환성을 이해하는 데 도움이 된다.

19.4.1 ITO/고분자(MEH-PPV)/Ca 고분자 LED

그림 19.2를 참조하면 Ca은 MEH-PPV의 표면층과 이온 전하 수송 복합물을 형성함으로써 고분자 N형을 도핑한다(Bröms et al. 1995, Friend et al. 1999). Ca은 2.9 eV의 일함수를 가지며 이는 MEH-PPV의 전자 친화력(2.8 eV)에 가깝고 그래서 전자 주입에 대한 장벽이 작다. 음극–고분자 계면에서 장벽은 2.9 – 2.8 = 0.1 eV이다(Blom et al. 1995). 비록 Ca은 유기물 매트릭스 안으로 전자들을 효과적으로 주입하기 위한 효과적인 고분자–금속 접합을 제공하지만 열화를 조건으로 하며 반응성으로 인해 다루기가 불편하다. 일함수가 낮은 금속과 합금된 Al은 공기 중에서 안정된 재료를 제공할 수 있으며 우수한 성능을 제공한다.

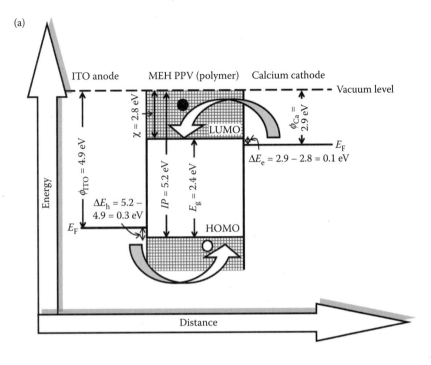

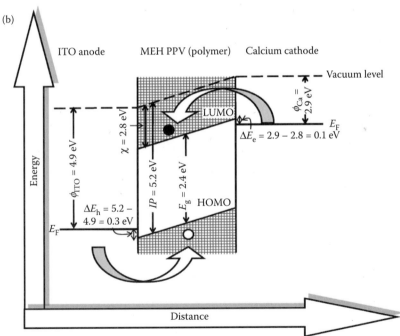

그림 19.2 ITO/고분자(MEH-PPV)/Ca 고분자 LED의 에너지 밴드 다이어그램: (a) 평형 상태, (b) 순방향 바이어스 상태. ϕ는 일함수: 칼슘의 경우 2.9 eV, ITO의 경우 4.9 eV. χ는 고분자의 전자 친화도: MEH-PPV의 경우 2.8 eV. IP는 이온화 전위: MEH-PPV의 경우 5.2 eV. 예를 들어 MEH-PPV의 경우 에너지 밴드갭(E_g)은 2.4 eV이고 정공 주입 장벽(ΔE_h)과 전자 주입 장벽(ΔE_e)은 각각 0.3 eV와 0.1 eV이다.

19.4.2 ITO/고분자(MEH-PPV)/Al 고분자 LED

그림 19.3에서 ITO 양극으로부터 MEH-PPV의 가전자대 상태(또는 최고 점유 분자 궤도, HOMO)로의 정공 주입 장벽은 약 0.3 eV로 매우 작다. Al을 음극으로 사용하면 MEH-PPV의 전도대 상태(또는 최저 비점유 분자 궤도, LUMO)로의 전자 주입에 대해 1.5 eV 정도의 상당히 큰 장벽이 존재한다.

19.4.3 ITO/(MEH-PPV + CN-PPV)/Al 고분자 LED

그림 19.4에서 CN-PPV는 PPV보다 더 큰 0.5~0.6 eV 정도의 전자 친화력을 가지고 있다(Shinar 2004). 따라서 고분자의 전자 친화도를 0.5 eV 증가시켜 (2.8 + 0.5) eV = 3.3 eV로 만든다. Al 음극과 함께 (MEH-PPV + CN-PPV)를 사용하면 MEH-PPV 전도대 상태(또는 최저 비점유 분자 궤도, LUMO)로의 전자 주입 장벽이 4.3 − 2.8 = 1.5 eV에서 4.3 − 3.3 = 1.0 eV로 감소한다. 따라서 Al으로부터 고분자로의 전자 이동을 용이하게 하고, Al 또는 Au과 같은 높은 일함수의 물질이 전자 주입에 사용될 수 있게 한다.

19.4.4 ITO/(PEDOT:PSS + MEH-PPV)/Ca 고분자 LED

그림 19.5를 참조하면 ITO의 일함수가 4.9 eV이므로 ITO 층으로부터의 정공들은 고분자로 들어가기 위해서 0.3 eV의 에너지 장벽을 극복해야만 한다. ITO와 발광 고분자 사이에 poly(ethylenedioxy)thiophene 또는 PEDOT 전도성 고분자를 poly(styrene sulfonic acid) 또는 PSS와 혼합하면 정공 주입을 향상시키는 데 도움이 된다(de Kok et al. 2004).

PEDOT:PSS는 그림 19.6에 나타낸 바와 같이 고분자들의 혼합물이다. PEDOT/PSS 층은 높은 일함수(5.0 eV)를 가지고 있고, 장벽이 5.2 − 4.9 = 0.3 eV에서 5.0 − 4.9 = 0.1 eV로 줄어들기 때문에 PPV로 정공들의 주입을 더 쉽게 한다. 또한 비교적 거친 ITO 표면을 매끄럽게 하여 소자의 고장을 유발할 수 있는 국부적인 단락 회로를 방지한다.

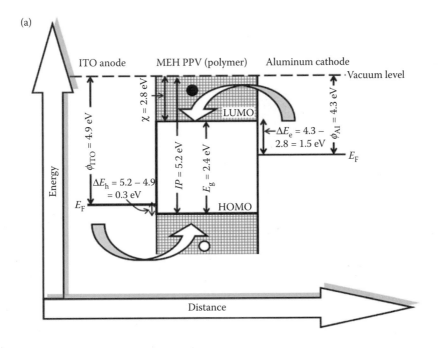

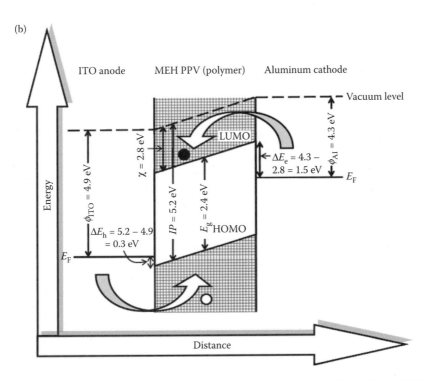

그림 19.3 ITO/고분자(MEH-PPV)/Al 고분자 LED의 에너지 밴드 다이어그램: (a) 평형 상태, (b) 순방향 바이어스 상태. ϕ는 일함수: 알루미늄의 경우 4.3 eV, ITO의 경우 4.9 eV. χ는 고분자의 전자 친화도: MEH-PPV에 대해 2.8 eV. IP는 이온화 전위: MEH-PPV의 경우 5.2 eV. 예를 들어 MEH-PPV의 경우 에너지 갭(E_g)은 2.4 eV이고 정공 주입 장벽(ΔE_h)과 전자 주입 장벽(ΔE_e)은 각각 0.3 eV와 1.5 eV이다.

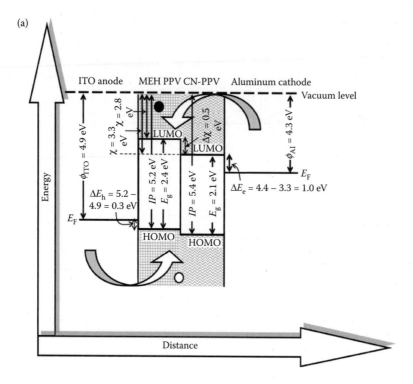

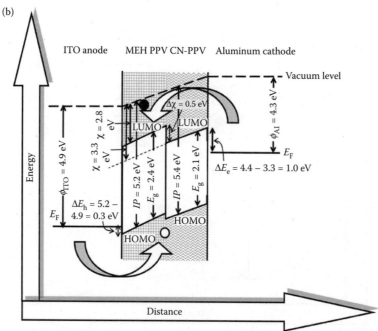

그림 19.4 ITO/고분자(MEH-PPV + CN-PPV)/Al 고분자 LED의 에너지 밴드 다이어그램: (a) 평형 상태, (b) 순방향 바이어스 상태. ϕ는 일함수: 알루미늄의 경우 4.3 eV, ITO의 경우 4.9 eV. χ는 고분자의 전자 친화도: MEH-PPV의 경우 2.8 eV, CN-PPV의 경우 3.3 eV. IP는 이온화 전위: MEH-PPV의 경우 5.2 eV, CN-PPV의 경우 5.4 eV. 예를 들어 MEH-PPV의 경우 에너지 갭(E_g)은 2.4 eV, CN-PPV의 경우 2.1 eV이고 정공 주입 장벽(ΔE_h)과 전자 주입 장벽(ΔE_e)은 각각 0.3 eV와 1.0 eV이다.

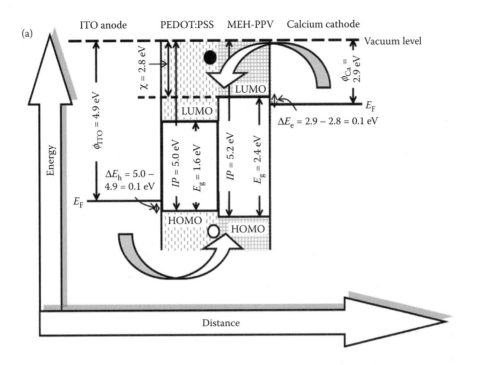

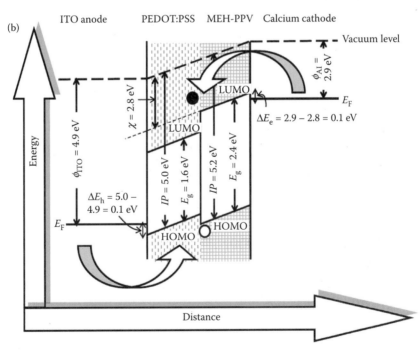

그림 19.5 ITO/(PEDOT:PSS + PPV)/Ca 고분자 LED의 에너지 밴드 다이어그램: (a) 평형 상태, (b) 순방향 바이어스 상태. ϕ는 일함수: 칼슘의 경우 2.9 eV, ITO의 경우 4.9 eV. χ는 고분자의 전자 친화도: MEH-PPV의 경우 2.8 eV, IP는 이온화 전위: MEH-PPV의 경우 5.2 eV, PEDOT:PSS의 경우 5.0 eV. 예를 들어 MEH-PPV의 경우 에너지 갭(E_g)은 2.4 eV, PEDOT:PSS의 경우 1.6 eV 이고 정공 주입 장벽(ΔE_h)과 전자 주입 장벽(ΔE_e)은 각각 0.1 eV와 0.1 eV이다.

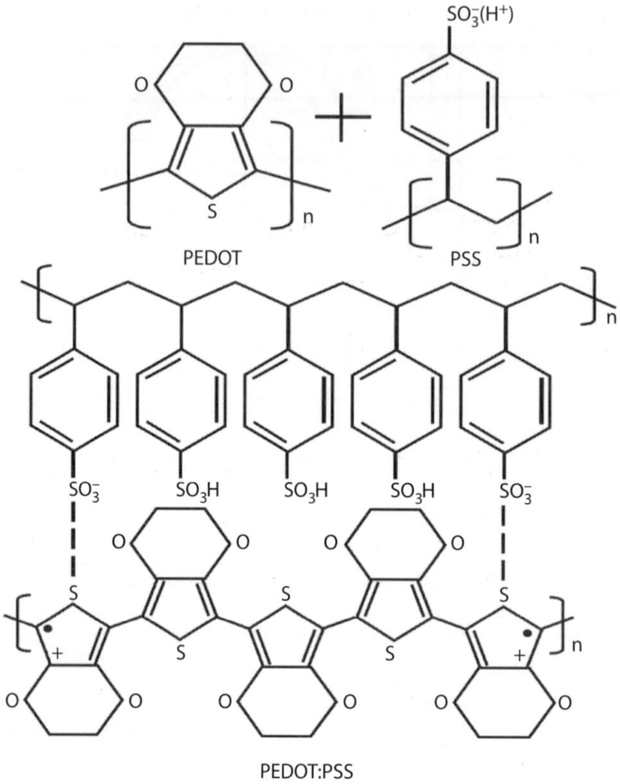

그림 19.6 ionomer의 고분자 혼합물로서 PEDOT:PSS: poly(styrene sulfonic acid)(PSS)으로 도핑된 poly(ethylenedioxy) thiophene(PEDOT).

19.5 고분자 발광 다이오드 제작

고분자 LED(PLED)의 제작은 그림 19.7에 묘사된 여러 단계들을 포함한다.

19.6 저분자와 고분자 발광 다이오드의 차이

앞 장의 저분자 OLED(SM-OLED)와 현재 장의 고분자 LED(PLED)를 설명한 후에 상대적인 장점과 단점을 살펴보는 것이 유익하다. 두 가지 발광 다이오드 형태 모두 상대적인 성능을 보여 준다. 그들은 공존할 것으로 예상되며 응용분야에 따라 사용될 것이다. 그러나 SM-OLED 소자는 PLED 소자보다 높은 수준의 재현성을 가지고 있다. 이는 그들이 층 배열 전체에 걸쳐 전반적으로 제어할 수 있고 더 예리한 계면을 가지며 재료들을 더 쉽게 정제할 수 있기 때문이다. 표 19.1은 SM-OLED와 PLED의 장점과 단점을 정리한 것이다.

1. 양극용 ITO 기판(ITO로 사전 코팅된 1″ × 1″ 유리 시트, 20 ohm/sq) 세척: 용기에 초순수와 에탄올아민 20 wt% 용액을 넣고 80°C로 가열하여 담가진 기판을 10~15분 동안 초음파 세정 처리한다. 또는 아세톤에서 10분 동안 초음파 처리하고 질소로 건조시키거나 이소프로판올에서 10분 동안 초음파 처리하고 질소로 건조시킨다.

⇩

2. 정공 수송층(PEDOT:PSS) 형성: 1 cc 주사기를 사용하여 PEDOT/PSS 수용액 1/2 mL를 빨아들인다. 그리고 0.20 μL 주사기 필터를 끝에 부착한다. 스핀 코터의 척 위에 기판을 놓고 중앙에 맞춘다. 회전 속도를 1000 RPM으로 설정하고 회전 시간을 300초로 설정한다. 파란색 PEDOT/PSS 용액을 필터를 통해 기판 중앙에 조심스럽게 뿌린다. 용액이 퍼지고 물이 증발한다. 스핀 코터를 On시킨다. 스핀 코팅 완료 후 기판을 조심스럽게 들어내어 진공 오븐(60 mtorr)에 넣고 60분 동안 유지한다.

⇩

3. 발광층(CN-PPV) 형성: 스핀 코터의 척 위에 기판을 다시 놓는다. 스핀 속도를 2000 RPM으로 설정하고, 기판 중앙에 300 μL의 CN-PPV 용액을 뿌린다. 앞의 공정과 동일하게 스핀 코터를 300초 동안 회전시킨다. 기판을 진공 오븐(60 mtorr)에 넣고 60분 동안 유지한다. 이후에 ITO를 노출시키기 위해서 면봉과 클로로포름을 이용하여 작은 모서리에서부터 고분자를 문지른다.

⇩

4. 금속 음극 증착: 칼슘 접촉층과 알루미늄 보호층을 정의하기 위해 새도우 마스크를 사용한다. 이들 금속은 열 증발 장치 내에서 10−9 mbar 이하의 진공에서 증발된다. 이 방식은 비교적 간단한 공정이지만 비효율적이고 대형 기판으로 확장하는 것이 어렵다. 대체 가능한 증착 기술에는 레이저 어닐링과 잉크젯 프린팅이 포함되며, 이들은 진공 증착보다 확장 가능하고 더 효율적이다.

⇩

5. 리드 부착: 미생물 배양용 플라스틱 접시에 전도성 실버 에폭시를 짜낸다. 가능한 한 적은 양의 거품이 발생하도록 주의하면서 목재 도포용 도구로 잘 혼합한다. 기판상의 패드를 따라 에폭시 한 방울을 조심스럽게 퍼뜨린다. 핀셋을 사용하여 에폭시 위에 현미경용 커버 슬립을 놓는다. 에폭시를 10분 동안 경화시킨다. 그러면 와이어 접점이 매우 견고해지고 소자에 산소가 들어오지 못하게 하는 데 도움이 된다. 소자는 테스트와 측정을 위한 준비가 되었다.

그림 19.7 고분자 발광 다이오드의 제조 단계들을 나타내는 공정 흐름도.

19.7 유기 발광 다이오드, 무기 발광 다이오드, LCD

일반적으로 다양한 OLED를 살펴본 후에 그들이 무기 LED와 LCD에 대해서 어떻게 수행하는지 검토해 본다. 위의 세 가지 기술은 표 19.2와 표 19.3에서 명백한 것처럼 그들 사이에서 냉정한 경쟁을 제기한다.

무기 LED는 OLED보다 낮은 작동 전압, 높은 양자 효율, 더 높은 광량 출력 그리고 다른 우수한 특성을 갖는다는 것이 표 19.2로부터 설득력 있다. 결과적으로 프로젝션 시스템과 같은 고품질 광학 시스템에는 무기 LED가 권장된다. 그러나 OLED는

표 19.1 저분자 OLED와 고분자 LED의 장점/단점

OLED 종류	장점	단점
저분자 OLED	저분자 재료의 세정은 원하는 수준에 도달할 때까지 반복적으로 실시될 수 있다. 진공 공정은 순도를 보존한다. 고순도 공정은 CMOS 기술과의 호환성을 보장한다.	제작을 위해서 클린룸과 고가의 진공 시스템이 필요하다. 다색 OLED 디스플레이를 위한 금속 마스크의 정렬이 복잡하고, 대면적 디스플레이를 제작하기 어렵다. 더 높은 동작 전압.
고분자 LED	스핀 코팅은 대기 중에서 수행되고 패터닝은 간단한 인쇄 공정으로 행해지기 때문에 저렴한 공정 기술이다. 주입층으로 PEDOT:PSS와 같은 전도성 고분자를 사용하는 OLED는 접촉면에서 에너지 밴드 또는 레벨의 굽힘 때문에 동작 전압이 낮아져 운반자 주입을 더 쉽게 한다. 이 굽힘은 고분자 내에서 진성 불순물에 의해 야기되는 일종의 자연적인 도핑이다.	고분자는 종종 합성 또는 용매의 잔류 흔적으로부터 유래된 진성 불순물을 함유한다. 연속적인 고분자 층들 사이에서 용매의 비호환성으로 인해 위층에 의한 아래층 코팅의 용해 때문에 두 가지 이상의 고분자를 사용하기 어렵다. 직경이 5인치보다 큰 기판 상에 고분자를 균일하게 스핀 코팅하기 어렵다. 이는 대면적 디스플레이의 우수성을 손상시킨다.

표 19.2 무기 LED와 OLED 비교

번호	특징	무기 발광 다이오드	유기 발광 다이오드
1.	구성 재료	강하게 반사하는 작은 기판 상의 GaN과 같은 결정성 재료	PPV와 같은 무질서한 재료 사용
2.	물질의 굴절률	높음. 예를 들어 GaN과 InN의 경우 $n = 2.5 - 3.2$ (녹색 파장)	낮음. 예를 들어 Alq_3의 경우 $n = 1.72$
3.	외부 결합 효율(%)	2.1(for $n = 3.5$)	9.3(for $n = 1.72$)
4.	내부 양자 효율	높다	낮다(25%).
5.	광량 출력	높다	낮다.
6.	광원 형태	밝은 점 광원. 발광은 휘도(cd/m^2)로 측정된다.	대면적 광원(면 방출). 발광은 광도(칸델라) 또는 총 광속(루멘)으로 측정된다.
7.	발광 원리	여기상태는 전자적이고 전자가 더 높은 에너지 레벨에서 더 낮은 에너지 레벨로 떨어질 때 광자가 방출된다.	유기물 박막에서 엑시톤을 생성하는 전자−정공 상호작용에 의해 빛이 방출된다. 엑시톤의 탈 여기는 광자 방출을 일으킨다.
8.	전하 운반자 근원	P-N 접합의 도펀트	소자의 전극들
9.	운반자 이동도	높다.	낮다.
10.	운반자 프로파일	공핍영역 밖의 중립영역에서 운반자 농도는 일정하다.	전극 근처에서 운반자 농도는 높다.
11.	전압강하	적다. 공핍영역 밖의 전압강하는 없다.	크다. 발광영역 밖의 감지할 정도의 전압강하
12.	넓은 영역에서 통합 가능성	고효율 무기 발광 다이오드를 넓은 면적상에 통합할 수 없다. 무기 발광 다이오드 어레이는 현재 일광 환경에서 매우 넓은 면적의 디스플레이에 사용된다.	랩탑 모니터와 텔레비전 화면과 같이 실내 조명 환경에서 픽셀 수가 많고 밀도가 높은 대형/평면 직시형 디스플레이에 적합하다.

(계속)

번호	특징	무기 발광 다이오드	유기 발광 다이오드
13.	습도의 영향	적다.	습기에 매우 민감하다. 따라서 저 투과성 패키징이 요구된다.
14.	수명	길다.	더 짧고 안정적인 환경 조건에 의존한다.
15.	눈부심 효과와 밝기	눈부심 발생한다. 맹목적으로 밝은 광원이다. 휘도: $10^6 \sim 10^7$ cd/m^2.	눈부심 없는 확산된 빛을 방출한다. 휘도: $10^2 \sim 10^4$ cd/m^2, 무기 발광 다이오드보다 10^4 배 더 낮다.
16.	디스플레이 패널의 두께	감지할 수 있는 정도이다.	얇다. 유기 발광 다이오드 패널의 두께는 약 1 mm 이다.
17.	방열판	필요하다.	방열이 더 효율적이다. 따라서 일반적으로 방열판이 필요하지 않다.
18.	제조 가능성	고가의 장비가 필요한 복잡한 제조 공정이다.	릴−투−릴 공정은 제조의 간단함을 제공한다.
19.	단위 면적당 제조 경비	x(추정)	1×10^{-4} x 여기서 x는 무기 발광 다이오드의 단위 면적당 제조 비용이다.
20.	활용 분야	기존의 필라멘트 기반과 현대 형광 조명, 건축 조명, 휴대전화에 대한 대안으로; 손전등, 비행기 바닥의 트랙 조명, 신호등, 컴퓨터 모니터 전원 표시기, 통신 등. 이미징 광학에 적합하다.	일반 고체 상태 조명, LCD 백라이트, 컬러 필터와 결합에 의한 대면적 풀 컬러 디스플레이. 이미징 광학에 적합하지 않다.

그들에 맞는 틈새 시장을 가지고 있다. 그들은 무기 LED 비용이 터무니없이 높아지는 대면적 장치에서 응용분야를 찾는다. 슬림한 OLED 장치는 어떠한 고정 장치 없이도 천장에 조명을 직접 설치할 수 있게 할 것이다. OLED 장치의 유연성은 제한된 공간용으로 설계된 경우에도 조명기구가 정상적으로 기능할 수 있게 허용할 것이다. 따라서 무기 LED와 OLED는 다른 활용분야를 갖는다. 그들은 서로 보완적인 역할을 한다.

표 19.3은 OLED가 LCD보다 더 밝고, 더 얇고, 더 빠르고, 더 가볍고, 전력 소비가 적으며, 넓은 온도 범위에서 작동함을 간략하게 보여 준다. 게다가 OLED에서 유기 물질의 도핑 또는 향상은 광의 밝기 또는 색상을 제어하는 데 도움이 된다. LCD에서는 이러한 제어가 불가능하다.

19.8 결론 및 고찰

SM-OLED는 만족스러운 성능을 주지만, 기판 상의 저분자 재료의 증착은 진공에서 행해진다. 반대로 PLED는 비교적 간단한 구조를 가지고 있다. 이러한 OLED에서 발광 고분자 층은 단일 용액 공정 처리된 층에 모체(host), 발광 그리고 전하 수송의 기

표 19.3 LCD와 OLED 비교

번호	특징	액정 디스플레이	유기 발광 다이오드
1.	전력 소모	높다.	낮다. OLED TV는 어두운 영상을 표시할 때 LCD TV 전력의 약 40%의 전력을 소비하지만 대부분의 영상일 경우는 LCD 전력의 60%~80%를 소모한다.
2.	응답 속도	느리다. (1 ms)	빠르다. (0.01 ms)
3.	리프레시 비율	느리다.	빠르다.
4.	컨트라스트	낮다. (350~450:1)	높다. (1,000,000:1)
5.	휘도	낮다.	높다.
6.	시야각	넓다.	좁다.
7.	내구성	더 내구성이 있다.	내구성 부족; 방수 기능이 없다. 초기의 청색 OLED는 초기 휘도의 50%까지 14,000시간의 수명을 나타내었다. LCD의 일반적인 수명보다 짧다. OLED는 아직 완전하게 입증되지 않았다.
8.	백라이팅	백색 백라이트가 필요하다.	백라이트가 필요하지 않다.
9.	동작 온도 범위	좁다.	넓다.
10.	중량	무겁다.	가볍다.
11.	디스플레이	두껍고 유연하지 않다.	매우 얇다, 유연, 곡선, 웨어러블.
12.	유연성	유연하지 않다.	구부리고 말 수 있다.
13.	구조	매우 정교하다.	정교하지 않다.
14.	제조	어렵다.	쉽다.

능을 통합한다. 비록 발광 고분자는 용액 공정 처리 가능하지만 PLED의 성능은 SM-OLED보다 효율이 낮고 수명이 짧다는 점에서 진공 증착된 SM-OLED보다 떨어진다. 다른 고충들은 고분자 재료들의 정제(purification)와 배치(batch)마다의 변동성과 관련된 것이다. 따라서 상업적 이용을 위해서는 고분자 기반 소자들을 개선해야 할 필요가 있다. 그러나 PLED는 인쇄 기술에 보다 더 쉽게 적용되므로 쉬운 인쇄 방식을 사용하여 대면적 OLED 패널을 실현할 수 있는 최상의 방법을 제공한다.

참고문헌

Blom, P. W. M., M. J. M. de Jong, and C. T. H. F. Liedenbaum. 1995. Device modelling of polymer light-emitting diodes. *IEDM Technical Digest* 95, 571–574, © 1995 IEEE.

Bröms, P., J. Birgersson, N. Johansson, M. Lögdlund, and W. R. Salaneck. 1995. Calcium electrodes in polymer LEDs. *Synthetic Metals* 74(2), 179–181.

Burroughes, J. H., D. D. C. Bradley, A. R. Brown, R. N. Marks, K. MacKay, R. H. Friend, P. L. Burns, and A. B. Holmes. 1990, October. Light-emitting diodes based on conjugated polymers. *Nature* 347, 539–541, doi:10.1038/347539a0

de Kok, M. M., M. Buechel, S. I. E. Vulto, P. van de Weijer, E. A. Meulenkamp, S. H. P. M. de Winter, A. J. G. Mank, H. J. M. Vorstenbosch, C. H. L. Weijtens, and V. van Elsbergen. 2004. Modification of PEDOT: PSS as hole injection layer in polymer LEDs. *Physica Status Solidi (a)* 201(6), 1342–1359, doi:10.1002/pssa.200404338

Friend, R., J. Burroughes, and T. Shimoda. 1999b, June. Polymer diodes. *Physics World*, 35–40.

Friend, R. H., R. W. Gymer, A. B. Holmes, J. H. Burroughes, R. N. Marks, C. Taliani, D. D. C. Bradley et al., 1999a. Electroluminescence in conjugated polymers. *Nature* 397, 121–128, doi:10.1038/16393

Kraft, A., Grimsdale, A. C., and Holmes, A. B. 1998. Electroluminescent conjugated polymers—Seeing polymers in a new light. *Angewandte Chemie International Edition* 37, 402–428.

Kulkarni, A. P., C. J. Tonzola, A. Babel, and S. A. Jenekhe. 2004. Electron transport materials for organic light-emitting diodes. *Chemistry of Materials* 16, 4556–4573.

Li, Y., Y. Cao, J. Gao, D. Wang, G. Yu, and A. J. Heeger. 1999. Electrochemical properties of luminescent polymers and polymer light-emitting electrochemical cells. *Synthetic Metals* 99, 243–248.

Shinar, J. (Ed.) 2004. *Organic Light-Emitting Devices: A Survey*. New York, Inc.: Springer-Verlag, 309pp.

연습문제

19.1 공액 고분자에 의해 제공되는 장점은 무엇인가? 동일한 사례를 제시하고 그것이 빛을 방출하는 가시광 스펙트럼 부분을 나타내라.

19.2 "저분자 OLED와 고분자 LED가 공존할 가능성이 있으며 응용분야에 따라 사용될 것"이라는 서술에 대해 토론하라.

19.3 고분자는 높은 전자 친화도를 가지고 있다. 이 높은 전자 친화도는 정공 또는 전자 수송에 대한 행동과 관련하여 무엇을 의미하는가?

19.4 금속은 일함수가 낮다. 이 낮은 일함수 값은 고분자 LED에서 음극 재료로 사용되는 것과 관련하여 무엇을 의미하는가?

19.5 CN-PPV 층을 PPV 층과 함께 배치하여 고분자 LED 성능을 향상시키는 데 도움이 되는 두 가지 방법은 무엇인가?

19.6 ITO/고분자(MEH-PPV)/Ca 고분자 LED의 에너지 밴드 다이어그램을 그리고 설명하라.

19.7 ITO/(MEH-PPV + CN-PPV)/Al 고분자 LED의 에너지 밴드 다이어그램을 그려라. 그것의 동작을 설명하라.

19.8 LED는 ITO/(PEDOT:PSS + MEH-PPV)/Ca의 층 배열 순서로 제작된다. 에너지 밴드 다이어그램의 도움으로 고분자 LED 기능에서 PEDOT: PSS 층의 역할을 설명하라.

19.9 고분자 LED 제작에 포함되는 주요 공정 단계들은 무엇인가? 각 공정 단계가 어떻게 수행되는지 간략하게 설명하라.

19.10 (a) OLED와 무기 LED, (b) OLED와 LCD의 장단점을 나타내는 비교 차트를 제시하라.

CHAPTER 20

백색 유기 발광 다이오드
White OLEDs

학습목표

이 장을 학습한 후에 독자들은 다음의 역량들을 갖출 수 있게 된다.

■ 백색광 생성을 위한 단일 발광물질과 다중 발광물질의 접근방식에 대해 알 수 있다.

■ 엑시머(excimer), 일렉트로머(electromer) 그리고 엑시플렉스(exciplex)를 비교할 수 있다.

■ 세 가지 형태의 단일 발광 소자들, 즉 단일 분자 발광물질, 단일 고분자 그리고 형광체를 갖는 청색 발광 다이오드에 대해 평가할 수 있다.

■ 단일 발광물질의 두 가지 하위 분류, 즉 단일 적층과 다중 적층에 대해 토의할 수 있다.

■ 두 가지 유형의 다중 적층들, 즉 수평 적층과 수직 적층에 대해 설명할 수 있다.

고효율 대면적 광원들은 백색 유기 발광 다이오드(white organic light-emitting diode, WOLED)의 개발을 요구했다(Zhi-lin et al. 2001). 1000 cd/m²에서 효율이 90 lm/W에 이르는 WOLED는 실제로 사용 가능하며, 광 추출 효율의 향상에 의해 124 lm/W로 증가될 것으로 기대되었다(Reineke et al. 2009). 실제로 LED 산업에서 가장 화려하고 멋진 발광 색상은 흰색이다. 왜냐하면 WOLED가 에너지 절약형 건축물 조명, 손전등, 액정 디스플레이의 백라이트 및 컬러 필터와의 결합에 의한 대면적 풀 컬러(full color) 디스플레이와 같은 조명 기술에서 수많은 이점들을 제공하기 때문이다(Cho et al. 2010, Oner et al. 2011).

20.1 백색 주입형 전계발광의 획득

20.1.1 필요 조건

유기 및 유기 금속 발광물질들을 통한 WOLED용 백색 주입형 전계발광의 생성은 광의 삼원색의 동시 방출 또는 상이한 색상의 발광물질들의 조합에 의한 두 가지 보색 광의 동시 방출을 필요로 한다. 이 근거를 위해서 가장 높은 에너지 방출 물질(청색)들에서 가장 낮은 에너지 방출 물질(주황색/적색)들로 여기자(exciton)들을 이동시키는 에너지 전달 과정들의 적절한 제어가 필요하다. 완전한 에너지 전이가 일어나는 경우에만 후자로부터 광 방출이 뒤따라 일어난다. 이러한 배열에서 청색 발광물질은 주요 구성요소로서 필수적이다.

20.1.2 기초 접근

백색 주입형 전계발광을 얻기 위한 기초적인 접근법은 두 가지 주요 부류로 분류된다 (Farinola & Ragni 2011). (i) 가시광선 스펙트럼의 넓은 영역에 포함되는 서로 다른 파장들을 동시에 방출하는 단일 발광물질을 사용하는 방법. (ii) 두 개 이상의 분리된 서로 다른 색상의 발광물질들의 연합에 기반하는 방법.

20.2 단일 발광물질 기반 백색 유기 발광 다이오드 체계

단일 발광물질 기반의 WOLED를 실현하기 위한 여러 경로들이 표 20.1에 주어져 있다. 자세한 정보는 다음의 하위 절에서 제공된다.

20.2.1 엑시머/엑시플렉스 또는 일렉트로머를 형성하는 단독 분자 발광물질

20.2.1.1 엑시머와 엑시플렉스

바닥상태(ground state)에서 응집되지 않는 화학적으로 유사한 분자들로 만들어진 단일성분 유기 고체들은 분자 여기자와 인접하는 비 여기 분자 사이의 공명 상호작용으로부터 발생하는 2분자(bimolecular) 여기상태를 포함할 수 있다. 이러한 여기상태는 엑시머(excimer)라 한다(D'Andrade and Forrest 2004, Tsuboi 2010). 따라서 여기된 다이머(dimer) 또는 엑시머(excimer)는 인접한 두 개의 유사한 분자들의 연계에 의해 형성된 일시적 전하 수송 복합물이며, 하나는 여기상태이고 다른 하나는 바닥상

표 20.1 백색 유기 발광 다이오드를 위한 단일 발광물질 기반의 제조 경로

항목	단일 발광 물질		
	1	2	3
하위 분류 명칭	엑시머 또는 일렉트로머로 형성하는 단일 분자 발광 물질	다수 색상을 방출하는 단일 고분자 또는 분자	청색 LED + 황색/주황색 형광체
원리	분자 여기상태로부터 동시에 청색 발광을 생기게 하는 활성종을 기반으로 하는 화합물; 고체상태로 형성된 엑시머 또는 일렉트로머와 같은 여기된 응집체들로부터 적색-주황색 발광	동일한 분자 구조로 공유 결합된 상이한 발광 중심을 포함하는 단일 고분자 또는 잘 정의된 분자	하향변환 층을 갖는 단색 발광 유기 발광 다이오드
공정	간단한 제조 공정	대면적 발광 소자를 위한 저렴하고 간단한 용액 공정	쉬운 제작 기술
장점	발광은 LED 고화에 따라 변하지 않기 때문에 단 하나의 활성종이 청색과 주황색–적색 조명에 기여한다	상 분리와 차별적 고화 문제가 없다.	고화 비율에 따른 더 좋은 색상 안정성은 단일 발광물질에 의해 결정되어진다
단점	백색 순도 체계를 위한 낮은 효율과 복잡한 분자 디자인	보고된 효율성은 다층 적층 백색 유기 발광 다이오드보다 낮다; 분자 설계와 합성의 과제 잔존	효율은 청색 OLED의 효율에 의해 제한되어진다

태이다. 이러한 분자들은 전자적인 여기 에너지에 의해 함께 결합되지만 바닥상태에서는 분리된 상태를 유지할 것이다. 게다가 두 분자가 다른 경우, 두 분자가 유사한 엑시머와는 대조적으로 단수명(short-lived) 전하 복합물을 엑시플렉스(exciplex)라 한다.

20.2.1.2 일렉트로머

다중 결합된 원자들에서 하나의 원자에서 다른 원자로 전자들의 이동 현상인 전자성 효과(electromeric effect)는 동일한 원자의 팔전자 규칙(octet rule) 내에서 하나의 전자쌍이 다른 전자쌍으로의 치환을 특징으로 하는 분자 내 전자 변위에 의해 발생하는 분자 분극 효과로 언급된다. 일렉트로머(electromer)는 하나는 잉여 전자(활성 음이온, radical anion)를 운반하고 다른 하나는 정공(활성 양이온, radical cation)을 운반하는 두 개의 동일한 분자에서 파생된 응집체를 형성한다.

20.2.1.3 엑시머와 일렉트로머 방출 파장의 적색 편이

엑시머와 일렉트로머 모두 에너지가 단량체 여기자의 에너지보다 더 낮기 때문에 더 긴 파장으로 방출되어진다. 따라서 발광 파장은 단일 분자의 발광 파장보다 상대적으로 적색 편이(red shift)되어진다.

20.2.1.4 엑시머를 사용한 백색 유기 발광 다이오드 사례

융합된 테르티오펜(terthiophene) 화합물(3,5-dimethyl-2,6-bis(dimesitylboryl)-dithieno[3,2-b:20,30-d]thiophene)에서 청색−녹색 테르티오펜 단량체 방출과 적색 엑시머 방출의 동시 병합에 의해 백색 주입형 전계발광이 얻어졌다.

백색 주입형 전계발광은 또한 엑시머를 형성하는 평면 백금 복합체에 의해 생성된다. 청색 발광 인광 복합체인 platinum(II)[2-(40,60-difluorophenyl)pyridina-to-N,C^{20}] 아세틸아세토네이트(acetylacetonate, FPt)는 주황색 광을 방출하는 엑시머를 생성한다. 모노머 및 엑시머 방출의 상대적인 강도는 인광성 백색광을 제공하는 도핑 농도에 의해 제어된다. 12 wt% 백금 복합체에 대해 12.6 lm/W의 전력 효율이 달성되었다.

20.2.1.5 일렉트로머를 사용한 백색 유기 발광 다이오드 사례

ITO/TECEB(50 nm)/BCP(10 nm)/Alq$_3$(50 nm)/Mg:Ag 구조를 갖는 WOLED 내에서 1,3,5-tris[2-(9-ethylcarbazolyl-3)ethylene]benzene(TECEB) 발광물질에 대한 백색 주입형 전계발광은 단일 모노머와 일렉트로머 광 방출의 통합에 의해 발생된다.

20.2.1.6 장점과 단점

엑시머 또는 일렉트로머 과정들에서 나오는 백색광은 하나의 종(species)만이 방출된 광의 청색 및 주황색−적색 성분을 담당하기 때문에 고화(ageing)에 따라 변하지 않는다. 엑시머 또는 일렉트로머 발광 다이오드 구조는 다층 구조에서 서서히 진행되는 도펀트와 구조적 균질성을 감소시키기 위한 유망한 접근을 나타낸다. 그렇지만 OLED의 낮은 효율과 복잡한 분자 설계는 감안해야 한다.

20.2.2 다수 색상을 방출하는 단일 고분자 또는 분자

20.2.2.1 단일 고분자 접근법의 편리함과 단점

동일한 분자 구조로 공유 결합된 서로 다른 발광 중심을 포함하는 고분자는 대면적 발광 다이오드를 위한 저비용의 간단한 용액 공정을 제공하며, 다중 방출 성분들이 사용되어질 때 피할 수 없는 위상 분리와 차등 고화(differential ageing)의 어려움을 극복한다(그림 20.1). 그러나 분자 설계와 합성은 매우 어렵고 번거로운 작업이다.

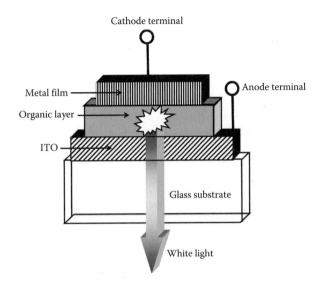

그림 20.1 단일 적층 백색 유기 발광 다이오드.

20.2.2.2 백색 유기 발광 다이오드의 예

ITO/PEDOT:PSS/P1(120 nm)/Ca/Ag 구조의 WOLED에서 고분자 P1, 즉 주쇄에 적색 발광 벤조티아디아졸(benzothiadiazole, BT) 발색단(분자 내의 착색을 일으키는 선택적인 광 흡수가 가능한 분자 내의 원자 그룹)을 갖는 폴리플루오렌(polyfluorene, PF)과 녹색 말단 캡핑 염료 *N*-페닐-1,8-나프탈이미드(*N*-phenyl-1,8-naphthalimide, NTI)는 단량체의 몰비를 적절하게 조정함으로써 백색 주입형 전계발광을 생성한다.

독창적인 백색 주입형 전계발광 단일 분자 조직은 에테르(ether) 결합으로 연결된 두 개의 비상호작용 형광 발색단(청색과 주황색)의 두 부분으로 이뤄진 비평면을 포함한다. 형광 발색단은 광학적 여기에 따라 광을 재방출할 수 있는 화학적 화합물이다. 비평면은 디페닐에테르(diphenylether) 단위의 페닐 고리가 거의 수직인 형태에 기인하기 때문에 고체상태에서 엑시머가 형성되지 않는다. 보색(complementary color)의 빛을 방출하는 두 개의 구성 단위로부터의 독립적인 발광은 백색 주입형 전계발광의 원인이다.

20.2.3 하향변환 층을 갖는 단색 발광 유기 발광 다이오드

기존의 무기 LED 제품들에 널리 사용되는 이러한 접근법은 의심의 여지 없이 OLED에 도입될 수 있다(그림 20.2). 고화 속도가 하나의 방출 물질에만 의존하기 때문에

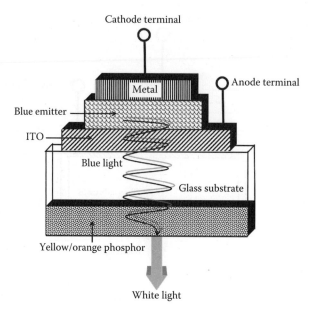

그림 20.2 주황색 발광을 펌핑하는 청색 유기 발광 다이오드.

그것은 다른 OLED 방식보다 우수한 색 안정성을 제공한다.

20.2.3.1 청색+주황색 혼합

Krummacher 등(2006)은 PEDOT:PSS[poly(3,4-ethylenedioxythiophene):poly (styrene-sulfonate)] 완충층으로 사전 코팅된 인듐 주석 산화물(ITO)/유리 기판을 사용하였다. 발광층은 PEDOT:PSS 박막 상에 스핀 코팅된 PVK, OXD7과 FIrpic 의 혼합물이었고 약 70 nm 두께의 박막을 생성하였으며, 이를 80°C에서 30분 동안 열처리하였다. 소자는 CsF(1 nm)와 Al(200 nm) 상부 접촉의 열 증발(thermal evaporation) 공정에 의해 완성되었다. 질화 규산염(silicate nitride) 형광체[(Sr, Ba, Ca)$_2$ Si$_5$N$_8$:Eu^{2+}]를 기반으로 하는 하향변환(down-conversion) 형광체를 유리 기판의 외부 표면에 적용하였다.

청색 OLED에 의해 방출된 청색 광자들은 형광체에 의해 부분적으로 흡수되고 가시광 스펙트럼의 주황색 영역과 일치하는 파장에서 다시 방출된다. WOLED의 결과적인 출력 스펙트럼을 생성하기 위해서 흡수되지 않은 청색광은 형광체에서 다시 방출된 주황색광과 겹쳐지게 된다. 형광체 층의 농도와 두께의 변화에 의해서 발광 스펙트럼은 원하는 방식으로 잘 맞추어진다. 약 39 cd/A의 전류 효율(current efficiency)에서 25 lm/W의 광원 효율(luminous efficacy)이 달성되었다.

표 20.2 백색 유기 발광 다이오드를 위한 다중 발광물질 기반의 제조 경로

분류	다중 발광 물질		
		다중 적층	
하위 분류 명칭	단일 적층	1	2
원리	단일 발광층으로부터 적색, 녹색, 청색 광을 제공하는 발광성 성분들의 조합에 의해 백색광이 얻어지는 백색 발광 적층	출력 광 스펙트럼이 세 개의 발광 성분들에 의해 결정되는 수직 적−녹−청(RGB) 적층	개별적인 패턴 접속에 의해 장치 작동 동안에 수평 적층의 출력 광 스펙트럼이 변경 가능한 수평 RGB 적층
Processing	쉬운 공정	활성 영역에 걸쳐 균일한 색상을 제공한다.	프린팅 기술 이용
장점	소자 성능에 미치는 영향 없이 색상을 조율하기 어렵다.	복잡한 공정	고가
단점	관련된 방출 물질의 고화 비율에 따라 수명이 다르기 때문에 색상 안정성이 부족하다.		

20.2.3.2 UV 광원 사용

하향변환으로부터의 백색 발광은 자외선(UV) 광과 적색, 녹색 및 청색 형광체들과의 결합에 의해서 얻어질 수 있으며, 각각의 형광체는 다른 색상을 방출한다. 그러면 이러한 색상들의 가색 혼합에 의해 백색 발광이 얻어진다.

20.3 다중 발광물질 기반 백색 유기 발광 다이오드

표 20.2는 다중 발광물질 공정에 의해 WOLED를 제조하기 위해서 따를 수 있는 다양한 선택들을 간략히 보여 준다. 이러한 선택들은 하부 절들에서 보다 더 상세하게 설명된다.

20.3.1 단일 적층: 단일 층에 혼합된 다중 발광물질

20.3.1.1 품질에 관한 찬반

전하 수송, 다수 색상 발광 등과 같은 다양한 기능들을 하나의 층에 통합하면 용액 또는 증발 기술을 통해 쉽게 공정을 진행할 수 있으므로 이 방법은 저비용, 대면적 WOLED 제조에 적합하게 만든다. 그러나 발광층의 형태와 성분비의 신중한 제어는 에너지 전달 현상의 관리에 있어서 중요한 요소들이며, 따라서 소자의 광전자 특성의 최적화이다. 이원소 또는 삼원소 혼합으로 만든 WOLED에서 정밀한 발광물질 비율

의 제어는 도핑된 시스템보다 결정적이지 않다. 그러나 일중항 발광물질을 사용하기 때문에 효율과 밝기가 더 낮다.

20.3.1.2 2개의 보색 또는 3개의 기본 색상을 갖는 고분자 혼합

WOLED의 사례는 2개의 주입형 전계발광 공액 고분자: 청색 방출 poly(9,9-dioctyl-fluorene)(PFO)와 주황색–적색 방출 poly[2-methoxy-5-(20-ethyl-hexyloxy)-1,4-phenylenevinylene](MEH-PPV)를 기반으로 한다.

20.3.1.3 넓은 밴드갭 호스트에서 하나 이상의 분자 발광 물질의 작은 비율 도핑

호스트(host)-게스트(guest 또는 dopant) 시스템에 기초한 단일 발광층 WOLED에서 호스트는 전하 수송 물질로서 역할을 하고 형광 또는 인광 도펀트들은 여기상태들로부터 빛을 방출하는 동안에 때로는 청색 발광 물질로서 역할을 한다. 이러한 여기 상태들은 직접 전하 재결합 또는 호스트로부터의 에너지 수송에 의해 생성되어진다.

WOLED는 녹색 fac-tris[2-(2-pyridinyl-*N*)(5-(3,4-di-*sec*-butoxyphenyl)phe-nyl-*C*]iridium(III)[Ir(PBPP)$_3$]와 적색 tris(1-phenylisoquinoline)iridium(III)[Ir(PIQ)$_3$] 화합물이 도핑된 청색 발광 polyfluorene(BlueJ)으로 만들어진 용액-주조(cast)된 주입형 전계발광 층에 의해 구성되어진다.

20.3.2 다른 색상을 방출하는 적층된 박막 층

20.3.2.1 박막 층들의 역할 최적화

다층 WOLED 소자는 여러 개의 적층된 유기 박막 층들로 인한 두꺼운 단면 때문에 높은 동작 전압을 갖는다(Kamtekar et al. 2010). 저전압 동작을 보장하기 위해서는 소자의 단면이 가능한 한 얇아야만 한다. 또한 다층 구조로 이루어진 WOLED의 제조 공정과 소자 구현은 복잡하다. 그것은 상이한 발광 물질들의 연속 증착 또는 순차적인 증발에 의해 구현되어진다. 박막 층간의 섞임을 방지하기 위해서는 장벽 박막들의 삽입에 의해 개별 박막 층들의 물리적인 분리가 확보되어진다. 유기/유기 박막 층의 계면에서 전하 주입 장벽과 저항 발열을 낮추기 위해서 발광성 물질들은 다른 인접한 발광성 물질들의 HOMO와 LUMO가 서로 밀접하게 조화되는 방식으로 선택되어진다. 소자로부터의 광 방출은 각 박막 층의 두께와 구성에 의존하며, 색상 균형을 달성하기 위해서는 정확하게 제어되어야 한다. 백색광의 생성을 위해서 개별적인 박막들의 두께와 그들의 도펀트 농도는 발광 스펙트럼과 효율에 기초하여 조정된다. 적층된 구조에서 각 박막 층의 기여를 개별적으로 최적화하는 것에 의해 만족스러운 성능이 얻어진다. 우수한 연색성(CRI)과 높은 발광효율(luminescence efficiency)을 달성하기 위해서는 이 최적화가 매우 중요하다.

20.3.2.2 수직 방향 적색 – 녹색 – 청색 적층

수직 방향 적색–녹색–청색(RGB) 적층 구조(그림 20.3)의 출력 스펙트럼은 세 가지 발광 구성요소들에 의해 결정된다(Srivastava et al. 2010).

이 소자의 구조에 의해 활성 영역의 색상 균일성은 얻어지지만 공정 진행 방법은 복잡하다. 적색, 녹색 및 청색 OLED의 적층에서 각각의 색상을 생성하기 위해서 독립적으로 구동되어질 수 있는 적층된(stacked) OLED 또는 SOLED 구조는 색상을 독립적으로 혼합하고 연색성(CRI)과 색도를 조정할 수 있는 다용도의 OLED이다. 분리된 박막 층들의 에너지 공급을 포함하는 이 조정 방법은 특정 박막 층의 수명을 단축시키는 용량을 훨씬 초과하여 과도하게 구동하지 않고도 높은 밝기가 가능하기 때문에 다수 박막 층의 차별적인 고화 효과의 시작을 연기시키는 주요한 장점을 나타낸다.

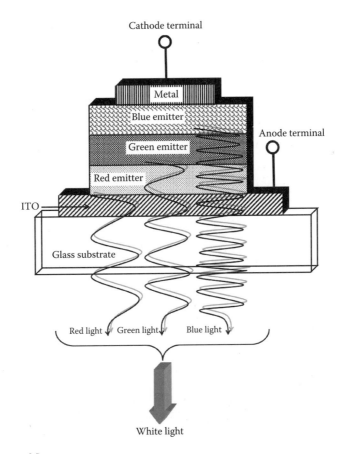

그림 20.3 수직 방향 RGB 적층.

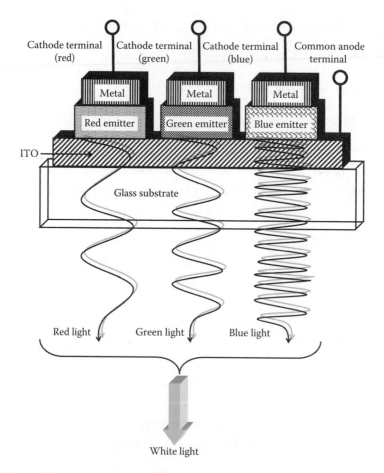

그림 20.4 수평 방향 RGB 적층.

20.3.2.3 수평 방향 RGB 적층

수평 방향 적층 구조(그림 20.4)의 출력 스펙트럼은 별도 패턴 지정에 의해 소자가 동작하는 동안에 변경되어질 수 있다. 적층 구조의 제조는 고가의 인쇄 기술에 의존한다(Krummacher et al. 2006).

20.4 결론 및 고찰

1993년에 Kido와 동료들이 최초의 WOLED를 개발한 이후, WOLED는 주변의 조명에서 중요한 역할을 할 수 있는 잠재력을 보여 주었다. OLED로부터 백색광을 발생시키는 방법은 크게 세 가지 접근방식으로 분류된다. (i) 다른 종류의 발광성 물질들로 도핑된 단일 백색 발광 층 구조는 쉬운 제조 방법을 제공하지만 소자 성능에 영향을 미치지 않으면서 색상을 조정하는 것은 어렵다. (ii) 수직/수평 방향 적색-녹색-청색 적층 구조는 색상 혼합을 독립적으로 조정할 수 있는 다용도의 WOLED이므로 색상 균일성과 넓은 범위에 걸친 색도 조정을 제공한다. 그러나 제조 가능성은 복합적이고 개별적인 발광물질들의 서로 다른 고화 비율 때문에 색상 안정성을 달성하는 것보다 쉽다. (iii) 유리 기판의 한 면상에 제작된 청색 OLED와 기판의 반대 면상에 증착된 색 변환 물질. 백색 발광을 얻기 위한 이러한 형광체 변환 발광 방법은 이미 무기 GaN 기반의 형광체 변환 발광 다이오드(phosphor converted LED, pc-LED)에서 널리 사용되었다. 그것은 고화 비율이 단일 발광물질에만 의존하기 때문에 간단한 제작 공정과 색상의 안정성을 제공한다. 그러나 형광체 층으로 얻어진 변환의 부족한 효율은 광범위한 전개를 막는다.

 참고문헌

Cho, S.-H., J. R. Oh, H. K. Park, H. K. Kim, Y.-H. Lee, J.-G. Lee, and Y. R. Do. 2010. Highly efficient phosphor-converted white organic light-emitting diodes with moderate microcavity and light-recycling filters. *Optics Express* 18(2), 1099–1104.

D'Andrade, B.W. and S. R. Forrest. 2004. White organic light-emitting devices for solid-state lighting. *Advanced Materials* 16(18), 1585–1595.

Farinola, G. M. and R. Ragni. 2011, July. Electroluminescent materials for white organic light emitting diodes. *Chemical Society Reviews* 40(7), 3467–3482, doi:10.1039/c0cs00204f. Epub March 24, 2011.

Kamtekar, K. T., A. P. Monkman, and M. R. Bryce. 2010, February. Recent advances in white organic light-emitting materials and devices (WOLEDs). *Advanced Materials* 22(5), 572–582.

Krummacher, B. C., V.-E. Choong, M. K. Mathai, S. A. Choulis, F. So, F. Jermann, T. Fiedler, and M. Zachau. 2006. Highly efficient white light-emitting diode. *Applied Physics Letters* 88, 113506-1–113506-3.

Oner, I., E. Stathatos, and C. Varlikli. 2011. White light electroluminescence by organic-inorganic heterostructures with CdSe quantum dots as red light emitters. *Advances in Optical Technologies* 2011, Article ID 710628, 8pp.

Reineke, S., F. Lindner, G. Schwartz, N. Seidler, K. Walzer, B. Lüssem, and K. Leo. 2009. White organic light-emitting diodes with fluorescent tube efficiency. *Nature Letters* 459, 234–238.

Srivastava, R., M.N. Kamalasanan, G. Chauhan, A. Kumar, P. Tyagi, and A. Kumar. 2010. Chapter 10. Organic light emitting diodes for white light emission. In: M. Mazzeo(ed.), *Organic Light Emitting Diode,* Rijeka (Croatia): InTech, ISBN: 978-953-307-140-4, Published: August 18, 2010 under CC BY-NC-SA 3.0 license, http://www.intechopen.com/books/organic-lightemitting-diode/organic-light-emitting-diodes-for-white-light-emission, doi: 10.5772/9892.

Tsuboi, T. 2010. Recent advances in white organic light emitting diodes with a single emissive dopant. *Journal of Non-Crystalline Solids*. 356(37–40), 1919–1927.

Zhi-lin, Z., J. Xue-yin, Z. Wen-qing, Z. Bu-xin, and X. Shao-hong. 2001. A white organic light emitting diode with improved stability. *Journal of Physics D: Applied Physics* 34, 3083–3087.

연습문제

20.1 유기 물질에서 백색 주입형 전계발광을 얻는 주요 접근법은 무엇인가? 예를 들어 설명하라.

20.2 엑시머는 엑시플렉스와 어떻게 다른가? 일렉트로머 효과는 무엇인가? "일렉트로머"라는 용어를 정의하라.

20.3 일렉트로머/엑시플렉스 과정들에서 얻어진 백색광은 왜 고화에 따라 변하는가?

20.4 엑시머 또는 일렉트로머 기반 과정들에서 백색광을 얻는 것의 장점과 단점을 제시하라.

20.5 다수의 색상을 방출하는 고분자의 한 예를 언급하고 이 고분자가 어떻게 WOLED 제조에 사용되는지를 설명하라.

20.6 하나 이상의 소량의 분자 발광 물질들로 도핑된 넓은 밴드갭에 의해 백색광이 어떻게 생성되는가? 하나의 사례를 제시하라.

20.7 유기물 구조에서 황색 형광체를 갖는 청색 LED의 일반적인 무기 백색 LED의 접근방식은 어떻게 실현되는가? 이 원칙에 따라 하나의 실용적인 구조를 설명하라.

20.8 단일 층에서 여러 개의 발광 물질들의 혼합에 의한 백색 조명 생산의 중요성에 대해 논의하라. 하나의 청색 방출 고분자와 하나의 적색 방출 고분자의 명칭은 무엇인가?

20.9 독립적으로 구동되는 적색, 녹색 그리고 청색 OLED를 갖는 적층 OLED가 왜 다목적 OLED 구조로 간주되는가?

20.10 다음의 OLED 구조의 동작을 다이어그램으로 설명하라. (a) 수직 RGB 적층 (b) 수평 RGB 적층

20.11 황색 형광체를 갖는 청색 LED가 백색광을 생성하는 다른 방법보다 우수한 색상 안정성을 제공하는 이유는 무엇인가? 그것의 광범위한 사용을 억제하는 것은 무엇인가?

PART IV

LED 구동 회로
LED Driving Circuits

CHAPTER **21**

LED의 직류 구동 회로
DC Driving Circuits for LEDs

학습목표

이 장을 학습한 후에 독자들은 다음의 역량들을 갖출 수 있게 된다.

- 전지와 배터리 혹은 배터리와 커패시터를 구별할 수 있다.
- 선형 트랜지스터 레귤레이터(regulator) 작동과 효율한계를 이해할 수 있다.
- SMPS가 듀티 사이클(duty cycle)을 조정하여 요구되는 전압을 어떻게 전달하는지 이해할 수 있다.
- LED를 위한 버킹(bucking), 부스팅(boosting), 버킹 부스팅(bucking-boosting) 전압에 익숙해질 수 있다.
- LED의 직렬회로와 병렬회로를 표현할 수 있다.

이전 장들에서 다룬 LED의 전기적 특성과 발광 특성을 바탕으로 우리는 LED가 실제로 어떻게 사용되고 있는지와 LED를 위한 직류(DC)와 교류(AC)의 전기 공급원에 대해 집중할 것이다. 전기 회로망과 결합된 이러한 전원들은 LED 응용을 위해 요구되는 빛의 출력을 얻기 위한 전력 공급원으로서 입력전력을 제공한다.

21.1 직류 전원의 특성

직류는 교류보다 낮은 전압을 사용하므로 안전과 건강의 관점에서 장점을 가지고 있다. 전압이 상당히 안정적일 뿐 아니라 전자기파 간섭(electromagnetic interference, EMI)에 대한 문제도 존재하지 않는다. 그렇지만 전류 레벨은 교류에 비해 크다.

21.2 전지와 배터리

직류(direct current, DC)의 반복적인 공급원은 전지(cell) 혹은 배터리(battery)이다. 배터리는 전지와 반드시 구분되어야 한다. 배터리(battery)는 회로에 전력을 주는 마지막 공급원이다. 배터리는 하나 혹은 여러 전지의 연결로 구성된다. 그래서 전지(cell)는 배터리의 기초적인 구성요소가 된다. 평상시에 우리는 전지나 배터리를 손전등이나 랜턴 등에 사용한다.

전지는 전압 공급원이라고 정의된다. 알칼리(alkaline) 전지는 처음에는 1.5 V를 생산하지만 사용시간이 지나면서 0.9 V로 줄어들게 된다. 리튬(lithium) 전지는 전지의 단자를 통해 4.3 V를 제공하지만 시간이 지남에 따라 3.3~2.7 V로 떨어지게 된다. 이러한 것들은 고화(ageing) 효과인데 전지는 다른 이유에서도 전압이 낮아지는 현상을 나타내게 된다. 이 전압의 저하는 부하 연결, 온도 등의 조건에 의해 다르게 발생한다.

전지의 출력전압은 오직 작은 부하에서만 일정하며, 중간 부하의 경우 선형적으로 감소하고, 높은 부하의 경우에는 상당히 비선형적으로 감소하게 된다. 그러므로 배터리는 작은 부하와 중간 부하에서만 사용된다. 이러한 상황에서 배터리는 전압의 선형적인 변화를 위해 직렬로 저항이 달린 이상적 전압원으로 생각할 수 있다. 이런 직렬저항은 배터리의 내부저항(internal resistance)이라고 한다.

전지 성능에 온도의 효과를 고려해서 만약 하나의 전지의 작동온도 범위가 –30°C에서부터 55°C라고 되어 있다면, 온도가 –30°C 아래로 내려가면 전지 안에 있는 화학 물질이 얼어 버린다는 것과 55°C 이상일 경우는 전지의 자가방전이 매우 빠르게 진행되면서 작동시간을 단축시켜 전지의 기능을 상실하게 된다는 것을 의미한다.

재충전이 가능한 전지의 고화도 고려되어야 한다. 충전시키는 횟수가 아주 많아지면 전지는 그 능력을 잃고 동작하지 않게 된다.

예제 21.1

3.23 V의 순방향 전압을 가지는 LED가 있을 때, 5 V 배터리로 350 mA 조건으로 이 LED를 구동시키기 위해 필요한 저항의 값은 얼마인가를 찾아라. 저항에 흐르는 전류는 얼마인가?

요구되는 저항을 R이라고 했을 때 저항 R 값은 다음과 같다.

$$R = \frac{V}{I} = \frac{(5 - 3.23)}{350 \times 10^{-3}} = 5.06\,\Omega \cong 5\,\Omega \tag{21.1}$$

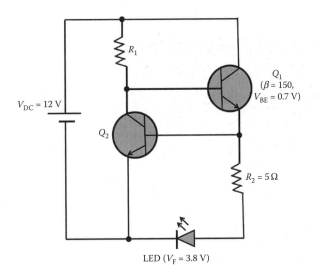

그림 21.1 LED 구동을 위한 정전류 제어 회로.

전류는 아래와 같이 구할 수 있다.

$$I = \frac{V}{R} = \frac{(5 - 3.23)\,\text{V}}{5\,\Omega} = 0.354\,\text{A} = 354\,\text{mA} \tag{21.2}$$

저항은 와트 단위의 전력을 소모한다는 것을 전제로 위 저항의 전류 수송 능력을 확인할 수 있다. 전압(volt) × 전류(ampere) = 와트(watt)임을 기억한다면 우리는 소모된 전력의 양을 아래와 같이 구할 수 있다.

$$5\,\text{V} \times 0.354\,\text{A} = 1.77\,\text{W} \tag{21.3}$$

위의 예제에서처럼 배터리에서의 어떤 변화는 LED에 흐르는 전류를 변화시킴으로써 빛의 출력도 변화시킬 것이다. 그림 21.1에 나타낸 회로는 배터리 전압의 변화와 관계없이 LED에 전류를 일정하게 공급한다. 전압 V_{DC}가 증가하면 트랜지스터(transistor) Q_1에 공급되는 베이스(base) 전류도 증가하게 된다. 결과적으로 Q_1의 작동이 더 되면서 Q_1의 이미터(emitter) 전류가 증가하게 된다. 그리고 LED의 저항인 R_2를 통해서 흐르는 전류도 증가하게 되면서 트랜지스터 Q_2로 흘러 들어가는 베이스 전류도 증가하게 된다. 이 결과로 Q_2의 작동이 더 되면서 Q_1의 베이스 전류를 감소시키면서 R_2에 흐르는 전류도 감소된다. 배터리 전압이 떨어질 때도 회로의 기능을 이해하는 데 비슷한 논지가 이용될 수 있다. 즉, 위의 회로는 배터리의 전압이 높을 때와 낮을 때 모두 LED에 공급되는 입력전류를 안정화시키는 역할을 한다.

예제 21.2

그림 21.1의 LED 구동회로에서 공급전압 V_{DC} = 12 V, LED의 순방향 전압 V_F는 3.8 V, 저항 R_2 = 5 Ω이다. 트랜지스터 Q_1의 공통−이미터의 전류이득(current gain) β가 150일 때 저항 R_1의 값을 찾아라. 베이스−이미터 전압강하 V_{BE}는 0.7 V이고 LED는 200 mA에서 동작한다.

200 mA의 구동전류는 트랜지스터 Q_1을 지나 저항 R_2로 흘러간다. 그러므로 R_2에 걸리는 전압강하는 다음과 같다.

$$200 \text{ mA} \times 5 \text{ Ω} = (200 \times 10^{-3} \text{ A}) \times 5 \text{ Ω} = 1 \text{ V} \tag{21.4}$$

R_1에 걸리는 전압강하는 다음과 같다.

$$(12 - 1 - 3.8 - 0.7) \text{ V} = (12 - 5.5) \text{ V} = 6.5 \text{ V} \tag{21.5}$$

Q_1의 전류이득 값인 α가 150일 때 Q_1의 베이스 전류 I_B는 아래와 같다.

$$I_C/\alpha = I_C/150 = 200/150 = 1.33 \text{ mA} \tag{21.6}$$

전류이득 α는 아래와 같다.

$$\alpha = I_C/I_B \tag{21.7}$$

Q_1의 베이스 전류는 Q_2의 이미터 전류이고 또한 저항 R_1을 통해 전류가 흐르기 때문에 저항 R_1은 다음의 값을 가져야 한다.

$$12 \text{ V}/1.33 \text{ mA} = 12 \text{ V}/(1.33 \times 10^{-3} \text{ A}) = 9022.556 \sim 9023 \text{ Ω} \sim 9 \text{ kΩ} \tag{21.8}$$

저항 R_1에서의 전력은 다음의 계산으로 정해진다.

$$\text{와트} = \text{전압} \times \text{전류이므로, 주어진 전력} = 12 \text{ V} \times 1.33 \text{ mA} = 15.96 \text{ mW} \tag{21.9}$$

그러므로 20 mW의 작은 전력용 저항으로 충분하다.

예제 21.3

50 mW 광 전력을 갖는 470 nm 파장의 청색 GaN LED가 있다. 3.4 V의 동작전압을 갖는 이 다이오드는 250 mA 전류제한이 걸려 있는 5 Ω짜리 저항과 직렬로 연결되어 있다. 광 전력 방출(optical power emission)은 50 mW이다. 이 다이오드의 광 추출 효율(light extraction efficiency)은 40%이고 주입 효율(injection efficiency)은 80%이다. 이 다이오드의 외부양자효율(external quantum efficiency)과 내부양자효율(internal quantum efficiency) 그리고 전력변환효율(power conversion efficiency)을 계산하여라.

LED의 광 전력은 다음과 같다.

$$P_{\text{optical}} = \text{energy of one photon } (hc/\lambda) \times \text{number} \atop \text{of photons emitted per second} \tag{21.10}$$

그러므로, 초당 발광되는 광자의 수

$$= P_{\text{optical}}/(6.63 \times 10^{-34} \text{ J-s} \times 3 \times 10^8 \text{ ms}^{-1}/470 \times 10^{-9} \text{ m})$$
$$= 50 \times 10^{-3} \text{ W}/(4.232 \times 10^{-19} \text{ J}) = 1.18 \times 10^{17} \tag{21.11}$$

250 mA에 대해서

$$\text{초당 주입되는 전자 개수} = 250 \times 10^{-3}$$
$$\text{A}/(1.6 \times 10^{-19} \text{ C}) = 1.563 \times 10^{18} \tag{21.12}$$

또한, 외부양자효율 = 초당 발광되는 광자의 수/초당 주입되는 전자 개수

$$\text{per second} = 1.18 \times 10^{17}/(1.563 \times 10^{18}) \times 100\% = 7.55\% \tag{21.13}$$

$$\eta_{\text{external}} = \eta_{\text{injection}} \times \eta_{\text{internal}} \times \eta_{\text{extraction}} \tag{21.14}$$

이기 때문에 우리는 다음과 같은 내부양자효율을 얻을 수 있다.

$$\eta_{\text{internal}} = \eta_{\text{external}}/(\eta_{\text{injection}} \times \eta_{\text{extraction}}) = 7.55\%/(0.8 \times 0.4) = 23.594\% \tag{21.15}$$

전력변환효율은 다음과 같이 구할 수 있다.

$$\eta_{\text{Power}} = \{P_{\text{optical}}/(I\,V)\} \times 100\% \tag{21.16}$$

$$= [50 \times 10^{-3} \text{ W}/\{250 \times 10^{-3} \text{ A} \times (3.4 \text{ V} + 250 \times 10^{-3} \text{ A} \times 5 \text{ }\Omega)\}] \times 100\% \tag{21.17}$$

$$= \{50 \times 10^{-3} \text{ W}/(1.1625 \text{ W})\} \times 100\% = 4.3\% \tag{21.18}$$

21.3 배터리와 커패시터

전지는 전기를 발생시키기 위한 전기화학 발생장치(electrochemical generator)이다. 전지에서는 화학적 에너지가 전기적 에너지로 변환된다. 그러므로 전지의 에너지 원천은 자연에 존재하는 화학물질이고 그 메커니즘은 화학반응이다. 그러나 커패시터 (capacitor)는 전기장 안에 에너지를 저장한다. 전지와 커패시터에 의해 저장되는 에너지의 양은 크게 다르다. 전압 V일 때 전하량 Q로 충전된 전지에 저장된 에너지는 다음과 같다.

$$E_{\text{Cell}} = VQ \tag{21.19}$$

반면에 전압 V에 의해 충전된 커패시터에 저장된 에너지는 다음과 같다.

$$E_{\text{Capacitor}} = \frac{1}{2}CV^2 \tag{21.20}$$

V = 1.5 V, Q = 100 mA-h를 가지는 전지와 C = 1 μF, V = 10 V인 커패시터로 우리는 다음과 같은 결과를 얻을 수 있다.

$$E_{\text{Cell}} = VQ = 1.5\,\text{V} \times 100 \times 10^{-3}\,\text{A} \times 60 \times 60\,\text{s} = 540\,\text{J} \tag{21.21}$$

그리고

$$E_{\text{Capacitor}} = \frac{1}{2}CV^2 = \frac{1}{2}\left(1 \times 10^{-6}\right) \times \left(10\right)^2 = 5 \times 10^{-5}\,\text{J} \tag{21.22}$$

즉,

$$\frac{E_{\text{Cell}}}{E_{\text{Capacitor}}} = \frac{540}{5 \times 10^{-5}} = 1.08 \times 10^7 \tag{21.23}$$

커패시터 대비 전지의 에너지 크기가 10^7배나 크다. 커패시터에 의해 공급되는 지극히 작은 양의 에너지로는 LED를 동작시키기에 충분하지 않다.

21.4 선형 트랜지스터 레귤레이터

패스 트랜지스터(pass transistor)는 입력과 출력 단자 사이가 직렬로 연결되어 있기 때문에 직렬 선형 레귤레이터(series linear regulator)라고 불린다. 레귤레이터의 동작 원리는 매우 간단하고 베이스의 전압을 바꾸어 트랜지스터의 출력단자에서 전압을 조절할 수 있다(그림 21.2 참고). PNP 트랜지스터에 의해 동작하는 NPN 달링턴(Darlington) 회로는 이 레귤레이터에서 패스 소자 Q_1을 구성한다(Deng 2006). 트랜지스터 Q_2와 전압 오차 증폭기(voltage error amplifier)는 패스 트랜지스터의 이미터로 흐르는 전류, 즉 부하 전류 I_L을 제어한다. I_L과 비교해서 저항 분할기인 R_1, R_2를 통해 흐르는 전류는 무시할 수 있다. 출력전압을 제어하는 피드백 루프(feedback loop)는 출력전압을 결정하기 위한 저항 R_1과 R_2에 의해 형성된다. 이렇게 감지된 전압은 전압 오차 증폭기의 반전된 입력에 인가된다. 비 반전 입력은 기준 전압으로 고정되고 오차 증폭기는 출력전압과 Q_1을 통한 전류를 지속적으로 조정하여 입력전압을 동일하게 만든다.

피드백 루프의 동작은 조절된 출력을 항상 고정된 값으로 유지하는 것이다. 이 값은 부하전류의 변화와 관계없이 R_1과 R_2에 의해 정해진 기준 전압의 배수이다.

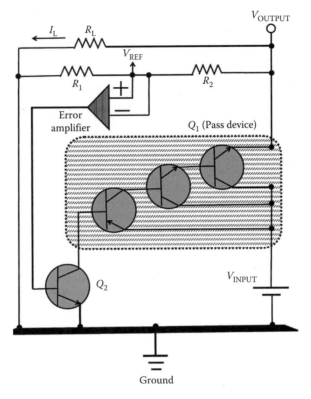

그림 21.2 선형 전압 레귤레이터의 간단한 회로도.

예제 21.4

V_{INPUT} = **15 V**, V_{OUTPUT} = **3 V**, 그리고 출력전류가 **1.5 A**일 때, 그림 **21.2**에 있는 선형 트랜지스터 레귤레이터의 효율을 계산하라. 답에 대한 설명도 제시하라.

입력전압은 15 V이고 출력전압은 3 V이다. 그러므로 트랜지스터의 전압강하는 (15 − 3) = 12 V이다. 출력전류는 1.5 A이고 입력전류도 그와 동일하다. 그러므로,

$$\text{입력전력} = 15 \text{ V} \times 1.5 \text{ A} = 22.5 \text{ W} \tag{21.24}$$

$$\text{출력전력} = 3 \text{ V} \times 1.5 \text{ A} = 4.5 \text{ W} \tag{21.25}$$

그리고 효율(efficiency)은

$$\eta = \frac{\text{출력전력}}{\text{입력전력}} \times 100\% = \frac{4.5}{22.5} \times 100\% = 20\% \tag{21.26}$$

입력전력의 80%는 회로에서 손실되고 트랜지스터에서 열로 발산된다.

21.5 스위치모드 전원장치(SMPS)

스위치모드 전원장치(switch-mode power supply, SMPS)는 일반적으로 공급원으로부터 기인하는 전력을 부하에 적합한 형태로 변환하는 데 사용된다. 하나의 예로, 120 V 또는 240 V 교류인 주 신호를 충전하기에 적합한 5 V 직류로 유지하기 위해 사용되는 핸드폰 충전기를 들 수 있다. 이름에서 내포되어 있듯이, SMPS는 트랜지스터 스위치의 도움으로 전력을 켰다가 끄는 스위칭에 의해 동작한다. 이런 전력은 인덕터(inductor)와 같은 부하에 공급된다. 다양한 SMPS는 인덕터의 기본 특징을 이용한다. 즉, 인덕터를 통해 흐르는 전류의 어떠한 변화에 대한 반발로, 그 변화를 발생시킨 전압의 반대방향으로 기전력(electromotive force, EMF)을 생성한다. 인덕터에 유도된 기전력은 다음과 같다.

$$V = -L \frac{\mathrm{d}i}{\mathrm{d}t} \tag{21.27}$$

L은 인덕터의 인덕턴스(inductance)이고 i는 인덕터에 순간적으로 흐르는 전류이다. 위 식의 마이너스 부호는 유도 기전력이 전류의 반대방향이기 때문이다. 이것은 인덕터가 스위치가 닫혀 있는 전원 V인 회로에 놓여 있을 때, 전류는 증가하고 V와 반대방향으로 기전력을 발생시킨다. 그리고 기전력의 크기는 전류의 증가율과 인덕턴스에 의해 결정된다. 위의 조건에서 스위치가 열리게 된다면 인덕터 전류는 감소하지만 유도 기전력이 전류의 감소와 반대되는 방향으로 생겨난다. 그러므로 기전력의 방향은 전압원 V와 동일해진다. 즉, 스위치가 끊어진 상태에서 인덕터는 전압원 V와 같은 극성을 가짐으로써 전압원으로 생각될 수 있다. 간단하게, 스위치가 연결된 상태일 때 유도 기전력은 전류의 증가로 V와 반대방향이지만, 스위치가 끊어진 상태에서는 감소되는 전류에 의해 유도되는 기전력의 방향은 전압원 V와 같은 방향을 가리키게 된다.

SMPS는 또한 전하를 저장하는 커패시터의 역할로 사용될 수 있다. 도체의 커패시턴스 C는 전압 V가 가해진 상태에서 다음 식처럼 Q 쿨롱(coulomb)만큼 증가하게 된다.

$$C = \frac{Q}{V} \tag{21.28}$$

실제 커패시터는 전하 저장량을 증가시키기 위해 2개의 도체판 사이에 절연체를 삽입한 구조를 가지고 있다.

트랜지스터, 인덕터, 커패시터와 집적회로(integrated circuit, IC)들은 SMPS 토폴로지라고 알려진 다양한 형태 안에서 서로 연결되어 있다. 일정한 켜진 시간(on-time)과 주파수 제어의 사용에 따라서 다양한 레귤레이터가 만들어질 수 있다. SMPS는 모두 인덕터 안에서의 전류 흐름을 조절하는 것을 바탕으로 한다. SMPS 회로 안에서 제어 변수는 트랜지스터의 듀티 사이클(duty cycle)이라고 부르는 총 시간(on-time + off-time) 대비 켜진 시간의 비율이다.

LED는 발광되는 빛의 색깔에 따라 다양한 순방향 전압을 갖는다. 순방향 전압은 또한 온도와 비닝(binning)에 따라서도 달라진다. 가능한 모든 변수를 고려해야 LED의 순방향 전압이 정확하게 결정될 것이며 동작하는 동안에는 절대 이 값을 초과하면 안 된다. 이 값이 결정되었다면, 다음의 세 가지 경우가 발생한다. (i) 공급 전압이 LED의 순방향 전압보다 항상 크다. 이때는 공급 전압을 필요한 수준으로 낮추어야 하고, 벅 변환기(buck converter)가 이에 적합하다. (ii) 공급 전압이 LED의 순방향 전압보다 항상 작다. 이럴 경우 공급 전압을 LED의 순방향 전압에 맞춰 증가시켜야 하고 전압을 높이기 위해 부스트 변환기(boost converter)가 필요하다. (iii) 공급 전압이 LED의 순방향 전압보다 작거나 큰 경우를 반복했을 때, (i)와 (ii)의 기능 모두를 가지고 있는 벅-부스트 변환기(buck-boost converter)가 사용된다.

3.2 V의 순방향 전압을 갖고 350 mA에서 구동하는 백색 LED가 있다고 가정하자. 이 순방향 전압은 온도에 따라 감소하므로 3.2 V는 최댓값을 나타낸다. 또한 LED를 동작시키기 위해 4개의 알칼리 전지가 있다고 가정하자. 이 전지들은 처음에는 $4 \times 1.5 = 6.0$ V의 전압을 나타내다가 시간이 지나서는 $4 \times 0.9 = 3.6$ V로 감소하게 된다. 즉, 이 전지들의 순방향 전압은 3.6~6.0 V의 범위에 놓이게 된다. 이 전압은 LED 순방향 전압보다 항상 높기 때문에 공급 전압을 감소시키기 위해 변환기가 사용되어야 한다. 이때 사용되는 변환기를 벅 변환기(buck converter)라 한다.

전체 전압이 최대 2×1.5 V = 3.0 V와 최소 2×0.9 V = 1.8 V인 2개의 전지가 3.2 V 순방향 전압을 가지는 LED를 동작시키기 위해 사용된다고 가정해 보자. 공급 전압은 LED의 순방향 전압보다 항상 작을 것이고 공급 전압을 증가시키기 위해 부스트 변환기(boost converter)가 사용된다.

순방향 전압이 3.2 V인 LED를 동작시키기 위해 3개의 전지가 있다고 가정하자. 가능한 전체 전압은 최대 3×1.5 V = 4.5 V와 최소 3×0.9 = 2.7 V이다. 이 경우는 공급 전압이 LED의 순방향 전압보다 높을 수도 낮을 수도 있다. 그러므로 변환기는 버킹(bucking)과 부스팅(boosting)이라는, 전압을 감소시키기도 하고 증가시키기도 하는 두 가지 기능을 가지고 있어야 한다. 새 배터리는 LED의 순방향 전압보다 높고 오래된 배터리는 방전에 의해 전압이 낮아지므로 벅-부스트 변환기(buck-boost converter)가 필요하다.

21.6   벅 변환기(Buck Converter)

그림 21.3에 나타나 있는 벅 변환기는 전압을 낮추는 DC-to-DC 변환기이다. 입력 전압 V_{INPUT}을 감소시켜 낮은 출력전압 V_{OUTPUT}을 만들어 낸다. 벅 변환기는 하나의 인덕터와 그 인덕터를 제어하기 위한 하나의 트랜지스터와 하나의 다이오드를 가지고 있다. 변환기는 인덕터 안에 에너지를 저장하기 위해 공급 전압과 연결시키는 일과 그 인덕터를 부하로 방전시키는 일을 교대로 한다.

그림 21.3a에 나타나 있듯이, 인덕터 L의 왼쪽 끝은 트랜지스터 스위치 Q와 연결되어 있고 이것은 스위치 쪽이다. 인덕터의 우측 끝은 출력단과 연결되어 있는데, 이것은 출력 쪽이다. 그림 21.3b는 인덕터의 전압을, 그림 21.3c는 인덕터의 전류를 나타낸다. 트랜지스터의 스위치가 켜졌을 때, 입력전압 V_{INPUT}은 인덕터에 걸리게 되지만 다이오드에서는 역방향 바이어스가 되어 동작하지 않는다. 스위치 쪽에 걸리는 인덕터 전압 V_{L}은 출력 쪽의 전압보다 크기 때문에 인덕터에 흐르는 전류 I_{L}은 증가한다. 그러나 인덕터는 전류가 변하는 것을 방해하려고 반대방향의 전압을 발생시켜 전류의 증가를 약화시킨다. 인덕터에 의해 발생된 전압은 공급 전압을 감소시키고 이 전압은 부하에 전달된다. 이러한 것을 버킹 액션(bucking action)이라고 한다.

트랜지스터 스위치가 꺼졌을 때, 입력전압은 더 이상 인덕터에 걸리지 않는다. 인

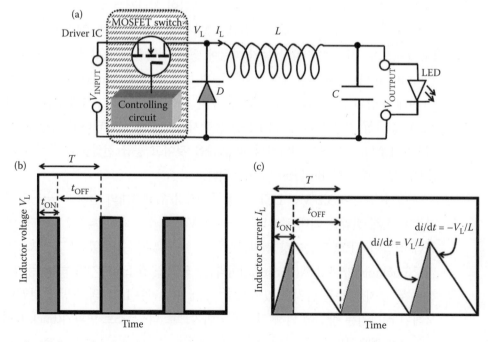

그림 21.3 벅 변환기: (a) 기본적인 회로, (b) 인덕터 전압의 파동, (c) 인덕터 전류의 파동.

덕터의 스위치 쪽에 걸리는 전압 V_L이 0이고 출력 쪽에 걸리는 전압 V_L은 높아지기 때문에 인덕터 안의 전류는 줄어든다. 결국 인덕터의 스위치 쪽에 걸리는 전압은 마이너스 값으로 감소하게 되고 다이오드는 순방향 바이어스 상태로 되면서 다이오드로 전류가 흐르기 시작한다. 이 과정 동안에도 역시 인덕터는 전류의 변화를 없애려고 전압을 생성하게 되고 이렇게 생성된 전압은 입력 전압원과 같은 방향을 가지게 된다. 다시 말하면, 어느 정도 감소된 전류는 입력 전압원 때문에 부하를 통해 흐르게 된다. 입력원을 제거한 후에도 전류가 유지되기 위해서 인덕터가 전압원으로서의 역할을 하며 부하에 공급 전압과 같은 전체 전압을 공급한다.

이처럼 트랜지스터를 켜고 끄는 스위칭은 인덕터 전류 I_L을 증가시켰다 감소시키는 역할을 한다. 트랜지스터의 스위치가 켜졌을 때는 전류가 증가하고, 스위치가 꺼졌을 때는 감소하게 된다. 인덕터를 지나 흐르는 전류는 부하와 병렬로 연결된 커패시터를 충전시키는 데 사용된다. 커패시터는 인덕터에서 충전과 방전이 발생하는 동안 출력전압의 파형을 부드럽게 만들어 준다.

전류가 흐르는 시간과 흐르지 않는 시간을 조절함으로써, 커패시터에 충전되는 평균 전류를 조절할 수 있으며, 이를 통해 커패시터에 걸리는 전압을 생성할 수 있다. 위에서 언급한 시간 비율은 집적회로에 의해 제어된다. 이 집적회로는 펄스폭 변조(pulse-width modulation, PWM) 제어기이다. PWM은 커패시터에 생성된 전압을 측정할 수 있고 피드백 과정을 거쳐 스위칭의 켜짐과 꺼짐 시간을 조절할 수 있다. 즉, 커패시터에 요구되는 전압을 생성할 수 있다.

그림 21.4는 2011년 이후에 만들어진 National Semiconductor(Texas Instruments 2013)의 LM3405 집적회로를 이용한 벅 변환기의 회로도를 보여 준다. 일반적으로 금속–산화물–반도체 전계효과 트랜지스터(metal oxide semiconductor field effect transistor, MOSFET)을 이용한 트랜지스터 스위치는 집적회로 속에 있는 V_{INPUT}과 SW 핀 사이에 있다. MOSFET의 켜짐과 꺼짐을 일정 주기로 맞추기 위해 디지털 신호가 EN/DIM 핀에 들어가게 된다. C_2는 LED에 동일한 전류를 공급하기 전에 전류의 기복을 제거하기 위한 평활 커패시터이다. C_2와 병렬로 연결된 커패시터 C_4는 전류의 안정화에 도움을 준다. R은 전류를 감지하기 위한 센서 역할을 한다.

MOSFET이 켜졌을 때, SW핀은 입력전압 V_{INPUT}과 연결된다. MOSFET이 켜져 있는 동안에는 출력전압보다 입력전압이 더 크기 때문에 L에 걸리는 전압은 정방향이다. 유도 기전력은 전류의 증가로 입력전압 V_{INPUT} 방향에 반대이므로 V_{INPUT}은 감소하게 된다. 전류는 SW핀을 거친 V_{INPUT}핀에서부터 인덕터 L로 흐르고 커패시터 C_2를 충전시킨다. 그런 다음에 LED를 지나서 센서로 작동하는 저항 R을 거쳐 기저

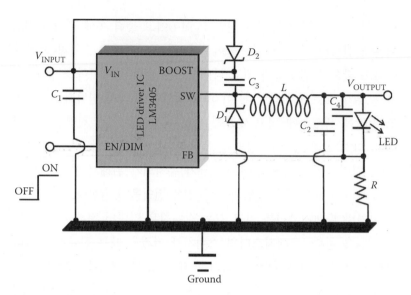

그림 21.4 LM3405 IC를 이용한 벅 변환기(V_{IN}—V_{INPUT}에서 GND 사이 연결된 bypass 커패시터 C_1과 함께 있는 입력공급 전압; 부스트—전압은 내부의 MOSFET을 작동시키고 bootstrap 커패시터인 C_3는 부스트와 SW 사이에 연결되어 있다. SW—인덕터와 연결된 스위치 핀, 다이오드 D_1과 bootstrap 커패시터 C_3와 연결되어 있다. FB—피드백 핀, FB에서 GND 사이에 연결된 외부저항 R은 LED 전류를 설정; EN/DIM—다른 주파수에서 다양한 동작비율의 사각파형과 함께 입력을 제어해 LED의 밝기를 조절할 수 있다).

로 빠져나간다. 역방향 바이어스 때문에 다이오드를 통해서는 전류가 흐르지 않는다.

하지만 MOSFET이 꺼졌을 때 SW핀은 입력전압 V_{INPUT}과 끊어지게 된다. MOSFET이 꺼졌을 때, SW핀에 걸리는 전압은 기저에 비해 0.7 V 낮은 −0.7 V로 감소하게 되고, 다이오드 D_1은 작동하게 된다. 그리고 L에 흐르는 전류는 감소하면서 V_{INPUT}과 같은 방향의 유도 기전력을 생성한다. 이전에 L을 통해 흘렀던 전류에 의해 C_2에 저장된 전하 때문에 커패시터 C_2는 방전을 하게 되고 이 방전은 LED에 공급하는 전류를 유지할 수 있게 해 준다. 이 전류는 다이오드 D_1에서부터 인덕터 L, 커패시터 C_2, 커패시터 C_4 그리고 LED와 저항 R을 지나 기저로 빠져나간다.

위에 설명한 것은 벅 회로에서 트랜지스터가 켜졌을 때, 인덕터 전류가 커패시터를 충전하고 LED로 흐르는 것과 유사하다. 유도 기전력은 V_{INPUT}에 의해 감소하게 되고 bucking을 발생시킨다. 또한 트랜지스터가 꺼진 후에는, 트랜지스터가 켜졌을 때 커패시터에 충전된 전하에 의해 LED로 전류가 흐르게 된다. 유도 기전력은 트랜지스터가 꺼짐으로써 0이 된 V_{INPUT}에 더해진다. 이러한 동작에 의해 트랜지스터가 켜졌을 때 가질 수 있었던 출력전압 값을 트랜지스터가 꺼졌을 때도 유지할 수 있는 것이다.

전류 감지 저항 R은 R에 흐르는 전류에 비례해서 피드백 핀인 FB에 가해지는 전압을 생성한다. 집적회로는 설정된 전류 값과 R에 감지되는 전류의 값을 비교함으로써 동작한다. 만약 두 전류가 다르면 그 차이는 FB 핀에 원하는 전압을 공급하기 위해 증폭기로 보내져 MOSFET 스위치의 동작비율을 조정하게 된다. 하지만 전류의 값이 동일하면, 동작비율은 변하지 않는다.

다이오드 D_2와 커패시터 C_3는 전하 펌프로서 사용된다. 이것들은 입력전압보다 큰 전압을 BOOST 핀에 생성시킨다. N-channel MOSFET이 켜지기 위해서는 게이트 전압이 소스 전압보다 커져야 하므로 이 큰 전압은 MOSFET의 게이트에 걸리게 된다.

MOSFET이 켜졌을 동안에는 증가된 전류가 인덕터를 통해서 흐르게 된다. 이것은 입력전압이 출력전압보다 커졌기 때문이다. 만약 입력전압이 출력전압보다 작다면, 인덕터를 통해서 흐르는 전류는 증가하기보다는 감소할 것이다. 유도 기전력은 V_{INPUT}과 같은 방향이지만 V_{OUTPUT}과는 반대방향이다. 동시에 입력전압은 증가시키고 출력전압은 감소시키는 데 MOSFET이 얼마나 오래 켜져 있는 것과 관계없이 출력전압이 입력전압과 같아지도록 동작한다. 즉, 벅 변환기는 높은 입력전압을 줄여서 낮은 출력전압을 만들게 된다. 그 반대의 과정은 발생하지 않는다. 벅 변환기는 출력전압을 입력전압과 같게는 만들 수 있지만 절대 입력전압보다 큰 출력전압을 만들지는 못한다. 즉, 출력전압 ≤ 입력전압.

21.7 부스트 변환기(Boost Converter)

그림 21.5에 있는 부스트 변환기는 전압을 높여 주는 DC-to-DC 변환기이다. 부스트 변환기는 입력전압 V_{INPUT}을 높은 전압으로 증가시킨다. 부스트 변환기를 위한 전력은 직류 전원으로부터 공급받게 된다. 이것들은 배터리, 태양전지, 정류기 또는 직류 발전기와 같은 것들이다. 에너지, 곧 전력($P = VI$)은 보존되기 때문에 출력전류는 공급 전류보다 낮아지게 된다.

때때로 배터리를 이용한 전력 시스템에서 높은 전압을 얻기 위해서 전지를 직렬로 연결하게 된다. 하지만 공간의 부족 때문에 많은 전지를 연결하는 것이 불가능할 수도 있다. 부스트 변환기는 전지의 개수를 적게 하면서도 전압을 증가시킬 수 있다.

그림 21.5a에 있는 부스트 변환기를 보면, MOSFET 스위치가 켜졌을 때 인덕터는 충전되고 자기장(magnetic field) 안에 에너지가 저장된다. 스위치가 꺼졌을 때는 전류가 감소하게 된다. 이러한 전류의 변화 또는 감소는 인덕터에 의해 반대가 된다. 즉, 인덕터에 의해 발생하는 전압의 방향이 공급 전압원의 방향과 같으면 전류가 감소하는 것을 줄일 수 있다. 결과적으로 인덕터의 자기장 안에 저장된 에너지와, 전류

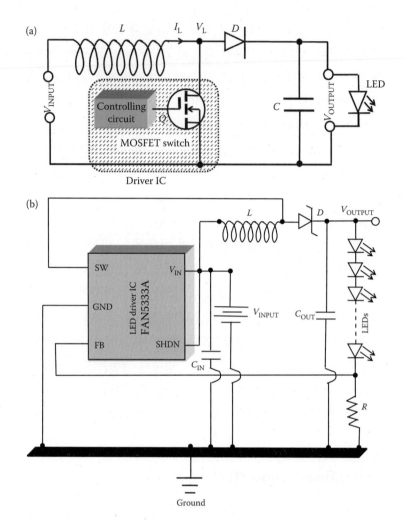

그림 21.5 부스트 변환기: (a) 작동원리, (b) 집적된 FET 스위치가 있는 FAN 5333 IC 범용 LED 구동회로(핀 설명: V_{IN}— 입력전압, SHDN—가동정지 제어, 로직 HIGH는 가능하지만 로직 LOW는 불가능함; FB—외부 전류 설정 저항 R와 연결된 피드백 접점, GND—아날로그와 전력 기저, SW—스위칭 접점).

가 감소하는 것에 대항해서 인덕터에 발생하는 전기장(electric field)의 에너지를 결합하면 다이오드 D를 통해서 커패시터 C를 충전할 수 있는 높은 전압을 발생시킬 수 있다. 만약 스위치의 주기가 충분히 빠르면 인덕터는 완전히 방전하지 못한다. 그러면 부하 입장에서 스위치가 열렸을 때 입력원의 전압보다 항상 큰 전압을 얻을 수 있게 된다. 즉, 원래의 입력전압 값보다 더 큰 값을 얻을 수 있다.

부스트 변환기의 실제 회로도가 그림 21.5b에 나타나 있다. 이 변환기는 FAN 5333 IC(Fairchild Semiconductor 2005)를 사용하고 있다. 앞 장에서 배웠던 벅 변환기 회로와 다른 점은 인덕터의 연결이다. 즉, 입력전압은 항상 인덕터와 연결되어 있다. 그럼에도 불구하고, 출력전압이 입력전압보다 높기 때문에 인덕터의 다른 쪽에 있는 전압이 무한히 증가하지는 않는다. 전압 값이 같아진 후에는 전압의 추가적인 증가는 없다.

SW핀을 기저 쪽으로 끌어오면서 트랜지스터는 켜지게 된다. SW핀은 0 V의 전위를 가지게 되고, 그래서 인덕터 전류는 증가하게 된다. 이러한 동작은 입력전압과 반대방향의 유도 기전력을 생성하게 된다. 전류는 LED를 통해 흐르는 것이 아니라 기저 쪽으로 흐르게 된다. 만약 다이오드 D가 존재하지 않는다면, 출력전압은 기저 쪽으로 향하게 될 것이다. 커패시터 C_{OUT}에 저장된 에너지에 의해 트랜지스터가 꺼졌을 때도 LED는 동작을 유지할 것이다.

R에 의해 감지된 전류는 FB핀에 피드백 신호를 생성하게 될 것이다. 집적회로는 LED 동작에 요구되는 전류에 따라서 FB핀에 걸리는 전압을 생성할 수 있도록 MOSFET의 듀티 사이클(duty cycle)을 설정할 것이다.

트랜지스터가 꺼졌을 때, SW핀은 출력전압에 더해져 다이오드 전압강하만큼 증가될 것이다. 그러므로 인덕터 전류는 감소할 것이다. 인덕터의 전류가 흐를 수 있는 유일한 회로는 귀환(flyback) 다이오드 D를 통하는 것이다. 이렇게 줄어드는 인덕터 전류는 다이오드 D와 C_{OUT}으로 흐르고, 또 LED와 R을 거쳐 기저로 흐르게 된다. 이 감소되는 인덕터 전류에 의해 생성된 유도 기전력은 입력전압과 같은 방향을 가지게 된다. 유도 기전력에 의해 이렇게 추가적으로 발생된 전압은 승압(boosting) 역할을 한다. 기본적으로 트랜지스터가 꺼졌을 때, 인덕터 안에 저장된 에너지는 사라져 입력전압에 더해질 수 있도록 극성이 변하게 된다. 그러면 입력전압과 인덕터에 걸리는 전압은 직렬로 연결된다. 이 전압들은 같이 출력 커패시터를 충전시켜 입력전압보다 높은 전압을 만들게 된다.

부스트회로에서 트랜지스터가 꺼져 있는 동안에 저장된 전하가 LED로 공급되는 반면, 트랜지스터가 켜졌을 때는 인덕터 전류는 LED를 통해서 흐르지 않고 기저로 흐른다. 또한 트랜지스터가 꺼졌을 동안에 인덕터 전류는 LED를 통해 흐른다. 이런 면에서 벅회로와 부스트회로는 차이가 있다.

가동정지(shutdown) 핀인 SHDN은 집적회로가 항상 켜져 있도록 유지하기 위해서 high와 연결되어 있다. MOSFET 스위치가 SW으로부터 접지(ground)로 바뀌고 입력전압이 MOSFET 게이트를 활성화시키기에 충분히 높기 때문에 전하 펌프(charge pump)는 필요하지 않다.

부스트 변환기는 낮은 입력전압을 높은 출력전압으로 향상시키고 반대로는 불가능하다. 부스트 변환기는 입력전압을 높이거나 출력 = 입력으로만 만들 뿐 결코 입력전압을 낮추지는 않는다. 즉, 출력전압 ≥ 입력전압.

21.8   벅–부스트 변환기(Buck-Boost Converter)

벅 변환기는 공급 전압이 LED의 순방향 전압보다 클 때 적용할 수 있고 부스트 변환기는 공급 전압이 LED의 순방향 전압보다 작을 때 사용 가능하다. 벅–부스트 변환기는 이런 두 가지 측면을 결합시켰다. 높은 공급 전압이 들어왔을 때는 벅 부분을 연결하고 부스트 부분은 끊어 주며, 낮은 공급 전압이 들어왔을 때는 부스트 부분을 연결하고 벅 부분을 끊어 준다. 이러한 벅–부스트 변환은 네 가지 외부 전력 반도체 소자를 사용한다. 그러므로 가격적인 측면과 PCB에서의 공간부족이라는 단점을 가지고 있다.

위의 단점을 보완하기 위해 HV9910 IC를 사용하여 입력/출력 전압의 크기와 상관 없이 작동할 수 있는 회로를 만들 수 있다. 이것이 가능한 이유는 기저를 기준으로 LED가 작동할 필요가 없다는 것이다. 오로지 LED 작동을 위해 필요한 것은 음극의 전압보다 양극의 전압이 크기만 하면 된다는 조건이다. 이걸 고려한다면, LED는 입력전압이 기준이 되면 된다. 부스트 기능을 위해서 출력전압은 입력전압보다 작아야 하는 것이 기본이다. 만약 출력전압이 입력전압보다 작다면 기저의 역할은 그렇게 중요하지 않다.

그림 21.6에 나타나 있듯이, Suptex, Inc.(2004)와 Lenk and Lenk(2011)에 따르

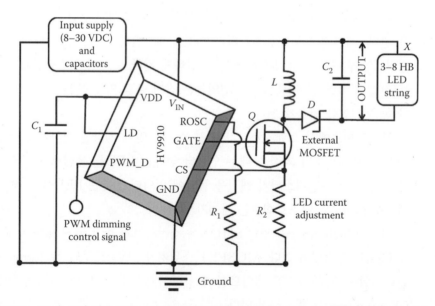

그림 21.6 HV9910 고효율 동작 제어 IC를 이용한 PWM LED 회로(입력전압 V_{IN}, ROSC—ROSC핀과 기저 사이에 연결된 저항을 통한 오실레이터 제어, 외부 MOSFET 게이트를 동작시키기 위한 GATE, LED 배열 전류를 감지하기 위한 CS, 낮은 주파수 PWM 조광을 위한 PWM_D, 전류 감지 비교 측정기에서 전류 제한을 다르게 하여 선형 조광을 구현하는 LD, VDD—내부적으로 조절된 공급 전압; 저장 커패시터는 정류된 교류가 0인 지점에 가까워졌을 때 사용된다).

면, 여기의 부스트 변환기와 이전에 설명한 부스트 변환기와의 주된 차이점은 출력과 기저 사이에 LED를 연결하는 대신에 출력과 입력 사이에 LED를 놓는 것이다. 이 부스트 변환기는 이전에 설명한 부스트 변환기처럼 인덕터, 다이오드, 커패시터의 연결을 사용하고 있다. 이 부스트 변환기의 목적은 접지(ground)가 아닌 입력을 기준으로 잡고 입력보다 높은 전압을 생성하여 LED를 작동시키는 데 있다. LED 배열(string)들에 걸리는 전압은 입력전압에서 접지까지 걸리는 전압보다 작을 수도 혹은 클 수도 있다. 증폭 작용이 방해받지 않고 남아 있으려면 출력전압은 입력전압보다 항상 커야한다. 이전에 설명한 부스트 변환기 회로와 또 다른 차이점은 MOSFET 스위치가 IC 안에 있지 않고 밖에 있다는 것이다.

MOSFET이 켜졌을 때 인덕터의 전류는 증가하게 되고 자가유도에 의해 공급 전압의 극성과 반대로 기전력이 생성되지만 증가된 전류는 LED로 흐르지 않는다. 이 전류는 감지 저항을 통해 기저로 흐른다. MOSFET이 켜진 상태 동안 LED를 위한 동작 전압은 아래에 설명되어 있듯이 MOSFET의 꺼진 상태 동안 커패시터에 저장되어 있던 전하로부터 얻어진다.

MOSFET이 꺼졌을 때 감소하는 인덕터 전류는 공급 전압과 같은 극을 가지는 유도 기전력과 함께 결합된다. 그러므로 LED에 걸리는 전압 = 공급 전압 + 유도 기전력(induced EMF)이 된다. 즉, 공급 전압은 유도 기전력만큼 증가하게 된다. 만약 전압 상승 동작 조건이 만족된다고 가정해 보자. LED 배열 중에서 제일 위쪽에 X로 표시된 곳에서의 전압 V_X는 다음과 같다.

$$V_X = \text{LED 배열에 걸리는 전압강하}(\Sigma V_F) + \text{입력전압} \qquad (21.29)$$

전압(ΣV_F)의 구성요소는 MOSFET이 꺼질 때 감소되는 인덕터 전류에 의해 생성된다. 그러므로 위치 X에서의 전압은 입력전압보다 ΣV_F만큼 높게 된다.

21.9 LED 디밍(Dimming)

LED의 광학적 특성은 순방향 전류의 흐름에 의해서 조절된다. 그러므로 LED는 원하는 광학적 출력을 얻기 위해서 LED의 전류 비율을 조절해야만 한다. PWM은 LED를 반복적으로 켰다 끄는 디지털 방법이다(그림 21.7). LED가 켜져 있는 시간의 비율은 듀티 사이클(duty cycle)이다. 듀티 사이클을 바꿈으로써 LED에 흐르는 평균 전류 값을 바꿀 수 있다. LED가 켜졌을 때 공급된 전류는 조절된 전류의 값이다. LED가 꺼졌을 때는 전류가 0이다. 즉, 일반적인 동작을 위해서 조정된 전류가 흐

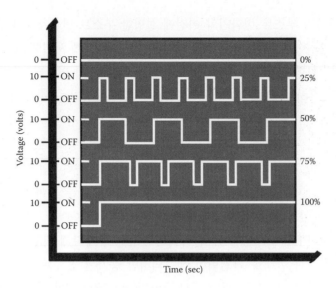

그림 21.7 구형파의 듀티 사이클(duty cycle)을 통한 PWM 제어.

르게 된다. 그러나 깜빡임(flickering)은 반드시 피해야만 한다. 이를 위해서 LED의 스위칭 주파수는 60 Hz 이상이어야 한다.

21.10 구동회로의 수명

LED 조명기구의 수명은 시스템을 구성하고 있는 개별 요소들의 수명에 의해 결정된다. 근본적으로 조명기구에서 가장 짧은 수명을 가진 요소가 조명기구의 수명을 결정하게 된다. 구성요소의 수명은 병렬 합으로 나타낼 수 있다. 즉,

$$\frac{1}{\tau_{\text{Luminaire}}} = \frac{1}{\tau_{\text{LED}}} + \frac{1}{\tau_{\text{Ballast}}} \tag{21.30}$$

τ_s는 수명을 나타내고 각 아래첨자들은 관계되는 구성요소를 설명한다. 그러므로 만약 LED가 긴 수명을 갖고 있다고 할지라도, 안정기가 고장난다면 조명기구는 일찍 고장나게 될 것이다. 안정기에서 집적회로는 초과 전압과 전류가 걸리지만 않는다면 긴 수명시간을 가지는 요소일 것이다. 가장 취약한 요소는 DC 공급에 쓰이는 입력부분의 전해질 커패시터이다. 커패시터의 선택에서 전압, 온도, 리플 전류(ripple current) 등의 평가에 신중해야 하는 이유이다. 그렇지 않으면 세라믹 커패시터도 좋은 선택일 것이다.

21.11 LED의 직렬과 병렬 배열

21.11.1 직렬연결

직렬연결(series connection)된 LED는 첫 번째 LED의 마이너스(–) 단자에서 두 번째 LED의 플러스(+) 단자로 연결된다. 이 배열은 모든 LED 사이에서 전력원의 전체 전압을 분산시킨다. LED의 배열에서 전류는 어떠한 방법에 의해서 제한되어야 한다. 가장 쉬운 방법은 주어진 공급 전압에 대해서 정확한 LED의 숫자를 사용하는 것이다. 예를 들면, 12 V인 자동차 배터리를 사용하면 어떠한 변동에 의해서 야기되는 안정한 전류 값을 넘어서는 것을 저지하기 위한 저항을 달고 나서 12 V 배터리 하나는 3 V짜리 LED를 4개 혹은 2 V짜리 LED 6개를 동작시킬 수 있다.

만약 115 V 직류 전원에 대해서 하나의 백색 LED가 3.6 V의 전압강하를 나타낸다면, 다음의 계산 결과에 의해 32개의 백색 LED를 사용할 수 있게 된다.

$$115 \text{ V}/3.6 \text{ V} = 31.94 \text{ [약 32]} \qquad (21.31)$$

이러한 연결에서 LED들은 그들의 내부 전압강하에 의해서 스스로 전류를 제한하게 된다. 전류제한 저항의 사용은 연결을 안정하게 만들어 준다. 전압을 심하게 높이 가하지 않는 이상 역방향으로 전압을 가해도 LED는 손상되지 않는다. 만약 전압이 LED의 항복전압(breakdown voltage)을 넘어서게 된다면, 어느 하나의 LED 고장은 전체 배열이 동작되지 않게 한다.

예제 21.5

2.1 V의 전압강하를 가지는 4개의 LED가 직렬로 연결되어 12 V 직렬 전원과 25 mA의 전류로 동작되어야 한다. 이때 LED를 통해 흐르는 이 전류를 유지하기 위한 직렬 저항 값을 찾아라.

$$4개의 \text{ LED에 걸치는 전체 순방향 전압강하} = 4 \times 2.1 = 8.4 \text{ V} \qquad (21.32)$$

남은 전압은 12 − 8.4 = 3.6 V. 이 추가적인 전압은 25 mA의 전류를 LED에 공급하기 위해서 LED와 직렬로 연결된 저항에 의해 떨어져야만 한다. 그러므로 저항의 값은 다음과 같다.

$$R = \frac{V}{I} = \frac{3.6 \text{ V}}{25 \times 10^{-3} \text{ A}} = 144 \text{ } \Omega \qquad (21.33)$$

그러므로 적절한 저항 값은 150 Ω이다.

이 저항이 충분한 전류를 흘리는지 정확히 하기 위해서 저항들은 와트로 표시될 수 있다. 즉, 전압 × 전류 = 와트이므로 위의 경우는 다음과 같다.

$$12\ \text{V} \times 0.025\ \text{A} = 0.3\ \text{W} \tag{21.34}$$

21.11.2 병렬연결

병렬연결(parallel connection)된 모든 LED의 플러스(+) 극과 공급 전원의 플러스(+) 극을 연결하는 데 하나의 전선이 사용되고 다른 하나의 전선이 모든 LED의 마이너스(−) 극과 공급 전원의 마이너스(−) 극을 연결하는 데 사용된다. LED들 사이에서 공급되는 전원을 나누는 대신 LED들은 공급 전원을 공유하게 되면 낮은 전압 전원 공급으로도 충분하다. 3 V LED를 직렬로 4개를 연결한 12 V 배터리는 각각의 LED에 3 V를 나누어 주게 된다. 하지만 같은 12 V짜리 배터리에 3 V LED 4개를 병렬로 연결하게 되면 각각의 LED에는 LED를 태워 버리고도 남을 12 V가 온전히 전달되게 된다. 간단하게 직렬연결은 LED들 사이에서 전체 전원 공급을 나누게 된다. 이와 대조적으로 병렬연결된 LED는 각각의 LED가 전원에서 공급되는 전체 전압을 공급받게 된다. 병렬연결된 LED의 단점은 공급 전원으로부터 많은 전류를 LED로 보내야 하기 때문에 직렬로 연결된 LED들보다 빠르게 전원을 소모한다. 또한 사용된 LED의 사양이 동일해야만 LED들은 동작하게 된다.

예제 21.6

2.7 V짜리 LED 3개가 9 V 직류원에 걸쳐서 병렬로 연결되어 있다. 만약 20 mA에서 이 LED들을 동작시키려면 어떤 직렬저항을 각각의 LED에 연결시켜 주어야 하는가?

병렬연결이 더 많은 전류를 소모하므로 병렬로 연결된 LED들이 직렬로 연결된 LED들보다 더 빨리 전원을 소모하게 된다. 위에 3개의 LED에 의해 소모되는 전류는 하나의 LED에서 소모하는 전류의 3배일 것이다. 즉, 전류는 3 × 20 = 60 mA. 그러므로 요구되는 저항은 다음과 같이 구할 수 있다.

$$R = \frac{V - V_{\text{LED}}}{I} \tag{21.35}$$

V는 공급된 전압이고, V_{LED}는 LED의 순방향 전압이며, I는 전체 전류이다. 그러므로 아래와 같이 저항 값을 구할 수 있다.

$$R = \frac{V - V_{\text{LED}}}{I} = \frac{9\ \text{V} - 2.7\ \text{V}}{60 \times 10^{-3}\ \text{A}} = 105\ \Omega \tag{21.36}$$

$$\text{저항에 대한 전력량} = 9 \text{ V} \times 20 \times 10^{-3} \text{ A} = 8.4 \text{ V} \qquad (21.37)$$

하나의 저항만 공유된 여러 개 LED들의 병렬연결은 안전하지 않다. 만약 LED들이 조금만 다른 전압을 요구하면, 오로지 가장 낮은 전압의 LED만 켜지게 될 것이다. 이런 현상은 LED에 큰 전류가 흘러서 LED가 파괴될 수도 있다. 같은 형태의 LED를 하나의 저항과 병렬로 연결할 수는 있지만, 저항들은 가격이 매우 저렴하고 전류 흐름은 LED들을 개별적으로 연결했을 때와 같기 때문에 이러한 연결은 결코 유용하지 않다. 만약 LED들이 병렬로 연결되어 있다면, 각각의 LED는 전류 분산의 불균형을 맞추기 위해 각각의 LED에 연결된 저항을 가지고 있어야만 한다.

21.12   결론 및 고찰

LED들의 동작은 두 가지의 요소, 즉 색, 전류와 온도에 의한 순방향 전압의 변화, 전류와 온도에 의한 LED의 색 변화(특히 적색과 주황색)에 의해 매우 복잡하다. 전압원으로 LED를 동작시키는 것은 LED의 순방향 전압이 LED에 따라 크게 다르고 그에 따라 LED들로 공급되는 전류의 값들이 같지 않게 되어 LED의 전류에 큰 차이를 초래한다는 결점 때문에 매우 어렵다. 그러므로 LED는 일정한 전류 아래에 동작되어야 한다. 그리고 그 전류는 회로에 저항을 넣거나 안정된 레벨의 전류 공급이 가능한 선형적인 전류원을 쓰거나 일정한 전류 모드 아래에 있는 DC-DC 변환기를 사용하여 제한되거나 조절되어야 한다.

저항을 사용하는 것은 가장 싸고 쉬운 방법이지만 저항을 통한 높은 전력손실에 의한 낮은 효율과 저항은 LED에서 전류를 조절하는 회로로서 사용되지 않고 단지 전류를 제한하는 소자로서 역할하기 때문에 출력전류가 매우 불안정하다. 저항을 사용하는 방법은 손전등 같은 매우 낮은 전력 응용 면에서만 유용하다. LED의 간단한 온도 보호방법은 가능하지 않다. LED는 공급 전압이 급등하는 동안 발생하는 초과 전압을 자체적으로 막는 역할을 하지 못한다. LED는 LED가 견딜 수 있는 최대 전압을 초과하게 되면 크게 악영향을 받는다. 하지만 전자기장에 의한 간섭은 영향받지 않는다.

저항 대신 선형 레귤레이터(linear regulator)로 대체하는 것은 LED로 공급되는 전류를 일정하게 하고 입력전압과 독립적으로 만들어 준다. 선형 전류 공급은 모든 공급 전압 범위에 대해서 LED로 공급되는 출력전류를 일정하게 해 준다. LED 전류는 외부 저항의 사용으로 매우 쉽게 조절할 수 있다. 하지만 선형 레귤레이터의 트랜지스터는 제어 루프에 따라 그 값이 결정되는 전류원으로서 행동한다. 특히 DC 공급원과 LED에서 요구되는 전압이 크게 다를 때에는 일정한 전류원에 의해 발생하는 높은 전력손실 때문에 효율은 아직 문제점이다. 이 방법은 초과 전압에 대한 보호를 제공한다. 또한 LED의 높은 온도에 대한 보호도 가능하다. EMI(electromagnetic interference)에 대한 문제도 없고 가격은 구성요소가 증가하기 때문에 조금 높은 편이다.

전력의 손실 없이 출력 전류/전압을 조절하기 위해서는 SMPS를 동반한 선형 조절기가 필요하다. 이것은 이전에 언급했던 효율 문제를 해결해 줄 수 있다. 이 방법에서 LED 배열의 전류 조절을 잃지 않고 효율은 증가하게 된다. 분명한 것은, 이 방법은 가격과 크기는 이전의 방법들과 비교해서 높아지지만 증가된 효율을 고려한다면 무시할 만하다. EMI는 높고 가격도 가장 비싸다.

LED 조명을 위한 가능한 배치는 입력과 출력 전압 값에 따라 좌우된다. 만약 출력전압이 입력전압보다 커야 한다면, 부스트 변환기가 가장 넓고 간단하게 사용되고 있다. 출력전압이 낮을 때는 벅 토폴로지가 가장 적절하다. 만약 출력전압이 입력전압보다 높기도 혹은 낮기도 할 수 있다면, 벅–부스트 토폴로지를 추천한다.

LED를 배열(string)로 연결할 때의 가장 큰 문제점은 하나의 LED 고장이 LED 전체의 배열에 영향을 준다는 것이다. 만약 같은 숫자의 LED가 병렬로 여러 줄로 연결되어 있다면, 주요 문제점은 각 배열에 일정한 전류를 공급해 줘야 한다는 것이다. 즉, 동일화 없이 같은 전압을 모든 배열에 연결하게 되면 LED의 특성 중에서 발생하는 차이점 때문에 어떠한 배열에는 다른 전류를 흘리게 될 수도 있다.

LED의 조광(dimming)은 아날로그와 디지털 방법에 의해 해결될 수 있다. 아날로그 조광에서는 LED는 원하는 광원의 양에 따라 직접적으로 전류를 공급받게 된다. 이것의 가장 큰 단점은 전류 안에서 발생하는 변화가 광원의 양을 조절할 뿐만 아니라 빛의 온도에도 영향을 준다는 것이다. 즉, 최고값은 평균값과 같게 된다.

PWM 조광에서 LED는 상대적으로 높은 주파수 PWM으로 제어된 전류를 임의의 최고값과 듀티 사이클(duty cycle)에 의해 공급받게 된다. 이 방법에서 빛의 온도는 PWM 전류의 최댓값에 의해 결정되지만 광원의 양은 PWM 전류의 평균값, 즉 듀티 사이클(duty cycle)에 의해 제어된다. 이 PWM 전류는 인간의 눈에 영향을 주지 않거나 깜빡임의 문제를 발생시키지 않도록 400 Hz 이상의 주파수가 필요하다.

 참고문헌

Deng, Q. 2006, January. Metac Electronics: An LDO primer—A review on pass element. *Elecktron*, pp. 22–25, http://www.eepublishers.co.za/images/upload/An%20LDO%20primer.pdf.

Fairchild Semiconductor. 2005, August. FAN5333A/FAN5333B High Efficiency, High Current Serial LED Driver with 30 V Integrated Switch, 11pp. http://www.image.micros.com.pl/_dane_techniczne_auto/uifan5333bsx.pdf.

Infineon 2013. LED Drivers & Lighting ICs. http://www.infineon.com/lowcostled-driver© 1999–2013 InfineonTechnologiesAG.

Lenk, R. and C. Lenk. 2011. *Practical Lighting Design with LEDs*. NJ: IEEE Press-Wiley, pp. 81–97.

Suptex, Inc. 2004. HV9910 Universal High Brightness LED Driver, 11pp. http://www.premier-electric.com/files/supertex/pdf/hv9910.pdf.

Texas Instruments. 2013. LM3405 1.6 MHz, 1A Constant Current Buck Regulator for Powering LEDs. SNVS429B–October 2006–Revised May 2013, 29 pp. http://www.ti.com/lit/ds/symlink/lm3405.pdf.

연습문제

21.1 직류 공급원의 주요한 특징은 무엇인가? 직류의 일반적인 예를 들어 보아라.

21.2 전기 전지는 배터리와 어떻게 다른가? 전지에 의해 공급되는 전압은 시간에 따라 변하는가? 전지의 전압에 부하와 온도가 미치는 영향은 무엇인가? 충전 횟수가 증가할 때 재충전이 가능한 전지의 성능은 어떻게 바뀌는가?

21.3 커패시터와 함께 전기 전지를 비교하여라. 커패시터에 의해 전달되는 전압은 LED를 동작시키기 위해 적합한가?

21.4 SMPS는 어떻게 동작하는가? 다이어그램과 함께 설명하라. SMPS의 일반적인 예를 들어 보아라.

21.5 상대적인 공급 전압의 크기와 LED의 순방향 전압에 따라서 LED를 동작시키기 위해서 사용되는 다른 형태의 변환기는 무엇인가? 세 가지의 경우에 대해서 알맞은 변환기를 제시하고 당신의 답에 대해 충분히 설명하라.

21.6 변환기에서 사용되는 두 가지 기본적인 수동 소자는 무엇인가? 이 소자들의 어떤 특성이 변환기에서 사용되는가?

21.7 벅 변환기는 무엇인가? 회로 다이어그램과 함께 벅 변환기의 동작에 대해서 설명하라.

21.8 부스트 변환기는 무엇인가? 회로 다이어그램을 그리고 동작원리를 설명하라.

21.9 벅–부스트 변환기는 무엇인가? 회로 다이어그램과 함께 버킹과 부스팅의 특징을 설명하라.

CHAPTER 22

LED의 AC 구동회로
AC Driving Circuits for LEDs

학습목표

이 장을 학습한 후에 독자들은 다음의 역량들을 갖출 수 있게 된다.

- 정류된 AC를 이용하여 LED 구동에 익숙해질 수 있다.
- LED를 위한 교류 벅 변환기에 대해 얘기할 수 있다.
- AC 전원을 이용하여 LED 배열 구동을 수행할 수 있다.
- 여러 다른 형태의 AC LED에 관해 논할 수 있다.
- DC와 AC LED 구동 간 경쟁을 지켜볼 수 있다.

다양한 적용을 위해 LED를 성급하게 채택하게 되면 많은 경우 단순한 구동법이 작동하지 않게 된다. 적절한 LED 조명의 제어를 위해서는 설계과정부터 주의 깊게 살펴야 한다(Sarhan and Richardson 2008, Lenk and Lenk 2011).

22.1 AC 주전력 선

AC 주전원 공급장치로부터 공급되는 전기는 전압과 전류의 제곱평균(root mean square)으로 표현이 된다. 이 값은 동일한 시간 동안 직류 전압이나 전류가 동일한 저항에서 생성하는 것만큼의 열을 생성시키는 실효값(effective value)이다. AC 공급전기의 표준 제곱평균 전압은 일반적으로 60 Hz에서 120 V 또는 50 Hz에서 240 V이다. 이 값들은 평균값을 나타낸 것이다. 120 V AC 선은 ±10%의 변동을 가지면서 108~132 V의 범위에서 오르락내리락한다. 긴 전송선 끝에 위치한 소비자에게는 전압의 폭이 약 85~135 V로 넓어지게 된다. AC가 사인파(sinusoidal waveform)라고 가정할 때, 각 반주기 동안 전압은 최소 0부터 최대 120√2 = 168 V 사이에서 변화한다. 전송전 근처에서 번개가 치는 동안 매우 높은 약 6000 V의 전압과 약 3000 A의 전류가 유도되지만 다행히 매우 순간적이다.

다른 주파수 기준(50 Hz 또는 60 Hz)을 고려하여 AC 구동회로는 47 Hz에서 63 Hz까지 동작하도록 설계되어야 한다. 또한 AC 구동회로는 반드시 전자파 간섭(EMI)과 과전압 보호(surge protection)가 필요하며(Zywyn ZD832 2007), LED 배열(string)의 결함[개방(open) 또는 단락(short)]에 대비한 보강이 필요하다. 보조 권선 단락, 부분 정전이나 전압 저하(전력의 감소/감축) 감지, 단락된 보조 정류기 또는 변압기 포화 감지와 같은 보호 기능을 위한 대비가 되어 있어야 한다(STMicroelectronics 2010). 사전에 정해진 전류를 초과하는 과전류로부터의 보호, 단락 또는 과부하 발생 시의 단락회로 보호, 높은 전압에 대응하기 위한 과전압 보호, 정상보다 높은 온도의 과열 보호, 낙뢰 보호 등의 기능이 많은 제품들에 포함되어 있다.

22.2 정류

정류(rectification)는 AC 파형을 DC 파형으로 변환하지만 출력 DC 파형은 예외 없이 기복(undulation) 또는 리플(ripple)을 가지고 있고 이는 필터 회로를 통해서 제거된다. 전파정류(full-wave rectification)는 보통 브리지 정류회로(bridge rectifier)를 통해 진행된다(그림 22.1). 부하 전압은 한 방향으로 걸리며 각 반주기 동안 0에서 최

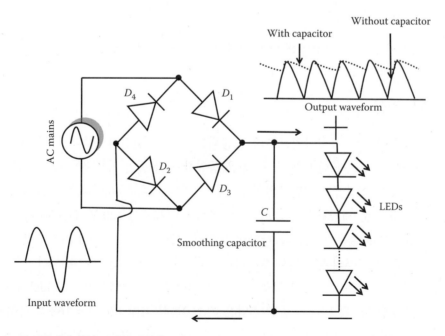

그림 22.1 LED를 구동하기 위한 브리지 정류회로.

댓값까지 변한다. 회로에 사용된 다이오드는 쇼트키 다이오드(Schottky diode)가 아닌 보통의 정류 다이오드이다. 50 Hz 또는 60 Hz의 주파수에서는 다이오드의 회복시간(recovery time)은 중요하지 않다. 또한 120 V의 전압에서 한 쌍의 도통(conductiong) 실리콘 다이오드 양단에 0.7 × 2 = 1.4 V의 전압강하를 통해 미미한 전력손실이 발생한다. 공간 절약을 위해 별개의 다이오드들 대신에 집적된 다이오드 브리지가 사용되기도 한다. 킬로와트 범위의 높은 전력수준을 위해서 MOSFET이 종종 다이오드 대신 사용되기도 한다. 또한 낮은 전력수준에서는 반파정류가 충분할 수도 있지만 파형은 매우 울퉁불퉁하다.

120 V AC의 전파정류는 매 8.3 × 10⁻³초 동안 0에서 168 V까지 변하는 출력전류를 생산한다. 두 실리콘 다이오드에서 강하된 전압 2 × 0.7 = 1.4 V를 빼면 출력전압의 최댓값은 (168 − 1.4) = 166.6 V가 된다. 일정하지 않은 출력전압은 빛의 깜박임과 LED 수명 단축의 원인이 된다. 출력 파형을 평탄하게 만들기 위해서 그림 22.1에서와 같이 축전지(capacitor)가 회로에 도입된다.

예제 22.1

i. **120 V, 60 Hz의 AC 공급전기에서 각 사이클 동안 출력이 0에서 166.6 V까지 두 번 변한다. 한 번은 정방향으로(상향 스윙), 즉 0에서 +166.6 V, 그리고 나서 아래 방향으로(하향 스윙), 즉 0에서 −166.6 V. 출력이 0에서 +166.6 V로 또는 0에서 −166.6 V로 이동하는 데 걸리는 시간은 얼마인가?**

ii. **(i)의 AC 파형의 전파정류 후 출력회로에 축전지를 연결하여 166.6 V에서 150 V로 바뀐 출력을 얻으려 한다. 5 W의 입력전력 조건일 때 필요한 커패시턴스는 얼마인가?**

  i. 요구되는 시간 = 1/(2 × 60) = 1/120 = 8.33 × 10⁻³ s.

  ii. 축전지가 μF 단위로 측정된다면 축전지에 저장된 에너지는

$$E = \frac{1}{2}CV^2 = \frac{1}{2}C \times 1 \times 10^{-6} \times (166.6)^2 = 0.01387778 \times C \text{ J}$$

0 V 대신에 150 V로 전압이 감소된다면 저장된 에너지는 다음과 같다.

$$E = \frac{1}{2}CV^2 = \frac{1}{2}C \times 1 \times 10^{-6} \times (150)^2 = 0.01125 \times C \text{ J}$$

축전지로부터 회수된 에너지 = 위의 두 에너지의 차이

$$= (0.01387778 - 0.01125) \times C \text{ J} = 0.00262778 \times C \text{ J}$$

반 사이클 = 8.3 × 10⁻³ s 동안 에너지가 제공되기 때문에 5 W의 입력전력

의 경우 요구되는 에너지는

$$= 5 \text{ W} \times 8.3 \times 10^{-3} \text{ s} = 0.0415 \text{ J}$$

따라서

$$0.00262778 \times C = 0.0415$$

여기서 얻은 커패시턴스는

$$C = (0.0415/0.00262778) \text{ μF} = 15.7928 \sim 16 \text{ μF}$$

22.3   LED 구동을 위한 디지털 방식

그림 22.2와 같이 벅 변환기는 AC 구동을 위한 유용한 SMPS 위상 배치(topology) 이다[Suptex Inc. (2004) and Lenk (2011)]. 회로 내의 스위칭 소자는 MOSFET 소자 Q이다. 회로 동작을 이해하기 위해서 MOSFET을 켜고 끌 때 회로가 작동하는 방식을 간단히 설명하겠다.

MOSFET이 켜진(on) 상태 동안 인덕터 전류는 증가한다. 인덕터에 유도된 기전력은 전원 전압의 것과 반대방향이라 그 전압을 효과적으로 감소시키는 역할을 한다.

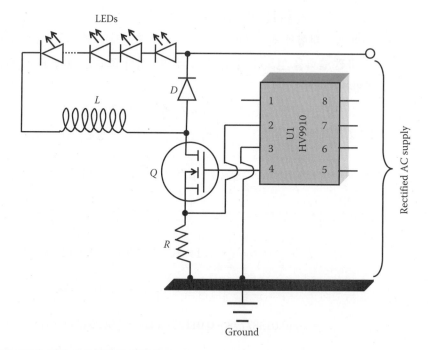

그림 22.2 LED 구동을 위한 오프라인 벅 변환기.

감소된 전압은 LED에 걸리고 LED로부터의 전류는 인덕터, MOSFET Q, 저항 R 을 통하여 접지(ground)로 흐른다.

전류가 설정된 값에 도달하는 순간 MOSFET Q는 꺼지게 된다. 이러한 사전 설정값은 IC와 감지저항 R을 통해 정해진다. MOSFET Q가 꺼진(off) 상태일 동안 인덕터를 흐르는 전류는 감소한다. 전류가 더 이상 MOSFET을 통해 흐를 수 없으므로 다이오드 D를 통해 입력단으로 다시 전달된다. 유도된 기전력은 전원 전압과 같은 방향이고 지금은 어떠한 전류도 제공하지 못한다. 따라서 전원 전압과 같은 방향인 유도된 기전력은 인덕턴스 특성에 의해 LED를 통과하는 전류를 유지하려고 힘쓰게 된다. 다시 말해서 유도된 기전력은 전류의 감소를 방지하는 경향, 즉 LED에 흐르는 전류를 유지하려는 경향이 있다. 이제 접지되어 있는 인덕터 끝부분의 전위는 거의 입력전압에 가깝고 반면에 반대쪽 끝은 LED에 걸리는 전압강하와 같은 양으로 인해 더 작아진다.

MOSFET을 끄는(turn-off) 타이밍은 대략적으로 일정한 전류를 유지하는 데 매우 중요하다. 큰 인덕터의 경우 전류가 증가되는 동안 인덕터에 흐르는 최대 전류는 전류가 감소하는 동안 인덕터에 흐르는 전류와 동일하다. 다른 벅 변환기처럼, 다이오드뿐 아니라 MOSFET도 입력전압보다 높은 전압을 견디지 못하므로 이 회로에서는 부품 선택이 대체로 쉬운 편이다.

22.4 LED 구동을 위한 아날로그 방식

많은 제조업체들이 AC라인 전압이 한쪽 방향일 때 LED가 연결된 LED 배열(string)들을 제공하며, 배열에서 순방향 바이어스된 LED들의 순방향 전압강하의 총합은 라인 전압(line voltage)이 된다. 라인 전압이 역전될 때는 나란한 다른 LED 배열에 순방향 바이어스가 걸려서, 라인 전압 = 순방향 전압강하의 합을 만족하도록 배열된다. 따라서 두 LED 배열이 라인 전압에 의해서 발광이 된다. 다수의 LED는 라인 전압으로부터 손상 없이 직접적으로 동작할 수 있도록 하기 위해서 직렬로 연결되어야 한다.

이러한 배열(string) 기반의 접근은 아주 간단하고 어떠한 구동회로도 필요하지 않기 때문에 분명히 유리한 점이 있다. 게다가, 아주 경제적이다. 하지만 라인 전압 변화, 급격한 전압 증가나 낙뢰가 있을 때 이 LED 배열은 적절히 작동을 하지 못한다. 라인 전압 변화의 영향을 완화시킬 목적으로 전압변화의 부분적 흡수를 위한 저항이 LED에 직렬로 연결된다. 라인 전압이 증가할 때마다 그 증가한 전압의 일부가 저항을 통해 감소하게 된다. 따라서 LED에 걸린 전압의 증가와 그에 수반되어 증가되는 전류를 감소시킬 수 있다. 유사하게, 전원 전압의 감소가 LED의 성능에 현저하게 영

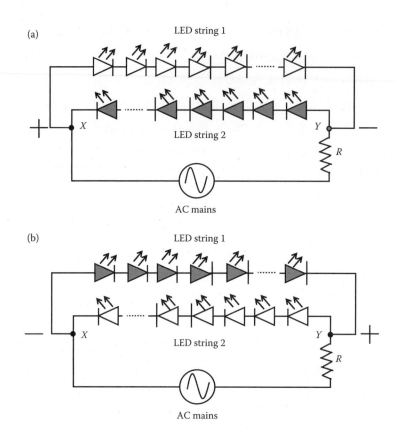

그림 22.3 AC 공급전기에 직접 연결된 LED 배열의 동작: (a) 첫 번째 반 사이클(점 X는 양, Y는 음) 동안, LED 배열 1은 켜짐, LED 배열 2는 꺼짐, (b) 두 번째 반 사이클(점 X는 음, Y는 양) 동안, LED 배열 1은 꺼짐, LED 배열 2는 켜짐.

향을 끼치지는 못한다. 그러나 이 모든 것에는 "가격표(price tag)"가 따른다. 공급 전압의 변동 정도가 증가할수록 저항을 통한 전압강하량이 증가하며, 이는 전력손실을 나타내므로 시스템 효율(system efficiency)을 감소시키게 된다. 다른 해결방법으로는 선형 전압 조절기를 이용하는 것이 있다. 이 방법 또한 전압 조절기에서 일어나는 전압강하만큼 에너지 손실이 생긴다. 손실된 에너지는 열로서 소실된다. 따라서 전압 조절기도 그렇게 좋게 보이는 선택은 아니다.

22.5 AC구동된 LED 조명의 전력 품질

AC LED 조명이 백열등보다 높은 광원효율(luminous efficacy)을 보증하고 높은 에너지효율(energy efficiency)을 약속하지만, AC LED 조명의 전력 품질은 여전히 실망스러운 수준이다. AC 전등의 전력 품질은 AC 공급전기로부터 사인 형태의 전압(sinusoidal voltage)이 가해졌을 때 어떻게 전류를 끌어내는지로 드러난다. 이 방식에 있어서 LED와 백열등이 명백히 다르다는 것을 이해해야 한다. 백열램프는 선형 부하로 전류를 끌어내는 저항성 소자이지만 다이오드인 AC LED는 비선형 부하로 전류를 끌어온다. 그러므로 회로 내에서의 연결은 역률(power factor)과 AC 라인의 총고조파 왜곡(total harmonic distortion, THD)에 영향을 준다. 역률과 총고조파 왜곡 둘 모두의 관점에서, 지금의 AC LED 조명 솔루션은 한심한 전력 품질을 나타낸다. LED의 비선형적 동작에 기인한 성능의 저하 때문에 AC LED 조명이 상업적으로 광범위하게 받아들여지는 데 심각한 제한이 될 수 있다. 결과적으로 전 세계의 수많은 백열전구를 AC LED 조명으로 교체하고 널리 사용되도록 하기 위해서는 관련 기업들이 현존하는 AC LED 조명의 해결책인 상당히 열악한 전력 품질 문제를 해결해야 한다.

22.5.1 LED 회로의 역률

독자들은 기초회로이론(그림 22.4)을 통해 순수한 저항 회로에서 전압과 전류가 서로 같은 위상을 갖는다는 것을 아마 상기할 것이다. 전원에 의해 공급된 모든 전력은 저항 부하에 의해서 소실되고 절대로 전원으로 돌아가지 않는다. 하지만 유도성(inductive) 회로나 전기용량성(capacitive) 회로와 같은 순수한 리액턴스 회로에서는 상황이 완전히 달라지며, 그 이유는 전압과 전류가 서로 90°의 위상차가 생기기 때문이다. 그 결과, 전력은 전원으로부터 자기적이나 전기적으로 교대로 흡수되지만 리액턴스 부하(reactive load)에서 소실되지 않고 되돌아간다. 즉, 전원이 기계식 발전기인 경우, 부하에 의해 아무 전력도 소비되지 않기 때문에 어떠한 역학적 에너지 유입 없이 축이 돌아간다는 것을 의미한다. 하지만 저항 성분과 리액턴스 성분 모두를 포함한 회로에서는 전압과 전류의 위상차가 0°와 90° 사이의 값을 갖는다. 전력은 부분적으로 소실되고, 또 부분적으로 흡수되어 전원으로 되돌아간다. 그러나 부하에 의해 소실된 전력은 전원으로 되돌아가는 것보다 분명히 크다.

인덕터나 커패시터 같은 리액턴스 부하는 에너지를 소멸시키지 않는다. 리액턴스 부하로 인해 전압강하가 생기고 전류가 흐른다는 사실 때문에 실제 전력이 소멸된다는 오해가 생기기도 한다. 이러한 환상 또는 가상의 전력은 무효 전력(reactive power)이라고 한다. 그리고 측정단위는 와트 대신에 VAR(volt-amp-reactive)를 사용한다. 무효 전력을 위한 수학적 기호는 Q이다. 실제로 사용되었거나 손실이 일어난 전력의 양은 회로에서 유효 전력(true power 또는 active power)으로 일컫는다. 유효 전력의 측정단위는 와트이고 수학적 기호는 P이다. 유효 전력과 무효 전력의 합은 겉보기 전력(apparent power)으로 나타내어진다. 겉보기 전력은 회로 내 전압과 전류의 내적으

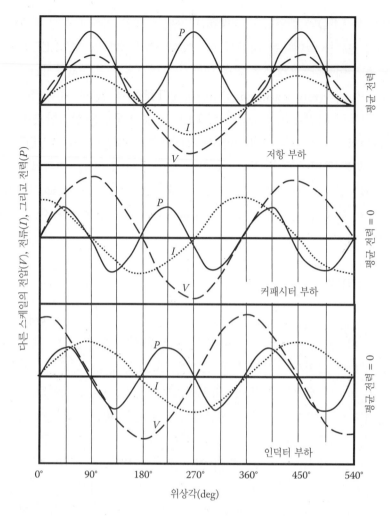

그림 22.4 저항, 커패시터, 인덕터 AC 회로의 전류, 전압, 전력의 위상각 의존성.

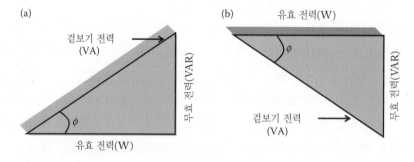

그림 22.5 (a) 저항–커패시터 회로와 (b) 저항–인덕터 회로의 전력 다이어그램.

로 위상각에 관련 없이 얻을 수 있다. 겉보기 전력은 수학적으로 S로 나타내고 단위는 VA(volt-amp)이다. 그림 22.5는 저항–커패시터와 저항–인덕터 회로에서의 전력 다이어그램이다.

회로의 역률(power factor, PF)은 실제 전력 대 겉보기 전력의 비이다. 실제 전력은 회로의 에너지 소실 요소, 일반적으로 저항(R)에 대한 함수이다. 무효 전력은 회로의 리액턴스(X)에 따라 달라진다. 무효 전력은 회로 내의 리액턴스(X)에 의해 결정된다. 겉보기 전력은 회로의 전체 임피던스(Z)에 의해 결정된다. 필라멘트 램프를 포함하는 회로는 1.0의 역률을 갖지만 LED를 갖는 회로는 보통 1.0보다 작은 역률을 갖는다. 역률 1은 종종 필라멘트 램프의 역률로 정의된다. 낮은 역률은 추가적인 유틸리티를 요구한다. 이러한 유틸리티는 전력 공급에 필요한 최소한의 VA(volt-amp) 이상을 생성하는 데 필요하다. 이것은 전력 생성과 전송의 비용을 증가하게 만든다. 0.85% 또는 85% 이상의 역률은 상당히 인상적인 값이다. 미국 에너지성(Department of Energy, DOE)의 에너지 스타 프로그램(Energy Star program)은 허용 가능한 최소 역률을 관장하는데, 가정용 및 상업용 LED 조명 각각에 대해 0.7과 0.9의 값을 명시하고 있다. 낮은 역률 때문에 고객은 질책을 받고 패널티를 강요당할 수도 있다. 따라서 LED 회로는 당연히 높은 역률 값을 유지해야 한다. 낮은 역률의 LED 회로는 에너지 절약을 통한 혜택을 크게 무색하게 할 수도 있다.

전적으로 순수한 저항을 갖는 백열전구만 조명으로 사용한 시기에는 자연적으로 역률이 1이기 때문에, 비록 극단적으로 비효율적이지만 이러한 역률 교정이 큰 이슈는 아니었다. 형광등은 수십 년 동안 사용되고 있고, 오늘날 전자식 안정기(electronic ballast)는 빠짐없이 능동적 역률 교정회로(active PF correcting circuitry)를 포함하고 있다.

22.5.2 LED 회로의 총 고조파 왜곡

LED는 비선형 부하이기 때문에, AC 공급전기가 사인 형태로 제공되더라도 전류파형이 완벽한 사인 형태가 아니다. 전류파형은 사인 형태로 출발하기 때문에 전압파형의 왜곡은 사인파의 형태가 변화하는 자연스런 결과이다. 출력 파형의 복잡한 정도에 관계없이, 파형의 기본적 주파수의 정수배 주파수를 가지는 고조파(harmonics)의 조합으로서 표현할 수 있다. 이처럼, 고조파 왜곡은 모든 고조파들을 합한 결과로서 순수한 사인 형태에서 벗어난 비율이다. 총 고조파 왜곡(THD)은 모든 전압 고조파 성분의 제곱 합의 제곱근과 기본 주파수의 전압의 비로 정의된다. 결국 AC 공급전기로부터 사인파의 전압 파형에 대해 출력전압의 발산(divergence) 정도를 수학적으로 표

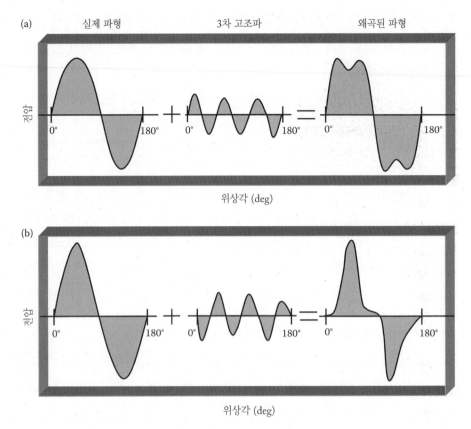

그림 22.6 (a) 커패시터 부하와 (b) 인덕터 부하의 3차 고조파 효과를 보여 주는 총고조파 왜곡.

현한 것이다.

　그림 22.6은 기본파에 3차 고조파(third-order harmonic wave)를 중첩한 그림이다. 고조파는 기본 주파수에 홀수배를 한 것이다. 따라서 60 Hz의 기본 주파수에서는 3차 고조파는 180 Hz가 된다. 그림 22.6a는 전류가 전압을 리드하는 커패시터 부하의 경우의 총고조파 왜곡을 보여 준다. 그림 22.6b는 전류가 전압을 지연하는 인덕터 부하의 왜곡 결과를 보여 준다. 보이는 것처럼 고조파는 물결모양과 같은(ripple-like) 효과를 만들어 낸다.

　고조파 왜곡(harmonic distortion)은 전기적 장치에 몇 가지 해로운 효과를 미친다. 고조파 왜곡은 중성선(neutral conductor)과 배전 변압기의 온도를 높이고 전력시스템의 전류를 증가시킨다. 높은 주파수의 고조파는 모터 코어에 과도한 열을 발생시키고, 이에 의한 모터의 코어 손실이 발생한다. 높은 주파수의 고조파는 역률 교정 커패시터와 과부하 중성선과의 공진에 관여되어 있다. 또한 통신 전송선 주파수와 비슷한 곳에서 공진이 일어나기 때문에 통신 전송선과 간섭을 일으킨다. 만약 다른 제약이 없다면, 온도의 증가나 간섭은 장비의 수명을 단축시키고 전력시스템을 손상시켜

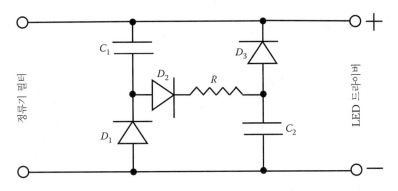

그림 22.7 수동 밸리 필 역률 교정 회로.

정전(power outage)이나 심지어는 화재를 유발시킬 수 있다.

22.5.3 저항형 및 벽 변환기 LED 회로

저항형 AC LED 조절회로에서는 전류 파형의 피크가 전압 파형의 피크와 일치하기 때문에 전체 역률이 높다(Once Innovations Inc. 2012). 그러나 낮은 전압 쪽에서 전류 파형이 평평해지는 왜곡이 나타난다. 만족스러운 수준으로 역률을 높이고 총고조파 왜곡을 감소시키기 위해서 적은 수의 LED를 직렬로 연결함으로써 전류의 전도각 (conduction angle)을 증가시켜야 한다. 이를 위해서는 회로 내 직렬저항을 적절하게 증가시켜서 전류가 비정상적으로 증가하지 않도록 해야 한다. 증가된 저항은 전체 효율과 에너지 절약 가능성을 감소시키는 좋지 않은 효과를 야기한다. 저항형 조절회로는 0.9 이상의 좋은 역률을 가지지만 약 40% 수준의 상당한 총고조파 왜곡을 야기한다.

단순한 구조와 저렴한 가격 때문에 LED 구동에 널리 쓰이는 벽 변환기는 절연이 필요 없는 응용분야에 이상적이다. 역률 보정은 3개의 다이오드와 2개의 커패시터로 구성된 "수동 밸리 필 회로(passive balley fill circuit)"에 의해 회로에 적용된다. 밸리 필 회로(그림 22.7)는, 라인 전압이 피크 전압의 50%보다 클 때, 벽 변환기가 AC 라인에서 전력을 직접 당겨 올 수 있도록 해 준다. 스위칭 모드 파워 서플라이(SMPS) 조절 회로는 약 0.6 정도의 적은 역률과 약 70% 정도의 높은 총고조파 왜곡을 가진다.

22.6 AC LED

AC 공급 전압 또는 낮은 전압의 AC 변압기로부터 직접 LED를 동작시키는 AC LED 접근방식은 관련된 전자회로를 축소하거나 제거할 수 있는 세련된 개념이다

(Peters 2012). 제거 가능한 구성요소 중에는 전압 조절기, 전력 변환기, AC-DC 변환을 위한 다이오드 정류기, 평활 필터(smoothing filter) 및 일반적으로 DC LED에서는 필수인 기타 전자 부품이 포함된다. 이러한 구성요소 중 일부 또는 전부를 제거하면 AC 전원과 LED 사이의 전자장치가 상당히 단순화된다. 어떤 응용의 경우 AC LED는 LED 패키지와 안정기(ballast) 저항 정도의 구성요소만을 포함하기도 한다. 다른 응용에서는 AC LED가 전력 관리 즉 역률과 총고조파 왜곡을 교정하는 작업의 최적화를 요구할 수 있다. AC를 DC로 변환하기 위한 복잡한 전자소자가 포함되지 않고 LED를 AC 공급전기에 직접적으로 연결하면 두 배의 장점을 가진다. 첫 번째는 분배하는 환경에서 효율적인 전력 관리이고, 두 번째는 간섭하는 전자소자 없이 LED에 보다 효율적으로 전송할 수 있다는 점이다. 따라서 전자소자 수를 최소화함으로써 크기가 더 작게 유지되고 LED의 수명과 신뢰도뿐만 아니라 가격 면에서도 개선이 된다(Chou et al. 2009).

22.7 DC 또는 AC LED를 필요로 하는 응용

다음과 같은 질문이 생긴다: 어떤 응용에 DC LED를 선호하는지 그리고 AC LED가 언제 사용되는지?

DC LED는 휴대전화의 송수화기(handset)와 같이 적은 수의 LED를 쓰는 저전력 응용에 많이 사용된다. 그러한 응용에서는 언제나 DC 배터리를 전력원으로 사용한다.

AC LED의 초기 형태의 예를 들기 위해서 건물 외부에 100~200 m 정도로 걸쳐져 있는 배열 형태의 조명에 대해 생각해 보자. 22.4절에서 언급한 것처럼 LED를 포함하는 배열은 서로 다른 방향들로 연결되어 있다. 입력 사인파형의 반 사이클 동안 LED의 절반의 배열은 켜져서 빛을 내고 다른 절반의 배열은 꺼져 있다. 다음의 절반 사이클 동안은 이전에 켜져 있던 LED는 꺼지고 이전에 꺼졌던 LED는 켜진다. LED는 AC 전력 소스의 50/60 Hz 주파수로 전압 상태와 무전압 상태가 교대로 바뀌기 때문에 연속적으로 동작하는 것처럼 보인다. 이런 순수한 AC 방법이나 반평행(antiparallel) 접근방법으로 알려진 LED 구성은 앞에서 언급한 바와 같은 제약들을 겪게 된다.

DC는 구동이 거리가 길어짐에 따라 손실이 생기고 전력을 소모하는 조정기(regulator)를 쓰므로 시작점에서보다 높은 구동전압이 요구되는 문제가 있어서 AC를 사용한다. AC는 전 세계적으로 장거리에서 더 나은 효율을 보여서 가정과 산업체에 전력 수송으로 사용되고 있다. 변압기를 사용함으로써 전력선의 kV에서 240 V 또는

120 V AC로 감소시키는 것이 가능하다. 하지만 같은 방법을 DC에 적용하는 것은 어려움이 있다.

그러나 AC LED는 같은 수준의 전력에서 약 30%의 밝기가 감소하는 등 효율이 현저하게 떨어지는 단점이 있다. 예를 들자면 DC LED의 105 lm/W와 비교했을 때 AC LED는 70 lm/W의 값을 갖는다. 드라이버 손실을 피하면서 절약되는 AC LED의 효율은 단지 10%~15% 수준이다. 낮은 효율(efficiency)의 원인은 AC LED 칩이 필수적으로 낮은 전압구간을 갖기 때문이다. AC구동된 회로에서는 LED에 항상 100% 전류가 흐르지는 않는다. 일정 주기에서 0%에서 100%로 전류의 비가 변화하고 꺼지고 켜지는 상태 간의 깜빡임은 칩 사용률을 줄인다. 또한 AC 사이클의 50% 동안 제로 조명 조건이 일반적이고, 게다가 DC LED와 비교했을 때 효율(efficacy)이 감소한다(Fox 2010).

다시 이전에 언급했던 AC LED 선을 고려하면, 콤팩트 형광등(CFL)을 대체하기 위한 낮은 가격의 LED의 생산으로 조명 시장 진출을 모색하려는 몇몇 생산자들에 의해서 이러한 배열(string)들이 출시되고 있다. 이러한 회로에는 낮은 전류에서 동작하는 많은 수의 작은 LED들이 사용된다. 하지만 높은 전류에서 LED가 사용될 때 고효율 LED 소자를 사용함에도 불구하고 상당한 전력손실이 발생한다. LED를 통해서 축적되는 전압강하가 크기 때문에 단지 AC 라인 사이클의 일부에서만 전류가 흐르므로 역률이 나빠지는 것은 불가피하다. 설계를 통해서도 역률을 교정하는 것이 쉽지 않다. 게다가 AC 사이클의 일부 동안에만 전류가 흐르기 때문에 트라이악 기반 (triac-based)의 조광기(dimmer)는 이러한 LED 배열들에서 실패한다.

그러므로 AC LED는 밝기의 극대화보다 공간 절약이 더 관심의 대상인 곳에서 사용되기 쉽다. AC LED는 지금까지 협소한 응용분야로 제한되어 있다. 이러한 응용의 예로 뒤뜰 조명, 천정등 그리고 장식 조명이 언급될지도 모른다. 하지만 AC LED 제조업체들은 미래에 LED를 대체할 조명시장은 AC LED가 점유할 것이라고 주장하고 있다.

22.8   용량성 전류 제어 LED

용량성 전류 제어 LED(capacitive current control LED, C^{3}LED)에서는 LED가 추가적인 전자장치 또는 소자의 필요 없이 일정한 전압/일정한 주파수를 갖는 AC 공급 전기에 의해서 전기용량적으로(capacitively) 연결되거나 구동된다(Lynk Labs 2006). Lynk Labs에 따르면 C^{3}LED소자나 어셈블리(그림 22.8)는 집적되거나 보드 위에 매칭된 커패시터와 함께 서로 반대방향으로 연결된 LED로 구성되어 있다. 일반적인

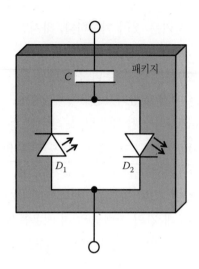

그림 22.8 커패시터 전류 제어 회로.

소자는 2개나 또는 그 이상의 짝수 개 LED/die의 조합(AC 사이클 절반의 부분 둘다를 원활하게 사용하기 위해서)과 하나의 커패시터로 형성되어 있다. 효율적으로 AC 파의 절반 사이클 둘 다를 사용하기 위한 시스템 디자인이 고려되어 있다.

커패시터는 AC 주전원으로부터 일정한 전압과 일정한 주파수를 받아 LED에 균일한 전류를 제공한다. 커패시터는 시스템의 저항 구성요소에 대한 모든 필요성을 대체한다. 이것은 열 손실을 감소시키고 효율을 향상시킨다. DC 회로의 저항과 유사하게 커패시터도 리액턴스의 입장에서 전압을 감소시키고 LED에 AC 소스로부터 커패시터로 들어가는 전압과 주파수를 고정시키면서 필요한 전류를 전달한다. 또한 시스템의 다른 LED와 장애가 발생한 AC 전력원으로부터 절연할 수 있다.

커패시터 전류제어 LED 방식은 같은 LED를 DC 구동 저항 기반 회로에서 사용했을 때보다 동일 전력에서 더 밝기가 세다. 따라서 같은 밝기를 목적으로 한다면 낮은 전력이 사용된다. 게다가 커패시터 전류제어 LED 방식은 DC 회로에서 요구되는 저항 성분이 제거됨으로써 열 관리 효율이 증가된다.

22.9　결론 및 고찰

LED 조명 장치를 주전원 전압, 예를 들어 AC 전압 공급 220 V 또는 110 V를 이용하여 작동시키려면, 변압기나 정류기가 포함된 전력공급 장치가 LED 조명 장치 앞쪽에 연결되어 있어야 한다. 변압기는 15 V 미만의 낮은 전압으로 공급전기 전압을 감소시킨다. 그 다음에 반파 또는 전파 브리지 정류회로와 같은 정류회로가 변압기

출력으로부터 얻어진 낮은 전압의 AC에서 DC 전압을 발생시킨다. 예를 들어, 반파 정류회로(half-wave rectifier)에서는 2개의 다이오드가 다이오드 정류기에 사용되고 전파 브리지 정류기(full-wave bridge rectifier)에서는 4개의 다이오드가 사용된다. 이 회로는 원래 주파수의 두 배를 갖는 정류된 사인파 패턴을 제공한다. 게다가 LED를 통과하는 전류는 일정하지 않다. 따라서 LED의 빠른 응답으로 인해서 깜빡임이 발생한다. 그렇지만 정류된 사인(rectified-sinusoidal) 패턴의 필터링과 평탄화를 위해 LED에 병렬로 커패시터를 위치시켜 이 문제는 해결할 수 있다.

AC LED는 AC 라인 전압을 직접적으로 이용하여 동작시킬 수 있는 LED이다. 일반적으로 LED는 상당히 낮은 역방향 항복전압(5~15 V)을 가지는데 이는 가장 싸고 작은 실리콘 다이오드(50, 100, 또는 1000 V)보다도 낮은 수치이다. 높은 역방향 항복전압을 구현하기 위해서 다중 LED의 두 배열을 직렬로 연결한다. AC 파형을 받아들이기 위해서 병렬로 여러 개 LED를 포함한 두 배열을 서로 반대 극성으로 연결한다. 입력전류를 제한하기 위해 바이어스 저항이 전원에 연결된다. 전류가 한 방향으로 흐를 때 한쪽의 배열에서만 LED가 순방향 바이어스가 되고 빛을 낸다. 반대방향으로 전류가 흐를 때 다른 배열만이 빛을 낸다. 하나의 배열이 항상 빛을 내는 동안 다른 배열에 역방향으로 가해진 전압은 빛을 내지 않은 LED에 손상을 입히지 않을 정도의 충분히 낮은 상태를 유지한다.

LED는 명백히 단순함에도 불구하고 비선형적이고 저항 타입이 아닌 부하이다. 그 결과 LED는 독특한 구동 문제로 어려움이 있고 또한 AC 라인 역률을 잠식한다. 비록 AC LED가 간단하고 저렴하지만, 깜빡임과 높은 총고조파 왜곡, 낮은 역률, 낮은 효율과 같은 단점이 존재한다. DC-DC 변환에서는 역률 교정이 이슈가 아니지만, AC-DC 경우는 역률 교정이 반드시 필요하며, 다각적인 회로 설계가 요구된다.

참고문헌

Chou, P.-T., W.-Y. Yeh, M.-T. Lin, S.-C. Tai, H.-H. Yen, and M.-T. Chu. 2009. PWSOI-1: Development of on-chip AC LED lighting technology at ITRI. *CIE Light and Lighting Conference with Special Emphasis on LEDs and Solid State Lighting.* 27–29 May 2009, Budapest, Hungary, Book of Abstracts, 2pp.

Fox, J. 2010, April. AC vs DC LEDs. IMS Research Analyst Blog http://www.ledmarket-research.com/blog/AC_vs_DC_LEDs

Lenk, R. and Lenk, C. 2011. *Practical Lighting Design with LEDs.* NJ:IEEE Press-Wiley, pp. 99–129.

Lynk Labs. 2006, May. Running LEDs from an AC supply, *LEDs Magazine.* http://www.ledsmagazine.com/articles/2006/05/running-leds-from-an-ac-supply.html

Once Innovations Inc. 2012. Performance differences in AC LED technology: The importance of power factor and harmonic distortion in AC LED lighting. ©2012 Once Innovations, Inc., 4pp. http://www.onceinnovations.com/downloads/perf_diff.pdf

Peters, L. 2012, July/August. AC-LED lighting products find niche, perhaps more, *LEDs Magazine.* http://ledsmagazine.com/features/9/7/10

Sarhan, S. and C. Richardson. 2008. Design article: A matter of light, Parts 1 to 4, *EE Times Design*(http://www.eetimes.com/design/power-management-design/4012231/A-matter-of-light-Part-1—The-ABC-s-of-LEDs; http://www.eetimes.com/design/power-management-design/4012232/A-matter-of-light-Part-2—Buck-whenever-possible; http://www.eetimes.com/design/power-management-design/4012234/A-matter-of-light-Part-3—When-to-boost-and-buck-boost; http://www.eetimes.com/design/power-management-design/4012236/A-matter-of-light-Part-4—PWM-dimming)

Suptex, Inc. 2004. HV9910 Universal High Brightness LED Driver, 11pp. http://www.premier-electric.com/files/supertex/pdf/hv9910.pdf

STMicroelectronics 2010, October. HVLED805—One-chip solution for LED driving, 2pp. http://www.st.com/st-web-ui/static/active/jp/resource/sales_and_marketing/promotional_material/flyer/flhvled805.pdf

Zywyn ZD832 2007. Universal TransformerFree™ AC-DC Constant Current LED Driver, 19pp., http://2.dx1.elecfans.com/l/elecfans.com_ZD832.pdf

연습문제

22.1 AC 전압과 전류의 제곱평균값(root mean square value)은 어떤 의미를 가지는 가? 사인 형태의 사이클에서 120 V AC의 피크값은 얼마인가? AC 공급전기의 표준 주파수는 무엇인가?

22.2 AC 공급에 의한 LED 구동을 위한 벅 변환기를 그리고 설명하라.

22.3 LED 구동의 아날로그 방식에 대해 장점과 단점을 언급하여 설명하라.

22.4 AC 라인 전압에 직접 동작하는 LED 배열은 어떻게 연결되어 있는가? 적절한 동작을 위해서 왜 저항이 각각 LED에 직렬로 연결되어야 하는가? 이 회로에서 공급 전압의 증가 또는 감소가 왜 LED의 성능에 영향을 미칠 수 없는가?

22.5 램프의 전력 품질은 어떤 정보를 제공하는가? 이러한 관점에서 백열전구와 LED가 어떻게 다른가? 두 조명 중 어떤 것이 전력 품질 파라미터가 뛰어난가?

22.6 AC 구동된 LED는 선형 부하를 나타내는가, 아니면 비선형 부하를 나타내는 가? 회로에 AC 구동 LED를 삽입했을 때 받는 악영향의 두 가지 주요 요소는 무엇인가? AC 구동 LED 램프의 광범위한 사용을 위한 이러한 요소 제어의 중요성에 대해 설명하라.

22.7 백열전구만을 포함하는 AC 회로의 역률은 무엇인가? AC 구동된 LED 조명 을 사용할 경우의 역률은 백열전구가 사용된 회로의 경우보다 높은가 낮은가?

22.8 "역률 교정(power factor correction)은 DC LED에는 중요하지 않지만 AC LED에는 필수적이다"에 대해서 자세히 설명하라.

22.9 AC LED는 무엇인가? AC LED의 잘 알고 있는 예를 들고 그것의 한계점을 지적하라.

22.10 DC LED와 대비하여 AC LED의 장점과 단점에 대해 논하라. 각 방법이 응용되는 몇 가지 예를 들어라.

22.11 용량성 전류 제어 회로(C³LED) 방식의 주된 특징은 무엇인가? 다이어그램과 함께 설명하라.

PART **V**

LED의 활용분야
Applications of LEDs

CHAPTER **23**

일반 조명용 LED
LEDs in General Illumination

학습목표

이 장을 학습한 후에 독자들은 다음의 역량들을 갖출 수 있게 된다.

- 전구에 사용되는 원형/정사각형/직사각형 LED의 분류에 익숙해질 수 있다.
- 튜브형, 선형, 막대형 조명 제작에 사용되는 LED의 선형적인 배치에 대해 알 수 있다.
- LED 전구, 튜브 등의 일반적인 전력량을 알 수 있다.
- LED 튜브와 형광등의 성능을 비교할 수 있다.
- LED 가로등과 기존 가로등을 비교할 수 있다.
- 일반 조명에서 LED 사용에 대한 전반적인 시각을 얻을 수 있다.

1960년대에 LED가 상용화된 이후, LED는 전기 및 전자기기의 유색 표시기(indicator)에 처음 적용되었다. 그 후, LED는 전자계산기와 디지털시계에서 문자와 숫자 형태로 정보를 제공하는 영숫자(alphanumeric) 디스플레이로 사용되기 시작했다. 이 응용분야는 전기장이 걸리면 반사율이 바뀌는 액정 셀을 사용하는 액정 디스플레이(liquid crystal display, LCD)에 따라잡혔다. 다시, 1980년대에 고휘도 LED가 시장에 등장하고 인공적으로 빛을 만드는 모든 분야에 침투하면서 사정이 바뀐다. LED의 가장 인기 있는 틈새시장은 전원 간판(power signage), 디스플레이, 조명이다. 다른 분야로는 의학, 센싱, 측정 분야가 있다. 응용의 맥락에서 LED는 종종 소형과 대형 LED로 분류된다(표 23.1).

이 장에서는 LED의 일반 조명 응용에 대해 다룬다(Steigerwald et al. 2002, Tsao 2002). LED 디스플레이는 25장과 26장에서, 다른 여러 응용은 27장에서 다루게 될 것이다.

표 23.1 소형 및 대형 LED

특징	소형 LED	대형 LED
전형적인 전력소비	40~50 mW(color); 70~80 mW(white)	1~3 W
전형적인 구동전류	20 mA(color); 100 mA(white)	350 mA
응용	표시등, 예를 들어 엘리베이터 버튼, 신호등, 화물차 미등	광원, 예를 들어 백열등 대체, 대형 TV, 프로젝터, 비행기 활주로

23.1 LED 기반 조명

조명은 사물과 양식의 명확한 가시성(visibility)을 보증하는 작업 공간에서 편안한 시각 환경을 만드는 것을 추구한다. 이는 기분과 기질뿐만 아니라 미적 판단(aesthetic judgment)에도 영향을 준다. 인간에게는 건강과 안전이 항상 최대 관심사다. LED 기반 조명은 형광등의 수은(Hg) 성분 같은 독성(toxic element)물질을 포함하지도 않고 UV를 방출하지도 않는다는 점에서 친환경적이다. 형광등은 수명이 줄어들면서 깜박거려 편두통 환자나 간질 환자에게 문제가 될 수 있는 반면 LED는 깜박거리지 않는다. 위의 기준들은 건축 설계 및 비용 요소와 함께 공정히 평가되어야 한다(DDP 2007).

23.1.1 국소 혹은 특수 조명

이 조명은 관심 대상을 포함한 작은 영역에 제한된 저전력 조명을 일컫는다. 몇 가지 예로 (i) 광고나 장식을 위한 기념물이나 건물의 윤곽을 드러내는 저전력 적색–주황색 조명; (ii) 공원, 정원, 통로, 지하, 계단의 통행을 위한 어둠속 시야 확보용 저전력 보안등 및 경관조명; (iii) 박물관, 미술관의 저전력 스포트라이트 등이 있다. 장점으로는 LED는 온기 효과(warmth effect)로 인한 작품 손상이 없다는 점이다. 스포트라이트는 또한 자동차에서 지도를 볼 때 도움이 된다. LED는 수술 중 시각 보조를 위해 고글(goggles)의 양쪽에 장착되기도 한다.

23.1.2 일반 조명

일반 조명은 교육기관, 병원, 극장, 운동 경기장, 도로 등 많은 장소에 일정 수준의 조명을 제공한다. 초기에는 LED의 광출력이 충분하지 못하고 색 특성이 빈약하여 일반 조명에서 환영받지 못했다. 그러나 지금의 LED 기술은 기존 램프들의 광출력, 색 특성과 비교하여 경쟁력이 있는 수준 혹은 그 이상으로 발전하였다.

일반 조명에 쓰이는 모든 조명기기는 "기능성(functional)"과 "장식용(decorative)"의 두 그룹으로 나뉜다. 장식을 위해 사용되는 모든 조명기기는 또한 눈에 보이는 빛을 제공하기 때문에 이 그룹들은 종종 서로 겹쳐진다. 기능성 조명기기에서 성능의 기준은 조명기기의 효율(efficacy)이지만, 장식용 조명기기에서는 미적 외관을 무시할 수 없다.

배선이 불안정한 장소에서는 광섬유가 LED의 빛을 전달하기 위하여 사용된다.

23.2 개조형(Retrofit) LED 램프

"개조형(retrofitting)"은 요소를 추가하거나 새로운 요소를 더하여 기존의 장비나 구조를 수정하는 것을 의미한다. 개조형(retrofit) LED 램프는 기존의 백열등이나 형광등에 사용된 소켓에 딱 들어맞는 LED 램프이다. 이것은 이미 이용되고 있는 공공 전기시설과 호환도 되어야 하고, 기존의 조명기기가 LED로 재설치되는 것이 허용되어야 한다. 이는 백열전구가 수거되고 LED 램프로 장착될 때 깜박거림이나 어떠한 기능적 손상도 없어야 하는 것을 의미한다(Bianco 2011).

개조형 LED 램프는 트라이악(triac) 또는 트레일링 엣지(trailing edge) 조광기(dimmer, 빛조절기)와 전자회로용 변압기를 포함하는 전기 설비에서 원하는 방식대로 동작하지 않을 수 있다. 예를 들어, 앞서 트라이악 조광기(triac dimmer)가 설치된 120 V 혹은 230 V AC 전원 공급장치에서 작동하는 LED 램프를 생각해 보자. 백열전구는 순수한 저항과 선형적인 부하로 구성되어 있어서 비선형적인 동작특성을 보이는 LED 램프로 교체할 수 없다는 전기적인 문제점이 생긴다. 이런 비선형적인 특성 때문에, AC 전원에서 그 파형이 피크에 도달했을 때 입력 브리지 정류기는 큰 펄스의 전류를 멈추게 한다. 이는 트라이악 조광기의 동작에 악영향을 미친다. 필요한 기동전류뿐만 아니라 유지전류도 조광기에 공급되지 않는다. 따라서 조광기는 제대로 동작하지 않고 동작 중에 꺼지며 이는 LED로 발광하는 빛의 깜박거림(flickering)을 유발한다.

끊김 없고 원활한 LED 동작을 위해서는 조광기에 정확한 모양의 입력전류를 만들어 주는 회로를 사용해야 한다. 그래야만 빛의 깜박거림을 없애고 빛 조절이 가능하다. 이러한 회로는 현재 사용 가능하다.

개조형의 단점: 기존의 등기구를 새로운 LED 기술을 수용하여 교체하는 것은 그리 유익한 것이 아니었다. 많은 초기의 시도들은 단순히 전통적인 조명 표준과 하우징(housing)을 사용했다. LED 기술은 기존의 모든 규칙을 깼고, 기존의 것에 이 새로운 기술을 적용할 수 없음이 빠르게 명백해졌다.

LED 램프가 기존의 하우징에 물리적으로 적합하더라도 그 하우징이 LED 고유의 특성을 최대한 살리지 못한다. 표준 하우징은 기존의 백열등이나 형광등 조명과는 엄청나게 다른 LED 열 관리의 난제를 해결할 수 있도록 설계되지 않았다. 비록 LED가 적외선을 방출하진 않지만, LED 작동에 의해 발생한 열은 전도에 의해 전달된다. LED가 백열전구처럼 크기가 같은 등기구에 적합할 수 있지만 발생하는 열로 인해 주변의 드라이버 보드를 손상시킬 수 있다. 더 많은 발광을 위해서 LED는 약 80~100°C의 고온에서 동작할 필요가 있을 수 있다. 그렇게 되면 드라이버 보드의 수명은 감소할 것이다. 사용되는 모든 전해질 축전지는 이 온도에서 성공적으로 작동하지 못할 수 있다.

또한, 백열 광원을 위한 기존의 등기구들은 LED의 효율을 극대화하도록 광학적으로 설계되지 않았다.

23.3 LED 전구

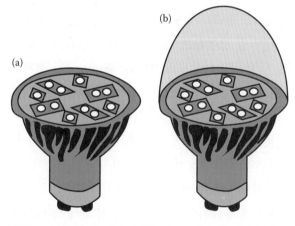

그림 23.1 (a) 상단 덮개가 없는 LED 전구, (b) 상단 덮개가 있는 LED 전구.

백열등과 형광등의 빠른 대체를 위해 다양한 모양과 광도(luminosity)의 LED 전구가 가능하다. 그림 23.1은 상단 덮개 유무에 따른 LED 전구의 모습을 보여 준다. LED 전구는 또한 여러 색상과 크기로 제공된다. 색상 변경 전구를 통해 전구의 색상을 바꿀 수 있다.

LED 전구는 하루 종일 작동하는 것도 가능하고 아주 낮은 온도에서도 사용 가능하다. LED 전구는 충돌, 흔들림, 큰 충격에도 영향을 받지 않는다. 열이 적게 발생하여 화재와 손상 위험이 낮다. 수시간 동안 작동한 LED 전구에 손을 가져다 대도 화상을 입지 않는다. LED 전구의 낮은 전력소비 덕분에 사냥이나 캠핑 등 야외활동 시 비상 조명을 충전하기 위해 많은 배터리를 구매할 필요가 없다.

23.3.1 저전력 LED 전구

1 W 미만의 전력으로 작동하는 LED는 복도, 현관, 작은 방을 위한 낮은 광출력을 감당할 수 있다. 이 전구는 보는 사람의 눈에 강렬한 빛을 내지 않고 부드러운 조명을

제공한다. 밤에 작업하는 사람은 전원을 켜고 편하게 작업할 수 있다. 이 전구들은 너무 많은 빛이 필요치 않은 취침등이나 특정 등기구들, 복도에 가장 적합하다.

2~3 W 전력의 LED 전구는 꽤 높은 분산된 광출력을 제공하며, 작은 방이나 현관, 혹은 독서용으로 적합하다.

23.3.2 중전력 LED 전구

5~8 W의 LED 6~8개를 포함하는 LED 전구는 300~400 lm의 광속(luminous flux)을 제공한다. 일반적으로 3~15 W의 LED 전구는 100~1000 lm을 제공한다. 600~800 lm을 제공하는 9.5 W의 LED는 60 W의 백열전구를 대체한다. LED 전구는 가정, 사무실, 회의실, 상점, 전시장, 쇼핑몰 등에서 사용된다. LED 전구는 통로나 정원에서도 사용할 수 있다. 그것들은 정원에서 주변 환경을 잘 보완해 줄 수 있다. 이러한 전구의 파장할 그 식물들의 스펙트럼 범위 내에 있어서 도움이 되고 식물의 엽록소로 잘 흡수된다.

예제 23.1

60 W 백열전구를 대체하는 9.5 W LED 전구가 5만 시간의 수명을 가진다면 그 수명 동안 얼마나 많은 킬로와트시(kilowatt-hour)의 에너지를 소비할 것인가? 같은 수명의 백열전구의 경우에는 어떠한가? 그렇다면 LED 전구에 의해 몇 %의 에너지가 절약되는지 계산하라.

LED 전구에 의해 소모되는 에너지 = 9.5 W × 50,000 h = (9.5 × 50,000)/1000 kW-hour = 475 kW-hour

백열전구에 의해 소모되는 에너지 = 60 W × 50,000 h = (60 × 50,000)/1000 kW-hour = 3000 kW-hour

% 절약된 에너지 = {(백열전구에 의해 소모되는 에너지 − LED 전구에 의해 소모되는 에너지)/백열전구에 의해 소모되는 에너지} × 100% = {(3000 kW-hour − 475 kW-hour)/3000 kW-hour} × 100% = 84.17%

23.3.3 고전력 LED 전구

LED 16개를 사용한 50 W LED 전구는 100 W 수은램프에 상응하며 다음의 지향각에 대해 2000~3000 lm의 광속을 갖는다: 점사식(14°), 협각(18°), 협각투광(30°), 광각투광(50°), 초광각투광(103°).

23.3.4 LED 전구의 규격

LED 전구가 따르는 표준 규격에 대해 등기구의 흔한 유형은 에디슨 나사(Edison screw)이며, 시계방향으로 회전하는 오른나사이지만 반시계방향의 것들도 많다. 왼나사는 때때로 전구를 빼 가는 도둑을 방지하기 위해 사용된다.

23.3.5 LED 전구의 주요 파라미터

광량조절 가능(dimmable)/광량조절 불가능(nondimmable) 전구, 내장형 드라이버, 백열전구 대비 1/6과 1/8 전력소모, 전구색(very warm white, 2700 K), 따뜻한 백색(warm white, 2500~3200 K), 중성 백색(neutral white, 4000~4500 K), 차가운 백색(cool white, 5500~6500 K), 황색, 적색, 녹색, 청색, 100~285 V AC/12~48 V DC 동작. 렌즈 색상: 확산/불투명/투명, 확산 덮개, 눈에 좋은; UV 비발광, IR 비발광, 눈부심 방지, 눈에 무해한; 유해물질 사용제한(RoHs) 준수, 나사 규격 램프, 빔 패턴/빔 각도: 95°, > 325°, 360°. 최대 루멘(lumen): 15, 45, 95, 290, 320, 450, 500, 530, 700; 20,000회 이상의 스위치 사이클 수명(on/off 동작); 방진; 견고성; 알루미늄 하우징/유리/플라스틱; E40/E26/E27/MR16 램프 홀더, 다각적 반사면.

우리가 볼 수 있는 바와 같이, 다양한 빔 각도(beam angle)를 갖는 LED 전구들이 제공된다. 그림 23.2는 360° 빔 각도의 LED 램프를 보여 준다. 그림 23.1의 LED 전구와 달리 이 전구는 중심축의 모든 면에 LED 칩이 장착되었고 따라서 모든 방향으

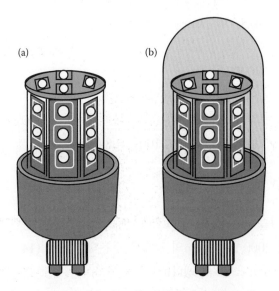

그림 23.2 360° 빔 각도 LED 전구: (a) 상단 덮개가 없는 것, (b) 상단 덮개가 있는 것.

로 빛을 방출할 수 있는 반면, 이전에 보여진 전구(그림 23.1)의 LED 칩들은 오직 위쪽 방향으로만 빛을 방출할 수 있고 결과적으로 180°보다 작은 빔 각도를 가진다.

23.3.6 LED 다색 전구

사양 예: 10~20 V DC 또는 9~18 V AC에서 IR 리모컨을 갖는 5 W, 다색의(multicolored) LED 전구(16색)가 장식(decorative) 조명, 무드(mood) 조명, 경관(landscape) 조명, 하향(down) 조명 등에 사용된다. 네 가지 전환 효과[플래시, 섬광등, 서서히 사라짐(fade), 부드러움]가 가능하다.

청색과 녹색은 청록색을 만들기 위해 조합된다; 녹색과 적색은 황색을 만들기 위해 조합된다; 적색과 청색은 보라색(violet)을 만들기 위해 조합된다; 적색, 녹색, 청색은 백색을 만들기 위해 조합된다. 더욱 정교한 제어기기를 통해 말 그대로 16,000,000개 이상의 가능성이 있다. 1600만 개 이상의 색상 스펙트럼에서 선택하여 객실의 분위기를 쉽게 조정할 수 있다. 간단히 리모컨으로 색상을 선택하여 즉시 개인 기호가 반영된 빛으로 객실을 연출할 수 있는 조명이 가능하다. RGB LED에 의해 구동되면 이 전구는 전체 무지개(rainbow)에 해당하는 색을 즉시 보여 줄 수 있다. 램프는 반투명한(translucent) 방울 모양을 가져서 그 금속 내부를 볼 수 있어서 램프가 조명될 때 더욱 세련돼 보인다. 이 램프는 세련된 현대적인 미적 디자인과 함께 다양한 조명 옵션을 제공하므로 객실을 완전히 변화시키기에 충분하다. RGB 색상 변경 LED의 점등으로 색상이 연속적으로 변하는 순환 패턴을 만들거나 원하는 특정 색에서 제어기기를 중단할 수 있다. 가능성은 무한하며 색채 조합은 계절이나 고객의 분위기에 따라 변경할 수 있다.

23.3.7 자동차에서의 LED 전구

첫째, LED 전구는 자동차 헤드라이트(headlight)로 사용되는데 전력 소비가 적기 때문에 불필요한 비용을 방지하는 데 도움이 된다. 둘째, LED 전구는 보안을 향상시킨다. LED 광의 점멸을 빠르게 할 수 있는 장치를 통해 야간에 분명하고 뚜렷하게 보는 것이 가능하다. 다시 말해서, 야간운전 중에 운전자가 실수 없이 전방 도로를 볼 수 있고 다른 사람에게도 더 잘 보이게 하므로 선명한 시야 수준이 증가한다. 셋째, LED 광은 반짝이는 선명한 빔을 제공하며 눈길을 더 끈다. 마지막으로 차의 매력을 증가시킬 뿐만 아니라 차를 처분하기로 결정하면 설치된 조명은 자동차가 다른 차들 중에서 눈에 잘 띄게 함으로써 거래 가격을 증가시킨다. 측면등과 계기판의 광뿐만 아니라 안개등의 광을 차에 독특하고 멋진 모습을 줄 수 있는 LED 전구로 교환할 수 있다.

LED 전구는 방향지시등, 안개등, 측면등, 계기판 조명과 미등을 포함하는 자동차의 백라이팅(backlighting)으로 사용된다. LED 전구는 차의 외관을 향상시킬 뿐만 아니라 안전성도 높여 주며 설치도 용이하다. LED 조명의 접지선은 자동차의 차대에 연결되어 있어야 한다. 전선은 주차등이 켜져 있을 때 후광(halo) 효과를 만들 수 있도록 차를 둘러싸야 한다.

LED 전구의 색상은 차량의 색상과 일치되거나 보완하게끔 선택할 수 있다. 차 실내등을 LED 조명으로 바꿀 때는 여러 색상의 LED 전구를 선택하여 조명이 켜지자마자 놀라울 정도의 총천연색(technicolor)이 나오게 설정할 수 있다.

23.3.8 LED 전구의 기타 용도

조명이 사용되는 두 가지 방식이 있다: (i) 기능 목적 (ii) 장식 목적. LED 조명은 샹들리에(chandelier)나 어느 램프에도 뒤지지 않는다. 주택의 침실용으로 상당한 양의 빛을 제공하고 쉽게 고정되는 밝은 색상의 LED 전구는 적절한 천정 등기구에 고정되어 사용할 수 있다. 그러나 거실용으로는 빛 조절이 가능한 LED 전구가 선택된다. 극단적으로, 좁은 빔 각도(beam angle)의 LED 전구는 높은 광 지향성이 있기 때문에 독서용 스포트라이트(spotlight)로서 사용될 수 있다. 점 조명 LED 전구는 벽, 조각 또는 다른 예술작품을 조명할 수 있는 장식 목적으로 방 벽면에 고정될 수 있다.

의료용 LED 손전등은 펜 끝에 장착된다. 배터리를 통해 충전 가능하며, 읽고 쓰기 겸용으로 사용된다. 일부 전구는 야간에 옥외용 조명으로 헬멧의 꼭대기에 장착될 수 있다. 경찰들이 사용하는 손전등은 3 W 출력에 약 90 lm 밝기이다.

예제 23.2

50,000시간의 수명을 가진 LED 전구가 있다. LED 전구를 다음과 같은 시간 동안 사용한다면 얼마나 오랫동안 쓸 수 있을까?: (i) 하루에 5시간, (ii) 하루에 10시간, (iii) 하루에 15시간, (iv) 하루에 20시간.

    i. $50,000 \text{ h} = (50,000/5) \text{ days} = \{50,000/(5 \times 365)\} \text{ years} = 27.4 \text{ years}$
    ii. $50,000 \text{ h} = (50,000/10) \text{ days} = \{50,000/(10 \times 365)\} \text{ years} = 13.7 \text{ years}$
    iii. $50,000 \text{ h} = (50,000/15) \text{ days} = \{50,000/(15 \times 365)\} \text{ years} = 9.13 \text{ years}$
    iv. $50,000 \text{ h} = (50,000/15) \text{ days} = \{50,000/(20 \times 365)\} \text{ years} = 6.85 \text{ years}$

23.4 LED 튜브 조명

23.4.1 형광등 vs. LED 튜브

전형적인 형광등에서 전기에너지의 80%는 열에너지로 전환되며 오직 20%만이 가시광으로 전환된다. 36 W 형광등의 경우 광출력(light output)은 2000 lm이며 따라서 시스템 효율(system efficacy)은 55.56 lm/W이다. 만약 반사체가 사용되면 광출력은 20%만큼 감소된다.

LED 튜브는 지향성 출력(directional output)을 가지므로 필요한 곳에 빛을 전달한다. 형광등의 경우 빔 각도(beam angle)는 360°이다. LED 조명의 경우 빔 각도는 120°이다. LED 조명은 다양한 빔 각도를 가지고 사용할 수 있다. 시스템 효율(system efficacy) 125 lm/W를 가지는 16 W 전력소비의 LED 튜브의 경우 총 광출력은 2000 lm이다. LED 조명의 경우, LED 조명의 지향성(directivity or beam angle) 때문에 반사체가 필요하지 않다. 이러한 이유로 광출력은 형광등에서처럼 낭비되지 않는다. 열이 적게 발생하므로 에어컨 비용을 절약한다. 방열시스템 설계를 통한 최상의 내부 공기 흐름(internal air-flow)으로 낮은 온도를 유지한다. 36 W 형광등은 12 W 이상의 전력을 소비하는 밸러스트(안정기)를 가지고 작동한다. 형광등과 달리 LED 튜브 조명은 밸러스트나 스타터(starter)가 필요하지 않다. LED 튜브 조명은 일정한 전류와 전압 드라이버에 의해 작동한다. LED 튜브는 즉시 작동된다. LED 튜브는 85~285 V AC에서 깜빡거림과 가청소음(audible noise)도 없으며 빛 조절도 가능하다.

형광등은 254 nm 빛의 65%와 185 nm 빛의 10~20%를 방출한다. 형광등은 황백색의 빛을 방출하며 약 4100 K의 낮은 색온도(CT)와 80 정도의 연색성 지수(CRI)를 가진다. LED 튜브는 5500~7500 K의 높은 상관 색온도(CCT)를 가지고 태양광은 6500 K의 색온도를 가진다. 따라서 LED 튜브 조명은 태양광의 색온도에 가깝다. 또한 CRI도 매우 높아서 90 이상이다. LED 램프는 380~740 nm 스펙트럼의 차가운 백색(cool white)을 낼 수 있다. 인간이 볼 수 있는 스펙트럼 역시 380~740 nm이다. LED 튜브 조명은 번쩍거림 없는 부드러운 빛을 내고 높은 CRI는 사용자의 시력과 신체 건강에 잘 맞는다.

많은 수의 백색 LED 칩 모듈을 조합하여 만들어진 LED 튜브 조명은 대략 절반의 전력 소비로 같은 광출력의 형광등 조명을 대체할 수 있게 설계되었다(그림 23.3). 동일한 조명 조건에서 소비전력 절감률은 60%이

그림 23.3 LED 형광 조명.

며 백열전구보다는 80% 이하이다. 이는 같은 LED 기반 튜브 두 개가 하나의 형광등과 같은 전력을 소비하지만 두 배 이상의 광출력을 제공하는 것을 의미한다.

23.4.2 LED 튜브의 응용과 파라미터

LED 튜브 적용은 가정, 창고, 주차장, 공장, 기차역, 버스, 기차, 지하철, 주택, 학교, 상점, 쇼핑몰, 전시장, 통로 등 다양한 곳에서 찾아볼 수 있다.

구동 전압과 주파수, AC 65~265 V/50~60 Hz; 색온도 2600~8000 K.

2 ft: 600~800 lm; 4 ft: 1100~1800 lm

2 ft, 4 ft, 5 ft, 6 ft, 8 ft

빔 각도 120°, 180°; 수은, 납, 카드뮴 미함유

23.4.3 LED 색상 튜브

LED 색상 튜브는 매우 적은 전력을 소모하며 열을 발생시키지 않고 30,000시간의 수명을 가진 생기 있고 밝은 LED 색상변경 튜브이다. 6 W, 100 cm LED 색상 튜브는 적색 LED 32개, 녹색 LED 32개, 청색 LED 32개, 총 96개의 LED가 들어 있다. 이것은 AC 전원 공급 장치, 두 개의 벽 장착 받침대, LED 색상 튜브 수직 고정 베이스를 포함한다. 이것은 또한 간편한 무선 원격 조작; 수동 색상 변경; 자동 색상 변경; 플래시; 무지개 효과; 고/저속 섬광등 또한 가능하다. 튜브는 15가지의 색과 백색을 낼 수 있다.

현대 실내장식가들은 종종 새로운 느낌을 주기 위해 가구의 아래쪽에 색상 변화 튜브를 장치하여 가구의 일부를 화려한 색상을 띠는 화폭으로 바꾸기도 한다.

예제 23.3

백열전구는 17 lm/W의 효율을 갖고, 형광등과 LED전구는 각각 70 lm/W와 90 lm/W의 효율을 가진다. 만약 세 전구를 180일 동안 하루 8시간씩 켰을 때, 그 기간 동안의 세 전구의 에너지 소모를 계산하여라. 방에 요구되는 광출력은 1500 lm이다.

1500 lm을 위해서 백열전구가 필요한 전력 = 1500/17 = 88.235 W, 형광등이 필요한 전력 = 1500/70 = 21.429 W, LED전구가 필요한 전력 = 1500/90 = 16.67 W.

180일 동안 백열전구의 에너지 소모량 = 88.235 W × 180 × 8 h = (88.235 W × 180 × 8 h)/1000 kW-h = 127.0584 kW-h.

형광등의 에너지 소모량 = (21.429 W × 180 × 8 h)/1000 kW-h = 30.858 kW-h.

$$\text{LED전구의 에너지 소모량} = (16.67 \text{ W} \times 180 \times 8 \text{ h})/1000 \text{ kW h}$$
$$= 24.0048 \text{ kW h.}$$

23.5 LED 가로등

23.5.1 LED 가로등 vs. 기존 램프

나트륨램프의 총방출 루멘의 일부분에 해당하는 빛을 내는 LED 조명기기는 실제로 수은램프나 나트륨램프와 비슷하거나 더 나은 성능을 보인다. LED 가로등은 그림 23.4에 나타나 있다. LED 가로등의 효율(50 lm/W)은 수은램프의 효율(31 lm/W)을 넘어선다. 또 다른 예로 120 W의 고압 나트륨 기기를 대체한 58 W 중성 백색(neutral white) LED 조명기기가 있다. 100 W 전력소비 LED 램프는 250~400 W를 대체한다. 이 부분에 해당하는 전력 절약은 석탄 사용의 감소와 더불어 황화물과 탄화물 낭비를 줄이는 것을 의미한다. 비록 나트륨램프의 루멘 생산량이 LED 램프에 비해 4~5배 이상으로 훨씬 많지만 백색 LED의 실제적인 조명 능력이 더 우수하다. 고압 나트륨램프의 고효율이란 것은 에너지 손실로 낭비되는 빛도 포함되기 때문에 오해의 소지가 있다.

LED 램프는 단일 LED나 다수의 직렬연결된 LED의 사용 여부에 따라 매우 낮은 전압이나 높은 전압에서 작동한다. 더욱이 LED 램프의 유지비용도 매우 저렴하다. LED 수명은 10~15년의 기대수명으로 바뀔 수 있다(Bullough et al. 2005). 그 정반대로, 오래된 가로등은 3~5년 후에 수명을 다하고 동종의 전구로 교체하는 데 높은 인력과 유지비용을 초래한다. 일반적으로 고압 나트륨램프는 2년 주기로 수리/교체가 필요하다. 그러나 LED 가로등은 5년까지 유지보수가 필요없는 무고장 서비

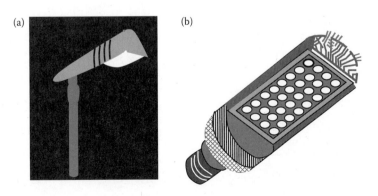

그림 23.4 (a) 외부 덮개가 있는 LED 가로등, (b) 가로등의 실제 LED 전구.

스를 제공한다.

LED 가로등은 긴 시간 동안 작동하도록 되어 있기 때문에, 다음 몇 가지를 포함한 추가 사항이 있어야 한다: (i) 긴 수명을 보장하기 위한 스테인리스강 구성의 램프 몸체. (ii) 바람의 저항과 램프의 막대 부하를 효과적으로 줄일 수 있는 작은 정면 면적과 높은 안정성. 후자는 뇌우 시 풍압을 견디므로 안전하고 안정적인 빛 방출에도 유리하다. (iii) 램프의 열관리시스템은 빠른 열 방출을 위하여 열 전도성이 높은 물질, 예를 들면 알루미늄 합금이나 합금 주조 재료를 사용하여야 한다. (iv) 램프의 렌즈는 높은 강도와 투과율을 가지는 특백색 강화유리 같은 물질을 사용하여야 한다(93% 이상의 휘도).

LED 가로등이 나트륨램프를 뛰어넘는 우수한 성능을 갖는 주요 요인은 다음과 같다.

1. 중요한 이유는 LED의 방향성(directional nature)에 있다. LED 광원은 조명기기 안에 위치하며 반사체 없이 원하는 방향으로 발광하여 통상 30%~40%인 반사체 손실을 막을 수 있다. LED 램프는 종래의 나트륨램프와 비교하여 50%~80%의 에너지를 절약할 수 있다.

2. 우리가 기억하는 것과 같이, 눈의 망막은 두 종류의 시신경으로 구성되어 있다. 간상체(rod)는 507 nm 피크파장의 짧은 파장대역에 반응하고 추상체(cone)는 555 nm 피크파장의 긴 파장대역에 반응한다. 간상체는 암순응(scotopic)에 관여하는 반면에, 추상체는 명순응(photopic)에 관여한다(Oster 2009). 조명을 지원하는 파장은 암순응과 명순응 곡선 아래 영역의 넓이에 의해 정의되며, 망막 감도에 따른 파장의 상대적인 영향을 나타낸다. 따라서 완벽한 광원은 최대효율의 백색을 내기 위해, 600 nm(적색)에서 풍부한 출력과 함께 507과 555 nm에서 에너지를 방출하며 눈이 많이 반응하지 않는 파장에서는 적은 에너지를 낭비한다.

전형적인 저압 나트륨램프의 스펙트럼 출력(그림 23.5)은 암순응과 명순응 감도 영역과 겹쳐진다. 거의 모든 광 에너지 출력은 명순응 영역의 최고 감도 파장의 아래쪽이며 암순응 수용 영역을 다소 벗어난 약 590 nm에 위치한다. 그래프는 저압 나트륨램프가 상대적인 효율에도 불구하고 왜 전체 광원으로 부족한지를 명확하게 보여 준다. 고압 나트륨램프는 저압 나트륨램프를 개선한 것으

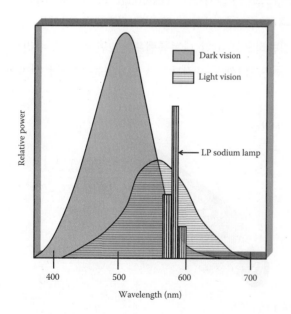

그림 23.5 저압 나트륨램프의 스펙트럼 분포.

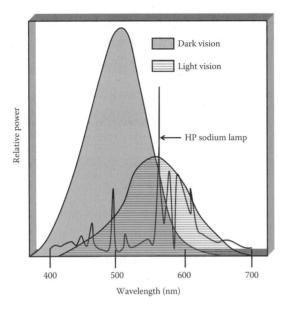

그림 23.6 고압 나트륨램프의 스펙트럼 분포.

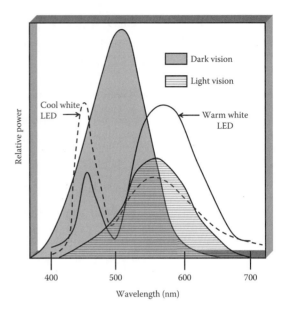

그림 23.7 LED의 스펙트럼 분포.

로 출력을 다른 파장으로 옮겨 회복된 색상을 낸 것이다.

그림 23.6은 전형적인 고압 나트륨램프(HP sodium lamp)의 출력을 보여 준다. 출력 파장의 분포는, 몇 개의 저전력 발광을 제외하면 대부분 570~600 nm 범위에 있다. 명순응 감도 피크파장의 오른쪽에 위치하는 출력은 암순응 영역과 거의 겹치지 않는다. 저압 나트륨램프보다 우수한 분포지만, 여전히 개선되어야 할 점이 많다. 500 nm 아래의 청록색과 600 nm 이상의 적색의 조합을 통해 왜 저압 나트륨램프보다 더 하얗게 보이는지를 설명한다. 그러나 전구를 에워싸는 운반가스에 수은을 첨가하는 처리를 통하여 전체적으로 독성을 띠나 약하게 광 색상 향상을 얻을 수 있다.

차가운 백색(cool white)과 따뜻한 백색(warm white) LED의 출력은 그림 23.7에서 각각 점선과 실선 아래의 영역으로 표시된다. 나트륨램프와의 차이를 명백히 알 수 있다. LED 출력의 주요 부분이 암순응과 명순응 감도와 모두 연관 있는 파장대역에 놓여 있다. 이러한 광원을 사용할 때 낮은 조명 조건에서는 암소시(scotopic vision)가 지배적이다. 이처럼 백색 LED는 효과 면에서 상당한 장점을 가지고 있다. LED 출력이 눈의 민감도와 더 밀접하기 때문에 더 적은 루멘으로 더 효과적인 조명을 제공할 수 있다. 또한 나트륨램프와 비교했을 때, 적색 파장에서 에너지의 분포는 LED의 더 나은 광 색상(light color)을 설명해 준다. 이러한 파장들이 우리 눈에 모여 광 색상이 표현된다.

LED 출력 색상은 일광에 훨씬 더 가까우며 향상된 연색성(color rendering)을 갖는다. 도로는 밝게 보이며 운전자는 더욱 안전하고 조용한 느낌을 받을 수 있다. 통합 배열 렌즈와 전등갓 설계는 보호 및 스포트라이트 역할을 하며, 빛의 낭비와 중복을 피하고 그 손실을 줄여 준다. LED 램프는 공공장소의 불편한 조명으로 인한 눈부심(glare)과 시각적 피로(visual fatigue), 시야 간섭(sight interference)을 제거한다. 이것은 운전 안전성을 증가시키고 교통사고 발생률을 감소시킨다. 따라서 이것은 완전히 "사람 중심의 기술(people-oriented technology)"이라는 정신을 심어 준다.

백색광 LED 램프의 CRI는 상당히 높아 물체를 매우 분명하게 구별하는 것이 가능하다. 그러나 백색광 LED 광원의 광속은 전통적인 램프보다 작다. 고압 나트륨등은 매우 밝지만 CRI가 낮아 물체의 원색을 잘 보여 주지 못한다. 중성 백색(neutral white) LED의 CRI는 약 75 정도이고 나트륨램프의 CRI는 20~25로 매우 좋지 못하다. 좁은 스펙트럼의 고압 나트륨램프는 색 발산이 매우 약하다. 이는 왜 네다섯 배 이상의 총 에너지 출력을 가지는 나트륨램프 광원이 LED보다 더 좋은 조명을 제공하지 못하는지 이유를 설명한다.

3. 전통적인 수은 또는 나트륨 가로등의 경우 동작 전압이 7% 이상 변경되면 휘도와 작동 수명이 감소되지만, LED 가로등에는 전혀 영향을 주지 않는다.

23.5.2 LED 가로등의 평가

100~265 V AC/12~48 V DC, 45~63 Hz, 112 W, 빔 각도: 수평축: 120°; 수직축: 60°, 9,000~10,000 lm, 80 lm/W; 순백색(pure white): 5,000~7,000 K; 따뜻한 백색(warm white): 3,000~4,000 K.

23.5.3 LED 스트립 조명(Strip Light)

딱딱하거나(rigid) 유연한(flexible) LED 스트립 조명(스트립 표면에 배열되어 부착된 일련의 LED)은 건축 장식 조명, 아치형 입구, 캐노피(canopy)와 교량 가장자리 조명, 어린이 놀이공원, 대형 드라마 극장, 비상 통로 조명, 강당 통로 조명, 계단 악센트 조명(accent lighting), 자동차 조명 등에 많이 써 왔다. LED 스트립 조명은 사용되는 LED의 발광 강도에 따라 초고휘도(ultra bright)와 중/저강도(medium/low-intensity)의 두 가지 유형으로 나뉜다.

초고휘도 스트립 조명은 유도등과 함께 과도한 빛을 작은 영역에 국부적으로 강렬하게 비추는 작업 조명에 사용된다. 이러한 작업 조명은 조리대를 밝히기 위해 부엌에서 널리 사용된다. LED 스트립(strip)은 빛 조절이 가능하기 때문에 실내장식 작업 조명, 보관장 선반 조명, 욕실 거울 등 각각의 영역에 추가적인 빛을 제공하기 위해 유리하게 사용된다. 이 조명들은 실내장식가들이 객실에 독특한 모양을 부여하기 위해 주로 사용하며, 잘 사용하면 놀라움을 자아낼 수 있다.

중/저강도 LED 스트립 조명은 장식 목적으로 사용된다. 특히 플렉시블(flexible) 스트립 조명은 원하는 어떠한 방식으로든 설치가 가능하여 장식 등 다양한 목적으로 사용된다. 플렉시블 LED 스트립 조명이 가장 많이 응용되는 곳은 그 전까지는 로프 조명(rope lighting) 시스템만이 독보적으로 사용된 스포츠 경기장, 공개 행사 등의 야외 행사 장식이다. 로프 조명은 LED 스트립만큼 우아하지 않다. 게다가 LED 스트립 조명은 물에 의한 손상을 막기 위한 방수 실리콘 커버 안에 위치한다. 이것은 비 오는 날씨에도 견딜 수 있게 해 준다.

위의 응용 이외에 LED 스트립 조명은 매장의 진열용 선반에도 사용된다. LED 스트립 조명은 상상을 최대로 확장할 수 있는 혁신적인 실내장식의 원천이다. 상가 입구에 들어서면서 화려하게 깜빡이는 LED 조명에 종종 매료된다. LED 조명은 쇼핑몰과 대형 시장 모든 곳에서 사용된다. 상점은 다채로운 LED 조명의 장식으로 손님을 끌 수 있다. LED 조명이 비치는 진열용 선반은 굉장히 아름답고 멋지게 보일 뿐 아니라 비용 절감 효과도 있다. 축제의 모든 영역을 이러한 LED 조명들로 환하게 빛낼 수 있다. LED 스트립 조명은 60 W의 할로겐 조명을 다시 넣을 수 있는 등 넓은 범위에서 다양한 방법으로 쓰일 수 있다. 전조등(headlight), 미등(rear light) 또는 장식 목적으로 자동차에도 사용된다.

비록 효율(efficacy)과 비용 절약 면에서 LED 스트립 조명은 많은 장점들이 있지만, 램프의 색상과 밝기 때문에 범용으로는 많이 사용되지 않았다. 이전의 LED 빛은 모든 장소에서 사용하기에 부적합한 청백색(blue white color)을 내었고, 특히 가정에서 사용하기가 힘들었다. 그러나 지금 12 V LED는 따뜻한 색상으로 사용 가능하여 유행이 되었다. 따뜻한 백색도 나왔으며, 밝기에 영향을 주는 색온도에 따라 백색을 선택할 수 있다. 낮은 전압에서 동작하는 것이 비교적 안전하다.

12 V LED 스트립 전구는 기존 스트립 조명 시스템에 설치할 수 있으며, 이미 완전히 설치된 가정용 스트립 조명 시스템을 교체하는 것보다 더 경제적이다. 12 V LED 스트립 전구는 저가이며, 효과적이고, 수명도 길고, 장기적인 비용 절약과 더불어 설치 또한 용이하다. 가정에서 쓰는 다른 전구들도 기술자의 도움 없이 이 LED 전구를 스트립 조명 시스템에 고정함으로써 교체할 수 있다. 그러나 일부 LED 전구는 오직

DC 전원에서만 동작하므로 AC 전원에서 작동하는 스트립 조명 시스템에서 동작시키기 위해서는 직류 전원 및 직류 전류 인버터가 필요하다. 이는 비용을 증가시키고 전문적인 설치가 필요하다. 그러나 기존의 AC 전원에서 작동하며 정교한 시스템이 필요하지 않은 전구를 구할 수 있다. AC용 LED 전구의 새로운 기술로 인해 성숙한 조명 기술이 필요치 않게 되었다.

LED 스트립은 전체가 단일 색상을 갖거나 RGB 색상을 갖게 조정한 모델 모두를 사용할 수 있다. 색상 조정 모델의 경우, 추가 제어가 필요하지만 수백만 가지 다양한 색상을 통해 아름다운 색을 만들 수 있다. LED 조명은 또한 넓은 색상 스펙트럼을 제공하여 놀라운 외관을 만들기도 한다. LED 조명 없이는 실내장식 사업이 급성장하지 않았을 것이다.

LED 스트립 조명의 예: 12 V DC, 5 m, 꾸러미(spool)당 24 W, 빔 각도: 120°, 중성 백색(neutral white): 435 lm/m, 따뜻한 백색(warm white: 263 lm/m, 적색: 115 lm/m, 녹색: 216 lm/m, 청색: 51 lm/m, 황색: 127 lm/m, LED 3개 단위로 절단 가능.

23.6 LED 막대 조명(Light Bar)

넓은 시야각의 LED 막대 조명(그림 23.8)은 욕실, 식당, 로비, 거실, 침실뿐만 아니라 진열 선반, 캐비닛 아래, 선반 조명에 사용된다. 다른 기기에 사용하기 위하여 나머지 부분을 고정하여 절개거나 손질할 수 있다.

LED 막대 예: 12 V DC, 320 lm per light, 7.5 W per light bar, 빔 각도 120°, 따뜻한 백색(warm white): 3000~3500 K, 중성 백색(neutral white): 4000~5000 K, 차가운 백색(cool white): 6000~7000 K, 길이 515 mm, 실외 사용을 위한 방수, 15개 LED, 3개 단위로 손질 가능.

23.7 결론 및 고찰

LED 일반 조명은 LED 전구, 튜브, 스트립, 막대, 배면광, 스포트라이트, 고리 조명, 배열(string), 선 조명 또는 광섬유 조명기기의 광원 등 다양한 제품으로 구성되어 있다. 이러한 제품들에는 준비된 물체나 지역에 강하고 균일하며 집중된 조명을 만들기 위한 LED 배열(array)도 있다. 또한 특정 파장의 색 모음이 필요한 응용을 위해 몇 가지 다른 색상 옵션을 제공하기도 한다. LED 조명 시스템의 네 가지 구성요소는 광원, 전원 공급장치, 열 관리 및 휴먼 인터페이스(human interface)이다. 부대용품은 장착 받침대, 방열장치 및 추가 장착이나 교체에 필요한 전원 공급장치를 포함한다.

 참고문헌

Bianco, P. 2011. *LEDs for General Lighting: What They Offer and Their Design in Retrofit Lamps*. Tutorial 4670: Copyright©by Maxim Integrated Products, pp. 1-5. http://pdfserv.maximintegrated.com/en/an/AN4670.pdf

Bullough, J., Y. Gu, N. Narendran, and J. Taylor. 2005, February. *LED Life for General Lighting: Definition of Life*. Lighting Research Center. Alliance for Solid-State Illumination Systems & Technologies (ASSIST), Rensselaer Polytechnic Institute, Troy, Vol. 1, 34pp. http://www.lrc.rpi.edu/programs/solidstate/assist/pdf/ASSIST-LEDLife-revised2007.pdf

DDP 2007. *Engineered LED Solutions. Design Capabilities: Solid-State Illumination and Indication*. http://www.ddpleds.com/pdf/Capabilities.pdf

Oster, S. 2009. AL & E Lighting and Energy Solutions, LED vs. sodium lamp: It's time for a sodium-free illumination diet! Copyright©2009 American LED and Energy Corporation, http://www.al-e.com/led-vs-sodium-lamps

Steigerwald, D. A., J. C. Bhat, D. Collins, R. M. Fletcher, M. O. Holcomb, M. J. Ludowise, P. S. Martin, and S. L. Rudaz. 2002. Illumination with solid state lighting technology. *IEEE Journal on Selected Topics in Quantum Electronics*, 8(2), 310-320, March/April.

Tsao, J. Y. 2002. *Light Emitting Diodes (LEDs) for General Illumination*. An OIDA Technology Roadmap Update 2002 including tutorial source material. Optoelectronics Industry Development Association (OIDA), 69pp. http:// lighting.sandia.gov/lighting-docs/OIDA_SSL_Roadmap_Tutorial.pdf

연습문제

23.1 LED의 첫 번째 응용은 무엇이었나? 소형과 대형 LED의 특징을 구별하라.

23.2 LED 기반 조명의 중요한 장점을 나타내어라.

23.3 국소 조명과 일반 조명을 구별하라. 두 유형의 예를 들어라. 일반 조명을 위한 조명기기들을 분류하라.

23.4 개조형(retrofit) LED는 무엇인가? 이러한 램프를 기존 기반 시설에 사용할 때 발생하는 문제에 대해 언급하라.

23.5 LED 전구를 구입하러 상점에 갔다. 거실, 침실, 부엌, 현관이나 정원에 사용할 전구가 필요하다면 확인해야 할 전구의 주요 파라미터는 무엇인가?

23.6 LED 전구는 차량 장식에 어떻게 도움이 되는가? 어떠한 실용 가치가 있는가?

23.7 형광등과 LED 튜브에서 서로 경쟁하는 특징들은 무엇인가? LED 색상 튜브는 무엇인가?

23.8 LED 가로등은 어떤 점에서 나트륨램프를 능가하는가? 저압 및 고압 나트륨램프의 스펙트럼 세기 분포를 백색 및 따뜻한 백색 LED와 비교하여 그 이유를 설명하고 인간 시각의 암순응(scotopic) 및 명순응(photopic) 감도의 관점에서 논의하라.

23.9 왜 LED 스트립 조명이 크게 유행하는가? 수요가 많은 LED 스트립 조명의 두 가지 유형은 무엇인가?

23.10 LED 막대는 편리한 길이로 절단하고 나머지는 다른 곳에 사용할 수 있는가?

CHAPTER **24**

대면적 유기 발광 다이오드 조명
Large-Area OLED Lighting

학습목표

이 장을 학습한 후에 독자들은 다음의 역량들을 갖출 수 있게 된다.

- 광원에 대한 고전적 아이디어를 재검토하고 다시 구성할 수 있다.
- 점 광원과 면 광원 사이의 차이를 구별할 수 있다.
- 새로운 조명 아이디어들에 익숙해진다.
- 유기 발광 다이오드 타일과 패널에 대해 알게 된다.
- 대면적 유기 발광 다이오드 제작에서 직면한 장애들을 인식하게 된다.

24.1 조명 산업에서 인식 체계 전환

유기 발광 다이오드(organic light emitting diode, OLED)의 측정법과 제조기술의 발전과 함께 유기 고체 조명(organic solid-state lighting) 개발이 본격적으로 진행되었다(Lu and Nagai 2010, DOE/EERE SBIR 2011).

24.1.1 눈부신 점 광원의 고전적인 개념

강렬한 점 광원: 광원에 대한 고전적인 개념은 태양이나 백열전구와 같은 하나의 점 또는 튜브형 조명이나 막대형 조명과 같이 선형으로 집중되는 "강렬한 눈부신 광원" 이다. 광원은 모든 방향으로 빛을 방출하고 주변을 밝게 유지한다. 사람들은 광원을 똑바로 바라보는 것을 두려워한다. 접근해 오는 기차의 눈부신 헤드라이트는 우리를 놀라게 하고 우리의 시력을 해치는 그들의 직접적인 충격에서 벗어나기 위해서 우리는 우리의 눈을 피한다. 마찬가지로, 우리의 시력이 손상되지 않도록 태양을 직접 보는 것은 위협적이다. 조명 시스템의 선택과 지정은 휘도 레벨과 비율, 최대 조명 전력

밀도, 색상 변수, 초기 유지 보수와 운용 비용, 유지 보수의 용이함 등과 같이 미리 결정된 기준을 충족하게 되면 수행된다. 설계자는 몇 가지 조명기구들을 선택하여 다양한 천장 평면도에 그들을 배치하고 기준에 따라 설계를 평가한다. 여러 설계들이 서로에 대해 평가되고 미적 변수들과 건축학적 관심사들의 양립성이 점검된다.

고전적 개념의 재검토: 고전적인 개념에서 먼저 광원은 작은 범위에 국한된다. 두 번째로 빛은 광원 주변에서 밝고 광원으로부터 멀어지면 어두워진다. 초기 설계 동안에 세심한 주의와 정확성이 요구되는 정밀 작업을 수행하기 위한 공간이 될 수 있는 위치에 더 많은 조명이 제공된다. 일단 할당되면 이 위치들은 변경되어질 수 없다. 그러므로 광범위하고 실제로 끝없는 사용자 요구사항들을 충족하기 위해서는 광원들이 본질적으로 상당한 설계 유연성을 제공해야 한다는 것이 분명하다. 따라서 상기의 광원의 개념은 독창적인 광원의 이용 가능성의 확보 후에 다시 검사되어져야 한다.

24.1.2 새로운 조명 개념

면 발광 평면 광원: 가까운 미래에 OLED 조명들은 무기 LED 조명들과 함께 조명 산업의 인식체계(paradigm)의 전환을 시험할 것이다. OLED 조명은 조명 경험, 설계 자유도 그리고 지속 가능성의 측면에서 장기간 확립된 광원들보다 훨씬 더 많은 편의성을 소비자들과 설계자들에게 제공한다(그림 24.1).

백열전구, 형광등, 콤팩트 형광등 그리고 무기 LED와 같은 현존하는 광원들과는 다르게 OLED들은 점 광원들이 아니라 인간 머리카락의 1/50에 불과한 얇은 유기 박막 층들로 만들어졌기 때문에 가볍고 얇은 단면을 갖는 선천적인 면 발광 광원 또는 평면형 광 방출기이다. 사실 그들은 감지할 수 있는 부피가 없는 빛의 평면들을 나타낸다. OLED는 전체 표면에서 고르게 빛을 방출하는 극도로 평탄한 패널(panel)이다. 그림 24.2는 다른 디자인의 OLED 천장용 램프들을 보여 준다.

OLED의 날씬하고 평탄한 특성은 무기 LED 또는 알려진 다른 광원과는 다른 방식으로 빛을 사용하고 통합할 수 있게 만든다. 그림 24.3은 많은 종류의 OLED 독서 램프들을 보여 주고 있다.

결합된 광원과 조명기구: 최종적인 OLED 조명기구의 전체 두께의 대부분은 유리, 금속 또는 사용되는 기판의 두께이다. OLED는 내장형 면 발광을 창출할 수 있는 유일한 조명 기술을 상징한다. 조명 표면은 확산기(diffuser)

그림 24.1 다른 형상의 OLED.

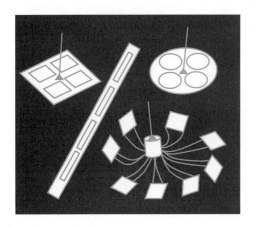

그림 24.2 OLED 천장용 램프들.

또는 기타 기능적인 겉씌우기(wrapping)들을 필요로 하지 않고도 램프 또는 조명기구로서 기능할 수 있다. OLED는 확산기, 칸막이 등을 필요로 하지 않으면서 부드럽고 눈부심 없는 조명을 공급하기 때문에 건축가나 조명 디자이너들에게 광원과 조명기구 사이의 구별과 구분을 없애는 능력을 제공한다.

사전 정의와 폼팩터(form factor): 조명된 그림 문자, 패턴 또는 단어들을 OLED 기판에 미리 정의할 수 있다. OLED는 유리, 도자기, 금속, 얇은 플라스틱 판, 천과 같은 어떠한 기판에도 형성될 수 있다. 유연하고, 굽힐 수 있으며, 형태에 맞출 수 있는 기판 등은 어떠한 형태와 설계 즉 어떠한 폼팩터로도 조명을 만들 수 있게 한다. 새로 나올 플렉시블 기판은 형상의 무한한 변형을 가능하게 할 것이다. 부드러운 플라스틱 기판들의 사용은 유연하고 성형 가능한 OLED 조명의 길을 개방할 것이며, 실제로 평판 또는 곡면 관계없이 어떠한 표면 영역이라도 광원으로 되는 것을 가능하게 한다(그림 24.4).

우리는 빛을 발하는 벽, 커튼, 천장, 심지어 가구들의 발전을 볼 수 있었다. OLED는 백색광을 보다 더 효과적이고 상상력이 풍부한 활용을 위한 독창적인 폼팩터를 제공한다. 또한 OLED는 다양한 색온도 범위에 걸쳐 조명 조정을 위한 능력을 제공한다. 이 기능은 기존의 광원을 사용하는 경우는 실현 가능하지도 않고 현실적이지 않

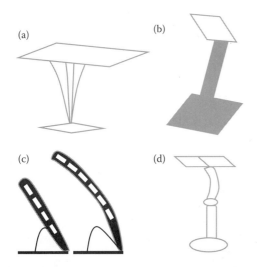

그림 24.3 OLED 탁상용 램프: (a) 테이블 상단, (b) 경사 상단, (c) 곡선형 사다리, (d) 트윈-상단.

그림 24.4 플렉시블 OLED 조명.

다. 색상을 다양한 윤곽과 형상들로 결합함으로써 OLED는 빛으로 주위를 꾸미고 개인화하는 유쾌한 새로운 방법을 제공한다. 이러한 고유한 특성들은 램프 제조업자들에게 전례 없는 디자인을 창출하고 극적인 효과를 제공하기 위한 뛰어난 설계 자유도를 허용하고, 주택, 사무실, 상점, 공공장소와 같은 생활 환경과 자동차, 버스, 철도, 비행기와 같은 차량을 위한 새로운 조명 개념의 창출로 이어진다.

적은 열 발생: 면 발광 OLED는 단순히 발광 면적을 증가시킴으로써 동일한 광속을 얻기 위해 더 낮은 광도에서 작동되는 능력으로 인해 많은 이점들을 가져온다. 이것은 많은 준비 단계를 초래하지 않기 때문에 매우 갈망하는 특징이고, 그로 인해서 유연한 조명 시스템 실행의 진척을 원활하게 한다.

투명성: 대면적 면 발광과 유연성 이외에도 OLED의 또 다른 매력적인 특이함은 투명성에 있다. 유리 기판 상에 제조된 OLED는 오프(off) 상태에서 투명할 수 있다 (van Elsbergen et al. 2008). 이 속성은 예를 들면 투명 또는 반투명 요소들을 갖는 창문이나 가구와 같은 특수조명 응용분야를 가능하게 한다. OLED는 단지 광원에 제한되지 않고 거울, 표면 또는 실내장식, 객실, 건물 등과 같은 가구 요소들로도 기능을 한다. OLED를 사용하여 낮 동안에는 투명하고 야간에는 빛을 방출하는 유리 창문과 발광하는 벽지 또는 타일을 포함하여 많은 매혹적이고 새로운 형태의 조명을 구현할 수 있었다. 오늘날 OLED는 일반적으로 오프 상태에서 반사되는 경면 처리 표면을 가지고 있다. 온(on) 상태에서 양쪽 면들에서 빛을 방출하는 투명 OLED가 만들어질 수 있으며, 투명한 전극과 기판 재료들을 사용하면 오프 상태에서 그것들을 관통해서 볼 수 있다. 완전히 투명한 OLED는 응용분야에서 많은 새로운 문들을 열 것이다. 투명 OLED 패널은 낮 동안에는 평범한 창문의 역할을 할 것이고, 어두워진 후에는 자연 채광을 가장하거나 꽤 편안한 실내 조명을 퍼지게 하면서 비추게 될 것이다. 또한 낮 시간 동안에는 가정이나 사무실에서 직원들의 사생활을 위한 격리 보호물로서의 역할을 할 수 있었다.

작업 공간의 폭넓은 선택: 실내의 한두 곳에 전구 또는 튜브형 조명을 켜는 대신, 햇빛과 비슷한 자연스럽고 쾌적한 빛을 내는 OLED와 같은 본질적으로 유연한 광원이 제공된다면, 국부 광원으로 인한 눈부심의 우려가 없다. OLED가 만들어 내는 조명은 조용하고, 더 반짝이고, 확산되고 그리고 요란하지 않다. OLED 조명의 미래는 실제로 빛나는 벽과 천장들이다. 컬러로 빛나는 천장, 손짓으로 점등되는 유리벽 또는 어두워진 후에 미묘한 조명을 제공하는 창문들을 상상해 보자. 전반적인 결과는 생생함, 광채 및 색상에서 조절되어질 수 있고, 모든 형태의 거의 모든 표면에 적용되어질 수 있는 일관되게 분포된 광의 광대한 영역으로 보인다. 이것은 미래를 상상하는 OLED의 박진감 넘치는 세계이다. 만약 설계자가 빛을 균일하게 방출하는 전체 천장을 선택하는 경우는 모든 장소가 동일하게 밝아져서 실내의 모든 장소가 작업 공간으로 동일하게 적합해진다. 다시 말하면 그 실내에는 작업하기에 불편한 장소도 없고 더 선호되어지는 장소도 없다. 이러한 머리 위의 실내 조명 시스템에서는 실내의 어디엔가에 작업 공간을 선택할 때 한층 더 유연하다.

24.2 OLED 타일과 패널

OLED는 극도로 얇고 가볍고 면 발광이 가능한 타일 형태로 만들어질 수 있다(Hess 2010, Munters 2011). OLED 타일은 건축가, 조명 계획자 및 디자이너들이 천장이나 파티션과 같은 빛나는 표면들을 창출하기 위한 완전히 새로운 디자인 가능성들을 열어 준다.

24.2.1 대표적인 상용 OLED 타일 사례

이 절에 제공되는 정보는 참조된 웹 사이트들을 기반으로 하는 것으로 공급자에 의해 수시로 갱신될 수 있다. 그러므로 독자들은 인터넷에서 최신 개발 상황을 추적할 수 있다.

오스람 Orbeos tiles(Osram 2009): 오르보스 타일로 불리는 OLED 조명 타일은 직경 80 mm, 두께 2.1 mm, 그리고 무게 24 g의 원형 램프 공간을 가지고 있고 25 lm/W의 효율을 나타낸다. 타일들은 지체 없이 켜고 끌 수 있으며 연속적으로 조광(dimming)이 가능하고, 밝기 레벨은 일반적으로 1000 cd/m²이며 입력전력은 1 W 미만이다. 정격 사용 수명은 일반적으로 약 5000시간이다.

필립스 라이팅 LumibladeGL350(Holloway 2012): OLED 패널은 약 3.3 mm 두께, 124.5 mm × 124.5 mm의 아주 작은 사각형으로 형성되어지며 소비전력 7.2 W에서 광속 120 lm을 방출하고, 그리고 백열 영역에 해당하는 16.7 lm/W의 광원효율(luminous efficacy)을 나타낸다. 그것은 형광등(50~70 lm/W)과 LED(특정 제품의 경우 100 lm/W 이상)와 같은 에너지 절감 광원들에 비해 훨씬 낮다. 다수 타일들의 결합에 의해 더 큰 면적이 이루어질 수 있다. 3개의 OLED 타일을 끝에서부터 끝까지 붙이면 길이가 373.5 mm로 확장되고 총 360 lm의 출력을 제공한다. 비교해 보면 300 mm 길이의 형광등은 400 lm의 광속을 방출한다. OLED 타일의 색온도는 3250 K이고 연색성(CRI)은 90 이상이다. 이상적으로 램프가 정확한 색상 표현을 제공하기 위해서는 높은 CRI 이외에 일광의 색온도(5000~6000 K)를 가져야 한다. 그리고 대칭 형태 외에도 타원, 라운드 등과 같은 모든 종류의 자유로운 형상들이 가능하다. 효율성은 색상에 따라 크게 좌우된다. 청색 발광물질은 여전히 개선의 여지가 충분한 반면에 녹색과 적색은 매우 효율적이다. 흰색 타일들은 최대 20 lm/W의 광원 효율을 제공한다. 수명을 고려하면 밝기가 결정적인 요소이다. 타일은 휘도 3000 cd/m^2에서 초기 휘도의 50%에 도달하기까지 최대 10,000시간의 수명을 실현한다.

24.2.2 양면을 모두 이용할 수 있는 OLED 건물 타일

디자이너는 도시 경관을 밝게 하기 위해 유기 태양 전지(organic photovoltaics)와 OLED 조명을 결합하여 타일 개념을 발전시켰다(Mok 2011, Mawani 2011). Meidad Marzan은 Bezalel Academy of Art & Design과 함께 기술이 야간에 도시 조명을 어떻게 미화할 수 있는지를 보여 주기 위해 도시 타일(urban tiles)의 개념을 개발했다. 이러한 양면, 양면을 모두 이용할 수 있는 타일들은 한쪽 면에 낮 동안 태양 에너지를 모으는 태양 전지를 가지고 있고, 다른 면의 OLED는 태양광으로부터 얻은 전력을 사용하여 야간에 빛을 발한다. 하나의 표면에 조립된 집광과 발광 타일들로 이루어진 체커보드(checkerboard)는 야간에 도시 조명의 시나리오를 바꿀 수 있다. 그 아이디어는 본질적으로 상호작용적이고 가변적인 디자인을 만들어 내는 것으로 고층건물들에 도시 예술 작품들을 창출한다.

비록 OLED의 유연성, 광택, 날씬함 그리고 저전력 소모가 OLED를 다른 기술들을 대체하기 위한 최고의 후보로 만들지만 현재 유일한 장애물은 높은 가격, 낮은 lm/W 역량과 짧은 수명이다.

24.3 대면적 대량생산 OLED 기술의 과제

조명 응용분야에서 OLED를 사용하기 위해 대면적 OLED 조명 패널들이 제작되었다(Eritt et al. 2010, Hori et al., 2012). Lumiotec(Lumiotec Co., Ltd. 2010)의 OLED 조명 패널들은 진공 증발(vacuum evaporation)에 의해 제작되었다. 유기 박막 층들은 ITO(indium tin oxide)의 투명 도전 층이 패터닝(patterning)되어 있는 유리 기판 상에 형성되어졌다. 장비는 진공 챔버, 선형 증발원, 기판 캐리어 그리고 진공 펌핑 시스템으로 구성된다. 각 기판의 하부 표면 상에 복수의 유기 물질 박막 층들을 형성하기 위해 다수의 선형 증발원 위의 트레이 상에 배치된 유리 기판들이 순차적으로 운반된다. 인라인 공정은 그들 사이에 매우 작은 공간을 갖는 기판들의 연속적인 제공에 의해서 다층 증착을 가능하게 한다. 그 공정은 빠른 제조와 고가의 유기 물질들의 효율적인 사용을 가능하게 한다. 또한 저렴한 비용으로 넓은 패널을 높은 수율로 대량 생산할 수 있게 한다.

패널 크기의 확대는 몇 가지 고질적인 문제를 안고 있고 그 중의 일부가 아래에 언급되어 있다. 적절한 해결 방안들도 또한 논의되었다(Park et al. 2011).

24.3.1 단락 회로 문제

단락 회로(short circuit)는 전류 흐름을 위한 더 짧은 경로를 제공하여 순간적인 전류 집중으로 이어진다. 이러한 단락은 보통 유리 기판에 달라붙는 입자들과 열 증발 (thermal evaporation) 공정 중에 나타나는 입자들에 의해서 유발된다. 또한 포토리소 그래피(photolithography) 공정 또는 열 증발 공정 동안에 포토 마스크 또는 금속 마스크가 잘못 정렬되었을 때 발생하고, 그런 이유로 알루미늄 음극 전극이 용융된 다. 가끔 단락은 초기 바이어스 전압(bias voltage)이 인가될 때 발생해서 낮은 제조 수율을 야기한다. 어떤 경우에는 바이어스 전압이 변할 때도 발생한다. 그러나 매우 안정적인 동작 중에도 발생되어 그 때문에 신뢰성에 대한 우려가 제기되고 있다. 단락 회로들은 (i) 광 투과율을 희생하고 투명 양극(보통 ITO)의 두께의 증가에 의해, (ii) PEDOT:PSS와 같은 전도성 고분자를 사용하여 투명한 양극 위에 완충층(buffer layer)의 코팅에 의해, (iii) 유기 박막 층 두께, 즉 전체 소자의 두께 증가에 의해, 그리고/또는 (iv) 기판 또는 ITO 박막 표면상의 입자의 연마에 의해 대체로 억제된다.

24.3.2 불균일한 발광

투명한 양극의 전기 전도도는 제한적이다. 따라서 패널의 가장자리로부터 주입된 전류는 중앙 영역에 거의 도달하지 않는다. 결과적으로 발광의 분포는 불균일하게 된다. 그 문제는 광도(luminous intensity)가 증가함에 따라 악화된다. 불균일한 발광은 또한 대면적 열 증발 공정 동안의 유기 박막들의 두께 변화에 의해 유발된다.

이 문제를 방지하려면 양극의 유효 수평 저항(horizontal resistance)과 OLED 소자의 수직 저항(vertical resistance) 사이의 비율을 찾아야만 한다. 수직 저항이 수평 저항보다 훨씬 작은 경우는 OLED 소자를 통해 흐르는 전류는 주로 패널의 주변부 근처에 집중된다. 그러면 더 큰 소자 두께(device thickness)의 사용에 의해서 증가시키거나 또는 탠덤(tandem) 소자 구조의 도움으로 수직 소자 저항을 증가시켜야만 한다. 또 다른 간단한 방법은 2개의 전도성 산화물(conductive oxide) 사이에 낀 은(Ag)과 같은 높은 전도성 금속의 사용에 의한 투명한 양극의 수평 저항의 감소를 포함한다. 다른 기술은 보조 금속 전극, 예를 들어 ITO 위에 증착되어 전극으로 패터닝된 Cr 또는 MoNb/AlNb/MoNb을 이용하는 것이다. 저 저항 보조 금속 배선을 통해서 중심 영역으로 흐르는 전류는 넓은 영역에 걸쳐 고도로 균일한 광 분포를 생성한다.

발광 영역의 세분화를 다수의 서브섹션(subsection)으로 나누는 다양한 구동 기술에 의해 발광 균일성의 추가적인 향상이 가능하고, 각각은 개별적인 구동 회로에 의해 제어된다. 각 섹션의 휘도가 조정되어 휘도 균일성(luminance uniformity)이 향상된다. 이 복잡한 조명 시스템은 엄청나게 비용이 많이 들게 된다.

24.3.3 열 발생

열 관련 문제들은 평판 OLED 조명에서도 나타난다. OLED에서 내부 발열 원점, 즉 광 방출 활성 영역과 외부 장치 표면 사이의 열 전달 경로는 매우 짧고, 그들 사이의 열 차이가 매우 작아서 열 방출을 수월하게 돕는다. 그럼에도 불구하고, 휘도가 증가함에 따라 기생 저항 발열이 증가하고 동시에 열 분포가 불균일해진다. 양극(anode)의 전기 저항 때문에 패널의 중앙 영역보다 가장자리 근처에서 더 많은 열이 발생한다. 그래서 더 많은 전류가 소자를 통해 패널 가장자리 근처에서 흐른다. 따라서 열 분포 맵은 발광 분포를 모사한다. 비교적 높은 광도(luminous intensity)와 광속(luminous flux)을 제공하는 일반적인 조명 응용분야에 사용되어지는 OLED들의 안정적인 작동과 긴 수명을 위해 방열기(heat sink)에 장착하는 것은 필수적이다. OLED용으로 사용되는 방열기는 초박형 OLED의 적절한 특징이 타협되지 않도록 충분히 얇은 것이 매우 바람직하다.

열이 봉지(encapsulation) 층들을 통해서 방열판으로 전달됨에 따라 열 방출은 봉지 방식과 직접적으로 관련되어 있음이 분명하다. 종래의 유리 봉지의 경우는 소자 내부에 채워진 질소 가스 때문에 열 전달이 다소 좋지 못하여 유기 박막 층들이 방열판으로부터 분리된다. 박막 봉지는 일반적으로 수십 μm의 짧은 열 전달 경로로 인해 최고의 열 방출을 나타낸다. 그러나 OLED들과 밀접한 관계가 있기 위해서는 그들의 장벽 특성을 준수해야 한다(Park et al. 2011).

24.4 결론 및 고찰

OLED 조명 기술은 아직까지 미완성이고 비용이 많이 들지만 독특하고 유연한 폼팩터로 값싸고 만족한 광원을 창출할 것으로 기대된다. 유연한 OLED 조명 패널들은 미적인 요구사항들을 최우선으로 고려하는 조명 디자인에서 기회를 찾을 것이다. 다른 광원과는 달리 OLED 기술은 금속 및 유리와 같은 건축 자재에 직접 내장할 수 있으며, 계단, 창문, 분할 벽, 벽걸이 갑옷 및 가구에 장식용 조명의 응용분야뿐만 아

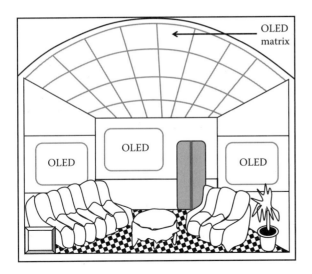

그림 24.5 옥상의 유연한 OLED 조명, 벽면의 투명한 OLED는 주간에는 창문의 역할을 하고 야간에는 조명의 역할을 한다.

니라 자유형 발광 물체들을 창출하는 데 사용할 수 있다. 이 기술은 방의 창문 유리, 벽 및 천장을 장식용의 패널들로 발광하게 한다. 초슬림 OLED 패널은 조명기구 자체가 조명이기 때문에 눈부심, 깜박임 또는 밝은 점(hot spot)들이 없는 고르게 분포된 빛을 갖는 진정한 평면 장착이다. 그들은 천장에 장착된 규칙적인 조명장치의 배열들에서 벗어나 빛나는 창문, 벽 및 천장의 추세를 주도할 것으로 예상된다. 주거용과 상업용 건물들은 OLED 천장이나 OLED 벽면 패널들에 의해 조명될 것이다. 그림 24.5는 OLED 조명으로 장식된 현대적인 거실을 보여준다.

참고문헌

DOE/EERE SBIR. 2011. New OLED Lighting Systems Shine Bright, Save Energy, 2pp. http://www1.eere.energy.gov/office_eere/pdfs/udc_sbir_case_study_2011.pdf

Eritt, M., May, C., Leo, K., Toerker, M., and Radehaus, C. 2010. OLED manufacturing for large area lighting application. *Thin Solid Films* 518, 3042–3045.

Hess, K. 2010. Be the first to get the OSRAM ORBEOS™ OLED Lighting Tile, 2pp. http://www.mouser.com/pdfdocs/PressRoom_OSRAMOptoSemiconductors_5227.pdf

Holloway, J. 2012. New OLED lighting panel hopes to outshine fluorescent bulbs: At the very least, the future looks bright for OLED lighting. Scientific Method/Science & Exploration, http://arstechnica.com/science/2012/06/new-oled-lighting-panel-hopes-to-outshine-fluorescent-bulbs/

Hori, K., J. Suzuki, M. Takamura, J. Tanaka, T. Yoshida, and Y. Tsumoto. 2012. Development and mass-production of an OLED lighting panel—Most-promising next-generation lighting. *Mitsubishi Heavy Industries Technical Review* 49(1), 47–53.

Lu, M.-H.M. and P. Nagai, 2010. OLED requirements for solid-state lighting. Information Display 10/10. pp. 10–13. http://www.acuitybrandsoled.com/wpcontent/up-loads/2012/04/OLED_Requirements_for_Solid_State_Lighting_Information_Display_October_2010.pdf

Lumiotec Co., Ltd. 2010. Organic light-emitting diode panels for lighting. *Mitsubishi Heavy Industries Technical Review* 47(1), 51–52, http://www.mhi.co.jp/technology/review/pdf/e491/e491047.pdf

Mawani, V. 2011, September. Urban Tiles by Meidad Marzan Envisions Buildings as Zero-Energy Displays, http://www.industryleadersmagazine.com/urbantiles-by-meidad-marzan-envisions-buildings-as-zero-energy-displays/

Mok, K. 2011, August. Reversible OLED building tiles collect & light up cities with solar power, http://www.treehugger.com/sustainable-product-design/reversible-oled-building-tiles-collect-light-up-cities-with-solar-power-video.html

Munters, T. 2011, February 1–3. PHILIPS: Sense and Simplicity, DOE San Diego, 28pp. http://apps1.eere.energy.gov/buildings/publications/pdfs/ssl/ns/munters_oled_sandiego2011.pdf

Osram 2009. Osram Opto unveils OLED light source. *LEDs Magazine*, 27 November. http://ledsmagazine.com/news/6/11/30

Park, J. W., D. C. Shin, and S. H. Park. 2011. Large-area OLED lightings and their applications. *Semiconductor Science and Technology* 26(3), 034002 (9pp). doi:10.1088/0268-1242/26/3/034002.

van Elsbergen, V., H. Boerner, H.-P. Löbl, C. Goldmann, S. P. Grabowski, E. Young, G. Gaertner, and H. Greiner. 2008. OLEDs for lighting applications. In: So, F., and Adachi, C. (Eds.), *Organic Light Emitting Materials and Devices XII*, *Proceedings of SPIE* Vol. 7051, pp. 70511A-1–70511A-9. doi:10.1117/12.797457.

연습문제

24.1 광원의 고전적인 개념은 무엇인가? 현재 상황에서 그것을 검토해야 하는 이유는 무엇인가?

24.2 조명에 OLED에 의해 도입된 새로운 아이디어를 설명하고, "OLED 조명은 확실하게 조명의 원형 전환(archetype shift)으로 이어질 것이다"라는 서술을 자세히 설명하라.

24.3 OLED는 광원과 조명기구의 특성을 어떻게 통합하는가? 오프 상태에서 OLED를 투명하게 만드는 것이 가능한가? 만약 그렇다면 이 특성은 어떻게 유익한가?

24.4 OLED 조명이 설치된 실내에서 앉아 있을 장소의 선택을 왜 더 많이 할 수 있는지를 설명하라.

24.5 상업용 OLED 조명 타일과 패널의 두 가지 사례를 제시하라. 양면을 모두 이용할 수 있는 OLED 타일은 어떤 용도로 설계되었는가? OLED 타일들은 어떻게 새로운 건축 가능성들을 제공하는가?

24.6 "OLED 패널의 크기를 증가시키는 것에는 몇 가지 장애 요인들이 있다"라는 서술을 자세히 설명하라.

24.7 대면적 OLED 타일의 회로 단락 문제에 대해 토의하라. 그 문제의 심각성은 어떻게 최소화되어지는가?

24.8 대면적 OLED에서 방출된 빛이 다른 점들에서 강도가 불균일한 이유는 무엇인가? (a) 제작하는 동안 그리고 (b) 사용하는 동안 불균일성은 어떻게 하면 최소화될 수 있는가?

24.9 대면적 OLED 패널이 열 방출 문제에 직면해 있는가? 어떻게 그것이 디스플레이 성능에 영향을 주는가? 어떻게 그것을 피할 수 있는가? 그것이 어떠한 방식으로 패널의 봉지와 관련이 있는가?

24.10 OLED로부터 방출된 광의 분포는 그것의 열의 할당 맵을 따른다. 설명하라.

24.11 OLED 조명은 몇 가지 장점을 제공한다. 그러면 광범위한 채택을 방해하고 있는 문제는 무엇인가?

CHAPTER **25**

무기 발광 다이오드 디스플레이
Inorganic LED Displays

학습목표

이 장을 학습한 후에 독자들은 다음의 역량들을 갖출 수 있게 된다.

- 디스플레이에 사용되고 있는 중요한 용어에 친숙해질 수 있다.
- LED 디스플레이의 주요 구성요소와 종류를 이해할 수 있다.
- 7-세그먼트 디스플레이의 구성, 배치 및 작동법을 설명할 수 있다.
- LED 화면의 화소(픽셀) 피치와 최소 시청거리를 연관시킬 수 있다.
- 기하학적 및 보간된 가상 화소 개념들에 대해 토론할 수 있다.
- 감마 보정 적용에 의한 LED 화면의 컬러와 휘도 제어를 이해할 수 있다.
- 다른 종류의 LED TV들을 서술할 수 있다.

25.1 정의

발광 다이오드(LED)는 먼 거리와 변함없는 햇빛 속에서도 판별할 수 있고 쉽게 읽을 수 있도록 정보를 표시하는 데 사용된다. 이는 AlGaInP와 AlInGaAs를 기반으로 하는 고휘도 LED의 발전을 통해 이루어졌다. 이러한 디스플레이들은 구동회로 블록의 수를 최소화하기 위해서 거의 변함없이 다중화된 구동회로를 조작한다. 표 25.1은 디스플레이 기술을 이해하기 위해 필요한 주요 용어들을 요약한 것이다.

25.2 LED 디스플레이의 주요 구성요소

발광 다이오드(LED) 디스플레이에는 다음과 같은 구성요소들이 있다.

　1. 디스플레이 타일(display tile): 각각의 LED의 밝기를 조절하는 구동 칩(driver

표 25.1 디스플레이 용어

번호	용어	의미
1.	단색 디스플레이 Monochrome display	예를 들어 적색 또는 호박색 LED만을 사용하여 한 가지 색상의 이미지를 생성하는 디스플레이. 주로 문자 정보를 표시하는 데 적용된다.
2.	컬러 영상 디스플레이 Color video display	TV 또는 고품질 광고에 필적하는 생생하고 활기찬 이미지를 나타내는 모든 컬러를 구현하는 디스플레이. 서로 다른 세기의 광 신호를 혼합하기 위해 R,G,B 3개의 LED로 구성된다.
3.	화소(픽셀) Pixel	화상을 구성하는 최소 단위(picture element). 디스플레이 화면 전체에 걸쳐 백/흑을 나타내는 작은 점 또는 R,G,B 광을 주기적으로 나타내는 RGB 패턴의 집합체.
4.	단위화소(셀) Sub pixel (Cell)	화소를 구성하는 RGB 패턴의 집합체 중에서 RGB 각각의 패턴.
5.	화소 피치 Pixel pitch	디스플레이 화면에서 인접한 두 화소의 중심 간의 거리. 12 mm나 16 mm와 같이 mm 단위로 나타낸다.
6.	해상도 Resolution	이미지의 세밀함을 나타내기 위한 디스플레이의 능력. 화소 수가 많을수록 해상도가 높아진다.
7.	매트릭스 Matrix	디스플레이 화면상에서 화소들이 횡/종 방향으로 규칙적으로 배열된 사각형 격자.
8.	시야각 Viewing angle	정면 방향에서 시야를 상측 혹은 우측 방향으로 이동시켰을 때 정면 휘도보다 50%로 감소하는 각도를 2배한 각도.
9.	수평 시야각 Horizontal viewing angle	수평 방향에서 보는 각도. 많은 관중을 확보하기 위해 보통 각도가 크다.
10.	수직 시야각 Vertical viewing angle	수직 방향에서 보는 각도. 공중으로 불필요한 빛이 방출되는 것을 막기 위해 보통 각도가 작다.
11.	프레임 Frame	비디오 신호로 구성되는 하나의 완전한 이미지. 프레임 주파수가 60 Hz인 경우는 1초 동안 60개의 완전한 이미지가 구현된다.
12.	프레임률 Frame rate	초당 프레임 수, 예를 들어 초당 60프레임 등으로 표시되는 프레임의 전환 속도. 더 빠른 프레임률은 깜박거림이 적은 더 부드러운 영상을 제공한다.

chip)과 함께 LED가 장착된 인쇄 배선 회로 기판(printed circuit board, PCB)으로 구성된다. 구동 칩은 디지털 신호를 각 신호에 필요한 컬러로 변환하기 위해 온보드 컨트롤러(onboard controller)로부터 신호의 전송을 받아들인다. 타일은 충격으로부터 보호하기 위한 전면 덮개를 가지고 있다. 덮개는 또한 태양광과의 충돌에서 차단막으로서의 역할도 한다. 디스플레이 표면은 태양광 아래에서도 볼 수 있어야 하고 먼 거리에서도 거의 틀림없이 보고 알 수 있어야 되기 때문에 빛을 반사해서는 안 된다.

타일의 온보드 컨트롤러는 LED 제어 소프트웨어, 이미지 처리 알고리즘 및 기타 편의 기능이 장착된 미니컴퓨터(minicomputer)이다. 온보드 컨트롤러는 타일에 지능을 불어넣는다.

타일의 데이터 커넥터(data connector)들은 데이터 입력 및 출력에 사용되며, 매우 견고하고 내식성을 갖고 있다.

2. 캐비닛(cabinet): 타일을 장착하기 위한 지지대(supporting frame)를 포함하고 있고 시스템을 둘러싸는 역할도 한다.

3. 전원 공급 장치(power supply): LED 작동을 위해 AC 220V 주전원으로부터 정류된 DC 12V를 LED에 공급한다.

4. 인터넷 접속단자(internet connection): 디스플레이는 이 접속단자를 통해 외부 세계와 통신한다.

25.3 LED 디스플레이의 종류

LED 디스플레이는 하나의 형판(template)에 배열된 많은 LED들의 패키지들이다. 숫자(0~9 자리)와 영숫자(0~9, a~z, A~Z 및 기호)를 나타내기 위해 가장 잘 식별할 수 있는 패턴들은 7-세그먼트 표시이다. LED 기반의 디스플레이는 영숫자 또는 영상 형태의 두 가지 분류 중의 하나에 해당한다.

25.3.1 영숫자 디스플레이

영숫자 디스플레이(alphanumeric display)의 대부분은 가변 정보판(variable message sign, VMS)의 형태를 갖고 있고, 뉴스나 광고에 사용되며, 크리켓, 축구 등 스포츠 경기장의 스코어보드에도 사용되고, 버스 정류장이나 기차역, 공항 등에서 이용 가능한 서비스 상황을 보여 주기 위해 사용된다. 또한 시간 및 온도 디스플레이들에도 LED가 사용된다.

디스플레이에서 문자의 크기는 예를 들면 30 m 거리의 경우는 5 cm, 1 km 거리의 경우는 150 cm 등과 같이 가시거리(viewing distance)에 의해 결정된다. 문자들은 화소들로 구성되며 각각의 문자는 LED 밝기와 보는 거리(watching distance)에 따라 하나에서 여러 개의 LED를 수용할 수 있다.

25.3.2 컬러 영상 디스플레이

오랜 기간 동안 유지되어 온 음극선관(cathode ray tube, CRT)은 실외 영상 디스플레이(video display)에서 노후화되어 완전히 사라져 버린 것처럼 보인다. 주요 원인은 LED 사용에 동반되는 일반적인 만족도 이외에 LED가 달성한 고휘도와 고전압 구동회로의 미사용이다. 컬러 디스플레이(color display)의 기본적인 요소는 삼색 화소(trichromatic pixel)이며 동작원리는 가색 혼합(additive color mixing) 방식이다. 디스플레이에서 화소의 크기는 다양하다. 작은 단위화소는 각 원색(primary color)에 대해 하나의 LED로 구성된다. 더 큰 단위화소는 각 색상에 대해 2~6개의 LED들로 구성된다. 30°~90°의 수직 시야각과 함께 최대 170°의 넓은 수평 시야각이 사용된다. 1024~4096단계의 계조를 구현하는 10~12비트의 드라이버(driver)는 각각의 LED 조립체를 구동하여 1.07×10^9~6.87×10^{10}개의 색상 구현을 가능하게 한다.

디스플레이의 관리는 필요한 정보를 제공하기 위해서 멀리 떨어진 데스크톱 컴퓨터에 의해 전산화되고 제어된다. 디스플레이를 위한 신호 처리에는 신호의 디지털화, 영상 크기 조정(image resizing), 영상 믹싱(video mixing), 컬러 조정(color adjustment) 등과 같은 작업이 포함된다. 동축 또는 광섬유 케이블은 제어 유닛에서 LED 구동회로로 데이터를 입력한다. 이러한 시스템에는 멀티플렉싱(multiplexing)과 펄스폭 변조(pulse-width modulation) 기술들이 일반적으로 사용된다.

컬러 영상 디스플레이(color video display)에 의해 보여지는 정보는 CRT 디스플레이에 의해 수행된 정보와 제한적인 범위에서 유사하다. 그렇지만 CRT 형광체와 LED 색도 사이에는 일치되는 것이 없다는 것을 명확히 해야 한다. 그러나 AlGaInP LED 및 AlInGaN LED는 다양한 파장을 방출시키기에 충분하다. 잘 계획된 색 혼합에 의해서 원하는 컬러를 쉽게 얻을 수 있고, TV 표준으로 정해진 컬러를 대체할 수 있다.

25.4　7-세그먼트 LED 디스플레이

25.4.1　구조

0에서 9까지의 숫자들을 나타낼 수 있는 7-세그먼트 LED 디스플레이(seven-segment LED display) 혹은 7-세그먼트 표시기(indicator)라고 하는 가장 기본적인 전자 디스플레이 소자는 전자 미터, 디지털 시계, 전자 레인지, 시계 라디오, 비디오 카세트 레코더, 타이머, 손목시계, 계산기, 장난감 그리고 많은 가정용품들에서 십진수 정보, 영문자 및 다른 문자들을 표시하는 데 사용되고 있다. 다른 기기로는 자동차용 라디오 주파수 표시기, 주행 거리계 및 속도계 그리고 그래픽이 필요 없는 영숫자 문자를 사용하는 거의 모든 디스플레이가 포함된다. 7-세그먼트 디스플레이는 백년 이상 된 베테랑이지만 초기의 디스플레이는 백열램프로 제작되었다.

7-세그먼트 LED 디스플레이는 아라비아 숫자를 나타내는 소문자 "a"에서 "g"까

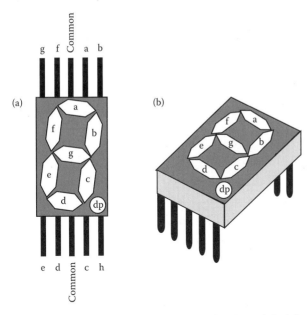

그림 25.1 7-세그먼트 디스플레이: (a) 핀 배치도와 (b) 외부 형상.

지의 명칭이 지정된 7개의 LED, 그리고 숫자가 정수가 아닌 경우에 십진수나 점을 위해 "dp"로 이름 붙여진 8번째 LED로 이루어진 "8." 사각 형태의 패턴 안에 정렬된 8개의 LED 배열을 포함한다. 이 명명법으로 LED를 쉽게 식별할 수 있다. 따라서 7-세그먼트 디스플레이는 8자의 사각형 문자를 형성하는 7개의 막대들의 특별한 배열로서 정의될 수 있으며, 선택된 막대들의 발광에 의해 어떤 문자나 그림의 단순화된 표시를 가능하게 한다. 그림 25.1은 7-세그먼트 디스플레이를 나타낸 것으로 핀 배치도와 외부 형상을 보여 준다.

7개의 세그먼트는 수평 세그먼트가 제일 상단부와 중간부 및 하단부에 각각 하나씩 있고 양쪽 측면에 2개의 수직 세그먼트로 구성되는 직사각형을 형성하도록 체계화되어 있고, 7번째 세그먼트에 의해 직사각형의 수평 이등분을 초래한다. 디스플레이의 7개 LED를 다른 조합으로 점등함으로써 0에서 9까지의 다양한 숫자를 볼 수 있다. 읽기 쉽게 하기 위해서 디스플레이의 7개의 LED 세그먼트가 이탤릭체 문자 그룹을 형성하기 위해 약간 기울어진 위치에 배치된다. 일반적으로 7개의 세그먼트는 동일한 크기와 모양이지만 가독성을 높이기 위해 산발적으로 세로 측면이 더 길다.

25.4.2 공통 음극과 공통 양극 배치

7-세그먼트 LED 디스플레이는 10-핀 패키지 내에서 이용할 수 있으며(그림 25.2), 8개의 핀이 각각의 8개 LED 중 하나의 터미널에 대응하는 반면에 가운데 있는 9번째 및 10번째 핀은 모두 단락되어 있다. 이 단락된 단자는 8개의 모든 LED의 음극(cathode)이 모여 한 지점에서 결합되는 공통 음극(common cathode, CC)이라서 공통 음극 구성(CC configuration)이라고 부른다(그림 25.2a). 또는 8개 LED의 양극(anode)이 하나의 핀에 묶이는 공통 양극(common anode, CA)이라서 공통 양극 구성(CA configuration)으로 알려져 있다(그림 25.2b).

공통 음극(CC) 구성에서 전원의 음의 단자는 접지된 공통 음극에 연결된다. 양의 전압(logic high 또는 logic 1)이 a~dp LED의 양극에 인가되면 빛이 난다. 공통 양극(CA) 배열에서 전원의 양의 단자는 공통 양극에 연결된다. 하나 이상의 a~dp

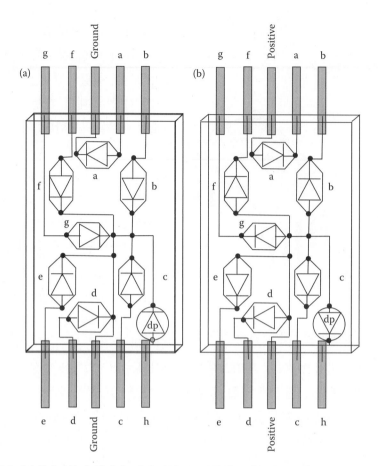

그림 25.2 7-세그먼트 디스플레이의 잘 알려진 2가지 구성: (a) 공통 음극과 (b) 공통 양극.

LED의 음극에 음의 전압(logic low 또는 logic 0)을 인가하면 빛이 나기 시작한다. 모든 요소들을 활성화하면 숫자 8이 표시된다. 요소들 중 일부는 켜고 다른 요소들을 켜지 않으면 영어 알파벳의 대문자와 소문자뿐만 아니라 0에서 9까지의 한 자리 숫자가 묘사된다. 예를 들어 숫자 7을 표시하려면 세그먼트 a, b 및 c만 켜져야 하고 나머지 세그먼트는 꺼진 상태로 있어야 한다.

7-세그먼트와 소수점으로 이루어진 패키지는 9개의 핀만이 필요하다는 것에 주목할 만하다. 그러나 상업용 디스플레이는 일반적으로 핀들이 설치될 더 많은 핀들과 공간을 갖고 있다. 이것은 핀 배치 산업 표준의 규칙을 따르기 위해 행해진다. LED 디스플레이의 전체 상태는 단일 바이트(single byte)로 인코딩되며, 멋진 인코딩은 gfedcba 및 abcdefg이다. 여기에서 각각의 문자는 디스플레이에서의 세밀한 세그먼트를 의미한다.

숫자 0~9와는 별도로 6개의 16진수 "문자 숫자 A~F"는 7-세그먼트 디스플레이에 표시될 수 있다. 문자 "B"는 숫자 "8"과 혼동될 수 있기 때문에 대문자와 소문자 모두 명료한 묘사를 위해 사용된다. 게다가 7-세그먼트 디스플레이는 CD 플레이어를 위한 "no disk"와 같은 짧은 알림문을 나타내는 데도 사용된다.

25.4.3 장점과 한계

일부 응용분야에서는 LCD 디스플레이가 LED 디스플레이를 대체했지만 LED 디스플레이의 높은 시각적 콘트라스트가 그들의 사용을 유리하게 한다. 그러나 LCD 세그먼트는 인쇄기술에 의해 제작되기 때문에 임의의 복잡한 형상들을 허용하는 반면에 LED 디스플레이는 원하는 외형으로 세그먼트를 물리적으로 성형하는 데 어려움이 있기 때문에 직사각형 형상으로부터 벗어나는 것을 허용하지 않는다.

7-세그먼트 디스플레이 패키지는 다양한 판매점에서 구할 수 있고, 일반적으로 집적회로(IC) 패키지와 비슷한 생김새를 지닌 핀들이 돌출된 직사각형 상자의 형태이지만, 크기가 집적회로보다 더 크다. 일부 7-세그먼트 디스플레이는 시간을 표시하기 위해 더 많은 점 모양의 요소들을 가지고 있다. 그 구성 방식은 예를 들어 12:30과 같은 시간과 분이다.

단순한 7-세그먼트 디스플레이가 불충분하다는 것은 명확하지만 숫자와 일부 문자들은 명확하게 표시할 수 있다. 소문자와 대문자, 숫자와 일부 기호를 모호하지 않게 표시하기 위한 기능을 개발하려면 무엇을 해야 할까? 당연히 더 좋은 디스플레이를 만들어야 한다. 한 가지 예로, 켜거나 끌 수 있는 14개의 세그먼트를 포함하는 14-세그먼트 디스플레이가 있다(그림 25.3). 그것은 스타버스트(Starburst) 디스플레이 혹은 유니언잭(Union Jack) 디스플레이와 같은 다양한 명칭으로 불린다. 중간 세그먼트가 두 부분으로 분리되어 있는 4개의 대각 세그먼트와 2개의 수직 세그먼트를 갖는 7-세그먼트 디스플레이의 확장된 표시이다. 문자 또는 기호의 가독성에 있어서 보다 더 향상된 개선은 16-세그먼트 디스플레이에 의해 이루어진다.

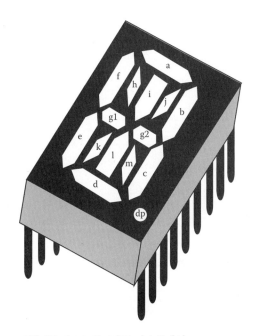

그림 25.3 14-세그먼트 디스플레이.

포켓 계산기에 사용되는 여러 자리 숫자의 LED 디스플레이에서 디스플레이를 관리하기 위한 많은 수의 IC 핀의 요구는 멀티플렉싱 기술의 적용에 의해 회피되었다. 통합된 디스플레이는 자체의 내부 디코더(decoder)를 가지고 있다. 10진수 표기에서 큰 숫자, 큰 단어와 어절의 약어와 머리글자의 축약 그리고 짧은 단어들의 재현을 위해 다수의 패키지들이 수평의 행 방향으로 정렬된다.

25.4.4 작동(Operation)

LED 디스플레이의 작동을 쉽게 파악하려면 하나의 배열(array)에 정렬된 LED들의 주소지정(addressing)과 다중화(multiplexing) 또는 주사(scanning) 방법에 대한 전문 지식을 습득해야만 한다.

하나의 배열에서 개별 LED들의 주소지정: 그림 25.4는 행들이 문자 W, X, Y, Z로 표시되고, 열들이 문자 P, Q, R, S로 표시되는 두 가지 구성의 4×4 LED 배열을 나타낸다. 이제 각각의 LED는 그 좌표들에 의해 주소지정이 가능하다. 예를 들어 왼쪽 상단 LED는 (W, P)로 인식되고 오른쪽 하단 LED는 (Z, S)로 인식된다. 공통 양극 (CA) 구성(그림 25.4a)에서 행 W, X, Y, Z에 양의 전압이 적용되고 열 P, Q, R, S에 음의 전압이 인가된다. 좌측 상단의 LED를 켜기 위해서는 양의 전압이 행 W에 인가 되고 음의 전압이 열 P에 인가될 것이다. 그러면 (W, P) LED가 점등된다. 우측 하단 의 LED를 켜기 위해서는 양의 전압이 행 Z에 인가되고 음의 전압이 열 S에 인가될 것이다. 그러면 (Z, S) LED가 점등된다. 유사하게 배열의 각각의 LED들이 주소가 지정된다. 각각의 LED의 양극은 순방향 전압 및 전류 정격으로 사용되는 LED의 데 이터 시트를 참조하여 결정되는 전류 제한 저항(여기에 표시되지 않음)을 통해서 전 원에 연결된다는 것을 기억하라. 공통 음극(CC) 배열(그림 25.4b)에서는 전압 극성 이 반전된다.

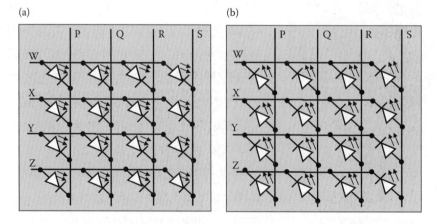

그림 25.4 3×3 자리 다중화(multiplexing) 구동: (a) 공통 양극 및 (b) 공통 음극.

다중화(multiplexing): 분명히 7-세그먼트 디스플레이를 배선하기 위해서는 각각의 한 자리 숫자에는 7개의 세그먼트에 대해 7개의 연결(배선)을 필요로 하고 공통 음극(또는 공통 양극)을 위해서 1개의 연결, 즉 총 7 + 1 = 8개의 연결을 필요로 한다. 3개의 7-세그먼트 LED 디스플레이에 대해 이 절차를 반복하려면 8 × 3 = 24개의 입/출력 연결 혹은 배선이 요구될 것이므로 불필요한 자원이 필요하고 감당할 수 없다. 이를 극복하기 위해서 다중화 기술이 다수 자리(multiple digit) 7-세그먼트 디스플레이에 구동전압을 공급하기 위해 사용된다. 다중화 구동을 주사(scanning)라고도 한다. 다중화 구동되는 디스플레이는 전체 디스플레이가 한번에 모두 구동되지 않지만 디스플레이의 서브유닛(예를 들면 다수 자리 디스플레이 중에서 서로 다른 자리)들이 다중화 구동 즉 한번에 하나씩 구동되는 전자 디스플레이다. 만약 이 과정이 천천히 행해지면 깜박이는 LED 행들이 보인다. 빠르게 구동되는 경우 인간의 눈은 개별적인 자리들을 구별하지 못하고 동시에 숫자를 나타내는 완벽한 패턴을 목격하게 된다. 이 현상은 보통 잔상(persistence of vision)으로 알려져 있다. 따라서 전자공학과 잔상의 도움으로 전체 디스플레이가 연속적으로 동작하는 것처럼 보는 사람을 믿게 만든다.

다중화 구동의 기본적인 이론은 매우 간단하다. 다수 자릿수 LED 디스플레이의 모든 유사 세그먼트들이 함께 연결되어 단일 입력/출력 핀을 통해서 구동된다. 그림 25.5는 3-자리 다중화 구동기술의 개략도를 나타내고 있다(PIC Microcontroller Note 2008). 이 참고에 의하면 각 자리의 세그먼트 a~g는 서로 연결되어 있다. 각 자리는 첫 번째 자리, 두 번째 자리 그리고 세 번째 자리의 신호 제어에 의해서 켜지거

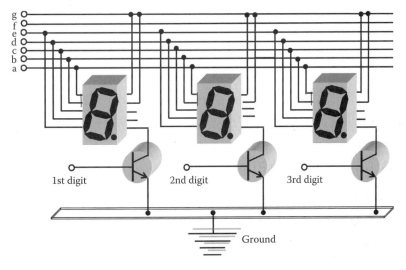

그림 25.5 3-자리 다중화 구동의 개략도.

나 꺼진다. 첫 번째 자리가 "1"이면 첫 번째 자리가 켜질 것이다. 만약 첫 번째 자리가 "0"이면 첫 번째 자리가 꺼질 것이다. 따라서 2차원 배열로 연결된 각 자리로 구별되는 세그먼트들은 배열의 행과 열 라인 모두 올바른 전압을 받는 경우에만 점등될 것이다. 인간의 눈이 자리들을 분리해서 인식할 수 없을 정도로 빠르게 각 자리의 스위치를 켜고 끄면 관찰자들은 모든 3-자리 디스플레이를 동시에 볼 수 있을 것이다. 모든 세 자리를 함께 표시하기 위해서 각각의 7-세그먼트 디스플레이가 적절한 리프레시 주파수(refresh frequency)를 사용하여 순차적으로 활성화되면 모든 항목이 동시에 켜지는 것처럼 보이기 시작할 것이다. 3-자리 사이의 전환은 매우 빨라서 동시 발광의 느낌을 받는다.

전원으로부터 LED의 공통 양극/음극 단자들을 연결하거나 분리하는 스위치로서 3개의 트랜지스터가 사용된다. 트랜지스터의 이미터(emitter)–베이스(base) 접합이 순방향 바이어스로 되면 트랜지스터가 통전되어 해당 자리의 공통 단자가 전원에 연결된다. 그러므로 디스플레이에서 트랜지스터는 활성화된 자리를 선택한다.

4-자리, 5-자리 또는 6-자리 디스플레이를 구성시키기 위해서 개별적인 자리의 7-세그먼트 디스플레이의 각 자리들이 병렬 모드로 연결된다. 공통 음극 라인은 분리되어 인출되며, 이 라인은 디스플레이를 켜기 위해서 단시간 동안 음의 전압 또는 저전압으로 만들어진다. 디스플레이가 초당 100회 이상의 속도로 켜진다면 관찰자들에게 모든 자리들이 동시에 켜지는 것을 보여 준다. 동시에 디스플레이를 켜면 적절한 정보가 전달되어 정확한 자리가 표시될 것이다. 각 디스플레이는 6분의 1시간 동안 매우 강하게 켜지고, 인간 눈의 잔상은 디스플레이가 전체 시간 동안 켜져 있는 것처럼 보이도록 우리를 착각하게 한다. 이런 이유 때문에 프로그램은 적절한 이벤트 타이밍을 보장해야 하고 그렇지 않으면 디스플레이의 불쾌한 깜박임이 나타날 것이다.

다중화 구동의 주요 장점은 더 적은 연결 배선, 쉽게 이해할 수 있는 전자 장치의 사용 그리고 비용과 전력 소모의 감소이다. 그러나 다중화 구동되는 디스플레이에서 전체 디스플레이의 표현이 모두 함께 행해지지 않는다는 것을 기본으로 하는 경우에 일관되고 의미 있는 디스플레이 대신에 개별 자리들의 뒤섞임이 보일 때 관찰자가 그러한 디스플레이를 가로질러 급격하게 시야를 바꾸면 "붕괴(break up)"되기 쉽다. 디스플레이의 다중화 구동 특성은 스트로보스코프(stroboscope)를 통해서 볼 때 나타난다.

이동 메시지 LED 디스플레이와 기타 기회들: 실내 또는 실외에 설치된 LED 기반 이동 메시지 디스플레이는 많은 사람들에게 홍보성 정보를 쉽게 알릴 수 있어서 인기를 얻고 있다. 이러한 디스플레이들은 철도 플랫폼, 공항, 공공시설, 은행, 식당, 교육 기관, 나이트클럽 그리고 쇼핑 구역과 같은 곳에서 자주 볼 수 있다. 이동 혹은 스크롤링(scrolling)하는 LED 디스플레이는 LED들을 한 방향으로 움직이는 순서대로 간단히 켜고 끄는 것을 통해서 구현한다. 이것은 그 방향을 따라 움직이는 것처럼 보이게 한다. 이동 메시지 디스플레이의 핵심은 마이크로 컨트롤러이다. 디스플레이 회로는 의도하는 수의 문자들을 한번에 표시하기 위해서 공통 양극(CA) 구성에서 요구되는 수량의 영숫자 형태의 단일 자리 디스플레이를 사용한다. 디스플레이는 사람의 관심을 끌기 위해서 필요한 것이 무엇이든지 실행되도록 프로그래밍할 수 있다. 어떤 디스플레이는 특정 구절을 나타내도록 프로그래밍되며, 또 어떤 디스플레이는 컴퓨터에 연결하여 소프트웨어 응용을 통해 변경된다. 프로그래밍은 많은 양의 데이터 메모리 또는 프로그램 메모리 공간을 필요로 하므로 마이크로 컨트롤러를 보완하기 위해서 외부 RAM이 필요해진다. 일반적으로 프로그래밍은 매끄럽게 끊임없이 문자들을 움직이게 만든다. 패널 상의 우측으로부터 메시지가 나타나고 첫 번째 문자가 가장 좌측에 도착하면 몇 초 동안 유지하고 그리고 좌측으로 나가면서 사라진다.

어떤 디스플레이 보드는 단색 LED들로 되어 있고, 또 어떤 보드들은 다른 색상의 LED 조합을 사용하며, 몇몇 더 복잡한 디스플레이들은 2-컬러 또는 3-컬러 LED들을 사용한다. 2-컬러 LED가 방출하는 컬러는 동작 방향에 따라 결정된다. 예를 들어, 만일 표시가 좌측을 향해 이동하면 색상이 적색일 수 있지만 문자가 우측으로 움직이면 색상이 바뀌게 된다. 매우 높은 주파수로 앞뒤로 움직일 때 앞뒤로 움직이는 빛의 효과는 세 번째 컬러가 구성되는 것이다. 게다가 간단히 번쩍이는 LED 디스플레이는 예상대로 번쩍이도록 프로그래밍되지 않을 수도 있다. 번쩍이는 효과는 주기적으로 깜박이는 멀티 바이브레이터 회로에 연결된 LED의 사용에 의해 여러 번 실현되며 시간 간격을 두고 번쩍이도록 시간이 설정된다. 일반적으로 번쩍이는 간격은 1초로 조정된다. 다른 LED의 가능성은 적색, 녹색 및 청색 RGB LED의 활용을 포함하며, 몇 개 중의 하나, 전부 또는 특정 단색을 방출하는 데 사용될 수 있다.

25.4.5 LED 디스플레이의 사례들

7-세그먼트 디스플레이 10 mm 문자: 시청거리 최대 6 m, 황색, 녹색 및 주황색, 광시야각, 광 강도의 반치값 각도 ± 50°, 유해물질제한(RoHS) 준수, 균일하게 빛나는 오염되지 않은 세그먼트, 테스트 및 측정장치, 패널 미터, 매장(point-of-sale, POS)의 작업대와 가정용품, 10 mA에서의 광도는 (4500~9000) μcd, 세그먼트당 역 전압 혹은 DP = 6 V, 세그먼트당 DC 순방향 전류 혹은 DP = 0.15 A, 전력 소모 = 480 mW, LED의 열적 저항 혹은 접합 온도/주변 온도 = 120 K/W, 주 파장 = 580~594 nm, 피크 파장 = 585 nm (황색), 주 파장 = 562~575 nm, 피크 파장 = 565 nm (녹색), 주 파장 = 612~625 nm, 피크 파장 = 630 nm (주황색), 패키지 공간과 핀 연결.

옥외 LED 정보 표시판: 황색의 문자를 표시하는 LED 광고판, 다른 색상들과 문자 크기를 필요에 맞게 조정할 수 있으며, 디스플레이 기능: 문자 디스플레이, 화소 구성; 황색, 화소 피치: 16 mm, 평균 소비 전력: 3000 W/m².

다른 사례들: LED 막대 표시판, 이동 메시지 버스 LED 디스플레이 표시판.

25.5 LED 비디오 영상의 해상도

25.5.1 최소 시청거리와 화소 피치

LED 디스플레이 영상의 해상도(resolution)는 디스플레이의 최소 시청거리(minimum viewing distance, MVD)에 의해 확실하게 결정되며, 유효한 선택들로부터 필요한 화소 피치의 선택에 의해 구현된다. 그림 25.6은 TV 화면과 같은 디스플레이의 일부분에서 화소의 배열을 보여 준다. 최소 시청거리보다 가까운 거리에서 영상을 볼

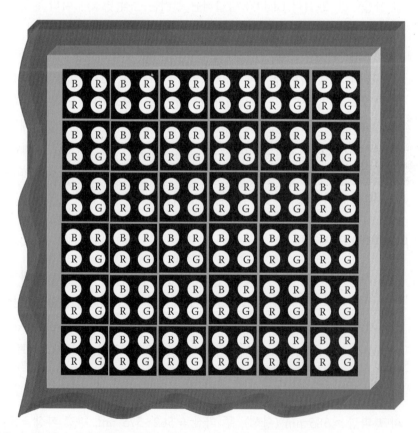

그림 25.6 4개의 LED(2개의 적색 LED, 1개의 녹색 LED 및 1개의 청색 LED)로 구성된 각 화소를 갖는 TV 화면의 일부에서의 화소 배열.

때는 각각의 LED는 발광점으로 분리되어 구분될 수 있고, 이로 인해 영상이 긁히거나 불규칙하게 깨지거나 혹은 불연속적으로 인식된다. 그러나 최소 시청거리와 같거나 그 이상인 거리에서 영상을 보는 경우에는 영상이 연속적으로 보이고 통합된 하나의 그림으로 보인다. 따라서 최소 시청거리는 표시되는 영상이 실제 자연스러운 장면과 같이 연속적인 그림으로 볼 수 있는 디스플레이로부터의 최소 거리이며, 구성 화소들을 대체하는 빛나는 점들로 분해되지 않는다. 최소 시청거리는 화소가 점들로 나타나기 시작하기 전까지 사람이 화면에 접근할 수 있는 가장 가까운 거리이다.

디스플레이의 최소 시청거리를 결정하는 경험 규칙은 다음과 같다: 만약 디스플레이의 화소 피치가 x mm라면 디스플레이의 최소 시청거리는 x m이다. 즉, 미터 단위의 최소 시청거리는 밀리미터 단위로 표시되는 화소 피치와 같다. 화소 피치가 5 mm인 디스플레이의 경우 최소 시청거리는 5 m일 것이다.

25.5.2 올바른 화소 피치 선택: 이미지 품질과 LED 화면 비용

화소 피치가 크면, 즉 화소들 사이의 간격이 넓으면 영상은 품질이 좋지 않을 수 있다. 예를 들어 문자를 쉽게 읽을 수 없거나 사람의 얼굴을 분명하게 인식하지 못 할 수 있다. 작은 화소 피치를 선택하고 LED를 가까이 배치하여 상황을 바꾸어 보자. 이 배열은 분명히 더 선명한 영상을 제공할 것이다. 화소 피치가 더 줄어들면 영상은 더 높은 선명도를 갖게 될 것이다. 이런 방법으로 화소 피치를 다듬어 간다면 어떤 단계에서 영상의 선명도가 극적으로 개선될 것이다.

그러나 화소 피치의 감소는 디스플레이를 점점 더 비싸게 만드는 것으로 실현되고 있음을 인식해야 한다. 디스플레이는 2차원이므로 그로 인해서 화소 피치가 감소하면 LED의 총수는 기하급수적으로 증가한다. 예를 들어, 5 m × 5 m 단색 LED 화면에서 화소 피치가 10 mm = (10/1,000) m = 0.01 m인 경우는 수평방향의 행에 5/0.01 = 500개의 LED가 배치되고 수직방향의 열에도 마찬가지로 500개의 LED가 배치된다. 그 디스플레이에서 LED의 총수는 500 × 500 = 250,000개이다. 한 화소의 피치가 10 mm 대신에 5 mm로 반으로 줄어들면 요구되는 수평방향의 LED 개수는 5/0.005 = 1,000개이고 수직방향에서도 1,000개이므로 LED의 총수는 1,000 × 1,000 = 1,000,000개가 된다. 따라서 화소 피치가 2배로 감소되면 LED의 총수는 1,000,000/250,000 = 4배로 증가한다. 만일 컬러 LED 화면의 경우는 하나의 화소에 R, G, B 단위화소가 포함되므로 LED의 총수는 단색 LED의 3배가 필요하게 된다. 이것은 화소 피치를 조금만 줄여도 LED 총수가 크게 증가한다는 것을 의미한다. 디스플레이를 만들기 위해 LED를 조금 더 사용하면 비용이 훨씬 더 많이 들게 된다.

그러므로 LED 수의 증가를 무한정 할 수 없다. 오히려 디스플레이의 비용을 신중하게 고려해서 조심스럽게 적용해야 한다.

간과할 수 없는 또 다른 요소는, 화소 피치를 줄이는 것에 의해 영상 품질은 향상되고 비용이 증가하지만 위의 두 가지 변경 사항의 장점이 사람의 눈으로는 인식되지 않을 수 있다는 것이다. 이것은 화질의 향상을 식별할 수 없는 먼 거리에서 LED 화면을 보는 경우에 발생할 수 있다. 만약 사람이 아주 먼 거리에서 거대한 LED 화면을 보는 경우 눈으로 뛰어난 성능을 감상할 수 없을 때는 고해상도 화면을 가질 필요가 없다. 그러므로 이러한 변경들은 화면의 비용만 추가되고 유용한 목적으로 사용되지 않을 것이다. 그러면 더 작은 화소 피치를 사용하는 데에 대한 정당성이 없다. 화소 피치는 화질의 향상이 금전적 관점으로부터 정당화될 수 있는 한계값까지만 감소되어야 한다는 것이 분명해진다. 영상 품질과 화면 비용 간의 타협은 필수적이다.

25.6 영상 품질을 향상시키기 위한 가상 화소 방법

"가상(virtual)"은 현실에 존재하지 않는 물체의 효과를 소프트웨어로 공들여 만드는 작업을 의미한다. 그것은 실제로 존재하지 않는 곳에 물체가 있는 것처럼 보인다. 가상 화소(virtual pixel) 기술은 공유 화소(shared pixel), 동적 화소(dynamic pixel), 멀티플렉싱 또는 화소 분해(pixel decomposition) 기술이라고도 하며 화면-소프트웨어 기능이다. 이 영상 관리 기능은 한 방향으로 해상도를 두 배 향상시키고 화소 공유의 실행을 통해서 디스플레이의 선명한 영상을 제공하는 것으로 호평을 받고 있다.

25.6.1 가상 화소의 필요성

LED 화면은 일반적인 컴퓨터 화면보다 훨씬 적은 수의 화소를 가지고 있기 때문에 영상 품질을 향상시키기 위한 영상 관리 기능의 필요성이 느껴지고 있다. 일반적인 컴퓨터 화면의 경우 $1,024 \times 768 = 786,432$개 또는 더 많은 물리적인 화소를 가지고 있는 반면에 5 m × 4 m LED 화면은 단지 $200 \times 150 = 3,000$개의 물리적인 화소만 가지고 있다. 그러므로 더 좋은 영상 품질을 위해서는 인위적인 대체 수단들에 의해 화소 수를 늘리는 것이 필수적이다.

25.6.2 오해의 소지가 있는 해상도 요구

가상 화소 피치(virtual pixel pitch)는 지각적으로 기만적이다. 대부분의 경우 가상 화소는 경쟁이 치열한 시장에서 매출을 높이기 위한 치열하고 스마트한 마케팅 전략이다. 흔히 화면은 가상 화소 피치로 제공되며 실제로는 20 mm 화면인 경우 10 mm 제품으로 인용된다. 이 기술은 독창성이 없고 공급업체가 비밀의 장막 안으로 숨기는 것을 선호하는 결함 때문에 발생된 작은 장점들이 상쇄된다. 가상 화소 기술은 디스플레이의 "실제 해상도"를 두 배로 늘리지 않는다. 게다가 화면의 최소 시청거리 (MVD)를 감소시키지 않는다. 분명하게 영상 품질의 향상은 보여 준다. 영상은 실용적으로 보이지만 실제 해상도 화면상의 것과는 확실히 동일하지 않다. 영상 콘텐츠에서 컬러 및 선 동작을 보다 부드럽게 만들어 주며 먼 거리로부터 화면의 모양을 보완한다. 개념적으로 가상 화소는 화면상에 표시되어진 대로 디지털 영상을 부드럽게 하기 위한 노력이다. 대형 스크린 상에서의 가상 화소 기술은 오래전에 소개되었다. 처음에는 해상도가 낮고 화소 크기가 현저하게 큰 전구로 만든 램프 스크린에 적용되었다. 영상의 가장자리를 매끄럽게 만들려고 시도되었다. 이후에도 동일한 접근 방법이 LED 화면에 적용되었다.

그러나 실제 10 mm 화소 피치 화면의 영상은 훨씬 우수하고 또한 시청거리는 가상 피치 10 mm 화면보다 더 작다. 실제 10 mm 화소 피치 화면은 3~4배 더 많은 LED들을 포함하고 있기 때문에 비용이 더 많이 든다. 위의 언급을 명심하면서 화면의 실제 비교는 항상 실제의 화소 피치를 기준으로 해야만 한다. 실제로 더 작은 화소 피치를 갖는 LED 화면이 더 선명하게 보인다.

25.7 가상 화소의 종류

가상 화소(virtual pixel)의 두 가지 다른 종류: 기하학적/사각형으로 나뉜 형태와 보간된 형태가 있다.

25.7.1 기하학적/사각형으로 나뉜 가상 화소

기하학적/사각형으로 나뉜 가상 화소는 간단한 기하학적 개념들을 기반으로 한다. 서로 옆에 놓여 있는 두 가지 이상의 구별할 수 없는 서로 다른 형상들로부터 각 모양의 절반을 선택함으로써 만든다(그림 25.7). 따라서 서로 인접한 두 개의 동일한 화소가 있다면 각 화소의 절반을 선택하는 것에 의해 꼬투리 속의 2개의 완두콩처럼 2개의 픽셀을 두 배에서 네 배로 두 배로 늘려서 처음 2개와 일치하는 2개 이상의 픽셀들이 생성될 수 있다. 따라서 가상 화소는 화소 면적이 A인 4개의 예비 영상으로부터 시작하여 화소 면적이 $A/4$인 하나의 영상을 생성하는 것을 허용한다.

화소 수가 길이 방향과 높이 방향으로 두 배로 증가함에 따라 가상 화소 방법은 각

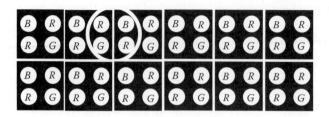

그림 25.7 각 형상의 세그먼트 절반을 선택하는 것에 의해 서로 인접한 두 개의 유사한 형상들로부터 하나 이상의 형상을 형성.

방향에서 화면의 실제 해상도는 두 배로 된다고 알려졌다. 즉, 해상도가 300 × 200개 인 화소를 갖는 LED 화면은 실제로 가상 해상도가 2 × 300 × 2 × 200 = 4 × 300 × 200개의 화소를 갖는 화면으로 변환된다. 이론적으로 가상 화소 기술을 사용한 LED 화면의 해상도는 실제 화소의 LED 디스플레이의 4배이며, 실제로 인간의 눈에 의해 인지되는 화소 수는 효과적으로 4배로 증가된다.

그림 25.8은 이것을 더욱 명확하게 보여 준다. 이 그림에서 화면의 일부분을 고려

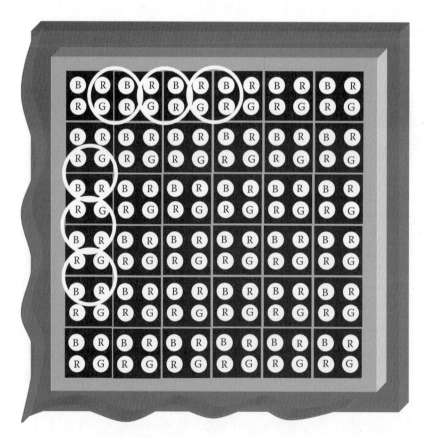

그림 25.8 수평 및 수직 방향으로 인접한 화소들로부터 LED들의 공유에 의해 실제 화소들로부터 가상 화소들의 형성.

하면 첫 번째 행에 형성된 3개의 가상 화소는 3개의 실제 화소와 함께 수평으로 화소수를 두 배로 늘린다. 첫 번째 열에 생성된 또 다른 3개의 가상 화소는 3개의 실제 화소와 결합되어 수직으로 화소 수를 두 배로 늘린다. 효과적으로 실제 화소에 가상 화소를 더한 $6 \times 6 = 36$개는 원래의 실제 화소 $3 \times 3 = 9$개에 해당하며 화소 수는 4배로 증가한다.

값의 평균화는 철저하게 추구된다. 공간적인 평균화에서 알고리즘은 초기 4개의 영상 화소들의 평균값을 생성하고 이 정보를 화면에 전송한다. 시간적 평균에서 초기 영상의 4개 화소 중 1개가 2배 또는 4배의 높은 주파수로 화면에 표시된다. 때로는 공간적 및 시간적으로 결합된 접근방식이 적용된다.

25.7.2 측면 효과(Side Effect)

정상 동작 모드에서 원본 영상의 각 화소(그림 25.9a)는 LED 비디오 화면상에서 확실한 등가 화소에 해당하며, 예를 들어, R, G, B 컬러를 갖는 초기 영상의 좌측 상부 모서리의 화소에 대응하는 화소가 영상 화면의 좌측 상부 모서리에 존재하고, 화소 내의 컬러 요소의 가정은 밝기 및 컬러의 균형이 잘 이루어지며 더 이상의 보정을 필요로 하지 않는다. 그러나 가상 화소 모드(그림 25.9b)에서 초기 영상의 각 화소는 LED 화면의 화소가 아니라 광원, 즉 화소의 일부분에 해당한다. 초기 영상의 좌측 상단 모서리의 4개 화소는 그림 25.9b에 나타낸 방식으로 하나의 화면 화소에서 가상

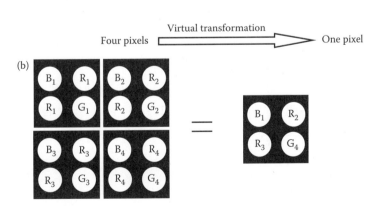

그림 25.9 정규 및 가상 화소 모드: (a) 정규 모드에서 TV 화면상에 표시된 영상의 화소. (b) 가상 화소 모드에서 한 화면 화소 형태에서 초기 영상의 일부의 4개 화소들의 반영.

변환으로 인해 반영된다. 따라서 가상 픽셀 모드에서 하나의 영상 화소는 초기 영상의 4개의 화소에 대한 정보를 포함한다. 실제로 하나의 화면 화소는 초기 4개 화소로부터 모든 정보를 확보하여 표시할 수 없으므로 정보의 부분적인 부족을 초래한다. 결과적으로 작은 세부 사항과 삐죽삐죽한 컬러 경계는 기본 영상에서 감지할 수 없는 왜곡이나 인공적인 결과를 나타낸다. 컬러 왜곡이 분명하지 않은 경우에도 매끄러운 컬러 기울기 또는 일관되지 않은 영상에 대해 성능이 만족스럽다.

게다가 LED들 사이의 거리가 화소들 사이의 거리와 같을 때 가상 화소에 대한 기하학적인 접근은 훌륭하게 잘 작동한다. 그러나 더 먼 시청거리를 위해서 더 큰 화소 피치로 구성되는 LED 스크린의 경우는 LED들과 화소들 사이의 거리가 같지 않을 수도 있다. 이러한 경우 가상 화소는 더 이상 실제 화소를 대체할 수 없다. 그것은 실제의 화소 피치보다 더 늘어나게 되므로 전체 영상 품질이 저하된다.

비록 LED가 등거리로 배치되는 경우에도 그 방법은 주로 최소 시청거리, 컬러 충실도 및 콘트라스트 비율과 관련된 몇 가지 단점을 겪게 된다.

최소 시청거리(MVD): LED들이 따로 떨어져 분산되어 있는 경우는 화소가 커지고 영상은 더 먼 거리에서 보아야 한다. 그렇지 않으면 화소 단위로 보이게 된다. 그래서 최소 시청거리가 증가하고, 실내에 LED 화면을 설치할 때 강조되는 효과가 있다.

색채 충실도(chromatic fidelity): LED들이 서로 더 가까워지면 단색들은 더 잘 섞이게 될 것이고, 눈은 삼원색의 합으로 최종 화소 컬러를 더 쉽게 인식한다. 반대로 LED들 사이의 거리가 커질수록 진정한 컬러 혼합을 인식하기 위한 더 큰 시청거리는 작은 거리에서 화소 단위로 눈에 보일 뿐만 아니라 궁핍한 색채 충실도를 갖는다는 것을 의미하고, 예를 들어 황색 점은 절반의 적색과 절반의 녹색 점으로 나타난다.

콘트라스트 비(contrast ratio): 콘트라스트 비는 특정 장치 또는 주위 환경의 가장 밝은 흰색과 가장 어두운 검정 사이의 휘도 비율이다. TV는 거실에서 약 30:1의 콘트라스트 비를 갖는 것으로 가정한다.

각 LED 화면은 검은색 표면보다 훨씬 밝은 흰색 또는 깨끗한 배경을 갖고 있기 때문에 LED 화면의 표면은 최상의 콘트라스트 비를 위해 필요한 만큼 어둡지 않을 수 있다. 검은 표면상에 이러한 백색 LED를 배치하면 회색 음영이 나타난다. 콘트라스트 수준은 LED에 의해 방출되는 빛과 화면에서 반사되는 외광 사이의 비율이기 때문에 그 표면은 달성할 수 있을 만큼 어두워야만 한다.

25.7.3 보간된 가상 화소

보간된(interpolated) 가상 화소 기술은 화면 표면상의 LED들의 기하학적 분포가 영상 품질에 결정적인 요인이 아니기 때문에 화소 사이의 거리에 의존하지 않는다. 그

원칙은 음악 산업에서 일반적으로 사용되는 MP3 기술 또는 영상 압축 형식인 JPEG 와 유사한 모든 의도와 목적을 위한 것이다. MP3는 인간의 귀에 덜 들리는 구성요소를 버리고 잔여 정보를 효율적으로 기록하기 위한 음향 심리학 모델의 사용에 의해 훨씬 적은 공간에서 펄스 코드 변조(pulse-code modulation, PCM) 인코딩된 오디오 표현을 제공하기 위해 사람의 귀에 대한 음향 인식을 활용하는 오디오 전용의 압축 형식이다. 보간된 화소 알고리즘은 MP3가 음향을 압축하는 것과 같은 방식으로 영상을 압축한다. 시각적인 인식을 제어하기 위해서 이 압축을 망막 상의 잔상과 결합하면 실제 존재하지 않는 곳에 화소를 보여 줄 수 있으므로 "가상" 태그(tag)이다. 모든 관례적인 디자이너 도구들에는 그러한 알고리즘들의 큰 모음집이 있다. 그 방법은 예측 가능한 결과를 산출한다. 즉 화면은 여분의 인위적인 것들이 전혀 없는 PC 모니터에서 보는 것과 동일한 영상을 정확하게 표시한다.

25.7.4 기하학적 화소의 장점

보간된 화소 기술은 기하학적 화소의 경우처럼 더 먼 거리에 흩어진 LED와 구별하여 응집성 화소 단위를 형성하기 위해서 LED들의 더 근접한 위치를 허용하기 때문에 기하학적 화소의 단점을 회피한다. 화소가 더 작은 표면을 가지고 있기 때문에 더 짧은 최소 시청거리를 보장한다. 그것은 LED들이 더 근접해 있고 컬러들이 더 빨리 혼합되므로 더 높은 색채 충실도를 제공한다. 화소들 사이의 공간이 넓을수록 표면이 더 검게 보이기 때문에 콘트라스트 비가 증가한다.

25.8 단위 모듈들의 조립에 의한 대형 LED 화면 구축

LED 디스플레이 화면을 제조하는 회사는 다양한 치수의 LED 화면에 대한 주문을 받는다. 어떤 사람들은 청중들 앞에서 무대 공연과 같은 특별한 이벤트를 준비하기 위해서 임시적인 화면 구조를 필요로 한다. 즉, 벽면 장착을 위해 오래 지속되는 화면이 필요한 반면에 여전히 거대한 실외 화면의 설치도 필요하다. 간혹 정사각형 화면이 요청되며, 때로는 직사각형 화면 또는 다른 형상들이 요구된다. 이러한 광범위한 시장의 요구를 충족시키기 위해서는 더 큰 구조물을 제작하기 위해 더 작은 구성단위들이나 모듈식의 화면들을 함께 조립하는 것이 필요하다. 고객들의 요구사항을 충족시키기 위해서 디스플레이 구조를 위한 모듈방식의 접근이 채택되었다. 1 m × 1 m 크기의 25개의 단위 모듈들을 함께 벌려 붙이면 5개의 행과 5개의 열로 구성되는 25 m² 면적의 더 큰 정사각형 화면이 생성될 것이다.

디스플레이 패널의 모듈은 4개에서 512개의 화소들을 포함한다. 화소의 크기는 디스플레이가 명확하게 보이고 읽을 수 있을 것으로 예상되는 시청거리에 따라 결정된다. 실내 응용을 위한 화소 크기는 0.4~1.5 cm 정도이고 실외에 장착되는 디스플레이는 1.5~4.0 cm 정도이다. 완전한 디스플레이를 만들기 위해 조립된 패널들은 나란히 배열된다. 10^6~10^7개의 LED들을 사용하는 대형 디스플레이는 수십 m 너비에 수십 m 높이를 곱한 크기를 갖는다.

이러한 화면 구축 방식의 장점은 다양한 형상과 크기를 실현할 수 있고 화면을 쉽게 유지 관리할 수 있다는 것이다. 그러나 이것이 25 m^2 크기의 대형 화면이 더 작은 1 m × 1 m 구성 모듈들과 동일한 품질의 영상을 제공할 것이라는 의미로 오해해서는 안 된다. 화면 크기의 업스케일링(upscaling)에는 감마 보정이 동반되어야만 한다.

25.9 감마 보정

감마 보정(gamma correction)은 TV, PC 모니터 및 거대한 LED 화면을 포함하는 모든 형태의 화면상에서 영상을 시각화할 때의 기본적인 비디오 관리 기능으로, 전체 영상의 밝기와 컬러 수준을 제어하고 관리한다. 만일 제대로 수행되지 않으면 그림들이 탈색되거나 너무 어둡게 나타날 것이다.

감마 보정의 필요성을 이해하기 위해서는 인간의 시각이 휘도에 대해 불균일한 지각 반응을 갖는 생물학적 현상에 주의를 기울일 필요가 있다. 발광 자극에 대한 인간의 눈의 반응은 로그함수적이며, 이는 인간의 눈이 별의 반짝이는 빛과 번개의 번쩍임을 볼 수 있다는 것을 의미한다. 발광 자극에 대한 반응이 선형적이었다면 인간은 특정의 조도 수준 아래에서는 완전히 눈이 보이지 않게 되었을 것이고 또한 밝은 빛에 의해 눈이 부시게 되었을 것이다.

어떤 물리적 장치에 의해 발생된 휘도는 인가된 신호 전압의 비선형함수로서 표현된다. 모든 컴퓨터 모니터들은 약 2.5 멱함수인 강도/신호 전압 응답 곡선을 가지며, 어떤 화소의 강도가 x가 되어야 한다는 메시지를 컴퓨터 모니터에 전송하면, 디스플레이 화면에서 구현된 휘도는 2.5승 즉 $x^{2.5}$으로 상승된 인가전압에 비례한다. 모니터로 보내지는 전압은 0~1 범위에 있기 때문에 표시되는 강도 값은 예를 들면 $0.7^{2.5}$ = 0.40996처럼 항상 요구되는 값보다 작다. 그래서 모니터는 2.5의 감마를 갖는다고 한다. 멱함수의 지수부분의 숫자 값을 흔히 구어체로 감마(gamma)라고 한다.

영상 시스템에서 광의 선형적인 적색, 녹색, 청색(삼자극) 성분 각각의 휘도는 카메라에 적용되는 0.45-멱함수 형태의 감마 보정에 의해서 비선형 비디오 신호로 변환된다.

따라서 감마 보정은 비디오 영상이 기반으로 되는 컬러 레벨의 지수함수적인 보정이며, 인간 눈의 로그함수적인 시각에 컬러를 적응시키도록 처리된다. 감마(기호 γ)는 화소값과 휘도 사이의 비선형적인 관계를 나타내는 수치 변수를 나타낸다. 단지 적절한 감마 보정을 통해서만 자연스러운 사진과 영상을 완벽하게 시각화할 수 있다. 이상적인 보정은 수년간의 연구와 경험을 필요로 하며, 더 나은 품질의 영상과 더 깊은 컬러로 되게 한다. 따라서 감마 보정은 이미지의 일반적인 밝기를 제어한다. 감마 보정의 크기를 변경하는 것은 밝기에 영향을 줄 뿐만 아니라 빨강에서 녹색까지의 비율에도 영향을 미친다. 감마 보정의 정도를 변화시키면 밝기에 영향을 미칠 뿐만 아니라 빨강, 녹색, 청색의 비율에도 영향을 미친다.

25.10   LED 화면의 사례

25.10.1   단색 LED 디스플레이 모듈

화소 피치가 10 mm인 화소의 구성: 적색, 청색, 녹색, 황색, 호박색, 흰색 등; 화소 밀도: 10,000 pixel/m²; 디스플레이 기능: 단색(single color) 영상과 문자(text) 디스플레이; 주사 모드는 1/4 주사; 소비 전력은 300 W/m²; 구동 방식: 정전류 드라이버 방식이다.

25.10.2   듀얼 컬러 LED 디스플레이 모듈

화소 피치가 20 mm인 화소의 구성: 2R1G(2-red, 1-green); 화소 밀도: 2,500 pixel/m²; 디스플레이 기능: 이중 컬러(dual color) 영상과 문자 디스플레이; 스캐닝 모드: 정적 스캔; 소비 전력: 220 W/m²; 구동 방식: 정전류 드라이버; 최대 밝기: 5,000 cd/m²이다.

25.10.3   풀 컬러 LED 디스플레이 모듈

쇼핑센터, 쇼핑몰, 도로변, 고속도로, 학교, 레스토랑, 클럽, 버스정류장, 지하철역, 터미널, 공항, 경기장, 스포츠, 쇼, 오락 그리고 다양한 상업 광고, 산업체 기업, 수송, 교육 시스템 및 기타 공공장소를 위한 실내와 실외 모든 모듈.

화소 피치: 10, 16, 20, 25 mm이고, 화소 구성: 1R, 1G, 1B(1-red, 1-green, 1-blue); 화소 밀도: 10,000 pixel/m², 3906 pixel/m², 2500 pixel/m²; 디스플레이 기능: 풀 컬러 비디오 디스플레이; 스캐닝 모드: 정적 스캔; 소비 전력: 300 W/m²; 구동 방식: 정전류 드라이버; 리프레시 주파수: 300 Hz 이상; 최대 밝기: 80,000 cd/m²; 모

둘의 크기: 10 mm인 경우 320 mm × 320 mm 혹은 160 mm × 160 mm, 16 mm인 경우 256 mm × 256 mm, 20 mm인 경우 320 mm × 320 mm; 시야각: 수평 110°/수직 50°; 작동 온도: −30°C에서 +50°C 범위; 캐비닛 재질: 철/강철; 강한 시각적 영향을 갖는 최상의 컬러 균일성과 화이트 밸런스; 좋은 방열성과 내충격성.

다른 특징: 낮은 광 감쇄; 높은 밝기, 직사 태양광 아래에서도 눈에 보이는; 큰 시야각; 고장난 LED는 수리 가능, 디스플레이 유지관리비용 절감; 방진 및 방수.

25.11 LED 텔레비전(LED 백라이트 LCD 텔레비전)

진정한 의미에서 암묵적으로 "LED TV"라는 명칭은 LED 소자를 사용하여 영상을 생성하는 텔레비전을 시사한다. 그러나 그러한 TV들은 대형 경기장 또는 강당에만 설치된다. 일반 가정용 목적의 LED TV는 LED 백라이트(backlight)를 갖는 LCD(liquid crystal display) TV를 말한다(그림 25.10). 이 텔레비전의 상품명을 LED TV라고 한 것이 널리 퍼져 이 이름이 받아들여졌다. 따라서 LED 명칭은 영상을 생성하는 디스플레이 패널을 나타내는 것이 아니라 LCD 텔레비전에 사용되는 백라이트 시스템과 관련이 있다. 이것은 그 텔레비전이 여전히 영상 구현을 위한 LCD와 디스플레이를 백라이팅하기 위한 LED를 사용하는 LCD 텔레비전이라는 것을 의미한다.

LCD는 스스로 빛을 방출하지 않기 때문에 LED가 필요하다. LED가 백라이트 광원으로 도입되기 이전의 LCD TV에는 냉음극 형광램프(cold-cathode fluorescent lamp, CCFL)가 그 목적으로 사용되었다. LED TV는 백라이팅 광원으로서 형광램프를 LED로 간단히 대체한 것이다.

LCD에서 액정(liquid crystal, LC) 물질은 2장의 유리 기판 사이에 주입되어 있고 각각의 유리 기판의 내면에는 투명전극(ITO)이 패터닝되어 있으며 그 외면에는

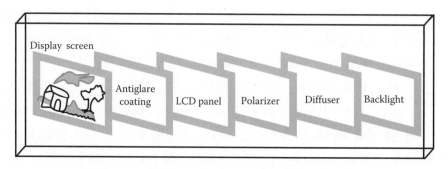

그림 25.10 LED 백라이트 LCD 텔레비전 화면의 구성 층들.

편광필름의 편광축이 상호 직교방향으로 각각 부착되어 있다. LCD TV는 다양한 강도 레벨과 컬러를 만들어 내기 위해서 거대한 수량의 매우 작은 액정 분자들과 그 액정 분자들을 비추는 밝은 백라이트 조명으로 구성된다. 액정 분자를 통과하는 광의 세기는 투명전극에 인가되는 전압에 따라 변한다. 따라서 LCD의 액정 분자들은 전극에 배열된 셔터들로서 역할을 하며 이들 셔터들은 LED로부터의 백색광을 제어한 양만 통과하도록 열고 닫는다. LCD는 빛을 스스로 방출하는 대신에 빛의 투과 여부를 제어하기 때문에 액정들은 흑(black) 영역을 생성하는 데 필요한 모든 빛을 차단해야만 한다. 광은 투과축이 직교방향으로 배치된 한 쌍의 편광필름들을 통과할 수 없기 때문에 디스플레이는 흑 상태로 된다. 그렇지만 계산기나 시계 등에 가장 일반적으로 사용되고 있는 TN-LCD의 경우는 2장의 유리 기판 사이에 주입된 액정 분자들이 연속적으로 90도 비틀린 구조로 제작되기 때문에 전압이 인가되지 않은 상태에서도 편광은 액정 분자의 배열을 따라 90도 회전하면서 통과하게 되므로 투명한 상태 즉 백색 상태로 되는 경우도 있다. 따라서 전면 유리기판과 후면 유리기판의 투명전극에 전압을 인가하면 전기장에 의해 액정 분자의 배열이 바뀌면서 셔터가 열리거나 닫히는 역할을 한다. 게다가 적색, 청색, 녹색 3개의 기본적인 단위 화소(sub pixel)들이 모여 화소(pixel)라고 부르는 개별적인 영상 인자를 구성한다. 적색, 청색, 녹색 3개의 단위 화소에 각각 인가되는 영상 신호 전압에 따라서 그 단위 화소의 액정 분자들을 통과하는 광의 세기가 달라지기 때문에 이들 광을 적색, 청색, 녹색 각각의 컬러 필터에 통과시키면 매우 다양한 컬러들을 구현할 수 있다.

LED TV 기술은 다음 절에서 설명하는 것처럼 (i) 엣지형 백라이트 LED TV, (ii) 풀 어레이 RGB LED TV, (iii) 다이내믹 RGB LED TV의 3가지 분류로 크게 나누어진다.

25.11.1 엣지형 백라이트 LED TV

엣지형 백라이트(edge-lit) LED TV는 가장 널리 사용되는 형태의 LED TV이다. 이 텔레비전에서 백색 LED들은 TV 화면의 경계선이나 주변에 위치되며 광은 도광판(light guide plate, LGP)를 통해서 화면의 내부 단면들로 전달된다(그림 25.11). LED를 일정한 간격으로 화면 아래쪽에 배치하는 대신에 가장자리를 따라 LED를 배치하는 의도는 디스플레이의 두께를 줄이기 위한 것이다.

확산 패널(diffusion panel)은 화면과 광원 사이에서 광 변조기 겸 조정기로 사용된다. LCD를 조사하는 광을 균일하게 퍼지게 함으로써 빛을 확산하거나 부드럽게 하는 역할을 한다. 일반적으로 이 패널은 반투명 재료이고 만족스러운 균일한 조명을

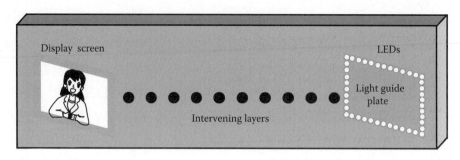

그림 25.11 엣지형 LED 백라이트 LCD 텔레비전 화면.

생성하기 위해서 강한 광원으로부터 거친 빛을 걸러낸다. 그것은 빛이 통과할 수 있도록 반투명 물질로 덮인 금속 또는 플라스틱 프레임의 형태로 구성된다. 패널을 조사하는 광은 매끄럽고 부드러워지게 되며, 온화하고 진정된 광을 만들어 내고, 굴곡진 표면을 감싸고 점진적인 저하를 초래한다. 비록 확산 패널이 사용되어도 화면의 가장자리는 중심부보다 더 많은 광을 받는 경향이 있어서 중앙보다 더 밝은 가장자리를 형성한다. 흰색 영상을 볼 때 화면의 바깥쪽 가장자리가 더 밝거나 혹은 강렬하게 나타난다. 그러나 전부 흑 영상인 경우는 화면의 가장자리가 더 밝거나 혹은 회색으로 나타날 것이다.

빛의 세기(light intensity)의 불균일한 분포 이외에 흑 레벨도 충분히 깊지 않다. 때로는 화면 가장자리가 강렬하게 밝아지고 흰색 반점들이 화면 전역에 뿌려진다. 이러한 효과들은 일광이나 조명이 밝은 실내 장면을 볼 때는 분명하지 않지만 TV 프로그램이나 영화에서 밤이나 어두운 장면을 볼 때는 정도의 차이는 있지만 당황하게 한다.

그러나 이 구성의 주요 장점은 의도한 목적대로 TV의 전체 두께가 매우 얇다는 것이다.

25.11.2 풀 어레이 RGB LED TV

풀 어레이(full array) LED TV는 풀 LED TV 또는 직하형 백라이트(direct-lit) LED TV로도 잘 알려져 있다. 여기서 LED들은 엣지형 TV처럼 화면의 측면에 부착되지 않고 화면의 후면 쪽으로 이동된다. 당연히 이 LED 배치는 화면을 더 두껍게 만들 것이다.

풀 어레이 LED TV(그림 25.12)에서는 RGB LED들의 다수 행들이 화면 뒤쪽에서 전체 영역을 덮도록 장착된다. 파생된 주요 장점은 엣지형 백라이트 LED TV와 비교할 때 중앙과 주변 영역 사이에서 인지할 수 있는 차이 없이 화면 전체에서 광이 고르게 분포되는 것이다. 이런 관점에서 엣지형 백라이트 TV보다 성능이 좋지만 TV

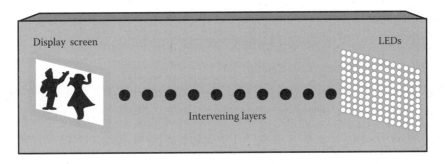

그림 25.12 풀 어레이 LED 백라이트 LCD TV 화면.

디스플레이 패널은 엣지형 백라이트보다 더 큰 균형 잡힌 두께를 갖는다.

25.11.3 다이내믹 RGB LED TV

다이내믹(dynamic) RGB LED TV는 풀 어레이 RGB LED TV와 기본적으로 동일한 구조를 가지고 있다. 그러나 풀 어레이 RGB LED TV에는 국부적인 조광(local- ized dimming) 수단이 없다. 국부적인 조광은 각 LED 또는 LED들의 그룹이 화면의 지정된 영역 내에서 분리되어 온/오프 스위칭되는 것을 의미한다(그림 25.13). 이것은 표시되는 영상 각각의 영역에 대한 밝기와 어둠을 엄격하게 제어할 수 있다. 이 추가 기능은 조광을 위해 선택된 영역을 대상으로 하기 위해서 다이내믹 TV에 통합되었다.

지역 조광(local dimming) LED 백라이트는 필요에 따라서 개별적으로 또는 독립적으로 흐려지거나 꺼지기 때문에 영상의 다른 영역이 어두워지거나 밝아질 때 지역 조광에 의해서 백라이트의 선택된 부분들이 스스로 어두워지거나 혹은 더 밝아질 수 있다. 예를 들어 연속된 단어 뒤의 LED는 계속 켜져 있는 반면에 흑 배경 뒤의 LED는 흐려진다. 화면의 일부를 흐릿하게 하는 기능은 어두운 화소를 통과하는 빛의 양을 줄이는 데 도움이 된다. 결론적으로 흑 부분은 더 어둡게 나타나고 더 이상 눈에 띄지 않는다. 흑 레벨(black level)들은 콘트라스트 비를 향상시키는 데 결정적이기 때문에 흑 레벨이 깊어질수록 그림과 컬러가 두드러지게 보이고 영상은 전체적으로 더 선명하게 보인다. 결과적으로 이 TV는 흑과 백 영역을 세심하고 충실하게 재현한다.

일부 엣지형 백라이트 LED/LCD TV들은 지역 조광 또는 마이크로 조광(micro dimming)

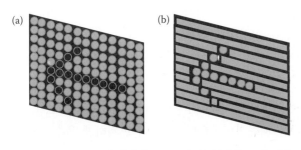

그림 25.13 LED 백라이팅: (a) 로컬 디밍(지역 조광), (b) 글로벌 디밍(전체 조광).

기능을 제공한다. 여기에서 광출력의 변화는 광 확산 필름 및 도광판의 도움으로 구현된다. 이 지역 조광은 풀 어레이 LED TV에서 사용되는 직하형 지역 조광 방식 (direct local dimming)보다 덜 정확하다.

지역 조광도 역시 한계를 가지고 있다. 그것은 가끔 밝은 영역이 더 어두운 영역으로 번져 들어가서 인접한 흑 레벨의 어두움을 감소시키는 블루밍(blooming)이라는 효과를 발생시킨다. 블루밍 효과는 TV 모델에 따라서 크게 다르다. 블루밍 발생은 화면 뒤쪽의 지역 조광 LED 요소들 또는 조광 가능한 영역의 수와 직접적으로 관련된다.

25.11.4 LED TV의 장단점

3가지 LED TV 분류 중에서 특히 다이내믹 풀 어레이 RGB LED TV는 엣지형 백라이트 또는 풀 어레이 LED TV보다 더 좋은 콘트라스트 비와 깨끗한 영상 품질을 제공한다. 풀 어레이 블랙 백라이팅을 사용하는 LED/LCD TV에서는 어두운 장면에서 광 누출을 무시할 수 있으므로 엣지형 LED LCD TV보다 더 좋은 흑 레벨에 기여한다. 그러나 엣지형 백라이트 LED TV는 더 얇은 형태의 장점을 제공한다. 풀 어레이 LED 백라이트와 동일하거나 초과할 정도로 엣지형 백라이트를 향상시키기 위한 노력이 이루어지고 있다.

LED TV와 플라즈마 TV를 비교하기 전에 플라즈마 TV의 동작을 이해하는 것이 필요하다. 각 화소가 뒤쪽으로부터 백라이트 광이 조사되는 투과형 기술로 동작하는 LCD TV와는 달리 플라즈마 TV는 각각의 화소가 분리된 광원인 자발광형 기술을 사용한다.

플라즈마 디스플레이는 2장의 유리 기판 사이에 혼합된 비활성 기체(inert gas)들이 충전되어 있는 적색, 녹색, 청색의 형광체를 포함하는 단위화소(sub pixel)들로 구성된다. 단위화소에 설치된 전극들 사이에 전압을 인가하여 기체 방전을 발생시키면 비활성 기체의 원자들이 이온화(ionization)되면서 플라즈마(plasma)가 발생되고 동시에 비활성 기체의 원자들이 여기(excitation)되었다가 안정화되면서 진공 자외선이 방출된다. 이렇게 생성된 진공 자외선이 단위화소 내의 형광체를 각각 여기시켜 적색, 녹색, 청색의 광을 방출시킴으로써 컬러 영상이 구현된다.

플라즈마 TV는 음극선관과 거의 동일한 제곱미터당 전력을 사용한다. 플라즈마 TV는 지표면에서 2 km 이상의 고도에서는 만족스럽게 작동하지 않는다. 이러한 문제는 화면 내부의 기체 압력과 이 높이에서의 공기 압력의 차이로 인해 발생한다. 그러나 플라즈마 TV는 최상의 시야각을 제공하며 LCD TV보다 현저하게 우수하다.

LED TV, 브라운관 TV, 플라즈마 TV와 같은 TV 중에서 주목할 만한 차이점은 다음과 같다: 플라즈마 TV와는 달리 LCD TV의 주요 단점 중의 하나는 시청자가 측면에 앉아 있거나 시청자가 눈높이를 기준으로 TV를 너무 높거나 낮게 위치시킬 때의 영상의 열화이다. LED 백라이트는 이러한 단점을 보완하지 못한다. 오프 앵글 시야(off-angle viewing)는 여전히 문제로 남아 있다. 플라즈마 TV는 TV의 측면에 앉아서 시청해도 영상은 저하되지 않는다. 블루밍과 기타 균일성 문제도 존재하지 않는다.

LCD TV는 플라즈마 TV와 같은 심도 깊은 흑 레벨 구현에 있어 오랫동안 부족했다. LED TV에 지역 조광 기능을 갖는 LED 백라이트의 도입으로 플라즈마 TV와 경쟁할 수 있는 흑 레벨을 구현할 수 있었다.

LED 백라이트 LCD TV는 플라즈마 TV뿐만 아니라 형광램프 기반의 LCD보다 열 발생이 적고 전력 소비가 적으며 무게가 가볍다는 장점을 가지고 있다. 게다가 형광램프 백라이트 시스템이나 플라즈마 TV와는 달리 LED TV에는 수은이 사용되지 않으므로 폐기 문제가 발생하지 않는다. 또한 보다 더 균형 잡힌 색상 포화도가 LED TV에서 구현된다.

따라서 전체적으로 LED 백라이트는 LCD TV를 흑 레벨의 성능 면에서 플라즈마 TV와 동등한 수준으로 끌어올리는 동시에 LCD TV의 얇은 디자인을 실현할 수 있는 주요 기술 발전을 의미한다. LED TV의 단점은 플라즈마 TV 또는 형광램프 LCD TV보다 비용이 더 높다는 것이다. 그럼에도 불구하고 LCD TV, 모니터, 랩톱 디스플레이 그리고 다양한 맞춤형 패널을 생산하는 회사들은 LED 기반 백라이트 시스템이 재현 가능한 컬러 팔레트를 약 45% 확대한다는 이유 때문에 CCFL을 LED 백라이팅 광원으로 빠르게 대체하였다. 이미 LED 기반 시스템은 NTSC 컬러 공간의 105% 구현을 달성했다. 최고의 CCFL 백라이트 LCD TV는 단지 65%~75% 컬러 공간을 구현한다. LED 기반 시스템의 색 재현과 밝기는 음극선관 디스플레이보다 우수하다(Green 2007).

25.12 유연한 무기 LED 디스플레이

무기 LED 디스플레이는 OLED 디스플레이보다 우수한 밝기, 수명 그리고 효율성을 제공한다. 휘도, 에너지 효율, 내구성 및 내습성 면에서 OLED를 능가하는 이 기술을 사용하여 유연한 기판에 무기 LED의 제조, 조립 및 결선하는 방법이 보고되었다 (Park et al. 2009, Jones 2009, Greenemeier 2009). 작업 방식은 4층의 반도체 샌드위치의 성장에 의해 시작된다. 그 재료층들은 모두 AlAs 상에 성장되었다: (i) AlInGaP

양자우물(quantum well) 구조(상부 및 하부에 $Al_{0.25}Ga_{0.25}In_{0.5}P$의 장벽을 갖는 $In_{0.56}Ga_{0.44}P$ 우물), (ii) 피복 박막(cladding film)들(P 및 N 측면을 위한 $In_{0.5}Al_{0.5}P$:Zn 및 $In_{0.5}Al_{0.5}P$:Si), (iii) 확산자(spreader)들(P 및 N 측면을 위한 $Al_{0.45}Ga_{0.55}As$:C 및 $Al_{0.45}Ga_{0.55}As$:Si), 그리고 (iv) 접촉(contact)부(P 및 N 측면을 위한 GaAs:C 및 GaAs:Si). 이 층들은 모두 함께 AlAs(aluminum arsenide)가 코팅된 GaN 기판의 표면에 무기 LED를 형성한다. Park 등(2009)은 포토리소그래피 기술, 화학 에칭 및 폴리머 공정을 사용하여 고분자 앵커(anchor)들에 의해 GaN 기판에 느슨하게 부착된 $100 \ \mu m \times 100 \ \mu m$ LED 어레이를 제작했다. 그리고 그들은 LED 상단에 부착된 흡착컵 역할을 하는 양각 기능을 갖는 부드러운 고무 스탬프로 구성되는 컴퓨터 지원 인쇄 도구를 사용했다. 스탬프를 벗겨 낼 때 고분자 앵커들은 부서지고, 그리고 스탬프는 흡입력을 뛰어넘는 상당히 강한 접착제로 코팅된 유리 기판에 LED를 내려놓는다.

25.13 결론 및 고찰

LED 7-세그먼트 디스플레이는 장치들의 내부 작동에 대한 10진수 피드백을 표시하기 위해 전자장치에서 일반적으로 사용된다. 경제적이고 사용하기 편리하며, 밝고 보기 쉬운 디스플레이로 직렬 제어의 편리함을 제공한다. 이러한 7-세그먼트 디스플레이들을 사용함으로써 마이크로프로세서 기반의 밝은 숫자 및 영숫자 디스플레이 시스템들이 다양한 크기와 컬러로 제공된다.

LED 디스플레이 화면은 음악공연, 오락, 사교 모임, 축하 행사, 커뮤니티 이벤트, 무역 박람회, 스포츠 행사, 축제, 컨퍼런스, 드라마, 영화, TV 및 라디오 인증 등과 같은 다양한 응용분야의 필요에 따라서 다양한 크기들로 이용할 수 있다. 디스플레이 제품에는 LED 실내 및 실외 디스플레이와 고객들의 다양한 요구사항을 충족시키는 맞춤형 디스플레이들이 포함된다. 증권 시세 표시 디스플레이는 광대역 모뎀을 통해 서버에서 자동으로 데이터를 수집하고, 데이터를 처리하고, 원하는 형식으로 변환하는 PC를 사용하는 스크롤링(scrolling) LED 디스플레이들이다. LED 이동 시스템들은 움직이는 물체들이나 그림들의 애니메이션 또는 그래픽을 보여 줄 수도 있다. LED 표시판은 인상적인 시각적 효과를 제공한다. 현저하게 눈에 잘 띄는 LED들로 이루어진 이동 메시지 디스플레이 보드들이 광고, 법정 경고, 영업 메시지, 시간, 재미있는 메시지 등을 표시하는 데 사용되고 있다. 이러한 LED 표시판은 특히 야간에 사용하기에 적합하다. LED 도트 매트릭스 디스플레이는 게시판 또는 옥외 광고판으로 사용된다. 대형 점보 정보 디스플레이 시스템들은 특히 먼 거리 가시성을 위한 것이다. 이러한 디스플레이 보드들은 중요한 문제나 긴급 발표에 대해 사람들의 주의를 끌고 있다.

LED TV는 화면을 밝게 비추기 위한 백라이트용으로 LED를 사용하는 LCD TV이다. LED TV들은 플라즈마 TV나 CCFL이 화면 뒤에 설치되는 종래의 LCD TV보다도 수명이 길고 에너지 소비가 훨씬 적다. 이런 이유로 LED TV는 LED 백라이트 LCD TV 또는 LED 기반 LCD TV라고도 한다. LED 백라이팅 기술의 3가지 주요 변형들이 있다: (i) 지역 조광(local dimming) LED TV는 LCD 매트릭스형 화소 뒤에서 LED가 켜지고 꺼지기 때문에 LED가 켜져 있는 밝은 영역과는 분리하여 LED가 꺼져 버린 화면의 특정 영역을 어둡게 하여 광 누출을 줄이고 훨씬 더 깊은 흑을 만드는 데에 기여한다. 이것은 본질적으로 화면의 밝은 영역에서 인접한 어두운 영역으로 빛이 유출되거나 섞이기 때문에 어두운 배경 위에 겹치는 더 밝은 요소 주위에서 주변의 퍼짐/번짐 형태로 절충을 필요로 한다. 주변의 번짐에도 불구하고 흑 레벨이 눈에 띄게 더 깊다. (ii) 백색 LED가 화면의 가장자리를 따라 장착되어 있는 엣지형(edge-lit) LED TV는 독창적으로 배열된 도광판과 반사판을 이용하여 LED의 광을 화면 쪽으로 안내한다. 적은 수량의 LED 요구는 더 얇은 디자인을 가능하게 하여 TV를 예술적으로 매력적이게 만든다. 또한 높은 에너지 효율로 인한 더 낮은 전력 소모는 더욱 친환경적으로 만든다. 그러나 백라이트 조정의 전영역 특성으로 인해 엣지형 백라이트 LED 패널들은 밝기가 혼합된 시퀀스의 경우 흑 레벨이 낮고 주로 어두운 콘텐츠의 경우 더 낮은 콘트라스트 인식을 표시한다. (iii) 가장자리를 따라 배치하지 않고 LCD 화면 뒤쪽에 배열된 비지역 조광(non-local dimming) LED가 배치된 직하형 백라이트(direct-lit) *LED TV*는 더 두꺼운 측면 두께를 가지고 있지만 위쪽 방향으로는 더 우수한 화면 균일성을 제공한다. 화상 품질을 고려할 때 이러한 배면 장착형 정적 LED를 갖는 TV들은 종래의 CCFL 백라이트 LCD TV와 비슷한 성능을 나타낸다.

 참고문헌

Green, P. 2007, May. Simple, efficient, high-brightness-LED control. *Bodo's Power Systems*. pp. 26, 28. http://www.irf.com/technical-info/whitepaper/bp_05-07_ir_online.pdf

Greenemeier, L. 2009, August. Brighter idea: Next-generation inorganic LEDs promise longer lives and more lumens. http://www.scientificamerican.com/article.cfm?id=inorganic-led

Jones, W. 2009, August. News: Flexible inorganic LED displays: Printed compound semiconductors could challenge OLEDs, say researchers. *IEEE Spectrum News*. http://spectrum.ieee.org/semiconductors/devices/flexible-inorganic-led-displays/2

Park, S.-II., Y. Xiong, R.-H. Kim, P. Elvikis, M. Meitl, D.-H. Kim, J. Wu et al. 2009, August. Printed assemblies of inorganic light-emitting diodes for deformable and semitransparent displays. *Science* 325 (5943): 977–981. http://rogers.matse. illinois.edu/files%5C2009%5Ciledscience.pdf

PIC Microcontroller Note. 2008, December. LED 7-Segment Multiplexing. http://picnote.blogspot.in/2008/12/led-7-segment-multiplexing.html

연습문제

25.1 LED 디스플레이와 관련하여 다음 용어들을 정의하라: (a) 화소(pixel), (b) 화소 피치(pixel pitch), (c) 해상도(resolution), (d) 수평 시야각(horizontal viewing angle)과 수직 시야각(vertical viewing angle), (e) 프레임(frame)과 프레임률(frame rate).

25.2 LED 디스플레이의 주요 구성요소들의 명칭을 기재하라. 그들의 기능들을 설명하라.

25.3 LED 디스플레이에서 가장 잘 알려진 패턴들은 무엇인가? 영숫자 디스플레이(alphanumeric display)란 무엇인가? 그들은 어디에 사용되는가? 디스플레이에서 문자들의 크기는 무엇이 결정하는가?

25.4 7-세그먼트 디스플레이에서 8개 LED는 어떻게 배열되는가? 핀 다이어그램을 그리고 소문자로 핀들을 표시하라. LED 디스플레이의 공통 음극(common cathode)과 공통 양극(common anode)의 구조를 설명하라.

25.5 4 × 4 LED 배열 작업을 다이어그램으로 설명하라.

25.6 7-세그먼트 디스플레이에서 경험하게 된 어려움들은 무엇인가? 14-세그먼트 디스플레이가 어떻게 이러한 문제들을 극복하는가?

25.7 멀티플렉싱(multiplexing)이란 무엇인가? 3자리 LED 디스플레이 작동에서 멀티플렉싱 기술의 사용에 대해 설명하라. 멀티플렉싱을 하지 않으면 몇 개의 입력/출력 연결 배선이 필요한가?

25.8 컬러 비디오 디스플레이의 기본 요소는 무엇인가? LED 디스플레이를 구성할 때 적용되는 모듈식 접근방식을 설명하라. 디스플레이는 어떻게 관리되는가?

25.9 LED TV에 기대되는 진정한 의미는 무엇인가? 명칭은 일반적으로 어떤 의미에서 적용되는가? 일반적인 LED TV 기술들은 무엇인가? 흑과 백의 가장 정확한 재현을 제공하는 3가지 기술은 무엇인가?

25.10 LED TV의 3가지 유형의 주요 특징을 개략적으로 설명하라. 형광램프 기반 LED TV나 플라즈마 TV를 능가하는 LED TV의 장점을 설명하라. LED TV의 단점 1개를 설명하라.

CHAPTER 26

유기 발광 다이오드 디스플레이
OLED Displays

학습목표

이 장을 학습한 후에 독자들은 다음의 역량들을 갖출 수 있게 된다.

- AMOLED와 PMOLED 디스플레이의 구성과 특성 및 활용을 이해할 수 있다.
- 능동형 매트릭스(active matrix) 구동의 필요성에 대해 설명할 수 있다.
- 디스플레이 기능에서 백플레인(backplane)의 역할을 이해할 수 있다.
- 이용 가능한 백플레인 기술에 대해 토론할 수 있다.
- 특정 활용을 위해 요구되는 백플레인 기술을 선택하기 위한 기준을 결정할 수 있다.
- 휴대 전화, TV 그리고 휴대용 컴퓨터에서 OLED 디스플레이의 사용을 한눈에 알 수 있다.
- LCD, PDP, AMOLED TV 각각에 대해 판단할 수 있다.

26.1 디스플레이의 진화

26.1.1 부피가 큰 디스플레이에서 가벼운 디스플레이로

디스플레이 기술은 대량의 전력을 필요로 하는 부피가 크고 무거운 음극선관(cathode ray tube, CRT)에서 평판형의 가벼운 플라즈마 디스플레이 패널(plasma display panel, PDP)과 훨씬 적은 전력을 소모하는 액정 디스플레이(liquid crystal display, LCD)로 확장되었다. 이러한 모든 앞선 기술들에 대한 환상적인 대안이 유기 발광 다이오드(organic light emitting diode, OLED)에 의해 제공되었다(ammermann et al. 1995, Sepeai et al. 2007).

26.1.2 OLED 디스플레이의 두 가지 구동방식

유기 발광 다이오드(OLED) 디스플레이는 구동방식에 따라 수동형 매트릭스 OLED (passive matrix OLED, PMOLED) 디스플레이와 능동형 매트릭스 OLED(active matrix OLED, AMOLED) 디스플레이의 두 가지 종류가 있다.

26.2 수동형 매트릭스 OLED 디스플레이

26.2.1 구조와 작동 원리

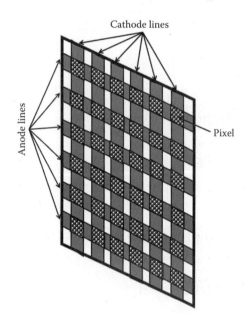

그림 26.1 PMOLED에서 음극과 양극 배선들의 교차점에 화소 형성. 사이에 끼여 있는 유기물 층들은 여기에 나타내지 않았다.

PMOLED 디스플레이는 전극 배선이 단순히 행렬 형태로 체계적으로 배치된 행(row)들과 열(column)들로 구성된다 (그림 26.1). 이 디스플레이에서 음극의 열들은 양극의 행들과 교차되며 유기물 박막은 양극과 음극 사이에 놓여 있다. 특정 행과 열 배선들에 구동전압을 인가함으로써 그들의 교차점들에 위치한 개별 화소들이 점등된다(그림 26.2).

26.2.2 장점

PMOLED 디스플레이에서 유기물 박막과 음극 금속 박막은 표준 제작공정인 진공 증발(vacuum evaporation) 공정에 의해 증착되므로 적은 비용으로 대규모 제조가 가능하다.

26.2.3 구동 배열과 문제점

구동의 복잡성: PMOLED 디스플레이의 개념은 설계와 제작에서 다소 단순해 보이지만 모든 라인이 각각의 다이오드 (diode)에 대해 전류 제한을 가져야 한다는 필수적인 요구사항 때문에 실제 구동 배열은 매우 복잡하다. 이 배열은 주어진 행에서 활성화되는 다이오드의 수에 따라 변경된다. 각 화소들을 구동하기 위해 이용할 수 있는 시간은 스캔 라인인 행 배선의 수에 따라 급격히 감소한다. 이러한 활용 가능한 시간의 감소는 피크 휘도 레벨이 높게 유지되는 것을 필요로 하므로 행 배선의 전류 상승이 생기게 된다.

분할 어드레싱된 300 nit의 평균 휘도를 갖는 VGA 디스플레이를 달성하기 위해서는 72,000 nit의 피크 휘도가 필요한 것으로 밝혀졌다. 이때 행 배선에서 1.6 A의

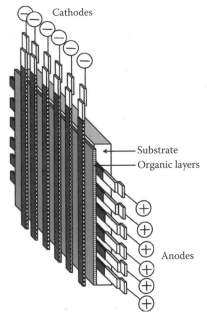

그림 26.2 PMOLED 어드레싱.

피크 전류가 판독되었다(Hosakawa et al. 1998, Dawson et al. 1999). 수동형 매트릭스 어드레싱 디스플레이에서 적절한 평균 휘도를 얻기 위해 필요한 큰 구동전류는 급상승하는 관련된 구동전압 때문에 불리하다. 이로 인해 행 배선들에서 큰 규모의 전압강하(voltage drop)를 일으키고 OLED의 작동을 전력효율이 낮은 고전압 방식으로 되게 한다.

높은 전압, 수명 및 전력 소모: 더 높은 전압은 전력 손실의 증가와 과도한 플리커(flicker) 및 단축된 수명을 야기한다. 높은 밝기 레벨은 디스플레이의 구동전압 레벨을 증가시켜 예상되는 수명을 상쇄하기 때문에 수명이 감소한다. 대부분의 OLED 재료에서 구동전압 레벨과 수명의 관계는 거의 선형적이다. 그와 같은 난관들을 극복하기 위해서 능동형 매트릭스 어드레싱이 사용된다. 전반적으로 PMOLED는 AMOLED 디스플레이보다 더 큰 전력을 소비한다.

26.2.4 활용분야

PMOLED 디스플레이의 높은 전력 소모는 대각선 방향으로 측정된 디스플레이의 크기가 50~80 mm 이하이거나 행 배선의 수가 100개 미만인 활용분야에서만 사용하도록 제한한다. PMOLED 디스플레이는 일반적으로 휴대전화, 자동차 및 일부 오디오 장비와 같이 텍스트나 아이콘 표시가 필요한 단순한 응용분야 등에 사용된다.

26.3 능동형 매트릭스 OLED 디스플레이

26.3.1 능동형 매트릭스 구동의 장점

능동형 매트릭스로 OLED를 구동하는 것은 더 낮은 전압 작동과 더 작은 피크 화소 전류로 연결된다. 따라서 결과적으로 훨씬 더 큰 효율과 밝기를 갖는 디스플레이가 된다. 밝기가 OLED를 통해 흐르는 전류에 비례한다고 하면, 능동형 매트릭스의 역할은 전체 프레임 시간(frame time)에 걸쳐 일정한 전류 흐름을 제공하여 수동형 매트릭스 방식에서 직면했던 높은 전류를 제거하는 것이다(Dawson et al. 1999).

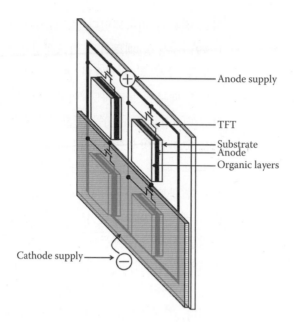

그림 26.3 TFT들을 통한 AMOLED 어드레싱. 아래쪽에 위치한 OLED 구조를 나타내기 위해서 음극 전극의 절반 부분만 도시하였다.

26.3.2 구조와 작동

PMOLED 디스플레이처럼 AMOLED 디스플레이도 매트릭스 형태의 OLED 화소들로 이루어진다. 각 화소는 양극, 음극 그리고 중간에 끼여 있는 유기물 박막(organic film)으로 구성된다(그림 26.3).

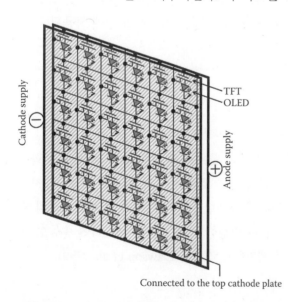

그림 26.4 TFT를 통해서 어드레싱된 6×6 AMOLED.

선택적 화소 어드레싱(addressing)을 위해서 전용의 주사 배선들과 데이터 배선들이 제공된다. 이 디스플레이의 독특한 특징은 단위화소(sub-pixel)들이 박막 트랜지스터(thin film transistor, TFT) 배열에 의해 활성화되는 것이다(그림 26.4).

이 배열은 각 화소를 통해 흐르는 전류를 제어하고 차별적인 활성화를 가능하게 한다. 특정 단위화소에 전류가 흐를 때마다 그 해당 단위화소에 의해 광이 방출된다. Pode와 Diouf (2011) 이후, 각 단위화소는 2개의 TFT에 의해 동작된다(그림 26.5).

하나의 TFT의 기능은 단위화소를 on/off 스위칭시키는 것이고, 또 다른 TFT의 기능은 단위화소

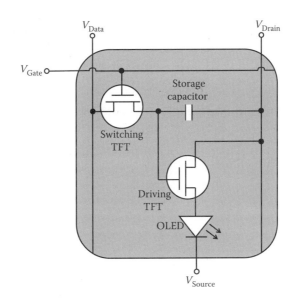

그림 26.5 OLED 디스플레이용 2-TFT 회로.

에 필요한 일정한 전류를 공급하는 것이다. AMOLED 디스플레이의 각각의 단위화소에 필요한 회로는 하나의 스위칭용(switching) TFT와 하나의 구동용(driving) TFT 및 하나의 축적 커패시터(storage capacitor)를 필요로 한다. 구동용 TFT는 고해상도 디스플레이를 위해 LCD 소자에서 요구되는 것보다 더 높은 1~5 μA/pixel 범위의 충분한 전류를 OLED 단위화소에 공급한다. 따라서 PMOLED 디스플레이에서 요구되는 높은 구동전류의 필요성을 AMOLED 디스플레이에서는 회피할 수 있게 되었다.

26.3.3 디스플레이의 Backplane

백플레인(backplane) 기술은 디스플레이 산업의 한계를 크게 설정하는 기술의 매우 중요한 한 부분이다. 백플레인은 필요에 따라 각각의 단위화소들을 켜고 끄는 역할을 한다. 백플레인은 스위치로서 작동하는 머리글자 TFT로 나타내는 박막 트랜지스터 (thin film transistor)와 유리 기판으로 구성된다. 그래서 박막 트랜지스터 백플레인 (TFT backplane)이라고도 한다. TFT 백플레인은 전력 소모가 매우 적다. LCD와는 달리 매우 빠르게 재생(refresh)되므로 움직이는 영상이나 그래픽이 방송되는 TV 나 기타 디스플레이에 유용하다.

26.3.4 장점

AMOLED 디스플레이는 넓은 시야각과 함께 먼 시청거리로부터의 넓은 가시성 범위, 약 1.3 mm의 얇음(slimness)과 작은 도트 피치 크기, 높은 색상 포화도와 콘트라스트, 흐려짐 효과(blurring effect)를 줄이는 수 μs의 빠른 응답시간(response time), 적은 열 발산, 만족스러운 저온 동작 등이 가능한 유리한 특징들 때문에 고성능 제품들에 광범위하게 사용되고 있다.

26.3.5 문제점과 활용분야

AMOLED 디스플레이들이 갖고 있는 가장 중요한 문제점은 짧은 수명이다. 초기 제품들의 수명은 약 15,000시간이었고 상당히 개선되어야 할 필요가 있었다. 그래서 TV 세트나 컴퓨터 모니터들에서의 사용이 제한되었다. 그러나 2008년경부터 소형 AMOLED 디스플레이가 대량 생산되면서 사용자들의 사용 주기가 짧은 스마트폰에 널리 적용되고 있다. 또한 최근 55인치 이상의 대화면 텔레비전에도 적용되기 시작하였고, 수명을 개선하기 위한 노력들이 계속해서 진행되고 있다. AMOLED 디스플레이는 소자의 간단한 구조로 인한 제조의 용이성과 저렴한 제조비용뿐만 아니라 플렉시블 디스플레이, 투명 디스플레이, 일회용 디스플레이 등 광범위한 활용분야로 인해 향후 강력히 선호될 것이다.

26.4 TFT 백플레인 기술

AMOLED 제작은 유기 발광 다이오드(OLED) 공정 이외에도 TFT 백플레인 기술을 포함한다. 우수하고 균일한 전기적 특성을 나타내는 신뢰할 수 있는 TFT 백플레인이 필수적이다. TFT 기술 하에서 능동형 매트릭스 백플레인은 450°C 이하의 온도에서 비정질 실리콘(amorphous silicon, a-Si)이나 다결정 실리콘(polycrystalline silicon, poly-Si) 방법들에 의해 제작될 수 있기 때문에 유리 기판들이 사용되고 있다. 제안되는 또 다른 기술로는 금속 산화물 박막 트랜지스터(metal oxide thin film transistor, MOTFT)와 유기 박막 트랜지스터(organic thin film transistor, OTFT)가 있으며 저온 공정과 호환되며 광학적으로 투명하다. 이들은 상온에서 공정이 가능하므로 플라스틱 기판을 활용할 수 있기 때문에 플렉시블(flexible) 디스플레이의 구현이 가능하고 투명 디스플레이의 실현도 가능하다. 그러나 유기 박막 트랜지스터의 경우는 상대적으로 낮은 운반자 이동도(carrier mobility)를 가지고 있기 때문에 필요한 구동전류를 제공하기 위해서 넓은 트랜지스터 면적이 요구되므로 상대적으로 긴 채널 길이를 일반적으로 활용한다. 낮은 이동도 채널들은 또한 구동회로 동작 주파수에 최대 한계를 두어 디스플레이 응답시간을 제한한다.

26.4.1 수소화된 비정질 실리콘(a-Si:H) TFT

글로우 방전 플라즈마 CVD(PECVD) 장치를 이용하여 성막한 비정질 반도체 박막으로부터 p-type/n-type의 제어가 가능해지면서 수소화된 비정질 실리콘(hydrogenated amorphous silicon, a-Si:H)이 TFT에 적용 가능하다는 것이 확인되었다(Spear and Comber, 1979). a-Si:H TFT는 기본적으로 3가지 탁월한 소재들을 기반으로 하는 금속–절연체–반도체 전계 효과 트랜지스터(metal–insulator–semiconductor field effect transistor, MISFET)이다. 게이트(gate) 금속(증착 환경에 노출 시의 안정성을 위해 크롬(Cr) 또는 몰리브덴(Mo)/탄탈럼(Ta)과 같은 내열성 금속 또는 합금), 게이트 유전체(실리콘 질화물 SiN_x) 그리고 반도체 활성층(도핑하지 않은 a-Si:H)이 사용되었다(Long 2006). 활성층(active layer)과 소스(source)–드레인(drain) 금속 사이의 오믹 접촉(ohmic contact)을 위해서 인(phosphorus, P)이 도핑된 N^+ a-Si:H 층이 사용되었다. 통상적인 a-Si:H TFT 구조는 하부의 게이트와 상부의 소스/드레인을 갖는 역 스태거드(inverted staggered) 구조이다. 그것의 인기 이유는 뛰어난 전자적인 특성과 제작의 용이성 때문이다.

역 스태거드 구조에는 두 가지 종류가 있다. 그림 26.6a와 26.6b에 각각 나타낸 백 채널 에칭(back-channel etch) 또는 에칭 스톱(etch-stop) 구조(Long 2006)이다.

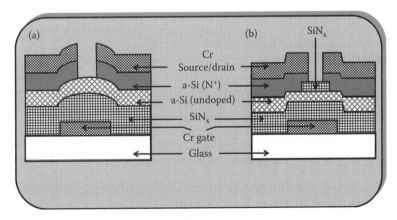

그림 26.6 비정질 실리콘 TFT 구조: (a) 백 채널 에칭과 (b) 에칭 스톱 구조.

Long(2006)의 학위논문 연구에 따르면, 백 채널 에칭 구조의 제작은 채널로부터 N^+ 층의 완전한 제거를 보장하기 위해 도핑되지 않은 a-Si:H 층으로의 과도한 오버 에칭을 필요로 하므로 도핑되지 않은 채널 층을 두껍게 만들어 더 높은 오프 전류(off current)와 더 큰 광 민감성으로 이어진다. 그러나 백 채널 에칭 구조의 장점은 간단하고 쉬운 제조이다. 그것은 에칭 스톱 구조보다 하나의 마스크 공정이 덜 필요하고 하나의 박막 층을 덜 증착시킨다.

에칭 스톱 구조는 a-Si:H 층의 상부에 증착되는 두 번째 절연층이 채널 상부로부터 N^+ 층을 제거하는 동안 에칭 스톱 층으로서 역할을 하기 때문에 매우 얇은 도핑되지 않은 a-Si:H 층을 갖고 있다. 따라서 a-Si:H 층으로 과잉 식각되는 위험이 없어서 매우 얇게 만들 수 있다. 에칭 스톱 구조가 백 채널 에칭 구조에서 직면한 문제를 회피할지라도 에칭 스톱 구조는 더 복잡하고 백 채널 구조보다도 더 많은 제작 단계들을 필요로 한다. 그래서 구조와 제작 공정의 단순성 때문에 백 채널 에칭 구조가 일반적으로 사용되고 있다.

a-Si:H TFT는 이동도(mobility)와 전기적 안정성이 좋지 않지만 높은 균일성과 저비용으로 제작될 수 있기 때문에 a-Si:H TFT를 이용한 OLED 화소 회로가 상당한 주목을 받았다(Shin et al. 2006). a-Si:H TFT의 문턱전압과 이동도에서 우수한 균일성을 제공한다. 또한 a-Si:H 기술의 인프라는 수년에 걸쳐 발전해 왔으며 제조비용도 합리적이다. 그러나 a-Si:H TFT의 문턱전압은 광 방출과정 동안에 전기적 바이어스에 의해 심각한 열화를 겪는다. OLED의 양극이 구동용 TFT의 소스 단자에 접속된 상태에서 OLED의 문턱전압의 변화(shift)는 구동 TFT의 게이트-소스 전압을 감소시키고 디스플레이 품질의 열화를 야기한다. 화소 회로는 TFT들의 문턱전압 변화를 보상해야 한다. a-Si:H TFT의 불안정성은 적절한 회로들에 의해 보상된다.

26.4.2 저온 다결정 실리콘 TFT

저온 다결정 실리콘(low temperature poly silicon, LTPS) TFT는 높은 이동도와 안정성이 있지만 궁색한 균일성을 가지고 있다. LTPS TFT를 갖는 OLED는 엑시머 레이저로 열처리된 다결정 실리콘(poly-Si) 물질의 특성에 의해 야기되는 문턱전압(threshold voltage)의 변화 때문에 불균일한 밝기를 나타낸다. 게다가 대면적 결정화(crystallization)에서 어려움에 직면해 있고 또한 그 비용도 높다. LTPS TFT 디스플레이의 성능 변화는 회로에 의해 보상된다. 더 나아가 LTPS에 사용되는 엑시머 레이저 공정의 크기 제한 때문에 AMOLED의 크기가 제한된다. 패널 확장과 관련된 장애물을 해결하기 위해서 비정질 실리콘/마이크로 결정질(microcrystalline) 실리콘 백플레인들이 적용되어 대면적 디스플레이 시제품들이 제시되었다.

26.4.3 금속 산화물 TFT

금속 산화물 박막 트랜지스터(metal oxide thin film transistor, MOTFT)는 높은 전자 이동도, 우수한 균일성, 투명성, 저온 공정, 저 비용으로 인해 OLED 소자를 구동할 수 있는 유망한 TFT이다. Peng 등(2012)은 활성층으로 비정질 In–Zn–O(IZO)와 게이트 유전체로 Al_2O_3을 사용한 MOTFT를 제작했다. 이러한 종류의 MOTFT는 게이트 바이어스 스트레스(gate bias stress) 조건 하에서 높은 이동성, 낮은 문턱전압 그리고 양호한 전기적 안정성을 나타냈다. 이 MOTFT에 의해 구동된 5인치 풀 컬러 AMOLED 디스플레이가 시연되었다. 그 MOTFT는 9000초의 게이트 바이어스 스트레스 후에 0.3 V 미만의 문턱전압 변화를 나타내는 확실한 성능을 보였다. 최근에는 활성층에 비정질 In–Ga–Zn–O(IGZO)를 사용한 MOTFT가 적용된 55인치 이상의 풀 컬러 AMOLED 디스플레이가 시판되고 있다.

26.4.4 나노 와이어 트랜지스터 회로

Ju 등(2008)은 실온에서 간단하고 확장 가능한 공정으로 제작된 나노 와이어 트랜지스터(nano wire transistor) 전자 소자가 포함된 스위칭 회로와 구동 회로들을 갖고 있는 최초의 투명 AMOLED 디스플레이에 대해 서술하였다. 그들은 활성 채널 소재로서 In_2O_3 나노 와이어와 게이트 절연체로서 high-k 유기물 자기 조립된 나노 유전체(self-assembled nano dielectric, SAND) 그리고 투명 전도성 게이트 전극, 소스 전극, 드레인 전극으로서 인듐 주석 산화물(indium tin oxide, ITO)을 사용했다. 그들은 고분자 OLED를 사용하는 나노 와이어 트랜지스터 기반의 2 mm × 2 mm 투명 AMOLED 디스플레이를 전시했다.

26.4.5 다양한 백플레인 기술 중에서 선택

흥미롭게도 완전한 수준으로 개발되어 쉽게 사용할 수 있는 다양한 백플레인 기술들이 있고 다른 기술들도 빠르게 출현하고 있다. 여기에는 비정질 실리콘, 저온 폴리 실리콘, 용액 공정된(solution-processed) 혹은 진공 증착된(vacuum evaporated) 유기 반도체, 나노 결정질 실리콘(nano crystalline silicon)과 나노 와이어(nano wire), 그래핀(graphene), 탄소 나노 튜브(carbon nano tubes)처럼 출현하고 있는 나노 시스템의 다수 그리고 MOTFT와 같은 기술들이 포함된다. 그들은 실리콘 TFT(비정질, 나노 구조 그리고 다결정), 유기 반도체, 나노 구조의 반도체 그리고 금속 산화물을 대체하는 거대한 배경을 형성한다.

3차원(three-dimensional) 및 초고해상도(ultrahigh-resolution) 디스플레이들은 높은 재생 속도(refresh rate)를 필요로 한다. 이것은 a-si:H TFT처럼 현재의 선도기술(leading technology)의 능력 한계를 능가하여 스위칭 속도의 제한을 확대시킨다. 시스템온패널(system-on-panel)의 사고는 패널과 백플레인에 집적시킬 수 있는 더 많은 처리 능력을 필요로 한다. 전력 소모의 감소는 공정 기간 동안의 열 자원의 감소에서부터 작동 중의 보다 더 효율적인 에너지 사용에 이르기까지 디스플레이의 전체 수명 주기에서의 향상을 의미한다. 따라서 TFT 설계, 제작 및 작동에 영향을 미친다.

각각의 TFT 기술은 서로 다른 요구사항들을 만족시키는 다양한 특성들을 제공하며, 모든 요구사항을 충족시키는 보편적인 해결책은 제공하지 않는다. 이것은 처음에는 최소한 몇 가지 다른 기술이 살아남을 것이고, 각각의 기술은 새로운 요구 영역의 한 부분을 만족시키기 위해서 생겨나고 따라서 각각 다른 통로를 확보하게 될 것이라고 제안한다. 게다가 이러한 기회들 중 일부는 고도로 발달되어지는 반면에 다른 것들은 큰 가능성을 갖고 있다. 실험실에서 상품화에 이르기까지 시간이 걸릴 것이고 예상치 못한 기술적인 교착상태들이 해결되어질 것이다.

26.5 OLED 핸드폰, TV, 컴퓨터 디스플레이

OLED 기술은 스마트폰 화면과 TV, 컴퓨터 모니터 디스플레이들에 혁신을 일으키고 있다. 만약 휴대폰 배터리가 더 오랫동안 지속된다면 사람들은 크게 기뻐할 것이다. 누구든지 평판 TV의 가격을 낮추고, 더 편평하고 유연하게 만들면 고마워할 것이다. 아마도 모든 사람들이 직사광선 아래에서 휴대용 컴퓨터 화면을 읽을 수 있기를 바랄 것이다. 이러한 것들은 OLED가 제공할 수 있는 많은 특징들 중의 일부이다.

비용(cost): OLED는 잉크젯 프린터 또는 스크린 인쇄 기술들을 사용하여 어떠한 적절한 기판에 인쇄될 수 있기 때문에 이론적으로 LCD나 PDP 디스플레이들보다 제조비용이 훨씬 적게 든다.

백라이팅, 전력 소모, 흑 레벨 그리고 시야각: 근래에 대부분의 평판 모니터 및 휴대용 컴퓨터 디스플레이들은 TFT-LCD(thin film transistor liquid crystal display) 소자들을 사용한다. 이 소자들은 적색, 녹색, 청색 컬러필터들을 통해 빛을 통과시킬 수 있는 3개의 스위칭 요소(switching element)들로 구성된 단위화소들의 배열로 만들어졌다. LCD 소자는 스위치가 켜져 있어도 각 필터 블럭들이 빛을 차단하기 때문에 그 배면 쪽으로부터 매우 밝은 빛을 필요로 하고, 화면이 블랙일 때도 백라이트는 켜진 채로 남아 있다. 게다가 LCD 셀(cell)은 스스로 빛을 방출하지 않기 때문에 LCD는 백라이트를 사용하므로 꺼져 있는 동안에 진정한 블랙을 표시할 수 없다. 백라이팅은 LCD에서 밝기를 향상시키는 데 중요한 요소이지만 상당한 초기 비용을 추가할 뿐만 아니라 작동 중에 여분의 전력이 필요하고 이것이 휴대용 컴퓨터에 무거운 배터리가 사용되는 이유이다. LCD에서는 백라이트에 의해 방출되는 빛의 약 50%를 필터링하는 편광판(polarizer)이 필요하기 때문에 에너지가 낭비되고 있다. 게다가 액정층(liquid crystal layer)이 또 다시 약 20% 정도를 차단하고, 컬러 LCD에 사용되는 컬러필터(color filter)가 액정층을 통과한 빛의 약 70% 정도를 또 다시 차단한다.

OLED 디스플레이들은 자체 발광 특성을 갖는 재료를 사용하여 백라이트를 제거했다. OLED 디스플레이들은 적색, 녹색, 청색의 3개의 요소들을 갖는 단위화소들의 동일한 어레이를 갖고 있지만, 각 요소들이 정확한 주기로 자체 발광을 일으키기 때문에 이미지에 영향을 주지 않는 빛은 발생되지 않는다. 향후 OLED 디스플레이가 사용되는 휴대용 컴퓨터는 가지고 다니기에 비교적 가볍고 배터리는 전통적인 LCD 화면이 장착된 휴대용 컴퓨터보다 훨씬 오랫동안 사용할 수 있을 것이다. 발생될 명백한 이익은 큰 절전일 것이며 동등한 크기의 LCD는 3배의 전력이 사용될 것이다.

더 나아가 OLED들은 백라이트 또는 TFT-LCD처럼 많은 층을 거의 필요로 하지 않기 때문에 훨씬 더 얇게 제조될 수 있다. 외광 반사 방지용으로 편광 필터를 하나만 사용하고 OLED 화소들이 직접 빛을 방출하기 때문에 LCD들보다 훨씬 더 넓은 시야각을 갖는다. 시야각이 정면에서 상하좌우 방향으로 90°로 이동하는 동안에 OLED 화소의 색상은 정확하고 변하지 않은 것처럼 보인다. 또한 훨씬 넓은 작동 온도 범위를 가지고 있다.

색상 범위와 밝기: OLED는 훨씬 더 넓은 범위의 색상과 밝기를 가능하게 한다.

응답시간(response time): OLED는 일반적인 LCD 화면보다 더 빠른 응답시간을 갖는다. 현재 LCD의 평균 응답시간은 5~8 ms인 반면에 OLED의 응답시간은 0.01 ms 미만이다.

TV, 컴퓨터 모니터 그리고 관련 분야에서 OLED 기술은 LCD 기술 또는 PDP 기술과 경쟁해야만 한다. OLED TV 디스플레이들은 현재 LCD 또는 PDP 디스플레이보다 크기가 작다. 3가지 디스플레이 소자 기술들에 대한 비교 평가를 표 26.1에 나타냈다.

표 26.1 디스플레이 소자 기술 요약

번호	특성	디스플레이 소자 종류		
		LCD TV	플라즈마 TV	AMOLED TV
1.	원가	중간	최상	최저
2.	전력 소모	중간	최상	최저
3.	백라이트	필요	불필요	불필요
4.	반감기 휘도	60,000시간 후 백라이트 교체 필요	60,000시간	R/G: 60,000시간 B: 20,000~30,000시간
5.	색 재현 범위	좋지 않음	매우 깊은 블랙 표시	넓음
6.	화면 버닝 가능성	없음	있음	있음

26.6 결론 및 고찰

OLED 디스플레이는 휴대폰, 개인 관리 장비, 디지털 카메라 등과 같은 다양한 영역에서의 활용을 위해 다재다능한 기능들을 이용할 수 있다. OLED 디스플레이의 특징 중 일부는 저온에서 동작 가능하고 넓은 시야각을 갖고 있고 먼 거리에서 우수한 시인성 그리고 또한 우수한 색상 포화도이다. 이러한 디스플레이는 고분자 플라스틱 기판을 사용할 수 있기 때문에 내구성이 뛰어나며 산산조각으로 부서지지 않는다. TV에서 OLED 기술은 선명한 화상 해상도, 빠른 응답시간 그리고 대폭적인 콘트라스팅 영상으로 표준 LCD 스크린보다 더 우수한 화질의 역량을 제공한다. 또한 그것은 영상에 깊이를 제공하여 파노라마 경관과 자연 경치를 보다 사실적으로 볼 수 있는 커브드(curved) 텔레비전들을 가능하게 한다.

능동형 매트릭스 OLED(AMOLED) 디스플레이는 스마트 기기들에 가장 큰 영향을 줄 수 있다. AMOLED는 전통적인 TFT 디스플레이의 능동형 매트릭스 백플레인과 OLED 디스플레이를 결합한 하이브리드 디스플레이 기술이다. AMOLED 디스플레이는 빠르게 움직이는 애니메이션을 과시하는 경우 고스트(ghost)하는 경향이 있는 기존의 OLED 디스플레이보다 화소 스위칭 응답 시간이 더 빠르다. 그들은 LCD 디스플레이보다 1.4배나 더 확장된 컬러 공간으로 자연 색상에 가장 근접한 진정한 컬러를 구현할 수 있다. 넓은 색 재현 범위를 제공함으로써 AMOLED는 전용 및 특수 컬러가 반복적으로 요구되는 인쇄 산업에 적합한 디스플레이 영역을 확장할 것이다. AMOLED 디스플레이들의 유연성과 투명성은 장치를 접을 수 있고 말 수 있도록 만듦으로써 휴대성을 극대화하고, 다른 디스플레이 기술들보다 곡률 형태, 투명 창유리와 경량의 장점들을 갖는 제품 설계에서 현대화를 시험할 수 있다.

OLED와 LCD 사이의 기본적인 차이점은 백라이트의 필요성이다. LCD는 사람들이 볼 수 있도록 화소 뒤에서 빛을 필요로 하지만 OLED는 자체 발광형이다. LCD에 필요한 백라이트는 무게와 두께를 장치에 추가한다. 따라서 OLED 기술의 채택에 의해서 주머니 속에 넣을 수 있도록 디스플레이는 얇고 가볍게 만들어졌다. OLED 기술의 또 다른 주요 장점은 제공할 수 있는 콘트라스트 비(contrast ratio)로 인해 흑색 부분은 최대한 어둡고 흰색 부분은 매우 특출하게 선명해진다.

참고문헌

Ammermann, D., A. Böhler, and W. Kowalsky. 1995. Multilayer organic light emitting diodes for flat panel displays. Annual Report 1995, Institut Hochfrequenztechnik, TU Braunschweig. pp. 48–58. https://www.tu-braunschweig. de/Medien-DB/ihf/p048-058.pdf

Dawson, R. M. A., Z. Shen, D. A. Furst, S. Connor, J. Hsu, M. G. Kane, R. G. Stewart et al. 1999, May. A polysilicon active matrix organic light emitting diode display with integrated drivers, *SID Symposium Digest of Technical Papers*, 30(1), 438–441, doi: 10.1889/1.1834051.

Hosokawa, C., M. Matsuura, M. Eida, K. Fukuoka, H. Tokailin, and T. Kusumoto. 1998, May. *Invited Paper*: Full-color organic EL display. *SID Symposium Digest of Technical Papers*, 29(1), 7–10, doi: 10.1889/1.1833883.

Ju, S., J. Li, J. Liu, P.-C. Chen, Y.-g. Ha, F. Ishikawa, H. Chang et al. 2008. Transparent active matrix organic light-emitting diode displays driven by nanowire transistor circuitry. *Nano Letters* 8(4), 997–1004.

Long, K. 2006. Towards flexible full-color active matrix organic light-emitting displays: Dry dye printing for OLED integration and 280°C amorphous-silicon thin-film transistors on clear plastic substrates. PhD dissertation, Princeton University. 157pp.

Peng, Jb, L. F. Lan, M. Xu, and L. Wang. 2012. A 5-inch AMOLED display driven by metal oxide thin-film transistors. 2012. Session 4C OLED Devices II, *16th International Workshop on Inorganic and Organic Electroluminescence and 2012 International Conference on the Science and Technology of Emissive Displays and Lighting*. EL 2012, 10–14 December, Hong Kong Baptist University, Hong Kong.

Pode R. and B. Diouf. 2011. OLED lighting technology. *Solar Lighting: Green Energy and Technology*, Ch. 4. Springer–Verlag London Limited, pp. 97–149.

Sepeai, S., M. M. Salleh, and M. Yahaya. 2007. Fabrication of white organic light-emitting diode using PHF doped with rubrene. *Journal of Sustainability Science & Management*. 2(1), 11–17.

Shin, H.-S., J.-H. Lee, J.-H. Park, S.-H. Choi, and M.-K Han. 2006. Novel a-Si:H TFT V_{th} compensation pixel circuit for AMOLED. *Proceedings of ASID, '06*, 8–12 October, New Delhi, pp. 466–469.

연습문제

26.1 OLED 디스플레이의 구동방식에 따른 2가지 종류를 각각 무엇이라 부르는 가? 각 종류마다 하나의 장점과 하나의 응용을 언급하라.

26.2 능동형 매트릭스 OLED 구동의 장점은 무엇인가?

26.3 디스플레이의 백플레인은 무엇을 의미하는가? 백플레인의 역할은 무엇인가?

26.4 TFT 백플레인의 의미는 무엇인가? 왜 그렇게 불리어졌는가?

26.5 두 가지 중요하게 확립된 TFT 백플레인 기술을 기재하라. 각 기술마다 한 가지 장점과 한 가지 단점을 언급하라.

26.6 "TFT 백플레인 기술은 일부 적용들에는 적합하지만 다른 적용에는 적합하지 않을 수 있다"라는 문구에 대해 의견을 기술하고 그 사례들을 언급하라.

26.7 OLED 백플레인으로서 금속 산화물 박막 트랜지스터와 나노 와이어 트랜지스터 회로들의 주요 특징들을 설명하라.

26.8 OLED 기술이 휴대폰, TV 및 컴퓨터 디스플레이에 미치는 영향은 무엇인가? 비용, 백라이팅, 전력 소모와 응답 시간과 관련하여 설명하라.

26.9 OLED 디스플레이가 장착된 휴대용 컴퓨터는 왜 가지고 다닐 때 더 가벼운 가? 그리고 LCD 화면을 갖는 휴대용 컴퓨터보다 배터리가 오래 지속되는 이유는 무엇인가?

26.10 LCD, PDP 그리고 AMOLED 화면 기술들의 비교 차트를 준비하고 그들의 전력 요구 사항, 휘도 반감기 수명 그리고 색 재현 범위를 강조 표시하라.

CHAPTER 27

고체조명의 다양한 활용분야
Miscellaneous Applications of Solid-State Lighting

학습목표

이 장을 학습한 후에 독자들은 다음의 역량들을 갖출 수 있게 된다.

- 전원 및 자동차 신호 체계 및 교통 신호등에서의 LED 활용을 알게 된다.
- 광섬유 및 무선 통신에서의 LED의 사용을 설명할 수 있다.
- 무선 통신에 사용되는 LED 소재 및 구조에 대해 이야기할 수 있다.
- 구강 점막염, 피부 질환 및 기타 질병 치료에 있어서 LED 사용을 토의할 수 있다.
- 식물 성장에 있어서 LED 조명의 역할을 알게 된다.

27.1 전원 표지판

전원 표지판(power signage)은 신호등, 자동차 표시, 출구 표시, 안전 표시, 공항 활주로 조명 등과 같이 광범위한 정보 전달 가능성을 통해 먼 거리에서도 식별할 수 있는 강렬한 눈부심과 색상을 띤 광 신호들이다. LED가 이 활용분야에 어떻게 들어왔는지를 알아보자.

표지판에서 전력 손실 방지: 이러한 활용분야들에 사용되는 광원들은 백열등(incandescent lamp)과 할로겐 램프(halogen lamp)이다. 이러한 광원들의 주요 성가심은 다른 색상의 신호들을 생성하기 위해 광 필터를 이용하는 것이다. 필터링(filtering)은 원치 않는 파장들을 열로 변환하여 광대역 스펙트럼 분포를 좁은 대역 분포로 변환하는 과정을 포함하는 에너지 낭비 과정이다. 그래서 종래의 램프들은 불필요하게 에너지를 낭비하였고 교체가 요구되었다. LED는 필터링 없이 거의 모든 색상으로 이용할 수 있는 좁은 대역의 광원들이므로 이러한 관점에서는 백열등이나 기타 램프들과는 비교할 수 없다.

태양광 아래에서 선명한 가시성 보장: 밝은 LED들은 직사광선 아래일지라도 확실하게 눈에 보여야 하므로 표시를 쉽게 알아볼 수 있도록 충분한 휘도를 가지고 있다. 따라서 대낮의 신호 표시에 대한 흔들림이나 망설임이 없다. 밝은 태양광 아래에서 먼 거리로부터의 명확한 신호 인식 특성은 LED의 분명한 장점이다.

고장 없는 표지판의 요구: LED에 유리한 강점은 전원 표지판이 높은 신뢰성을 요구하기 때문에 수명이 길고 고장 위험이 적다는 것이다. LED의 고장은 삶과 재산에 피해를 일으키는 혼돈과 혼란으로 이어질 것이다.

27.1.1 교통 신호등

고체상태 광원의 첫 번째 대규모 활용분야를 나타내는 교통 신호등(그림 27.1)은 예를 들어 적색은 65%의 듀티 사이클(duty cycle), 황색은 3%의 듀티 사이클 등의 다른 듀티 사이클의 적색 "STOP" LED, 녹색 "GO" LED 그리고 황색 "CAUTION" LED들을 적용했다(Lewin et al. 1997, Traffic Signal Unit 2003).

이러한 LED 신호등은 백열 광원에서 접하게 되는 선팬텀(sun phantom) 현상의 우려를 겪지 않는다(Martineau 2003). 선팬텀 문제는 백열 광원에 큰 반사경(reflector)이나 착색 렌즈 등의 광학적 구조가 포함되어 있기 때문에 발생한다. 신호등에 떨어지는 햇빛은 램프 뒤의 반사경들로부터 되돌아와서 실제로 신호등이 소등되어 있을 때 켜진 것처럼 보이는 기만적인 외형을 나타낸다. 보통 자동차 운전자가 켜진 상태의 적색 LED와 꺼진 상태의 녹색 LED를 구별하는 것은 힘들다. 이러한 잘못된 판단은 보통 아침이나 저녁 태양광에서 일어나며, 구분이 잘 안 될 경우 사고로 이어

그림 27.1 LED 교통 신호등: (a) STOP 그리고 (b) GO.

질 수 있다.

LED들에 반사경들이 포함되어 있지 않다고 추측해서는 안 된다. 그들도 역시 반사경 컵(reflector cup)들을 포함하고 있지만 이러한 컵들은 작기 때문에 선팬텀 효과가 적게 나타난다. 또한 반사경 컵으로부터 반사된 태양광은 LED가 자연스럽게 착색되고 필터의 사용은 부적절하기 때문에 착색되지 않는다.

교통 신호등은 수평과 수직 시야 각도에 대한 최대 및 최소 광도(luminous intensity) 값의 유지를 포함하는 지침과 표준들을 준수해야 한다. 뿐만 아니라 LED 칩이 고장나는 경우에 구동회로로부터 80%의 광출력의 제공을 보증해야 한다. 일반적으로 3가지 색상으로 사용되는 LED들은 다음과 같다: 620 nm 이상의 발광 피크 파장을 갖는 AlGaInP 또는 AlGaAs 적색 LED, 590 nm 파장의 AlGaInP 호박색 LED, 그리고 505 nm 파장의 AlInGaN 녹색 LED.

27.1.2 자동차 표시

수백 개의 LED들이 정지등, 후미등, 후방 및 전방 방향 지시등, 측면 표시등 그리고 기타 기능들과 같은 활용분야를 위해서 자동차(그림 27.2)에 사용되고 있다(Davies 2007). 전 세계적으로 연간 자동차 제조를 조사해 보면 고휘도 LED를 위한 거대한 시장이 존재한다. 그 이유들은 쉽게 이해할 수 있다. LED의 수명은 자동차 자체의

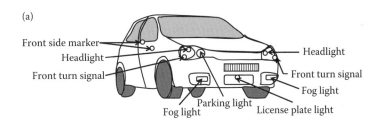
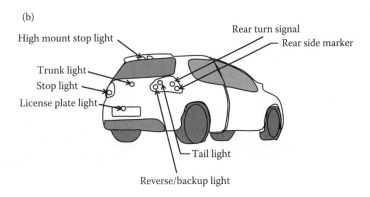

그림 27.2 LED들에 의한 자동차 표시와 조명등: (a) 전방, (b) 후방.

수명을 훨씬 초과하므로 유지 보수와 교체가 필요하지 않다. LED들의 경우 공간과 에너지의 요구량이 매우 적다. 안전은 천부적인 재능과 관련이 있다. 게다가 LED들은 백열등의 일반적인 예열 시간인 약 0.1초보다 훨씬 짧은 시간에 순간적으로 켜진다. 실제로 이는 운전자가 반응하기 위한 긴 시간 간격으로 해석되며 전방에 있는 차량의 운전자가 갑자기 브레이크를 작동했을 때 운전자가 이용할 수 있는 수 미터의 공간과 같다.

우수한 내충격성은 트럭 덮개와 같은 차량의 진동하는 구성요소에 LED들을 장착할 수 있게 한다. 백열등으로는 그와 같은 것을 생각할 수 없다. LED의 동작에 열의 발생이 없으면 플라스틱 광학시스템들을 사용할 수 있는 반면, 백열 광원은 그런 여지가 없다. 백열 광원은 많은 열을 발생시키므로 가까이에 있는 플라스틱 부품들에 유해하다. LED용의 효율적이고 컴팩트한 플라스틱 기구들은 쉽게 설계된다.

교통 신호등과 마찬가지로 자동차 표지등도 일반적으로 AlGaInP LED를 사용한다. 또한 광도, 색상, 장착 위치 등과 관련하여 정해진 여러 국내/국제 규정을 따라야 한다.

27.1.3 다른 표지판의 활용분야

LED는 장시간 동안 점등되는 영역에 매우 적합한 조명이다. 대형 공공건물의 출구 안내 표지판은 전원이 끊긴 동안에 건물을 빠져나올 수 있도록 계속해서 켜져 있다. 방사성 삼중 수소(radioactive tritium)를 포함하고 있는 표지판들은 방사선 영향에 대한 우려 때문에 대중들이 좋아하지 않는다. 지속적으로 ON 상태를 유지하는 장수명 LED 표시는 목적을 매우 잘 수행한다. 경로 표시와 크리켓 스코어보드(cricket score board)를 위한 LED 표지판의 일반적인 사용을 그림 27.3에 나타내었다.

오프로드(off-road) 자동차들뿐만 아니라 항공기와 타워(tower)들에서 깜박이는

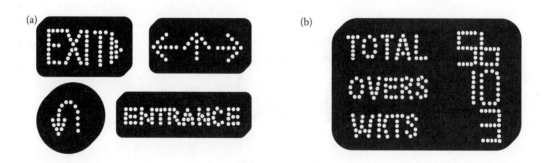

그림 27.3 LED 표시의 활용 사례: (a) 경로 지시기 및 (b) 크리켓 스코어보드.

안전 표시등은 먼 거리에서 볼 수 있어서 충돌을 방지하는 데 도움이 된다. 고속도로 건설에 종사하는 작업자들은 LED로 만든 깜박거리는 휴대용 조명을 사용한다. 또한 LED로 장식된 깜박거리는 안전 조끼도 사용된다.

공항 활주로는 어둠속에서도 선명하게 보여야 한다. 야간 동안 조종사에게 이동 경로를 보여 주기 위해서 스트립(strip) 형태로 채워진 근접한 LED들이 내장되어 있다.

27.2 LED를 이용한 광섬유 통신

27.2.1 사용된 LED의 구조와 재료

광섬유 통신(fiber optic communication)의 인상적인 성과들은 광원으로서의 LED의 개발과 광 파이프(light pipe)로서의 저손실 광섬유의 개발이라는 두 가지 대단히 중요한 광자 혁신에 뿌리를 두고 있다. 1세대 시스템은 주로 LED 기반이었지만 LED를 사용하는 많은 근거리통신(local area network, LAN)들이 현재 존속한다.

LED 구조: 현재의 광섬유 통신시스템에서 발광 다이오드(LED)와 레이저 다이오드(laser diode, LD)는 모두 광원으로 사용된다. 이러한 활용분야에서 표면발광 LED(surface-emitting LED)들은 견고성, 장수명으로 일관된 성능, 저렴한 비용과 디자인의 정직함 등의 장점을 가지고 있다. 그들의 주요 제한은 1.3~1.6 µm 대역에서 100 nm보다 큰 상대적으로 확장된 선폭이다. 따라서 최대 100 Mb/s의 변조 주파수는 최대 전력에서 작동할 수 있지만 전력이 감소하면 최대 500 Mb/s의 더 빠른 속도를 달성할 수 있다. 반사기(reflector)가 제거된 레이저 다이오드(LD)와 유사한 구조를 갖는 측면 발광 LED(edge-emitting LED)들은 비교적 더 좁은 스펙트럼 선폭으로 더 많은 전력 출력을 생성한다.

LED 재료: 송신기에서 AlGaAs LED는 0.87 µm의 광원으로 사용되는 반면에 InGaAsP LED는 적당한 속도와 출력으로 1.3~1.55 µm 대역에서 사용된다. 수신기에서의 검출을 위해 실리콘(Si) P-I-N 포토다이오드(photodiode)와 아발란체 포토다이오드(avalanche photodiode, APD)는 0.87 µm 대역에서 사용되는 반면에 게르마늄(Ge)과 InGaAs P-I-N 포토다이오드는 모두 1.3~1.55 µm 대역에서 사용된다.

27.2.2 LED vs. LD

LED와 비교할 때 레이저 다이오드에 의해 제시된 유리한 특징들은 수십 mW 범위의 고출력 성능, GHz 영역의 고속 성능과 좁은 스펙트럼 폭이다. 그러나 온도 민감도에 의해 유발되는 변동들로 인해 부족하다. 특히, 다중 모드(multi mode) 다이오드 레이저들은 파티션 노이즈(partition noise)라고 하는 모드들 사이에서의 레이저 전력의 랜덤 분포로 인해 피해를 입게 된다. 이 파티션 노이즈는 광섬유에서 색 분산과 공조하여 임의의 강도 변동을 발생시키고 전달된 펄스들을 다시 형성한다. 광출력의 변조에 따라 레이저 주파수가 변경된다. 이 효과를 주파수 왜곡(frequency chirping)이라한다. 주입 전류가 변할 때 발생하는 전하 캐리어의 농도 변화와 관련된 굴절률 변화로 인해서 왜곡이 갑자기 발생한다.

27.3 LED를 이용하는 적외선 및 가시광선 무선 통신

그 용어가 암시하듯이 무선 통신은 전선 혹은 케이블로 연결되지 않은 두 장치 사이에서 정보 교환을 허용한다.

27.3.1 광 무선 통신 기술

적외선 및 가시광선 통신: 라디오파(radio wave) 및 마이크로파(microwave)처럼 적외선(infrared, IR)과 가시광선(visible light)도 무선 통신에 사용할 수 있다. 가시광선보다 파장이 큰 적외선 영역의 사용은 실외 통신을 위해 구름 뒤에서 나오는 태양에 의해 야기되는 것 또는 실내 통신을 위해 방에 켜진 높은 강도의 램프와 같은 주변 광의 요동에 의해 통신시스템이 제약을 받지 않도록 만드는 것이 좋다. 이러한 두 가지 현상들은 통신 신호를 방해할 수 있다. 가시광선 통신(visible light communication, VLC)에서는 이러한 간섭을 주의 깊게 보정해야만 한다.

광 무선 통신 기술의 장점: 광 무선 통신 기술은 마이크로파뿐만 아니라 라디오파 전송에 대한 촉망되는 대체 방안이다. 라디오파 대역과 함께 전자기 간섭(EMI)이 없는 거대한 전 세계적인 자유 대역폭을 제공하므로 라디오파에 민감한 운영 환경에 매우 매력적이다. 무선 통신 시스템의 라디오파는 휴대전화와 무선 네트워크가 도달되는 확장된 지역의 급증으로 인해 언제나 어디에나 존재(ubiquitous)하므로 쉽게 접속이 가능하다. 또한 주파수 할당 문제들은 이용 가능한 라디오 주파수 스펙트럼의 부족으로 인해 라디오 주파수 스펙트럼 활용을 어렵게 하고 있다. 광통신은 어디에나 있는 라디오파와 같은 주파수 할당 쟁점들이 없다.

적외선(IR) 기술은 원격 제어에 있어서 무선 활용의 광범위한 다양성을 다룬다. 적외선은 TV, VCR 및 CD 플레이어의 원격 제어를 조작한다. 컴퓨터는 적외선을 이용하여 파일 및 기타 디지털 데이터를 양방향으로 전송한다. 적외선과 가시광선 광원들의 파장은 서로 가깝기 때문에 질적으로 유사한 전파 거동을 나타낸다. 적외선과 가시광선 통신은 5 m 미만의 매우 짧은 거리에 걸쳐 사용된다. 적외선과 가시광선 신호들은 단지 직접적인 "시선이 향하는 방향(line of sight)"에서만 작용하며 벽이나 다른 장애물들을 관통할 수 없다.

가시광선 통신의 유리한 측면: 가시광선의 경우 조명의 초기 목적에서부터 디지털 데이터 통신 소스로서의 2차 목적에 이르기까지 LED 활용을 확장함으로써 조명과 통신을 위한 광원의 동시 사용을 위한 공동작용성(synergetic)의 잠재력이 현저하고 뚜렷한 장점이 존재한다(Komine and Nakagawa 2003). 백색 LED는 조명과 고속 무선 데이터 전송이라는 두 가지 목적을 동시에 제공한다. 따라서 가시광선 통신은 데이터 통신을 위해 가시광선 LED들을 사용한다. 가시광선 통신은 직장뿐만 아니라 가정에서도 조명 LED들의 설치가 증가함에 따라 많은 관심을 받았다. 가시광선 통신에 대한 주요 보상 장려들은 다음과 같이 제공된다. (i) 백색 LED는 가정과 사무실의 램프 및 가로등, 비행기, 전차, 자동차의 헤드라이트, 백라이트 그리고 미술관에서 물체 조명용으로 대체하기 위해 우리 일상생활의 많은 영역에 진입하고 있다. (ii) 무제한 대역폭. (iii) 현존하는 지역 전력선 기반 시설의 활용 가능성. (iv) 저렴한 송신기 및 수신기 장치. (v) 광파가 불투명한 물체를 통과하지 않기 때문에 도청이 불가함(개인 통신의 무단 실시간 차단); 침입자가 방의 외부에서 은밀하게 신호를 수신하는 것은 매우 어렵다. (vi) 병원과 가정에서 허용가능성과 신뢰성을 제공하는 건강 위험들로부터의 자유. 적외선 전송과 달리 전송 전력을 제한하기 위한 건강 규정은 없다. (vii) 라디오파 기반 시스템과의 간섭이 없어서 항공기에서의 사용이 안전하다.

27.3.2 무선 통신에서 LED 사용

LED를 이용한 온-오프 키잉(OOK): LED들은 초당 수천 번의 비율로 온-오프(on-off)시킬 수 있는 능력을 가지고 있다. 다른 광원 기술들은 그러한 잠재력을 가지고 있지 않다. 송신기에서 주로 온-오프 키잉(on-off keying, OOK)이 디지털 데이터 변조에 사용된다. LED들의 빠른 응답시간 때문에 인간의 시각 지각의 한계를 훨씬 넘어서는 초고속으로 강도가 변조(깜박임)되어 관찰자에게 끊임없이 켜져 있는 것처럼 보인다. 눈은 이러한 변화가 확장된 시간 규모에 걸쳐 발생하면 빛의 밝기와 전력의 변화들을 감지할 수 있지만, 눈에 따라 예를 들어 200 MHz 이상으로 빛이 매우 빠르게 켜지고 꺼질 때는 빛의 변화들을 인식할 수 없다. 이러한 내장된 신호들은 LED에서 2진 코드 형태로 방출된다. 꺼짐(off)은 0과 같고 켜짐(on)은 1과 같다. 이 스위칭은 광이 관찰자에게 보이는 경우에도 단거리에서 100 Mbps를 초과하는 비트 전송률로 디지털 데이터를 통신하는 데 사용된다.

포토다이오드 또는 LED로 검출: 수신기는 광 검출기로 포토다이오드(photodi-
ode)를 사용하여 광 검출기의 표면에 입사하는 광 전력에 비례하는 전류를 생성하여
빠른 온−오프(on-off) 변조를 쉽게 인식한다. 또한 LED는 조명 주파수보다 약간 낮
지만 좁은 대역폭에서 빛을 감지할 수 있으므로 LED도 가시광선 통신의 수신기로서
의 역할을 한다(Dietz et al. 2003).

27.4 LED의 의료 활용분야

27.4.1 수술실 조명

LED 기반의 조명은 그림 27.4와 그림 27.5에 나타낸 바와 같이 외과수술을 진행하
는 수술실에서 사용된다.

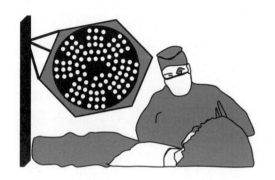

그림 27.4 LED 작동 조명 아래서 집도하는 외과 의사.

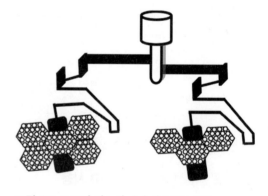

그림 27.5 조정 가능한 수술실 LED 조명.

27.4.2 치료 요법

구강 점막염은 진부한 화학요법 및 방사선 치료의 몹시 고통스러운 부작용이다. NA-
SA(Whelan et al. 2002, Roy 2011)에 따르면 구강 점막염을 치료하기 위한 2년간의
임상시험에서 골수 또는 줄기세포 이식을 받은 암 환자들은 고방사율의 알루미늄 형
광성 기질 또는 치유(HEALS)라고 하는 원적외선/근적외선 LED 노출을 받았다. 그
치료 장치는 LED를 사용하여 치유를 촉진하는 세포들을 자극하는 빛의 파장 형태로
에너지를 방출한다. 이 장치는 구강 병변 및 당뇨병성 피부 궤양 및 화상의 치료 부작
용을 최소화할 수 있었다. HEALS 요법에 의해 고위험군 환자의 통증이 개선될 가

능성은 96%이었다. 구강 염증이 적으면 더 짧은 입원 기간과 환자가 식사를 즐기기 쉽도록 만들어 회복 중에 결핍될 수 있는 영양소를 섭취할 수 있게 한다. 또한 HEALS 치료는 장기간의 우주 비행 동안에 발생하는 상처들을 건강한 상태로 회복시킬 수 있다.

27.4.3 피부 관련 요법

LED광이 피부에 미치는 영향: 세포들 내에서 미토콘드리아의 기능을 회복시키는 LED광의 능력은 피부 요법에 있어서 피부 과학적인 응용분야에 활용되도록 도와준다. 항염증 효과 덕분에 열상 치료를 향상시키고 새로운 콜라겐의 성장을 촉진하여 햇빛에 손상된 피부의 회복을 돕는다.

사람의 피부층에 대한 LED광의 영향은 그림 27.6에서 보는 바와 같이 파장에 의해 결정된다.

청색광 피부 요법: 비록 좁은 스펙트럼 LED광일지라도, 예를 들어, 청색광 요법은 활성 여드름을 제거하는 데 있어서 경구 항생제만큼 효과적이지 않지만, 405~420 nm 파장 영역의 청색광은 어떠한 치료법도 효과가 없는 여드름 환자에게 뚜렷한 개선을 제공한다. 효과적인 치료를 위해서는 병원 치료를 일주일에 최대 3회 받아야만 한다. 재택 치료의 경우 청색광 장치들은 비록 덜 효과적이기는 하지만 널리 알려지고 있다.

적색 및 녹색 광 피부 요법: LED 기반의 적색 및 녹색광 용법도 검토 중이다. 적색

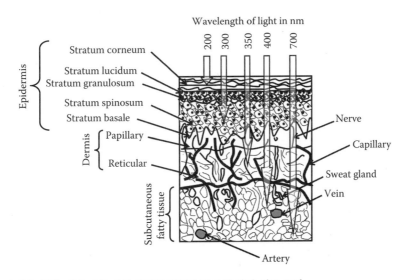

그림 27.6 LED 요법을 위한 다른 피부 층들에서의 광학적 방사의 파장 의존 효과.

광은 피부 내에 있는 미토콘드리아의 자극에 의해 늙은 세포들을 더 젊은 세포들처럼 행동하도록 만든다. 600~950 nm 파장 영역의 적색광은 여드름, 장미증 및 주름을 치료하는 데 사용된다. 532~595 nm 영역 또는 녹색에서 황색 파장의 광은 노화와 관련된 중앙 안면 홍조 및 혈관 또는 장미증을 가진 일부 환자들의 피부 발적을 감소시킨다. 피부과 분야에서 LED광 요법을 검토하기 위해서는 더 많은 연구가 필요하다.

27.4.4　뇌 손상 치료

환자 자신들에 의해 관리되는 LED 기반의 광 요법은 뇌 손상으로부터의 회복에 도움이 될 수 있다. 뇌 손상으로 인한 장기간의 인지기능 장애(생각, 집중, 진술, 판단, 기억 장애)를 가진 두 명의 뇌 손상 환자(Wright 2011)가 이마와 두피에 적색 또는 근적외선 LED를 설치하여 LED광으로 야간에 4개월간의 치료를 받았다. 치료 기간 이후, 환자들은 인지 능력에서 개선의 명확한 징후들을 나타내었다. 더욱이 그들은 LED광 치료가 중단되었을 때 초기 상태로 되돌아가 LED광에 대한 인지기능 개선의 관계를 나타냈다. 두개골을 통해 공급된 적색/근적외선 LED 노출은 저렴하고 비침습성의 치료법으로 인지기능 개선을 위한 가정 치료에 적합하다. 또한 외상후 스트레스장애에 있어서 증상의 중증도를 완화하는 데 도움이 된다.

27.4.5　비타민 D 합성과 세포 측정

UV 방사는 사람들에게 비타민 D3(cholecalciferol)의 자연적인 생성을 일으키므로 (Wright 2011) 조명 기구에 UV LED를 설치하면 비타민 D 합성을 도와 건강에 유익하다. 더 나아가 환자들에게 투여되는 형광 염료와 결합된 UV LED는 세포 죽음 즉 사멸(apoptosis)의 자연 주기와 독소로 인한 세포 죽음, 외상, 또는 괴사(necrosis)라고 불리는 질병 사이를 결정하기 위해 적용되는 세포 진단 절차에서 빠르고 자동화된 인명 구조 분석에 기여한다.

27.4.6　내시경 끝단의 LED

Brüggemann 등(2012)은 LED를 내시경 조명을 위한 외부 냉광원(cold light source)으로 사용했고 효율적인 열 제거를 위해서 열 파이프를 통한 열전달을 제안했다. 그림 27.7은 LED 내시경을 보여 준다.

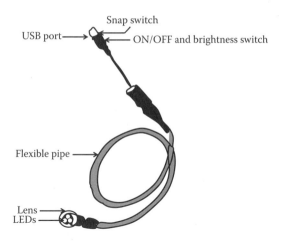

그림 27.7 LED 내시경.

27.5 원예에서의 LED

지구상에서 대부분의 식물은 풍부한 광원인 자애로운 태양으로부터 광을 받는다. 그러나 위치가 끊임없이 변하고 일반적으로 식물 성장에 최적화되어 있지 않은 우주선에서 식물을 재배하려면 인공 광원을 사용해야 한다. LED들은 지구와 우주 모두에서 농작물 생산을 위해서 보조 또는 단독 광원 조명 시스템으로 굉장한 가능성을 갖고 있다(Grow Save 2011, 원예에서의 필립스 LED 조명 2013). LED의 스펙트럼 품질은 농작물 해부학, 형태학, 영양 섭취 그리고 병원체 개발에 큰 영향을 미칠 수 있다. 원적외선은 장일식물의 개화 촉진과 마디 간의 확장에 필수적인 역할을 하는 반면에 청색광은 굴광성(phototropism)과 기공 개구(stomatal opening)를 감시하고, 성장 매체로부터 출현하는 젊은 식물 포자체의 성장을 억제하는 데 광범위한 영향을 미친다.

Tamulaitis 등(2005)은 식물의 성장 연구를 위한 유연한 장비로서 개선된 고출력의 AlGaInP LED에 의해 분배된 주요 광합성의 성분을 갖는 4개의 파장 조명기 기반의 고체상태 조명 시설을 서술했다. 그들은 다양한 스펙트럼 구성의 광을 사용하여 상추와 무에 대한 성장 실험을 수행했다. 그 연구는 동등한 광자 플럭스를 갖는 고출력 LED와 HPS 램프에 의한 조명 하에서 자라는 식물에서의 생체 인식 변수들과 엽록소 농도 및 식물 호르몬의 비교를 포함했다. 455 nm, 660 nm 및 735 nm 성분들의 부속 파장이 포함된 640 nm의 주 파장을 갖는 조명 아래에서 상추와 무의 성장은 광합성과 식물 형태학 형질에 있어서 HPS 조명 아래에서보다 현저하게 개선되는 것으로 밝혀졌다. 식물 재배에 개선된 고출력 AlGaInP와 AlInGaN LED의 활용은 기존의 익숙한 도구들보다도 조명 비용의 큰 절감을 제공한다는 것이 실험적으로 밝혀졌다.

27.6 결론 및 고찰

도전적인 LED 활용분야인 표지판은 입구 및 출구 표지판, 간단한 메시지 표지판, 버스 정거장이나 기차역의 목적지 표지판, 쇼핑몰, 기차 및 지하철 역, 스포츠 경기장 내부의 디스플레이들과 같은 단색 및 멀티 컬러 정보 표지판으로 구성되는 폭넓고 다양한 시장 분야를 포함하고 있다. 대형 LED 표지판은 LED 동기 데이터를 생성시키는 프로세서와 함께 LED, 드라이버, 전원 공급 장치, 제어 장치 및 센서들로 구성되는 모듈들을 포함한다. 고속/고신뢰성 전송 네트워크의 개발과 디지털 콘텐츠 분배 및 관리 기술의 발전으로 디지털 표지판 네트워크가 완전히 바뀌었다. LED 스크린은 PC와 인터넷에 연결될 수 있기 때문에 표준 네트워크 연결을 통해서 거의 실시간으로 새로운 광고와 정보가 공개된다.

백열등보다 전력 소비가 적고 더 오래 유지되는 LED 교통 신호등들은 장기적으로 매우 경제적이다. 송신기와 수신기 모두 LED를 사용하는 LED-to-LED 가시광선 통신 시스템은 초고속, 고도로 보호된, 생물학적으로 유익한 통신 네트워크를 구축하기 위해서 개발되고 있다. 더 많은 LED 의료 진단 장치와 치료 장비를 사용할 수 있게 되었다. 콤팩터 LED 기술로 인해 피부 질환을 치료하기 위한 청색광 치료가 널리 보급되었다. 청색광은 또한 환자들의 수면 패턴과 우울한 기분에 긍정적인 영향을 미친다. LED는 내시경 및 수술기구와 같은 의료기기에 있어서도 그 유용성이 발견되었다.

참고문헌

Brüggemann, D., B. Blasé, F. Bühs, R. D. Daweke, M. Kelp, H. Lehr, S. Oginski, and S. Schlegel. 2012, August. Medical LED-on-the-tip endoscope. *Biomed Tech (Berlin)*, p. 365, PMID: 22945099, doi:10.1515/bmt-2012-4085, http://www.degruyter. com/view/j/bmte.2012.57.issue-s1-H/bmt-2012-4085/bmt-2012-4085.xml

Davies, C. 2007. Automotive lighting issues for high brightness LEDs. Zetex Semiconductors, Reference: ZTX102, 8pp. http://www.catagle.com/28-1/Automotive_lighting_issues_for_high_brightness_LEDs.htm

Dietz, P., W. Yerazunis, and D. Leigh. 2003. *Very Low-Cost Sensing and Communication Us-*

ing Bidirectional LEDs. Copyright Mitsubishi Electric Research Laboratories, Inc., 2003, Cambridge, Massachusetts, 19pp., http://www.merl.com/publications/docs/TR2003-35.pdf

Grow Save. 2011, November. Technical update: LED lighting for horticultural applications. http://www.growsave.co.uk/userFiles/growsavetechnicalupdatenovember2011. pdf

Komine, T. and M. Nakagawa. 2003. Integrated system of white LED visible-light communication and power-line communication. *IEEE Transactions on Consumer Electronics* 49(1), 71–79.

Lewin, I., J. Corbin, and M. Janoff. 1997. The application of light-emitting diodes to traffic signals. *Journal of the Illuminating Engineering Society* 26(1), 17–26.

Martineau, P. 2003. US Patent No. 6509840. Sun Phantom LED Traffic Signal. Filed Date: 1/10/2001, Publication Date: 1/21/2003.

Philips LED Lighting in Horticulture. 2013. http://www.lighting.philips.com/pwc_li/main/shared/assets/downloads/pdf/horticulture/leaflets/general-booklet-philips-led-lighting-in-horticulture-EU.pdf

Roy, S. 2011, March. NASA light technology successfully reduces cancer patient's painful side effects from radiation and chemotherapy. http://www.nasa.gov/topics/nasalife/features/heals.html

Tamulaitis, G., P. Duchovskis, Z. Bliznikas, K. Breivė, R. Ulinskaitė, A. Brazaitytė, A. Novičkovas, and A. Žukauskas. 2005. High-power light-emitting diode based facility for plant cultivation. *Journal of Physics D: Applied Physics* 38(17), 3182–3187.

Traffic Signal Unit. 2003. Traffic Signal Green LED study. Minnesota Department of Transportation, 29pp.

Whelan, H. T., J. F. Connelly, B. Hodgson, L. Barbeau, A. Charles Post, G. Bullard, E.V. Buchmann et al. 2002, December. NASA light-emitting diodes for the prevention of oral mucositis in pediatric bone marrow transplant patients. *Journal of Clinical Laser Medicine and Surgery* 20(6), 319–324.

Wright, M. 2011, March. LEDs play an increasingly vital role in life-science applications, Industry News, *LEDs Magazine*, http://ledsmagazine.com/news/8/3/19

연습문제

27.1 전원 표지판(power signage)에 LED의 사용을 지지하는 두 가지 이유를 제시하라.

27.2 백열전구 신호등이 직면한 선팬텀(sun phantom) 효과는 무엇인가? 이 문제는 LED 교통 신호등에서도 발생하는가? 그렇지 않다면 왜 발생하지 않는가?

27.3 자동차용 신호등에서 거대한 LED 시장 전망에 대한 이유를 설명하라.

27.4 대형 공공건물과 공항에서 LED 표지판 활용분야는 무엇인가?

27.5 광섬유 통신에서 사용되는 두 가지 LED 구조의 명칭을 기재하라. 이러한 활용분야를 위한 구조를 강점과 약점의 관점으로 비교 평가를 하라.

27.6 0.87 μm 및 1.3~1.55 μm 대역들에서 통신용 LED 광원에 사용되는 구성 재료는 무엇인가? 이 대역에서 P-I-N 다이오드 검출기 제작에 사용되는 재료는 무엇인가?

27.7 광섬유 통신에서 레이저 다이오드의 2가지 단점을 언급하라.

27.8 무선 통신에 적외선(IR)과 가시광선을 사용할 수 있는가? 어떤 이유로 적외선이 선호되는가? 통신 매체로서의 가시광선을 선호하는 주장은 무엇인가?

27.9 LED와 P-I-N 다이오드를 통한 온-오프 키잉(OOK)에 의한 가시광선 통신을 설명하라.

27.10 HEALS의 완전한 형태는 무엇인가? 이 치료는 피부과에서 어떤 목적으로 사용되는가? 암 환자의 빠른 회복에 어떻게 도움이 되는가?

27.11 피부 질환에 LED의 치료적 역할은 무엇인가? 청색, 적색 및 녹색 LED는 피부 치료에 어떻게 도움이 되는가?

27.12 LED 조명은 뇌 손상 치료에 어떻게 도움이 되는가? 어떤 형태의 장애들이 이 방법에 의해 치유 가능한가?

27.13 조명 기구에 UV LED를 설치하면 건강에 유익한가? 만약 그렇다면 어떻게 유익한가?

27.14 식물 재배에 LED 조명이 미치는 영향은 무엇인가? LED 조명은 기존의 도구들과 어떻게 비교되는가?

CHAPTER **28**

스마트 조명
Smart Lighting

학습목표

이 장을 학습한 후에 독자들은 다음의 역량들을 갖출 수 있게 된다.

- 조명을 능숙하고 기능이 풍부하게 만들기 위해서 지능적인 개념을 적용할 수 있다.
- 건물의 건축 전후에 조명의 디자인에 영향을 미치는 중요한 수단들에 익숙해진다.
- 최소한의 비용으로 고품질의 조명을 제공하기 위한 제어 시스템의 기능을 알게 된다.
- 야간 조명에 대한 고려사항들을 토론할 수 있다.
- 사전 및 사후 건축 단계들을 고려하여 스마트하게 조명되는 실내를 설계할 수 있다.

28.1 건물 조명에 지능 또는 영리함의 주입

28.1.1 건물의 기획 단계

"주거 또는 사무실 건물의 조명에서 에너지 소모의 최소화는 어떻게 이룰 수 있는가"라는 조사에 대한 반론을 깊이 생각해 보면 지적 능력을 타격하는 주요한 고안은 추가적인 인공 조명의 필요성을 멀리하면서 주간에 자연 태양광에 의해 잘 조명되는 건물을 설계할 때 특별한 주의를 기울여야 한다는 것이다. 이것은 분명히 건물 건설 이전에 필요한 의무적인 단계이다. 전기 조명은 일광의 방향과 분포에 대해 상호 보완적이다. 일광은 푸근한 안도감과 전망 그리고 야외 경관과의 연계성을 제공한다. 일부 직사광선의 투과는 허용될 수 있지만 그것이 냉각 부하에 영향을 끼치거나 계단과 같은 높이 변화에 장해를 입히는 눈부심을 일으키지 않아야 한다. 눈부심은 피곤하게 할 뿐만 아니라 계단을 안전하게 이동하는 능력에 악영향을 미친다. 반짝이는 표면은 눈부심을 반사하므로 거칠어야만 한다(Samton 2006).

28.1.2 건물이 건축된 후 5단계

건물을 건축한 후의 첫 번째 단계는 높은 광원효율(luminous efficacy)을 가진 광원들을 선택하는 것으로, 예를 들어 백열등이나 형광등 대신에 LED를 사용할 수 있다.

두 번째 단계는 사람들이 앉아 있지 않은 방이나 방의 일부에서는 조명이 꺼져 있어야 한다는 것이다. 이것은 사람들 자신 또는 적절한 사용자 감지 센서(occupancy sensor)를 사용하는 자동 기기로 구현할 수 있다.

세 번째 단계는 이전 절에서 이미 강조한 바와 같이, 에너지 절약과 시각 품질에 대한 전통적인 접근은 자연광을 조명의 기본적인 광원으로 사용하는 것을 필요로 한다. 일광(daylighting)은 에너지 소모뿐만 아니라 수요가 많은 시간 동안에 조명 및 냉각 부하(cooling load)를 감소시켜 도시의 전력망(power grid)에 가해지는 부하를 낮춘다. 더욱더 균형 잡히고 만족스럽고 편안한 효과를 내려면 일광을 건물 안쪽으로 더 깊게 가져와야 한다. 인공조명(artificial light)은 기상 조건에 따라 달라질 필요가 있다. 예를 들어 태양이 완전히 빛날 때는 인공조명의 필요성은 분명히 적다. 비가 오거나 흐린 날에는 더 많이 인공조명에 의지하게 된다. 그러므로 하루의 다른 부분 또는 다른 계절 동안 조명의 밝기 수준에서 그러한 변화들이 요구된다. 밝기 수준의 변화는 또한 사람이 일하고 있는지 혹은 쉬고 있는지에 따라 좌우된다. 기계 조작이나 판독과 같은 숙련된 직업에 종사하는 사람들은 강도를 제어할 수 있는 더 많은 조명이 필요할 수 있다. 건물 종류의 예로는 사무실, 도서관, 병원, 교정 시설, 실험실, 작업장 등이 있다. 사람이 잠을 잘 때 예를 들어 침실 등에서는 조광 조절이 작동되어야 한다. 조광은 수동 또는 자동적인 방법으로 수행된다. 수동 제어는 매우 어렵다. 따라서 빛의 강도를 측정하는 일광 혹은 밝기 센서들이 필수적이다.

네 번째는 분위기에 따라서 조명 시스템은 분위기의 컬러 조건들을 미세하게 조정할 수 있어야 한다. 미적 아름다움과 취향은 미학(aesthetics)에 포함되며 컬러 감지(color sensing)와 조정(adjustment)을 필요로 한다. 미적 효과는 극장, 역사적인 복원, 박물관 등에서 다른 무엇보다 가장 중요하다. 안락한 환경을 위해서 적절한 컬러 스펙트럼을 구축해야 한다.

마지막 조언은 방을 떠날 때 조명을 끄는 습관을 버려야 한다는 것이다. 그와 같은 일들은 사용자 감지 센서들에 의해서 영향을 받을 수 있다.

28.1.3 스마트 조명 기술의 목적과 범위

스마트 조명(smart lighting)은 사람의 개입이 최소화된 건물에서 에너지 효율과 작업 분위기 또는 자연 현상에 대한 요구를 충족시켜 주는 기술이다(Galano 2009). 이 기술은 상황에 따라 요구되는 조명 품질을 변화시키기 위해서 자동 계측 및 제어 시스템과 함께 사용자 감지, 일광, 컬러 및 기타 센서들을 사용한다. 조명 수준을 자동적으로 조절하거나 필요하지 않은 시간/장소에서 조명을 끄는 것에 의해 특히 사무실과 학교 건물에서 에너지 낭비를 매우 크게 줄일 수 있다. 이러한 자동 조절은 사람들에게 조명을 켜고 끄도록 지시하고 강요하는 것보다 훨씬 효율적이다. 건물에는 조명 수준을 감지하고 실내에 사람들이 있는지 여부를 감지하는 무선 센서들이 장착될 수 있다. 10 m^2 간격마다 배치된 이러한 센서들은 천장 조명의 안정기에 있는 제어기에 연결된다. 사용자들은 사용자 만족뿐만 아니라 동시에 에너지 낭비를 줄이기 위해서 사용자 자신의 조명 설정을 원하는 대로 꾸밀 수 있다. 가능한 많은 제어 기능을 제공하기 위해 사용자들은 어떤 조명기구들이 어떤 밝기로 활성화되는지를 지정할 수 있으므로 한꺼번에 모든 조명들이 켜져 있어야 하는 것은 아니다.

28.1.4 컴퓨터 네트워킹

스마트 조명 시스템을 구축하기 위해서는 각각의 광원이 컴퓨터 제어 네트워크, 가급적이면 고유 주소가 부착되어 있는 무선 센서 네트워크에 연결되어야 한다는 아이디어를 쉽게 정리할 수 있다(Thompson et al. 2011). 따라서 조명을 관리하거나 에너지 사용을 모니터하기 위해서 센서들은 무선으로 회사 네트워크에 연결된다. 전산화된 조명 제어 기능들이 있는 분산 제어 네트워크는 보안 또는 사무실 사용률에 관한 데이터베이스 구축과 같은 다른 형태의 사무 자동화에도 유용하다.

28.1.5 프로그래밍 요구사항

조명의 조건은 컴퓨터 내에서 프로그래밍될 것이며, 센서들로부터 신호를 받으면 액추에이터들이 반드시 반응하여 예상된 변경들을 반영해야 한다. 따라서 스마트 조명은 빌딩의 프로그램된 조명 요구사항을 충족시키기 위해 컴퓨터로 제어되는 무선 센서 네트워크를 통해 작동하는 기술이다. 설비들이 계획대로 확실히 작동하게 하려면 조명 제어기와 비상 시스템을 자주 보정하는 것이 필수적이다.

28.1.6 비상 조명(Emergency Lighting)

비상 상황에서 복도와 계단은 건물에서 중요한 출구(exit)의 수단이다. 출구인 복도와 계단에서 조명의 일부 또는 전부는 비상 발전기, 배터리 팩 또는 인버터 안정기에 의해 공급되는 전원이 있는 비상 회로선상에 있어야 한다. 비상용 배터리를 사용하는 경우는 2년마다 한 번 이상 반드시 검사해야 하고 최소한의 재고를 확보해 두어야 한다.

28.2 스마트 조명 제어 시스템

스마트 조명(smart lighting) 제어 시스템은 강력 조명 제어 시스템이라고도 하는 것으로 최소한의 에너지와 비용으로 작업 환경에서 시각적인 편안함을 제공하는 품질 좋은 조명을 제공하기 위해 사용되는 시스템이다(Benediktsson 2009). 간단한 시스템은 사용과 조광 제어를 위한 센서들과 함께 알고리즘이 내장된 마이크로 컨트롤러를 사용한다. 에너지 절약을 위해서 적용된 전략들은 다음 절들에 설명하였다.

28.2.1 일광 수확(Daylight Harvesting)

적용 가능 지역: 이 방법은 하루 중의 대부분 시간 동안 일광에 직접 노출되는 것을 허용하는 사무실, 공장 또는 학교의 공간들에 적용할 수 있다. 하늘로부터의 외부 광이 수행되고 있는 작업을 위해 풍부할 때, 그 시스템은 인공조명의 부하를 부분적으로 또는 전체적으로 줄여야 한다. 거주의 대부분 시간 동안에 전기적인 조명이 필요하지 않도록 충분한 시간 동안에 일광을 사용해야 한다. 일광은 실내 공간에서 가장 선호되는 쾌적함이지만 일광이 내리쬘 때 조명이 어두워지거나 꺼지지 않는 한 에너지를 회수할 수 없다. 이러한 준비들은 일광을 받고 있는 공간에서는 만들어질 수 있는 반면에 햇빛이 직접적으로 도달하지 않는 공간에서는 햇빛을 반사시키기 위해 특수한 거울을 사용할 수 있다.

조광과 스위칭 LED 중에서 선택: LED는 광 감지와 조광 제어와 함께 사용되어질 수 있다. 일광에 비례하는 조광은 에너지를 절약뿐만 아니라 다중 레벨 스위칭 또는 단계적 조광보다도 거주자들에게 정신을 덜 분산시키고, 창고, 아트리움, 식당, 현관, 통로 및 보육원 교실과 같은 전일제의 고정된 거주자가 없는 공간에서 합리적인 해결책이다.

일반적으로 조광이 스위칭보다 선호되고 있지만 하루 또는 연중 많은 시간 동안에 필요로 하는 광량을 공급하기 위해 일광이 보상되는 공간의 경우는 스위칭 시스템이 비용 대비 효율적이다. 만약 공간이 햇빛으로 비추어지면 간단한 포토센서의 온-오프 또는 2-단계 스위칭 전략으로 충분하다. 근무일 기준 적어도 20~30분마다 한 번 이상 활발히 사용되는 복도나 계단들에서 조명 제어장치들은 공간이 더 이상 사용되지 않으면 대부분 또는 모든 조명들이 자동적으로 차단되도록 설계해야 한다. 간헐적으로만 사용되는 공간(서비스 복도) 또는 드물게 사용되는 공간(화재용 계단)을 위한 사용자 감지 제어장치들은 건물의 수명기간 동안 상당한 에너지를 비축할 수 있다.

광도에서 큰 변화의 회피 또는 LED 온-오프(on-off)의 주기를 보증하기 위해 특별한 주의를 기울여야 한다. 작업자가 불안정한 작업을 수행하고 있을 때 작업 공간이 절대로 완전히 어두워지지 않도록 사용자 감지 센서들을 다중 레벨 설계에 반드시 사용해야 한다. 이중 기술 사용자 감지 센서들은 잘못된 오프-온(off-on) 경보를 중단하도록 배열되어야 한다.

만약 복수 입주자 또는 일반 대중을 위한 건물에서 조명이 갑자기 완전히 어두운 공간에서 켜지면 거주자들은 불안감을 느낄 것이다. 이런 이유로 광범위한 사용 시간 동안에 낮은 비율의 조명(5~10%)이 항상 켜져 있을 수 있다.

일광 수확의 효율을 극대화하기 위해서 모듈식 제어가 자주 사용된다. 이 제어 방식에서 공간의 작은 부분은 독립적으로 다룰 수 있다. 30~70%의 에너지 절감 효과는 태양을 향한 공간의 위치와 방위 또는 방향 조건에 따라 달라질 수 있다.

28.2.2 사용 제어(Occupancy Control)

비어 있는 방에서 조명 off 유지: 사용자(occupant)가 없을 때는 실내에서 인공조명의 사용을 줄이거나 꺼야 한다. 학생들이 없는 교실 또는 손님들이 없는 대기실에서 사용자 감지 센서에 의해 조명들이 자동으로 꺼진다면 최대 20%의 에너지를 절약할 수 있다.

야간 조명: 건물이 빈 밤 동안에는 최소한의 조명만 작동되어야 한다. 야간 조명 제어를 위한 사용자 감지 센서를 사용하여 보안과 복지에 필요한 최소한의 야간 조명이 제공되도록 한다. 직원들과 비상 요원들이 지역 스위치들을 찾는 데 도움이 되도록 입구에 야간 조명이 항상 켜져 있어야 한다.

화장실, 창고 및 샤워실에서의 난감함: 화장실, 창고 및 샤워실에서의 난감함(help-lessness)을 잊지 말고 조명 제어는 보호와 감독의 느낌을 유지하도록 신중하게 설계되어야 한다. 자동온-오프 사용자 감지 센서들이 잘 작동하더라도 절대 모든 조명을 끄지 않아야 한다. 햇빛이 비치는 공간들을 제외하고 화장실, 창고, 샤워실 등에는 적어도 조명의 25%는 사용 시간 동안 켜져 있게 해야 한다. 사용 시간이 끝나자마자 시간 혹은 스위프오프(sweep-off) 제어 시스템이 이러한 방향 표시등을 끈다. 이러한 조명들이 전략적으로 위치된다면 사용자 감지 센서에 의해 오작동된 경우에도 사람들은 조명이 켜지기 전까지 완전히 어두워진 짧은 시간 동안 당황하거나 두려워하지 않을 것이다.

28.2.3 개인 제어(Personal Control)

실내 사용자들은 때때로 소프트웨어 후원자, 웹 기반 인터페이스 또는 원격 컨트롤러들을 통해서 그들의 요구에 따라 조명 수준 또는 색상 조정을 원할 수 있다. 에너지 절약은 고객에 의해 좌우된다.

28.2.4 시간 예약(Time Scheduling)

조명 조건은 근무일, 휴일, 다양한 계절(여름, 겨울, 비오는 날 등) 및 하루 중 다른 시간대(아침, 오후, 저녁, 밤)에 따라 다르다. 이러한 조건들은 컴퓨터 프로그램에 내장될 수 있으며 일년 혹은 그날 자체의 색다른 부분 동안의 시간 계획에 의해서 유지 관리될 수 있다.

28.2.5 작업 조율(Task Tuning)

회의실, 작업장, 사무실 및 강의실 등은 동일한 공간이 다른 유형의 작업들을 실행하는 데 사용되기도 한다. 가벼운 조정은 에너지를 절약하기 위해서 특별한 할당에 따라 수행되어야만 한다. 작업 조율은 시스템이 작업에 따라 조명을 제어하는 것을 허용하며, 특정 작업에 의해 강요되는 요구사항들을 기반으로 제공될 조명을 결정한다.

28.2.6 전력 평균 분배에 의한 제어

건물의 여러 부분에서의 조명 요구사항들은 선행 조건, 즉 우선순위 또는 동적 응답(dynamic response)에 의해 나열되고, 건물의 다른 부분에서 전력 부하는 선택적으로 다양한 수준으로 분배된다. 이런 방식으로 절정의 수요 또는 에너지 비용 상승 기간 동안에 건물의 전력 소모는 감소하게 된다.

28.2.7 기타 옵션

상기의 제어와는 별개로 실내 조명의 밝기와 따뜻함은 외부 조명의 리드미컬한 변화에 따라 달라지므로 사용자는 활기찬 즐거운 경험을 할 수 있다. 이것이 동적 조명 제어(dynamic lighting control)이다. 실내의 난방, 환기 및 에어컨이 조명 제어와 복잡하게 결합되어야 한다. 빛이 실내에 들어오게 하려면 일부 창문들을 열어 두어야 되는 데 이렇게 창들이 열려져 있는 동안에는 에어컨 시스템에는 부하가 된다. 또한 창문을 커튼으로 가리는 것도 인공조명 사용을 최소화해야만 한다.

28.2.8 먼지 축적 방지 및 제거

산업 활동에서 발생되는 먼지, 페인트 또는 대기 중에 떠 있는 미립자의 수집과 전구와 조명기구는 물론 벽과 기타 실내 표면에 부착되는 것을 피하기 위해서 개인적인 관심을 기울이지 않는 한 스마트 조명의 모든 노력을 낭비적으로 만든다는 것을 쉽게 이해할 수 있다. 대기 오염을 줄이기 위해서 대류현상인 공기 흐름에 의해 깨끗해지는 윗면과 바닥이 개방된 조명기구들이 사용될 수 있을 것이다. 전구와 조명기구는 주기적으로 1년에 1회 이상 청소해야 할 것이다.

28.3 사용자 감지 장치

사용자가 없을 때 조명을 끄기 위해서 주로 사용되는 사용자 감지 센서는 동작 센서, 제어 유닛 및 릴레이로 구성되며 동작 센서와 제어 유닛은 저전압 배선으로 조명기구에 연결된다.

28.3.1 사용자 감지 센서의 종류

사용자 감지 센서는 세 가지 기본 형태로 공급된다.

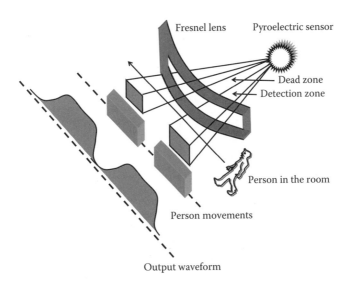

그림 28.1 적외선 동작 센서의 작동.

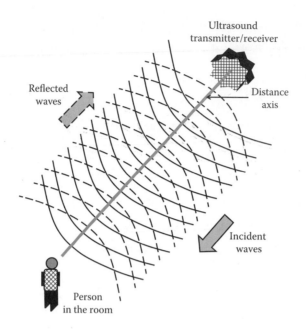

그림 28.2 초음파 사용자 감지 센서.

1. 적외선 센서: 시선 방향에서 작동하고 작은 방 또는 큰 공간의 일부에서만 사용되는 이러한 센서들은 사람들의 적외선 열로부터 움직임을 감지한다(그림 28.1). 만약 파티션이 있으면 이러한 센서들은 응답할 수 없다. 또한 모서리 주위의 움직임을 감지할 수 없다. 따라서 파티션 횡단 또는 모서리 주변의 오류들로 인한 허위-off 판독이 허위-on보다 더 많이 발생한다.

2. 초음파 센서: 이러한 센서들은 초음파(ultrasonic wave) 발생기로 수정 결정(quartz crystal)을 사용한다. 그 파동들이 실내에서 전파된다(그림 28.2). 움직임이 감지되는 곳에서 도플러 효과(doppler effect)에 의해 초음파의 주파수가 변한다. 파티션 횡단 또는 모서리 주위를 이동하는 능력이 시선 방향을 넘어선 움직임 감지를 가능하게 한다. 이 장점은 인접한 방으로 침투할 수 있는 그들의 능력이 그 방에서 일어나는 움직임을 보고할 때 단점이 되며, 이는 감시 중인 방에 대해 허위-on 신호를 제공한다. 따라서 허위-on을 방지하기 위해서 수동 on 스위치를 함께 사용해야만 한다.

3. 하이브리드 혹은 이중기술 센서: 그림 28.3은 적외선과 초음파 사용자 감지 센서들의 감지 영역들을 보여 준다. 적외선 센서는 허위-off 판독에 취약하고 초음파 센서는 허위-on에 예민하기 때문에 두 가지 형태의 센서들의 조합으로 종종 허위 신호를 회피할 수 있다. 그러므로 조명들을 켜기 전에 두 센서 모두에 의해

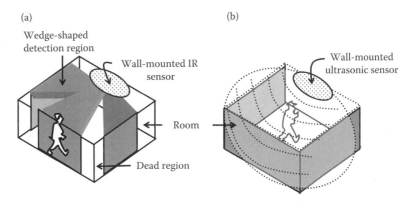

그림 28.3 탐지 영역: (a) 적외선 센서, (b) 초음파 센서.

사용자가 감지되어야 한다. 따라서 두 기술의 조합은 명확하고 모호하지 않은 신호를 제공한다. 그러나 이러한 센서들은 다양한 개별적인 센서보다도 더 낭비적이다.

28.3.2 사용자 감지 센서의 특징

1. 장착 위치: 천장에 설치하면 시야가 가장 방해를 덜 받기 때문에 다양한 조정이 가능하다. 작은 열린 공간의 경우 벽에 붙이는 소켓의 장착은 받아들일 만하다.
2. 시간 지연: 센서가 사용자 감지를 멈추고 꺼지는 시간 사이의 시간 지연은 30초에서 1/3시간 사이에서 가변적이다.
3. 다중 레벨 스위칭: 이러한 센서들은 완전히 꺼짐이 허용되지 않지만 사용이 간헐적인 실내에서 다중 레벨 스위칭에 효과적이다. 가장 낮은 수준의 조명은 대부분의 시간 동안 작동할 수 있지만 사용자가 감지되면 광 수준을 높여야 한다. 비록 항상 낮은 수준이지만 보안과 보호에 조명이 필요한 밀폐된 계단, 교도소 복도, 화장실 등에서 유용하다.

28.4 일광 감지 소자

일광 감지 소자는 자연광의 이용 가능성에 따라 조명을 끄거나 밝기를 변화시키기 위해 사용되는 광전 소자이다. 광 센서는 조도 안정기(dimming ballast)에 전송된 신호에 의해 감지된 일광의 양에 따라 그 광 레벨을 변화시킨다. 광 전지(그림 28.4), 광 다이오드(그림 28.5와 28.6), 광 트랜지스터(그림 28.7), 이종접합(heterojunction) 다이

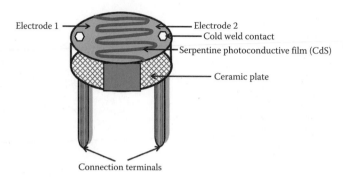

그림 28.4 종래의 광 의존성 저항 기반 광전도 광 전지(photo cell)의 구조.

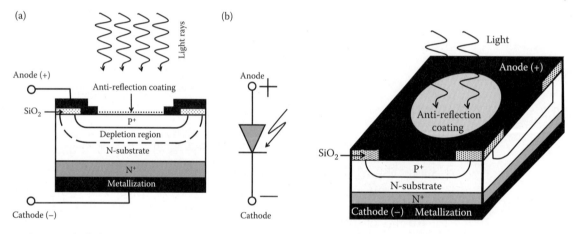

그림 28.5 광 다이오드: (a) 단면, (b) 회로 기호.

그림 28.6 광 다이오드의 3차원 형태.

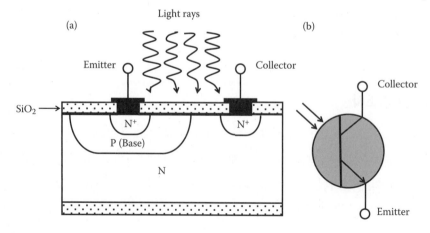

그림 28.7 평면 광 트랜지스터: (a) 단면, (b) 회로 기호.

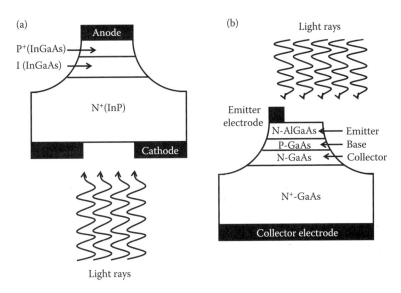

그림 28.8 이종접합 광 센서: (a) 메사(mesa) 다이오드, (b) 메사 트랜지스터.

오드 및 트랜지스터(그림 28.8)와 같은 다양한 종류의 광 센서들이 사용된다. 이종접합 구조들은 높은 변환효율을 제공한다. PIN 광 다이오드 이종접합 구조는 광을 기판으로부터 받을 수 있는 부가적인 유연성이 있다. InP(1.344 eV)의 넓은 에너지 밴드 갭은 빛에 대해 투명하게 만든다.

센서의 정확한 위치는 두 종류의 조명 제어 시스템, 즉 개방형 루프(open-loop)와 폐쇄형 루프(closed-loop)에 필수적이다. 개방형 루프 시스템에서 센서는 일광만을 탐지하는 방식으로 창문 가까이에 배치된다. 폐쇄형 루프 시스템에서 센서는 수평 표면 위에 위치된다. 이 위치에서 전구와 일광 모두에서 그 표면으로부터 반사되는 빛을 볼 수 있게 된다. 두 시스템에서 그 센서들은 전구로부터 직접 조명을 받으면 안 된다.

광 센서는 주차장 조명 제어와 같은 실외 활용분야에서도 일반적으로 볼 수 있다.

28.5 디자인 측면

고품질의 에너지 효율적인 조명의 설치는 모든 당사자들인 프로젝트 관리자, 설계팀 및 검토자의 관심과 조정이 요구되는 협력적인 노력이다. 두 가지 경로: 설계팀은 다음과 같은 두 가지 경로 중 하나를 선택한다. (i) 전기/조명, HVAC(난방, 환기, 냉방), 차폐 및 개별적인 규제 요구사항을 준수하는 온수 서비스와 같은 건물의 각 에너지 구성요소에서 관행적으로 인정되는 경로. 주로 조명 구역에는 조명 제어에 대한 최소 요구사항, 건물 내부 조명에 대해 제곱미터당 와트로 계산된 최대 연결 부하와 외부 조명에서의 제한이 포함된다. (ii) 에너지 시뮬레이션 컴퓨터 소프트웨어를 사용하여 통합된 전체 건물 설계 접근에 따라 건물의 모든 에너지 시스템들이 분석되는 성능 경로. 기초적인 경우 에너지 소모는 최소로 규정된 허용치들을 사용하여 결정된다. 구체적인 설계는 동일한 소프트웨어를 사용하여 계산되며, 에너지 성능은 기본적인 경우의 성능과 동일하거나 더 우수해야만 한다.

예외: 예외에는 역사적인 관련성, 최소한의 개조가 필요한 건물 또는 외과 수술실과 같은 특수 조명의 일부 종류들이 포함된다.

28.6 야간 외부 조명

낮 동안에는 외부 환경이 태양과 하늘로부터 주변 광으로 넘쳐흐르고, 야간의 환경은 어두운 하늘 아치 천장과 많은 현지 인공 광원으로 나누어져 있다. 밤에는 높은 콘트라스트와 눈부심 문제 때문에 외부 조명 전략은 건물 내부에서 사용되는 것들과는 크게 다르다.

28.6.1 야간 조명을 위한 선호 광원

청색과 녹색 대 적색과 황색: 야간 시력을 위해서는 적절하게 좋은 연색성 지수(65 CRI 이상)를 갖고 청색과 녹색이 풍부한 램프가 필수적이다. 이러한 램프들은 백열등(incandescent lamp)이나 고압 나트륨(high-pressure sodium, HPS) 램프처럼 적색과 노란색이 풍부한 것들보다 훨씬 더 바람직하다. 표준 고압 나트륨 램프는 고속도로 주행을 위한 편안한 조명이 가능하지만 대부분의 외부 활용분야를 위한 적절한 연색성을 갖고 있지 않다. 더 차가운 상관 색온도(correlated color temperature, CCT)와 더 높은 연색성 지수(color rendering index, CRI)로부터 기인하는 더 뛰어난 가시성에 의한 더 낮은 광량 출력의 상쇄 때문에 금속 할로겐 램프(metal halide lamp), 형광등(fluorescent lamp) 및 백색 LED들 또는 적색-녹색-청색 배열의 LED와 같은 램프들이 야간에 보다 더 효율적이다. 이러한 램프들은 주변부의 중간 순응 시각화(mesopic visualization), 명료도 그리고 피사계 심도를 개선하는 데 사용해야 한다.

박명시 또는 암소시: 위의 내용은 매우 어두운 달밤에 우리의 눈이 암소시(scotopic vision)를 사용한다는 사실로부터 자명하다. 대부분의 도시 환경에서 우리의 눈은 명소시(photopic vision)와 암소시 양쪽의 조합을 나타내는 박명시(mesopic vision)를

사용한다. 따라서 조명은 눈의 적응을 박명시 또는 암소시로 유지해야 하며, 시야 영역에서 불균형을 일으키고 눈이 명소시를 사용하도록 하는 높은 조명 수준을 설정해서는 안 된다.

28.6.2 눈부심 감소

눈부심(glare)은 눈부신 광원과 주변 광 조건들 사이의 높은 콘트라스트에서 비롯되기 때문에 평균 휘도와 최대 휘도 사이의 콘트라스트 비는 1:5에 근접해야 한다. 이것이 어두운 도로에서 눈을 멀게 하는 자동차 전조등이 잘 조명된 도시 거리에서만 불편하고 낮에는 눈부심을 일으킬 수 없는 이유이다. 눈부심은 조명의 수준을 낮추고, 넓은 지역에 균일하게 빛을 분산시키고, 덮개로 램프들을 차폐하고, 밝은 표면과 어두운 표면 사이의 밝기 비율을 줄임으로써 방지된다.

28.6.3 광 공해 방지

밤에는 정규적 굴절, 또는 반사 이외의 원인으로 생기는 광 공해(light pollution)로부터 유래되는 대기로 들어오는 길 잃은 광(stray light) 때문에 도시 위에 오렌지 색상의 하늘이 은은하게 빛난다. 지상에서 반사된 빛이 약 20%의 광 공해에 기여하기 때문에 직접적으로 아래쪽을 향하는 매우 좁은 분포를 가진 조명기구는 낮은 각도들에서 반사광이 장애물에 의해 흡수되어질 때 넓은 분포를 갖는 것보다 더 많은 반사광 오염을 생성한다.

28.6.4 주변으로 광 무단침입

건물 근처의 소유물이나 창문에 들어오는 광 무단침입(light trespassing)을 피하기 위해서는 건물 꼭대기와 기둥에 설치된 조명기구를 조준하거나 적절히 차폐해야 한다.

28.6.5 광 균일성, 안면 인식, 그림자 효과, 표면 반사 및 광택

보안 감각이 우세하기 위해서는 그림자를 피하도록 빛은 균일하게 분포해야 하고 정상적인 색상으로 사람의 자연스러운 모습을 제공해야 한다. 좋은 품질의 조명은 일반 대중에게는 뜻밖으로 재미가 있다. 그것은 건물, 표지물 및 조경 필수 요소들의 상대적인 중요성과 특성을 설정한다. 반대로 불충분하게 계획된 조명은 보는 사람을 당황하게 만들고, 기만적인 시각적 단서들을 제공하고, 건물이나 지역의 안전감과 보호감을 감소시킨다. 경면 반사(specular reflection)는 가시성을 감소시키기 때문에 광택이 있거나 윤기가 있거나 반짝거리는 표면들은 피해야 한다.

28.6.6 색상들의 생물학적 영향

야간 시인성(night-time visibility)을 위해서 수용된 더 짧은 청색 파장은 수면 패턴에 더 많이 방해가 되기 때문에 주거지 근처의 야간 조명은 항상 침실 창문에서 멀리 떨어져 있거나 주택 방향의 차광장치가 장착되어 있어야 한다.

28.6.7 외부 조명 제어

주간에 조명 끄기 유지: 최소한 외부 조명은 일광이 풍부한 시간 동안에는 꺼진 상태를 유지해야 하고, 시간 스위치나 광 센서 사용을 통해서 동일한 조명을 보장해야 한다. 단지 안전 또는 보안에 관한 약간의 의무적인 조명장치는 밤새도록 켜져 있어야 한다. 보안 카메라들은 낮은 광 레벨에서 작동될 수 있다.

유지 관리와 비상 상황: 유지 관리 프로그램에서 모든 조명장치들을 정규적으로 점검해야 하고 습기 또는 먼지가 낀 조명장치들은 청소하고 다시 밀봉해야 하며 고장난 것들을 교체하여야 한다. 비상 시스템은 광원들 중 하나의 고장 또는 안정기 고장을 처리할 수 있도록 하나의 조명장치에 2개의 램프가 있거나 2개로 분리된 조명장치로 이루어지는 2개로 분리된 광원들을 포함해야 한다. 그 시스템은 각 출구 경로에 위치해야 한다. 비상용 백업 발전기가 없는 경우에는 안전, 보안 또는 비상출구 요구사항들을 위한 배터리 백업을 구비한 조명장치의 사용이 의무적이다.

28.7 결론 및 고찰

조명 진화의 물결로 간주되는 스마트 조명은 지능형 의사결정 장치가 있는 LED나 OLED와 같은 반도체 기반의 디지털 조명의 융합을 통해서 가능하며, 색상과 강도, 대화식 제어 및 수요에 반응할 수 있도록 조명을 역동적으로 만들어 에너지 소모와 지출을 최소화하면서 사용자 만족도를 높이려고 한다. 스마트 조명은 주택, 공공건물 및 사무실의 기존 조명에 비해 최대 80%의 에너지를 절약할 수 있다. 센서들과 새로운 기능들을 조명 시스템에 통합하는 것은 실내 거주자들이 그들의 운동과 활력에 따라 눈덩이처럼 불어나는 정확성과 유연성으로 조명을 조절할 수 있을 것이다. 스마트 조명은 실내가 텔레비전 시청용 또는 디너 파티용으로 사용되는지 여부와 넓은 실내의 어느 부분이 사람들에 의해 사용되는지에 따라 세심함과 유연함으로 조명의 방향, 전력 및 색상을 자동적으로 조정할 수 있을 것이다. 창문 가까이 위치한 조명은 외부 온도와 조화되도록 색상을 변환시킬 것이다. 벽걸이형 조명 스위치들은 실내로 들어

오는 사람의 입장을 감지할 것이다. 퍼지(fuzzy) 기반의 무선 감지 및 통신 플랫폼과 같은 지능형 기술이 사용될 것이며, 조명 설정을 위한 새로운 스마트 기능들은 인터넷에서 쉽게 다운로드할 수 있을 것이다. 따라서 새로운 기능들과 조명 응용분야들의 개방에 의해서 상업적으로 활용 가능한 시스템들을 능가할 것이다.

참고문헌

Benediktsson, G. 2009. Lighting control—Possibilities in cost and energy-efficient lighting control techniques. Master thesis, Division of Industrial Electrical Engineering and Automation, Faculty of Engineering, Lund University, 87pp.

Galano, N. A. 2009. Smart lighting: LED implementation and ambient communication applications. MS thesis, University of California, Berkeley, 47pp.

Samton, G. 2006. DDC manual for quality, energy efficient lighting. 159pp.

Thompson, M., J. Spaulding, K. Larson, and H. Hall. 2011. Investigation of tunable LED lighting for general illumination employing preliminary activity recognition sensor network [8123-03]. In: M. H. Kane, C. Wetzel, and J.-J. Huang (eds), *Proceedings of SPIE, Volume 8123, Eleventh International Conference on Solid State Lighting*, 812305 (22–24 August 2011, San Diego, California); doi:10.1117/12.893928.

연습문제

28.1 조명 자동화에 의해 전력 소모를 줄이기 위한 의견들을 제시하라. 이 목적을 위해 네트워킹이 필요한 이유는 무엇인가?

28.2 스마트 조명이란 무엇인가? 건물에서 어떻게 구현되는지 간단히 설명하라.

28.3 일광 수확(daylight harvesting)이란 무엇을 의미하는가? 조광은 어떤 조건에서 권장되는가? 다중 레벨 스위칭은 언제 권할 만한가?

28.4 사용 제어(occupancy control)란 무엇인가? 사용자 감지 센서의 세 가지 종류를 설명하라. 각각이 최선인 상황들에 대해 토론하라.

28.5 작업 조율(tuning)이란 무엇인가? 부하 차단은 에너지 절약에 어떻게 도움이 되는가?

28.6 일광 센서란 무엇인가? 일광 센서가 폐쇄–루프와 개방–루프 시스템에 설치되어야 하는 올바른 위치는 어디인가?

28.7 스마트 조명 시스템의 주요 설계 고려사항은 무엇인가? 디자인 팀이 선택할 수 있는 두 가지 가능한 경로는 무엇인가?

28.8 야간 조명용으로 어떤 광원들이 선호되는가? 당신의 답변에 대한 이유를 설명하라.

28.9 왜 밤에 눈부심이 발생하는가? 어떻게 피할 수 있는가?

28.10 야간의 광 공해(light pollution)는 무엇인가? 어떻게 극복하는가?

28.11 컬러의 생물학적 영향은 무엇인가? 거주지 근처의 야간 조명을 위해 어떻게 고려해야 하는가?

PART VI

조명의 미래
Future of Lighting

CHAPTER **29**

고체조명의 기회와 도전
Opportunities and Challenges of Solid-State Lighting

학습목표

이 장을 학습한 후에 독자들은 다음의 역량들을 갖출 수 있게 된다.

- 향후 고체조명에 대한 기대 진척상황을 가시화할 수 있다.
- 전문가들의 예측을 알 수 있다.
- 이 분야의 연구 영역 및 문제들에 대해 확인할 수 있다.
- LED 효율의 저하(droop) 문제와 형광체 제한에 대해 토론할 수 있다.
- 2014년 이후의 전망에 대해 알 수 있다.

29.1 고체조명의 장래 성장

미국 에너지성(DOE)의 2012년 보고서에 따르면 무기 LED 및 OLED 일반 조명의 전망이 그림 29.1처럼 예상된다.

29.1.1 "2012년~2020년"의 LED 일반 조명

색온도와 연색성 지수(CRI)에 따른 LED 패키지의 최고 가능 효율(feasible efficacy)은 약 250 lm/W로 알려져 있다. 기술의 효율 한계(efficiency limit)에 다다르기 위한 연구 및 발전은 끊임없이 지속될 것이다. 대략 2020년에 이 목표에 도달할 것으로 예상된다. 조명기구의 다른 부분에서의 전기적/광학적 손실이 있기 때문에, LED 패키지의 효율(package efficacy)은 조명기구에 장착되었을 때보다 20%~40% 높다. 따라서 LED 조명기구의 효율(uminaire efficiency)은 >200 lm/W, 즉 백열전구의 15배에 달할 것이다. LED 제작 및 패키지 기술의 완성과 새로운 기술의 도입은 LED 제조를 위한 가격을 지속적으로 절감해 나갈 것이다.

그림 29.1 무기 및 유기 LED의 상호 결점 보완.

29.1.2 "2013년~2020년"의 OLED 일반 조명

무기 LED의 집중된 광과 극심한 차이가 있는 OLED 확산 조명(diffuse illumination)이 일반적인 주변 조명에 더 적합할 수 있다. 또한 유연 기판 물질의 출현으로 건물 디자인에 맞춰 좀 더 쉽게 모양을 형성하거나 더 견고히 통합시킬 수 있다. 최대 68 lm/W의 작은 OLED 조명 패널로 조립된 조명은 앞으로 더욱 개선될 것이다. OLED의 효율(efficiency)은 향후 몇 년 내에 무기 LED에 가까워질 뿐 아니라, 200 cm² 이상의 더 큰 패널의 제작, 환경 안정성 문제, 수명, 비용 및 제조가능성 등의 문제들도 해결될 것이다. 이러한 도전들이 극복되자마자 OLED 제품들은 쉽게 사용가능한 기술로서 시장경쟁에 들어올 것이다.

29.2 "2010년~2020년"에 대한 Haitz와 Tsao의 예측

Haitz와 Tsao(2011)는 100~120 lm/W의 차가운 백색(cool white)과 80~100 lm/W의 따뜻한 백색(warm white) 무기 LED의 2010년 효율 성능(efficacy performance) 값은 1999년 Haitz 등에 의한 낙관적인 기대를 충족했다고 지적했다. 이는 청색의 펌프효율(pump efficiency)과 성숙된 형광체 기술 적용 등의 엄청난 진보를 통해 가능했다.

Haitz와 Tsao(2011년)는 2020년까지 150~180 lm/W 수준의 광원효율(luminous efficacy)을 달성할 수 있을 것으로 예측했다. 이때는 고체상태 램프의 효율(efficacy)이 기존 램프에 비해 2배에서 10배가 될 것이라고 예상되었다. 또한 2015년, 차가운 백색(cool white) 램프의 OEM(주문자 생산방식) 가격은 klm당 2달러에서 2020년 0.6달러가 될 거라고 예상되었다. 차가운 백색을 내는 LED는 2015년 이 추세선을 크게 능가하는 성장을 이루었으나, 2015~2020년에도 에디슨 소켓 백열등과 콤팩트 형광등이 여전히 시장의 중요한 부분을 차지하고 있다.

당시 이들은 2015년 이후, LED 램프가 현재 콤팩트 형광등(compact fluorescent lamp, CFL)의 가격만큼 낮은 소매가격이 되면, 정부는 CFL의 낮은 효율(efficacy)과 수은(Hg) 오염 때문에 LED를 장려할 것을 예측하였다. 2020년, LED의 시중가격은 klm당 2~3달러로 떨어질 것이다. 그러면 CFL은 높은 에너지 소비와 유해 수은 확산 폐기물 처리 문제로 인해 백열전구와 같이 정부 법률에 의해 공식적으로 인정되지 않을 것이다. 따라서 전통적인 램프의 사용은 모든 응용 제품에서 사라지기 시작할 것이다. 2015년 혹은 이후, 백열등은 더 이상 보이지 않고 있으며, CFL은 더 이상 보조금 지원을 받지 못할 것이고, 결국 고체상태 램프보다 비용 혜택을 잃을 것이다.

중전압 AC 전원으로 유선연결된 사무실 건물과 주택들이 저전압 DC 전원으로 작동하는 LED 램프에 적합하지 않다는 점이 큰 우려를 낳고있다. LED 동작 전원에 맞추어 DC 주 전원을 공급하기 위한 배선을 제공해야 한다는 의견과 표준 AC 전원으로 작동하도록 LED를 수정해야 한다는 주장 사이에서 갈등이 생기고 있다.

이러한 상황을 극복하기 위한 한 가지 전략으로서, 건물마다 하나 혹은 소량의 전력 변환장치와 각각의 조명기구당 단일전류 드라이버를 가지는 분리된 DC 전력망을 설치하는 것도 가능하다. 이 전력망은 12 V, 24 V 혹은 48 V를 공급하며, 새로운 건물에 시공되거나, 오래된 건물의 현대화를 통해 구현될 수 있다. 반대로 LED 램프가 여러 가지 방법으로 AC 라인에서 동작될 수 있다는 것 또한 잊어서는 안 된다. 가장 간단하고 쉬운 계획은 AC 전압을 낮은 DC 전압으로 바꾸어 주는 AC-DC 전력 변환기를 추가하는 것이고, 시중가 5달러만 투자하면 된다. 하지만 LED 램프는 110/220 V AC 전력망에서도 직접 동작하게 디자인될 수 있다. 필요한 수만큼 직렬 연결된 다수의 P-N 접합은 필요한 광출력을 내기 위해 구동전압을 현저히 상승시키고 구동전류를 감소시킨다. 따라서 AC 전력을 직접 공급받는 램프에서 청색 LED 칩은 광 소스와 정류 소자로서 동작하는 일련의 LED들을 두 줄로 서로 반대로 연결되게 디자인할 수 있다. 이 방식은 처음엔 매우 손쉬워 보이지만, 실제로는 조명의 품질과 관련된 모든 파라미터들을 충족시키기 위해 제조 공정을 전부 재설계해야 하므로 꽤 복잡하다. 하지만 이는 성능과 비용 인센티브를 가지는 거대한 시장을 찾아 이기자는 구상이다. 작은 촛불 모양의 대체 응용 제품들에서는 이것이 특히 흥미로운데, 이는 전력 변환장치의 이용은 큰 공간을 차지해 소형 램프 소켓과 맞출 수 없기 때문이다.

DC 배선과 AC LED 램프 사이의 전쟁에서 누가 승자가 될지에 대해 추측하기는 어렵다. 이 전쟁은 지금부터 10년 이상 격렬히 진행될 것이며, 아마도 십중팔구 특정 응용 제품의 최선책을 고객들이 선택하는 것을 통해 두 접근방법이 공존하는 무승부로 결론이 날 것이다. 상업용은 최고의 효율(efficacy)과 낮은 유지 설비 비용으로 인해 DC 전원을 채용할 것인 데 반해, 주거 조명은 AC LED 램프를 채용할 것이다. 그렇지만 결국 AC 램프는 서서히 사라질 것이다. DC 배선은 기존 주거 기반에 대한 리모델링을 통해 에너지 절약을 고려하도록 장려하는 정책 및 요소들에 의해 점차 대체되어 갈 것이다.

29.3   연구분야 및 기술과제

낮은 효율의 형광등에 붙어다니는 조명 색상 문제는 LED를 계속 괴롭힐 것이다(그림 29.2). OLED와 LED에 대한 연구는 효율적인 짙은 녹색(deep-green) LED 발광물질 혹은 더 효율적인 청색 발광 OLED를 얻기 위한 노력과 같이 주로 물질 개발에 집중되어 있다. 주요 관심영역은 LED 칩 혹은 OLED 박막에서의 효율적인 광추출 및 형광체의 효율(efficiency) 향상 등을 포함한다. 열 관리를 위한 신속한 열 흐름도 화제가 되고 있는 주제이다. 조명기구 설계에 대한 이해가 향상됨에 따라, 일관성 있고 변하지 않는 성능과 더 긴 수명을 갖는 주변 환경에 대해 견고한 소자의 공급 등 많은 일들이 이루어지고 있다. Haitz와 Tsao(2011년) 및 DOE는 주요 연구 분야를 정의했으며, 이들 중 몇 가지를 아래에 간략히 나타냈다.

29.3.1   저하 방지

LED는 잘 알려진 저하(drooping) 효과에 의해 어려움을 겪는다(그림 29.3). LED 순방향 전류를 350 mA에서 700 mA로 증가시키면, 최신 기술의 LED 램프의 상대 효율(relative efficiency)은 약 15% 가량 떨어지게 된다. 700~1500 mA의 전류 증가에서는 상대 효율이 20% 이상 감소하게 된다. 이 저하 혹은 급감(slumping) 효과는

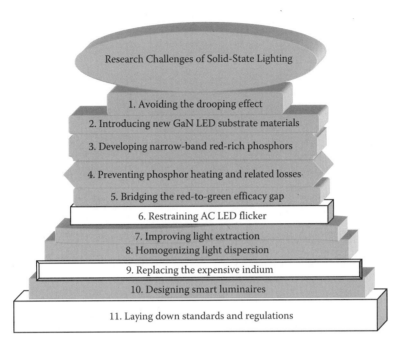

그림 29.2 고체조명의 주요 연구분야.

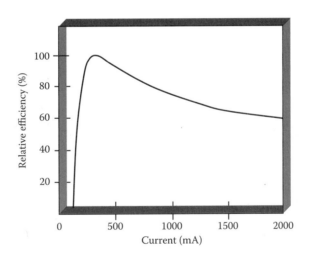

그림 29.3 순방향 전류가 증가함에 따른 LED 상대 효율의 저하

아주 골치아픈 문제이다(Schubert et al. 2008). 이것은 접합온도의 상승에 의한 것이 아니다. 대신 분명 운반자(carrier)나 광량자속 밀도(photon flux density)가 효율 감소에 영향을 미치고 있는 것으로 보인다. 다양한 메커니즘들이 제안되고 있지만, 과학적 설명은 여전히 논란으로 남아 있다(그림 29.4). 이에 덧붙여 전력 소비에 미치는

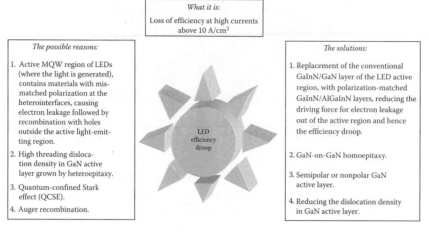

그림 29.4 저하 원인과 해결책.

영향 때문에, 저하는 심각한 경영학적 의미를 갖는다. 칩 면적의 배가(doubling)는 효율(efficacy)의 변화 없이 구동전류를 두 배로 할 수 있기 때문에, 단위면적당 LED 웨이퍼 가격을 낮추는 것은 저하에 따른 단점 회피에 도움을 줄 것이다.

29.3.2 GaN LED 기판

1. 입방체 질화칼륨(cubic gallium nitride): *c*-면 섬유아연광(wurtzite) GaN 내에 존재하는 압전전기장(piezoelectric field)(Park and Chuang 2000, Thomsen et al. 2011)은 이 위에 제작된 LED의 내부 양자효율(internal quantum efficiency)을 감소시키며, 이는 QCSE(quantum-confined Stark effect)로 알려진(그림 29.5)(Lai et al. 2001, Park et al. 2010) 전자와 정공의 파동함수 위치 변화에 기인한다. 즉, 발광성 재결합(radiative recombination) 확률을 줄이는 내부 전기장 때문에 발광 재결합을 위해 필요한 파동함수의 겹침이 줄어든다(Kuo et al. 2007, Han et al. 2012). 그러한 내부 전기장이 입방체(cubic) GaN 구조 내에는 존재하지 않기 때문에 입방체 GaN 위에 제작된 LED는 높은 내부 양자효율(internal quantum efficiency)이 기대된다. 그러나 LED 제작을 위한 입방체 GaN 사용의 확산이 제한받는 이유는 입방체 GaN의 성장을 위한 적절한 기판이 부족하기 때문이다. 따라서 실리콘(Si) 기판 위에 입방체 GaN을 이종에피성장(heteroepitaxy)하는 방법에 대해 많은 연구가 진행되고 있다.

2. 비극성 혹은 반극성 섬유아연광 GaN면 상의 LED 성장: *c*-면 GaN 상의 LED 성장은 내부 전기장에 의한 상당한 손실 때문에 어려움이 있다. *c*-면 GaN 성장

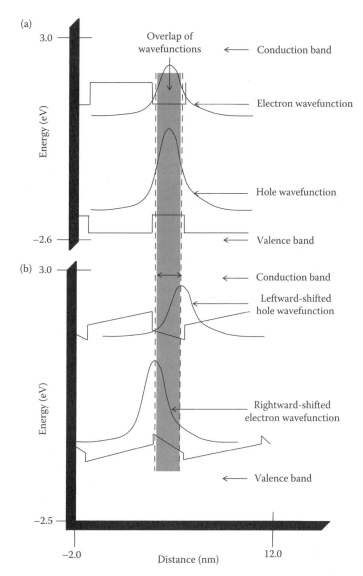

그림 29.5 양자 구속 스타크 효과(QCSE): (a) QCSE의 효과를 받지 않은 파동함수, (b) 압전장에 의해 영향을 받은 파동함수.

은 실리콘, 사파이어, 탄화규소(SiC)와 같은 수많은 기판 위에서 성공적으로 이루어졌다. 섬유아연광 GaN의 *c*-면 외 다른 면들에서의 주입형 전계발광(injection electroluminescence) 특성들에 대해 현재 연구되고 있다(Hatcher 2007). 비극성 *m*-면(Schmidt et al. 2007, Ni et al. 2009, Detchprohm et al. 2010)과 *a*-면(Detchprohm et al. 2008) GaN 상에 성장된 LED는 위에 설명한 *c*-면 LED(Zhao et al. 2012)에서의 QCSE에 의한 성능 저하는 보이지 않는 것으로

밝혀졌다. LED가 쉽게 제작될 수 있는 다른 반극성 면들 역시 GaN LED 양
자효율을 향상시키기 위해 연구가 진행되고 있다(Yamamoto et al. 2010).

3. GaN 위 GaN의 동종 에피성장(homoepitaxy): 적절한 성능의 GaN LED 제작
을 위해, LED 활성층의 성장에 앞서 몇 마이크론 두께의 완충층(buffer layer)
이 Si, SiC, 혹은 사파이어 기판 상에 성장된다(Cao et al. 2002). 이 완충층은
GaN와 기판 사이의 격자부정합(lattice mismatch)에 의해 발생되어 활성층에
이르는 선형상 전위(threading dislocation)의 밀도를 감소시키기 위해 필요하
다. 선형상 전위는 비발광성 재결합(nonradiative recombination)이 생기는 장소
가 되며, LED로부터의 광 추출을 급격히 감소시킨다(Monemarand Sernelius
2007).

따라서 활성층에서의 선형상 전위 밀도를 감소시키기 위해 GaN 활성층을 GaN
웨이퍼 위에 성장시키는 동종 에피성장(homoepitaxy)을 위한 노력을 통해 광출력 및
효율(efficiency)을 향상시키고 있다. 그러나 3″ GaN 웨이퍼의 동종 에피성장만이 상
용화되어 있으며, 넓은 면적과 낮은 가격의 GaN 웨이퍼 개발을 위한 연구가 진행되
고 있다.

29.3.3 좁은 파장대역 적색 형광체의 사용

무기 LED는 빛의 색상에 대한 계속되는 딜레마가 있다. LED가 발하는 백색 빛은
푸르스름하게 나타나므로 기존 전구에 비하여 다른 색상을 표현하기 어렵다. 대부분
의 LED 설비와 장비는 차갑고 푸른 빛이 도는 백색(icy white-blue)을 만들며, 이런
백색광 아래에서 물체들은 자연스럽고 생기 있게 보이지 않는다. 따라서 청색 LED
의 색온도는 좀 더 붉은 쪽으로 줄고 따뜻한 백색(warm white) 쪽으로 가야 한다. 원
하는 조명색을 얻기 위해서는 청색빛을 받아 녹황색(green-on-yellow)으로 바꾸어
주는 새로운 형광체나 기존 형광체들의 조합을 찾아야 한다. 더욱이 현재 사용하는
따뜻한 백색 LED 램프에서는 기존 적색 형광체가 갖는 넓은 스펙트럼 분포 때문에
상당한 효율 감소가 일어난다. 좁은 파장대역을 가진 형광체나 양자점과 같은 나노
기술 기반 광 변환체들은 긴 파장의 적색과 근적외선 부분 스펙트럼에서의 효율 감소
를 최소화할 수 있다. 그러나 그런 형광체들은 청색 파장(약 460 nm)을 잘 흡수해야
하며, 인간의 시각 감도와 CRI 사이에서의 균형이 최적화되어야 한다. 따라서 LED
하향변환(down-conversion)을 위해 최적화된 형광체 시스템과 패키징이 개발되어야
한다.

29.3.4 Stokes Shift를 통한 형광체 발열 회피

현재 상용화된, 최적화된 디자인의 LED 램프들은 빛이 오직 칩의 상단 표면으로부터 나오고 칩의 다른 쪽 면은 금속 방열기 윗면과 맞닿아 있다. 요즘 많이 쓰이는 칩 디자인에서 LED의 측면 발광은 크게 줄었다. 형광체가 칩의 상부를 덮고 있기 때문에, 스토크스 손실(Stokes loss)에 의해 발생된 열은 형광체에서 칩으로 이동된다. 형광체는 소립자 분말로 구성되어 투명 유기 결합재들과 서로 묶여 있으며, 모든 투명 유기물질은 열 전도가 나쁘기 때문에 광 변환 효율의 감소와 상응하는 형광체의 큰 자가발열은 불가피하다. 이러한 온도에 의한 문제는 세라믹 물질을 이용한 구조 설계를 통해 어느 정도 완화될 수 있다. 그럼에도 불구하고 형광체는 LED 램프의 가장 큰 논란거리로 남아 있다.

29.3.5 Red-to-Green 효율 격차의 감소

현재 직접 발광하는 광원으로서의 적색, 황색 및 녹색 LED 효율(efficiency)은 청색 펌프(blue pump)에 비해 매우 낮다. 이것은 높은 인듐 함량으로 인해 InGaN 활성층 내에 생성된 결함에 기인한다. MOCVD를 이용하여 녹색~적색 LED를 위한 무결함 InGaN층을 GaN 위에 성장하는 것은 도전과제로 남아 있으며, 제작 관련 이슈와 도전을 위한 혁신적인 해결방법이 필요할 것이다. 이 격차를 줄임으로 인해, 특히 파워 LED처럼 높은 접합온도를 갖는 경우, 스토크스 편이(Stokes shift)에 의한 약 25% 에너지 손실을 줄이면서 백색을 만들기 위한 더 효율적인 색 혼합 방법이 적용될 것이다. 이와 같은 문제 해결 방안은 구조상 형광체가 필요하지 않기 때문에 앞에서 설명한 형광체 발열 현상이 생기지 않는다. 더욱이 이는 색을 더 매력적으로 바꿀 수 있을 것이다.

29.3.6 AC LED 램프의 깜박임(Flickering) 억제

조명의 깜박임은 편두통, 간질 등과 같은 만성질환으로 고통받는 사람들에게는 기피증을 유발할 수 있다. LED 램프가 AC-DC 중계 변환기 없이 AC 전원에서 직접 동작할 때, 50/60 Hz 혹은 100/120 Hz의 깜박임이 관측된다. 이 깜박임은 기존 형광 램프나 콤팩트 형광등(CFL)에 비해 더 나쁜 수준은 아니다. 깜박임에 민감한 응용분야에 적용할 경우 DC 구동이 가장 좋은 옵션이다.

29.3.7 균일한 광 분산을 위한 반사 플라스틱의 코팅

무기 LED는 제곱밀리미터 크기의 점 광원으로 많은 루멘을 방출한다. 조명 디자이너들은 흔히 다른 광원에 버금가는 광출력을 만들기 위해 다수의 LED를 픽셀화된 모습으로 배치한다. 사람들은 점으로 된 조명을 보는 것에 익숙하지 않으며, 때때로 빛을 직진 혹은 분산시키기 위해 적합한 렌즈들을 LED의 위에 배치하여 가급적 잘 분산된 균일한 조명을 얻기 원한다. 하지만 이런 렌즈들은 광출력을 낮춘다. LED 위에 코팅된 플라스틱으로 97%의 빛을 반사시켜서, 분산되고 눈에 친숙한 개선된 조명을 얻는 방법으로 15%~20% 광효율(lighting efficiency)을 향상시킬 수 있다. 이런 플라스틱 물질을 개발하기 위한 연구가 추진되고 있다.

29.3.8 백색 OLED의 100 lm/W 이상 효율 향상

광 추출 향상 후 100 lm/W 이상의 효율(efficiency)과 10,000 h 이상의 동작시간을 갖는 백색 OLED 제작을 위한 노력이 진행 중이다. 이러한 노력을 기반으로 발광 OLED 물질의 새로운 종류들에 대한 연구가 진행되고 있다. 새로운 물질들은 향상된 광 추출 효율을 보일 것으로 기대된다. 일반 무기 LED처럼, 얇은 OLED는 그것으로부터 생성된 광자들의 일부를 흡수한다. 따라서 다른 코팅의 개발이나 빛 추출 통로인 구멍들로 가득한 광 격자(photonic lattice)와 같은 구조적인 부속물의 개발이 필요하다.

29.3.9 OLED에서 고가 인듐의 대체

인듐(In)은 희귀하고 비싸다. 따라서 OLED 조명장치의 전극을 위한 산화인듐주석(indium tin oxide, ITO)에 대한 비용효율적인 대체가 당면한 요구사항이다.

29.3.10 지능형 조명기구의 설계

지능형 전자제어장치를 포함한 방법과 전문 원격 형광체(remote phosphor)가 사용된 LED 모듈, 금속 함으로 둘러싸인 전원 등과 같은 형광등의 대체 해법들이 고안되어야 한다. 지능형 제어는 사용 여부와 주변 조명 조건을 감지한다. 추가적인 에너지 절약을 위해 스위칭과 발광량 조절이 반드시 사용되며, 이것은 기존 형광램프의 경우 성능저하 없이는 불가능한 특성이다.

29.3.11 조명 규격의 수립

적절한 조명 규격을 만드는 것이 LED의 성공적인 시장 진출을 위한 열쇠를 쥐고 있다. LED와 기존 조명 간에 존재하는 기술적 차이점으로 인해 현재 제정되어 있는 산업 규격 및 검사 프로토콜을 적용하기가 어려우며, 제품 간의 성능이나 등급을 비교할 때 난처함과 오해가 발생할 수 있다. DOE는 IES(Illuminating Engineering Society of North America), NEMA(National Electrical Manufacturers Association), UL(Underwriters Laboratories), ANSI(American National Standards Institute) 등과 같은 표준 제정 단체와 함께 LED 표준의 승인을 위해 속도를 내고 있다.

29.4 2020년 이후의 움직임

29.4.1 Haitz의 예측

Haitz는 금속, 플라스틱, 유통, 재고, 정부의 권한 등의 비용이 기본적인 LED 램프 소자 비용보다 우위를 차지하게 될 것이며, 소자는 무가치한 요인이 될 것이라고 한다. 2020년 말까지, 조명의 OEM 가격은 klm당 0.5달러 이하로 떨어져 전혀 다른 비용 문제에 묻히게 될 것이므로, Haitz 법칙에서 예측한 가격 선에 도달할 것이다. 궁극적으로 정부 세금은 기본 LED 램프 부품의 가격과 비슷하거나 뛰어넘을 것이다.

29.4.2 Tsao의 예측

Tsao는 LED의 효율(efficacy)은 지속적으로 증가하여, 250~300 lm/W 선에 다다를 것이라고 믿는다. 그는 이러한 믿음에 대해 세 가지 이유를 든다: (i) 백색 LED 램프 조명의 자본 비용은 점점 낮아져서 구매 가격이 운영 비용보다 낮은 지점까지 도달하게 될 것이다. 따라서 소비자들은 적당한 기간 동 에너지 비용을 충분히 절약할 수 있는 좀 더 효율적인 LED 램프를 사기 위해 가격을 조금 더 지불하려고 할 것이다. (ii) 효율(efficacy) 향상에 따른 결과로, 단위광속당 열 낭비(waste heat)가 덜 발생하게 되며, 단위광속당 램프 패키징은 더 쉽고 덜 비싸질 것이다. (iii) 빛을 만드는 것 외에 추가적으로 제공 가능한 매력적인 특성들은 반도체 기술에 의해 싸고 화려하게 세트로 제공된 기능적이고 지능적인 가능성들로 인해 중요성을 얻게 될 것이다. 밝은 환경에서 색도(chromaticity)의 디지털 튜닝과 조명의 시간적/공간적 배치는 이러한 특성들의 선례이다. 이들의 장점은 연한 적색 영역에서 주입형 전계발광 소자 기반의 조명 발달을 촉진시킬 뿐만 아니라 부수적으로 스토크스 손실(Stokes loss)을 감소시켜 보다 높은 효율(efficacy)을 제공할 것이다.

29.4.3   조명 혁명의 마무리 단계

130여 년 전 Edison과 Swan의 전구 발명이 우리의 생활방식을 바꾼 이후, 조명 업계에서는 몇 가지 새로운 전기 조명 기술이 개발되었다. 이러한 각각의 기술들은 비용 절감과 동시에 효율성과 조명의 질에 대한 각성과 지속적인 향상을 가져다주었다. 2020~2030년대 고체조명은 효율 단계의 종점에 다다를 것으로 느껴진다. 그리고 그것은 비용과 품질 등 시장의 요구를 따라가거나 그 이상이 될 것이다. 이 시점에서 또 다른 새로운 기술을 개발하기 위해 상당한 투자가 있어야 한다는 주장을 옹호할 여지는 많지 않을 것이다. 인류의 조명 역사에서 모닥불부터 촛불까지 그리고 전구, 뒤이어 고체조명 등 일련의 격동들은 멈출 것이고 조명 혁명은 완전성과 풍부함을 달성할 것이다.

29.5   결론 및 고찰

고체조명은 거대한 에너지 경제와 지속적인 광원을 제공한다. LED가 현재의 형광 기술을 밀어내려고 한다면, 초기 비용할증(cost premium)은 새로운 시스템이 고객가치를 제공함을 의미할 것이다. LED는 적색 표시등과 출구 표시등의 신호 장치로 오랫동안 사용되어 왔으며, 이미 신호등과 손전등을 위해 선택된 빛이 되었다. 지난 20년의 기술적인 기반은 일부 제한된 조명 분야에서 LED의 사용을 가능하게 했다. 그러나 LED와 OLED는 지금까지 주로 비용과 색상으로 인해 주거 및 산업용 조명으로의 진출에는 아직 성공하지 못했다. 일반적인 조명 시장에서 LED에 대한 새로운 용도 중에는 소형 조명, 예를 들면 선반 아래의 작업을 위한 고정 광원, 장식용 조명, 복도 및 층계 블러팅(blotting), 실내용 다운라이트, 야외 주차 장치 및 지역 조명 등을 들 수 있을 것이다. 아마도 가장 매력적인 점은 이론치의 70% 수준인 286 lm/W의 효율(efficacy)을 보이는 LED의 잠재력일 것이다. 그것은 세계 에너지 소비에 거대한 영향을 미칠 수 있다. 백색 OLED의 효율(efficiency)도 계속 증가함에 따라 좀 더 일반적인 조명 용도로 사용되어, 벽이나 천장 전체가 조명 시스템이 되는 것도 가능할 것이다.

LED는 백색광이 푸르스름하게 나타나며 그로 인해 기존 전구와 다른 색상을 구현하여 시각적으로 어색함을 느낄 수 있는 문제가 있다. GaN 기반 제품의 주요 문제는 일반 조명에 필요한 높은 전류에서 효율(efficiency)이 급락하게 되는 것이다. 이런 저하의 메커니즘은 아직 완전히 밝혀지지 않았으며 여전히 활발한 연구와 강력한 논쟁의 주제이다. 여러 실험적 연구에서는 이런 효율저하가 3개의 운반자들이 관련되어 높은 전류밀도 상에서 눈에 띄게 일어나는 오제 재결합(Auger recombination) 탓으로 여겨진다. 연구자들은 또한, 오제 효과(Auger effect)가 약해져야 한다고 주장하는 추가적인 이론들도 제안한다. 게다가 청색 파장에서 더 긴 황색과 적색 파장으로의 전환은 20%~25%의 불가피한 에너지 손실을 포함한다. 적색 형광체는 가시광선 영역 밖으로 일부 빛을 방출하면서 효율을 저하시킨다. 이 문제는 좁은 발광 스펙트럼을 가지는 형광체를 사용함으로써 해결 가능하다. 기초 재료과학의 발전은 백색 LED의 효율(efficiency)과 품질(quality)을 향상시킬 것이지만, 비용 절감은 산업체에서 해결해야 하는 과제이다.

전반적으로, LED와 고체조명에 전문화된 워크숍 및 세미나 교육으로, 시장 선정에 대한 분석과 마주하는 기술적 발전과 반도체 광원의 가능성에 대한 이해를 통해 성장하는 고체조명 분야의 도전과 기회에 대한 유용한 통찰력을 보여 줄 것이다.

Haitz와 Tsao는 2020년까지 LED의 광원효율(luminous efficacy)이 150~180 lm/W에 도달할 것이라고 예측한다. Tsao는 2020년 이후, 효율(efficacy)이 200 lm/W를 넘어선 250~300 lm/W 정도에서 포화될 것으로 믿고 있다.

 참고문헌

Cao, X. A., K. Topol, F. Shahedipour-Sandvik, J. Teetsov, P.M. Sandvik, S. F. LeBoeuf, A. Ebong et al. 2002. Influence of defects on electrical and optical characteristics of GaN/InGaN-based light-emitting diodes. *Solid State Lighting II.* In: I. T. Ferguson, N. Narendran, S. P. DenBaars, and Y.-S.Park (Eds.), *Proceedings of SPIE* Vol. 4776 Copyright 2002 SPIE, pp. 105–113.

Detchprohm, T., M. Zhu, Y. Li, Y. Xia, C. Wetzel, E. A. Preble, L. Liu, T. Paskova, and D. Hanser. 2008. Green light emitting diodes on *a*-plane GaN bulk substrates. *Applied Physics Letters* 92, 241109-1–241109-3.

Detchprohm, T., M. Zhu, Y. Li, L. Zhao, S. You, C.Wetzel, E. A. Preble, T. Paskova, and D. Hans. 2010. Wavelength-stable cyan and green light emitting diodes on nonpolar *m*-plane GaN bulk substrates. *Applied Physics Letters* 96, 051101-1–051101-3.

Haitz, R. and J. Y. Tsao. 2011. Solid-state lighting: 'The case' 10 years after and future prospects. *Physica Status Solidi A* 208(1), 17–29.

Han, S.-H., D.-Y. Lee, J.-Y. Lim, J. W. Lee, D.-J. Kim, Y. S. Kim, S.-T. Kim, and S.-J. Park. 2012. Effect of internal electric field in well layer of InGaN/GaN multiple quantum well light-emitting diodes on efficiency droop. *Japanese Journal of Applied Physics* 51, 100201-1–100201-3.

Hatcher, M. 2007, May. Massive power boost for non-polar GaN LEDs. *Compound SemiconductorMagazine*, pp. 1–3, http://optics.org/cws/article/research/27819

Kuo, Y.-K., S.-H. Yen, M.-C. Tsai, and B.-T. Liou. 2007. Effect of spontaneous and piezoelectric polarization on the optical characteristics of blue light-emitting diodes.*Seventh International Conference on Solid State Lighting.* In: I. T. Ferguson, N. Narendran, T.

Taguchi, and I. E. Ashdown, (Eds.), *Proceedings of SPIE* Vol. 6669, pp. 66691I-1–66691I-8, doi:10.1117/12.733860.

Lai, C. Y., T. M. Hsu, W.-H. Chang, K.-U. Tseng, C.-M. Lee, C.-C. Chuo, and J.-I. Chyi. 2001. Piezoelectric field-induced quantum-confined Stark effect in InGaN/GaN multiple quantum wells. *Physica Status Solidi (b)* 228(1), 77–80.

Monemar, B. and B. E. Sernelius. 2007. Defect related issues in the "current roll-off" in In-GaN based light emitting diodes. *Applied Physics Letters* 91, 181103-1–181103-3.

Ni, X., M. Wu, J. Lee, X. Li, A. A. Baski, Ü. Özgür, and H. Morkoc. 2009. Nonpolar *m*-plane GaN on patterned Si (112) substrates by metalorganic chemical vapor deposition. *Applied Physics Letters* 95, 111102-1–111102-3.

Park, S.-H. and S.-L. Chuang. 2000, April. Spontaneous polarization effects in wurtzite GaN/AlGaN quantum wells and comparison with experiment. *Applied Physics Letters* 76(15), 1981–1983.

Park, Y. S., M. J. Holmes, T. W. Kang, and R. A. Taylor. 2010. Quantum confined Stark effect of InGaN/GaN multi-quantum disks grown on top of GaN nanorods. *Nanotechnology* 21 (2010), 115401 (4pp).

Schmidt, M. C., K.-C. Kim, H. Sato, N. Fellows, H. Masui, S. Nakamura, S. P. Denbaars, and J. S. Speck. 2007. High power and high external efficiency *m*-plane InGaN light emitting diodes. *Japanese Journal of Applied Physics* 46(7), L126–L128.

Schubert, M. F., J. Xu, J. K. Kim, E. F. Schubert, M. H. Kim, S. Yoon, S. M. Lee, C. Sone, T. Sakong, and Y. Park. 2008. Polarization-matched GaInN/AlGaInN multi-quantum-well light-emitting diodes with reduced efficiency droop, *Applied Physics Letters* 93, 041102-1–041102-3.

Thomsen, M., H. Jönen, U. Rossow, and A. Hangleiter. 2011. Spontaneous polarization field in polar and nonpolar GaInN/GaN quantum well structures. *Physica Status Solidi B* 248(3), 627–631.

US DOE 2012. Building Technologies Program January 2012. http://apps1.eere.energy.gov/buildings/publications/pdfs/ssl/ssl_energy-savings-report_jan-2012.pdf

Yamamoto, S., Y. Zhao, C.-C. Pan, R. B. Chung, K. Fujito, J. Sonoda, S. P. DenBaars, and S. Nakamura. 2010. High-efficiency single-quantum-well green and yellow-green light-emitting diodes on semipolar (2021) GaN substrates. *Applied Physics Express* 3, 122102-1–122102-3.

Zhao, Y., Q. Yan, C.-Y. Huang, S.-C. Huang, P. S. Hsu, S. Tanaka, C.-C. Pan et al. 2012. Indium incorporation and emission properties of nonpolar and semipolar InGaN quantum wells. *Applied Physics Letters* 100(20), 201108-1–201108-4.

연습문제

29.1 2020년까지 미국 DOE 2012 보고서에 따른 무기 및 유기 LED 기반 고체조명의 추정은 무엇인가?

29.2 Haitz와 Tsao의 예측 중 기대 발광효율과 LED 가격적인 부분에서의 요점을 서술하라. DC와 AC LED 조명 간의 "싸움"을 강조하라.

29.3 지금의 백색 LED에 문제가 되는 빛의 색(light color) 문제는 무엇인가? 과학자의 즉각적인 주목이 필요한 가장 중요한 백색 LED 연구분야를 언급하라.

29.4 백색 LED의 연색성 지수(CRI)를 향상시키기 위한 좁은 대역의 적색 형광체의 긴급한 필요성에 대해 설명하라.

29.5 백색 LED에서 형광체 발열의 이유는 무엇인가? 그 영향은 무엇인가? 그것을 피할 수 있는가? 그렇다면 방법은 무엇인가?

29.6 50 nm FWHM(반치폭)을 갖는 녹색 형광체와 10 nm FWHM을 갖는 적색 형광체 중 백색 LED의 광원효율(luminous efficacy)을 향상시키기 위해 좀 더 효과적인 형광체는 무엇인가? 당신의 주장에 의거하여, 연구 노력을 가속화할 필요가 있는 것을 선택하라.

29.7 원격 형광체(remote phosphor) 기술은 무엇인가? 그 장점은 무엇인가?

29.8 고체조명에서 적색–녹색의 효율 격차는 무엇인가? 그것은 우리가 백색광을 효과적으로 만드는 것을 어떻게 막는가? 백색 조명의 좀 더 효율적인 광원의 구현을 위해 그 격차를 어떻게 줄일 수 있는가?

29.9 "Green Gap"을 정의하라. 이 문제를 해결하기 위한 GaN 재료 시스템과 형광체에 대한 미래 연구 동향은 무엇인가? GaN와 형광체 기반 접근을 비교하라.

29.10 가시광 스펙트럼의 발광 파장을 갖는 고효율 LED를 제작하기 위한 GaN 재료 시스템의 사용에 관련된 도전에 관해 논의하라.

29.11 GaN LED의 효율 저하(droop) 현상에 대해 설명하라. LED 광출력에 미치는 영향을 줄일 수 있는 방법은 무엇인가?

29.12 GaN LED의 고효율 달성을 위한 cubic GaN, 반극성/비극성 GaN 기판, GaN-on-GaN 동종 에피성장(homoepitaxy)의 이용 등과 같은 다양한 방법들을 비교하라.

29.13 QCSE(quantum-confined Stark effect)를 정의하라. 이는 어떻게 질화갈륨 LED의 발광 재결합 과정에 영향을 미치는가?

29.14 오렌지색에서 적색 영역의 LED 제작을 위해 AlInGaN보다 AlGaInP 시스템을 선호하는 이유는 무엇인가?

29.15 AC 전원에서 직접 동작하는 LED 램프는 깜박임에 의해 고통받기 쉬운가? 어떻게 깜박임에 민감한 제품으로부터 깜박임을 방지할 수 있는가?

29.16 AC LED에서의 깜박임 감소를 위해 무엇이 필요한가? 그것을 달성하기 위한 몇 가지 잠재적인 방법을 설명하라.

29.17 여러 개의 LED를 서로 가깝게 장착하면 픽셀화된 모양의 광원을 얻을 수 있다. 분산되고 눈에 편한 LED 광원 제작에 도움이 되는 방법을 한 가지 보여라.

29.18 광격자(photonic lattices)는 무엇을 의미하는가? 그것들은 LED에서 빛을 밖으로 내보내는 데 어떻게 도움이 되는가?

29.19 OLED에서 인듐 사용에 따른 문제점을 지적하라.

29.20 2020년 이후 고체조명을 위한 Haitz와 Tsao의 예측을 간단히 서술하라. 그 두 예측은 어떻게 다른가? 언제 어떻게 조명 혁명이 마무리될 것인가?

CHAPTER **30**

레이저 다이오드와 레이저 다이오드 기반 조명
Laser Diode and Laser Diode-Based Lighting

학습목표

이 장을 학습한 후에 독자들은 다음의 역량들을 갖출 수 있게 된다.

- 발광 다이오드(LED)와 레이저 다이오드(LD)의 차이점을 이해할 수 있다.
- 유도방출의 조건들을 알 수 있다.
- 동종접합 레이저 다이오드의 결점에 대해 논의할 수 있다.
- 이종접합 레이저 다이오드의 운반자(carrier)와 광학적 구속(confinement)에 대해 묘사할 수 있다.
- 레이저 다이오드 동작에 관한 이론적인 이해를 습득할 수 있다.
- 레이저 다이오드의 이득과 손실계수, 투명도 및 문턱전류밀도, 그리고 출력전력에 관한 방정식을 쓸 수 있다.
- 레이저 다이오드를 이용한 백색광의 제조법에 대해 익숙해질 수 있다.

30.1 발광 다이오드(LED)와 레이저 다이오드(LD)

LED 전구는 백열등과 형광등 조명에 비해 보다 효율적이고 합리적인 가격이 입증된 후, 시장을 뚫고 들어가서 그들을 교체하기 시작했다. 그러나 차세대 조명은 고체상태 소자(solid-state device)의 다른 형태인 레이저 다이오드(laser diode, LD)로부터 진화될 것으로 기대하고 있다. 이러한 추측과 기대는 필요한 안전 대책이 채택되고 적절한 전기회로망이 사용되는 경우 LD 기반 조명이 더 효율적으로 발전할 가능성이 있다는 전제 하에 이루어진다. 이러한 다이오드들은 철저하게 관리만 잘 한다면 비교적 긴 수명을 갖는다.

LED는 전자가 정공을 소멸시킬 때 광자를 방출하는 자발방출(spontaneous emission)에 의해 동작한다. 여기서 운반자들은 평균 수명을 갖고 재결합하지만, 어떤 운반자에 속한 특정한 수명을 갖고 재결합하지는 않는다. 전자-정공 재결합, 그리고 이에 의한 광자 발광은 심지어 바이어스 전압을 끊은 후에도 일어난다. 그리고 이 광자는 외부 교란 전자기 복사(electromagnetic radiation)의 변화와 무관한 비율로 발생한다. 또한 이 과정에서 발생된 광자는 다양한 파장과 임의의 방향을 가진다. 따라서 광자들은 간섭성이 없거나 일관성이 없다. 이러한 방출은 기본적으로 자발적(voluntary) 혹은 시키지 않은(unprompted) 방출이며, 이를 "자발방출"이라고 한다.

한편, 레이저는 방사선의 유도방출에 의한 광 증폭(light amplification by stimulated emission of radiation, LASER)의 약어이다. 레이저는 높은 지향성을 갖는 단색(directional monochromatic) 광원이다(Pospiech and Liu 2004). 자발방출을 하는 LED와는 달리 LD는 빛이 발생하는 원리는 LED와 유사하나 발생한 빛을 다이오드 내부 결정 벽개(crystal cleaving)에 의해 형성된 거울면을 이용하여 반사시키고, 이를 통해 증폭시켜 유도 방출하는 방식으로 작동하며, 이를 "광 증폭(light amplification)"이라 한다. 자발과 유도 방출은 그림 30.1처럼 서로 다르다. 유도 방출은 다음 절에서 자세하게 다룰 예정이다.

LED와 LD의 차이가 표 30.1에 요약되어 있다. LED에서 LD로의 진행과정은 그림 30.2에 표시되어 있다.

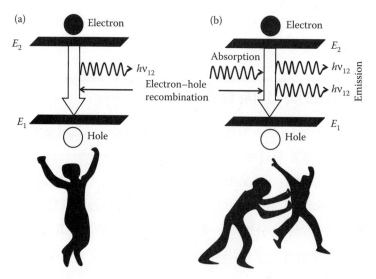

그림 30.1 두 가지 유형의 발광과 그 비유: (a) 자발방출, (b) 유도방출.

표 30.1 LED와 LD

기능	LED	LD
동작원리	자발방출(spontaneous radiation)	유도방출(stimulated radiation)
광폭(beam width)	넓은 출력 광으로 캡처와 초점을 잡기 어려움	좁고, 방향성이 높은 빔
가간섭성(coherence)	없음	있음
선폭과 스펙트럼 (line width & spectrum)	넓은 스펙트럼(30~100 nm)	날카로움, 좁은 방출 스펙트럼 스펙트럼 폭 5 nm 이하
출력전력	1 mW 이하	100 mW 이상
임계 소자(threshold device)	No	Yes
온도 의존성(temperature dependence)	약함	강함
효율(efficiency)	overall efficiency: 중–저	differential & overall efficiency: 높음
선형성(linearity)	나쁨	좋음
광섬유와 결합 효율	낮음	높음
속도(speed)	중간에서 높음	높음에서 매우 높음
주파수 변조(frequency modulation)	수백 MHz까지	10 GHz까지
조작	쉬움	전류 및 온도 조절이 필요함
가격	저렴	비쌈

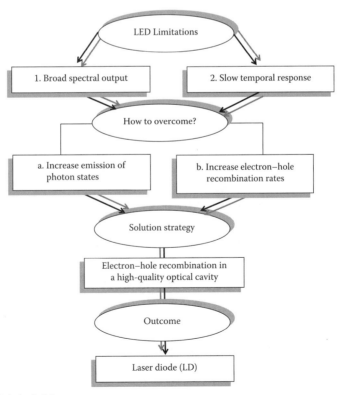

그림 30.2 LED에서 레이저 다이오드로.

30.2 동종접합 레이저 다이오드

결과로서 생기는 단색의 가간섭성 광(coherent light) 출력을 내는 레이저 동작은 두 개의 도핑된 갈륨비소(gallium arsenide, GaAs) 층 사이에 형성된 P-N의 동종접합 다이오드에 의해 이루어진다(Kasap 2001). 동종접합 LD는 P-N 접합에 GaAs와 같은 다이오드 전체에 걸쳐 직접천이형(direct bandgap) 반도체 재료를 사용한 것이다. 이러한 소자는 LD 외에도 다이오드 레이저(diode laser) 또는 반도체 주입 레이저(semiconductor injection laser) 등으로 다양하게 불리고 있다. 이는 기본적으로 반도체 광 증폭기(semiconductor optical amplifier)이다. 그림 30.3은 Kasap(2001)이 제안한 동종접합 방식 LD의 구조를 보여 준다.

LD로부터 방출되는 광의 가간섭성(coherence)은 그로부터 방출되는 광자들이 동일 진동수를 가진 상태로 서로 위상 연결되어, 상호 위상차(phase difference)가 일정하거나 아예 없다는 것을 암시한다. 이러한 가간섭성은 주파수가 같은 광자에 의해 활성화된 미리 정해진 주파수의 광자 형태의 전자기 방사선 방출로 설명되는 유도 방출 과정에서 기인한다. 예를 들어, 정상보다 높은 에너지 상태에서 전자와 충돌하는 광자, 즉 더 높은 에너지 상태인 전도대 내의 전자가 더 낮은 에너지 상태인 가전자대역으로 되돌아갈 때 입사 광자와 동일한 진동수를 갖는 광자를 방출한다. 이 과정에서 방출된 광자가 고에너지 상태, 즉 전도대에서 이웃 전자와 충돌할 경우 동일한 진동수를 가지는 또 다른 광자가 자유롭게 발생하게 된다. 따라서, 단일 광자에서 시작하여 동일한 진동수의 다수 광자 방출이 유발되었다.

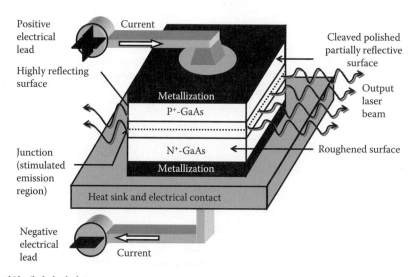

그림 30.3 동종접합 레이저 다이오드.

또한 방출된 광자와 기폭(triggering) 광자는 항상 같은 위상을 갖는다. 그 이유는 두 번째 광자 방출이 첫 번째 광자와 전도대 전자와의 상호작용에 의해 같은 시간과 같은 공간에서 발생하기 때문이다. 방출된 모든 광자는 첫 번째 광자와 동일한 방향으로 전파된다.

위의 설명은 광자와 전도대의 전자 사이의 상호작용에 적용됨을 유의해야 한다. 가전자대의 전자와 충돌하는 광자는 전자−정공 쌍(electron−hole pair)을 생성하며, 광자가 전도대의 전자와 충돌하여 다른 광자를 생성하는 경우와 다르다.

30.2.1 유도방출을 위한 조건

LD에서 유도방출 과정이 시작되려면, 다음 두 가지 기본 조건이 충족되어야 한다.

1. 밀도 반전(population inversion) 조건: 상부 복사 전이상태(transition state)는 바닥상태(ground state)에서보다도 더 큰 전자 밀도를 가져야 한다. 이 상황은 대부분의 시스템이 여기상태가 아닌 바닥상태에서 가장 많은 전자 수를 갖는 상태의 볼츠만 분포(Boltzmann distribution)를 준수하기 때문에 밀도 반전으로 인식된다. 레이저 동작에 있어서 광자를 방출하기 위해 더 낮은 에너지 상태로의 전이를 위해서는 많은 수의 이용 가능한 전자가 지속적으로 필요하기 때문에 밀도 반전의 필요성이 생긴다. 밀도 반전 조건에서는 유도방출된 광자 수가 복사계(radiation field)로부터 흡수되는 광자에 비해 압도적으로 많은 경향성을 가진다.

   상태의 밀도를 바꾸는 방법 중 하나로 전기적 펌핑(electrical pumping)을 이용하는데, 이는 운반자들을 여기시켜 더 높은 에너지 상태로 만드는 방법을 의미한다. 또한 밀도 반전이 허용되도록 각 상태의 수명이 정확한 등급인 것이 요구된다. LD에서 전기적 펌핑은 극단적으로 높은 농도로 도핑된 P-형이나 N-형 물질에 소수 운반자를 주입하여 얻는다. 즉, 축퇴형 반도체(degenerate semi-conductor) 사이에 형성된 P-N 접합을 순방향 바이어스함으로써 높은 밀도의 전자와 정공을 동일한 공간 영역에서 동시적으로 같은 기간에 형성되도록 한다. 밀도 반전 영역은 접합부를 따라 생기며 이 영역을 LD 반전층(inversion layer) 또는 활성 영역(active region)이라고 한다.

2. 광 공명 패브리−페로 공진기(optical resonant Fabry-Perot cavity): 광 공진기(optical cavity)는 유도방출을 발생하기 위한 피드백을 지원한다. 이는 자발방출보다 유도방출을 향상시키기 위해 충분히 큰 광자 에너지 밀도를 구축할 목적으로, 광자를 앞뒤로 반사시키는 두 개의 평행한 반사경으로 구성되어 있다. 이렇게 생

성된 옆면 발광은 피드백 도파로(feedback waveguide)에 적용하기에 매우 적합하다.

LD에서 광 공명 공진기(optical resonant cavity)는 결정의 끝부분을 절단(cleaving)하여 반사가 잘 일어나도록 평평하게 가공하여 만든다. 일반적으로 GaAs 시료는 (110) 결정면을 따라 절단되어, 결정 구조 자체로부터 평행면이 제공되도록 한다. 크리스탈(약 3.5)과 주변 공기 사이의 선명한 굴절률(refractive index) 차이에 의해, 결정과 공기의 분할 단면은 거울 역할을 한다. 빛이 나오는 쪽 면이 연마됨에 따라, 방출되는 빛은 반사 메커니즘에 의해 활성 영역으로 되돌아가게 된다. 실제로 방출되는 빛의 상당 비율이 공기-AlGaAs 사이의 굴절률 차이로 인해 다시 안쪽으로 반사된다. 따라서 미러 코팅까지는 하지 않고, 빛이 결정에서부터 공기로 빠져나가려 할 때 방출광의 약 30%가 반사되도록 한다.

절단된 표면으로부터 반사된 광자는 동일한 주파수를 갖는 더 많은 광자의 발생을 유발하고, 두 거울 사이에서 여러 번의 반사를 통해 특정 파장들에 대해 정상파(standing wave)를 형성한다. 공진기 내 빛의 파장 λ는 공진기 길이 L에 의해 결정된다. 오직 $\lambda/2$의 배수만 허용되며, 다음과 같이 쓸 수 있다.

$$m \times \frac{\lambda}{2n} = L \tag{30.1}$$

여기서 m은 정수이며(모드 혹은 공명주파수), n은 반도체의 굴절률이다.

30.2.2 동작(Operation)

광자의 에너지가 E_g보다 크지만 $E_{FN} - E_{FP}$ (eV)보다는 작을 때는 유도방출을 유발하는 반면, 광자의 에너지가 $E_{FN} - E_{FP}$ (eV)보다 클 때는 흡수된다. 밀도 반전 조건에서 상기 반도체는 증폭기로 동작한다. 광 이득(optical gain)은 유도방출이 흡수보다 큰 영역에서 얻는다. 이 이득은 광자의 에너지, 즉 파장에 의존한다. 매질에서의 광 이득이 결합 및 흡수에 의한 공진기 부분에서의 광자의 손실보다 큰 경우 레이저 발진이 일어난다. 이것은 문턱전류 I_{th}를 초과하는 다이오드 전류를 필요로 한다. I_{th}보다 작은 전류에서는 자발방출이 일어난다. I_{th} 이하에서는 간섭성이 없는(incoherent) 광자가 무작위로 방출되고 마치 LED처럼 동작한다.

LD는 순 광 증폭(net optical amplification)이 얻어지는 그런 공명 주파수나 종축모드(longitudinal mode)에서 동작한다. 공진기의 길이는 종축모드를 결정하고, 공진기의 폭과 높이는 가로모드(transverse mode) 또는 측면모드(lateral mode)를 결정한다. 종축모드는 출력 광 파장을 결정한다. 측면모드와 가로모드를 억제하는 것이 레이저의 성능 회복을 위해 필요하다. 측면모드는 기본 모드의 양쪽에 하위피크(sub-peak)를 초래하고 출력−전류 곡선에 "꼬임(kink)"을 가져오며, 이는 줄무늬 구조(stripe-geometry structure)에 의해 억제된다. 가로모드에 의해 생기는 과열점(hot spot)은 활성층을 얇게 디자인하는 방법을 통해 축소시킬 수 있다.

단일모드 레이저(single-mode laser)는 기본 가로모드와 측면모드 및 몇 개의 종축모드를 갖고 동작하는 레이저이다. 단일주파수 레이저(single-frequency laser)는 한 개의 종축모드로 동작한다.

반사를 겪지 않는 파들은 증폭 없이 신속하게 매체의 측면으로 빠져나오기 때문에, 레이저 방사는 반투명 거울을 통해 고유의 평행 빔으로서 나오게 된다.

30.2.3 결점(Drawback)

1. 높은 문턱전류밀도 때문에 그 동작이 매우 낮은 온도로 제한되도록 적절한 냉각 메커니즘에 의해 유지되어야 한다.
2. 양의 온도계수(positive temperature coefficient)를 가지므로 온도상승에 의해 문턱전류가 높아진다. 이것 때문에 다이오드의 동작이 멈출 수도 있다. 온도가 상승하면 Fermi-Dirac 함수가 전도대(conduction band) 전자의 에너지 분포를 넓게 퍼지게 만들어서 전자의 준−페르미레벨(E_{FN}) 위쪽까지 분포하게 하고, 가전자대(valence band)에서 정공의 준−페르미레벨(E_{FP}) 아래의 정공은 광 이득을 감소시킨다. 광 이득은 인가 전압에 의존하는 E_{FN}-E_{FP}에 따라 결정된다. 결국 광 이득은 다이오드 전류에 의존한다.
3. 펄스모드 출력(pulse-mode output).
4. 출력 광의 넓은 스펙트럼 폭.

이종접합(heterojunction) 레이저가 동종접합(homojunction) 레이저에 비해 발전된 형태이다. 편리하고 사용 가능한 수준으로 문턱전류를 감소시키기 위해서는 유도 방출 비율뿐 아니라 광공진기 효율의 증가도 필요하다.

예제 30.1

LD의 문턱전류밀도 실험식이

$$J_{th} \propto \exp(T/T_0) \tag{30.2}$$

이고 여기서 T_0는 40~200 K 범위이다. 만약 LD에서, T_0 = 100 K이면, 문턱전류밀도가 300 K의 경우보다 3배가 되는 온도를 섭씨(degrees centigrade)로 구하라.

x를 온도라고 할 때,

$$J_{th} = \text{constant} \times \exp(T/T_0) \tag{30.3}$$

$$(J_{th})_{300K} = \text{constant} \times \exp(300/100) \tag{30.4}$$

$$(J_{th})_{xK} = \text{constant} \times \exp(x/100) \tag{30.5}$$

여기에서

$$(J_{th})_{xK} = 3 \times (J_{th})_{300\,K} \tag{30.6}$$

이므로,

$$\text{constant} \times \exp(x/100) = 3 \times \text{constant} \times \exp(300/100) \tag{30.7}$$

를 얻을 수 있다.

$$\exp(x/100) = 3 \times \exp(300/100) \tag{30.8}$$

위 식의 왼쪽과 오른쪽에 자연로그를 취하면,

$$(x/100) = \ln(3) + (300/100) \tag{30.9}$$

$$x = 100\ln(3) + 300 = 100 \times 1.0986 + 300 = 409.86\,K$$
$$= (409.86 - 273)°C = 136.86°C \tag{30.10}$$

30.3 이종접합 레이저 다이오드

동종접합 다이오드 레이저는 다이오드의 P와 N층에서 너무 많은 흡수로 인해 낮은 Q를 갖는다. 그에 대한 설명은 다음과 같다. 유도방출은 활성 영역이라 불리는 동종접합 주변의 매우 얇은 영역에서 일어난다. 일부 광자는 이 영역을 빠져나가 반도체의 두툼한 부분(bulk)을 떠돌게 된다. 여기서 이 광자들은 전자–정공 쌍을 생성함으로써 더 이상 유도방출에 기여하지 못하고 소멸된다. 다행히, 접합부에 인접한 높은 운반자 농도는 굴절률에 변화를 일으켜 활성 영역에 있는 광자를 가두는 역할을 하는 도파로(waveguide)를 생성한다. 하지만 이 도파로의 역할은 제한된 범위에서만 도움이 되는데 그 이유는 도파로의 굴절률의 차이가 대략 0.1%~1.0%로 매우 작아서 그 결과 대략 82°~87°의 높은 임계각도(critical angle)를 갖기 때문이다. 따라서 이 도파로 작용은 광자의 손실을 방지하는 데 부분적으로만 유효하며 추가적인 수단에 의해 보완되어야 한다. 이 보완은 다른 굴절률을 갖는 구속층(confinement layer)을 활성 영역의 양쪽에 추가하는 것이다. 그러면 방출된 빛은 구속층에서 활성 영역으로 반사한다.

운반자와 광을 가두는 것은 LD에서 이종접합구조(heterostructure) 설계를 사용함으로써 실현된다. 이중 이종접합구조(double heterostructure) 다이오드는 2개의 반도체, GaAs와 AlGaAs 사이에 형성된 2개의 접합을 가지고 있다. AlGaAs/GaAs 이종접합의 장점은, 그 결정 구조 사이에 격자부정합(lattice mismatch)이 작아서 격자 변형에서 기인한(strain-induced) 계면 결함(dislocation)을 무시할 수 있다는 것이다. 이러한 결함들은 비발광성 재결합(nonradiative recombination)을 일으키는 원인이 된다.

Kasap(2001)의 연구에서 인용한 그림 30.4에서 기판 재료는 N-GaAs층이다. 구조를 이루는 각각의 다른 층들은 그 정의된 역할에 따라 다음과 같이 명명된다: 구속층(confining layer)은 N-AlGaAs와 P-AlGaAs, 활성층은 P-GaAs(870~990 nm)이고, 추가 접촉층은 P-GaAs로 더 나은 전극의 접촉을 형성하며 전류를 제한하는 쇼트키 접합을 방지하는 역할을 한다(Kasap 2001). P- 및 N-AlGaAs 층은 P-GaAs와 이종접합을 형성하여 운반자 및 광학적 구속(optical confinement)을 제공한다.

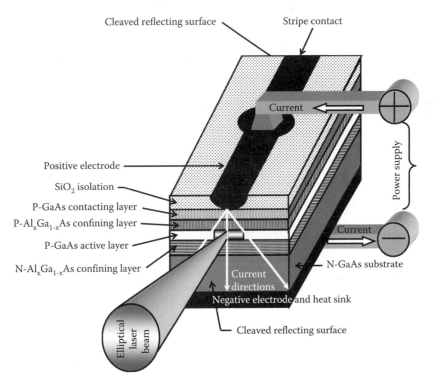

그림 30.4 이종접합 레이저 다이오드.

30.3.1 운반자 구속

이종접합은 주입된 전자와 정공을 접합 근처의 아주 좁은 영역에 구속한다. 결과적으로, 레이저 발진에 요구되는 최소 전류인 문턱전류밀도가 감소하여, 밀도 반전에 필요한 전자의 농도(concentration)를 얻는 데 더 적은 전류가 필요하게 된다. 이 때문에 레이저는 실온에서 연속적으로 동작할 수 있게 된다. 또한 P-GaAs층이 얇기 때문에(0.1 μm) 운반자의 농도를 증가시키기 위해서 더 낮은 전류를 빠른 속도로 주입시킬 필요가 있다. 이런 방법으로 밀도 반전과 광학 이득을 얻기 위한 문턱전류의 감소를 얻는다.

30.3.2 광학적 구속

이종접합체는 광 이득 영역 주변에 유전체 도파로(dielectric waveguide)를 만든다. 이 도파로는 이종접합에 사용되는 두 물질의 굴절률 차이로부터 발생하며, 예를 들면, 밴드갭이 더 큰 반도체인 AlGaAs는 GaAs보다 굴절률이 더 작다. 도파로가 활성 영역의 범위 내에서 광자를 구속하고 공진기(cavity) 축으로부터 벗어나 소실되는 전자의 수를 감소시킨다. 이 가로방향 광 구속으로 활성 영역의 광자 농도가 증가하고 유도방출 확률이 높아진다. 구속계수(confinement factor)는 활성층 내부와 외부 모두에서의 빛의 강도(light intensity)의 합에 대한 활성층 내부에서의 빛의 강도의 비율이다.

30.3.3 줄무늬 기하구조

이 형상에서 전류밀도 J는 횡방향으로 균일하게 흐르지 못하고, 중앙 경로를 따라 전류는 최대로 흐르지만 양쪽 옆면에서는 감소한다. 따라서 밀도 반전과 광 이득은 전류밀도가 문턱전류 값을 초과한 영역에서만 발생한다. 이 구조는 다음과 같은 장점이 있다. (i) 접촉면적의 축소는 문턱전류를 감소시킨다. 예를 들어, 2~3 마이크로미터의 줄무늬 폭은 수십 mA의 문턱전류를 만든다. (ii) 작은 발광 면적은 광섬유(fiber)와의 광 결합(coupling)의 문제를 해결할 수 있다.

30.3.4 출력 스펙트럼과 특징들

LD의 출력 스펙트럼은 레이저 발진을 유지하는 광 공진기 및 파장 대비 광 이득 곡선의 특징에 따라 결정된다. 광 공진기의 기하학적 구조와 펌핑 전류 수준에 따라, LD 스펙트럼은 다중모드(multimode)와 단일모드(single mode)로 나눌 수 있다. 또한 공진기 양단에서의 회절(diffraction) 때문에 방출되는 레이저 빛이 발산필드(di-verging field)를 가지며, 이 회절은 구멍이 작을수록 더 커진다.

LD의 출력 특성은 온도에 민감하다. 온도가 증가함에 따라 문턱전류가 기하급수적으로 증가하고, 출력 스펙트럼도 함께 변한다. 단일모드 LD의 모드는 특정 온도에서 다른 모드로 뛰며, 레이저 발진 파장의 변화를 초래한다. 굴절률과 공진기 길이의 작은 변화로 인해 파장은 서서히 증가하게 된다.

30.4 레이저 다이오드의 이론

2종류의 경쟁하는 메커니즘이 있다: 매질에서의 이득과 공진기 내의 손실. 레이저가 발진하기 위해 이득은 반드시 손실과 균형을 맞춰야 한다. 레이저 증폭기의 이득은, 피드백 루프를 왕복하는 동안 순이득이 발생되도록 피드백 시스템의 손실보다 반드시 커야 한다. 그러므로 레이저 재료에서 이득과 공진기의 손실은 레이저 시스템 최적화 과정에서 중요한 역할을 한다.

30.4.1 이득계수

레이저 증폭기는 이득계수(gain coefficient) α(단위길이당 이득)로 특정지어지는 분산−이득(distributed-gain) 소자로, 광자속(photon-flux) 밀도 혹은 빛의 세기의 증가 비율을 제어한다. 이득은 이득계수 α에 의해 다음 식으로 정의된다.

$$g(z) = \exp\{\alpha(z)\} \tag{30.11}$$

여기서 z는 전파 방향의 좌표이다. 이득계수는 흡수계수에서 음의 값을 취하면 된다: $g = -\alpha$. 빛의 세기 $L(z)$를 g의 식으로 쓰면 다음과 같다.

$$L(z) = L_0 \exp\{-\alpha(z)\} = L_0 \exp\{g(z)\} \tag{30.12}$$

이득계수는 단위 전파거리당 빛의 강도에서 변화된 부분이다. 이것은 길이의 역수 단위를 가지며, 흡수계수와 마찬가지로 매질의 차원적인 크기와는 무관한 값이다. 이는 또한 광자의 밀도가 주어진 방향에 따라 전파하면서 어떻게 바뀌는지에 대해 기술해 준다.

30.4.2 손실계수

이득과 마찬가지로 빛은 매질에서 손실 또는 감쇄 계수(attenuation coefficient)

α_r(단위길이당 손실)에 의해 특징지어지는 손실을 야기한다. 이러한 손실은 매질 전체에 분포하고 이득계수와 같이 길이의 역수(inverse length) 단위를 갖는 광손실계수 α_r를 갖는 것을 특징으로 하고 있다.

길이 d를 갖는 공진기를 왕복하는 동안 광속밀도는 $R_1R_2\exp(-2\alpha_r d)$만큼 감소한다. 여기서 R_1과 R_2는 두 거울의 반사율(reflectance)이다. 거울의 반사 손실만을 고려할 때, 한번의 왕복에서의 총손실은 효과 분산 반사 손실 계수(effective distributed reflective loss coefficient)인 α_m에 의해 아래의 식과 같이 기술된다.

$$\alpha_m = \frac{1}{2d}\ln\left(\frac{1}{R_1R_2}\right) \tag{30.13}$$

일반적으로 거울에서의 손실은 총손실계수 α_r의 단지 한 요소일 뿐이다. 총손실계수는, 반도체 재료에 의한 자유 운반자 흡수, 공진기 내에 전파되는 광 불균일성에 의한 산란, 이종접합 구조 계면에서의 불순물과 결함 등 다양한 원인에 의한 것의 합이다. 산란은 도핑이 증가하면 같이 증가하지만 $10^3 \sim 10^4$ m^{-1} 범위일 것이다.

30.4.3 투명도 전류밀도

만약 전류 i가 면적 $a = wd$를 통해 부피 $V_a =$ 부피 la(l은 활성 영역의 두께)인 활성 영역에 주입될 때, 정상상태에서 매 초당 단위부피당 운반자 주입률은,

$$\frac{i}{qla} = \left(\frac{i}{a}\right) \times \frac{1}{ql} = J \times \frac{1}{ql} = \frac{J}{ql} \tag{30.14}$$

이며, 여기서 $J = i/a$는 주입된 전류밀도(A/cm^2)이다. 정상상태에서 재결합은 주입과 같다(recombination = injection). 결과적으로 정상상태에서 주입된 운반자 농도는,

$$\frac{n}{\tau} = \frac{J}{ql} \tag{30.15}$$

이며, 여기서 n은 단위부피당 운반자 농도이고, τ는 총 재결합 수명, q는 기본 전하량, 그리고 l은 활성 영역의 두께이다. 위 식은 다음과 같이 쓸 수 있다.

$$J = \frac{nql}{\tau} \tag{30.16}$$

위 식은 다시 다음과 같이 쓸 수 있다.

$$J = \frac{nql}{\eta_{int}\tau_r} \tag{30.17}$$

여기서 $\eta_{int} = \tau/\tau_r$이며, τ_r은 반도체의 발광 재결합 수명(radiative recombination lifetime)이다.

반도체 재료는 "흡수율(absorption) = 유도방출률(the rate of stimulated emission)"일 때 투명해진다. 이 조건을 "재료 투명도(material transparency)"라고 한다. 투명도 밀도(transparency density) n_0는 투명도를 달성하는 데 필요한 전도대(conduction band)의 초과전자의 수를 나타낸다. 투명도 전류밀도(transparency current density) J_0는 다음과 같다.

$$J_0 = \frac{n_0 q l}{\eta_{int}\tau_r} \tag{30.18}$$

J_0는 접합 두께에 직접 비례하며 얇은 활성 영역의 두께를 사용함으로써 투명도의 낮은 전류밀도 J_0를 얻을 수 있다. 이것이 l이 100 nm 정도를 갖는 이중 이종접합구조(double heterostructure)를 사용하는 동기가 된다.

30.4.4 문턱전류밀도

투명해졌을 때의 재료 이득(material gain upon transparency)은

$$g(n_0) = 0 \tag{30.19}$$

이득계수 피크 곡선(the peak gain coefficient curve)은 투명도 밀도 n_0에 관한 테일러 급수 전개에 따라 아래와 같이 n_0에서 직선으로 근사할 수 있다.

$$g_p = g_p(n) \cong g_0(n - n_0) \tag{30.20}$$

이득량

$$g_0 = dg_p/dn \tag{30.21}$$

는 일반적으로 차동 이득(differential gain)이라고 한다. 이는 단면적의 단위(cm^2)를 갖는다. 직선의 기울기는 아래와 같다.

$$g_0 \approx \frac{\alpha}{n_0} \tag{30.22}$$

여기서 α는 주입이 없을 때의 흡수계수를 나타낸다. 그래서

$$g_p \cong g_0(n - n_0) \cong \frac{\alpha}{n_0}(n - n_0) = \alpha\left(\frac{n}{n_0} - 1\right) \tag{30.23}$$

위 수식은 식 30.17과 30.18을 이용해, 전류밀도 J, J_0를 사용하여 아래와 같이 다시 쓸 수 있다.

$$n = \frac{J\eta_{\text{int}}\tau_{\text{r}}}{ql} \quad \text{그리고} \quad n_0 = \frac{J_0\eta_{\text{int}}\tau_{\text{r}}}{ql} \tag{30.24}$$

정리하면

$$g_{\text{p}} = \alpha\left(\frac{J}{J_0} - 1\right) \tag{30.25}$$

따라서 반도체를 투명하게 만드는 데 필요한 전류밀도 J_0는 주어진 반도체에 대해 일정하기 때문에, 레이저의 이득계수 g는 주입 전류밀도 J에 비례하는 피크값 g_{p}를 갖는다. 레이저가 단일 수직모드(single transverse mode)로 발진하는 동안은 이득이 문턱전류 이상의 초과전류밀도에 정비례한다.

이중 이종접합구조(double heterostructure) 레이저 활성층 양쪽에 형성되는 굴절률의 불연속은, 활성층 내부나 양쪽 면에서 수직모드의 도파 효과 또는 구속을 야기한다. 구속계수(confinement factor) Γ는 0과 1 사이에서 변하는 값으로, 순환 광선 (circulating optical beam)과 이득 매질 사이에 불완전한 겹침(overlap)을 고려하기 위해 포함되는 값이다. 구속계수는 활성층 안에서 이득을 느끼는 진동 장 분포(oscillating field distribution) 비율의 척도이다.

따라서 임계이득은 다음과 같다.

$$g_{\text{p}} = g_{\text{th}} = \alpha_{\text{r}}/\Gamma \tag{30.26}$$

여기서 α_{r}은 이득계수 중 재료 매개변수만에 의한 부분이다. Γ 값은 이득계수의 기하학적 매개변수에 의한 부분, 즉 광 모드(optical mode)와 활성 매질(active medium)이 겹침이다.

임계 조건($J = J_{\text{th}}$)에서 $g_{\text{th}} = \alpha_{\text{r}}/\Gamma$로 놓으면, 식 30.25는 아래와 같이 쓸 수 있다.

$$\frac{\alpha_{\text{r}}}{\Gamma} = \alpha\left(\frac{J_{\text{th}}}{J_0} - 1\right) = \frac{\alpha J_{\text{th}}}{J_0} - \alpha \tag{30.27}$$

$$J_{\text{th}} = J_0\left\{\left(\frac{\alpha_{\text{r}}}{\Gamma} + \alpha\right)\Big/\alpha\right\} \tag{30.28}$$

임계전류밀도는 투명전류밀도보다 $(\alpha_{\text{r}}/\Gamma + \alpha)/\alpha$만큼 크며, 손실이 적은 공진기 (small α_{r})에서 높은 이득(large α)을 갖는 우수한 활성 물질의 경우 1~2 정도의 값을

갖는다. 임계주입전류는

$$i_{th} = J_{th}A \tag{30.29}$$

이며 투명전류는

$$i_0 = J_0A \tag{30.30}$$

이다. 여기서 A는 활성 영역의 단면적이다.

문턱전류밀도 J_{th}는 레이저 다이오드의 성능을 결정짓는 중요한 파라미터이다. J_{th} 값이 작을수록 우수한 성능을 의미한다. J_{th}는 내부 양자효율을 극대화하기 위해서는 공진기 손실계수 α_r의 최소화, 투명 주입 운반자 농도 n_0의 최소화와 활성 영역의 두께 (이중 이종접합구조(DH)를 사용하는 주요한 장점) 최소화 등의 조건이 필요하다.

예제 30.2

i. LD의 접합 영역은 **1.5 μm** 두께와 단면적 **8 μm × 100 μm**로 구성되어 있다. 발광 재결합(radiative recombination) 수명이 **3 ns**, 총 재결합 수명이 **1 ns**, 투명 영역 에 주입된 운반자 농도가 **1 × 10¹⁸ cm⁻³**, 이득계수가 **500 cm⁻¹**, 그리고 손실계수가 **100 cm⁻¹**일 때, 문턱전류(threshold current)를 구하라($\Gamma = 1$로 취급).

$$
\begin{aligned}
J_0 = \frac{n_0 q l}{\eta_{int}\tau_r} &= \frac{1\times10^{18}\,\text{cm}^{-3}\times 1.6\times10^{-19}\,\text{C}\times 1.5\times10^{-4}\,\text{cm}}{\{(1\times10^{-9}\,\text{s})/(3\times10^{-9}\,\text{s})\}\times 3\times10^{-9}\,\text{s}} \\
&= 2.4\times10^{4}\,\text{A/cm}^2
\end{aligned} \tag{30.31}
$$

$$
\begin{aligned}
J_{th} = J_0\left\{\left(\frac{\alpha_r}{\Gamma}+\alpha\right)\Big/\alpha\right\} &= 2.4\times10^{4}\,\text{A/cm}^2 \\
&\times\left\{\left(\frac{100}{1}+500\right)\Big/500\right\} \\
&= 2.88\times10^{4}\,\text{A/cm}^2
\end{aligned} \tag{30.32}
$$

$$
\begin{aligned}
i_{th} = J_{th}\times W\times d &= 2.88\times10^{4}\,\text{A/cm}^2 \\
&\times 8\times10^{-4}\,\text{cm}\times 100\times10^{-4}\,\text{cm} \\
&= 0.2304\,\text{A} = 230.4\,\text{mA}
\end{aligned} \tag{30.33}
$$

ii. 이중 이종접합구조(DH) LD가 접합 영역 두께가 **0.09 μm**인 것을 제외하고는 상기 구조와 같은 파라미터를 가질 때, 문턱전류(threshold current)를 구하라.

$$
\begin{aligned}
J_0 = \frac{n_0 q l}{\eta_{int}\tau_r} &= \frac{1\times10^{18}\,\text{cm}^{-3}\times 1.6\times10^{-19}\,\text{C}\times 0.09\times10^{-4}\,\text{cm}}{\{(1\times10^{-9}\,\text{s})/(3\times10^{-9}\,\text{s})\}\times 3\times10^{-9}\,\text{s}} \\
&= 1440\,\text{A/cm}^2
\end{aligned} \tag{30.34}
$$

$$J_{th} = J_0\left\{\left(\frac{\alpha_r}{\Gamma} + \alpha\right)\Big/\alpha\right\} = 1440\,\text{A/cm}^2 \times \left\{\left(\frac{100}{1} + 500\right)\Big/500\right\} \tag{30.35}$$

$$= 1728\,\text{A/cm}^2$$

$$i_{th} = J_{th} \times W \times d = 1728\,\text{A/cm}^2 \times 8 \times 10^{-4}\,\text{cm} \times 100 \times 10^{-4}\,\text{cm}$$

$$= 0.013824\,\text{A} = 13.824\,\text{mA} \tag{30.36}$$

상당히 작은 임계전류 덕분에 상온에서 이중 이종접합구조 레이저의 연속파 (continuous-wave, CW) 동작이 가능하다.

30.4.5 레이저의 출력전력

임계전류를 초과하여 동작하는 레이저의 경우, 내부 광속(photon flux) Φ_0는 다음 식으로 주어진다.

$$\Phi_0 = \eta_{int}\frac{(J - J_{th})wd}{q} = \eta_{int}\frac{(i - i_{th})}{q} \tag{30.37}$$

따라서 임곗값 이상에서 내부 레이저 전력은,

$$P_{int} = h\nu\eta_{int}\frac{(i - i_{th})}{q} = \frac{hc\eta_{int}(i - i_{th})}{\lambda q} \tag{30.38}$$

이다. 여기서 ν와 λ는 각각 방출되는 방사선의 주파수와 파장이다. 이 레이저 전력 중 일부만 공진기의 거울을 통해 빠져나올 수 있으며, 나머지는 레이저 공진기 내에 소모된다.

레이저 외부 전력은

$$P_{out} = \frac{hc\eta_{int}(i - i_{th})}{\lambda q} \times \frac{\alpha_m}{\alpha_r} \tag{30.39}$$

이며, 여기서 α_m은 전면 및 후면 거울 면과 관련된 반사 손실계수이며, α_r은 거울면에서의 반사 및 다른 모든 반사 원리를 포함한 총 손실계수이다.

식 30.13에서 α_m를 대체하면 아래와 같다.

$$P_{out} = \frac{hc\eta_{int}(i - i_{th})}{\lambda q} \times \frac{\frac{1}{2d}\ln\left(\frac{1}{R_1 R_2}\right)}{\alpha_r} \tag{30.40}$$

위 식은 아래의 두 가지 형태 중 하나로 표현될 수 있다.

$$P_{out} = \frac{hc\eta_{int}(i - i_{th})}{\lambda q} \times \eta_{extraction} \qquad (30.41)$$

또는,

$$P_{out} = \frac{hc(i - i_{th})}{\lambda q} \times \eta_{external} \qquad (30.42)$$

이며, 여기에서

$$\eta_{extraction} = \frac{\dfrac{1}{2d}\ln\left(\dfrac{1}{R_1 R_2}\right)}{\alpha_r} = \frac{\alpha_m}{\alpha_r} \qquad (30.43)$$

이고

$$\eta_{external} = \eta_{int} \times \eta_{extraction} \qquad (30.44)$$

이다.

여기에서 $\eta_{external}$는 외부 미분 양자 효율이다. 이 효율 매개변수는 다음 식에 의해 정의되며,

$$\eta_{external} = \frac{dP_{out}(hc/\lambda)}{d(i/q)} \qquad (30.45)$$

여기서부터 구한 LD의 미분 응답도(differential responsivity)는 아래와 같다.

$$\frac{dP_{out}}{di} = \eta_{external} \times \left(\frac{hc}{\lambda q}\right) = \eta_{external} \times \frac{1.24}{\lambda}\ \text{W/A} \qquad (30.46)$$

그림 30.5에 LD와 LED 소자의 순방향 전류에 대한 출력의 상관성이 나타나 있고 스펙트럼 특성이 비교되어 있다.

예제 30.3
이중 이종접합구조(DH) LD가 70 mA에서 700 nm의 파장으로 동작하고, 임계전류 값이 43 mA, 내부 양자효율이 0.4, 반사 손실계수가 67 cm^{-1}, 그리고 총손실계수가 113 cm^{-1}

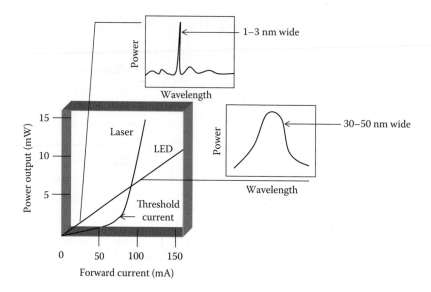

그림 30.5 레이저와 발광 다이오드의 전력−전류와 스펙트럼 특성(characteristics).

일 때, 출력전력을 구하라.

여기에서,

$$i_{th} = 43 \text{ mA}, \ \eta_{int} = 0.4, \ \alpha_m = 67 \text{ cm}^{-1}, \ \alpha_r = 113 \text{ cm}^{-1}$$

$$P_{out} = \frac{hc(i - i_{th})}{\lambda q} \times \eta_{external} = \frac{hc(i - i_{th})}{\lambda q} \times \eta_{int} \times \eta_{extraction}$$

$$= \frac{hc(i - i_{th})}{\lambda q} \times \eta_{int} \times \frac{\alpha_m}{\alpha_r}$$

$$= \frac{6.62617 \times 10^{-34} \text{ J-s} \times 2.9979 \times 10^8 \text{ m/s} \times (70 - 43) \times 10^{-3} \text{ A}}{700 \times 10^{-9} \text{ m} \times 1.6 \times 10^{-19} \text{ C}}$$

$$\times 0.4 \times \frac{67 \text{ cm}^{-1}}{113 \text{ cm}^{-1}}$$

$$= 0.01136 \text{ W} = 0.01136 \times 10^3 \text{ mW} = 11.36 \text{ mW} \tag{30.48}$$

30.5 LED에서 레이저 다이오드 조명으로

30.5.1 고전류에서 레이저 다이오드의 효율

LED는 오랫동안 사용되었던 텅스텐 백열전구에 대한 더 효율적이고 안정적인 대체품으로 널리 받아들여지고 있다. 하지만 LED는 순방향 전류가 500 mA 이상에서 효율이 감소하는 문제점을 가지고 있다. 현재 가장 높은 광원효율(luminous efficacy)을 내는 임의의 백색광원은 청색 InGaN LED와 형광체에 의해 실증되어 왔다. 이 효율(efficacy) 값은 265 lm/W (Narukawa et al. 2010)이고, 70~90 lm/W를 갖는 형광등의 약 3배에 달한다. 하지만 이 높은 광원효율(luminous efficacy)은 상대적으로 낮은 전류밀도인 2.5 A/cm²에서 달성된다. 더 높은 전류밀도에서는 LED의 효율(efficiency)이 저하된다. 이러한 소위 효율 저하(efficiency droop) 문제는 구동전류를 전반적으로 제한하고, 고체상태 광원(solid-state light source)의 루멘당 더 높은 초기 비용으로 이어져 InGaN LED의 문제점이 되고 있다. 저하(droop) 현상은 고체조명의 경제성에 악영향을 미친다.

고전류 밀도에서 높은 효율(efficiency)을 가지는 대체 옵션이 요구되는 상황에서 LD가 관심을 받고 있다. 직관적으로 생각했을 때, 레이저는 다음과 같은 원인들 때문에 본질적인 광원이 되리라 기대되지는 않는다. (i) 매우 좁은 스팟 사이즈(spot size)는, 예를 들어 흰색 레이저 포인터를 방의 조명으로 사용할 수는 없다. (ii) 레이저 광원의 매우 좁은 선폭(line width), 예를 들어 적색, 청색, 녹색, 황색 파장의 4개의 피크를 사용하더라도 넓은 스펙트럼을 갖는 LED 광원이나 연속된 스펙트럼을 갖는 태양광 스펙트럼에 비해 색상 표현이 좋을 것 같지는 않다. (iii) LD로 만드는 조명이 사람 눈을 불편하게 한다는 불안요소가 있다. 따라서 고체조명을 위한 레이저 다이오드 연구는 많이 이루어지지 않았다.

LD는 LED와 동일 제품군에 속하는 소자이지만 LD의 효율(efficiency)은 LED와 정반대의 거동을 보인다. LD는 더 높은 전류에서 성능이 더 향상되고, 높은 전류 조건에서 LED보다 많은 빛을 제공한다. 실제로, 높은 전류밀도(약 kA/cm²)에서 레이저는 전기에너지를 빛에너지로 변환하는 가장 효율적인 소자이다. 측면발광형(edge-emitting) InGaAs/GaAs 레이저는 76%의 월 플러그 효율(wall-plug efficiency)을 내며 940 nm 적외선을 발광한다. 만약 경제적인 광원을 제공하기 위해 동등한 효율(efficiency)을 갖는 가시광 파장대역 레이저가 개발된다면, 70% 효율(efficiency)을 넘는 초고효율 경제적 고체조명을 얻을 수 있을 것이다.

30.5.2 레이저 다이오드 기반 조명 방법

LED에서처럼 레이저 광원으로 백색광을 생성하는 기본 방법에는 두 가지가 있다 (Shiller 2014). (i) 빛의 삼원색(적색, 녹색, 청색)을 조합하여 백색 레이저를 만드는 것이다. 이 방법은 개별 다이오드에 전원을 공급해야 하며, 정확한 광학계는 세 가지 레이저를 정렬하기 위한 필수 전제 조건이다. 또한 조명 용도의 관점에서, 레이저 조명은 인간의 눈에 잠재적인 위험성이 있다. (ii) 단일 청색 레이저와 황색 형광체를 이용한다. 여기서는 레이저가 형광체를 때려 스토크스 편이(Stokes shift)로 알려진 차이만큼 에너지가 낮은 황색 빛이 방출되고, 이것이 산란된 레이저와 함께 우리 눈에 백색광으로 인식되는 것을 특징으로 한다. 이 출력 광은 더 이상 단색도 아니고 좁은 발산각(divergence angle)을 가지고 있기 때문에 레이저 빔으로 여겨질 수 없다. 따라서 레이저 어레이 대신에 LD 형광체 방법을 사용하는 것이 이론적으로 확고한 방법이다.

30.5.3 단기적인 가능성

단기적으로 가능한 가장 쉬운 방법은 청색 LED를 청색 LD로 대체하여 형광체와 같이 사용하는 것이다. 이미 달성된 청색 LD의 높은 효율(efficiency) 24.3%는 70%가 넘는 초고효율(ultrahigh efficiency)을 보증해 준다. 유도방출에 의해 얻어진 운반자 농도 클램핑(clamping)은 LED에서 생기는 효율저하(efficiency droop) 문제를 청색 레이저가 극복할 수 있게 해 준다. 이 전략으로 고효율 및 루멘당 저비용 광원 생산이 제공될 수 있다. 형광체를 청색 레이저를 이용해 발광시키는 방식은 상기 장점 외에도 청색 빛이 조사되는 공간의 면적을 제어하기 쉽다는 점과 원거리 형광체를 배치 가능한 더 많은 선택지를 제공한다는 점을 들 수 있다.

Sailo 등(2008)은 405 nm LD에 청색 알루미네이트 형광체(blue aluminate phosphor)와 황색 실리케이트 형광체(yellow silicate phosphor)를 적용하였다. 2개의 형광체 필름을 실리콘 수지에 혼합하였다. 형광체와 실리콘 필름은 백색광을 생성하기 위해 레이저가 나오는 면 앞에 설치되었다. 광속(luminous flux)은 200 lm으로 추정되었다.

LD 기반의 헤드램프가 고휘도 LED에 비해 자동차용 배터리의 전력 소비를 감소시킬 수 있다는 사실로 인해 자동차 회사는 희망의 빛을 발견했다(Business Standard 2014). LD의 단일 파장이 형광체에 의해 퍼져 나오는 것이 레이저를 단독으로 사용하는 것보다 자연 빛에 더 가깝지만, 에너지 효율(energy efficiency)을 유지하는 것이 자동차 기업이나 소유주의 요구사항이다.

이 기술을 사용한 헤드라이트 시제품이 LED 빛보다 더 효율적이고, 매우 유연하며, 몇 배 더 작고, 눈의 피로도를 낮추며 전적으로 안전하다는 것이 밝혀졌다. 자동차용 조명에 사용하기 위한 레이저 조명이 위협 요소로 작용되지 않게 하기 위해 광선은 간접적으로 방출된다. 이것은 밀폐된 공간(enclosure) 내부의 형광체 재료에 반사되어 원래의 푸르스름한 빛을 한 줄기의 순수하고 밝은 백색광으로 바꾸어 주며, 이 빛은 태양광이나 일반적인 인공광과는 매우 다르다. 이 방법은 청색 레이저를 원격 형광체에 비춰서 백색을 얻는 방법에 해당된다. 자동차 헤드라이트에서 방출되는 레이저 광은 빛의 안전성 관점에서 생각할 때 무서울 수 있지만, 신중하게 설계한 광학계에 의해 직접적인 레이저 방출은 방지된다. 이 기술의 또 다른 기여는 조명 시스템의 소형화이다. 레이저의 개별 다이오드 크기는 LED 헤드라이트에 사용되는 사각형 소자에 비해 1/100이다. 그래서 이 거대한 잠재력은 미래의 차량에 LD 기반 전조등을 배치하는 길을 열어 주고 있다.

Xu 등(2008)은 근자외선인 405 nm 영역에서 발광하는 InGaN계 LD와 형광체 하향변환(down-conversion)을 이용한 백색광원을 만들었다. 형광체는 근자외선과 청색광에서 각각 청색과 황색을 발광한다. 순방향 전류 80 mA에서, 광속(luminous flux)은 5.7 lm, 광원효율(luminous efficacy)은 13 lm/W, 색온도는 5200 K이고 연색성 지수(CRI)는 70이었다. 주입전류가 50~80 mA에서, 색온도, CRI, CIE 좌표 변화 없이 안정된 백색광을 얻었다.

30.5.4 장기적인 가능성

조만간 가시광 파장 레이저 다이오드가 개량되고 완벽해져서, 다른 발광 파장을 갖는 몇 개의 레이저의 조합이 고체조명에 사용될 것이다. 이러한 형광체가 없는 백색광원은 녹색과 청색에서 적색까지의 하향변환에서 비롯되는 스토크스 결손(Stokes deficit)을 없앨 수 있어서 비효율성을 제거한다. 새로운 시스템 레벨의 조명 건축은, LED에서 나오는 램버시안(Lambertian) 광에 비해 편리하게 집중되고, 조정되며, 혼합되는 낮은 발산의 레이저 빛의 사용으로부터 진화될 것이다. 색도, 색재현 품질, 건강 등 인간 혹은 경제적 선호에 대한 현장 맞춤(in situ tailoring)도 혼색 레이저광 (color-mixed laser light)을 사용함으로써 달성 가능하다. 레이저의 특징들은 통신 응용을 위한 높은 대역폭에서의 변조와 반사 표면에서의 눈부심을 줄이는 편광제어 목적으로 유리하게 이용될 수 있다.

Neumann 등(2011)은 그림 30.6과 같이 적색-황색-녹색-청색(RYGB) 4색으로 레이저 백색광원을 구축했다. 따뜻한 백색(warm white) 빛이 상기 4색의 레이저 광

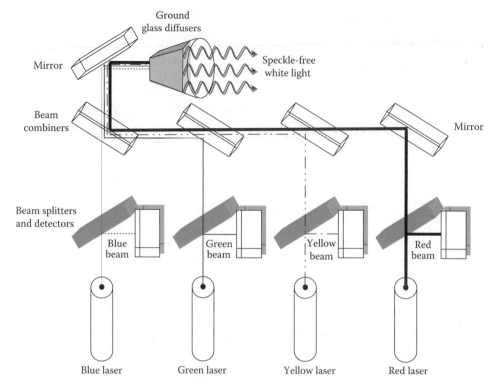

그림 30.6 네 가지 색의 레이저를 이용한 백색광원.

융합에 의해 만들어졌다. 생성된 백색의 연색성 능력 비교 평가는 선택된 기준 광원으로 평가되었다. 선택된 광원들은 다음과 같은 고품질의 발광원이었다: (i) 백열전구: (ii) 따뜻한 백색(warm white) LED, (iii) 중성 백색(neutral white) LED, (iv) 차가운 백색(cool white) LED. 위 LED들은 형광체 변환 백색 LED들이다. 임상실험 피험자들은 나란한 두 부스에서 조명으로부터 나오는 빛을 쬐었다.

이 연구 결과, LD 기반 조명은 끊어짐 없는 다양한 파장으로 구성된 태양광의 넓은 스펙트럼과는 다르지만, LED 기반 조명의 매혹적인 대체가 될 수 있다는 것을 보여 준다. 색재현 품질에 관한 한, 레이저 광원은 높은 품질의 표준 광원에 거의 다가와 있다. 조사에 의하면 통계적으로 LED 기반의 따뜻하고 차가운 백색광(warm and cool white)보다 레이저 다이오드의 백색광을 선호하는 것으로 밝혀졌다. 또한 레이저 다이오드와 중성 LED, 혹은 백열등의 백색광 사이에 특별한 통계적 선호도 조사는 이루어지지 않았다. Neumann 등(2011)의 이 실험은 고체조명 레이저 사용에 대한 중요한 필요성을 역설하고 있다.

여러 색의 LD의 성능은 변화의 폭이 크기 때문에, 지금 당장은 4개의 레이저 시스템이 LED 기반 조명의 전조가 되지는 않는다. 청색과 적색 다이오드 레이저는, 황색과 녹색의 LED와 결합되어 사용될 것 같다.

30.6 결론 및 고찰

고체조명을 위한 백색광의 발광효율(luminous efficiency)은 고전류 주입 하에서 개선되어야 한다. 차세대 조명은 다른 형태의 고체상태 소자, 즉 LD에서 나타날 것 같으며, 이는 수 kA/cm²의 고전류밀도에서는 LD가 전기에너지에서 광학에너지로의 변환효율이 높기 때문이다(Saito et al. 2008). 이 다이오드들은 유도방출에서 동작하며, 높은 지향성을 갖는 단색의 가간섭성 광원이다. 유도방출 프로세스를 위한 두 가지 기본 요구조건은 다음과 같다: (i) 큰 광자 필드를 구축할 수 있는 광공명 공진기(optical resonant cavity) 제공. LD에서 광공명 공진기는 방향성을 갖는 샘플을 결정면을 따라 절단하여, 평행면을 제공하는 과정을 통해 만들어진다. 이러한 병렬 거울들은 광자 에너지 밀도가 증가할 수 있도록, 앞뒤로 반복해서 광자를 반사시킨다. (ii) 밀도 반전 조건: 고전류 주입 조건에서 축퇴형(degenerate) 반도체 사이에 형성된 P-N 접합에 순방향 바이어스가 걸리면 전이 영역(transition region)에서 밀도 반전이 생긴다. LD의 이종접합구조(heterostructure) 설계에 의해 운반자와 광학적 구속(carrier and optical confinement)이 얻어진다. 높은 레이저 효율을 얻기 위해, 빛과 주입된 전하 운반자(injected charge carrier)들은 동일한 한정된 공간에 밀접하게 위치해야 한다. 밀도 반전을 형성하기 위해 충분한 수의 전자와 정공이 쌓인 후에, 활성 영역은 광 이득(optical gain)을 나타내고, 여기를 통과하는 전자기파를 증폭할 수 있다. 대부분의 반도체 레이저에서, 상기 전류는 수 마이크로미터밖에 안 되는 폭을 갖는 접촉 영역의 아래에 존재하는 좁은 경로로 주입된다. 이것은 임계전류값(threshold current)을 낮게 유지하는 데 도움이 되고 가로 방향(lateral direction)의 광 필드 분포(optical field distribution)를 제어하는 역할을 한다.

Neumann 등(2011)은 실험을 통해 4색 레이저 백색광원이 고품질의 최첨단 백색 기준 광원과 사실상 구별이 불가능할 만큼 향상되어 고체조명에 있어서 레이저 사용을 위한 길을 열었다고 발표했다. 레이저 기반 조명이 더 효율적일 수 있는 잠재력은 보다 효율적이고, 필요한 안전 대책과 적절한 회로 사용이 구비되어야 가능하다. 청색 LD와 황색 형광체는 고체상태 백색 조명의 새로운 원천 역할을 할 수 있다. 만일 적절한 관리를 받는다면, 이 다이오드는 매우 긴 수명을 가질 것이다.

LEDs or laser diodes?
Future will decide

LED

Laser diode

Proven technology.
Efficiency decreases
above 0.5 A

Promising research area. Efficiency increases
at high currents but fabrication is expensive,
and green and yellow diode technologies will
take time to attain maturity.

그림 30.7 LED와 LD의 경쟁.

　　헤드라이트 시제품 LD 기반 조명기구는 이미 자동차 제조회사인 BMW가 제작
하고 있다.

　　고체조명의 두 후보인 LED와 LD는 패권을 위해 긴 싸움(그림 30.7)을 하고 있다.

 참고문헌

Business Standard. 2014, February. BMW becomes first to install LED headlights in its car,
　　http://www.business-standard.com/article/news-ani/bmw-becomes-first-to-install-
　　led-headlights-in-its-car-114021200880_1.html

Kasap, S. O. 2001. *Optoelectronics and Photonics: Principles and Practices.* Chapter 4: Stimu-
　　lated emission and photon amplification. Prentice Hall International, NJ, USA,
　　340pp.

Narukawa, Y., M. Ichikawa, D. Sanga, M. Sano, and T. Mukai. 2010. White light emitting
　　diodes with super-high luminous efficacy. *Journal of Physics D: Applied Physics* 43,
　　354002, 6pp.

Neumann, A., J. J. Wierer, Jr., W. Davis, Y. Ohno, S. R. J. Brueck, and J. Y. Tsao. 2011.
　　Four-color laser white illuminant demonstrating high color-rendering quality. *Optics
　　Express* 19 (S4), A982–A990.

Pospiech, M. and S. Liu. 2004. *Laser Diodes: An Introduction.* University of Hannover, Ger-
　　many, 24pp.

Saito, S., Y. Hattori, M. Sugai, Y. Harada, H. Jongil, and S. Nunoue. 2008. High-efficiency GaN-based laser diodes for solid-state lighting. *IEEE 21st International Semiconductor Laser Conference*, Sorrento, Italy, 14–18 September, 2008, pp. 185–186.

Shiller, D. 2014. Beyond LED: The laser vs. LED, *Enlightenment Magazine*, http://www.en-lightenmentmag.com/style/laser-vs-led

Xu, Y., L. Chen, Y. Li, G. Song, Y. Wang, W. Zhuang, and Z. Long. 2008. Phosphor-conversion white light using InGaN ultraviolet laser diode. *Applied Physics Letters* 92, 021129-1–021129-3.

연습문제

30.1 발광 다이오드와 레이저 다이오드의 주요 차이점은 무엇인가?

30.2 레이저 다이오드에 의해 방출되는 광의 가간섭성(coherence)의 의미를 설명하라.

30.3 자발방출(spontaneous emission)과 유도방출(stimulated emission)을 구분하라. 유도방출을 시작하기 위해 충족해야 하는 두 가지 중요한 요건은 무엇인가?

30.4 밀도 반전(population inversion)은 무엇인가? 레이저 다이오드에서 밀도 반전은 어떻게 만들어지는가?

30.5 레이저 다이오드에서 패브리–페로 광공명 공진기(Fabry-Perot optical resonant cavity)는 어떻게 만들어지는가? 공진기의 어떤 크기들이 방출 광의 파장을 결정하는가? 관련 수식들을 쓰라.

30.6 레이저 다이오드의 문턱전류(threshold current) I_{th}의 의미는 무엇인가? 문턱전류와 관련하여 동종접합 다이오드(homojunction diode)의 단점은 무엇인가? 이종접합 레이저 다이오드(heterojunction laser diode)는 어떻게 이러한 단점을 극복하는가?

30.7 이종접합 다이오드의 단면도를 그리고 운반자와 광학적 구속(carrier and optical confinement)이 이종접합부에서 어떻게 얻어지는지 설명하라.

30.8 레이저 다이오드의 어떤 요인들이 출력 스펙트럼을 결정하는가? 온도는 레이저 출력 특성에 어떤 영향을 미치는가?

30.9 구동전류에 의해 발광 다이오드의 효율(efficiency)은 어떤 영향을 받는가? 레이저 다이오드도 발광 다이오드와 같은 거동을 보이는가?

30.10 레이저가 효율적인 광원이 되지 못하는 것을 설명할 수 있는 세 가지 이유를 제시하라.

30.11 레이저 다이오드로부터 백색광을 얻는 두 가지 주요한 방법은 무엇인가? 두 가지 방법 중 어떤 것이 인간에게 더 안전한가?

30.12 청색이나 자외선 레이저 다이오드를 하향변환(down-conversion) 형광체와 함께 사용하여 백색광을 얻는 방법에 대해 기술하라. 이 전략이 왜 자동차 제조사에게 고무적인가?

30.13 4색 레이저를 사용한 백색조명 광원에 형광체가 필요한가? 이런 광원을 만들었을 때 장점은 무엇인가?

30.14 레이저 다이오드와 LED를 결합하여 만든 백색광원에 대한 의견을 피력하라.

부록 1: Mathematical Notation—English Alphabet Symbols

A, a	Area, cross-sectional area
a, c	Lattice parameters
B	Coefficient of radiative recombination
B	Magnetic field
$b_{AlInGaN}$	Quaternary bowing parameter in the energy bandgap formula of $Al_xIn_yGa_zN$
b_{AlInN}, b_{InGaN}, b_{AlGaN}	Ternary bowing parameters in the energy bandgap formula of $Al_xIn_yGa_zN$
BV	Breakdown voltage of a diode
C	Auger coefficient, capacitance
c	Velocity of light in vacuum (2.9979246×10^8 m s^{-1})
C_1	Corrected cost of the lamp
$C_{1\,kWh}$	Cost of 1 kW power
d	Distance, length
D_n	Diffusion coefficient of electrons
D_p	Diffusion coefficient of holes
E	Electric field
E	Energy
E_0	Vacuum energy level
E_C	Energy of the bottom edge of the conduction band of a semiconductor
$E_{Capacitor}$	Energy stored by a capacitor
E_{Cell}	Energy stored by a cell
E_{CN}	Energy of the bottom edge of the conduction band in an N-type semiconductor
E_{crit}	Breakdown electric field of a material
E_e	Most probable energy for the electron in the conduction band
E_F, E_f	Fermi energy (Fermi level)
E_{FN}, E_{fN}	Fermi level in N-type material
E_{Fn}, E_{fn}	Fermi level in n-type material
E_{FP}, E_{fP}	Fermi level in P-type material
E_{Fp}, E_{fp}	Fermi level in p-type material
E_G, E_g	Energy gap of a material
$E_g(0)$	Energy gap at 0 K
$E_{g,dir}$	Direct energy bandgap
E_{GP}	Energy gap of P-semiconductor
$E_g(T)$	Energy gap at T K
E_h	Most probable energy for the hole in the valence band of a semiconductor

E_i	Intrinsic energy level of a semiconductor
E_p	Energy parameter of the momentum matrix element
E_r	Recombination energy level
E_T	Energy constant
E_V	Energy of the top edge of the valence band of a semiconductor
E_{VN}	Energy of the top edge of the valence band in N-type material
$\int$	Frequency
f_c	Cut-off frequency (linear) of an LED
g	Gain of a laser amplifier
g_0	Differential gain of a laser amplifier
g_p	Peak value of gain g of a laser
g_{th}	Threshold gain of a laser diode
h	Planck's constant (6.626×10^{-34} J s = 4.136×10^{-15} eV s), height
$\hbar$	Reduced Planck's constant $= h/2\pi = 1.055 \times 10^{-34}$ J s $= 6.582 \times 10^{-16}$ eV s
I, i	Instantaneous current, intensity
I_0	Empirical parameter, a constant
i_0	Transparency current of a laser
I_B	Base current of a bipolar junction transistor
I_C	Collector current of a bipolar junction transistor
I_{D0}	Empirical fitting parameter of diffusion current in a quantum well heterostructure LED
$I_{Diffusion}, I_{Diff}$	Diffusion current in a diode
I_{Drift}	Drift current in a diode
I_F	Forward current of an LED
I_L	Load current, inductor current
I_{max}	Maximum intensity
I_n	Electron current flowing under forward bias in a diode
I_{n0}	Minority-carrier electron current from P- to N-side of a diode
I_{nrad0}	Nonradiative recombination current in a diode
IP	Ionization potential of a substance
I_p	Hole current flowing under forward bias in an LED
I_{p0}	Minority-carrier hole current from N- to P-side of a diode
I_R	Reverse-bias current in a diode
I_{R0}	Empirical parameter of recombination current in a quantum well heterostructure LED
I_{Recom}	Recombination current in a quantum well heterostructure LED
I_{th}	Threshold current in a laser diode
I_{T0}	Empirical fitting parameter of tunneling current in a quantum well heterostructure LED
I_{Tunn}	Tunneling current in a quantum well heterostructure LED
J_0	Transparency current density in a laser diode
$J_n\vert_{x=0}$	Electron current density at $x = 0$

J_R	Reverse current density
J_{th}	Threshold current density of a laser diode
k	Wave vector, dielectric constant, a constant
k_B	Boltzmann constant $(1.381 \times 10^{-23}$ J K^{-1} = 8.617×10^{-5} eV K$^{-1})$
k_{ph}	Wave number of a photon
L	Inductance, length
l	Length
L_n	Diffusion length of electrons
L_p	Diffusion length of holes
$L(z)$	Light intensity in the z-direction
m	An integer
m^*	Effective mass of the carrier (electron or hole)
m_0	Rest mass of electron = 9.1×10^{-31} kg $\sim 5.49 \times 10^{-4}$ atomic mass units
m_c^*	Effective electron mass near the bottom of the conduction band
m_e	Effective mass of electron
m_h	Effective mass of hole
m_v^*	Effective hole mass near the top of the valence band
N	Ideality factor
n	Integer, refractive index, concentration of free electrons, carrier concentration per unit volume, injected carrier density
n_0	Electron concentration in a semiconductor in thermodynamic equilibrium, transparency carrier density in a laser diode
n_1, p_1	Statistical factors representing the equilibrium concentrations of electrons and holes when the Fermi level coincides with the position of the recombination level
N_A	Acceptor concentration in a doped semiconductor
n_A	Refractive index of air
N_C	Effective density of states in the conduction band of a semiconductor
N_D	Donor concentration in a doped semiconductor
n_E	Refractive index of the epoxy
n_I	Refractive index of the sapphire substrate
n_i	Intrinsic carrier concentration in a semiconductor
N_r	Density of recombination centers in a semiconductor
n_r	Refractive index of a material
n_S	Refractive index of the semiconductor
N_V	Effective density of states in the valence band of a semiconductor
p	Concentration of free holes
P	Power
p_0	Hole concentration in a semiconductor in thermodynamic equilibrium
P_{int}	Internal laser power

P_{Optical}	Optical power
P_{out}	Output power
P_{s}	Rated power of a light source
Q	Charge, reactive power
Q factor	Quality factor; for a laser, it is equal to the resonant frequency/bandwidth of the cavity resonance, which on abruptly increasing causes emission of a laser pulse, a method called Q-switching
q	Electronic charge, net radiation heat loss rate
R	Reflection coefficient, reflectance, resistance, radius
$R_{\parallel}$	Equivalent resistance of resistors connected in parallel
R_0	Recombination rate in thermodynamic equilibrium
R_{a}	Color rendering index
$R_{\text{case-ambient}}$	Thermal resistance from case-to-ambient of an LED
R_{F}	Thermal resistance of flange
$R_{\text{junction-case}}$	Thermal resistance from junction-to-case of an LED
R_{nr}	Nonradiative recombination rate
R_{s}	Series resistance
S	Surface area, apparent power
$S(\lambda)$	Spectral power distribution
S_1, S_2	Electronic singlet states
t	Time
T	Transmittance, temperature on Kelvin scale
T_1	First electronic triplet state
T_{c}	Temperature of carrier, color temperature
T_{C}	Temperature of the cold surroundings
T_{EA}	Epoxy–air transmittance (T_{EA}) factor
TF	Transmission factor
T_{g}	Glass transition temperature
T_{LED}	Temperature of the LED
t_{OFF}	Off time
t_{ON}	On time
T_{SE}	Semiconductor–epoxy transmittance
T_{SI}	Semiconductor–transparent substrate transmittance
U_0	Depth of the potential well
U_{Auger}	Auger recombination rate
U_{rad}	Radiative recombination rate
V_{a}	Volume of the active region in a laser diode
V	Voltage
$V(\lambda)$	Luminous efficiency function for photopic vision
$V'(\lambda)$	Luminous efficiency function for scotopic vision
V_{F}	Forward voltage drop
$V_{\text{INPUT}}, V_{\text{IN}}$	Input voltage
V_{L}	Inductor voltage
V_{LED}	Forward voltage of LED
$V_{\text{OUTPUT}}, V_{\text{OUT}}$	Output voltage

V_R	Reverse-bias voltage
V_{REF}	Reference voltage
v_{th}	Thermal velocity of carriers
W, w	Width of the quantum well, width
$W_{Depletion}$	Width of the depletion region
W_N	Width of the space-charge region on N-side of a diode
W_P	Width of the space-charge region on P-side of a diode
x	A number between 0 and 1 ($0 < x < 1$)
x, X	Distance, length
X	Reactance
x, y	Chromaticity coordinates
X, Y, and Z	Tristimulus values
[X], [Y], and [Z]	Imaginary stimuli
Y	Admittance
y	Mole fraction
Z	Impedance

부록 2: Mathematical Notation—Greek Alphabet Symbols

α	Absorption coefficient, gain coefficient of a laser, common-base current gain of a bipolar junction transistor
α_m	An effective distributed reflective loss coefficient
α_r	Loss coefficient in a laser diode, portion of gain coefficient of a laser due to material parameters
α, β	Fitting parameters in energy bandgap equation
α-, β-, and γ-rays	Three types of radioactive radiation
β	Common-emitter current gain of a bipolar junction transistor
Γ	Portion of gain coefficient of a laser due to geometrical parameters
γ	A nonlinear corrective operation applied to the software in image systems for coding and decoding luminance or tristimulus values to accurately display the images
ΔE_C	Discontinuity between conduction band edges
ΔE_{CP}	Conduction band offset of the P-semiconductor
ΔE_e	Potential barrier to electron injection
ΔE_h	Potential barrier to hole injection
ΔE_V	Discontinuity between valence band edges
Δn	Increment in electron concentration
Δp	Increment in hole concentration
ε_0	Permittivity of free space, vacuum permittivity or electric constant ($8.8541878 \times 10^{-12}$ F/m)
ε_s	Relative permittivity of the semiconductor
ζ	Ideality factor
η	Ideality factor in Shockley's equation, efficiency
η_e	Radiant efficiency of an LED
$\eta_{ext}, \eta_{external}$	External quantum efficiency of an LED
$\eta_{Extraction}, \eta_{extr}$	Extraction efficiency of light from an LED
η_{feed}	Feeding efficiency of an LED
$\eta_i, \eta_{internal}$	Internal quantum efficiency of an LED
$\eta_{inj}, \eta_{injection}$	Injection efficiency of an LED
η_{int}	In a laser, η_{int} = recombination lifetime (τ)/radiative lifetime (τ_r)
η_{opt}	Optical efficiency of an LED
η_{rad}	Radiative efficiency of an LED
η_s	Luminous efficiency of a light source corrected for ballast losses
η_{trap}	Fraction of trapped photons in different materials
θ	Semi-vertical angle at the apex of the cone

2θ	Beam angle of an LED
θ_{Escape}	Apex angle of the escape cone
κ	Current injection ratio of a diode
λ	Wavelength
μ_0	Vacuum permeability, permeability of free space, or magnetic constant ($1.25663706 \times 10^{-6}$ H m^{-1})
μA	microampere (1×10^{-6} A)
μcd	microcandela (1×10^{-6} cd)
μF	microfarad (1×10^{-6} F)
μL	microliter (1×10^{-6} L)
μm	micrometer (1×10^{-6} m)
$\mu mol/min$	micromole/minute (1×10^{-6} mol/min)
ν	Frequency of light
$\bar{\nu}$	Mean frequency
υ	Velocity of light in air (2.99705×10^8 m/s)
σ	Stefan–Boltzmann constant (5.67037×10^{-8} W m^{-2} K^{-4})
σ_n	Capture cross-section of electrons
σ_p	Capture cross-section of holes
τ	Recombination lifetime of carriers
τ_{Ballast}	Lifetime of ballast used with a light source
$\tau_{\text{Electrical}}$	Electrical time constant
τ_{LED}	Lifetime of LED
$\tau_{\text{Luminaire}}$	Lifetime of LED luminaire
τ_n	Electron lifetime
τ_{n0}	Electron lifetime in heavily doped P-type material
τ_{nr}, τ_{nrad}	Nonradiative carrier lifetime
τ_p	Hole lifetime
τ_{p0}	Hole lifetime in heavily doped N-type material
τ_r, τ_{rad}	Radiative carrier lifetime
τ_s	Lifetime of the light source
τ_{Thermal}	Thermal time constant
Φ	Internal photon flux in a laser diode
ϕ	Phase angle between current and voltage in an AC circuit
2ϕ	Field angle of an LED
ϕ_{Al}	Work function of aluminum
ϕ_{AM}	Work function of the anode metal
ϕ_C	Critical angle
ϕ_{Ca}	Work function of calcium
ϕ_{CM}	Work function of the cathode metal
φ_E	Angle of refraction at the semiconductor–epoxy interface
ϕ_{ITO}	Work function of indium tin oxide
φ_N	Quasi-Fermi energy of the N-side
φ_P	Quasi-Fermi energy of the P-side
φ_S	Angle of incidence at the semiconductor–epoxy interface
φ_s	Work function of the semiconductor
$\varphi(x, y, z)$	Wave function

χ	Electron affinity
χ_n	Electron affinity of n-material
χ_p	Electron affinity of p-material
χ_s	Electron affinity of the semiconductor
ψ_0, ψ_{bi}	Built-in potential of a diode
Ω	Ohm, unit of resistance
Ω_C	Solid angle of the cone
Ω_e	Solid angle of the emitted photon
Ω_i	Solid angle of the incident photon
ω_C	Fractional solid angle
ω_c	Cutoff frequency (angular)

부록 3: Chemical Symbols and Formulae

Ag	Silver
Al	Aluminum
AlAs	Aluminum arsenide
$Al(CH_3)_3$	Trimethylaluminum (TMA)
AlGaAs	Aluminum gallium arsenide
AlGaInN	Aluminum gallium indium nitride
AlGaInP	Aluminum gallium indium phosphide
AlGaP	Aluminum gallium phosphide
AlInGaN	Aluminum indium gallium nitride
AlInGaP	Aluminum indium gallium phosphide
AlInP	Aluminum indium phosphide
AlN	Aluminum nitride
AlNb	Aluminum niobium
Al_2O_3	Aluminum oxide, sapphire
Alq_3	Tris-(8-hydroxyquinoline)aluminum, or, 8-hydroxy-quinoline aluminum salt, or, aluminum 8-hydroxy-quinolinate, or, aluminum oxinate
a-plane (wurzite GaN)	Plane with Miller index (11-20)
Ar	Argon
As	Arsenic
AsH_3	Arsine
a-Si	Amorphous silicon
a-Si:H	Amorphous silicon: hydrogenated
Au	Gold
Ba	Barium
$Ba_2AlSi_5N_9:Eu^{2+}$	Europium-doped barium aluminum silicon nitride
BaF_2	Barium fluoride
BaO	Barium oxide
$Ba_2SiO_4:Eu^{2+}$	Eu^{2+}-activated barium silicon tetraoxide
$BaSi_2O_2N_2$	Barium silicon oxynitride
$Ba_3Si_6O_{12}N_2:Eu^{2+}$	Europium-doped barium silicon oxynitride
BBr_3	Boron tribromide
BCl_3	Boron trichloride
BCP	2,9-Dimethyl-4,7-diphenyl-1,10-phenanthroline (Bathocuproine)
BI_3	Boron tri-iodide
B_2O_3	Boron trioxide
BT	Benzothiadiazole
$Btp_2Ir(acac)$	bis[2-(2′-benzothienyl)pyridinato-N,C3′](acetyl-acetonate) iridium, red-light emitting

C	Carbon
$(C_{13}H_8)_n$	Polyfluorene
$(C_2H_2)_n$	Polyacetylene
$C_{14}H_{10}$	Anthracene
$C_{22}H_{14}$	Pentacene
$C_{42}H_{28}$	Rubrene
$C_9H_{21}AlO_3$	Aluminum iso-propoxide
C_3H_8O	Isopropyl alcohol
Ca	Calcium
$CaAlSiN_3:Eu^{2+}$	Europium-doped calcium aluminum silicon nitride or Europium-doped mixed metal nitride
$CaSi_2O_2N_2$	Calcium silicon oxynitride
CBP	4,4′-di(Carbazole-9-yl)biphenyl
CdO	Cadmium oxide
CdS	Cadmium sulfide
CdSe	Cadmium selenide
Ce	Cerium
$Ce(NO_3)_3 \cdot 6H_2O$	Cerium nitrate hexahydrate
CeO_2	Cerium (IV) oxide, ceric oxide, ceria, cerium oxide or cerium dioxide
CH_3Br	Methyl bromide
Cl_2	Chlorine
CN-PPV	Cyano-polyphenylene vinylene poly(2,5,2′,5′-tetrahexyloxy-7,8′-dicyanodi-p-phenylenevinylene)
c-plane (wurzite GaN)	Plane with Miller index (0001)
Cp2 Mg	Bis(cyclopentadienyl)magnesium
Cr	Chromium
Cs_3CoCl_5	Tricaesium cobalt pentachloride
Cu	Copper
$CuGaS_2$	Copper gallium sulfide
d	An atomic orbital
D3	A type of vitamin (ergocalciferol), synthesized by exposure to sunlight
DALK-PPV	Dialkoxy polyphenylene vinylene
DCM2	A fluorescent dye [2-methyl-6-[2-(2,3,6,7-tetrahydro-1H, 5H-benjo[i,j]quinolizin-9-yl)ethenyl]-4H-pyran-4-ylidene]-propane-dinitrile
DETe	Diethyl tellurium
DEZ, DEZn	Diethylzinc
DMZn	Dimethylzinc
DPVB	(diphenylvinyl)benzene
ETA (or MEA)	Ethanolamine, or monoethanolamine, or 2-aminoethanol

Eu	Europium
Eu(BTFA)$_3$phen	Organic Eu metal complex prepared from 4,4,4-trifluoro-1-phenyl-1,3-butanedione (BTFA), EuCl$_3$, and 1,10-phenantholine (phen)
f	An atomic orbital
Fe–Ni alloy	Iron–nickel alloy
Firpic	Bis[2-(4,6-difluorophenyl)pyridinato-C^2,N](picolinato)iridium(III)
FPt	Platinum(II)[2-(40,60-difluorophenyl)pyridinato-N,C20]acetylacetonate
Ga	Gallium
GaAlAs	Gallium aluminum arsenide
GaAs	Gallium arsenide
GaAsP	Gallium arsenide phosphide
Ga(CH$_3$)$_3$	Trimethylgallium (TMG)
GaInAlN	Gallium indium aluminum nitride
GaInO$_3$	Gallium indium oxide
GaInP	Gallium indium phosphide
GaN	Gallium nitride
GaP	Gallium phosphide
Gd	Gadolinium
4H-SiC, 6H-SiC	Silicon carbide polytypes
H$_2$	Hydrogen
Hg	Mercury
HNO$_3$	Nitric acid
H$_2$O$_2$	Hydrogen peroxide
H$_3$PO$_4$	Phosphoric acid
H$_2$SO$_4$	Sulfuric acid
In(CH$_3$)$_3$	Trimethylindium (TMI)
InGaAlN	Indium gallium aluminum nitride
InGaAlP	Indium gallium aluminum phosphide
InGaAsP	Indium gallium arsenide phosphide
InGaN	Indium gallium nitride
InGaP	Indium gallium phosphide
InN	Indium nitride
In$_2$O	Indium(I) oxide or indium suboxide
In$_2$O$_3$	Indium (III) oxide
InP	Indium phosphide
Ir	Iridium
Ir(PBPP)$_3$	*fac*-tris[2-(2-pyridinyl-N)(5-(3,4-di-sec-butoxyphenyl)phenyl)-C]iridium(III)
Ir(PIQ)$_3$	Tris[1-phenylisoquinoline-C2,N]iridium(III)
Ir(ppy)$_3$	*fac* tris(2-phenylpyridine) iridium, green-light-emitting
ITO	Indium tin oxide
IZO	Indium-doped zinc oxide (In–Zn–O)

KOH	Potassium hydroxide
LiF	Lithium fluoride
LTPS	Low-temperature-poly-silicon
Lu	Lutetium
MEH-PPV	Poly[2-methoxy-5-(2-ethylhexyloxy)-1,4-phenylenevinylene]
Mg	Magnesium
Mn	Manganese
Mo	Molybdenum
MoNb	Molybdenum-niobium
Mo/Ta	Molybdenum/tantalum
m-plane (wurzite GaN)	Plane with Miller index (10-10)
$M_2Si_5N_8$:Ln	Alkaline earth silicon nitrides (M = Ca, Sr, Ba) doped with lanthanide ions (Ce^{3+} or Eu^{2+}) (phosphors)
M_2SiO_4:Eu^{2+}	Alkaline earth ortho-silicates (M = Ca, Sr, Ba) doped with Eu^{2+} ions (phosphors)
$MSi_2O_2N_2$:Ln	Alkaline earth silicon oxynitrides (M = Ca, Sr, Ba) doped with lanthanide ions (Ce^{3+} or Eu^{2+}) (phosphors)
N	Nitrogen
NaOH	Sodium hydroxide
Nd	Neodymium
NH_3	Ammonia
NH_4Cl	Ammonium chloride
NH_4HCO_3	Ammonium bicarbonate
Ni	Nickel
NPB, NTD	N,N'-Di(1-naphthyl)-N,N'-diphenyl-(1,1'-biphenyl)-4,4'-diamine
NTI	N-phenyl-1,8-naphthalimide
N-type material	Semiconductor material doped with impurities to contain excess of electrons
N^+-type material	Semiconductor material heavily doped with N-type impurities
O	Oxygen atom
O_2	Oxygen molecule
Os	Osmium
OXD7	1,3,4-Oxadiazole,2,2-(1,3-phenylene)bis[5-[4-(1,1-dimethylethyl)phenyl]]
P	Phosphorous
Pd	Palladium
PEDOT	poly(3,4-ethylenedioxythiophene)
PEDOT:PSS	poly(3,4-ethylenedioxythiophene):poly(styrenesulfonate)
PF	Polyfluorene
PFO	Poly(9,9-dioctylfluorene)

Poly-Si	Polysilicon
PPV	Polyphenylene vinylene, $(C_8H_6)_n$
PSS	Poly(styrene sulfonic acid)
Pt	Platinum
P-type material	Semiconductor material doped with impurities to contain deficiency of electrons
P^+-type material	Semiconductor material heavily doped with P-type impurities
PVK	poly(N-vinylcarbazole)
r-plane (wurzite GaN)	Plane with Miller index (1-102)
S	Sulfur
Si	Silicon
SiAlON	Silica alumina nitride
SiC	Silicon carbide
SiH_4	Silane
Si_2H_6	Disilane
Si_3N_4, Si_xN_y, SiN_x	Silicon nitride
SiO_2	Silicon dioxide
Sm	Samarium
Sn	Tin
SnO_2	Tin dioxide
Sr	Strontium
$SrAl_2O_4{:}Eu^{2+}$	Europium ion-doped strontium aluminate (phosphor)
$Sr_4Al_{14}O_{25}{:}Eu^{2+}$	Europium ion-doped strontium aluminate (phosphor)
$SrAlSi_4N_7{:}Eu^{2+}$	Europium ion-doped strontium aluminum silicon nitride (phosphor)
$Sr_5Al_{5+x}Si_{21-x}N_{35-x}O_{2+x}{:}Eu^{2+}$	Strontium aluminum oxonitridosilicate doped with Europium ions (phosphor)
$Sr_2LaAlO_5{:}Ce^{3+}$	Cerium ion-doped strontium lanthanum aluminate (phosphor)
$Sr_3SiO_5{:}Ce^{3+}$	Cerium ion-doped strontium silicate (phosphor)
$SrSi_2O_2N_2$	Strontium silicon oxynitride (phosphor)
Ta	Tantalum
TALK-PPV	Tetraalkoxy polyphenylene vinylene poly{[2-(3′,7′-dimethyloctyloxy)-3,5,6-trimethoxy]-1,4-phenylenevinylene}
Tb	Terbium
TCO	Transparent conductive oxide
Te	Tellurium
TECEB	1,3,5-tris[2-(9-ethylcarbazolyl-3)ethylene]benzene
Ti	Titanium
$Ti{:}Al_2O_3$	Titanium-doped sapphire
TMA	Trimethylaluminum
TMG	Trimethylgallium

TMI	Trimethylindium
TOP/TOPO/HDA	Trioctylphosphine–trioctylphosphine oxide–hexadecylamine
TPBi	2,2',2''-(1,3,5-Benzinetriyl)-tris(1-phenyl-1-H-benzimidazole)
Un-GaN	Undoped gallium nitride
Y	Yttrium
YAG	Yttrium aluminum garnet
YAG:Ce^{3+}	Ce^{3+}-doped YAG (phosphor)
$Y_3Al_5O_{12}$	Yttrium aluminum garnet (YAG) (phosphor)
$Y(NO_3)_3 \cdot 6H_2O$	Yttrium(III) nitrate hexahydrate
Y_2O_3	Yttrium oxide (Yttria)
ZITO	ZnInSnO, a multicompound material
Zn	Zinc
$Zn(C_2H_5)_2$	Diethylzinc (DEZ)
ZnO	Zinc oxide
ZnS	Zinc sulfide
ZnSe	Zinc selenide
ZnTe	Zinc telluride

찾아보기 *INDEX*

ㅅ

ㅇ

기타